新化粧品学

第2版

(株)資生堂 元専務取締役・研究開発本部長
理学博士 光 井 武 夫 編

南山堂

編集・執筆者

光井 武夫	福田 実	舛田 博美
尾澤 達也	伊福 欧二	永島 信次
福島 正二	北村 謙始	小松 正明
田中 宗男	坂本 哲夫	西山 聖二
森川 良広	中島 英夫	熊谷 重則
小林 敏明	熊野 可丸	池田 敏秀
堀井 和泉	浅賀 良雄	田村 宇平
鳥居 健二	加藤 忍	中間 康成
植村 雅明	勝村 芳雄	久保 早苗
齊藤 力	板垣 宏	大野 公男
鈴木 福二	神田 吉弘	伊藤 建三
中村 祥二	池田 進一	松本 俊
徳田 勝彦	多田 幸利	吉岡 俊男
植原 計一	高松 翼	佐々木 泉
難波 富幸	清水 桂	折茂 潤子
河野 善行	高林 稔雄	

第2版の序

　本書「新化粧品学」が資生堂リサーチセンターの研究員らによって執筆され出版されてからすでに4刷を経て，国内では多くの読者を得るに至った．

　海外からも本書の出版の要望があり，中国では1996年4月に中国軽工業出版社より，台湾では1996年10月に合記圖書出版社より，韓国では1997年10月に圖書出版　東和技術より翻訳書が出版された．

　また1997年6月にはElsevier Science B.V.より欧米を中心に英語版が出版された．

　しかしながら本書も初版出版以来7年余の年月が経ち，最近では化粧品科学の進歩も著しく，新薬剤の開発も行われ，化粧品に対する国内・外の法規や規制も変わってきた．

　これらの変化に対応して，この度，本書の全面的な見直しを行い，改訂版を出すこととした．

　特に改訂を行った章は「化粧品と皮膚」，「化粧品と薬剤」，「化粧品と法規」である．

　「化粧品と皮膚」の章では化粧品との関連における皮膚科学を出来るだけ分かりやすく再整理し，最後の節には最近注目されている化粧品が全身の調節系である脳・神経・内分泌・免疫系に及ぼす影響に言及した．

　「化粧品と薬剤」の章では項目を再整理すると共に，最近新しく開発された薬剤も取り上げ解説した．

　「化粧品と法規」の章では改正された法規や規制を全面的に導入した．またこの章以外でも法規や規制が引用されているところは全て修正した．しかしながら法規や規制は時代により変化することがあるので，実際に商品を開発し販売する際はそのときの法規，規制を調査することが必要である．

　化粧品の分類名称も変更し，「基礎化粧品」は「スキンケア化粧品」に，「毛髪化粧品」は「ヘアケア化粧品」に，「芳香化粧品」は「フレグランス化粧品」に，「ボディ化粧品」は「ボディケア化粧品」に，「口腔用化粧品」は「オーラルケア化粧品」にした．これらの名称が一般化してきたからである．

　増補改訂はこれらの章以外でも随所に行ったが，今回の改訂が化粧品科学の最近の発展を的確に伝え，読者のお役に立つことを執筆者一同と共に心より願う次第である．

　最後に本書の改訂の進行に全面的にご協力いただいた(株)資生堂の神田吉弘氏，永島信次氏に深く感謝の意を表したい．

2000年11月

光 井 武 夫

第1版の序

　この本の前著ともいえる池田鉄作編の「化粧品学」が出版されたのが1957年であるから，すでに35年の年月が経つ．この間，版を重ね，出版総部数も3万数千冊を超えるものとなった．これはこの分野の専門書としては正に最大のものであろう．しかし編者の池田鉄作先生もすでに世を去られ，1978年に最後の改訂を行なってからも14年経った．この間技術の発展は著しく，特に日本における新原料，新薬剤の開発，製剤技術の進歩などは化粧品の技術を大幅に変革した．
　隔年に行なわれるIFSCC（国際化粧品技術者会連盟）の学術大会でも日本から数多くの優れた研究が発表され，特にここ数年（1986〜1992年）は日本の発表が連続して最優秀賞を受賞した．日本の化粧品技術は正に世界トップレベルに達したといっても過言ではなかろう．
　ここに至って私達は「化粧品学」を全面的に見直し，新たに新書として本書を出版することとした．

　本書は化粧品の研究，生産に携わる技術者や，化粧品科学を学ぶ学生をはじめ，化粧品に関心をもつ多くの人々に幅広く興味を持たれ理解されるよう配慮して作成した．
　実際，化粧品（トイレタリー製品も含めて）は日常の必需品として生活に密着し，その需要も年々拡大している．
　日本の大学でも薬学部に化粧品科学の講座をもつところが多くなった．化粧品科学に対する一般の関心はますます高まりつつあるといえよう．

　化粧品の科学には化学，薬学，物理化学をはじめ皮膚科学，生化学，生理学，工学，分析化学，香料科学，色彩学，心理学など実に多くの学問が関与している．
　総論ではこれらの学問について化粧品との関わりにおいて記述した．特に従来の成書には無かった新しい項目もいくつか追加した．
　すなわち最近は化粧品の安全性に加えて有用性が追求され期待される時代となったことから「化粧品の有用性」については一項をもうけ数例の研究例をのせた．
　化粧品の安定性評価は技術者が最も関心のあるところであり，多年の経験に基づくノウハウに属する部分も多い．ここでは「化粧品の安定性」の項をもうけ化粧品を研究する人のための参考とした．総論の最後の項には，「化粧品と情報」をのせた．情報化時代を迎え，情報の重要性は益々高まっている．化粧品に関する書籍，雑誌の他，最近多用されるようになったデータベースのいくつかを紹介した．

各論は使用目的別に基礎化粧品，メーキャップ化粧品，毛髪化粧品，芳香化粧品，ボディ化粧品，口腔用化粧品の項に分けて記述し，歯磨きは口腔用化粧品に，石鹸，浴用剤はボディ化粧品に分類した．

　各項目とも製品の機能，種類，主な構成原料，基本処方，製法などから構成した．

　本書が化粧品に関心をもつ多くの読者の役に立ち，化粧品科学の発展に資することがあれば編者として望外の喜びである．

　最後に本書の出版にあたり，多くの有益な助言やご教示をいただいた(株)南山堂取締役　鳥海高良氏，および門脇佳子氏に心より深謝申し上げる次第である．

　　1992年11月

光 井 武 夫

目 次

化粧品概論 ▶ 1

1 化粧の目的 …………………………3

2 化粧品の意義 ………………………3

3 化粧品の分類 ………………………4

4 化粧品の品質特性と品質保証 ………5

5 化粧品の開発プロセス ………………7

6 化粧品を支える科学，技術と将来 …8

総 論 ▶ 11

1 化粧品と皮膚 ……………………13

  1-1 皮膚の構造と機能 ……………13
    1-1-1 表 皮 ……………………13
    1-1-2 真 皮 ……………………16
    1-1-3 皮下組織 …………………17
    1-1-4 皮脂腺および皮脂 …………17
    1-1-5 汗腺および汗 ………………18
    1-1-6 血 管 ……………………19
  1-2 皮膚の生理作用 ………………20
    1-2-1 物理化学的防御作用 ………20
    1-2-2 保湿作用 …………………20
    1-2-3 紫外線防御作用 ……………22
    1-2-4 抗酸化作用 …………………22
    1-2-5 免疫作用 …………………22
    1-2-6 体温調節作用 ………………24
    1-2-7 知覚作用 …………………24
    1-2-8 吸収作用 …………………24
    1-2-9 その他の作用 ………………24
  1-3 皮膚の色 ………………………25
    1-3-1 皮膚の色 …………………25
    1-3-2 皮膚の色素 …………………26
    1-3-3 色素沈着 …………………27
  1-4 肌質の見分け方 ………………28
    1-4-1 肌状態の評価法 ……………29
    1-4-2 肌質の分類 …………………31
  1-5 にきび …………………………32
    1-5-1 にきびの成因 ………………33
    1-5-2 にきびの形成経過 …………34
    1-5-3 にきびのスキンケア ………34
  1-6 紫外線と皮膚 …………………36
    1-6-1 紫外線 ……………………36
    1-6-2 紫外線による急性反応 ……39
    1-6-3 紫外線による慢性反応 ……41
    1-6-4 紫外線防御 …………………42
  1-7 皮膚の老化 ……………………42
    1-7-1 老 徴 ……………………42
    1-7-2 自然老化と光老化 …………43
    1-7-3 女性ホルモンと皮膚老化 …44
    1-7-4 外観に現われる老化現象 …45
    1-7-5 皮膚生理機能の加齢変化 …48
    1-7-6 皮膚老化の防止と対策 ……50
  1-8 全身系と皮膚 …………………51
    1-8-1 全身系と皮膚と化粧品の関連
        を考える現代的意義 ………51
    1-8-2 ストレスと皮膚 ……………51
    1-8-3 感覚入力と全身系：スキンケア
        への応用 …………………52

2 化粧品と毛髪，爪 ………………54

  2-1 毛の発生 ………………………54
    2-1-1 毛の発生と種類 ……………55
    2-1-2 毛髪のしくみと毛球の構造 …55
    2-1-3 ヘアサイクル ………………58
  2-2 毛幹の形状と構造 ……………59
    2-2-1 毛髪の形状 …………………59
    2-2-2 毛髪の色 …………………60

2-2-3　毛幹の構造 …………………60
2-3　毛髪の化学構造 ………………………64
　　2-3-1　毛髪の化学的組成 ……………64
　　2-3-2　毛髪内に存在する結合 ………65
2-4　毛髪の物理的性質 ……………………67
　　2-4-1　毛髪の引っ張り特性 …………67
　　2-4-2　毛髪の吸湿性 …………………68
2-5　毛髪の損傷 ……………………………69
　　2-5-1　毛髪損傷の実態 ………………69
　　2-5-2　毛髪の損傷とその要因 ………70
　　2-5-3　枝毛 ……………………………73
2-6　爪の機能と構造 ………………………73
　　2-6-1　爪の機能と生理 ………………73
　　2-6-2　爪の構造と組成 ………………74
　　2-6-3　爪の物理的性質 ………………76
　　2-6-4　爪の損傷 ………………………76

3　化粧品と色彩，色材 …………………78

3-1　色彩 ……………………………………78
　　3-1-1　光と色 …………………………78
　　3-1-2　色の知覚 ………………………79
　　3-1-3　色材の色 ………………………79
　　3-1-4　色の三属性 ……………………80
　　3-1-5　色の表わし方 …………………81
　　3-1-6　色のイメージと配色感情 ……85
　　3-1-7　メーキャプの色 ………………86
3-2　色材 ……………………………………90
　　3-2-1　色材の分類 ……………………90
　　3-2-2　有機合成色素 …………………90
　　3-2-3　天然色素 ………………………99
　　3-2-4　無機顔料 ………………………100
　　3-2-5　真珠光沢顔料 …………………105
　　3-2-6　高分子粉体 ……………………106
　　3-2-7　機能性顔料 ……………………108

4　化粧品と香料 …………………………111

4-1　嗅覚 ……………………………………111
　　4-1-1　嗅覚の役割 ……………………111
　　4-1-2　嗅覚の性質 ……………………112
　　4-1-3　嗅覚のメカニズム ……………113
　　4-1-4　体臭と性 ………………………113
4-2　におい・香り・香料 …………………113
　　4-2-1　香料の成り立ち ………………113
　　4-2-2　化粧品における香料の役割・
　　　　　　重要性 ………………………114
　　4-2-3　香りの生理心理効果 …………115
　　4-2-4　香料の分類 ……………………118
4-3　天然香料 ………………………………118
　　4-3-1　代表的な天然香料 ……………119
　　4-3-2　製造方法と名称 ………………119
　　4-3-3　天然香料の分析方法 …………123
4-4　合成香料 ………………………………125
　　4-4-1　代表的な合成香料 ……………126
　　4-4-2　合成方法の進歩 ………………126
4-5　調合香料 ………………………………126
　　4-5-1　基本的なベース香料 …………129
　　4-5-2　その他のベース香料 …………131
4-6　調香 ……………………………………132
　　4-6-1　調香方法 ………………………132
　　4-6-2　においの好み …………………134
　　4-6-3　香りの強さと賦香率 …………135
　　4-6-4　香りの変化・変色 ……………135
　　4-6-5　安全性 …………………………135

5　化粧品の原料 …………………………137

5-1　油性原料 ………………………………138
　　5-1-1　油脂 ……………………………138
　　5-1-2　ロウ類 …………………………139
　　5-1-3　炭化水素 ………………………140
　　5-1-4　高級脂肪酸 ……………………142
　　5-1-5　高級アルコール ………………143
　　5-1-6　エステル類 ……………………144
　　5-1-7　シリコーン油 …………………145
　　5-1-8　その他 …………………………145
5-2　界面活性剤 ……………………………146
　　5-2-1　アニオン界面活性剤 …………146
　　5-2-2　カチオン界面活性剤 …………148

5-2-3　両性界面活性剤 ……………149
　　5-2-4　非イオン界面活性剤 …………150
　　5-2-5　その他の界面活性剤 …………151
5-3　保湿剤 …………………………………152
5-4　高分子化合物 …………………………156
　　5-4-1　増粘剤高分子 ………………157
　　5-4-2　皮膜剤高分子 ………………158
5-5　紫外線吸収剤 …………………………160
5-6　酸化防止剤 ……………………………162
5-7　金属イオン封鎖剤 ……………………164
5-8　その他の原料 …………………………165

6　化粧品と薬剤 ……………167

6-1　皮膚用薬剤 ……………………………167
　　6-1-1　美白用薬剤 ……………………167
　　6-1-2　抗しわ剤 ………………………170
　　6-1-3　肌荒れ改善剤 …………………172
　　6-1-4　にきび用薬剤 …………………173
　　6-1-5　腋臭防止用薬剤 ………………175
　　6-1-6　清涼化剤，収れん剤 …………176
6-2　頭皮，頭髪用薬剤 ……………………177
　　6-2-1　育毛用薬剤 ……………………177
　　6-2-2　ふけ，かゆみ用薬剤 …………178
6-3　口腔用薬剤 ……………………………180
　　6-3-1　むし歯を予防する薬剤 ………180
　　6-3-2　歯周疾患を予防する薬剤 ……182
　　6-3-3　口臭を防止する薬剤 …………183
　　6-3-4　歯石の沈着を防止する薬剤 …183
　　6-3-5　タバコのやにの除去 …………184
6-4　その他の薬剤 …………………………184
　　6-4-1　ビタミン類 ……………………184
　　6-4-2　ホルモン ………………………186
　　6-4-3　抗ヒスタミン剤 ………………186
　　6-4-4　アミノ酸類 ……………………187
　　6-4-5　天然物由来の薬剤 ……………187

7　化粧品の物理化学 ………189

7-1　化粧品のコロイド科学と界面科学 …189

　　7-1-1　コロイドと界面 ………………189
　　7-1-2　界面活性剤の性質 ……………191
　　7-1-3　可溶化とマイクロエマルション　197
　　7-1-4　エマルション …………………198
　　7-1-5　リポソーム（ベシクル）………204
　　7-1-6　粉体の性質 ……………………204
7-2　化粧品のレオロジー …………………206
　　7-2-1　化粧品におけるレオロジーの
　　　　　意義 …………………………206
　　7-2-2　流動の様式 ……………………207
　　7-2-3　レオロジー測定法 ……………208

8　化粧品の安定性 …………215

8-1　基剤の安定性と各種の保証試験 ……215
　　8-1-1　一般的保存試験 ………………215
　　8-1-2　一般性能・効果確認試験 ……218
　　8-1-3　エアゾール製品の安定性試験 …218
　　8-1-4　特殊・過酷保存試験 …………219
8-2　薬剤の安定性と試験法 ………………220
　　8-2-1　配合薬剤の品質保証 …………221
　　8-2-2　部外品薬剤の安定性試験 ……221
8-3　量産化による化粧品の安定性 ………221
8-4　使用場面を考慮した安定性保証 ……222

9　化粧品の防腐防黴 ………223

9-1　防腐防黴剤添加の必要性 ……………223
9-2　一次汚染・二次汚染と薬事法 ………224
9-3　抗菌剤 …………………………………225
　　9-3-1　防腐防黴剤 ……………………225
　　9-3-2　殺菌剤 …………………………225
　　9-3-3　抗菌剤の必要条件 ……………226
9-4　使用できる抗菌剤 ……………………226
9-5　防腐防黴剤の効果評価法 ……………229
9-6　GMPとバリデーション ………………230

10　化粧品の安全性 …………233

10-1　化粧品の安全性の基本的な考え方 …233

10-2 安全性試験項目と評価方法 ……234
　10-2-1 皮膚刺激性 ……………235
　10-2-2 感作性（アレルギー性）……236
　10-2-3 光毒性 ……………………236
　10-2-4 光感作性（光アレルギー性）……237
　10-2-5 眼刺激性 …………………237
　10-2-6 毒　性 ……………………237
　10-2-7 変異原性 …………………238
　10-2-8 生殖・発生毒性 …………238
　10-2-9 吸収，分布，代謝，排泄 ……239
　10-2-10 ヒトによる試験（パッチテスト，使用テスト）……………239
10-3 動物試験代替法 ………………240
　10-3-1 眼刺激性試験 ……………240
　10-3-2 皮膚刺激性試験 …………240
　10-3-3 光毒性試験 ………………241
　10-3-4 接触感作性試験 …………241

11 化粧品の有用性 ……………244

11-1 化粧品の有用性について ……244
11-2 化粧品の有用性研究 …………245
　11-2-1 生理学的有用性 …………245
　11-2-2 物理化学的有用性 ………245
　11-2-3 心理学的有用性 …………245
11-3 有用性の研究例 ………………246
　11-3-1 生理学的有用性の研究例 ……246
　11-3-2 物理化学的有用性の研究例 ……252
　11-3-3 心理学的有用性の研究例 ……256
11-4 有用性の今後の方向 …………258

12 化粧品の容器 ………………259

12-1 化粧品容器に必要な特性 ……259
　12-1-1 品質保持性 ………………259
　12-1-2 機能性 ……………………261
　12-1-3 適正包装 …………………262
　12-1-4 経済性 ……………………262
　12-1-5 販売促進性 ………………263
12-2 化粧品容器の種類 ……………263
　12-2-1 細口びん（細口容器）……263
　12-2-2 広口びん（広口容器）……263
　12-2-3 チューブ容器 ……………264
　12-2-4 円筒状容器 ………………264
　12-2-5 パウダー容器 ……………264
　12-2-6 コンパクト容器 …………265
　12-2-7 スティック容器 …………265
　12-2-8 ペンシル容器 ……………265
　12-2-9 塗布容器 …………………266
12-3 化粧品容器に用いられる材料 ……266
　12-3-1 素材の種類 ………………266
　12-3-2 成形，加工方法 …………268
12-4 化粧品容器の設計および品質保証 ……270
　12-4-1 容器設計の進め方 ………270
　12-4-2 材料試験法および規格 …270
12-5 化粧品容器の動向 ……………271
　12-5-1 素材，加工方法 …………271
　12-5-2 環境保全への対応 ………272

13 化粧品とエアゾール技術 ……275

13-1 エアゾールの原理と構造 ……275
　13-1-1 エアゾールの原理 ………275
　13-1-2 エアゾールの構造 ………275
13-2 エアゾールの噴射剤 …………276
　13-2-1 液化ガス …………………276
　13-2-2 圧縮ガス …………………277
13-3 エアゾールの原液（噴射物質）……277
13-4 エアゾールの容器 ……………278
　13-4-1 耐圧容器 …………………278
　13-4-2 バルブ，ボタン，スパウト，キャップ ……………………279
13-5 エアゾールの法規 ……………280
13-6 エアゾールの製造方法 ………281
　13-6-1 製造工程 …………………281
　13-6-2 ガスの充てん（填）方法 ……281
13-7 エアゾール化粧品の使用上の注意点 282
13-8 エアゾール化粧品の動向 ……283
　13-8-1 特殊エアゾール …………283
　13-8-2 環境保全への対応 ………283

14 化粧品と分析 …………284

- 14-1 化粧品の分析 …………284
  - 14-1-1 一般的分離操作 …………285
  - 14-1-2 カラムクロマトグラフィー …………286
  - 14-1-3 ガスクロマトグラフィー …………288
  - 14-1-4 高速液体クロマトグラフィー …289
  - 14-1-5 X線回折スペクトル …………292
  - 14-1-6 赤外吸収スペクトル …………294
  - 14-1-7 核磁気共鳴スペクトル …………295
  - 14-1-8 質量スペクトル …………296
  - 14-1-9 発光,原子吸光スペクトル …298
  - 14-1-10 化粧品の分析まとめ …………298
- 14-2 皮膚,毛髪の分析 …………299
  - 14-2-1 皮膚の分析 …………299
  - 14-2-2 毛髪の分析 …………302
- 14-3 分析の自動化 …………303

15 化粧品の製造装置 …………306

- 15-1 粉砕機 …………307
- 15-2 粉体混合機 …………307
- 15-3 分散機・乳化機 …………308
- 15-4 練り合わせ機 …………310
- 15-5 冷却装置 …………311
- 15-6 成型機 …………313
- 15-7 充てん(填)・包装機 …………316

16 化粧品と法規 …………318

- 16-1 化粧品と薬事法 …………318
  - 16-1-1 薬事法で定める化粧品と医薬部外品 …………318
  - 16-1-2 製造・販売などの規制 …………321
- 16-2 その他の化粧品に関する法規 …………323
  - 16-2-1 原料に関する法規 …………324
  - 16-2-2 製品（中味）に関する法規 …………324
  - 16-2-3 容器などに関する法規 …………328
  - 16-2-4 販売活動に関する法規 …………330
- 16-3 日本における化粧品の規制緩和 …………331
  - 16-4 諸外国における化粧品の法規 …………331

17 化粧品と情報 …………335

- 17-1 研究開発における情報の重要性 …………335
  - 17-1-1 ドキュメンテーション活動 …………335
  - 17-1-2 情報源について …………336
- 17-2 化粧品関係図書・雑誌 …………337
  - 17-2-1 図書（単行本）…………337
  - 17-2-2 雑誌 …………339
- 17-3 データベースの活用 …………340
  - 17-3-1 データベースとは …………340
  - 17-3-2 オンライン情報検索システム …340

各論　▶ 343

1 スキンケア化粧品 …………345

- 1-1 スキンケア化粧品の目的・機能・役割 …………345
  - 1-1-1 スキンケア化粧品の目的 …………345
  - 1-1-2 スキンケア化粧品の機能 …………346
  - 1-1-3 スキンケア化粧品の役割 …………346
- 1-2 洗顔料 …………348
  - 1-2-1 洗顔料の目的・機能 …………348
  - 1-2-2 クレンジングフォームの主成分 …350
  - 1-2-3 クレンジングフォームの一般的な製造法 …………350
  - 1-2-4 クレンジングフォームの種類 …352
- 1-3 化粧水 …………354
  - 1-3-1 化粧水の目的・機能 …………354
  - 1-3-2 化粧水の主成分 …………355
  - 1-3-3 化粧水の一般的な製造法 …………356
  - 1-3-4 化粧水の種類 …………357
- 1-4 乳液 …………362
  - 1-4-1 乳液の目的・機能 …………362
  - 1-4-2 乳液の主成分 …………363
  - 1-4-3 乳液の一般的な製造法 …………364
  - 1-4-4 乳液の種類 …………365

- 1-5 クリーム ……………………368
  - 1-5-1 クリームの目的・機能 ……368
  - 1-5-2 クリームの主成分 …………369
  - 1-5-3 クリームの一般的な製造法 ……371
  - 1-5-4 クリームの種類 ……………372
- 1-6 ジェル ………………………380
  - 1-6-1 ジェルの目的・機能 ………380
  - 1-6-2 ジェルの主成分 ……………381
  - 1-6-3 ジェルの一般的な製造法 …381
  - 1-6-4 ジェルの種類 ………………381
- 1-7 エッセンス（美容液）…………383
  - 1-7-1 エッセンスの目的・機能 …383
  - 1-7-2 エッセンスの主成分 ………384
  - 1-7-3 エッセンスの一般的な製造法 ……384
  - 1-7-4 エッセンスの種類 …………385
- 1-8 パック・マスク ………………387
  - 1-8-1 パック・マスクの目的・機能 …387
  - 1-8-2 パック・マスクの主成分 ………388
  - 1-8-3 パック・マスクの一般的な製造法 …………389
  - 1-8-4 パック・マスクの種類 ……390
- 1-9 ひげそり用化粧品 ……………392
  - 1-9-1 ひげそり用化粧品の目的・機能 392
  - 1-9-2 ひげそり用化粧品の種類 …393
- 1-10 その他化粧品 …………………397

2 メーキャップ化粧品 ……………399

- 2-1 メーキャップ化粧品の歴史 …399
- 2-2 メーキャップ化粧品の種類と機能 …400
- 2-3 メーキャップ化粧品の種類と剤型 …401
- 2-4 メーキャップ化粧品の構成原料 ……401
- 2-5 白粉・打粉類 ……………………404
  - 2-5-1 粉白粉 …………………………405
  - 2-5-2 固形白粉 ………………………406
  - 2-5-3 紙白粉 …………………………406
  - 2-5-4 水白粉 …………………………406
  - 2-5-5 練白粉 …………………………407
  - 2-5-6 その他の粉末化粧品 …………407
- 2-6 ファンデーション類 ………408
  - 2-6-1 パウダリーファンデーション …409
  - 2-6-2 ケーキタイプファンデーション 410
  - 2-6-3 両用ファンデーション ………411
  - 2-6-4 油性ファンデーション ………412
  - 2-6-5 O/W乳化型ファンデーション …413
  - 2-6-6 W/O乳化型ファンデーション …414
- 2-7 口紅類 ……………………………416
  - 2-7-1 口紅の歴史 ……………………416
  - 2-7-2 口紅に必要な性質 ……………417
  - 2-7-3 口紅の構成原料 ………………417
- 2-8 頬紅類 ……………………………421
- 2-9 眉目類 ……………………………422
  - 2-9-1 歴史と分類 ……………………422
  - 2-9-2 眉目類の留意点 ………………423
  - 2-9-3 アイライナー …………………423
  - 2-9-4 マスカラ ………………………426
  - 2-9-5 アイシャドー …………………428
  - 2-9-6 眉墨 ……………………………430
  - 2-9-7 その他の特殊化粧品 …………432
- 2-10 美爪類 …………………………432
  - 2-10-1 役割と種類 …………………432
  - 2-10-2 ネールエナメル ……………433
  - 2-10-3 エナメルリムーバー ………436
  - 2-10-4 ネールトリートメント ……437
  - 2-10-5 その他の特殊化粧品 ………438

3 ヘアケア化粧品 ……………………440

- 3-1 洗髪用化粧品 ……………………440
  - 3-1-1 シャンプー ……………………441
  - 3-1-2 リンス …………………………445
  - 3-1-3 リンス一体型シャンプー ……447
- 3-2 育毛剤 ……………………………448
  - 3-2-1 概論 ……………………………448
  - 3-2-2 育毛剤の種類 …………………448
  - 3-2-3 脱毛の原因 ……………………449
  - 3-2-4 育毛剤の薬効成分 ……………450
  - 3-2-5 育毛剤の評価法 ………………451
- 3-3 毛髪仕上げ用化粧品 ……………453
  - 3-3-1 ヘアスタイリング剤の種類 …453

3-3-2　ヘアトリートメントの種類 ……459
3-4　パーマネントウェーブ用剤 ……462
　　3-4-1　歴　史 ……462
　　3-4-2　パーマネントウェーブ形成の
　　　　　メカニズム ……463
　　3-4-3　パーマネントウェーブ用剤の
　　　　　種類 ……464
　　3-4-4　ストレートパーマ剤 ……467
3-5　染毛剤，ヘアブリーチ ……467
　　3-5-1　歴　史 ……467
　　3-5-2　染毛剤の分類とそのメカニズム　468
　　3-5-3　染毛剤の種類 ……469
　　3-5-4　ヘアブリーチ ……474

4　フレグランス化粧品 ……477

4-1　フレグランス化粧品の種類 ……477
4-2　女性用香水 ……477
　　4-2-1　香水の製造法 ……478
　　4-2-2　フレグランス用アルコール ……478
　　4-2-3　女性用香水の分類 ……479
　　4-2-4　香水の選び方 ……479
　　4-2-5　香水の使い方 ……482
　　4-2-6　香水の保存 ……482
4-3　男性用コロン ……482

5　ボディケア化粧品 ……485

5-1　石けん ……485
　　5-1-1　石けんの歴史 ……485
　　5-1-2　石けんの原料 ……486
　　5-1-3　石けんの製造方法 ……487
　　5-1-4　石けんの性質 ……489
　　5-1-5　石けんの種類 ……489
5-2　液体ボディ洗浄料 ……493
　　5-2-1　ボディシャンプーに
　　　　　求められる機能 ……494
　　5-2-2　液体ボディ洗浄料の種類 ……495
　　5-2-3　液体ボディ洗浄料の主成分 ……495
5-3　UVケア化粧品 ……497

　　5-3-1　紫外線防止効果の表示と測定法　498
　　5-3-2　基剤の種類 ……500
　　5-3-3　UVケア化粧品の種類 ……502
5-4　ハンドケア化粧品 ……507
5-5　防臭化粧品 ……509
　　5-5-1　体臭の発生 ……510
　　5-5-2　防臭化粧品の機能と配合成分 ……510
　　5-5-3　防臭化粧品の種類 ……511
5-6　脱色剤・除毛剤 ……515
　　5-6-1　脱色剤 ……515
　　5-6-2　脱毛・除毛剤 ……515
5-7　浴用剤 ……518
　　5-7-1　浴用剤の歴史と目的 ……518
　　5-7-2　浴用剤の種類と機能 ……519
5-8　インセクトリペラー ……523

6　オーラルケア化粧品 ……524

6-1　歯磨類 ……524
　　6-1-1　歯磨の歴史 ……524
　　6-1-2　歯磨類の分類 ……524
　　6-1-3　歯磨剤 ……525
　　6-1-4　洗口剤 ……532
6-2　口中清涼剤 ……534

付　録　▶ 537

日本の化粧品の歴史 ……539
　▶奈良時代 ……542
　▶平安時代 ……542
　▶鎌倉・室町時代 ……544
　▶安土桃山時代 ……545
　▶江戸時代前期 ……546
　▶江戸時代中期 ……547
　▶江戸時代後期 ……550
　▶明治・大正時代 ……553
　▶昭和時代以降 ……555

索　引 ……561

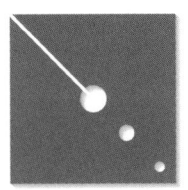

化粧品概論

1	化粧の目的
2	化粧品の意義
3	化粧品の分類
4	化粧品の品質特性と品質保証
5	化粧品の開発プロセス
6	化粧品を支える科学，技術と将来

化妆品概论

化粧品概論

1 ≫ 化粧の目的

　化粧品はわれわれの日常生活に深いかかわりあいをもち，多くの人々に使用されている．その消費量も極めて大きいものとなってきている．

　では人が化粧というものをいつ頃から始めたのであろうか，化粧の発生を歴史的にみた場合いつ頃と確証することは難しいが，出土品などから旧石器時代頃と推定され，化粧は人類の歴史とともに行われていたと考えられ，大変古い歴史があることがわかる．

　それでは人は何故化粧をしたのであろうか，化粧の目的について考えてみると，まず自然からの身体の保護があげられる．裸身を自然からの脅威（たとえば温度，光など）から守るために，油や油に土や植物を混ぜたものを塗り，保温したり，強い光を防いだり，防虫を行っていた．また宗教的な面での利用もあり，たとえば焚香（香木などを加熱し薫香を発すること）があげられる．煙を嗅ぐことにより汚れを清め，災難を防ぐといった宗教的信仰も行われていた．また身体に色を塗ることによって災害を防ぐこともあげられる．しかし科学の進歩した現代では，このような目的は殆ど無くなり，身体を清潔にすること，人間の本能的な欲望としてメーキャップなどにより自己を美しく魅力あるものへと表現し，心を豊かにすること，そして紫外線や乾燥などから皮膚や毛髪を守り，老化防止に心掛け，美しく年を重ね，快適な生活をエンジョイすることが，現代の化粧品の主な目的となっている．

2 ≫ 化粧品の意義

　化粧品はどのように定義され認識されているのであろうか．

　薬事法では 医薬品，医薬部外品，化粧品，医療用具の4つに分類し，化粧品とは『人の身体を清潔にし，美化し，魅力を増し，容貌を変え，または皮膚もしくは毛髪をすこやかに保つために身体に塗擦，散布，その他これらに類似する方法で使用されることが目的とされている物で，人体に対する作用が緩和なものをいう』と定義している．

　医薬部外品は 薬用歯磨，防臭化粧品，染毛料のように人体に対する作用があっても『作用が緩和であり，疾病の治療または予防に使用せず，身体の構造，機能に影響を及ぼすような使用目的を併せもたないものであること』とされている．この本では薬事法でいう「化粧品」と「医薬部

外品」の両者について記述し，とくに両者の区別を必要としないときは便宜的に「化粧品」とよぶことにした．また香粧品という名称もよくもちいられるが，香粧品とは，化粧品とフレグランス化粧品（香水など）の総称であり，化粧品と同義語としてもちいられている．

いずれにしても，現在，薬事法で明らかなことは，化粧品も医薬部外品も医薬品と異なり，健常人を対象として人体を清潔に保つという衛生的な面と美しく装うということがその目的であって，医薬品のように治療，診断，予防といった身体の構造，機能に影響を及ぼすような目的ではなく，したがって生理作用が緩和なものとされている．

実際，化粧品は日常生活において毎日また長期にわたって連用されるものであるために，あらゆる条件を考えに入れ，使用上安全でなくてはならず，副作用は許されない．これに対し，医師が用いる医薬品は疾病時のみに使用するものであるから，病気を治すことが第一目的であり，治療時の効能が優先され，これとのバランスで弱い副作用は止むをえない場合もある．

この他に成分表示，期限表示，申請の条件も両者で異なり，化粧品が指定成分表示（平成13年3月以後は全成分表示に移行）であるのに対し，医薬品は有効成分表示となっている．以上が化粧品・医薬部外品と医薬品の違いである．

3 ≫ 化粧品の分類

化粧品（含む医薬部外品）は その使用部位，使用目的あるいは製品の構成成分および形状などによって種々に分類することができるが，ここでは日常よくもちいるスキンケア化粧品，メーキャップ化粧品，ボディケア化粧品，ヘアケア化粧品，オーラルケア化粧品，そしてフレグランス化粧品について表1のように分類した．

スキンケア化粧品は基礎化粧品，フェイシャル化粧品，皮膚用化粧品ともいい，顔に用いる化粧品が主であり，その使用目的で洗浄，整肌，保護に分かれる．メーキャップ化粧品は仕上げ用化粧品ともいい，使用目的でベースメーキャップ，ポイントメーキャップにわかれる．

ボディケア化粧品は主として顔以外の皮膚すなわち体（ボディ）に用いる化粧品をいい，日やけ止め化粧品，サンタン化粧品，制汗，防臭化粧品，無駄毛を脱色，除毛する製品，石けん，ハンドケア，浴用化粧品がある．

特殊なものとしては防虫化粧品（忌避剤）もこの中に入る．

ヘアケア化粧品は 頭髪を洗浄，トリートメント，整髪する頭髪化粧品と頭髪を化学的に処理しウェーブを作るパーマネントウェーブ剤や染毛剤があり，この他に頭皮用化粧品として育毛剤や頭皮用トリートメント剤がある．

オーラルケア化粧品は歯磨きが中心製品であり，これ以外には口中清涼剤が含まれる．

フレグランス化粧品は芳香化粧品ともいい，主としてボディに使用されるが，時には頭髪や耳元にも使用されることもある．フレグランス化粧品の代表は香水であるが，賦香率（香料の使用率）の違いによりオーデコロンなどがある．

以上が化粧品の分類であるが，これら多くの化粧品が日常生活で使用されており，わが国にお

表 1. 化粧品の分類

分類			使用目的	おもな製品
皮膚用	スキンケア化粧品		洗　浄	洗顔クリーム・フォーム
			整　肌	化粧水, パック, マッサージクリーム
			保　護	乳液, モイスチャークリーム
	メーキャップ化粧品		ベースメーキャップ	ファンデーション, 白粉
			ポイントメーキャップ	口紅, ほほ紅, アイシャドー, アイライナー, ネイルエナメル
	ボディケア化粧品		浴　用	石けん, 液体洗浄料, 入浴剤
			紫外線防御	日やけ止めクリーム, サンオイル
			制汗, 防臭	デオドラントスプレー
			脱色, 除毛	脱色・除毛クリーム
			防　虫	防虫ローション・スプレー
毛髪・頭髪・頭皮用	ヘアケア化粧品	頭髪用	洗　浄	シャンプー
			トリートメント	リンス, ヘアトリートメント
			整　髪	ヘアムース®, ヘアリキッド, ポマード
			パーマネントウェーブ	パーマネントウェーブローション1剤, 2剤
			染毛, 脱色	ヘアカラー, カラーリンス, ヘアブリーチ
		頭皮用	育毛, 養毛	育毛剤, ヘアトニック
			トリートメント	スキャルプトリートメント
口腔用	オーラルケア化粧品		歯磨き	歯磨き
			口中清涼剤	マウスウオッシュ
	フレグランス化粧品		芳　香	香水, オーデコロン

ける化粧品の出荷金額はアメリカについで世界第2位であり，また品種別の出荷金額も，通産省生産動態統計によれば皮膚用化粧品，頭髪化粧品，仕上げ用化粧品の順となるが，香水，オーデコロンなどの芳香化粧品は，欧米と比べて少ない．これは生活習慣や体質の違いによるものと考えられる．

4 》 化粧品の品質特性と品質保証

4-1. 化粧品の品質特性

　品質 quality とは一般に，その製品を使う人(消費者)の満足度によって決まるものと考えられている．

　企業の立場で品質をとらえると企画設計の品質，製造上の品質，販売上の品質に分けることができるが，いずれにおいても品質特性を満たしていることが必要条件であり，その上に経済性や市場におけるタイミングも大切な要素となってきている．

　化粧品においてこの品質特性とは化粧品を作り，販売する場合に基本的に欠けてはならない大

切な特性をいい，安全性，安定性，有用性，使用性(使用感，使いやすさ)があげられ，使用性の中には，使用者の好みによって選択されるものとしての香り，色，デザインなどの嗜好性(感覚性)も含まれる．

この品質特性についてまとめると表2のようになる．

表 2．化粧品の品質特性

安全性	皮膚刺激性，感作性，経口毒性，異物混入，破損などのないこと
安定性	変質，変色，変臭，微生物汚染 などのないこと
使用性	1．使用感（肌のなじみ，しっとりさ，なめらかさ など） 2．使い易さ（形状，大きさ，重量，機構，機能性，携帯性 など） 3．嗜好性（香り，色，デザイン など）
有用性	保湿効果，紫外線防御効果，洗浄効果，色彩効果 など

4-2．化粧品の品質保証

品質保証とは日科技連の品質保証ガイドブック[1]によれば，『消費者が安心して，満足して買うことができ，それを使用して安心感，満足感をもち，しかも長く使用することができるという品質を保証すること』と定義されている．

この内容からみても，品質保証こそは品質管理(買い手の要求に合った品質の製品を経済的に作り出すための手段の体系 日本工業規格 JIS 8101)の真髄ということができる．また品質保証の定義からして，企業は製品責任に対しても十分な対策をとり，消費者の安全を計ることが必要である．

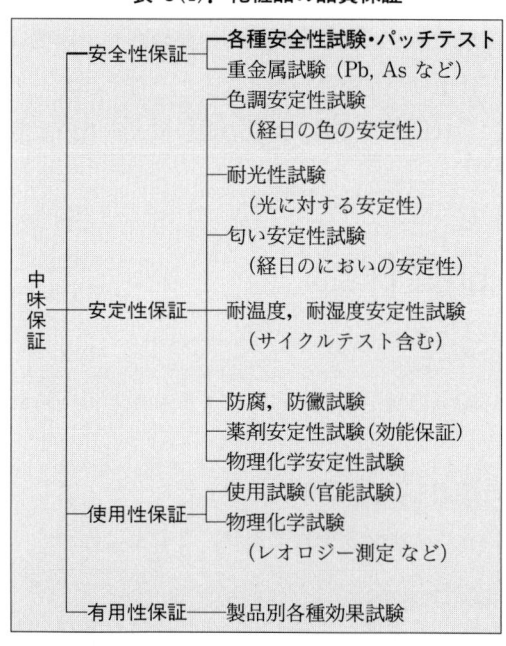

表 3(1)．化粧品の品質保証

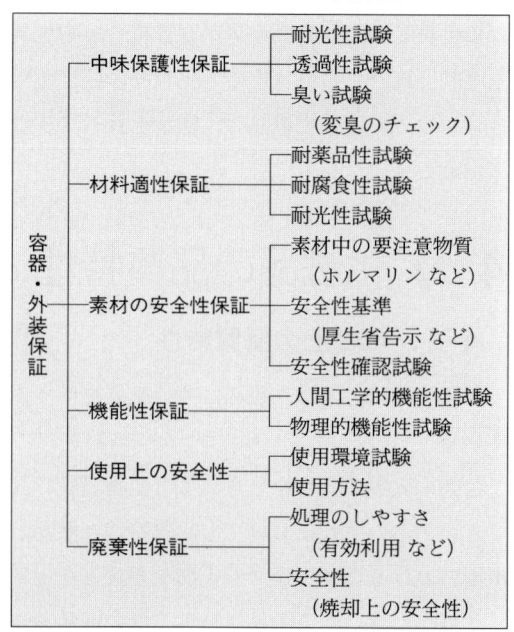

表 3(2)．化粧品の品質保証

化粧品の品質保証は研究，製造，販売の各部門でそれぞれの保証業務が行われるが，ここでは設計，研究開発の部門において行われている品質保証概要を表3(1)，(2)に示す．

環境保全への対応についても注意が払われ，表3(2)には使用上の安全性，廃棄性保証の項をあげたが化粧品の容器の環境への配慮も種々対策がとられている（総論　化粧品の容器 12-5-2 参照）．

5 》 化粧品の開発プロセス

化粧品の基礎研究から商品企画に基づく製品化研究，製造へと一連の製品開発の流れ（開発プロ

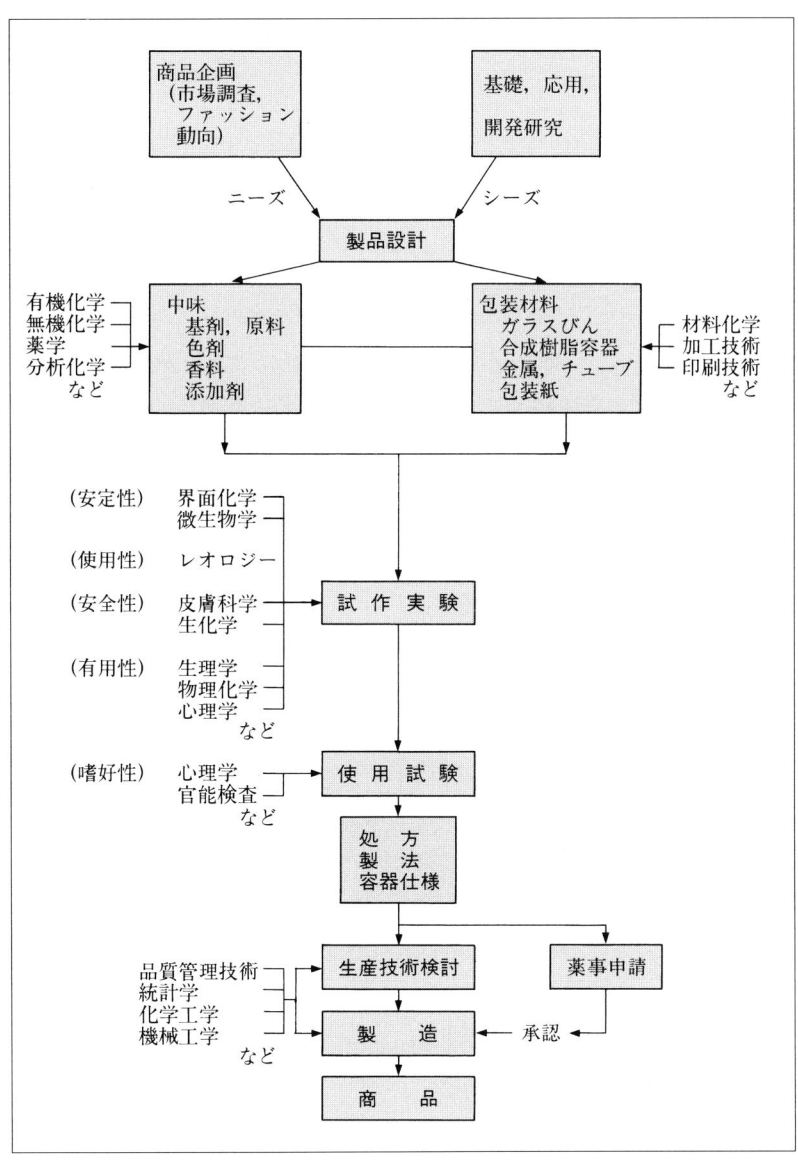

図 1. 化粧品の開発プロセスと関連科学，技術

セス)を示すと図1のようになる．化粧品を開発する場合，まずそのシーズとなる基礎，応用研究の成果が必要となる．この中には皮膚科学からのシーズや新原料，新製剤の開発が含まれ，近年はライフサイエンスを基盤としたバイオテクノロジーによる新原料，ファインケミカルからの新素材や新製剤の研究が盛んである．

バイオテクノロジーの新原料は発酵技術，植物の組織培養技術などから多くの有用物質が生みだされている

この中には，バイオシコニン，バイオヒアルロン酸，発酵代謝成分，γ-リノレン酸含有油脂などがある（化粧品と薬剤　6-4-5項　参照）．

ファインケミカルの新素材としてはおしろい，ファンデーションなどメーキャップ化粧品の原料として真珠光沢顔料，合成フッ素金雲母(合成マイカ)，フォトクロミック顔料，複合化微粒子粉体などがあげられる（化粧品と色彩，色材　3-2-5，3-2-7項　参照）．

また化粧品の新製剤ではリポソーム，マイクロエマルション，マイクロカプセルなどをあげることができる．

これらのシーズを基にし，消費者のニーズ，ウオンツを取り入れた商品企画により製品化研究が進められる．

この製品化研究では，中味の研究(処方作成)と容器などの外装の研究に分かれ，4-1項で述べた4つの品質特性(安全性，安定性，有用性，使用性)を十分に検討した上で処方，製法，容器の仕様が完成し，薬事申請される．これと並行して工場技術者とともに実験室規模のスケールから生産規模へとスケールアップの研究(生産技術検討)が行われる．薬事の承認をえて生産が行われ，商品が完成する．

設計開始から商品完成までの期間は製品の内容により異なるが，通常は約1年を要し，新規な薬剤の開発を含めた新製品開発となると，7～8年を要するものもある．

6 ≫ 化粧品を支える科学，技術と将来

化粧品を開発するプロセスについては，5項に記述したが，それぞれの過程で多くの科学，技術が関連しており，これらを十分に活用し開発が行われる（図1参照）．

1970年頃までは，研究の主流も「もの」作りに関係したものが多かった．

製品の安定性，使用性，製造技術，品質管理などが重視され，コロイド科学，レオロジー，統計学などが中心であった．

しかし第一次オイルショックを契機として低成長時代に入ると，「ひと」と「もの」との調和の時代となり，化粧品の安全性の問題が重視されるようになってきた．1980年代に入るとこの傾向は一層強まり安全性が重視されるとともに「もの」が「ひと」に何をプラスさせるのか，すなわち有用性がクローズアップしてきた．

このように安全性，有用性を追求するためには，「もの」と「ひと」との接点がより大切であり，「もの」を中心とした科学に加えて研究の対象も人間そのものに関連する皮膚科学，生理学，生物

学，生化学，薬理学などの分野に広がり，さらに心のやすらぎや，化粧の仕上がり効果といった心理学的な効果を追求する心理学や精神神経免疫学などの科学も必要となってきている．これ以外にも容器を含む外装の制作に材料，加工技術，印刷技術などが，また製品の生産に化学工学，機械工学，品質生産管理技術などが応用されている．

　以上化粧品を開発するためには，化粧品というハードの面とこれを使う人間のソフトの面をいかに融合させるかといった総合的な人間科学（ヒューマンサイエンス）にまで及んできている．

　これからの化粧品は，ハード面ではあらゆる先端的な技術を巧みに取り込みながら，ますます機能的に優れたものになっていくことは間違いない．機能的側面でいうならば，シワの防止，美白，脱毛防止，発毛といった限りなく生理学的に有用なもの，また光の強度によって肌色を変えてみせ，"白浮き"を防止する顔料とか，粉末の表面活性を利用して気相反応でシリコーン化合物を表面処理し，皮脂や汗による化粧くずれを防ぐといった物理化学的に高機能化した顔料の開発などが積極的に推進されている．

　またこうしたハード面の高機能化と共に最近の社会の高齢化，高ストレス化に伴い，化粧品の新たな役割として，人の心の内に働く化粧品のソフト面が注目されてくる．

　すなわち21世紀に向けてグローバルなレベルでみても特に近代国家では高齢化は進むであろうし，また高度情報化はストレス社会を生んでいることも事実である．これらの2つの要因は複雑に絡み合って現代社会に対して多くの問題を提起している．

　エイジングは「病気」ではないが，限りなく「死」に向かう健康な状態のプロセスであり，心身共個人差は大きい．また現代における健常人も常にストレスの中に曝されており，健常と病気の間に揺れ動いている．エイジングや若干の心身の異常には熱も痛みも伴わないが，病的状態に陥ると発熱など生命現象に異常の信号がでる．このような時には医薬品に依存しなければならないが，最近の研究結果によれば，化粧行動によってお年寄りが自我を取り戻し徘徊などの異常行動がなくなることや，ある種の香りやメーキャップ行為が鬱病の治療の助けになることが分かってきた．これらのことから，新たな時代に向けての「心身のホメオスタシス」を維持するといった脳・神経・免疫学的役割を演じる化粧品の開発は十分実現し得ると考えられる．

　すなわち香りやメーキャップといった一連の化粧行動は単に人々を快適感情に導くことに止まらず，血中のナチュラルキラー細胞(NK cell)のホメオスタシス維持に寄与している事実がある．

　グランスタイン・細井（MGH/Harvard Cutaneaus Biology Research Center）らが見出した神経細胞が免疫細胞（ランゲルハンス細胞）と皮膚中で接触している事実を摑んだ発見(化粧品と皮膚　1-8-2. ストレスと皮膚　参照)は極めて衝撃的であり，複雑な社会を形成する新世紀に向けての新たな発想の化粧品の創生につながったといえるのである．

　すなわち，化粧品そのものが持つ機能である皮膚保湿などの高度な生理機能に加えて，香りやメーキャップ，マッサージ効果などの化粧行動によって5感を通じた通信は，脳・神経・内分泌系を通して全身及び，その効果効能は単なる皮膚生理機能の改善に留まらないものと考えられる．

　このように新たな時代の新たな化粧品の役割は，皮膚を超え，全身に及び，心身のホメオスタシスの維持を通じて究極的には社会全体のホメオスタシスに貢献することが期待される．

◇ 参考文献 ◇

1) 朝香鉄一，石川 馨 編：品質保証ガイドブック，日科技連出版社，1974．
2) 尾沢達也：来るべき時代の香粧品科学の新しい展開―ある提言―，フレグランスジャーナル，17(7)，29-32，(1989)
3) 尾沢達也：90年代の香粧品科学の再構築と未知への挑戦，フレグランスジャーナル，18(1)，15-20，(1990)
4) 光井武夫：現代の化粧品技術の動向と将来，日本化粧品技術者会誌，24(2)，75-90，(1990)
5) 尾澤達也編：エイジングの化粧学，早稲田大学出版部 (1998)
6) 尾澤達也：化粧品の科学，裳華房 (1998)
7) 尾澤達也：美の科学，フレグランスジャーナル (1998)
8) 光井武夫：化粧品技術の課題とその発展―「人」と「もの」，「ハードウェアー」と「ソフトウェアー」―，日本化粧品技術者会誌，30，No.1，3-23 (1996)
9) Tatsuya Ozawa：'New Role of Cosmetic Science in the 21st century" Proceedings of 3rd Scientific Conference of the Asian Societies of Cosmetic Scientists. (1997), 17-59
10) Tatsuya Ozawa：'Prologue for the 21st Century" Skin：Interface of Living System. H. Tagami, J. A. Parrish and T. Ozawa, editors 1998 Elsevier Science B. V
11) Hosoi, J. Murphy GF, Egan CL, Lerner EA, Gabbe S, Asahina A, Granstein RD：'Regulation of langerhans function by nerves containing calcitonin gene-related peptide. Nature 1993, 363, 159-163.
12) Fischbach GD, Hirokawa N, Hyman SE, Ozawa T.：Molecular Neurobiology New York：Wiley-Liss, 1994；Xiii-XiX.

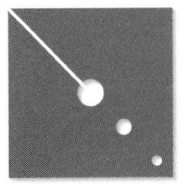

総論

1. 化粧品と皮膚
2. 化粧品と毛髪，爪
3. 化粧品と色彩，色材
4. 化粧品と香料
5. 化粧品の原料
6. 化粧品と薬剤
7. 化粧品の物理化学
8. 化粧品の安定性
9. 化粧品の防腐防黴
10. 化粧品の安全性
11. 化粧品の有用性
12. 化粧品の容器
13. 化粧品とエアゾール技術
14. 化粧品と分析
15. 化粧品の製造装置
16. 化粧品と法規
17. 化粧品と情報

1 化粧品と皮膚

1-1 ≫ 皮膚の構造と機能

　皮膚は全身を被覆して外部からのさまざまな刺激や障害あるいは乾燥から生体を保護する役目をしており，成人では全身で約 1.6 m² の面積を有する．皮膚の厚さは年齢，性別，部位により差があり，一般に男性の皮膚は女性よりも厚い．しかし脂肪層は女性の方が厚いといわれている．また一般に目瞼はもっとも薄く掌，足底がもっとも厚い．

　皮膚は表面から順に表皮，真皮，皮下組織の3層に大きく分けられる．これに毛，爪，皮膚腺（汗腺，皮脂腺）などの付属器官が存在する（図1-1）．

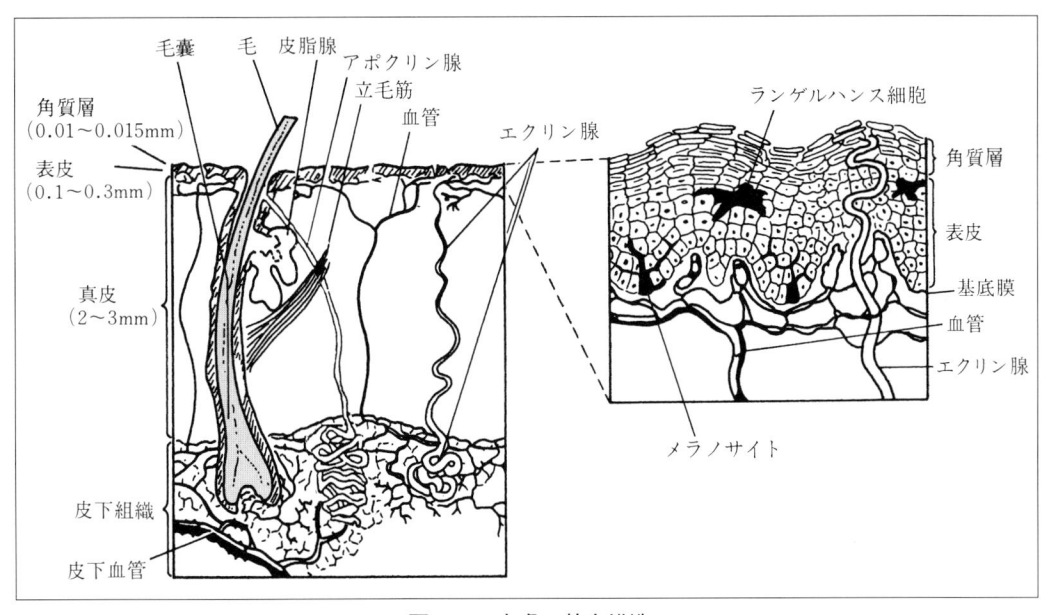

図 1-1. 皮膚の基本構造

1-1-1. 表 皮 Epidermis

　表皮は手掌・足蹠などのような特殊な部位を除いて厚さ約 0.1〜0.3 mm の細胞が密に重積し

た層であり，深部から順に基底層，有棘層，顆粒層，角質層に分けられる．細胞成分の大部分はケラチノサイト（角化細胞）とよばれ，最終的に角質層を構成する角質細胞を作り出す細胞である．それ以外にメラニン色素を合成するメラノサイト（色素細胞）が基底層に存在する．樹枝状の突起をもった細胞で，基底細胞10個に1個程度の割合で点在している．またメラノサイトと同様に樹枝状の突起をもったランゲルハンス細胞とよばれる細胞が有棘層に点在している．表皮全細胞の2～5％を構成し，樹状突起を表皮全体に張り巡らして外来の異物（抗原）や腫瘍を認識し，その排除に関わる免疫担当細胞として機能している．

1）ケラチノサイトと角化 Keratinocytes and Keratinization

基底層を構成する基底細胞は絶えず分裂を繰り返し，生じた一方の細胞が表層にむかって移動し有棘細胞となる．有棘細胞には多くのデスモソームとよばれる細胞間の接着構造があり，これによって細胞表面にとげがあるようにみえることからこのようによばれる．これらの細胞は各々狭い間隙で隔てられており，この間をリンパ液が流れ栄養物が自由に拡散できる．有棘層は数層からなり，表皮内ではもっとも厚い層である．その上には2～3層の顆粒層がある．偏平な細胞（顆粒細胞）からなり角質細胞への移行層をなしている．この細胞は細胞内にケラトヒアリンとよばれる顆粒が存在することからこの名がある．つづく角質層では細胞の様相が一変する．核をはじめ種々の細胞内小器官が消失し，ケラチンとよばれる線維性蛋白で細胞内のほとんどがみたされる．また，細胞膜も細胞の内側から裏打ち蛋白が強固な架橋構造によって結合し，強靱な角質肥厚膜（conified envelope）となる．このように表皮では，分裂した基底細胞が順次押し上げられ，上記のように形態を変化させながら，合成と分解の複雑な過程を経て，物理的，化学的抵抗性のある角質層を絶えず作り続けている．このケラチノサイトの分化過程を角化とよんでいる（図1-2参照）．基底細胞の分裂にはじまり角化過程を経てつくられた角質細胞は，その後最外層から順次垢として脱離していくので一定の厚さが保たれている．このようにして常に新しい細胞層に置き変わることをターンオーバーといい，部位や加齢によっても異なるが，正常な皮膚では，この表皮のターンオーバーはおよそ6週間といわれている．

異物の侵入や角層の破壊などがおこると敏感に反応して基底細胞の分裂が盛んになり，ターンオーバーの速度も早まって異物の排除や修復にあたる．また化学的刺激や物理的刺激が繰り返し皮膚に加わると，角質層が厚くなる．こうした反応はいずれも外界からの刺激に対する表皮の防御反応とみなすことができる．

2）メラノサイトとメラニン合成 Melanocyte and Melanin synthesis

メラノサイトはメラニンを合成し，樹枝状に伸ばした突起を通して，周囲のケラチノサイトにメラニンを供給している細胞である．1つのメラノサイトがメラニンを供給する相手はおよそ36個のケラチノサイトといわれており，この単位は表皮メラニンユニット epidermal melanin unit とよばれている．メラニンの合成はメラノサイト内にできるメラノソームとよばれる単位膜に囲まれた小顆粒中で合成される．その概略は図1-3にしめすように，アミノ酸の1種であるチロシ

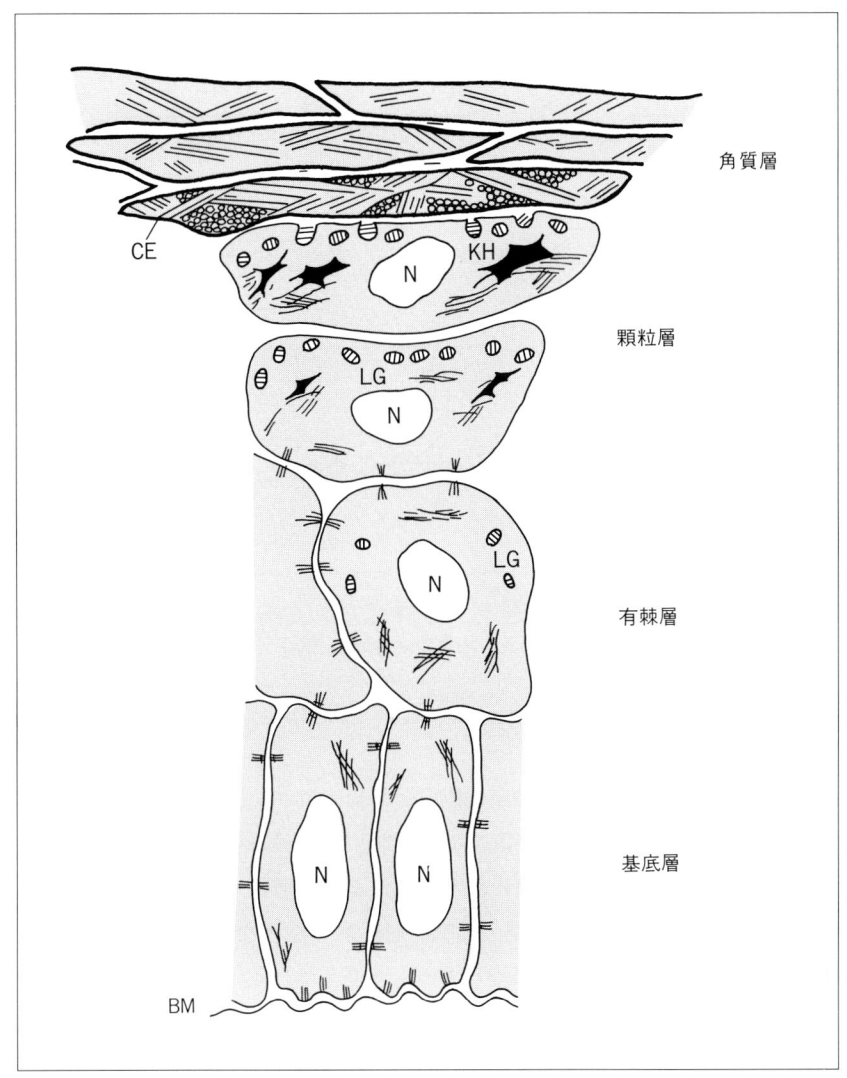

図 1-2. 表皮の模式図

N：nucleus 核　　LG：Lamellar granule 層板顆粒　　BM：Basement membrane 基底膜
KH：keratohyalin ケラトヒアリン　　CE：Cornified envelope 角質肥厚膜

ンを出発物質としてチロシナーゼという酵素によってドーパ，さらにドーパキノンへと酸化される反応によって合成が開始される．メラニン合成に関与する酵素は，他に2種のチロシナーゼ関連蛋白（TRP-1およびTRP-2）が知られている．この経路で合成されるメラニンは茶～黒色のユーメラニンとよばれ，ヒトにおいては皮膚，粘膜，毛髪のメラノサイトで合成される．メラニンにはこの他に黄～赤色のフェオメラニンとよばれるメラニンがあり，ヒトでは毛髪でのみつくられる．フェオメラニンの合成の詳しい機構はまだ明らかになっていない．

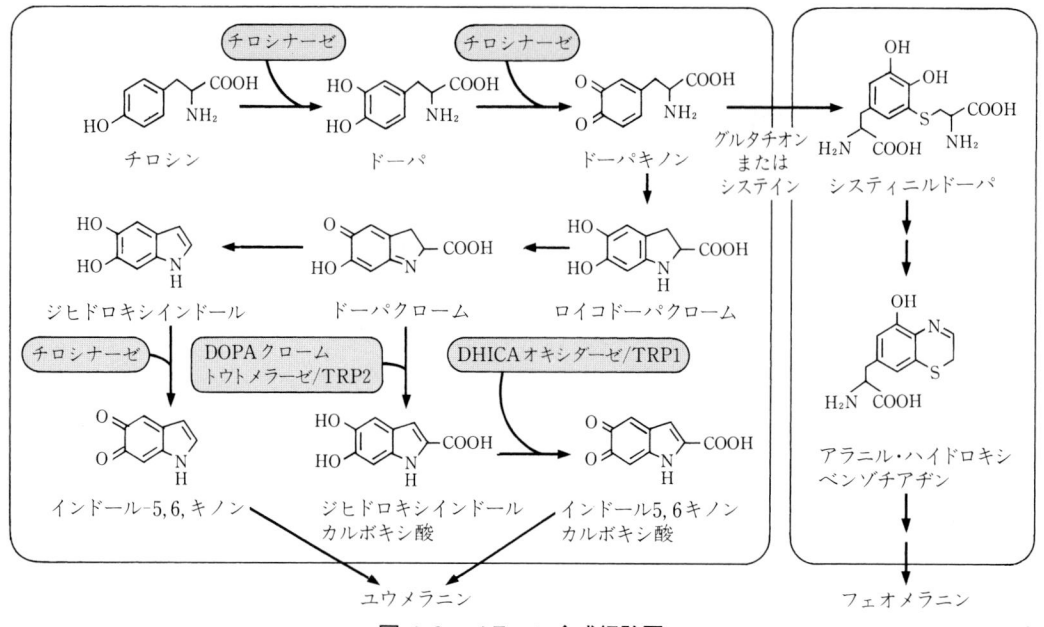

図 1-3. メラニン合成経路図

1-1-2. 真 皮 Dermis

　表皮は基底膜を介して真皮と接している．基底膜は $0.1\,\mu\mathrm{m}$ 程度の極めて薄い膜で，表皮と真皮をしっかり繋ぎ止める働きをしている．この構造がないと表皮は真皮から簡単に剥がれてしまう．またこの膜は表皮細胞の足場として働き，表皮細胞の正常な増殖や角化を維持するのにも重要な働きをしている．また表皮の細胞や真皮の細胞が産生する様々な生理活性物質の透過をコントロールすることで，それぞれの機能を調節していると考えられている．

　真皮と表皮の境目は平坦ではなく，凹凸の構造をしている．表皮が真皮に入り込んだ部分を表皮突起とよんでいる．一般に足の裏のような力のかかる部位やケラチノサイトの増殖が盛んな部位では表皮突起が深く入り込み，その間隔もせまい．加齢とともにこの凹凸構造がだんだん平坦になっていくことが知られているが，ケラチノサイトの増殖が低下していくことと関係があるといわれている．表皮突起と表皮突起に挟まれた真皮の上層部分は乳頭層，それより深部の真皮の大部分は網状層と呼ばれている．いずれも表皮に比べ細胞成分は疎らで，多くは細胞外マトリックスが占めているが，その細胞外マトリックスを構成する線維状の蛋白質や多糖類などの組成や構造が，乳頭層と網状層では少し異なる．線維状の蛋白質の主成分はコラーゲン（I 型とIII 型が主，皮膚には他に数種の型が存在する）で，組織の形状を保つ役割を果たしている．その他に量は少ないがエラスチン線維がコラーゲンの線維の間を縫うように走行し，組織に弾性を与えている．乳頭層ではこれらの線維は細く，比較的疎で垂直方向に走行する線維が多いのに対して，網状層では線維は密で太く，多くは水平方向に走行するという違いがある．また乳頭層には毛細血管と神経末端が密に分布している．多糖類の成分は主に酸性ムコ多糖（グリコサミノグリカン）で，ヒアルロン酸やデルマタン硫酸がその主成分である．通常，これらは蛋白と結合してプロテ

オグリカンの形で存在し，大量の水を保持してゲル状を呈して線維間を満たしている．ゲル内の水が，栄養分，代謝産物，ホルモンなどを血管から組織中の細胞に拡散させる役割を果たしていると同時に，組織に柔らかさをあたえている．こうした細胞外マトリックスの構造によって皮膚に柔軟性とはりが与えられる．

真皮には，細胞成分としてこれらの細胞外マトリックスを合成，分泌する線維芽細胞やアレルギー反応を誘起するヒスタミンやセロトニンを産生するマスト細胞（肥満細胞）などが存在する．

1-1-3. 皮下組織 Subcutaneous tissue

真皮の下にある皮下組織は，結合組織隔壁によって区切られた空間とそれを満たす脂肪細胞からなる．脂肪細胞は自身が合成した多量の脂肪を原形質内に貯えている．皮下組織に貯えられた脂肪は体温保持に重要な役割を果たしており，一般に男性よりも女性の方が，成人よりも小児の方がよく発達している．

1-1-4. 皮脂腺 および 皮脂 Sebaceous gland and Sebum

皮脂腺は1～数個の分葉からなる皮脂の合成，分泌器官で，通常，毛包の開口部近く（毛漏斗基部）に付属しており，手掌，足蹠を除いたほぼ全身の皮膚に存在する．身体の各部位によってその大きさ，形態，分布密度は異なる．顔面，頭部では数も多く，平均800個/cm^2で，四肢では少なく平均50個/cm^2である．顔面のなかでも分布に大きな差があり，顔面中央部すなわち額，眉間，鼻翼，鼻唇口のいわゆるTゾーンといわれる部分でよく発達している．鼻翼では通常と異なり，毛包に付属していない皮脂腺（独立皮脂腺）が多い．その他の皮脂腺の多い部位は，前胸部，背面中央部，腋窩，股陰部などである．皮脂腺の大きさと分泌量の間には相関関係がみられる．

皮脂腺を構成する皮脂腺細胞は未分化の基底細胞から脂質滴を生成する細胞へと分化し，最終的には死滅して皮脂を分泌する．すなわち皮脂腺細胞は崩壊と増生とを繰り返しながら皮脂を産生する．こうして皮脂腺中で生成された脂質は皮脂腺導管，ついで毛漏斗部を通じて独立皮脂腺の場合には皮表へ排出される．

皮表には，このように皮脂腺から排出された皮脂が常時 0.4～0.05 mg/cm^2 存在している．ヒトの皮脂は表1-1[1]のような物質より構成される．

皮脂の機能には不感知蒸泄を調節し角層に湿度，柔軟性を与えること，また外部からの有害物質や細菌の侵入を防ぎ，体内からの水分などの物質の放出を防ぐ働きなどがある．

皮脂の量は部位による差のほかに年齢，性，季節，皮膚の温度によっても異なり，また日内変動もある．ヒトでは皮脂腺は女性よりも男性の方が大きく，したがって皮脂量も多い．また胎児および新生児の皮脂腺は母体からの性ホルモンの影響で機能は亢進しているが，その後は縮小し，機能は低下し，小児期を経過する．思春期になると再び，性ホルモンの影響で機能は亢進する．老年にいたってふたたび機能は低下する．思春期早期には女性の方が皮脂分泌が多いが，その後

表 1-1. ヒト皮脂の構成[1]

脂　質	平均値 wt%	範　囲 wt%
トリグリセリド	41.0	19.5～49.4
ジグリセリド	2.2	2.3～ 4.3
脂肪酸	16.4	7.9～39.0
スクワレン	12.0	10.1～13.9
ワックスエステル	25.0	22.6～29.5
コレステロール	1.4	1.2～ 2.3
コレステロールエステル	2.1	1.5～ 2.6

（大城戸宗男，安部　隆：皮脂腺の脂質代謝，現代皮膚科学体系 3 B，83-95，中山書店．）
（Downing, D. T., Strauss, J. S. & Pochi, P. E.：Variability in the chemical composition of human skin surface lipids. J. Invest. Dermatol. 53：332, 1969.）

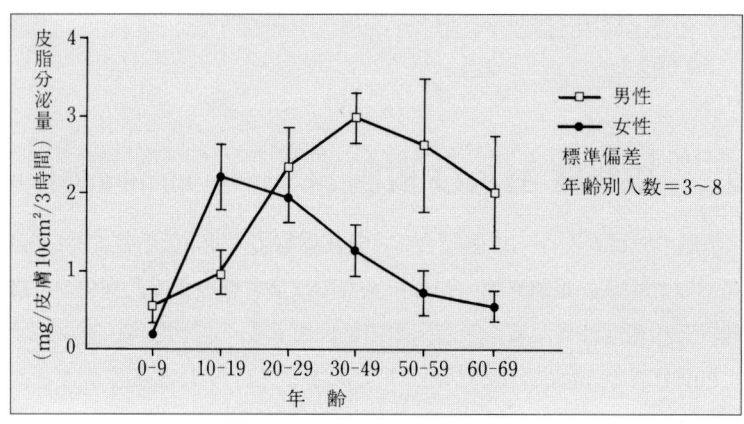

図 1-4．年齢別皮脂量の比較[2]
(Yamamoto, A. et al.：J. Invest. Dermatol., 89, 507, 1987)

は男性の方が多くなる．中年以降は女性では閉経後著明に減少するが，男性では比較的高値を示す(図1-4)．

　皮脂腺の活動にはホルモンの影響が大きく，特に男性ホルモンは皮脂腺を肥大させ，脂質合成を増加させる．ヒトの皮脂腺の神経支配に関しては現在，否定的な見解が強い．立毛筋は毛根に付着する平滑筋で自律神経により支配されている．立毛筋の収縮によって毛幹を直立させると同時に，皮脂腺を圧迫して皮脂の排出を促す作用がある．

1-1-5．　汗腺および汗 Sweat glands and Perspiration

　汗腺は汗を分泌する腺であり，エクリン腺とアポクリン腺の2種類がある．汗の主要な役割は気化熱を奪って体温を低下させ，高温環境下あるいは激しい運動による体温の上昇を抑えることにある．これが温熱性発汗であり，これに対して，精神的緊張によって起こる発汗を精神性発汗という．また酸味，辛味などの強い味覚刺激による味覚性発汗がある．

日本人のエクリン腺は約230万個あり，1時間に1ℓ以上，1日に10ℓにも及ぶ汗を分泌する能力を持っている．エクリン腺は全身いたるところに分布しているが，頭部，前額部，手掌，足底などにとくに多い．エクリン腺は糸球状の腺体を真皮下層あるいは皮下組織内にもち，真皮，表皮を通過する導管を通り体表面に開口している．その分泌物は弱酸性で細菌の繁殖を抑える．エクリン汗の固形成分の量は0.3〜1.5%であり，そのうちの主なものはNaClであり，その他に尿素，乳酸，硫化物，アンモニア，尿酸，クレアチニン，アミノ酸などを含む(表1-2)．

表 1-2. 汗の成分[3]

物　質	含　量	物　質	含　量
食　塩	0.648〜0.987	アンモニア	0.010〜0.018
尿　素	0.086〜0.173	尿　酸	0.0006〜0.0015
乳　酸	0.034〜0.107	クレアチニン	0.0005〜0.002
硫化物	0.006〜0.025	アミノ酸	0.013〜0.020

(久野　寧：汗，養徳社，1946．)

　アポクリン腺は限局された有毛部(腋窩，恥丘，陰嚢，大陰唇，肛門周囲)および乳輪に存在する．アポクリン腺は皮脂腺とともに毛包と一体をなしており，体表面に開口することはなく，毛包上部に開口する．アポクリン腺は男性より女性に多く，白人より黒人に多いが日本人は白人より少ない．アポクリン腺の分泌様式は汗の中に細胞の一部が剝離して混入する様式のためアポクリン汗は複雑な成分となり，エクリン汗と異なり粘稠でニオイ物質も含む．また皮膚に付着する菌が汗の中の有機性成分を臭気物質に変える．アポクリン汗は弱アルカリ性であり，細菌感染が起こりやすい．アポクリン汗の分泌は思春期になって始まる．ヒトのアポクリン腺の汗の成分や生理的役割については不明のことが多い．

　エクリン腺は自律神経の支配を受ける．一方，アポクリン腺はホルモンの影響を強く受け，自律神経による支配は否定的である．エクリン腺は年齢が進むとともに構造が乱れ，分泌細胞の萎縮，汗の分泌の減少が認められるが，アポクリン腺は加齢による影響は少ない．

1-1-6. 血　管 Blood vessel

　皮膚の血管は通常，表皮内には侵入しないで，真皮および皮下組織内に分布している．この皮膚の血管系は主として細動脈，毛細血管および細静脈からなり，心臓，動静脈系の広域循環に対して，微小循環（末梢の細い血管網での血液循環）と呼ばれている．この皮膚の微小循環は，皮膚の物質代謝に必要と考えられる血液量の100倍にも及ぶ血液を運ぶことができるが，これは皮膚血流が体温調節の役割を果たすためである．また，皮膚にある毛包，汗腺，脂腺の周辺には毛細血管が数多く存在し，これらの組織が十分に機能できるように，酸素，栄養分を供給している．毛細血管の血流は，おもに細動脈の平滑筋が収縮・弛緩することで調節されている．平滑筋が収縮して緊張度が高まると血流は減少し，緊張度が低くなると増大する．この平滑筋の緊張度は化

学的刺激，物理的刺激，神経性因子の影響を受けて変化する．化学的刺激には，生体内のホルモン，神経伝達物質や体外からの薬物があるが，代表的な生体内物質としては一酸化窒素（NO），エンドセリン，アンジオテンシンII，ノルアドレナリン，アセチルコリン，ヒスタミン，セロトニン，バソプレッシンなどがあげられる．身近にみられる微小循環系の変調には，毛細血管が持続的に拡張している「赤ら顔」や，目の周辺など皮膚の浅い部位で血液が滞留（うっ血）することで生じる「くま」などがある．

1-2 ≫ 皮膚の生理作用

皮膚は生体の表面にあって，直接外界に接しているため，絶えず色々な刺激にさらされている．皮膚はこのような刺激から生体を保護し，身体の働きを周囲の変化に順応させる働きをしている．皮膚は成人では $1.6\ m^2$ の広さがあり，体の開口部では皮膚は粘膜に続いている．皮膚は多様な役目を持つ器官である．

1-2-1. 物理化学的防御作用

物理的な刺激や化学的な刺激から生体を守る働きを担っているのは，まず最外層の角質層である．表皮の角化過程でつくられるケラチン線維の束やそれを囲む角質肥厚膜が，機械的刺激に対して強固であると同時に化学物質に対しても強い抵抗性をもっている．慢性的な機械的刺激を受ける部位では，踵や肘，膝のように角質層が肥厚し，より強固さを増すように変化する．また，真皮の構成成分で皮膚に弾力性を与えている弾力線維や強さを与えている膠原線維，さらには真皮の下の皮下脂肪組織が，外部からの力が直接内部に及ばないよう，クッションの役割を果たしている．化学物質のなかでもアルカリに対しては，角質層に存在する乳酸や脂肪酸で中和する能力（アルカリ中和能とよんでいる）があり，常に弱酸性（pH 5 前後）が保たれている．この酸性の壁は微生物の繁殖を抑える働きもしている．

1-2-2. 保湿作用

皮膚とくに角質層は生体の最外層に位置しているため，生体内部に比べ極めて乾燥した外部環境に曝されている．そうした環境の中で，角質層が適度な（10〜15％）水分を保持し（水分保持機能），また生体内部の水分が失われないようにする機能（水分バリアー機能）が備わっている．

1）水分保持能 Water retention capacity

角質層の水分保持に重要な役割をになっているのは，角質層中に存在する水溶性の成分で，こ

表 1-3. NMF（天然保湿因子）の組成[5]

成　分	組　成（％）
アミノ酸	40
ピロリドンカルボン酸（PCA）	12
乳酸塩	12
尿素	7
アンモニア	1.5
無機塩　　　　　　　　　　　　　　　　　　Na^+, K^+, Ca^{2+}, Mg^{2+}　　　　　　　　　Cl^-, リン酸塩など	18.5
糖類, その他	9

れを天然保湿因子（Natural Moisturizing Factor：NMF）とよんでいる．NMF の構成を表1-3 に示したが，その主要成分はアミノ酸やピロリドンカルボン酸などのアミノ酸代謝物である．これらの含有量は部位によっても異なるが，多いところでは角質層の乾燥重量の30％近くにも達する．角質層中のアミノ酸は顆粒層で合成されるケラトヒアリン顆粒を構成するフィラグリンとよばれる蛋白が，角質層に移行したのちに完全に分解を受けることによって生じたものである[4]（図1-2 参照）．したがって角質層の水分保持機能が維持されるには角化が正常に営まれていることが必須であり，肌荒れなどわずかな角化の変調でもアミノ酸含量，ひいては水分保持能の低下を容易に招く．一般に角質層中のアミノ酸の量が少ないほど皮膚乾燥度は大きい．水分含有量が10％以下になると，角質層は柔軟性を失い，硬く脆くなり，ひび割れや落屑が生ずるといわれている．手掌・足蹠ではアミノ酸が極めて少ないが，湿度の低下する冬にひび割れが起こる原因の一つはここにある．

2）バリアー機能 Barrier function

角質層の水分バリアー機能も角化過程で巧妙に準備される．有棘層から作られ始める層板顆粒 lamellar granule（図1-2 参照）は層状構造をした脂質で満たされた小体であるが，角質層へ移行する直前で，この内包した脂質を細胞間に放出し，層状構造を維持しながら相互に融合してシート状に広がり細胞間脂質を形成する．これが水分の蒸散や NMF 成分のアミノ酸の流出を防ぐ上で極めて重要な役割を果たしている．この細胞間脂質は主にセラミド，コレステロールとそのエステル，脂肪酸で構成され（表1-4），十分なバリアー機能を果たす上では量ばかりでなく各成分

表 1-4. ヒト角質層の細胞間脂質の構成[7]

脂　質	平均値 wt%
セラミド	41.1
セラミドエステル	3.8
コレステロール	26.9
コレステロールエステル	10.9
脂肪酸	9.1
硫酸コレステロール	1.9
その他	6.4

の組成,構成比が重要であるといわれている[6]. バリアー機能には,これら層板顆粒から由来する角質細胞間脂質と,皮脂腺に由来する皮脂が関与している.

1-2-3. 紫外線防御作用

　紫外線も生体にとって大きな脅威である.皮膚に照射された紫外線は,まず表面の細かい凹凸でその一部は散乱されるが,皮膚内に透過した紫外線の防御にはメラノサイトがつくるメラニンが最も重要な役割を果たしている.紫外線を受けた皮膚は,メラノサイトの数を増加させるとともに個々のメラノサイトのメラニン合成能力を高め,紫外線の防御能力をさらに高めようとする(1-3-2参照).また,角質層中のNMF成分の一つであるウロカニン酸(アミノ酸の1種であるヒスチジンの代謝物,NMFの起源であるフィラグリンは特異的にヒスチジン含量が多い蛋白である)は天然の紫外線吸収剤として紫外線防御に寄与しているといわれている.紫外線の傷害性は,DNAや蛋白質への直接的なダメージに基づくものと,次に述べる活性酸素・フリーラジカルの発生による酸化傷害に基づくものがある.したがって,皮膚の抗酸化作用は紫外線防御作用の一つとみなすことができる.

1-2-4. 抗酸化作用

　皮膚は直接外界と接する境界領域に位置するため,絶え間なく酸化ストレスの影響を受ける臓器である.常に接している酸素に加えて,紫外線,排気ガス,化学物質(オゾン,窒素酸化物,粉塵中の金属等)などが原因で活性酸素・フリーラジカルに直接曝されている.これらの要因で起こる皮膚変化には脂質過酸化反応がある.皮脂成分の一つであるスクワレンが最初の酸化ターゲットとなるが,それはスクワレンが活性酸素の一種である一重項酸素と極めて容易に反応するためである[8].この一重項酸素は健常なヒト皮膚においても通常の生活環境下で発生している.生成したスクワレン過酸化物は,皮膚における新たな酸化ストレスとなり皮膚内部に悪影響を与えると考えられる.紫外線は皮脂の酸化ばかりでなく皮膚内部にも活性酸素・フリーラジカルを生じさせる.また炎症反応などでも活性酸素・フリーラジカルが発生する.皮膚にはこれらの活性酸素・フリーラジカルを消去するための酵素性,非酵素性の抗酸化分子が存在しており,総合的な抗酸化システムをつくっている(表1-5).これらの抗酸化システムによって外的内的要因からの酸化ストレスに対処しているが,過剰な酸化ストレスが加わったり,また微弱ではあっても繰り返し受けることによって皮膚に酸化傷害が蓄積していき,老化をはじめ様々な皮膚変化につながっていくと考えられている.

1-2-5. 免疫作用

　皮膚は,人体の最外層に位置し,外部環境から異物が侵入するのを防ぐ役割を果たしている.

表 1-5. 皮膚における抗酸化システム

予防的抗酸化分子（活性酸素・フリーラジカル生成抑制）
＜ヒドロペルオキシド，過酸化水素の非ラジカル的分解＞ 　カタラーゼ 　グルタチオンペルオキシダーゼ
＜活性酸素の消去，不均化＞ 　スーパーオキシドジスムターゼ 　カロテノイド
ラジカル補足型抗酸化分子
ビタミンC，グルタチオン，メタロチオネイン，尿酸， 　ビタミンE

近年の研究で，皮膚は高度に発達した免疫器官であることが明らかになってきた．異物の侵入は，通常は角質層により阻止されているが，細菌などの病原微生物が傷ついた部位から侵入した場合には，皮膚は免疫学的反応によってそれら非自己の異物を排除するという機能を有している．ただし，こうした非自己の物質に対する免疫学的応答は，有害な病原微生物に限らず，異種蛋白（抗原）や，それ自身抗原性はないが自己の蛋白と結合して抗原性を示す化学物質（ハプテン）にたいしても同様に働き，身の回りの物質に対する必要以上に過剰な免疫反応いわゆるアレルギー反応を惹起させることにもつながっている．いずれにせよ炎症という皮膚反応を引き起こすことによって異物が排除される．免疫応答反応の第一段階は抗原性のある異物を認識することから始まるが，その役割を担っているのが表皮に存在し抗原提示機能を有するランゲルハンス細胞である．抗原が真皮に到達した場合にはマクロファージが抗原提示の役割を担う．ランゲルハンス細胞は表皮で樹状突起をアンテナのように広げ，外部から侵入した異物（抗原）を認識した後，表皮からリンパ節に移動し，その抗原を特異的に認識するTリンパ球を増殖させる．再びこの抗原が表皮に侵入してくると，非常にわずかな量であってもランゲルハンス細胞から抗原特異的なTリンパ球に情報が伝わって炎症性サイトカインを放出させ，血管拡張，細胞浸潤，浮腫などの炎症反応が引き起こされる．このようなTリンパ球が主体で起こる接触アレルギー反応による湿疹やかぶれの炎症反応は，アレルギー物質が侵入してから1～3日に反応のピークが認められることから遅延型アレルギー反応とよばれる．抗原の種類や量などによってはBリンパ球でIgE抗体がつくられ，マスト細胞の細胞表面に結合する．再度侵入してきた抗原はこのマスト細胞上のIgEと直ちに反応し，血管拡張作用をもったヒスタミンなどの炎症性物質を放出させ，即時型アレルギー反応を引き起こす．この種の代表的な炎症反応は接触蕁麻疹である．アトピー性皮膚炎患者はIgE抗体を作りやすい素因を有しているが，アトピー性皮膚炎の湿疹型の反応はTリンパ球による遅延型アレルギー反応も関与している．また，表皮の大部分を占めるケラチノサイトも，IL-1，IL-6およびIL-8をはじめとする炎症反応の発現に関与する種々のサイトカインを産生し，皮膚免疫応答に関与している．

1-2-6. 体温調節作用

　皮膚は皮膚毛細血管の拡張，収縮による皮膚血流量の変化と発汗による気化熱によって体温調節に役立つ．皮膚血管，エクリン腺ともに自律神経により支配を受けている．体温調節中枢は視床下部にあり，低温時には皮膚の血管収縮性神経の活動が増加して皮膚血管を収縮させ体温の低下を防ぎ，高温時には神経活動が減って血管拡張し，放熱は増える．発汗機能の中枢も視床下部にある．また角質層，皮下組織なども，それ自体が身体の熱の放散を防いだり，外界温度の変化を身体内部に伝えないようにしている．立毛筋は収縮して皮表に空気の層を形成し，体内からの熱の散逸を減らし，体温調節に役立っている（鳥肌）．立毛筋も自律神経により支配されている．

1-2-7. 知覚作用

　皮膚は外部環境の変化を受容し，皮膚感覚を生み出す．皮膚感覚には，一般に圧覚，触覚，温度感覚，痛覚がある．皮膚内にはさまざまな種類の受容器が存在し，マイスナー小体，メルケル盤，ゴルジ-マッツォニ小体が触覚に，パチニ小体が圧覚に関係するといわれ，クラウゼ小体が冷覚，ルフィニ小体が温覚，自由神経終末が痛覚に関係している．皮膚の外界の情報はこのような知覚神経終末を刺激し，脊髄，脳幹，視床を経由して大脳皮質に伝えられ感知される．

1-2-8. 吸収作用

　皮膚からはさまざまな物質が生体内に吸収される．その経路には，表皮からの吸収と毛嚢皮脂腺からの吸収との2つがある．女性ホルモン，男性ホルモン，副腎皮質ホルモンなどのステロイドやビタミンA，D，E，Kなどの脂溶性物質はよく経皮吸収されるが，水溶性物質は経皮吸収されにくい，角質層そのものが疎水性であり，水や水溶性物質のバリヤーとして働くためである．経皮吸収性には物質の脂溶性の程度，年齢，皮膚局所血流量，皮膚温度，角質層の水和性，角質層の損傷度，環境温度，環境湿度，基剤などの要因が影響する．このような皮膚からの吸収作用を利用し，薬物を最適な時間経過で全身投与する方法が開発されてきている（皮膚からのドラッグデリバリーシステム）．

1-2-9. その他の作用

　皮膚は紅潮，蒼白，毛を逆立てるなど情動の動きによってその性状が影響を受ける．このように皮膚は，感情伝達器官でもある．
　皮膚ではまたビタミンDの生合成が行われる．皮膚の中，とくに表皮中に存在するビタミンDの前駆体に紫外線が照射されることによって合成される．

1-3 ≫ 皮膚の色

1-3-1. 皮膚の色

　皮膚の色は性別，個人差，年齢，地域，季節，部位によっても，さらには健康状態やストレスなどの情動によっても変化する．また一般に女性より男性，若年者より高齢者の方が色素に富んでいる．部位別では，手掌，足底では色素が少なく陰嚢，陰唇，肛門周辺，乳首などでは多い．こうした外観上の皮膚色には皮膚表面の色，メラニン，メラノイド，カロチン，酸化ヘモグロビン，還元ヘモグロビンなどの色素が反映する．さらに皮膚色には，角質層の厚さや水和状態，血液の量や血液中の酸素の量，細胞間の接着状態などのさまざまな要因が関与し，その分光反射率曲線は図1-5のようになる．いわゆる色白といわれる皮膚は548 nmと578 nm近傍にオキシヘモグロビンに対応する吸収がみられ，メラニンが少なく表皮層の透明度が上がり，血液の影響が強く現われて一般にピンク色に感じられる．逆に色黒の皮膚は，メラニンが多く血液のヘモグロビンによる吸収は少ない．

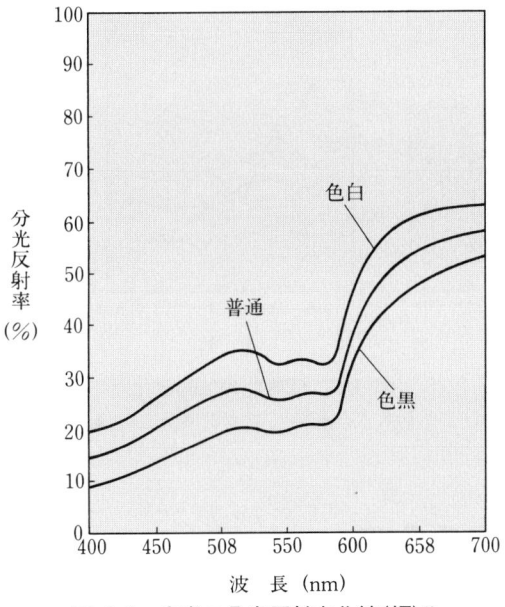

図 1-5. 皮膚の分光反射率曲線(頬)[9]

　日本人は白人に比べてメラニンの吸収が強く黄色っぽい皮膚で一般に黄色人種といわれるが，それでも肌色の領域は後述するマンセル座標に表示した場合，図1-6にみられるように広い分布を示し，部位によって多少異なるが季節によって「ハ」の字型に分布する[10]．一般に皮膚色は加齢とともに変化し，色相は赤から黄の方向に移り，明度は低下する．また，人種差は色相において顕著であり日本人の皮膚色は欧米人に比べて黄によっている(図1-7)[11]．

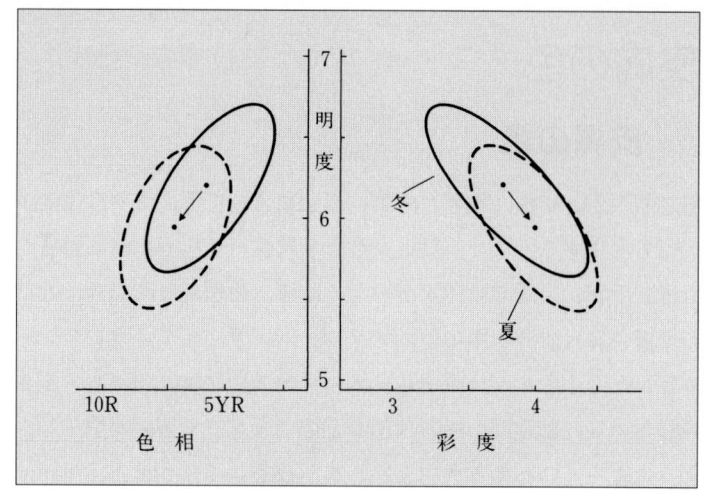

図 1-6. 季節による肌色(頬)の違い[10]
同一人(n=56)の7月と12月
(中野幹清, 棟方明博:色材, 58, 356, 1985.)

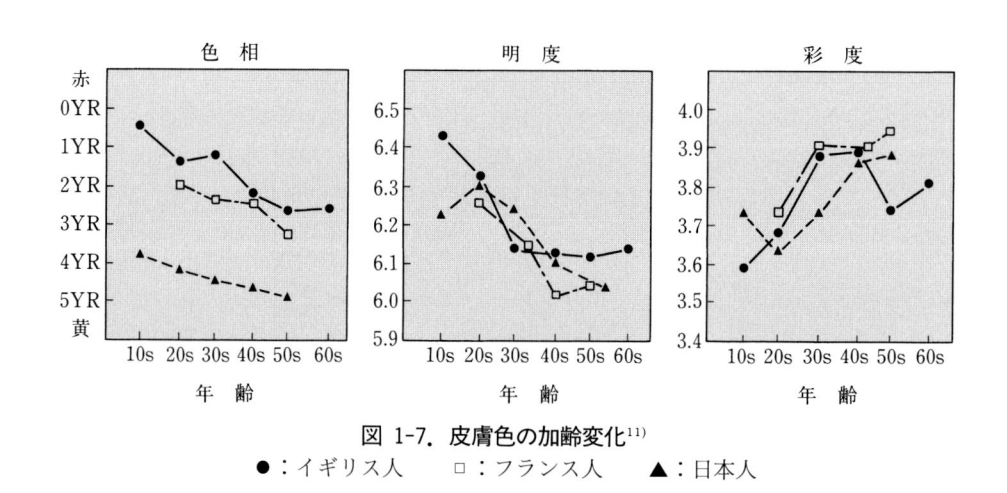

図 1-7. 皮膚色の加齢変化[11]
●：イギリス人　□：フランス人　▲：日本人

1-3-2. 皮膚の色素

1) メラニン Melanin

ヒトの皮膚色を決定するもっとも大きな因子はメラニン色素である．すでに述べたように，この色素はメラノサイト内の小器官であるメラノソームで合成され，メラノサイトの樹枝状突起を通して隣接するケラチノサイトに移行する(1-1-1参照)．メラノサイトの数は個人差があり，同一人においては部位によって異なっている．概して被覆部は少なく，露出部は多い．紫外線の照射を受けると，チロシナーゼ活性の増加をはじめとするメラニン合成活性が高まるとともに，メラノサイトの数も増加する．紫外線照射後のメラノサイトの増殖やメラニン合成の活性化には，隣接するケラチノサイトが産生する αMSH (メラノサイト刺激ホルモン) やエンドセリンをはじめ

種々の因子の関与がいわれている．紫外線の影響がなくなると，通常はメラノサイトの密度や活性は元のレベルにもどる．

皮膚色の異なる黒人，日本人，白人の同一部の皮膚を比較すると，メラノサイトの密度には変化がない．人種による皮膚色の違いは，個々のメラノサイトにおけるメラニン合成能(メラノソーム生成能)，ケラチノサイトに移行したメラノソームの数，その成熟度，存在様式によって生じる．ケラチノサイトに取込まれたメラノソームはライソソームとよばれる小体に取込まれメラノソームコンプレックスの形で存在するが，黒人では個々の大型のメラノソームが一つのメラノソームコンプレックスを作っているのに対して，白人では小型のメラノソーム数個で1つのメラノソームコンプレックスをつくっている．メラノソームはライソソームの酵素によって徐々に分解されるが，小型のメラノサイトほど分解を受けやすい．したがって表皮上層のケラチノサイト内では白人のメラノサイトは細かく断片化しているのに対して，黒人のメラノソームは角質層にまでそのままの形で保持され，大きな皮膚色の違いとなって現われる．日本人ではその中間より白人に近い形態を示す．

2) カロチン Carotene

カロチンはカロチノイド色素の一種であり，α，β，γの3種の異性体が知られている．カロチンの水酸化誘導体のキサントフィルもカロチノイド色素に含まれる．これらを経口摂取すると，主に腸粘膜でビタミンAが生成されるが，ビタミンAに変化せず腸管より吸収されたカロチノイドは血中に移動し，β-リポ蛋白質と結合する．血中カロチノイドは角質層に沈着しやすく，角質層の厚い部位や皮下組織に特有の黄色を示すが粘膜には通常沈着しない．皮膚の黄色は主にカロチンに由来し，女性より男性に多い．

3) ヘモグロビン Hemoglobin

ヘム4分子とグロビン蛋白質からなる呼吸蛋白質で，赤血球にだけ存在する．ヘムはグロビン分子のヒスチジン側鎖のイミダゾールと結合している．酸素分子とは可逆的に結合し，酸素を肺から組織へと運搬する．静脈血中の還元型のフェロヘモグロビンは蒼紅色を示し，これに4分子の酸素が結合した動脈血中の酸化型のヘモグロビンでは鮮紅色をしている．皮表近くに毛細血管の分布している顔面，頸部などではヘモグロビンの紅色が顔色に大きく寄与している．

1-3-3. 色素沈着

皮膚上には局所的なメラニンの沈着によって生じる様々なタイプの色素斑がある．ここでは一般的にみられる代表的ないくつかの色素斑をとりあげる．これらはいずれも紫外線が直接の原因であったり，増悪因子となることから，美白剤とともに紫外線防御が有効なスキンケアとなる．

1）肝　斑 Liver spots

通常，医師がしみというとき指している色素斑．30代以降の女性の顔面，おもに頬，前額，側額などに左右対称に生ずる境界明瞭な淡褐色の色素斑，妊娠時の卵胞ホルモンやMSHの増加などが誘因といわれているが，発症のメカニズムはまだよくわかっていない．日光（紫外線）曝露や経口避妊薬（黄体ホルモン）の内服で増悪する．

2）そばかす Freckles

専門的には雀卵斑とよばれる．5～6歳から顔面その他の日光曝露部に生じる小型の褐色色素斑．思春期にもっとも目立つようになるが，その後だんだん目立たなくなってくる．遺伝因子が深く関わっているが，夏日斑という別名が示すように日光照射と深い関係がある．

3）老人性色素斑 Senile spots

おもに顔面，手背，前腕伸側など日光曝露部に生じる大小様々な境界明瞭な褐色色素斑．中年以降，ごく普通にみられる．長期にわたる紫外線の影響で局部的にメラノサイトが刺激され続けるようになるために生じると考えられるが，発症機序は十分解明されていない．加齢ととも高頻度に現われるいぼの1種，脂漏性角化症（老人性疣贅ともよばれる表皮の良性腫瘍）と混在するケースも多い（1-7-4参照）．

4）その他

何らかの原因で炎症を起こした後に色素沈着（ときに色素脱失）が生じることはしばしばみられる（炎症後色素沈着）．慢性のアレルギー皮膚炎は，通常では存在しない真皮へのメラニンの滴落をともなった女子顔面黒皮症（あるいはリール黒皮症）とよばれる色素異常症の原因となる．

1-4 》 肌質の見分け方

肌質という用語は，皮膚の状態を指す美容用語である．皮膚科領域でいう，皮膚の正常，異常というレベルではないが，健常人（正常）の範囲にあっても，さまざまな皮膚の状態が存在する．それを的確に把握することは，より健康な皮膚を維持するための的確なスキンケアをするうえで重要である．ここでは皮膚の状態の評価法，とくに健常人に対しても適用できるような，基本的には皮膚の外側から皮膚を傷つけることなく評価できるいくつかの方法と，それに基づく肌質の分類について述べる．

1-4-1. 肌状態の評価法[12]

1）皮膚表面形態 Types of skin surface

　皮膚表面には細かい溝が縦横に走っている．その溝を皮溝，皮溝に囲まれた平らな部分は皮丘といい，これらで作られる文様を皮紋とよんでいる．皮膚表面の形状は，一般的にはシリコン樹脂を用いて皮膚表面の鋳型（ネガティブレプリカ）をとり，適当に拡大することによって詳しく観察することができる．図1-8に皮紋の規則正しさ，形状の鮮明度の異なる代表的な頬部のレプリカ像を示した．外観的に皮膚の肌理（きめ）が細かく若々しい健康な皮膚では，皮紋が明瞭で細かく規則正しいレプリカ像がみられる．反対に角質がささくれだち，カサカサしているような，い

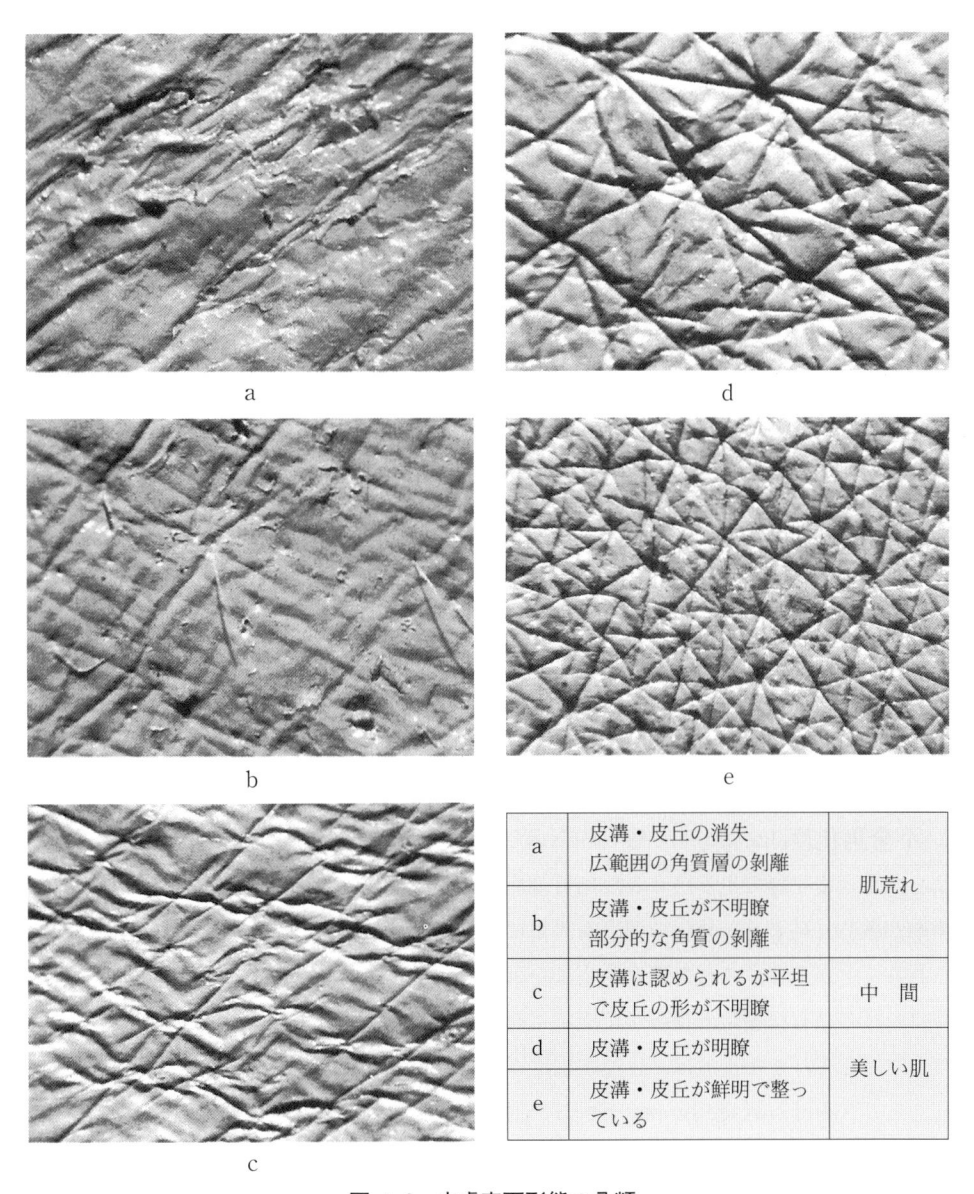

a	皮溝・皮丘の消失 広範囲の角質層の剥離	肌荒れ
b	皮溝・皮丘が不明瞭 部分的な角質の剥離	
c	皮溝は認められるが平坦 で皮丘の形が不明瞭	中間
d	皮溝・皮丘が明瞭	美しい肌
e	皮溝・皮丘が鮮明で整っている	

図 1-8．皮膚表面形態の分類

わゆる肌荒れしている皮膚では，皮紋は不明瞭で，極端な場合にはまったく消失してしまうこともある．こうした方法で皮膚表面を拡大観察することにより，外観観察だけでは気づかない肌の変調を簡単に知ることができる．後述するように，皮膚表面形態に現われる変化は皮膚内部の変調を，とくに角化の変調や老化度を反映していることが明らかになってきている．近年，この形状の特徴をコンピューター画像解析によって数値化することが可能になってきたことから，レプリカ画像解析は皮膚の形状を客観的に把握することのできる有力な手段となっている[13]．

2）角質層水分量 Water content of horny layer

角質層が正常な機能を果たし，健康な状態を保つには10〜20%の水分を含むことが必要とされている．角質層の水分量が減少すると柔軟性が失われて硬くなり，ひびわれや落屑の発生の要因になる．先にも述べたように角質層水分量の主要な決定因子は角質層中のNMFとくにアミノ酸類であり，この生成は角化の状態と密接な関連がある．さて角質層の水分の測定方法にはいくつかの方法が知られているが，なかでも皮表の高周波電気伝導度（コンダクタンス）を測定する方法がもっとも一般的で，市販の装置で極めて簡便に測定できる[14]．水分量の絶対量は求められないが，発汗のない条件下で測定されたコンダクタンスは角質層水分量と良い相関を示す．前項の皮膚表面形状の良否に基づいて3グループに分類された頬部の角質層水分量を図1-9(a)に示した．皮紋の消失あるいは不鮮明な肌荒れ皮膚では，角質層水分量は有意に低下する[12]．

3）TEWL Trans epidermal water loss

角質層のバリアー機能の指標として，皮膚の内部から皮膚を通して揮散する水分量がよく用いられている．不感知蒸泄あるいは経皮水分損失 transepidermal water loss (TEWL) とよばれ，汗腺から分泌される汗とは区別される．測定は皮膚表面上の湿度勾配から算定する装置が一般に用いられる．角質層のバリアー機能はケラチンパターンが示すような角質細胞内の密に凝集した構造や，角質層の肥厚した細胞膜，さらに重要な因子として層板顆粒に由来する細胞間脂質などによって保たれていると考えられている．図1-9(b)に示すように肌荒れすると TEWL の増加が観察され角質層のバリアー機能の低下が示唆される[12]．

4）不全角化度 Incomplete keratinization

正常な角化過程を経て生み出された角質細胞には核は存在しない．しかし炎症などの原因で表皮の増殖が著しく高まり，角化の速度も異常に早まるために核の残ったままの不完全な角質細胞が作られることがある．これを不全角化または錯角化とよんでいるが，健常人の皮膚でも顔面や頭皮にはしばしば有核細胞の集塊が斑点状に認められる．前者は図1-9(c)に示すように肌あれの程度に対応して，また後者はふけ症の程度に対応して出現頻度が高まる．粘着テープで表層の角質層をとり（skin surface biopsy, SSB），通常の組織染色を施し顕微鏡観察することにより，その有無を調べることができる．

以上のように，皮膚表面から角化の状態を反映したさまざまな情報がえられる．これ以外にも

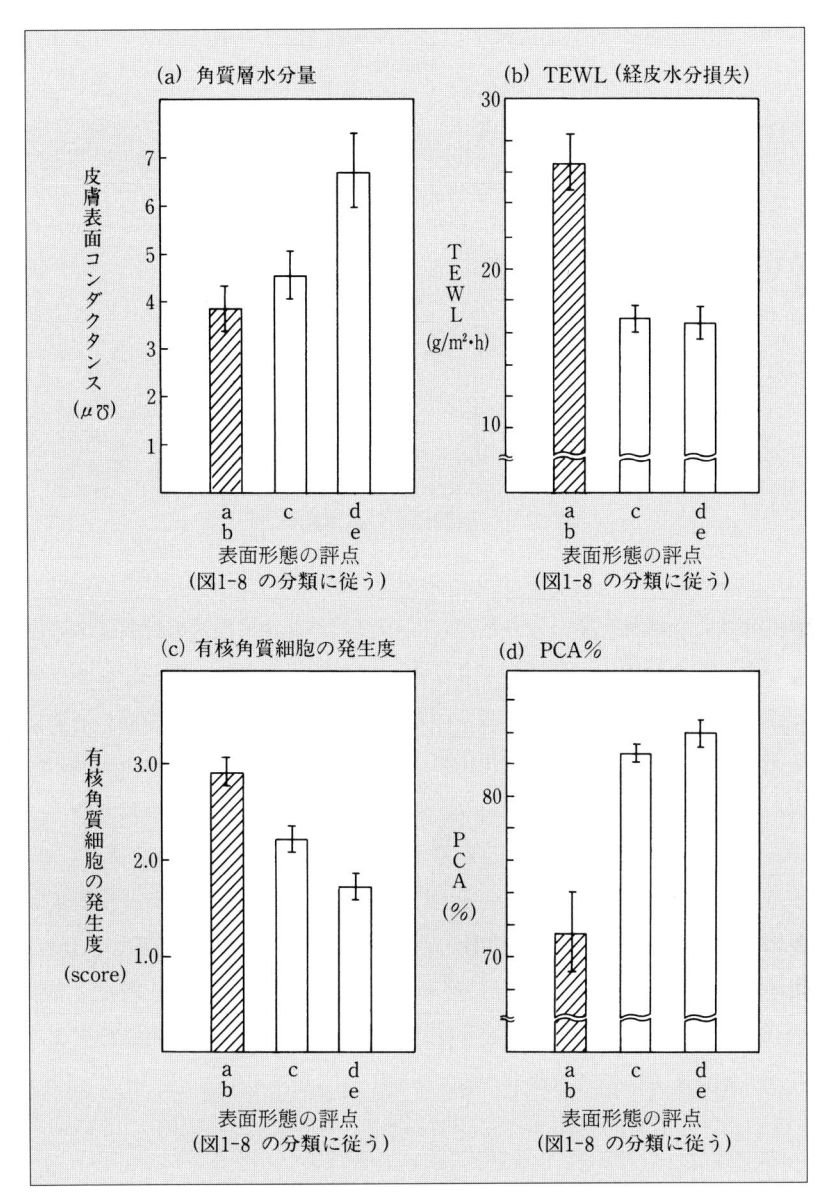

図 1-9. 表面形態と皮膚生理指標との関係

表皮のターンオーバー速度と密接に関連すると考えられる角質細胞の面積[11]，角質層内でのアミノ酸の代謝[15]（たとえばグルタミンからピロリドンカルボン酸への代謝など）の程度なども角化に関連した肌状態の指標となる（図1-9(d)）．

1-4-2. 肌質の分類

前項に示したように角化の状態は肌質を知る重要な要素であるが，皮脂量はもう1つの特性である．以前，肌質は乾性肌，普通肌，脂性肌の大きく3つに分類するのが一般的であった．すな

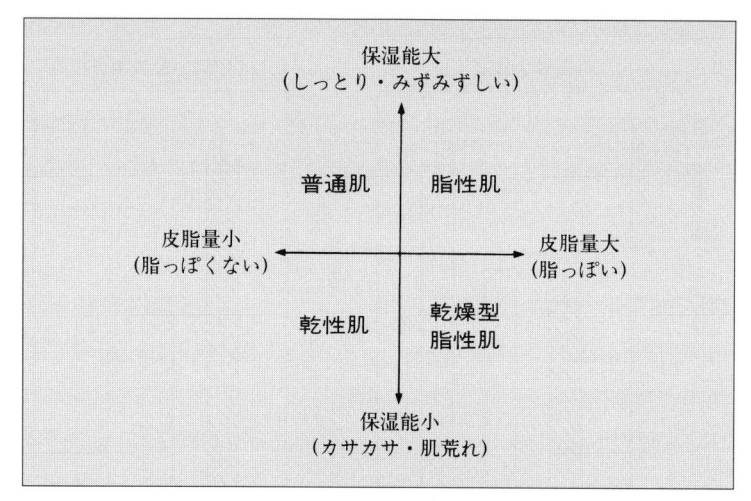

```
                保湿能大
           (しっとり・みずみずしい)
                   ↑
                   │
          普通肌 │ 脂性肌
    皮脂量小           皮脂量大
   (脂っぽくない) ←──┼──→ (脂っぽい)
                   │
          乾性肌 │ 乾燥型
                   │ 脂性肌
                   │
                   ↓
                保湿能小
           (カサカサ・肌荒れ)
```

図 1-10. 肌質分類の基本的概念

わち皮膚のカサカサした状態と脂っぽさとが，同一軸上の互いに反対の性質であると見なされていた時期があった．しかし近年，前述のようにより科学的，客観的な方法でさまざまの皮膚生理機能が評価できるようになり，しっとりしていることと脂っぽいことは独立した要素であることがわかってきた．すなわち前者は正常な角化によってもたらされた健康な角質層の状態であり，後者は皮脂腺の活性で決定される状態であり，両者は基本的に異なる性質であることが明らかになってきた．したがって近年ではこれら皮脂量と水分量（角化の状態をいうこともできる）の組み合わせでできる4つの分類を基本としている．すなわち図1-10に示すように皮脂量は普通～少なめで水分の多い普通肌，水分の少ない肌荒れのみられる乾性肌，皮脂量が多く水分も多い脂性肌，の従来から用いられている肌質分類（ただし若干定義は異なる）に加えて，新たに皮脂量が多く乾燥している（肌荒れしている）乾燥型脂性肌が定義されている．肌質を正確に把握することは正しいスキンケアをするうえで極めて重要である．

1-5 》 にきび Acne

　にきびは正式には尋常性痤瘡とよばれる．患者の70～80％は11～25歳の年齢層に集中しており，軽いにきびは皮膚病というより青年期の皮膚の特徴のひとつともいえる．しかし重症のにきびはみた目にも悪く，治癒後にも痕跡を残すことが多く，また人によってはにきびができていることだけで精神的に憂うつとなり，日常生活や社会活動にまで影響を及ぼすことも少なくない．したがって美容的な見地からも早く適切な処置を行い正常できれいな皮膚に回復させる必要がある．

1-5-1. にきびの成因

にきびに対して適切な処置を行うためにはその原因を知る必要がある．にきびの原因は人によってそれぞれ異なり，またいくつかの要因が相互に関連しあっている．主な要因としてつぎの3つが重要である．

1) 皮脂腺の肥大（皮脂分泌過剰）

皮脂腺は絶えず皮脂を産生していて，皮脂腺排出管より毛漏斗を通じて皮膚表面に皮脂を分泌している．テストステロンは皮脂腺に促進的に影響し，脂質の生合成，分泌を活性化するので，皮脂腺は第2次性徴の時期(10～16歳)に急速に発達する．とくに顔面，背部，胸などの部位で皮脂腺が大きく発達し，分泌機能が盛んになるため皮脂の産生量と皮脂の分泌能力のバランスが保てなくなる場合がある．このような時に分泌がスムーズに行われなくなり，毛嚢内に皮脂が溜まって発疹の原因となる．また成人男性は常に精巣から分泌されるテストステロンの働きで皮脂の分泌が一定となっているが，女性の場合は排卵後の一時期の黄体ホルモンの増加が皮脂腺を刺激し，皮脂の分泌を増加させるため生理の前ににきびが増悪する場合がある．

2) 毛嚢孔の角化亢進

毛嚢の毛漏斗では角化亢進が起こりやすく，肥厚した角質層が毛嚢内に剥離して毛漏斗の栓塞が起こり，これが面皰形成につながる．毛嚢孔や皮脂腺の開口部が角質で塞がれたり，狭くなったりすると，正常な皮脂の排出が抑えられ，毛漏斗に皮脂が停滞するようになる．その結果として，にきび桿菌が増加し，その産生物質が毛漏斗の上皮細胞を刺激しさらに角化が亢進する．皮脂腺や毛嚢に皮脂が詰まって発疹を生じやすくなる．角質層は物理的刺激や紫外線によっても角化が促進されて肥厚するため，海や山で強い光を浴びた後ににきびが急に悪化する場合もある．また洗顔を怠ったり，皮膚を不潔にしておいても同様に角質が毛嚢孔を塞いで発疹を誘発する場合もある．

3) 細菌の影響

皮脂腺の肥大増殖や毛嚢孔の角化亢進などが原因となって皮脂が溜まると，毛嚢の毛漏斗に存在する皮膚常在菌のにきび桿菌や皮膚ブドウ状球菌が増加し，これらの菌のリパーゼが皮脂を構成している脂質成分のうちのトリグリセリドを分解して遊離脂肪酸に変える．実際にきびのできている皮膚と正常な皮膚の皮表脂質成分を比較すると図1-11に示すように，にきびのできている皮膚は遊離脂肪酸が多く，トリグリセリドが少なくなっている．遊離脂肪酸は毛嚢上皮に作用し，各種の酵素を産生して毛嚢壁を破壊し，毛嚢周囲の結合組織に炎症を起こす．したがって細菌類はにきびの直接的な原因にはならないが，小さなにきびを増悪させ，炎症をともなったにきびにする作用があるといえる．

図 1-11. 皮表脂質（皮脂）の成分

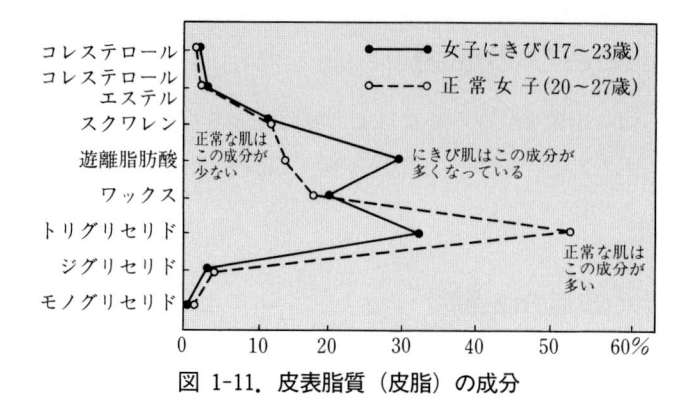

以上 3 つがにきびをつくる大きな要因であるが，皮脂腺の肥大増殖，毛嚢孔の角化亢進，細菌の影響が複雑に影響しあってにきびを悪化させ，それぞれが単独でにきびをつくることはまれである．その他にきびのできやすい体質の遺伝的要因，食物による影響，疲労やストレスなどもにきびに関係する．

1-5-2．にきびの形成経過

にきびの成因の項で述べたように，皮脂腺の活性化と角化亢進が重なり合い，毛嚢孔が狭くなって皮脂の排出が妨げられて皮脂が毛嚢孔に詰まった状態になるとこれが面皰（コメド）とよばれるにきびの初発皮疹となる（図 1-12 b，c）．その後，面皰の壁組織が破壊されると，内容物が周囲の組織へ作用し，皮脂腺開口部周辺に炎症を起こす（図 1-12 d）．この状態は紅色丘疹とよばれる．さらにこの状態が続くと毛嚢内につまった角化物質と皮脂が毛嚢壁から真皮内に洩れ出して，膿胞をつくる（図 1-12 e）．また細菌が真皮内に侵入すると白血球が集まりその死骸が膿となる．このように真皮内に膿が溜まり，大きく腫れ上がったった状態が膿腫で，触れると痛みを伴う（図 1-12 f）．その後，放置すると肉芽腫が形成され，痕跡を残すことになる．

1-5-3．にきびのスキンケア

にきびの症状が重くなった場合には，抗炎症剤などによる治療が必要になることもあるが，以上のようなにきびの原因および形成の経過を考えると，にきびの予防，にきびからの回復のためにはつぎのようなスキンケアや日常生活における注意が大切である．

1）常に皮膚を清潔にする

1-1）殺菌剤入り洗顔料で洗顔を励行する．
1-2）頭髪が額や顔に直接接触しないようなヘアスタイルにする．
1-3）枕カバーなど顔や頭髪に触れる機会の多いものを清潔にする．

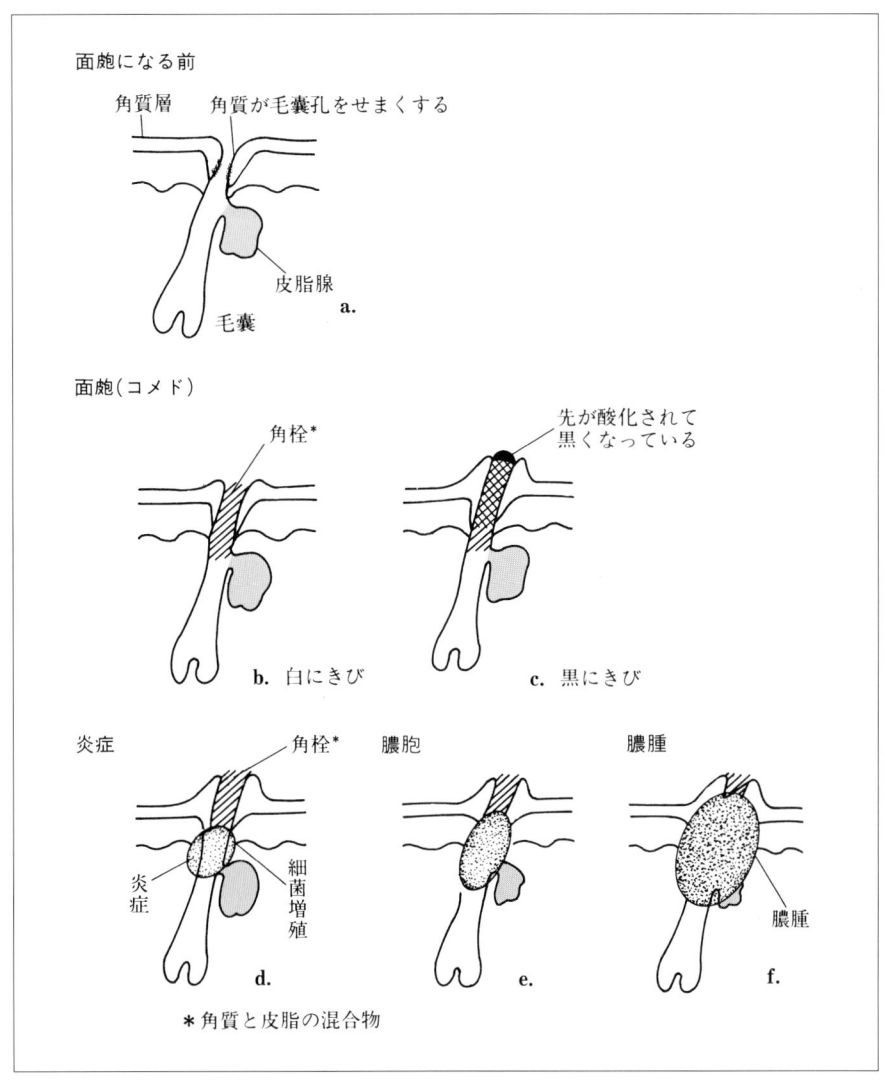

図 1-12. にきびの種類

1-4) 患部を手で触らない．

2) 化粧への配慮

2-1) 過度に油性の強い化粧品は控え目にし，にきびの発症にかかわる種々の要因に対処して皮脂抑制，角質の除去，殺菌，抗炎症薬の作用をもったにきび用化粧品で手入れする（にきび用薬剤については6-1-4項を参照）．

2-2) 油性ファンデーションなどを厚く塗りすぎると，微細粉末が毛囊孔に入って，毛囊孔が詰まる場合があるので化粧法も考慮する．

3) 脂肪分の多い食物や糖分，でんぷん質の過食をさける

3-1) 脂身の多い肉，ナッツ類，チョコレート，コーヒー，ココアなどを多く摂り過ぎない．

4) その他

ストレスの蓄積のないようにすることや過度な運動，過労を避けることなどが必要である．

1-6 ≫ 紫外線と皮膚

1-6-1. 紫外線 Ultraviolet light

　紫外線は，可視光線の紫よりもさらに短い波長域の光線であり，UVC（200～280 nm），UVB（280～320 nm），UVA（320～400 nm）に大別される（図1-13）．太陽から地球に降り注いでいる紫外線のうち，短波長のものは，大気圏上層にあるオゾン層で吸収散乱され地上まで到達しない．皮膚が受ける紫外線のうち最短のものは 290～300 nm の紫外線であり，UVB のエネルギーは UVA の平均約 1/15 である．しかしフロンなどによりオゾン層の破壊が進行すると，フィルター効果も減少し，より短波長の紫外線がより多く到達することになり，ひいては皮膚癌が多発することが考えられる．オゾンが1％減少すると紫外線が約2％増加し，皮膚癌患者が約3％増加するとの試算もある．

　紫外線の強さや量は，地域，季節，そして時間帯により大きく異なってくる．つまり地球と太

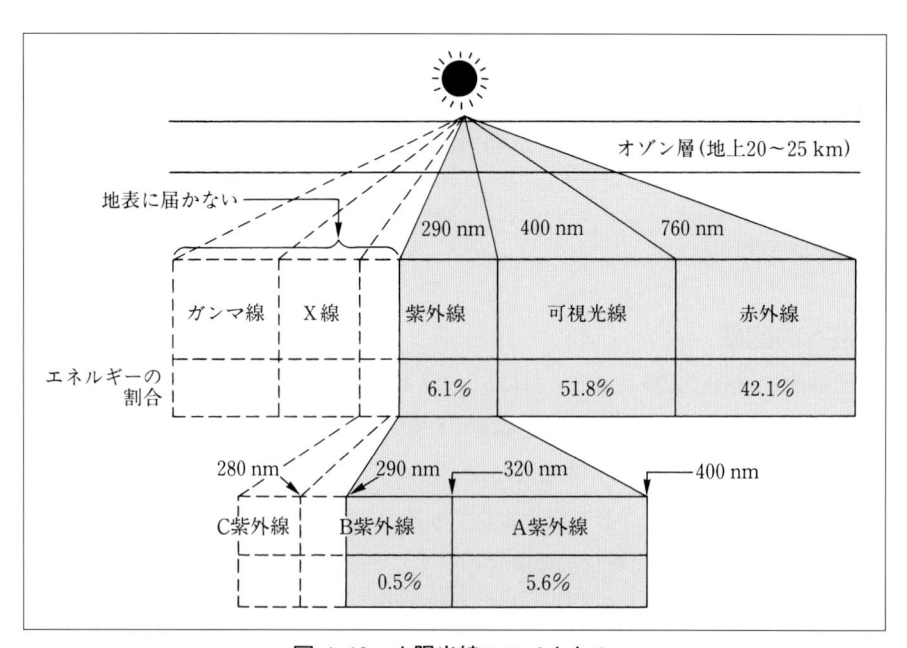

図 1-13. 太陽光線のスペクトル

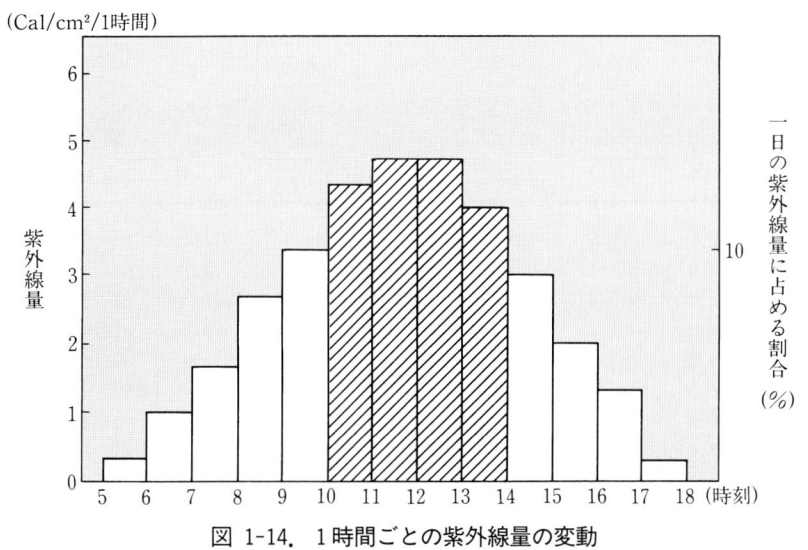

図 1-14. 1時間ごとの紫外線量の変動
(資料：資生堂研究所（1987年6月の晴の日の平均：横浜））[16]

表 1-6. 太陽光線中の UVB および UVA 量
(1981年横浜)

月	UVB (cal/cm²・day)	UVA (cal/cm²・day)
1	0.55	10.93
2	0.58	11.45
3	1.10	17.21
4	1.69	23.13
5	1.61	21.65
6	1.09	16.27
7	1.64	22.87
8	1.46	21.50
9	1.19	14.96
10	1.01	13.22
11	0.39	6.97
12	0.40	7.43
平均	1.05	15.63

積算照度計 PH-11M-2AT で測定

陽の位置関係，さらにその地域の天候などにより大きく左右されるものである．図1-14に紫外線量の経時変動(晴の日)，表1-6に季節変動を示した[16]．日本においては，ほぼ12時にピークのある山型の分布となる．10時から14時の間にほぼ1日量の半量がきている．さらに季節変動については各地域特有の天候状態により左右されるが，月の紫外線量は梅雨の時期によって異なるが，5月～7月にピークをもち，12月～2月に低値を示す．さらに標高によっても大きく影響され高度が高いほど紫外線量が多く，さらに UVB の占める割合も大きくなる(表1-7参照)．

またヒトの皮膚が浴びる紫外線量となると，反射光なども大きく影響し，身体の凹凸によって浴びる量が大きく違ってくる．一般に鼻や頬，下唇の被曝量が多い．

表 1-7. 太陽光線の月別，都市別の全天空紫外線量（300〜400 nm）

都市	旭川市	秋田市	松本市	横浜市	大阪市	宮崎市	那覇市	平均
緯度 高度	43.5°N 112 m	39.4°N 9 m	36.2°N 610 m	35.3°N 39 m	34.4°N 23 m	31.6°N 7 m	26.1°N 35 m	
1月	133.1	141.7	408.4	308.9	342.0	474.7	410.6	317.1
2月	268.5	254.9	511.8	368.1	449.4	496.0	420.8	355.6
3月	587.7	595.9	729.8	516.4	644.5	647.4	615.5	619.6
4月	636.8	814.1	862.2	691.1	804.2	799.7	691.3	754.2
5月	748.7	913.0	1114.2	839.5	1009.2	951.5	881.2	922.5
6月	818.0	951.4	988.2	598.8	912.8	871.3	872.8	859.0
7月	816.9	863.7	877.1	661.3	848.3	975.9	994.7	882.6
8月	698.0	937.0	896.4	713.1	887.5	953.0	963.3	884.0
9月	520.0	675.2	602.6	449.9	564.6	646.9	741.2	600.1
10月	354.4	507.2	561.0	431.3	539.2	594.1	642.1	518.5
11月	173.0	275.3	401.6	274.8	369.5	433.2	477.3	343.5
12月	130.5	175.3	366.7	255.6	311.2	441.5	385.4	255.2
年間	5,886 96%	7,105 116%	8,339 137%	6,109 100%	7,236 118%	8,285 136%	8,076 132%	

cal/cm²/月あるいは年

このような紫外線に対して皮膚には自然の防御機構が備わっている．紫外線は皮膚の構造とその構成物質により散乱吸収され，皮膚深くなるほど減少する．皮膚構成物質のうち，基底層メラノサイトで産出されたメラニンは，大きな防御効果を示す．メラニン量の少ない白人は，日本人などに比べて皮膚癌が多く発生することも，メラニンの防御能の高さを示している．これらの要素により皮膚内部に到達する紫外線量は波長により異なり，長波長になるほど真皮深く到達するといわれ，模式的に示されている（図1-15）．

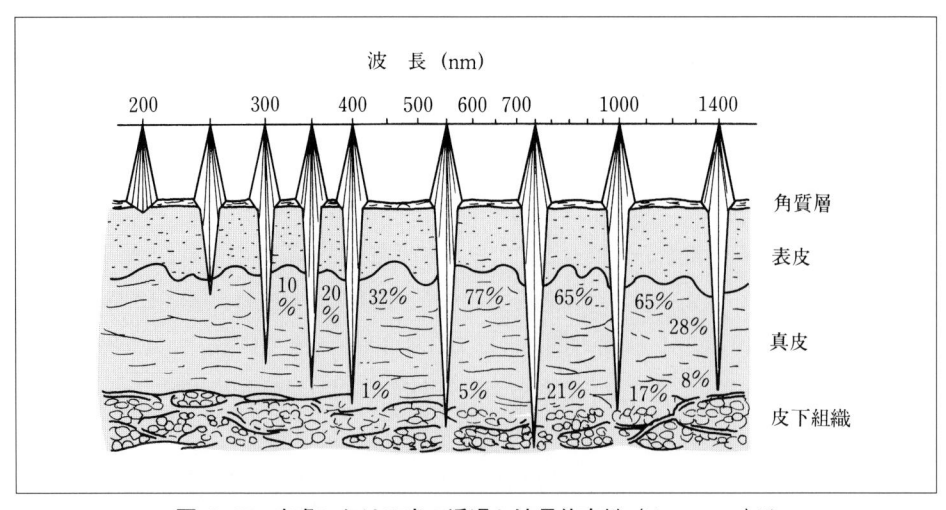

図 1-15. 皮膚における光の透過と波長依存性（Herrmann）[17]
(F. Herrmann et al.：Biochemie der Hauts 149, Georg Thieme Verlag stuttgart, 1973.)

1-6-2. 紫外線による急性反応

　紫外線を浴びた皮膚の急性の変化を図1-16に示した．紫外線を浴びた直後には皮膚が黒ずんでみえる一次黒化が起きる．これは既存の淡色メラニンが一時的に酸化して黒くみえるものであり，数時間後には元に戻ってしまう．これはUVAと可視光線によって起こされる．

　紫外線曝露後数時間で皮膚は赤くなってくる．この赤味は8時間後にピークとなり，その後徐々に弱くなりながらも持続する．これをサンバーンという．多量の紫外線を浴びた場合はさらに進んで水ぶくれ（浮腫）が起こり，火傷の状態になる．このサンバーンを起こす波長域は，図1-17に示したようにUVBの短波長側にピークをもち，290〜300 nmの紫外線は，320 nmの約100倍の効果をもっていることがわかる．しかしながら太陽光線中の波長分布を考慮すると，実際に太陽光線によるサンバーンに寄与する波長域（紅斑産生曲線）は，300〜310 nmでもっとも高くなる．

　このサンバーンは，傷害を受けた細胞から産生される炎症のメディエーターが関与し血管を拡張させることから目にみえるようになるが，その詳細な過程はわかっていない．しかしアスピリンやインドメタシンが紫外線曝露後数時間して起こってくる赤味を抑制することから，アラキドン酸代謝系が関与しているといわれている．

　赤味がひいた後3日目頃から皮膚は徐々に黒くなっていく（図1-16）．これを二次黒化あるいはサンタンとよび，この二次黒化は，メラノサイトの機能が亢進し，メラニンを多く産生し，そのメラニンが表皮細胞中に多くなることにより引き起こされる．これはUVBによる赤味の後にも起こるが，多量のUVAによっても起こる．このようにしていったん黒くなった皮膚は，元の皮膚色に戻るまでに数ヵ月を要する．

　この黒化と同時に，傷害を受けた皮膚の下に新たな皮膚が再生され，紫外線曝露後10日から14

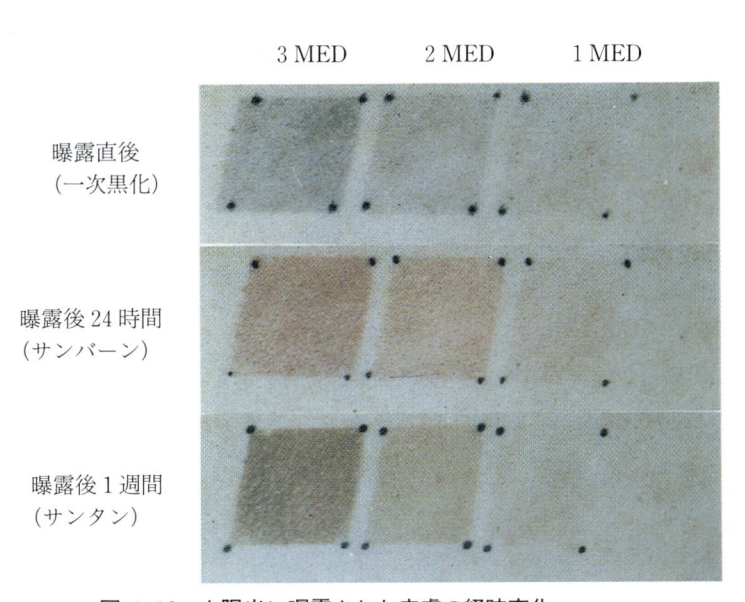

図 1-16. 太陽光に曝露された皮膚の経時変化

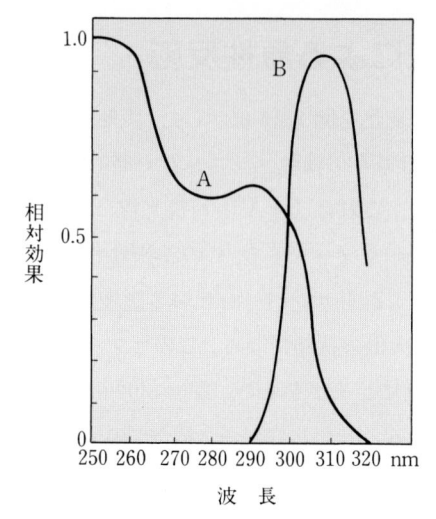

A：各波長の単位エネルギー当たりの紅斑惹起能
B：地上における太陽光の分光分布を考慮したときの紅斑惹起に対する各波長の寄与度

図 1-17. 紅斑曲線

表 1-8. 肌タイプ

肌タイプ	紫外線による皮膚変化
I.	すぐに赤くなるが、黒くならない
II.	すぐに赤くなり、少し黒くなる
III.	赤くなった後、黒くなる
IV.	少し赤くなるが、すぐ黒くなる
V.	めったに赤くならず、必ず黒くなる
VI.	決して赤くならず、非常に黒くなる

春から夏にかけて、初めて何もつけないで30〜45分くらい日光浴をした後の皮膚の状態に基づき分類
（原典：Federal Register, 43(166), 38265, 1978）

日頃に、いらなくなった皮膚は剝がれ落ちていく。

　この急性反応の感受性は人によって異なる。この紫外線感受性を表わす1つの指標としてMED(minimal erythema dose の略、最小紅斑量)が用いられる。これは紫外線を浴びて微かに赤くなるときの紫外線量を指している。つまり感受性の高い人ほど少ない紫外線量で赤くなるためMEDが小さくなる。この紅斑と黒化の現われ方も人によって異なりこれを肌タイプI〜VIに分類している(表1-8)。春から夏にかけて初めて何もつけないで30〜45分くらい日光浴をしたとき、紅斑は起こすが決して黒化しない人が肌タイプI、紅斑を起こすがめったに黒化しない人が肌タイプII、紅斑を起こし徐々に黒化する人を肌タイプIII、少し紅斑を起こしすぐ黒化する人を肌タイプIV、めったに紅斑を起こさず必ず黒化する人を肌タイプV、紅斑を起こさず非常に黒化する人を肌タイプVIとしている。日本人はほぼ、肌タイプII〜IVに相当するといわれているが定説はない。

これまで述べてきたのは健常人での反応であるが，UVBにより過敏になったり，健常人では急性の激しい反応は示さないUVAや可視光線に過敏反応を示す人がいる．この反応を光過敏性反応というが，その原因により光毒性反応，光アレルギー反応，光過敏症などに分類できる．前2者は外来物質と紫外線による反応であり，後者は種々の内的要因が考えられるが，原因不明のものも多い．

光毒性反応は，ある種の外来物質が皮膚にあり光が当たると誰にでも生じる反応である．一方光アレルギー反応は，外来物質と光に免疫系が関与するもので，感作状態にある人のみに起きる反応である．光過敏症には 色素性乾皮症，日光じん麻疹，ポルフィリン症，種痘様水疱症 などがある．

1-6-3. 紫外線による慢性反応

慢性的な紫外線の影響を象徴的に表しているのが，フィッシャーマンズスキンとかファーマーズスキンとかいわれているものである．外観的には，色が黒くゴワゴワとした感触で，深いしわが寄り，紫外線を浴びやすいうなじの部分で特徴的な菱形のしわを呈する．この状態がさらにひどくなると皮膚癌を生じる．このような変化を自然な加齢(老化)と区別するために光加齢あるいは光老化 photoaging or dermatoheliosis とよんでいる．この影響が大きく現われるのは年中日に照らされる顔面である．

この光加齢を起こす波長域については明確にはわからないが，UVBのみならず真皮深くまで到達するUVAも関与しているといわれる．UVAは多量に浴びない限り急性の重篤な反応を引き起こすことがないためこれまで危険視されてこなかったが，近年その危険性を無視できないことが示されるようになった．

光加齢は白人で最初に定義されたが，有色人種においても起きていて，紫外線を多く浴びる高地住民で明らかに認められる(図1-18)．高地住民ではしわはすでに20代で認められ年代を経るに従ってその程度は明らかに上昇している．高地住民の20代のしわの程度は，通常生活をしている日本人の40代に相当しているとの報告もある．

この光加齢の変化を皮膚組織学的にみてみると，表皮の肥厚が起こり，メラノサイトの異常亢進がある．真皮の主な構成成分は，膠原線維であり，その中を網目状に弾性線維が走っている．光加齢皮膚ではこの弾性線維が異常に増殖し，また真皮中の毛細血管の拡張が認められる．これら変化は本来の加齢の変化とは反対の方向を示している．

さらに最近では免疫系に対する慢性的な紫外線曝露の影響が示されるようになり皮膚のみならず全身にわたる紫外線の影響についても今後明確にされるであろう．

近年これら光加齢した皮膚に，ビタミンA酸を塗布するとしわなどがなくなり若々しい肌に戻るとの報告もある[18]．

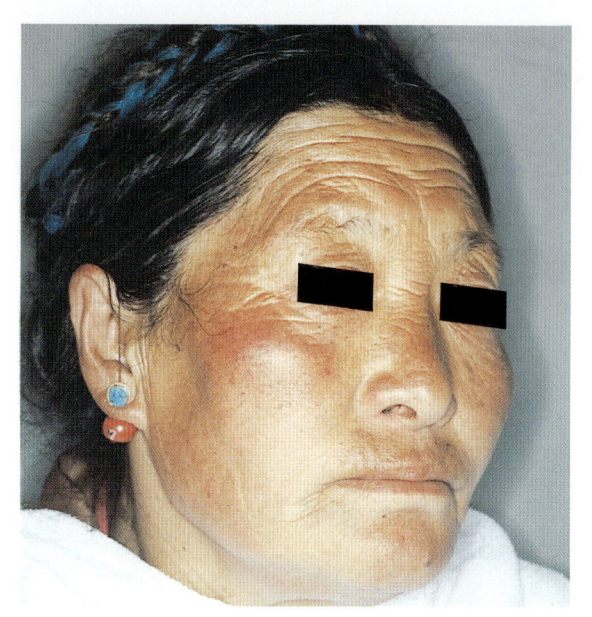

図 1-18．高地住民のしわの状況

1-6-4．紫外線防御

現在の日本では紫外線に曝されることは害はあっても益はほとんどないといえる．そこで急性，慢性的な紫外線による傷害作用を防ぐために光防御が重要となる．

従来レジャーなどでは過度の日やけを起こさないように日やけ止め化粧品などを塗布することが行われてきた．しかし慢性的な紫外線曝露によりしみやしわができたり促進されたりすることが判明した現在，日常的に紫外線を防御することが大切になる．衣類や帽子などで気をつけるとともに，太陽光の下に出るときは日やけ止め化粧品などを塗布しできるだけ紫外線を皮膚に透過させないことが皮膚を健康に美しく保つためには必要である．

1-7 皮膚の老化

1-7-1．老　徴 Symptoms of aging

人間の皮膚は眼や歯と並び，加齢による変化が現われやすい臓器である．その変化の程度には大きな個人差があり，また部位によっても異なる．これらの変化のなかで，表 1-9 に示すように加齢によって生じやすい皮膚疾患がある．しかしこのような病的な皮膚変化以外に，表 1-10 に示すような美容上も好ましくないさまざまな変化が起こる．これらは病気と区別してとくに老徴とよばれる[19]．

表 1-9. 高齢者によくみられる皮膚疾患

- 老人性色素斑
- 老人性白斑
- 老人性疣贅
- 老人性血管腫
- 有茎腫(アクロコルドン)
- 老人性神経線維腫(C型母斑)
- 老人性面皰
- 老人性脂腺増殖症
- 癌前駆症(日光角化症,皮角,Bowen病,悪性黒子)
- 皮膚癌(有棘細胞癌,基底細胞癌)

表 1-10. 皮膚の老徴

- 皮膚のシワが増える
- 皮膚がたるむ
- 皮膚の光沢,つや,なめらかさが低下する
- 皮膚のはりが低下する
- 皮膚のきめが粗くなり,皮溝が乱れる
- 色素沈着斑が増加する,人によって部分的に脱色素斑が生じる
  (前者は老人性色素斑といわれ,後者は老人性白斑といわれる)
- 皮膚が黄色味がかる
- 頭髪が減少し,コシがなくなる
- 頭髪が禿げる
- 白髪が増える
- 眉毛や耳毛が長くなる
- 爪が粗そう化,白濁化し,彎曲が強くなる

1-7-2. 自然老化 と 光老化 Instrinsic aging and Photoaging

　日光に曝されることの多い顔面やうなじ,手の甲などでは,皮膚が硬くゴワゴワし深いしわが目立ち,長期間にわたり強い太陽光線を浴び続けた皮膚ではこれらの変化がとくに顕著となる.おもに紫外線が原因で起こるこうした変化は,先にも触れたように光老化とよばれる.腹部や臀部などの日光にほとんど曝されることのない被覆部の皮膚に生ずる加齢変化(自然老化とよぶことがある)と比較して,皮膚の性状や内部の組織はかなり異なっている.加齢変化は一般的に機能低下と萎縮性変化であり,皮膚においてこのことが当てはまるのは細胞数の減少や厚みの低下のみられる自然老化皮膚である.これに対して光老化皮膚では皮膚は厚く,とくに変性した弾性線維の集塊が蓄積するいわゆる弾性線維症の症状を種々の程度に呈する.表1-11に両者のおもな特徴を示した[20].顔面皮膚は,遺伝的な因子や内分泌など自然老化に共通する要因に加えて,その光老化の程度が個人の生活環境(紫外線の強さや曝された時間,化粧品などによる日常のスキンケア)などの違いにより大きく左右されるため,被覆部位以上に個人差は大きい.

表 1-11. 自然老化と光老化の皮膚の特徴[20]

		自然老化	光老化
外観		滑らか 弾力性（はり）の低下	ゴワゴワ（なめし皮状） しみ，しわ（しばしば深い）
きめ（皮紋）		皮溝は浅く，皮丘は偏平で広がるが，ほぼ正常	著しく変形し，しばしば消失
表皮	厚さ	菲薄化	初期過程では肥厚，その後萎縮
	ケラチノサイト	わずかに不整形，規則的な配列は維持 メラノソームは均一に分散	著しく不均一，配列は乱れている 多数の異常角化像 メラノソームを取り込んでいない細胞がある
	角質層	正常な厚さ 網籠 basket-weave 状断面	厚さは不均一 網籠状と密着状の混合
	メラノサイト	減少，形態はほぼ均一 メラニン産生は不全	増加，形態は不均一 メラニン産生は亢進
	ランゲルハンス細胞	わずかに減少	著明に減少
表皮・真皮接合部（基底膜）		表皮突起の消失・平坦化 わずかに基底膜構造の重層化	表皮突起の消失，平坦化 わずかに基底膜の重層化
真皮	コラーゲン コラーゲン修復層	線維束の太さや配向性がわずかに変化 みとめられない	線維束の太さが変化 真皮乳頭層に明瞭にみとめられる
	エラスチン	増加，後に虫食い状に分解	著しく増加した後，塊状の変性 弾性線維上にリゾチームの沈着が増加
	グリコサミノグリカン	わずかに減少	著しく増加
微小血管		構造は正常	基底膜様物質の異常な沈着
炎症細胞		炎症像はみられない	細静脈周囲に炎症細胞の浸潤

（文献 20）R. M. Lavker：Photodamage, p. 123, Blackwell Sci., 1995. および A. M. Kligman：加齢と皮膚, p. 33, 清至書院，1986 より改変）

1-7-3. 女性ホルモンと皮膚老化

　女性の体は，初潮に始まり，思春期を経て，妊娠，出産，閉経と，一生を通じて女性ホルモンと深く関わっている．女性ホルモンにはエストロゲン（卵胞ホルモン）とプロゲステロン（黄体ホルモン）があるが，なかでもエストロゲンの変化は女性の身体・精神面に大きな影響を与えているといわれている．皮膚も例外ではなく，月経に伴うエストロゲンの変動や閉経に伴うエストロゲンの急激な減少は皮膚生理にも多大な影響を与える．エストロゲンは主に卵巣から分泌されるが，卵巣機能はおよそ25歳でピークとなり，その後，徐々に低下するが，40歳代に入り一段と低下し，50歳前後で閉経（卵胞の消失による永久的な月経の停止）を迎えた後はエストロゲンの分泌はなくなってしまう．これ以降はわずかに男性ホルモン（アンドロステンジオン）からわずかなエストロゲンが作られるのみで，血中濃度はピーク時の1/10〜1/20にまで低下する．この閉経を挟んだ前後5年，だいたい45〜55歳の期間を更年期（卵巣機能低下の開始から完全な消失までの期間）といい，個人差はあるが，一般にのぼせ，発汗，ほてり，めまいなどの自律神経失調症状と，不安，憂うつ，不眠などの精神神経症状など，いわゆる更年期障害が認められるように

なる．皮膚にも様々な変化が現われる．一般に加齢に伴う真皮のコラーゲンの減少はよく知られているが，閉経を境に平均して1年に2％ずつ減少していくのに対して，ホルモン補充療法（HRT）を受けるとその変化が抑制できる[21]という事実は，このコラーゲンの加齢変化に女性ホルモンが密接に関係していることを示している．その他，HRTによって皮膚，とくに真皮の厚さが増し，弾力性が改善され，しわの軽減や皮膚の保湿性の改善，真皮乳頭層の弾力線維が増加するなどの変化が認められている．これらのことから，マトリックス成分の合成・分解の制御に女性ホルモンが深く関わっていること，更年期以降のエストロゲンの減少が，はりや弾力性の低下をもたらす原因の1つであることが推察される．

1-7-4. 外観に現われる老化現象

1）きめ（表面形態）の変化

すでに触れたように皮膚表面には皮丘と皮溝で形作られた細かな紋理（皮紋）がある（1-4-1 参照）．この皮紋は若年者では極めて細かく，また皮丘・皮溝の凹凸が明瞭で皮丘の形状が整っており，肌に緻密な質感を与えている．加齢とともに皮紋は疎になるとともに，皮丘・皮溝の凹凸は浅く不鮮明になり，皮溝の均質性は失われ，また，毛穴が大きくなる傾向があり，全体としてきめの粗いざらざらした質感へと変化する（図1-19）[22]．皮紋がどのように作られるかについてはまだ不明であるため，皮紋消失がなぜ起こるのかは分っていないが，加齢とともに表皮突起がなくなって表皮・真皮の接合部が平坦になることと密接な関係があると考えられている．

2）し わ Wrinkles

皮紋よりマクロな皮膚の形態変化としてみられるしわは，皮膚老化が外観に現われるもっとも顕著な変化の一つである．25歳あたりから，目の周囲（目尻にでるしわは俗に「からすの足跡」とも表現される），額，口の周囲などの顔面や首その他の身体各部に現われ，40代以降，急激に増加し，深くなっていく（図1-20）．一口にしわといってもその形状は多様であるが，次のような3種に分類する見方がある[23]．

① 線状しわ（目尻のいわゆる「からすの足跡 crow's feet」や額にできる直線的なしわ）
② 図形しわ（頬やうなじにみられる交差した溝で三角形や四角形を形成したしわ）
③ 縮緬じわ（高齢者の被覆部にみられる細かいひだ状のしわ）

これらのなかで①②のしわでは，それが生じる部位の特徴から明らかなように，筋肉の動きによって繰り返し皮膚に変形が加わり，徐々にしわとして固定されていくものと考えられる．その過程は十分には明らかになっていないが，加齢とともに起こる皮膚の構造・機能・物性の変化が深く関わっていると考えられる．なかでも日光とくに紫外線の影響はきわめて大きい．慢性的な日光曝露がもたらす光老化皮膚では，皮膚の様々な部分にわたって自然老化とは異なる変化が起こる（表1-11）が，こうした光老化皮膚で顕著な角層の肥厚・乾燥，あるいは真皮における膠原線維の減少や変性した弾性線維の蓄積，さらには基底膜やその周辺の損傷などによって皮膚の弾

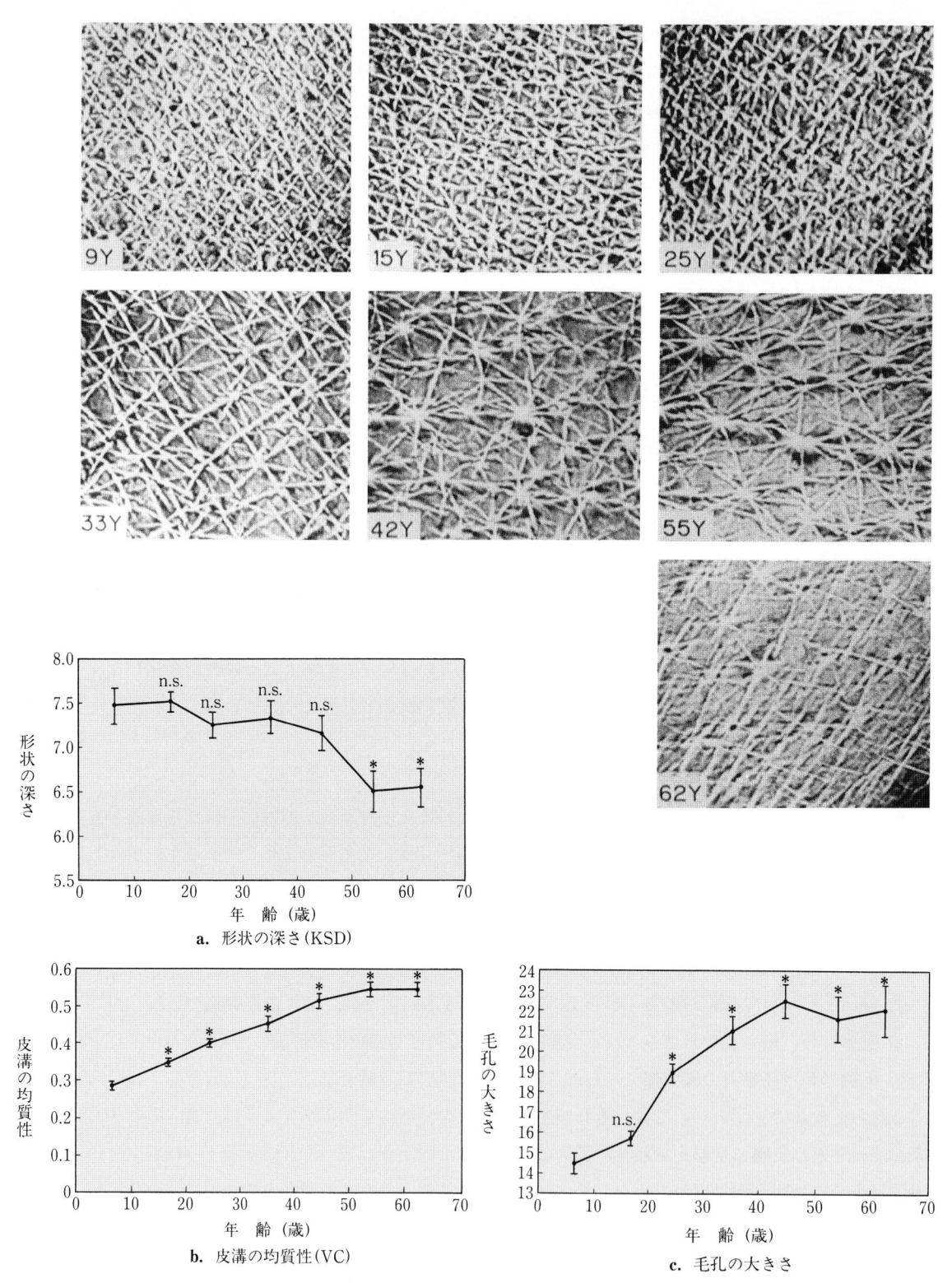

図 1-19. レプリカ画像解析による頬部皮膚表面形態の加齢変化[22]
＊：P＜0.01（3〜9歳との比較），n.s.：有意差なし，平均値±S.E.
（現代皮膚科学大系，年刊版，'90-B，皮表画像解析，髙橋元次，p.17，中山書店，1990．）

a. 形状の深さ(KSD)
b. 皮溝の均質性(VC)
c. 毛孔の大きさ

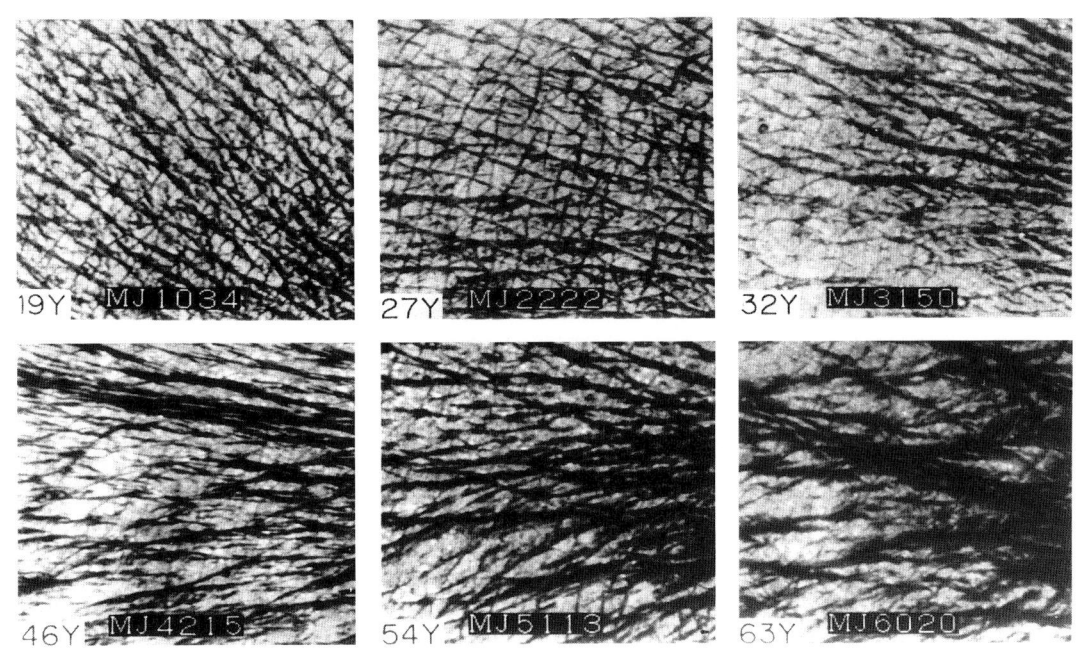

a. ダイレクトスキンアナライザーによる目尻の皮膚表面形態の加齢変化

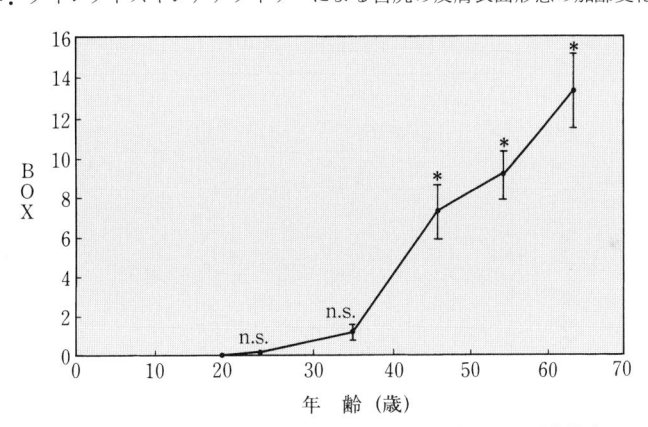

BOX は 2 値化面像全体を 9×9 メッシュに分け，黒画素比率が 60％以上となるメッシュの数を表わす．パラメーターで目尻のシワの視感と対応している．

b. 目尻の皮膚表面形態（しわ）の加齢変化

＊：$p<0.01$（18〜19歳との比較） n.s.：有意差なし　平均値±S.E.

図 1-20．
(現代皮膚科学大系，年刊版，'90-B，皮表画像解析，高橋，p. 22, 図 18, 中山書店，1990.)

力性が失われ，繰り返される皮膚の変化に対する復元力が低下するために，やがてしわとして定着していくと考えられる．③の縮緬じわが現われる皮膚では，加齢皮膚に共通する真皮表皮境界部の平坦化や結合力の低下に皮膚の萎縮などが加わって皮膚が弛緩し，その結果として細かいひだが生じると考えられている[23]．

3）弛み Sagging

皮膚の弛みは，40歳前後からとくに顎，瞼，頬，側腹などに生じる．発生要因はしわと同様，真皮の弾力性の低下や皮下脂肪組織の支持力の低下，さらには皮膚を支える筋力の低下などがあげられる[23]．

4）しみ（老人性色素斑）Spots (Senile spots)

しみとよばれるものの中にはすでに記した肝斑や雀卵斑（そばかす）などがあるが，加齢とともに増加してくるしみは老人性色素斑という．30歳代で20％，40歳代で62％，50歳以上では92％の人にその発生が認められるという報告がある[24]．また，顔面皮膚におけるしみの占有面積の測定結果は，加齢にともなう増加と同時に，個人差も極めて大きいことを示している（図1-21）[25]．日光曝露部に多発することから，紫外線の長期的な影響が最大の原因と考えられるが，発症のメカニズムの詳細は分っていない．長期間にわたって紫外線の影響を受けることによって一部の表皮ケラチノサイトがその性質に変化をきたし，紫外線の照射を受けなくてもメラノサイトを刺激する因子を出し続けるようになることが，その原因の一つと考えられている．

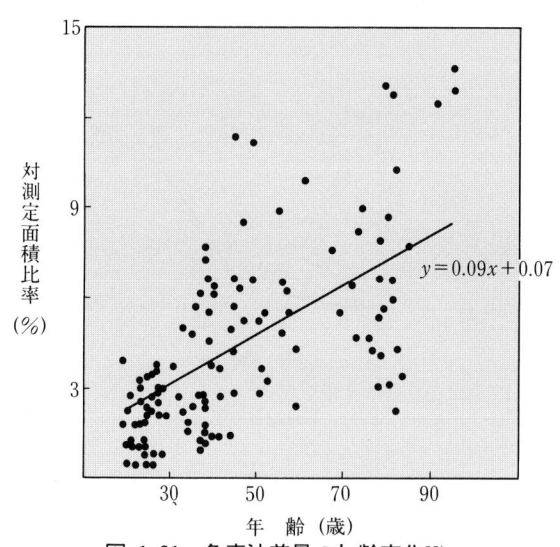

$y = 0.09x + 0.07$

図 1-21．色素沈着量の加齢変化[25]
（新井清一：化粧品技術者会誌 23(1), 31, 1989.）

1-7-5．皮膚生理機能の加齢変化

1）角質層

角質層機能の重要な指標のひとつである水分量は，一般的に加齢にともなって低下するといわれてきたが，少なくとも顔面においてはそうした傾向は認められない．また角質層のバリアー機

能の指標とされる TWL も加齢による変化は認められない．感覚的に老人の皮膚が乾燥した印象を与えるのは，皮脂や発汗の低下が関係しているのかも知れない[26,27]．

2）表　皮

表皮に起こるもっとも顕著な加齢変化は表皮細胞の増殖活性の低下である．したがって表皮のターンオーバーすなわち新陳代謝が低下する．増殖能やターンオーバーに相関する指標として皮膚表面の角質細胞の大きさを測定することで，皮膚になんら影響を与えずにそれに関連した情報がえられる．図1-22 に示すように頬でも前腕でも加齢にともなって細胞面積が増大する，すなわち表皮の増殖能が低下することがわかる[11]．

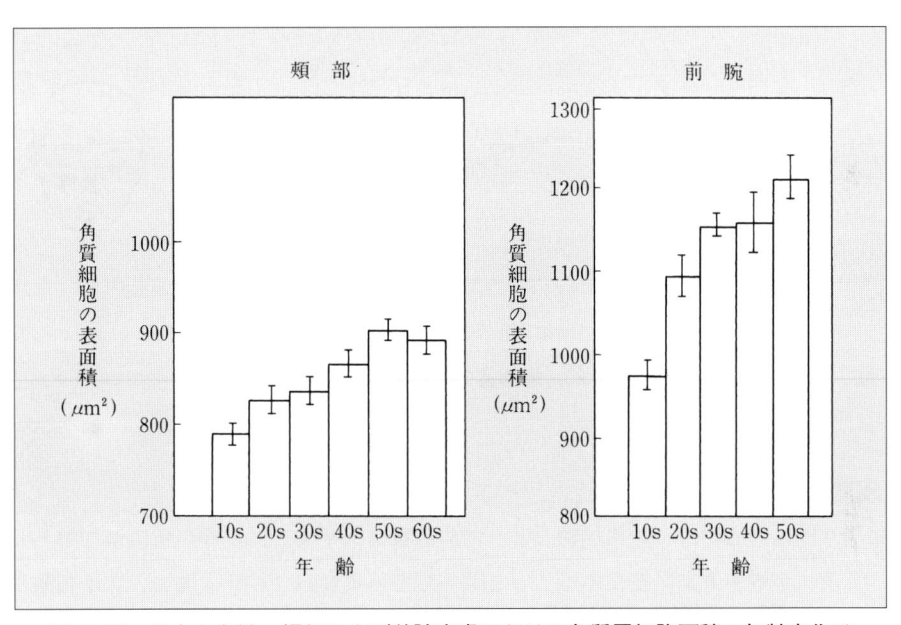

図 1-22．日本人女性・頬部および前腕皮膚における角質層細胞面積の加齢変化[11]

3）真　皮

表皮と同様，真皮においてもその主要な細胞である線維芽細胞の増殖活性は低下する．また線維芽細胞はコラーゲンやエラスチンあるいはグリコサミノグリカンなどの合成・分解の機能を担っているが，加齢にともなってそうした代謝機能が低下する．さらにコラーゲンなどの構造は本来ターンオーバーが極めて長いため，架橋の形成などのさまざまな修飾，変性を受け，弾力性の低下などしわの発生につながる変化を生じると考えられている．

4）皮下脂肪組織

加齢にともない皮下脂肪は減少し，コレステロールの増加により黄色調を増していくといわれている．皮下脂肪組織の減少は，皮膚の物理的刺激に対する抵抗力を低下させ，しわやたるみの

原因の1つと考えられる．

5) 皮脂量

一般に加齢にともなって皮脂量は低下する．とくに男性に比べて，女性に顕著にみられることは，すでに述べたが，その変化の程度は顔面の部位によっても異なる（図1-23）[26]．

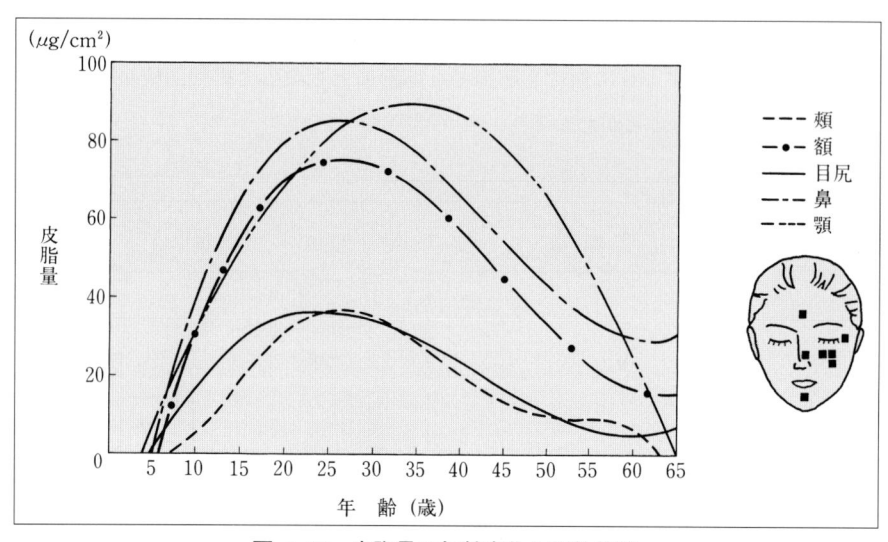

図1-23．皮脂量の加齢変化と部位差[26]

6) 皮膚血流量

部位により差はあるが，一般に加齢とともに血流量は低下する．皮膚の色調が加齢とともに赤味が減って黄味が増す方向に変化することと関係している（図1-7参照）．また，寒冷刺激や紫外線照射などに対する反応性も低下するといわれている[27]．

1-7-6. 皮膚老化の防止と対策

皮膚の老化は，長い期間にわたって生じる微細な変化の蓄積であることから，日常，皮膚が受けるさまざまな障害を防ぐための日頃からの手入れと注意が必要である．たとえば老化を促進する大きな要因としてあげられる過度の紫外線や皮膚の乾燥から皮膚を守ること，加齢に伴って減少する皮膚に有用な成分を補うこと，加齢に伴って増加または加齢を促進する皮膚にとって好ましくない成分の発生を防止すること，マッサージや冷暖刺激などで血行を促進し皮膚への栄養の補給をよくすること，顔面の表情筋を適切な方法で動かし筋肉の弛みを防ぐこと，ストレスの少ない規則正しい生活を行い，心の若さを保つことなどがあげられる．これらはいずれも化粧品で補えることが多く，化粧品の果たす使命ともいえる．

1-8 ≫ 全身系と皮膚

1-8-1. 全身系と皮膚と化粧品の関連を考える現代的意義

21世紀は,「脳の世紀」とも「こころの世紀」ともいわれ,極めて活発な脳の研究が展開されている.化粧品科学分野においても,「化粧品の脳(こころ),全身系に対する作用」「化粧品の脳(こころ),全身系を経由した皮膚機能への作用」の解明に注目が集まっている[29,30].実際,化粧の心理学的作用を応用した化粧療法と言われる分野が確立しつつある(化粧品概論6,11-3-3参照).また,化粧品は,全身の調節系である神経系,内分泌系,免疫系に作用し,その変化を通して皮膚機能に生理学的作用を及ぼすことが見出されている.本項ではこの点について触れてみたい.化粧品の設計に,リラクゼーション効果,抗ストレス効果を盛り込むことが可能であることが明らかになってきており,高ストレス化社会が進行する現代にあって,化粧品の意義がますます重要になってくると思われる.

1-8-2. ストレスと皮膚[31]

「ストレスは美容の大敵」,「皮膚はこころの鏡」といわれる.こころの状態と皮膚とは密接に関連すると考えられてきた.種々の生理的もしくは心理的ストレスは,自律神経系,内分泌系,免疫系に影響し,その結果として様々な臓器の機能にストレスの影響が現われる.皮膚の機能に対しても,自律神経系,内分泌系,免疫系からの調節が知られているが,ストレスによる皮膚機能への影響が科学的に証明されたのはごく最近のことである.

表皮に存在し皮膚免疫反応に重要な役割を果たしているランゲルハンス細胞とcalcitonin gene-related peptide (CGRP)とよばれる神経ペプチドを含んだ神経が接触していることが発見され(図1-24)[32],皮膚免疫機能の調節に神経系が直接関与していることが示唆されている.また,皮膚の感覚を刺激すると皮膚中CGRP量が変化することから,皮膚感覚機能がCGRP—ランゲルハンス細胞調節系を修飾する可能性が考えられている.

最近,ストレスによる神経内分泌系の影響が皮膚機能にまで及んでいることが明らかにされている.たとえば,ストレスは皮脂腺の脂質合成能に影響すること,表皮ケラチノサイトの増殖活性の低下と表皮層の菲薄化をもたらすこと,バリアー機能の回復を遅延させること,ランゲルハンス細胞の形質を変化させて接触過敏反応を低下させること,などが明らかにされている.また,メラニン合成に対する影響も報告されている.

こうした神経系,内分泌系,免疫系と皮膚のつながりについて,MGH/ハーバード大学皮膚科学研究所(CBRC)と資生堂の研究者グループはNICE (Neuro-Immuno-Cutaneous-Endocrine) network として体系化している[33].

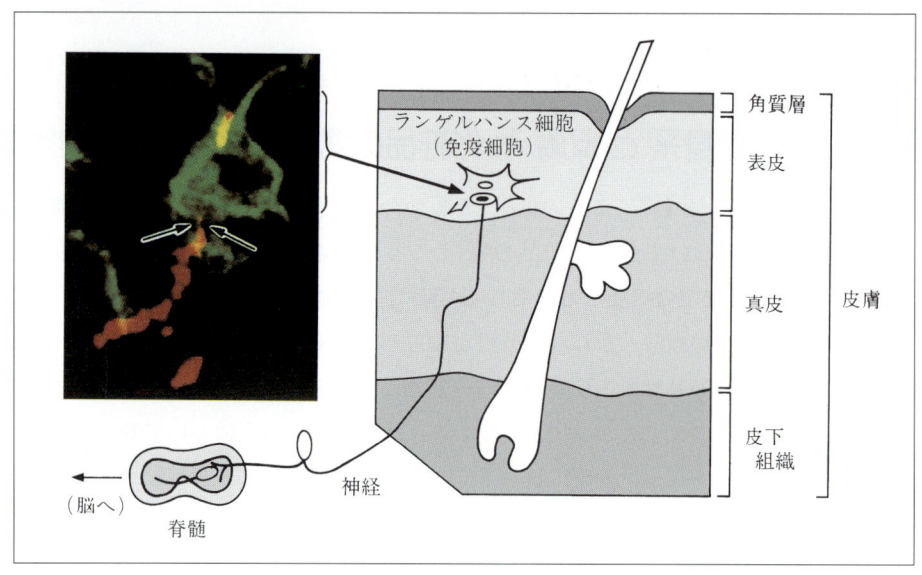

図 1-24. ランゲルハンス細胞に接触している神経細胞
(出典：Nature, No. 363, 159-163, 1993)

1-8-3. 感覚入力と全身系：スキンケアへの応用

これまで化粧品の主たる役割は，身体を清潔にし，美化し，容貌を変えることと考えられてきた．しかし上述のように皮膚と全身系のつながりが解明されるにしたがい，化粧品あるいは化粧行為が全身の調節系にも作用し，またそれを介して皮膚機能にも作用するという新たな役割が注目されつつある．事実，化粧に関連の深い皮膚感覚や嗅覚といった生理学的感覚刺激が，自律神経系，内分泌系，免疫系を機能調節することが実験的に確かめられており，たとえば，マッサージがリラクゼーション効果を持っていること[34,35]や，ストレスによって起こるバリアー機能の低下がある種の香りを嗅ぐことによって防御できること[36]などが明らかにされている．こうした生体に備わった生理学的メカニズムを日常の生活のなかで手軽に活性化させるための手段が化粧といえるかもしれない．

◇ **参考文献** ◇

1) D. T. Downing et al.：J. Invest. Dermatol., 53, 232, (1969)
2) Yamamoto, A. et al.：J. Invest. Dermatol., 89, 507 (1987)
3) 久野 寧：汗，養徳社，1946．
4) 堀井和泉：日本香粧品科学会誌，15, 245, (1991)
5) H. W. Spier, G. Pascher：Hautarzt, 7, 2, (1956)
6) M. Q. Man, K. R. Feingold, P. M. Elias：Arch. Dermatol., 129, 728, (1993)
7) P. W. Wertz, D. C. Swartzendruber, K. C. Madison, et al.：J. Invest. Dermatol., 89, 419, (1987)

8) 河野善行, 高橋元次：油化学, 44, 248, (1995)
9) 斎藤　力他：フレグランスジャーナル, 13, 10, (1985)
10) 中野幹清, 棟方明博：色材, 58, 356, (1985)
11) 高橋元次他：日本化粧品技術者会誌, 23, 22, (1989)
12) 熊谷広子他：日本化粧品技術者会誌, 19, 9, (1985)
13) Y. Nakayama et al.：Cosmet. Dermatol., 1, 197, (1986)
14) H. Tagami et al.：J. Invest. Dermatol., 75, 500, (1980)
15) J. Koyama et al.：J. Soc. Cosmet. Chem., 35, 183, (1984)
16) 福田　實他：加齢と皮膚, p.33, 清至書院, 1986.
17) F. Herrmann et al.：Biochemie der Haut, p.149, Georg Thieme Verlag, Stuttgardt, 1973.
18) J. S. Weiss et al.：J. Am. Med. Assoc., 259, 527, (1988)
19) 伊崎正勝：現代皮膚科学大系, 2B, p.217, 中山書店, 1981.
20) R. M. Lavker：Photodamage, p.123, Blackwell Sci., 1995.
21) M. Blincat et al.：Br. J. Obstet. Gymaecol., 92, 256, 1985
22) 高橋元次：現代皮膚科学大系, 90-B, p.13, 中山書店, 1990.
23) A. M. Kligman：加齢と皮膚, p.221, 清至書院, 1986.
24) 上野賢一：皮膚科の臨床, 22, 特20, 813, (1980)
25) 新井清一：日本化粧品技術者会誌, 23, 31, (1989)
26) 熊谷広子他：日本化粧品技術者会誌, 23, 9, (1989)
27) 田上八朗：加齢と皮膚, p.103, 清至書院, 1986.
28) 石原　勝：加齢と皮膚. p73, 清至書院, 1986.
29) Tatsuya Ozawa："Prologue for the 21 st Century" Skin：Interface of Living System. H. Tagami, J. A. Parrish and T. Ozawa, editors 1998 Elsevier Science B. V
30) Fischbach GD, Hirokawa N, Hyman SE, Ozawa T.：Molecular Neurobiology New York：Wiley-Liss, 1994; Xiii-XiX.
31) 土屋　徹他：フレグランスジャーナル, 11, 26, (1996)
32) Hosoi, J. Murphy GF, Egan CL, Lerner EA, Gabbe S, Asahina A, Granstein RD：Regulation of langerhans function by nerves containing calcitonin gene-related peptide. Nature, 363, 159-163, (1993)
33) R. L. O'Sullivan et al.：Arch. Dermatol., 134, 1431, (1998)
34) 阿部恒之：フレグランスジャーナル臨時増刊, 10, 19, (1990)
35) Tiffany M. Field, Saul Schanberg et al.：The Journal of Applied Gerontology vol. 17 NO. 7, June, 1998, 229-239.
36) M. Denda et al.：自律神経, in press

2 化粧品と毛髪，爪

　毛髪や爪は表皮細胞が変化したもので，これらに汗腺，脂腺を加えて皮膚付属器官 skin appendages とよばれている．また脊椎動物の体毛，角，羽毛，蹄などと同様に体の保護を目的として存在し，皮膚の角質層の主成分とおなじくケラチン keratin より構成されている[1]．角質層由来のケラチンを軟ケラチン，毛髪や爪由来のケラチンを硬ケラチンなどと区別する場合があるが，これはシスチン含有量の違いを反映し，硬ケラチンではその含量が高く，軟ケラチンでは低い[1]．このため，硬ケラチンは外からの刺激や，化学物質の侵襲に対する抵抗力が強い．

　ケラチンという物質の本体はまだよく判っていないが，生化学的定義では「脊椎動物の表皮細胞によって作られ，その細胞内に蓄積する蛋白質である．多数のS－S結合がペプチド鎖の間に架橋を作り，そのために不溶性であることが多い」とされている[1]．そして形態学的にはケラチン線維＋線維間物質＋角質胞膜(間)物質の3者を含むものをさす[2]．

2-1 毛の発生

　毛は乳腺とならんで哺乳類の特徴であることより，哺乳動物は全身を毛で覆われている．動物の毛は，保護・保温としての機能と，感覚器としての機能に2大別できる[3]．ヒトも太古の原始人には，この諸機能をもった体毛が密生していたといわれているが，多くの哺乳動物のうちで，ヒトだけは進化とともに体毛を退化させ，現代人では頭部その他一定の部位に硬毛を残すだけで，ほぼ全身に軟毛だけをまとうようになった．

　しかし退化したとはいえ，ヒトに残っている毛には，「毛」本来の機能をもったものがある．頭髪は，脳とそれをかこむ頭蓋骨の保護，眉毛は，汗やほこりによる目の障害を防ぐ．睫毛は日光から目を守り，鼻毛は粘液が上口唇へ必要以上に流下しないことと，塵埃粒子や昆虫の侵入を防ぐ役目を果たしている．すべての毛において重要なことは，その毛包において豊富な知覚神経の受容器を有し，触覚に対してもっともよく適合していることである[4]．

2-1-1. 毛の発生 と 種類

ヒトの毛器官は胎生9週～4ヵ月に発生する[5]．ヒト胎児のすべての毛器官は頭部から尾部への順に形成される．頭部のうち最初は眉，上口唇，下顎部に発生，ついで頭蓋，顔面に及び，その後頭部以外の部位にも発生する．新しい毛器官は胎生後期まで形成されつづけ，初めは等間隔に発生するが，体の発育とともに皮膚が伸展して各部による密度差が生じる．この毛髪が生毛 lanugo できわめて短く細い．出生後には，毛器官の新生は起こらない．生毛は，胎生8ヵ月目にすべて脱落し，その後約2 cm までのやや太い軟毛 vellus hair に置換されヒトは軟毛をまとい出生する．さらに成長とともに，部位により長く太い硬毛 terminal hair に置き換えられる．硬毛の出現は成長時期，部位や性による差異がある[6]．

毛髪は，手のひら，そして足のうら，唇，乳首，陰部などの粘膜を除いた，体全体に生えているが，その発生場所によって，長さや太さが違っている．これらの毛髪は，硬毛，軟毛の2種類に分類され，硬毛はさらに長毛，短毛に細分される．軟毛は青年期になると部位により硬毛に変わるものがある[3]．それらについては図2-1に示した．

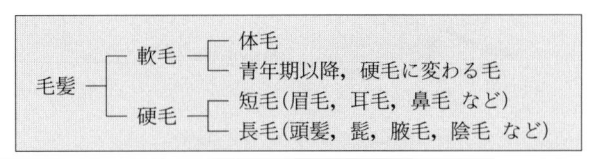

```
         ┌ 軟毛 ┬ 体毛
         │      └ 青年期以降，硬毛に変わる毛
毛髪 ────┤
         └ 硬毛 ┬ 短毛（眉毛，耳毛，鼻毛 など）
                └ 長毛（頭髪，髭，腋毛，陰毛 など）
```

図 2-1. 毛髪の種類

ヒトの毛髪の本数は，先ほども述べた通り出生後その数を増すことはない．ヒトの頭髪の本数は，Pinkus, F. によれば，女性の数として以下のように記載されている[7]．

金髪	blond	140,000 本
栗毛	brunet	109,000 本
黒毛	black	102,000 本
赤毛	red	88,000 本

一般的に約10万本と考える点で多くの記載が一致している．

つぎに毛髪の伸長速度は部位によって異なるが，斎藤らによれば，日本人男子では，頭頂部毛で 0.44 mm/日，側頭部毛では 0.39 mm/日と報告している[8]．一方 Farber らによれば，Caucasian の成人における1日の伸びは頭頂部毛で，0.35 mm，顎髭で 0.38 mm，腋毛で 0.3 mm，眉毛で 0.16 mm と報告されている[9]．

2-1-2. 毛髪のしくみと毛球の構造

皮膚の断面からみた毛髪のしくみを図2-2に示した．表皮が真皮のほうにくぼんで管腔を形成しているが，これを毛包 hair follicle とよぶ．毛包の上方では皮脂腺が接続している．ここでは皮脂を分泌し，頭皮や毛髪にうるおいを与え，保護している．

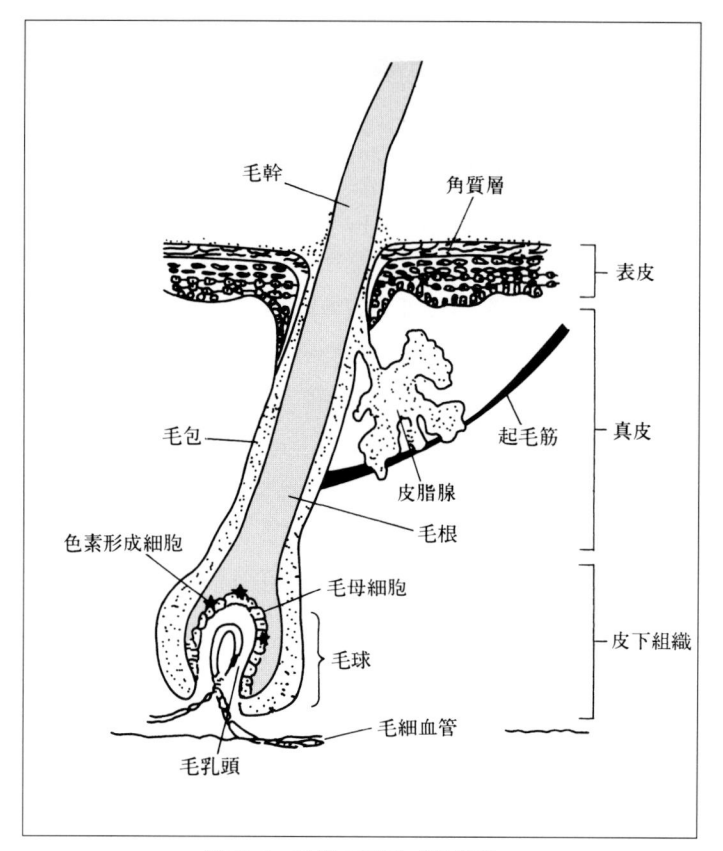

図 2-2. 毛髪の解剖（模式図）

　毛包の中ほどには一種の筋肉が接し，斜め上方の表皮近くまで伸びている．これは起(立)毛筋 arrector pili muscle とよばれ，平滑筋の一種で，自分の意思では動かせないが，寒さを感じたりすると自律的に収縮し，鳥肌を立てるためにこの名前がついた．

　毛髪は，皮膚表面に出ている部分である毛幹 hair shaft と，皮膚内部に入り込んでいる部分の毛根 hair root に分けられる．毛根の下の膨らんだ部分を毛球 hair bulb といい，毛球の中央部にあり球状にくぼんだ部分を毛乳頭 dermal papilla という．毛乳頭には毛細血管や神経が入り込んでいて，食物からの栄養や酸素を取り入れ，毛髪の発生や成長をつかさどっている．毛乳頭に接したところに毛母細胞 hair matrix があり毛髪はここでつくられている．すなわち毛母細胞は，毛乳頭に入っている毛細血管から栄養や酸素を取り込み，分裂を繰り返すことにより毛髪が形成される．この部分には毛髪に色を与える樹枝状の色素形成細胞 melanocyte もある．

　毛髪の形成について，毛球の拡大模型図 図 2-3 を用いて述べる．毛球の最大径を横切って引かれた線は，Auber の臨界線 critical level とよばれ[10]，この線を境にして毛球下半部と毛球上半部に分けられる．下半部は毛母とよばれ，急速に分裂する未分化細胞より構成される．毛球中のほとんどすべての細胞分裂はこの部分に認められ，上半部ではわずかしか認められない．

　毛球の臨界線より上方へ移動する毛母細胞は，毛幹のすべての細胞，すなわち毛髄質 medulla，毛皮質 cortex，毛小皮 cuticle および内毛根鞘 inner root sheath へそれぞれに分れて成長分化し

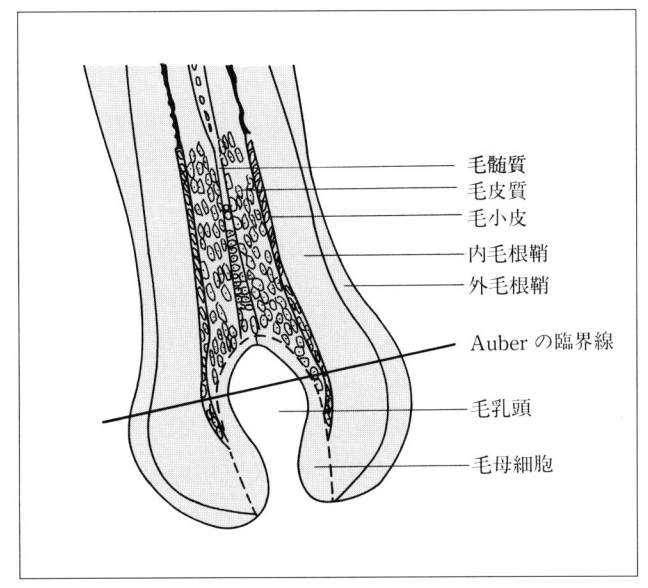

図 2-3. 毛球部の拡大模型図

毛髪ケラチンを形成する．この過程は表皮ケラチノサイトが表皮基底層において分裂し上方に向かいつつ分化，すなわち角化して角質層を形成する過程に似ている．表皮ケラチノサイトは正常な角化である限り，最終的にはすべて同じ均質な角質細胞に分化する．しかしながら，毛髪においては分化（ケラチン化）の過程は均一ではなく，毛髄質，毛皮質，毛小皮，内毛根鞘は形態的にそれぞれ特徴のある分化をなし，また特徴のあるケラチンを形成する[11]．

　毛皮質細胞は，上方へ移動するにつれ，しだいに紡錘状に細長く伸長し，角化する．そして線維が集束して線維束となる．角化した毛皮質細胞の細胞核は細胞核残渣として残る．

　毛小皮細胞は，毛母から毛球上部へ単層をなして上方へ移動する．毛球上方の中ほどで，毛小皮細胞は長方形を呈する．毛球上部から上方において，その長方形の細胞はその長軸を毛包軸に対して直角方向に傾き始める．さらに毛包の約 1/3 の区間において，毛小皮細胞の外縁は水平から垂直方向への傾斜に変わって，非常に薄い細胞が鱗状に重なって配列するようになる．毛小皮細胞の再構築と偏平化は毛包中部で完成される．毛小皮細胞はここで核を失い，毛皮質へ接着するようになる[4]．

　内毛根鞘は，毛母細胞の周辺および外側の部分より形成される．内毛根鞘は毛包峡部の上部，すなわち皮脂腺開口部付近で崩壊する．主な機能は毛包内毛根の形あるいは輪郭をつけることにあるといわれている．

　外毛根鞘 outer root sheath を構成する細胞は，表皮の基底細胞や有棘細胞に類似しているが，厳密には異なるもので，また毛母細胞から生じたものでもない．

2-1-3. ヘアサイクル Hair cycle

毛髪は爪と異なり，一生伸び続けるわけではない．1本1本の毛髪には独立した寿命があり，成長，脱毛，新生を繰り返している．これをヘアサイクル(毛周期)とよぶ(図2-4)．すなわち成長期 anagen, 退行期 catagen, 休止期 telogen の3期に分けられ，毛髪は成長期にのみ産出される．この時期の毛乳頭は大きく，毛母細胞が活発に働いて，毛髪が伸びていく．また毛球が皮下組織まで達している．成長がいったん停止するとき，毛包は退行期を経過する．退行期の最初の徴候は毛球におけるメラニン産出の停止である．その後間もなく毛母における細胞増殖は減少し，ついには停止する．その後毛包のほかの大部分の細胞は，周辺のマクロファージに貪食されて収縮し[12]，起毛筋開始部の下まで毛根は短縮(成長期毛包の1/2～1/3の長さ)，休止期に入る．

休止期毛包では，将来の毛の再生のための種子である毛芽 hair germ が，毛乳頭と相互作用により活発に分裂増殖を行い毛母細胞に分化し，次の新しい毛髪が生まれる[4,13]．この新毛に押し上げられて自然に脱落するのが抜け毛であるが，その数は1日当たり硬毛で70～120本程度といわれている．

毛髪の成長期の期間は，5～6年，退行期は2～3週間，休止期は2～3ヵ月とされている[14]．

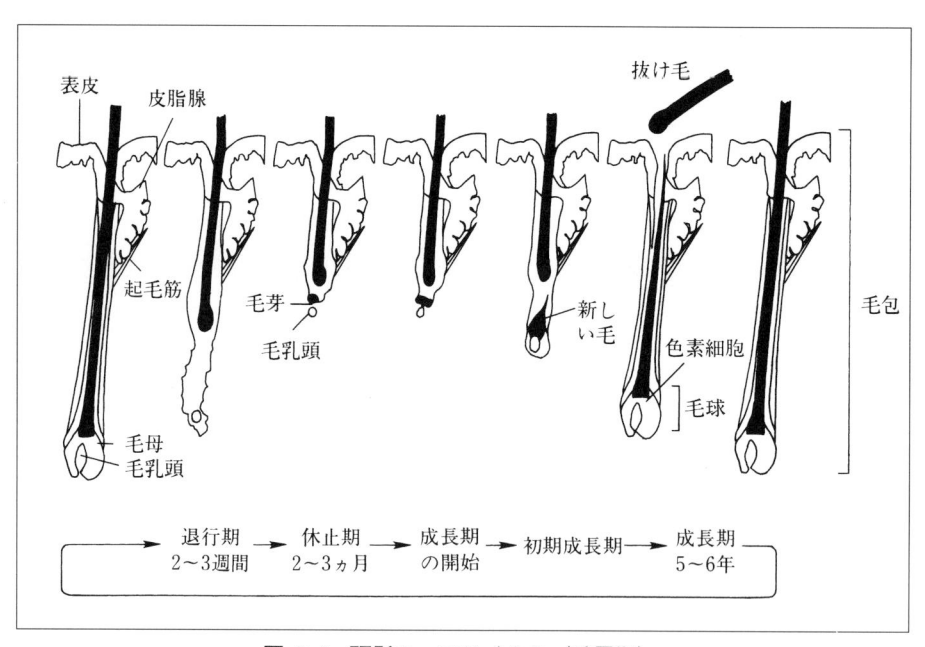

図 2-4. 頭髪のヘアサイクル（毛周期）

2-2 毛幹の形状と構造

2-2-1. 毛髪の形状

ヒトの毛髪の形状は，人種間でいろいろ異なり，Pinkus[7]によると，図2-5に示すように直毛 straight hair, 波状毛 wavy hair, 縮毛 curly hair の3種類に分類される．しかしそれらの間には明確な区別はない．また頭毛が直毛であっても，陰毛・腋毛は波状毛〜縮毛であるように毛の発生部位によっても形状の差異が認められる．

毛髪の太さは，人種，年齢，性によって違い，日本人は普通0.08〜0.15 mmの範囲である．細い毛は，0.05〜0.07 mm，太い毛は0.10〜0.15 mmとされている．一般に太い毛は硬く，細い毛は柔らかい傾向にある．

毛髪の断面の形は，円に近いもの，楕円，そして偏平なものとある．この断面の短径（最小直径）を長径（最大直径）で割った数値を毛径指数という[15]．この指数が1であれば完全に円であり，小さくなればなるほど楕円から偏平になる．

$$毛径指数 = \frac{毛髪の短径}{毛髪の長径}$$

日本人の場合は0.75〜0.85で円に近く，黒人は0.50〜0.60で偏平になっている．人種的な特徴を表2-1に示した[15]．

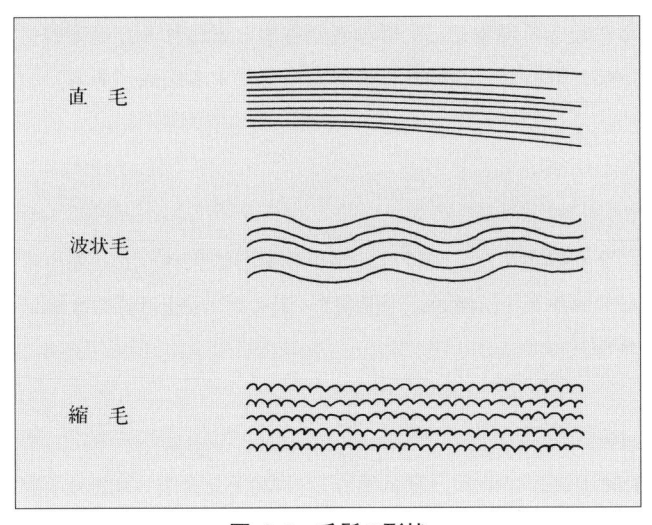

図 2-5. 毛髪の形状

表 2-1. 人種による毛径指数

人　種	毛径指数
黒　人	0.5〜0.6
エスキモー	0.77
チベット	0.88
欧米人	0.62〜0.72
日本人	0.75〜0.85

2-2-2. 毛髪の色

毛髪のもつ自然な色は人種により，黒色，褐色，金色，赤色……とその色調はいろいろある．しかしそれぞれの色素があるわけでなく，2種類のメラニン色素，すなわち黒褐色系の真メラニンであるユーメラニン eumelanin と，黄赤色の亜メラニンであるフェオメラニン phaeomelanin の数や大きさのバランスによって，毛髪の色調が決定される[16]．

メラニン色素は，毛球の毛母上部に存在する樹枝状のメラノサイト(色素形成細胞)の中で，アミノ酸の一種であるチロシン tyrosine を出発として酸化・重合を経て形成される[17]．

形成されたメラニン顆粒 melanin glanule は紡錘形(長径 0.8～1.8 μm, 短径 0.3～0.4 μm)で，毛髪の皮質細胞中に受け渡され，毛髪の成長とともに上方へ移行してゆく[18]．毛髪の色と，メラニン色素の組み合わせは，表2-2に示した．

表 2-2. 毛髪の色とメラニン色素の組み合わせ

毛髪の色	真メラニン (ユウメラニン)	亜メラニン (フェオメラニン)
黒褐色毛	数が多く，形も大きい	微量
栗色毛	数はやや多く，形もやや大きい	少ない
金色(ブロンド)	数は少ない，形も小さい	やや多い
赤毛	微量	多い
白髪	微量	微量

白髪は，特に黒褐色系の毛髪をもつ人種において，明瞭に目立つようになるが，メラノサイトにおいてメラニンの生成が停止するために起こる現象で，一種の老化現象と思われる．毛髪の白髪化はだいたい側頭部より始まり，頭頂部に進行し，後頭部は最後に白髪化する傾向がある．

2-2-3. 毛幹の構造

毛幹の縦断面および横断図について図2-6に示した．毛幹は外側から中心に向かって，毛小皮(キューティクル cuticle)，毛皮質(コルテックス cortex)，毛髄質(メデュラ medulla)の3層に分けられる．

1) 毛小皮(キューティクル) Cuticle

毛髪の外側の部分で，根元から毛先に向かって，ウロコ状に重なり(紋理とよぶ)，内側の毛皮質を取り巻いて保護している．色素のない透明な細胞よりなる．1枚の細胞は，厚さ約 0.5～1.0 μm，長さ約 45 μm[19]で，普通，健康な毛髪で6～8枚が密着して重なりあっている．毛小皮の毛髪に占める割合は，10～15%である[19]．毛小皮は硬質のケラチン蛋白質でつくられ硬い反面，もろく，摩擦に弱いため無理なブラッシングや乱暴なシャンプーによって，傷ついたり剥がれやすくなったりする．

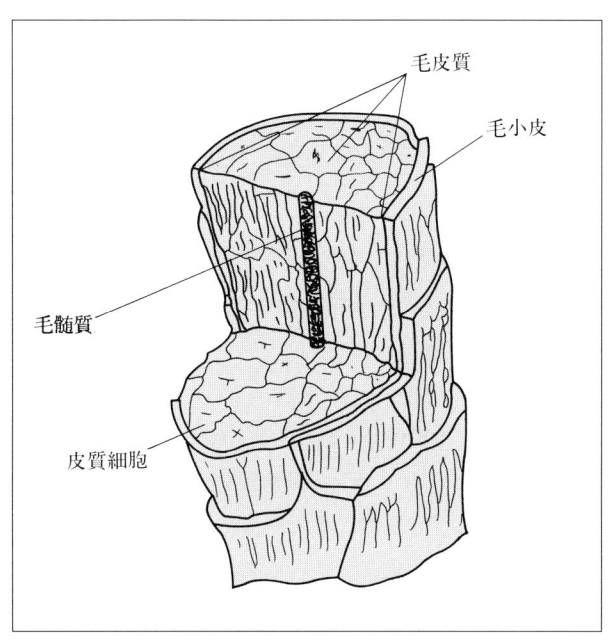

図 2-6. 毛幹の構造

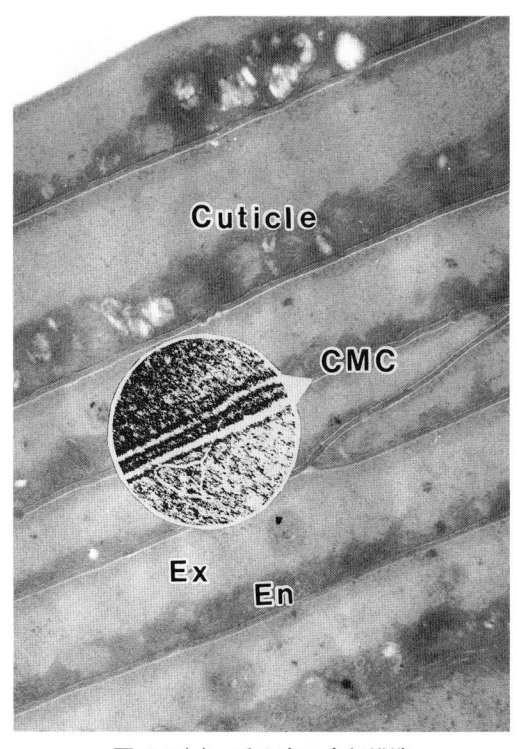

図 2-7(a). 毛小皮の内部構造
(透過型電子顕微鏡写真×23000)
CMC：細胞膜複合体　　EX：エキソキューティクル
En：エンドキューティクル

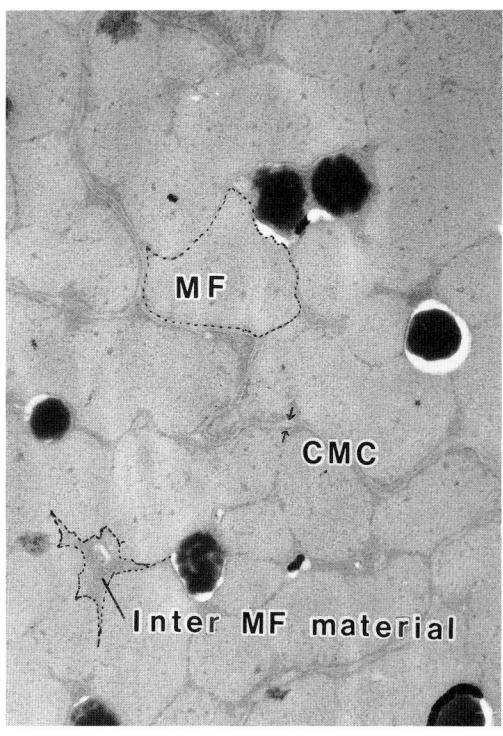

図 2-7(b). 毛皮質の内部構造
(透過型電子顕微鏡写真×25000)
MF：Macro Fibril の略
(円山朋子，神戸哲也，鳥居健二：第31回SCCJ研究討論会口頭発表，1991)

毛小皮をさらに透過型電子顕微鏡にて拡大し，ミクロレベルでの構造については図2-7(a)に示した[20]．図2-7(a)より毛小皮1枚1枚の重なりがわかる．また毛小皮は，大きくは3層に分けられる．一番外側から順に，エピキューティクル epicuticle，エキソキューティクル exocuticle（外小皮），エンドキューティクル endocuticle（内小皮）の3層である[21]（図2-8参照）．

1-1) エピキューティクル

毛髪表面に存在し，ほぼ10 nmの厚さがあり，脂質とシスチンを含む蛋白質より構成される．角質溶解性または蛋白溶解性の薬品に対する抵抗がもっとも強い層であり，硬くてもろいため物理的な作用に弱い（図2-8参照）．

1-2) エキソキューティクル

厚さ約100〜300 nmでシスチン含量の多い（総アミノ酸の約20％を占める）非晶質なケラチン層である．エキソキューティクルは，シスチン含量の違いによりさらに2層に分けられ，上部（外側）はエキソキューティクル全体よりさらにシスチン含量が多くa-層とよばれ，またその下部（内側）だけをエキソキューティクルとよぶ場合もある（図2-7(a)，図2-8参照）．a-層は比較的一定の厚さで均一にエキソキューティクル内で存在する．一方，エキソキューティクルの下部（内側）では不均一な形状でエンドキューティクルに接している．この層全体としては，蛋白溶解性の薬品に対する抵坑性は強いが，シスチン結合を切断するような薬品には弱い．

1-3) エンドキューティクル

厚さは約50〜300 nmと変化のある層である．エンドキューティクルは上部（外側）ではエキソキューティクルと不規則な形状で接しているが，下部（内側）では，細胞膜複合体 cell membrane complex (CMC)と比較的均一な形状で接している．この層は，エキソキューティクルとは対照的にシスチン含量が乏しいが，酸性や塩基性のアミノ酸が他のキューティクルより多く含まれるため，水による膨潤性がある．ケラチン侵食性の薬品には強いが蛋白侵食性の薬品には弱い．

図2-7(a)の中央部分に拡大した写真より，隣接した毛小皮において，中央の黒い部分とその両側が白い線で構成された部分があるが，ここを細胞膜複合体 cell membrane complex (CMC)[22]とよぶ．細胞膜複合体は，隣接した毛小皮ばかりでなく，図2-7(b)に示した毛皮質の内部構造において認められるように，細胞間の2つの単位細胞膜が融合してできたものである．その構造は3層になっており[23]，中央の黒い部分はδ-層とよばれ電子密度が高く蛋白質層で形成され，おおよそ10 nmの厚さをもった部分である．その両側の白い2本の線はβ-層とよばれ，脂質よりなる層である．図2-8に毛小皮・毛皮質の内部構造の模式図を示した．

近年この部分の重要性が見直されているが，役割としては，キューティクルとキューティクル間ならびにコルテックス内細胞間の接着に寄与し，さらに毛皮質内の水分や蛋白質が溶出したり逆に外部からの水分ならびにパーマ剤やヘアカラー剤などの薬液が，毛髪内部の毛皮質に浸透し作用するための通り道になっているようである[20]．

2) 毛皮質（コルテックス）Cortex

毛小皮の内側にあり，ケラチン質の皮質細胞 cortical cell が，毛髪の長さ方向に比較的規則正

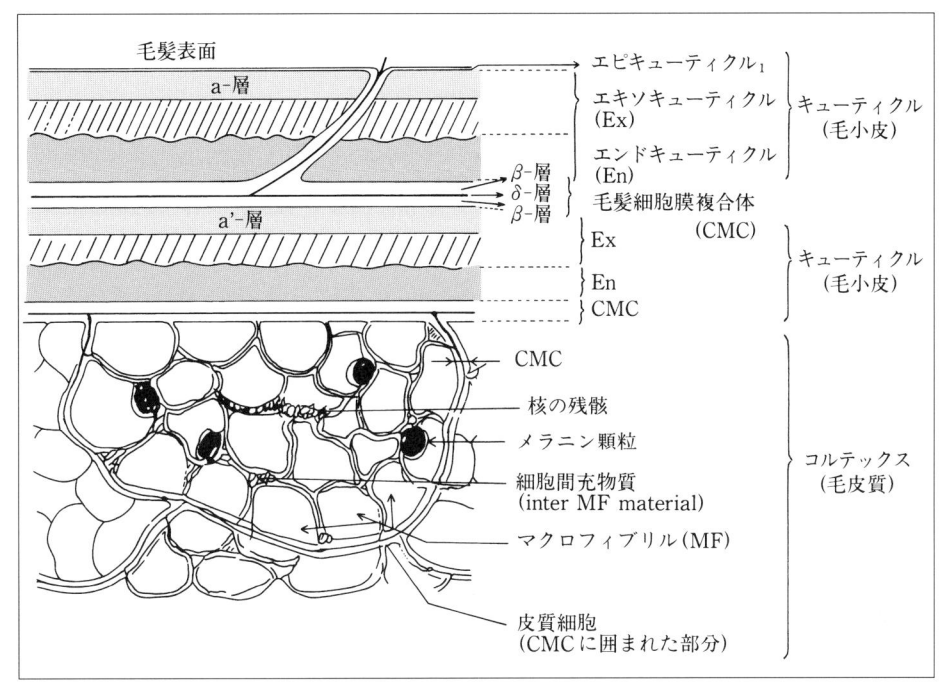

図 2-8. 毛小体・毛皮質の内部構造模式図

しくならんだ細胞の集団で，毛髪の 85〜90％を占める[19]．皮質細胞は長さ約 $100\,\mu m$，直径約 1〜$6\,\mu m$ で，図 2-8 で示された CMC に囲まれた部分で中央に核の残骸が残っている．また毛髪の色を決定する顆粒状のメラニン色素を含むが，図 2-7(b) および図 2-8 で黒く楕円または円形のものがそれである．また毛髪のやわらかさ，しなやかさ強さなどの物理的化学的あるいは力学的な性質を左右する重要な部分である．

皮質細胞は，直径が 0.1〜$0.4\,\mu m$ の紡錘形をしたマクロフィブリル macro fibril（MF）とよばれる線維状蛋白質成分が多数集まり構成されている[19]．

毛皮質の透過型電子顕微鏡によるミクロな構造については図 2-7(b) に示した[20]．図 2-7(b) からマクロフィブリルならびにそれらが集まった皮質細胞，そして皮質細胞同士をつないでいる細胞膜複合体などが観察される．またマクロフィブリルとマクロフィブリルの間の間隙を埋めている物質である細胞間充物質 inter macrofiblillar material も認められる[19]（図 2-8 参照）．

3）毛髄質（メデュラ）Medulla

毛髪の中心部にあり，空洞となった蜂の巣状の細胞が，軸方向に並んでおりメラニン色素を含んでいる．毛髪によっては，鉛筆の芯のように完全につながったもの，ところどころ切れているもの，あるいはまったくないものなどがあるが，太い毛髪ほど髄質のあるものが多く，生毛や赤ちゃんの毛髪にはない．

2-3 ≫ 毛髪の化学構造

2-3-1. 毛髪の化学的組成

毛髪は大部分が蛋白質で，残りがメラニン色素，脂質，微量元素，水分などから成り立っている．

1）毛髪のアミノ酸組成

毛髪の主成分である蛋白質は，シスチンを多く含んだケラチン蛋白である．ケラチンは約18種類のアミノ酸からできている．その組成について，羊毛ケラチンならびにヒトの表皮と比較して表2-3に記載した[24]．表2-3より，毛髪ケラチンのアミノ酸組成の特徴は，シスチンの含有量が多いことで，ヒト表皮とはもちろんのこと，羊毛ケラチンと比較しても，約40～50%多くなっている．つぎに塩基性アミノ酸のヒスチジン，リジン，アルギニンの比率が1：3：10になっているが，この比率は毛髪ケラチン特有のものである[1]．ヒト毛髪そのものについては，種々の要因でその構成比に差が現われるが，Robbinsによると[25]，シスチンは男性の方に多く，食事によってもアルギニン，メチオニンとともに差が現われるとしている．

表 2-3. 主なケラチンのアミノ酸組成（%）

アミノ酸	人毛ケラチン	羊毛ケラチン	人の表皮
グリシン	4.1～4.2	5.2～6.5	6.0
アラニン	2.8	3.4～4.4	—
バリン	5.5	5.0～5.9	4.2
ロイシン	6.4	7.6～8.1	(8.3)
イソロイシン	4.8	3.1～4.5	(6.8)
フェニルアラニン	2.4～3.6	3.4～4.0	2.8
プロリン	4.3	5.3～8.1	3.2
セリン	7.4～10.6	7.2～9.5	16.5
スレオニン	7.0～8.5	6.6～6.7	3.4
チロジン	2.2～3.0	4.0～6.4	3.4～5.7
アスパラギン酸	3.9～7.7	6.4～7.3	(6.4～8.1)
グルタミン酸	13.6～14.2	13.1～16.0	(9.1～15.4)
アルギニン	8.9～10.8	9.2～10.6	5.9～11.7
リジン	1.9～3.1	2.8～3.3	3.1～6.9
ヒスチジン	0.6～1.2	0.7～1.1	0.6～1.8
トリプトファン	0.4～1.3	1.8～2.1	0.5～1.8
シスチン	16.6～18.0	11.0～13.7	2.3～3.8
メチオニン	0.7～1.0	0.5～0.7	1.0～2.5

(H. P. Lundgren, W. H. Ward：Ultrastructure of Protein fibre, Academic Press N. Y., p. 39, 1963.)

2) メラニン色素 Melanin pigments

毛髪に含まれるメラニン色素は3％以下といわれている[26]。

3) 微量元素

毛髪中に含まれる金属としては，銅，亜鉛，鉄，マンガン，カルシウム，マグネシウムなどがある[27]。また微量元素としてはこれらの金属のほか，リン，ケイ素などの無機成分が報告されている[28]。

これら微量元素の量は，毛髪の灰分として，0.55～0.94％といわれている[29]。

4) 脂 質 Lipids of hair

毛髪中の脂質は個人差があるが，おおよそ1～9％といわれている[30]。毛髪より得られる脂質は皮膚と同様，皮脂腺由来の毛髪表面(外部)の脂質と毛髪内部に存在する脂質とを区別して検討されている。その代表として，Kochらの実験結果によれば[31]，毛髪の外部と内部由来とでは組成的に差はなく，遊離脂肪酸が主成分で，中性脂質(ワックス，グリセリド，コレステロール，スクワレン)が報告されている。しかしながらZahn[32]らによると内部脂質の主成分は極性脂質であると報告され，それらを対比して表2-4に示した。今後興味のもたれる分野である。

表 2-4. 毛髪の外部ならびに内部脂質について

脂質成分	Koch[31]		Zahn[32]
	外部脂質	内部脂質	内部脂質
スクワレン	9.3%	11.2%	—%
コレステロールエステル&ワックスエステル	19.9	6.4	1.3
モノグリセリド	3.9	7.7	—
ジグリセリド	1.8	5.6	0.3
トリグリセリド	18.1	13.3	0.3
遊離脂肪酸	45.2	50.2	20.7
コレステロール	1.8	5.6	0.8
極性脂質	—	—	76.6

(J. Koch, K. Aitzetmuller et al.：J. Soc. Cosmet, Chem., 33, 317, 1982.)
(H. Zahn, S. Hilterhaus-bong：Int. J. Cos Sci., 11, 167, 1989.)

5) 水 分

毛髪は，水を吸収する性質があり，周りの環境湿度に応じて，水分量は変化する。しかし25℃，65％程度の相対湿度においては，通常12～13％の水分を含んでいる。

2-3-2. 毛髪内に存在する結合

毛髪は化学的にはケラチン蛋白で構成され各々の蛋白質分子の間には分子間力ないしは結合が存在し，毛髪はこれらの結合によりその性状・形態を保持していると考えられている。そこで毛髪内に存在する活性基と種々の化学結合について述べる[33](図2-9)。

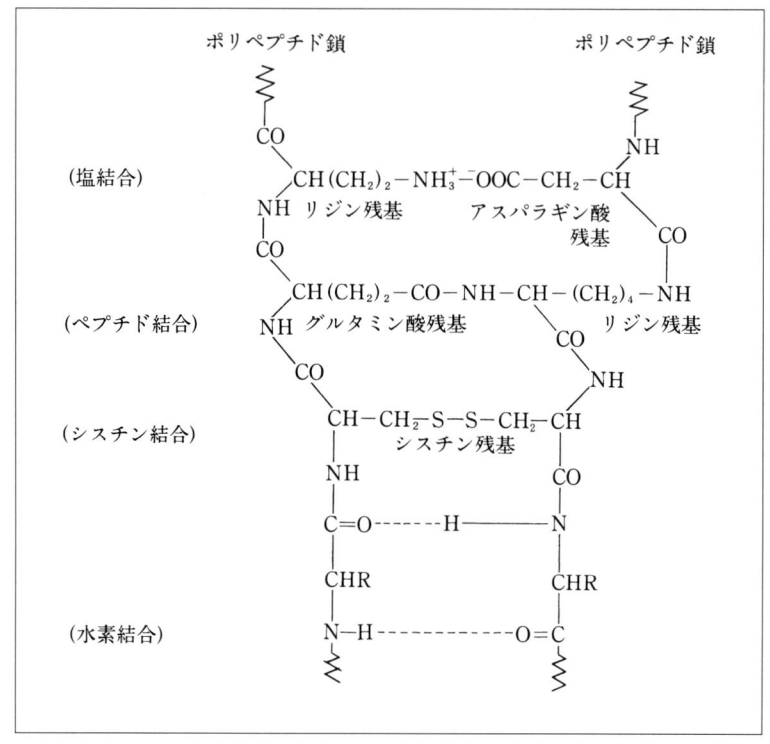

図 2-9. 毛髪内に存在する結合
(S. D. Gershon et al.：Cosmetics-Science and Technology, p.178, Wiley-Interscience, 1972.)

1）塩結合（$-NH_3^+$・・$^-OOC-$）

リジンやアルギニン残基の（＋）に荷電したアンモニウムイオンとアスパラギン酸残基の（－）に荷電したカルボキシレートイオン相互の静電的結合．

pH 4.5〜5.5 の範囲（等電点とよんでいる）のとき，結合力は最大となる．Speakman は力学的測定によりこの結合がケラチン線維の強度に約 35％の寄与をしており，酸・アルカリで容易に破壊されるとしている．

2）ペプチド結合（$-CO-NH-$）

グルタミン酸残基の$-COOH$とリジン残基の$-NH_2$からH_2Oが取れて$-CO-NH$が連結された結合でもっとも強い結合である．

3）シスチン（$-CH_2S-SCH_2-$）（ジスルフィド）結合

この結合は，硫黄（S）を含んだ蛋白質に特有なもので，他の線維にはみられない側鎖結合で，ケラチンを特徴づけている結合である．

現在一般に毛髪ウェーブを形成させる基本的な考え方は，毛髪ケラチン中のシスチン結合を還元剤によって切断し，毛髪を好みの形に変形させた後，その形を保持するために酸化剤にて切断した結合をもとに戻すものである（各論 3-4．毛髪化粧品参照）．

4）水素結合（C=O・・・HN）

アミド基とそれに近接するカルボキシル基間の結合である．水に浸漬したケラチン線維は，乾燥状態に比べ容易に延伸されることの説明に本結合が関与しているとされている．一方，毛髪を水にぬらしてからカールし，そのままの状態で乾燥させれば，元に戻らないことはよく知られた現象である．この現象を"ウォーターウェーブ"とよんでいるが，本結合が関与するものである．

2-4 ▶▶ 毛髪の物理的性質

2-4-1．毛髪の引っ張り特性

毛髪を徐々に大きな荷重をかけて引っ張っていくと，伸びるとともに太さも細くなっていき，ついには伸びきれなくなって切れてしまう．毛髪の伸びた割合を伸び率(%)，切断時の荷重を引っ張り強さ(g)で表わす．

毛髪の引っ張り特性を測定する方法としては，既知の長さの毛髪を，一定速度で，水中，あるいは一定湿度条件下で延伸し，その時の荷重を測定することによって行われる．

毛髪の引っ張り特性は，表面特性ではなく明らかに毛髪線維全体の特性であり，毛小皮ではな

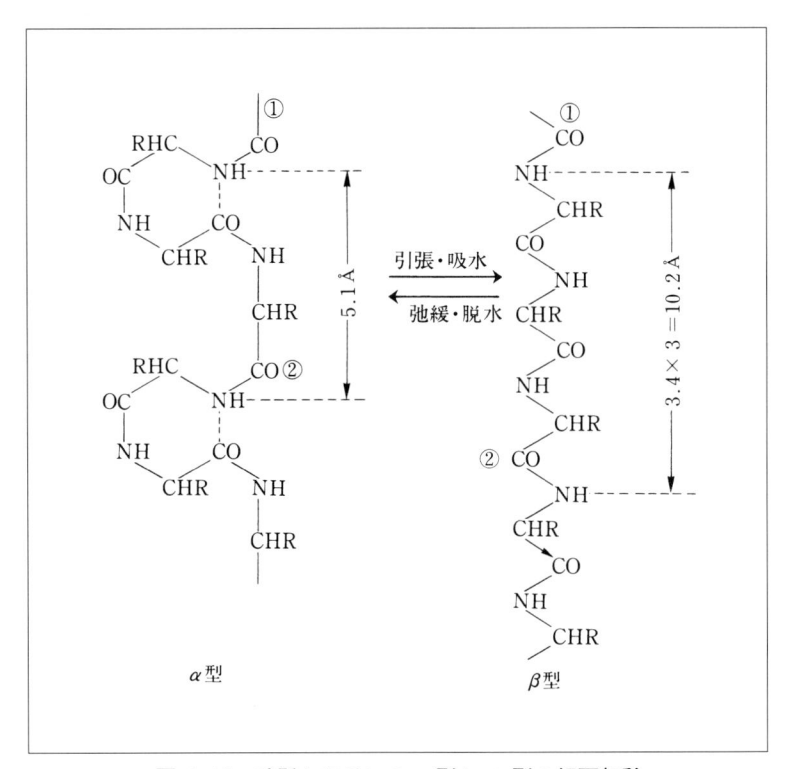

図 2-10．毛髪ケラチンの α 型と β 型の相互転移
(A. Elliot: Textile Res. J., 22, 783, 1952.)

く毛皮質の特性であると考えられる．すなわち毛髪線維を構成しているケラチンのポリペプチド主鎖は通常の状態では，らせん状の α-ヘリックス構成をとっているが，引っ張ることにより，ジグザグ状の β-ケラチンとなり，その長さは2倍となる．また引っ張りをやめると，再び元の長さの α 型に戻る[34]（図2-10）．このことが延伸中に起こっているわけである．

2-4-2. 毛髪の吸湿性

毛髪を空気中に放置すると，水分を吸収もしくは放出して，その水蒸気と平衡を保つ状態に達する．この平衡は湿度によって影響を受ける．

種々の相対湿度における毛髪の水分含量について表2-5に示した[35]．相対湿度が高くなるにつれ水分含量は増加する．雨の日にヘアスタイルがくずれがちになるのは，毛髪が一定以上の水分を吸収すると，毛髪中の水素結合が切断され，元のヘアスタイルに戻るためである．また冬期にブラッシングの時，静電気が発生しブラシに髪がくっついたりするのは，乾燥により毛髪中の水分が失われがちになるためである．

このように毛髪は，湿度の変化に敏感で，水分量が多すぎると髪のコシが失われ，少なすぎるとパサつきが目立つようになる．

表 2-5. 種々の相対湿度における毛髪の水分含量

相対湿度 (%)	29.2	40.3	50.0	65.0	70.3
水分含量 (%)	6.0	7.6	9.8	12.8	13.6

温度は 74°F　　（J. B. Speakman：Nature, 132, 930, 1933.）

毛髪の長さおよび直径の変化と相対湿度の関係については，Stam[36] らが顕微鏡によって測定し，その結果から毛髪の断面積および体積を計算している（表2-6）．この結果から，相対湿度が高くなるにつれ，長さの増加は小さいが，直径の増加はかなり大きいことを示している．

表 2-6. 種々の相対湿度（RH）における毛髪の直径ならびに長さ変化

RH (%)	吸　　収			
	直径の増加率 (%)	長さの増加率 (%)	断面積の増加率 (%)	体積の増加率 (%)
0	0	0	0	0
10	2.3	0.56	4.7	5.7
40	5.1	1.29	10.5	12.2
60	6.9	1.53	14.3	16.3
90	10.6	1.72	22.3	24.6
100	13.9	1.86	29.7	32.1

（R. Stam et al.：Textile Res. J., 22, 448, 1952.）

2-5 》毛髪の損傷 Hair damage

2-5-1. 毛髪損傷の実態

毛髪において，頭皮より外に出た部分を毛幹というが，この部分は毛髪の寿命や長さに応じ生え変わるか，またはカットされるまで，シャンプー，ドライヤーの熱，ブラッシング，パーマ，

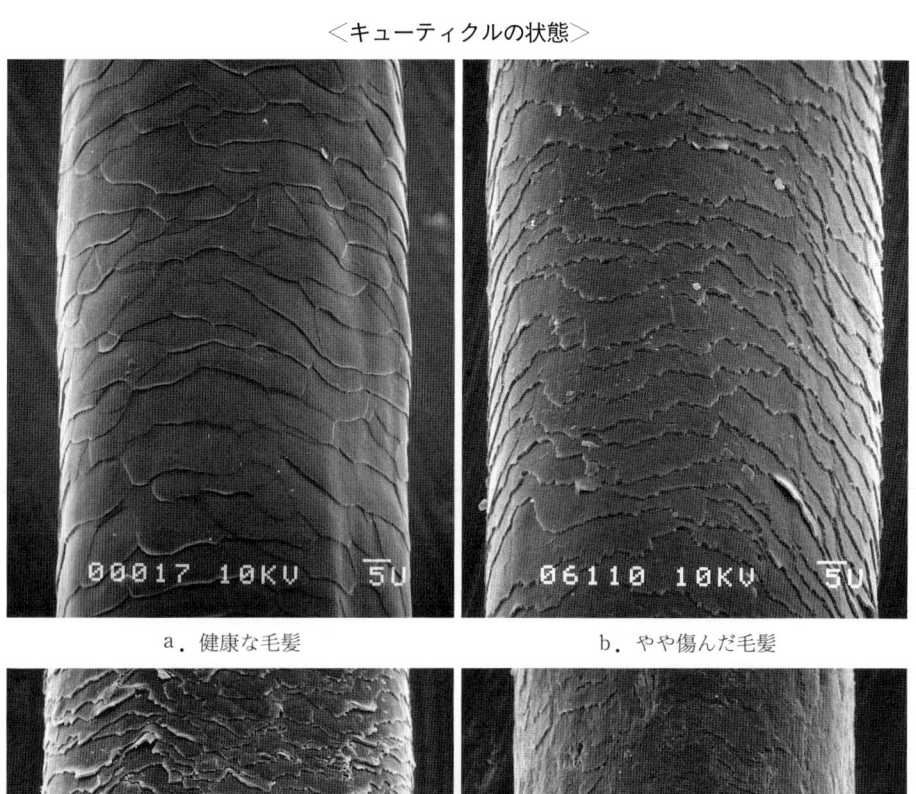

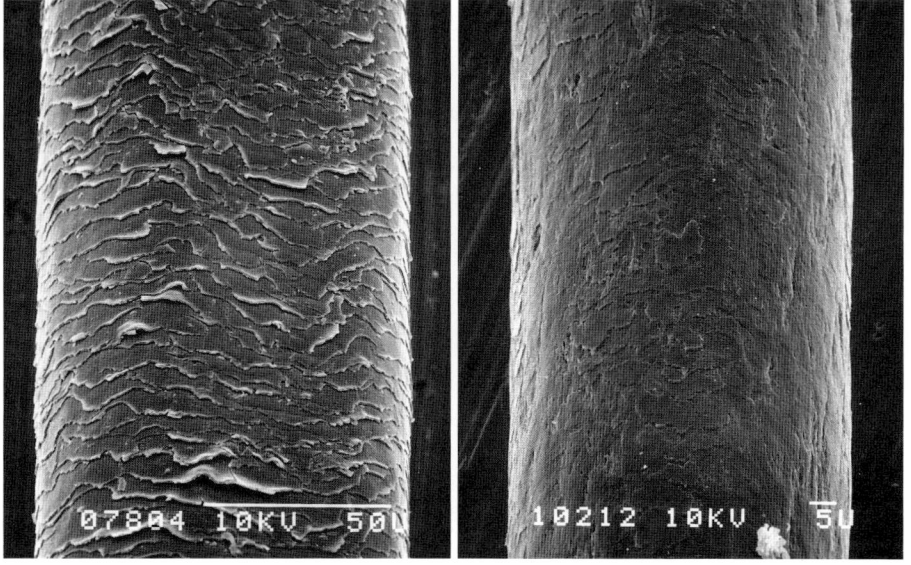

<キューティクルの状態>

a．健康な毛髪　　　　b．やや傷んだ毛髪

c．傷んだ毛髪　　　　d．かなり傷んだ毛髪

図 2-11．毛髪の損傷度合い

ヘアカラーなどの美容的処理や，乾燥，紫外線，海水，プールのカルキなどの環境的ストレスにさらされ続ける．特に毛幹部の外側をとりまいている毛小皮(キューティクル)は，これらストレスの影響を直接受けることにより複合的に累積した損傷を受けることになる．

そこで，毛髪の損傷度合いについて図2-11に4枚の写真を示した．健康な毛髪は，キューティクルの先端がなめらかで紋理が規則的である．これに対してやや傷んだ毛髪は，キューティクルの先端の一部が剝離あるいは脱落がみられる．

傷んでいる毛髪は，キューティクルの先端が欠けていたり，部分的な剝離あるいは脱落が一層進んでいる．このような毛髪は，光が乱反射するためにツヤが失われ，なめらかさもなくなる．

さらに傷みが進み，かなり傷んだ毛髪では，キューティクルのほとんどが脱落し，内部の毛皮質(コルテックス)が露出するようになる．このような毛髪は，枝毛や切れ毛ができやすくなる．

そして毛幹部の累積された損傷の最終形態として，図2-12に示したように，枝毛，切れ毛の発生となる．

2-5-2. 毛髪の損傷とその要因

毛髪は損傷を受けることにより，パサつきが目立ち，ハリ，コシやツヤがなく，ヘアスタイルのまとまりや，ヘアスタイルのもちの悪さ，赤くなるなどの変色，そして枝毛や切れ毛の発生などの現象が起こり，毛髪本来の美しさを損なうさまざまな問題が生じてくる．そこでこのような損傷を引き起こす要因についてまとめると表2-7のようになる．

表 2-7. 毛髪の損傷要因

○ 化学的なもの：パーマ，ヘアカラーなど
○ 環境的なもの：紫外線，乾燥，ドライヤーなどの熱
○ 物理的なもの：乱暴なシャンプー，濡れたままのブロー

すなわち化学的な要因としてはパーマやヘアカラーなどの美容施術がある．これらの薬液は，キューティクルとキューティクルの間の細胞膜複合体 cell membrane complex (CMC) を通り，毛皮質(コルテックス)内の CMC を通じて毛髪内部に影響を及ぼし，CMC そのものの溶出[20,32]や毛髪内部の蛋白質の溶出[37~39]が起こることが知られている．コルテックスには，毛髪の水分を保持する役割があるが，CMC や内部の蛋白質の溶出によりその機能が損なわれる．そのため環境の湿度変化の影響を受けやすくなり，パサついたり，ヘアスタイルのもちが悪いといった問題が生じてくる．

つぎに環境的な要因として紫外線やドライヤーの熱などがある．紫外線は，水との共存下で，毛髪中のジスルフィド結合を開裂させシステイン酸を生成させることにより，毛髪の引っ張り強度を低下させ損傷を引き起こす[40~42]．また同時に毛髪の赤色化も起こるが，これは毛髪中のユウメラニンの紫外線による酸化分解によるものと推定されている[42~43]．実際の海浜やプールで起こる毛髪のトラブルとして，赤くなるなどの変色や傷みがあるが，このような毛髪損傷に紫外線が

枝　毛（×150）　　　　　　　　　　枝毛の拡大（×800）

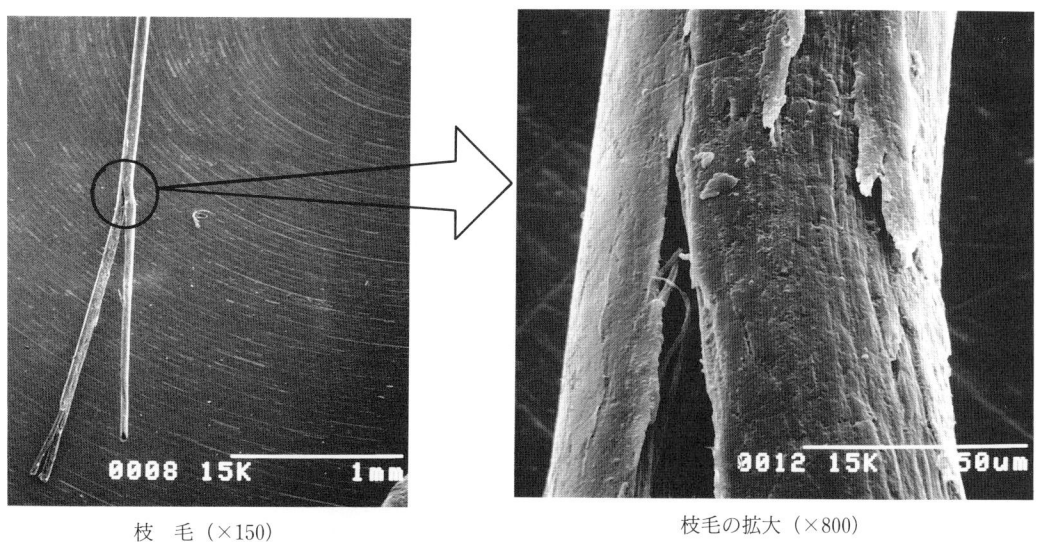

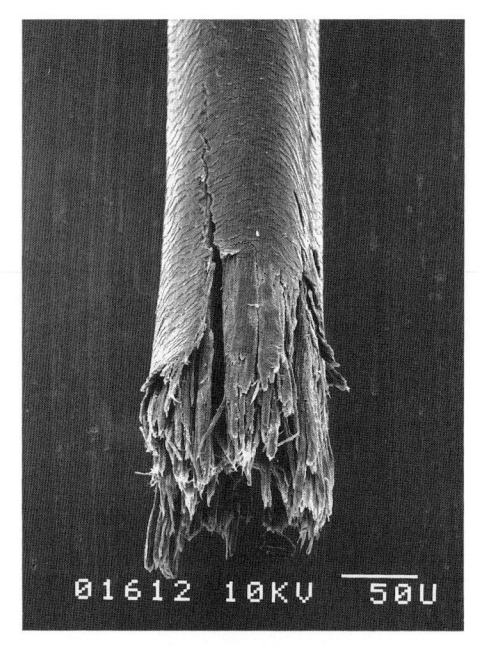

切れ毛（×800）
図 2-12. 枝毛ならびに切れ毛

大きく関与し，海水や水の存在下で加速されるものである．

　毛髪は大部分が蛋白質よりできているため熱に弱く，ドライヤーも使い方をあやまれば毛髪を傷めることになる．毛髪には普通 10〜15％の水分を含んでいるが，加熱するにしたがい，水分が蒸発しカサカサになり手触りも悪くなる．さらに 80℃以上の熱を日常的に髪にあてていると毛髪内の蛋白質がこわされ，ブラッシングなどの際にキューティクルが剥がれやすくなるといわれている[44]．ドライヤーを使用する際は，ヘアトリートメントなどを使用し，毛髪には長時間近づけて使用しないなどの注意が必要である．

		キューティクル枚数
0 cm 根元		7 枚
10 cm		4 枚
20 cm		1 枚
30 cm 毛先		0 枚

図 2-13. 枝毛になった毛髪の根元から毛先
（キューティクルの枚数変化）

最後に物理的な要因としては，乱暴なシャンプーや，濡れたままのブローがあり，これらはいずれもキューティクルの欠落を促す．シャンプーは日常の生活に欠かせないが，毛髪と毛髪をこすりあわせてシャンプーすると，キューティクルは摩擦に弱いためしだいに剝がされていく．また髪が濡れたままのブロー（ドライヤーで乾燥しながらブラッシングする操作）も，コルテックスが水に膨潤しやすいのに対し，キューティクルは膨潤しにくいためキューティクルに無理な力がかかり剝がれやすくなる．このためブローする際はタオルドライを十分に行って，毛髪を適度に乾燥させた後行うことが大切である．

毛髪のキューティクルの剝がれやすさについては，超音波処理を用いた加速法がみいだされている[44]．パーマ施術毛髪，熱処理毛髪，紫外線照射毛髪について，未処理毛髪と比較検討されているが，未処理毛に比較し，それぞれの処理毛髪は，毛髪キューティクル層の剝離が増大することが報告されている．この結果から，表2-7の毛髪損傷要因によって，キューティクルが剝がれやすい状態になり，毛髪の損傷が進むものと示唆される．

このため，パーマ・ヘアカラーの施術後や，海水浴などの後は，マイルドなシャンプー，リンスを使用し，ヘアトリートメントを十分に行うことが必要である．

2-5-3．枝　　毛 Split hair

毛幹部の累積された損傷の最終形態として枝毛が発生するようになるが，図2-12からも明らかな通り，その時の毛髪は毛小皮（キューティクル）がほとんどなくなっている．そこで実際に枝毛になった長さ30 cmの女性の毛髪について，根元から10 cmごとに毛先きまでのキューティクルの枚数について，走査型電子顕微鏡にて観察した結果を図2-13に示した．

図2-13からも明らかな通り，枝毛になった毛髪でも根元部のキューティクルの枚数は7枚あり，健康毛とかわりはない．しかし10 cmごとに毛先きに進むにつれキューティクルの枚数が減少し，毛先き部では0枚になっていることが観察された．30 cmの毛髪では，1ヵ月に約1 cm伸びる（2-1-1.参照）として，約2年半から3年の間さまざまな物理的，環境的そして化学的な要因によってキューティクルの枚数が減少したものと考えられる．

このように枝毛は，キューティクルの枚数が減少し，2枚以下になった状態で，シャンプーやブラッシングなどの物理的刺激によって枝毛が発生するものと考えられる．

2-6 ≫ 爪の機能と構造

2-6-1．爪の機能と生理

爪は手足の指の背面の表皮から生じた角層の薄板で，皮膚の付属器官の1つである．爪の機能としては，①指の先端を保護する，②細かいものをつかむのに役立つ，③指先の感触を鋭敏に

し[45]，力を加えることができるなどがあげられる．また内臓の病気と爪の変化についての関係も指摘されている[46]．

爪の伸びは，正常な健康状態のヒトで，1日に 0.1〜0.15 mm の割合で成長する[45]．この速度は個人差があり，幼児から若いヒトでは早く，老人では成長が遅くなるといわれている[45]．手と足の指でも伸長速度はそれぞれ違い，手の方が足よりもかなり速い[45]．また季節での伸長速度は夏が一番速く，冬は遅いといわれている[45]．

2-6-2. 爪の構造と組成

爪の構造について，図 2-14 に示した[45]．一般に爪とよばれているのは，爪甲 nail plate をさしている．爪甲は皮膚の角質層に相当し，生きた細胞ではなく，硬いケラチンで，薄板状の角化細胞が密着して成り立っている．爪甲表面と横断面の電子顕微鏡写真を図 2-15，16 に示したが，層状構造を有していることがわかる[47]．

皮膚の角質層と比べると，爪甲は脂質分が少なく 0.15〜0.75％といわれている[48]．一方硫黄含有量は 3％以上で皮膚角層と比較して多い[45]．

爪は毛髪とは形態的には異なっているが，同じケラチン蛋白であるため，爪のアミノ酸組成は，表皮の角質層に比較し毛髪に近似していることが報告されている[49]．

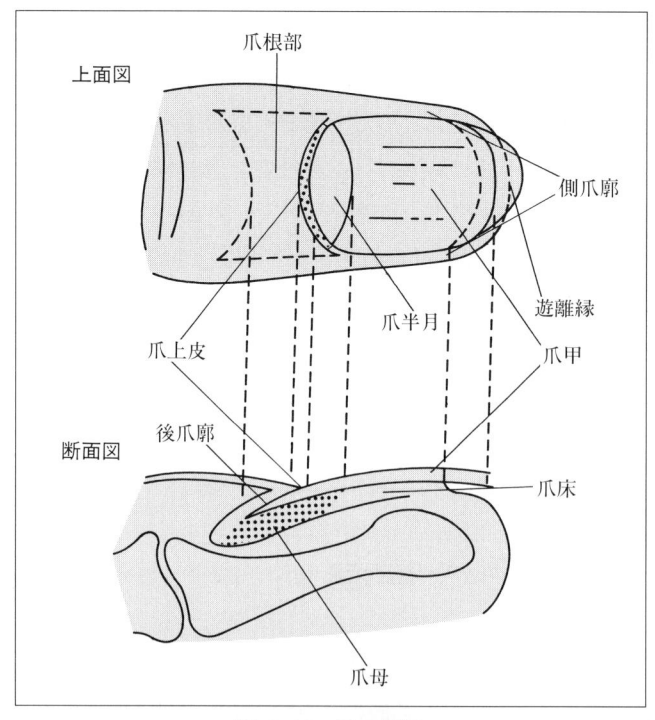

図 2-14. 爪の構造
(東 禹彦：爪，日本書籍，1980.)

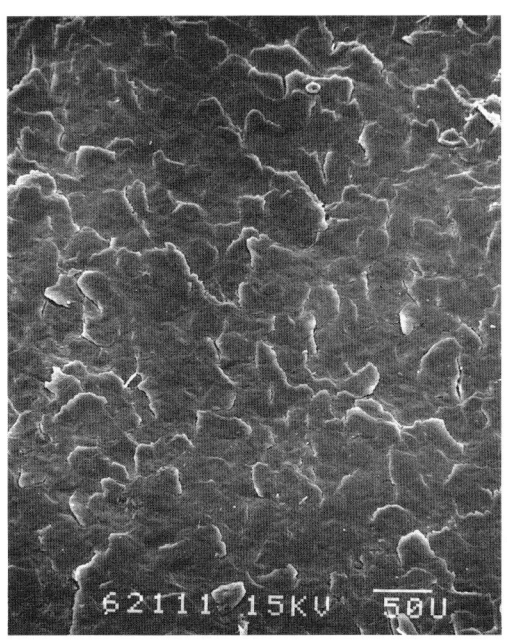

図 2-15. 爪甲表面の電子顕微鏡写真

〈爪甲表面〉

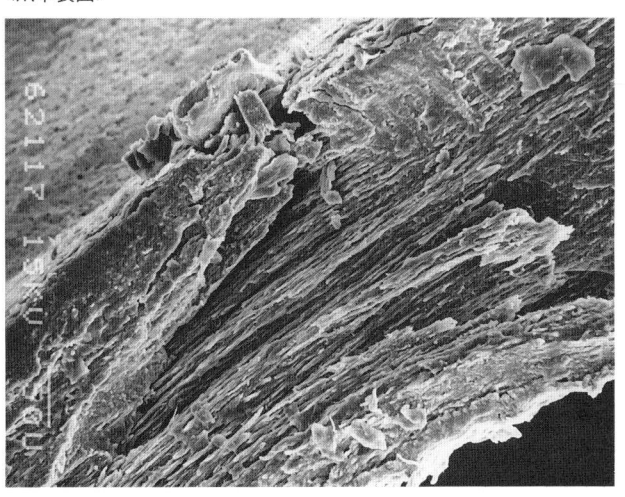

〈爪甲裏面〉

図 2-16. 爪甲横断面の電子顕微鏡写真

　また爪甲は爪母 nail matrix で作られ，爪床部 nail bed の上を爪床の方向にそって，爪甲と爪床が一緒になって指先に向かって進んでいく．これが爪の伸びる現象である．

　爪床部は，爪甲に水分を補給したり，後述する爪廓部とともに爪甲が一定の方向に伸びるように形をととのえたりするのに役立っている．爪甲が伸びて爪床部から離れたところを遊離縁 free margin of nail とよんでいるがこの部分は爪甲からの水分補給がされにくいため，水分含有量が減少しもろくこわれやすくなるといわれている[45,50]．

　爪の根元に半月形で乳白色の部分があるが，これは爪半月 lunula とよばれている．ここでは爪

甲の形成は不完全で十分に角質化していない．爪半月は爪甲の他の部分に比べるといくぶん柔らかく，下部との接着も不十分である．

爪甲を囲む皮膚の部分を爪廓 nail wall という．爪甲の根元の方を，後爪廓といい，両側の部分を側爪廓という．

爪甲の上をおおう皮膚を爪上皮 eponychium とよぶ．これは未完成の爪甲を保護する役目がある．爪上皮がないと爪甲を傷つけることが多く，新しくできた爪甲の形に異常をきたす．

爪母にはメラニン色素を産出するメラノサイトが存在するので，爪甲中にも微量のメラニン色素が存在する[46]．

2-6-3. 爪の物理的性質[47]

爪の水分量は，外界の環境要因によって，5～24％程度まで変動するといわれている．また吸湿，乾燥性については，毛髪に酷似し，吸湿しやすく乾燥もしやすい．

吸湿による体積(方向)変化は，縦，横方向よりも厚さ方向への変化が大きい．このことは，図2-16に示した層状構造に起因すると考えられる．

爪の吸湿，乾燥による硬さの変化は，毛髪と同じように変化し，吸湿により柔軟化，乾燥により硬くなる．われわれの日常生活の中で風呂上がりに爪が切りやすいと感じることがあるのも，この吸湿による爪の柔軟化によるものである．

2-6-4. 爪の損傷 Nail damage

爪の損傷として日常見受けられるものに，爪甲層状分裂症 onychoschisis いわゆる二枚爪とよばれるものがある．これは爪甲先端の遊離縁の部分が，あたかも雲母をはがすように層状に剝離する現象である．

この原因としては，爪甲先端の遊離縁では爪床部から水分の補給を受けにくいため，水分量が減少することが一因といわれている．

爪甲層状分裂症の外的要因としては，ネイルエナメルやリムーバーの頻繁な使用による脱水，脱脂作用そして，石けん，洗剤による脱脂も考えられる．したがってネイルエナメルやリムーバーを使用の際は，爪からの脱脂や脱水にたいし配慮がなされているものを選定することや，日頃からネイルトリートメントなどによるケアが大切である．

◇　参考文献　◇

1) 野田春彦：タンパク質化学4―構造と機能，(1)，p.763，共立出版，1981．
2) 小川秀興：西日皮膚，42(3)，455，(1980)
3) 小堀辰治監修：毛の医学，p.107，文光堂，1987．

4) 小堀辰治監修：毛の医学，p. 15, 文光堂，1987．
 5) H. Pinkus：The Biology of Hair Growth, p. 15, Academic Press, New York, 1959.
 6) M. L. Price, W. A. D. Griffiths：Clin. Exp. Dermatol., 10, 87, (1985)
 7) F. Pinkus：Jadassohns Handbuch der Haut Geschl. krht, 1/1, p. 239, Springer Verlg, Berlin, 1927.
 8) M. Saitoh, M. Uzuka, M. Sakamoto, T. Kobori：Advance in Biology of skin, Vol. IX, p. 183, Pergamon Press, Oxford, 1969.
 9) E. Farber, W. Lobitz：Annu. Rev. Physiol, 14, 519, (1952)
10) L. Auber：Trans. R. Soc. Edinburgh, 62, 191, (1952)
11) 橋本 謙：臨皮，27(1)，15，(1973)
12) P. Parakkal：J. Ultrastruct Res., 29, 210, (1969)
13) M. Ito, K. Hashimoto：J. Invest. Dermatol, 79, 392, (1982)
14) Otto Braun-Falco：Seminars in Dermatology, Vol. 4 (1), p. 40, 1985.
15) 須藤武雄：毛髪の診断とその処置，p. 11, 全日本美容業環境衛生同業組合連合会，1970．
16) A. Rock, R. Dauber：Diseases of the Hair and Scalp, 2nd ed. Blackwell scientific Publications 1991.
17) G. Prota, R. H. Thompson：Endeavour, 35, 32, (1976)
18) W. Montagna, P. Parakkal：The Structure and Function of Skin, 3rd ed., Academic Press, N. Y., 1974.
19) E. H. Mercer：Keratin & Keratinization, Pergamon Press, p. 266, 1961.
20) 円山朋子，神戸哲也，鳥居健二：第31回 SCCJ 研究討論会口頭発表，(1991)
21) N. H. Leon：J. Soc. Cosm. Chemists, 23, 427, (1972)
22) J. A. Swift, B. Bews：J. Soc. Cosmet. Chemists, 25, 355, (1974)
23) J. A. Swift, A. W. Holmes：Textile Res. J., 35, 1014, (1965)
24) H. P. Lundgren, W. H. Ward：Ultrastructure of Protein fibre, p. 39, Academic Press N. Y., 1963.
25) C. R. Robbins：Text. Research J., 891, (1970)
26) J. Menkart, L. J. Wolfram, I. Mao：J. Soc. Cosmetic Chemists, 17, 769, (1966)
27) L. C. Bate et al.：New Zealand J. Sci., 9 (3), 559, (1966)
28) R. Goldbulm, S. Derby：J. Invest. Dermatol., 20, 13, (1953)
29) T. F. Dutcher, S. Rothman：J. Invest. Dermatol., 17, 65, (1951)
30) N. Nicolaides, R. C. Foster：J. Amer. Oil Chem. Soc., 33, 404, (1956)
31) J. Koch, K. Aitzetmuller et al.：J. Soc. Cosmet. Chemists, 33, 317, (1982)
32) H. Zahn, S. Hilterhaus-bong：Int. J. Cos Sci., 11, 167, (1989)
33) S. D. Gershon et al.：Cosmetics-Science and Technology, p. 178, Wiley-Interscience, 1972.
34) A. Elliot：Textile Res. J., 22, 783, (1952)
35) J. B. Speakman：Nature, 132, 930, (1933)
36) R. Stam et al.：Textile Res. J., 22, 448, (1952)
37) N. Baba, Y. Nakayama, F. Nozaki, T. Tamura：J. Hygienic Chem., 19, 47, (1973)
38) 奥 昌子，西村 博，兼久秀典：日本化粧品技術者会誌，21(3)，204，(1987)
39) 金高節子，宮田勝保，中村良治：日本化粧品技術者会誌，24(1)，5，(1990)
40) R. Beyak et al.：J. Soc. Cosmet. Chemists, 22, 667, (1971)
41) C. Robbins, C. Kelly：Textile Res. J., 40, 891, (1970)
42) 竜田真伸，植村雅明，鳥居健二，松岡昌弘：日本化粧品技術者会誌，21(1)，43，(1987)
43) M. R. Chedekel, P. W. Post, R. M. Deibei, M. Kalus：Photochem. Photobiol., 26, 651, (1977)
44) 神戸哲也，福地羊子，植村雅明，鳥居健二：JCSS 第14回学術大会口頭発表，(1989)
45) 東 禹彦：爪，日本書籍，1980．
46) 東 禹彦：フレグランスジャーナル，79, 8, (1986)
47) 山崎一徳，田中宗男：日本化粧品技術者会誌，25(1), 33, (1991)
48) 安田利顕：フレグランスジャーナル，79, 12, (1986)
49) H. P. Baden：Biochim. Biophys. Acta, 322, 269, (1973)
50) 西山茂夫：フレグランスジャーナル，79, 4, (1986)

3 化粧品と色彩, 色材

　化粧品と色彩は密接な関係がある．美を求める心は人の本性であり，メーキャップ化粧品は人に色彩を与えることによって肌色を整えたり容貌を美化する．また一般化粧品においても色のもつイメージを利用し製品に彩色して中味の効果をより強調させることも行われている．さらに彩りのサイエンスである色彩学や，色を測定する測色機の急速の進歩によって，色の科学的管理が容易になり，化粧品の設計をはじめ生産や販売にもそれらが活用されるようになった．

　一方，化粧品に色彩を与える色材は，安全性重視の観点から年々規制が強化され，化粧品に使用できる有機色素は法律によってその品目，品質および使用区分が規定されている．また色素の希釈やメーキャップ製品に用いられる無機顔料や体質顔料などの粉体類も化粧品原料基準の規格に合ったもの，あるいは薬事申請を行い許可を受けた原料しか使用することができない．このように化粧品を取り扱う者にとって色彩学の知識や化粧品用色素に関する正確な情報は不可欠である．また色素に関する規制は国によって異なるので化粧品を輸出する際には注意を要する．

3-1　色　彩 Color

3-1-1. 光と色

　光は眼を開けている間中，まったく光がない場合を除いて人間の眼に入ってくる．光の中で肉眼に感じられる波長部分が可視光線であり，可視光線より長い波長が赤外線，短い波長が紫外線である．可視光線はおよそ 400～760 nm の波長を有する．太陽光線には可視光線の種々の波長の光がほぼ等量集まっていて無色に感じられる．しかし太陽光線をプリズムに当てるとその中に含まれる波長の光が分光されて赤，橙，黄，緑，青，藍，紫に分かれてみえる．

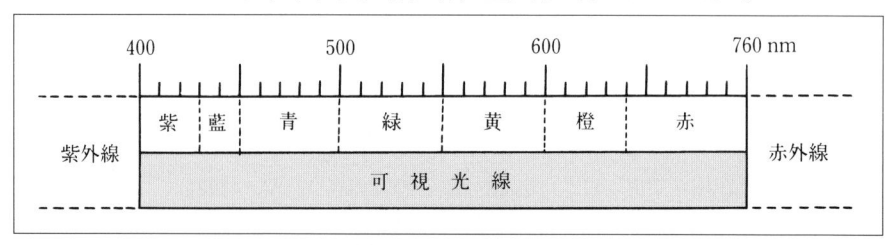

図 3-1. 波長と色

色は波動エネルギーである光の中に存在するが光そのものではない．このような波長の光が視細胞にとらえられ，それぞれの波長の刺激を引き起こし初めて色として認められる．すなわち色は感覚値であるといえる．

3-1-2. 色の知覚

色の知覚は動物の種類により大きく異なる．ここでは色が人間にどうして知覚されるかを簡単に述べる．人の眼球の構造はカメラによく似ている．水晶体がレンズの働きをして遠近を調節しピントを合わせ網膜上に結像させる．水晶体の前にある虹彩が絞りの役をする．網膜には桿状体と錐状体の2種類の視細胞がある．桿状体(かんじょうたい) rod は暗い条件ではたらき主に明るさの知覚をもつ，これに対して錐状体(すいじょうたい) cone は明るい状態で働き色彩の知覚をもつ．桿状体は図3-2の点線のような感度をもち 511 nm（黄みがかった緑に相当する波長）がもっとも感度が高い．これに対し錐状体は図3-2の実線に示すように 554 nm（緑がかった黄色に相当する波長）がもっとも感度が高い[1]．また錐状体には青，緑，赤3種の受容細胞がある．

光受容器である桿状体および錐状体に吸収された光は電気信号に翻訳され水平細胞や神経節細胞，視神経などを通り大脳視覚領に送られ，そこで色と明るさが初めて認知される．

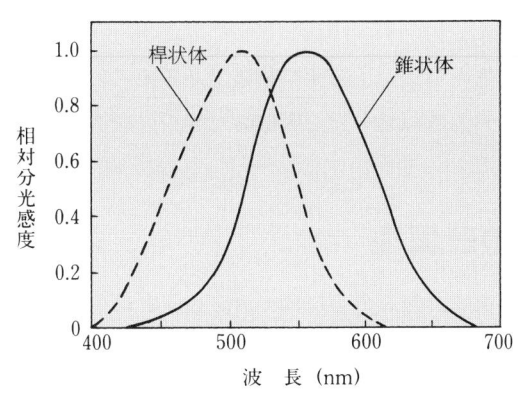

図 3-2. 暗所視（点線）および明所視（実線）の相対分光感度曲線

3-1-3. 色材の色

物体の色は，構成物質とこれに当てる光の種類によって種々の色にみえる．光源が太陽，蛍光灯，白熱灯では同じ物でも異なった色にみえる．物体に光を当てると光は ①物体表面から反射される部分 ②物体の中に入って内部反射され外にでる部分 ③物体に吸収される部分 ④物体を透過する部分 に分けられる．着色した物体に白色光が当たると，その色を現わす波長の光が反射され他の部分は吸収される．標準（白色）の物体と比べ，各波長の光をどれだけ反射しているかを示したものが分光反射率曲線 spectral reflection curve である（図3-3）．この曲線の形か

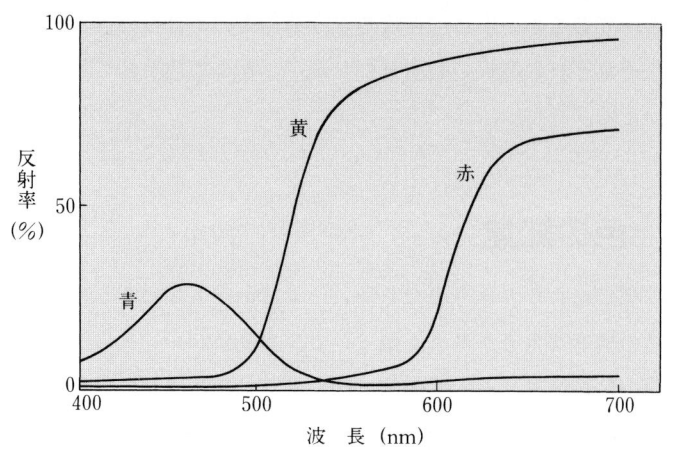

図 3-3. 顔料の分光反射率曲線
赤：レーキレッド CBA（赤色 204 号）
黄：ハンザイエロー（黄色 401 号）
青：フタロシアニンブルー（青色 404 号）

らその物体の色がどのようにみえるか予想することができる．また光を透過する物体に白色光を当てた時に各波長の光をどのくらい透過させるかを示したものが分光透過率曲線 spectral transmission curve である．

色材は特定の波長を吸収または透過する化学物質である．赤の顔料は赤の光を反射し赤以外の光を吸収する．また赤の染料は赤以外の光を吸収して赤の光を透過させる．

3-1-4．色の三属性

色には有彩色と無彩色がある．無彩色 achromatic color は色相をもたない色，すなわち光を分光せず吸収または反射によって生ずる白色―灰色―黒色をいう．これに対し有彩色 chromatic color は色相をもつ色，すなわち照射された光を分光して一部を吸収し可視光領域に反射または透過し色彩を呈するものをいう．

色には色相，明度，彩度の3つの要素があり，これを色の三属性 three attributes of color とよぶ．

① **色相** hue　　赤，黄，緑，青，紫のように色の系統を表わすもので，波長により決定される．
② **明度** value　　物体表面の反射率が多いか少ないかを判定する尺度で，明るさの度合いを示す．明度が高い色は明るく明度が低い色は暗い．
③ **彩度** chroma　　色の鮮やかさの度合いを表わす．鮮やかな色は彩度が高いことを意味し，くすんだ色は彩度が低い．

色相，明度，彩度を3軸にとり色を空間的に配列したものを色立体 color solid とよぶ（図3-4）．色はこのような色立体の中の点として示される．

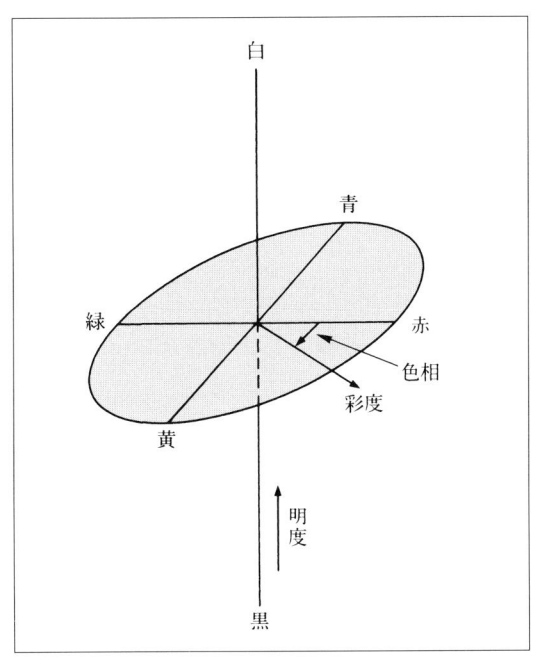

図 3-4. 色感覚の三属性を三軸にとった色立体

3-1-5. 色の表わし方

　人間の眼は色相，明度，彩度のちがいによって数百万種の色を識別できるといわれている．色について話し合う場合，あるいは色を記録する場合，その色を正確に表現する必要がある．実物見本を示すのがもっとも正確であるが，その場合でも経時による色の変化が問題となる．色見本によらず，いずれの製品形態でも同一色彩・同一配色をえることの必要性も高まり，色の数値による記録や色の系統的分類法が重要となっている．

1）色名法
1-1) 慣用色名
　色彩学が発達した今日でもサーモンピンク，エメラルドグリーン，ラベンダー色などの名前で色をよぶ習慣がある．これを慣用色名という．もっとも色感に近く親しみやすいという特徴があるが，納戸色(4.0B4.0/6.0)，利休ねずみ(3.0G5.0/1.0)などになると専門家でないとなかなか色のイメージをつかむことが難しい．また慣用色名は人によって異なった感じを与えることもある．

1-2) 一般色名
　基本色名である赤，黄赤，黄，黄緑，緑，青緑，青，青紫，紫，赤紫に，明度および彩度に関する修飾語である，うすい，あざやかな，さえた，にぶい，ふかい，暗いなどという言葉をつけると，もう少し詳細に色を表現することができる．これは物体色の色名として日本工業規格 JIS に収載されている[2]．

2）表色系

2-1）マンセル表色系 Munsell color system

代表的な色の表示法で色相，明度，彩度からなり人間の感覚に一致するような表色体系でマンセルにより考案されたものである．現在ではより感覚に近づけた修正マンセル表色系が用いられている．わが国ではマンセル表色系が JIS[3] に取り入れられ JIS 標準色票として日本色彩科学研究所から刊行されている．

図3-5に示すように色相は赤(R)，黄(Y)，緑(G)，青(B)，紫(P)の5つの主要色相で環を作り，各々の中間色として黄赤(YR)，黄緑(GY)，青緑(BG)，青紫(PB)，赤紫(PR)を加える．これらの10色相を感覚的に等しく10分割し，5に当たるところに色相の代表となるものを配置する．このように色相を環状に表わしたものを色相環 hue circle という．

明度は無彩色の黒を $V=0$，白を $V=10$ として，感覚的に等しくなるよう10分割する．

彩度は無彩色を0として感覚的に等歩度で順次 1, 2, 3, ‥‥とする．

このようにしてマンセル表色系は HV/C で色を表示する．たとえば 5R4/14 はもっとも冴えた赤を表わす．

2-2）CIE（標準）表色系 CIE standard colorimetric system

1931年に国際照明委員会 Commision Internationale del'Eclariage において国際的な表色法として採用され，X, Y, Z の3刺激値で色を表現する．わが国においても JIS に2度視野 XYZ 系による色の表示方法として収載されている[4]．

CIE 色度図 CIE chromaticity diagram は横軸を x，縦軸を y とし直交座標をかき，この上に各波長ごとのスペクトルをプロットし，これをつないでスペクトル軌跡としたものである（図3-6）．色度座標は次式によって示される．

$$x = X/(X+Y+Z) \qquad z = Z/(X+Y+Z)$$
$$y = Y/(X+Y+Z)$$

$x+y+z=1$ となるため x と y だけで色の性質を表わすことができる．色度図（図3-6）上で無彩色点(W)と色度点(S_1)を結んだ線がスペクトル軌跡と交わる点(S_2)がその色の主波長(λd)であり，W点との距離が純度（彩度とほぼ同じ意味）である．また Y は明度に相当するので Y, x, y で色を表わす．

2-3）Lab 表色系 Hunter Lab system

ハンター R. S. Hunter が1948年に提案した知覚的に等色差性をもった表色系．L, a, b, は3刺激値 X, Y, Z から次式によって変換することができる．

$$a = 17.5(1.02X - Y)/\sqrt{Y}$$
$$b = 7.0(Y - 0.84Z)/\sqrt{Y}$$
$$L = 10\sqrt{Y}, \quad 0 < Y < 100$$

なお2つの色(L_1, a_1, b_1)と(L_2, a_2, b_2)との色差 ΔE は，次式から求められる．

$$\Delta E = \sqrt{(L_2-L_1)^2 + (a_2-a_1)^2 + (b_2-b_1)^2}$$

色　彩　83

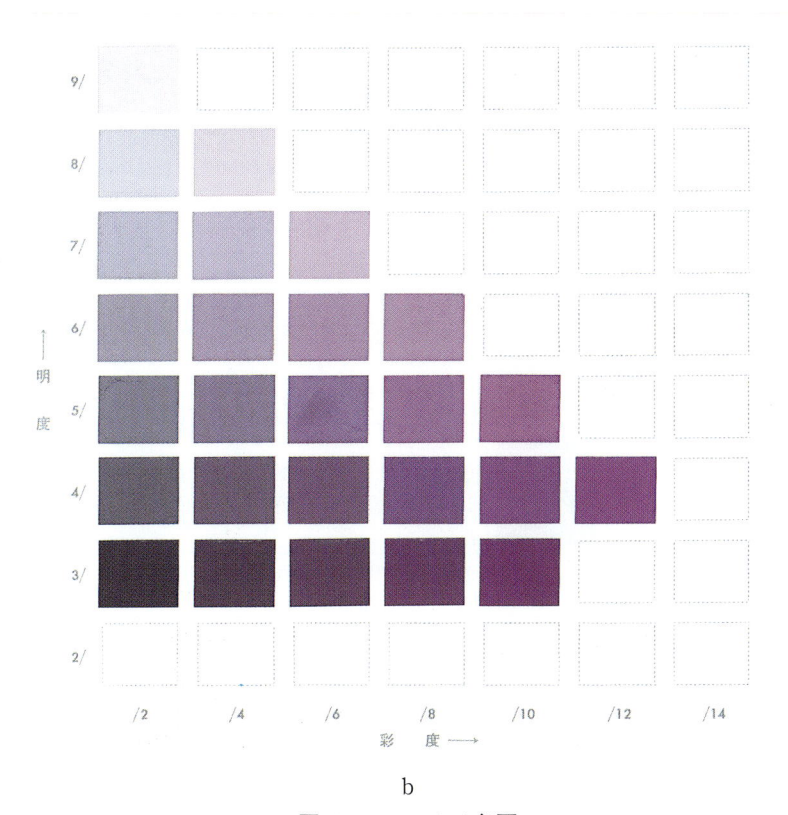

a

b

図 3-5．マンセル色票

（日本規格協会，JIS 色票委員会監修：JIS Z 8721-1977 準拠標準色票(増補版携帯用)，
(財)日本規格協会発行，(財)日本色彩研究所製作)

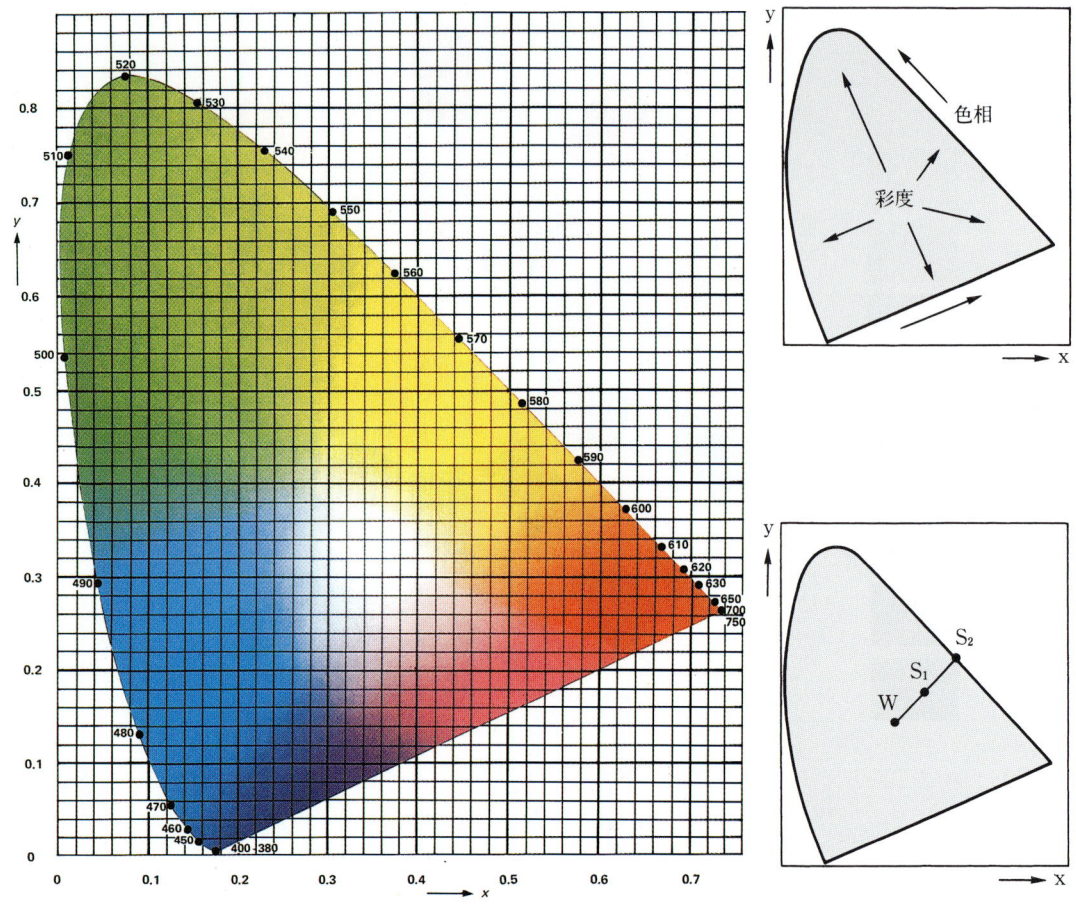

図 3-6. CIE 色度図 -CIE(国際照明委員会)1931 XYZ 表色系
(ミノルタカメラ株式会社「色を読む」)

表 3-1. 色相を主とした配色の例

配色		イメージ
同一色相の配色	同じ色相の中で,明度と彩度のちがう色どうしの組み合わせ	落ちつきがあり,上品,おとなしい,あっさりしている
類似色相の配色	色環の上で近い色どうしの組み合わせ	無難で落ち着いている,なじみやすい
反対色相の配色 (補色・反対色)	色環の上で反対側の色味どうしの組み合わせ ※この中には補色どうしの組み合わせも入る	明快,はっきりしている,派手,活動的
無彩色と有彩色の配色	白,灰,黒などと,赤,青など色味のあるものとの組み合わせ	個性的,すっきり

2-4) L* a* b* 表色系　L* a* b* system

正式の名称は，CIE 1976(L* a* b*)表色系とよばれる．これは試料の3刺激値 X, Y, Z に対し，使用する標準光源の3刺激値 X_0, Y_0, Z_0 を考慮したものである．Lab 表色系のかわりに用いられるようになった．

3-1-6．色のイメージと配色感情

色にはそれぞれの感情があり，見る人に心理的なさまざまな感じを与える．その感じかたは，人それぞれによって異なる．しかし多くの人が感じる色のイメージは共通したものがあり，これを知ることはメーキャップ製品を設計したり，実際にメーキャップを効果的に行ううえで大切な事柄である．

1) 暖色系と寒色系

暖色 warm color 系は暖かい感じを与える色で赤紫，赤，橙，黄など色相環のなかで赤に近いほうの色をいう．太陽の色や，燃える炎の色をイメージさせ，暖かさ，情熱，興奮などを感じさせる．

寒色 cool color 系は涼しい感じを与える色で青緑，青，青紫など色相環のなかで青に近いほうの色をいう．流れる水や澄んだ湖などをイメージさせ，涼しさ，冷たさ，知性などを感じさせる．

2) 色と感情

色と感情において個々の色はそれぞれ異なった感情と結びついている．感情には表情などを伴う強い感情や比較的弱い感情状態である気分などがある．表現としては喜び，悲しみ，怒り，安らぎ，寛ぎ，淋しさなど感情は多彩である．

具体的にどの色がどんな感情をもっているかの例を表 3-2 に示す[6]．

3) 配色感情

色は単色それぞれに感情をもつことを述べたが，2色以上を配したばあい，その組み合わせによって種々の感情を表わしたり，それを強めたりする．これは実際のメーキャップのコーデネイションを考えるうえで重要なことである．

配色の効果は色の三要素の組み合わせによって変化の美しさをもとめることであり，これは色の対比と調和のバランスのうえに成り立っている．バランスを保つには色相，明度，彩度のうちどれかを同一にしたり，スペクトルに現われる色相の順序を考慮する必要がある．

三要素のうち明度の対比および色相の対比がウエイトが高く，彩度の対比はこれらに比べて低い．表 3-1 に2色の色相を主とした配色の例を示す．

表 3-2. 色と感情の関係[6]

属性種別		感情の性質	色の例	感情の例
色相	暖色	暖かい 積極的 活動的	赤	激情, 怒り, 歓喜, 活力的, 興奮
			黄赤	喜び, はしゃぎ, 活発さ, 元気
			黄	快活, 明朗, 愉快, 活動的, 元気
	中性色	中庸 平静 平凡	緑	安らぎ, 寛ぎ, 平静, 若々しさ
			紫	厳粛, 優えん(婉), 神秘, 不安, やさしさ
	寒色	冷たい 消極的 沈静的	青緑	安息, 涼しさ, 憂うつ
			青	落着き, 淋しさ, 悲哀, 深遠, 沈静
			青紫	神秘, 崇高, 孤独
明度	明	陽気 明朗	白	純粋, 清々しさ
	中	落着き	灰	落着き, 抑うつ
	暗	陰気 重厚	黒	陰うつ, 不安, 厳めしい
彩度	高	新鮮 溌らつ	朱	熱烈, 激しさ, 情熱
	中	寛ぎ 温和	ピンク	愛らしさ, やさしさ
	低	渋み 落着き	茶	落着き

(日本色彩学編:新編色彩科学ハンドブック. 東大出版会, 1980)

3-1-7. メーキャップの色

　メーキャップは主に顔というキャンバスに目的に応じて種々の彩色を与え1つの芸術品として仕上げる技術であるといえる。一般にメーキャップの大半の目的は美しくなりたいという女性の願いにつながっている。素顔の上に素顔とは別のそのひとなりの理想の美しさを他の部分と調和して描き出す，その道具がメーキャップ化粧品である。したがってメーキャップ化粧品には目的に応じてさまざまの色調のものが配置されている。

1) ファンデーションの色 と 化粧肌色[7]

　素肌の色は常に一定の色ではなく個人によって異なり，また季節や健康状態によっても変化する．肌色は皮膚中のメラニン，ヘモグロビンなどによる光の吸収と表皮層の光の透過，の相乗作用によって決まると考えられている．詳しくは 総論1-3. 皮膚の色 を参照されたい．また顔は実際にはキャンバスとは異なり部位によって色調の差があり相対的に額は明度が低く，頬は明度が高い，また目の下は赤みよりである．

　このような広い肌色に対して市販されているファンデーションの色調は図3-7に示すように肌

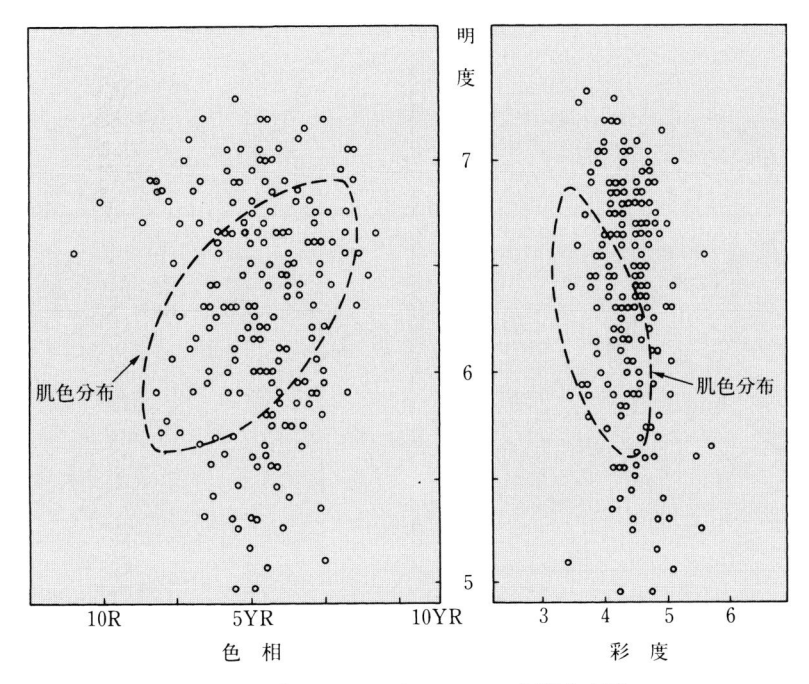

図 3-7. 市販ファンデーションの色調分布図

色領域に比べて広い色域に配置されている．夏と冬では肌色が変化することから同じ人でも夏用にはやや明度の低い色を使うことが望ましい．また自分の肌色より少し明度の高いものと，やや明度の低いものを組み合わせて用いることにより立体感のある自然な仕上がりがえられる．

　ファンデーションを塗布した化粧肌色は，素肌とファンデーションの混合色であり，ファンデーションの外観色とは異なることに注意が必要である．塗布色と外観色の異なる大きな原因は，ファンデーションの有しているカバー効果と塗布のしかたや塗布量によるところが大きい．図3-8は油性ファンデーションの塗布状態(薄塗り，厚塗り)によって同じ肌でもいろいろな塗布色となり，しかも外観色と肌色の単純な加法混色では表わせないで図3-8のような複雑な軌跡を描き外観色に近づくことがわかる．

　ファンデーションの色を選ぶ際には，外観色だけでなく実際に自分の肌に塗布して選ぶことが重要である．

2) 美しい化粧肌色 と 顔色補正[7)]

　ファンデーションを塗布する目的は，自分なりの美しさと同時に，他人がみても美しいと感ずる化粧肌を創り出すことにある．ファンデーションを塗布した化粧肌色は素肌の色とどのような関係の時に美しくみえるのであろうか．600名のパネルを用いてその化粧肌色の美しさを視感により評価し，同時に素肌，化粧肌を測色して相互の関係を整理するとつぎのような結果であった(図3-9)．すなわち美しくみえる化粧肌色は素肌より明るく，彩度の高い色領域にあり，色相的には肌色分布の中心に近づく方向であった．

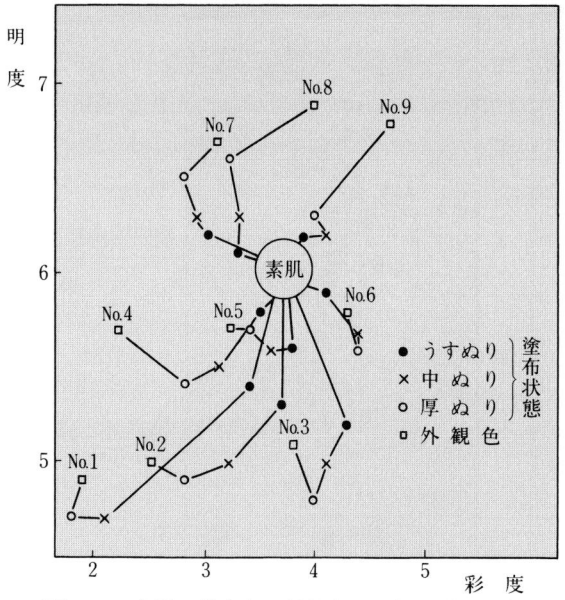

図 3-8. 素肌・塗布色・外観色の関係，試料 9 色 No. 1~9

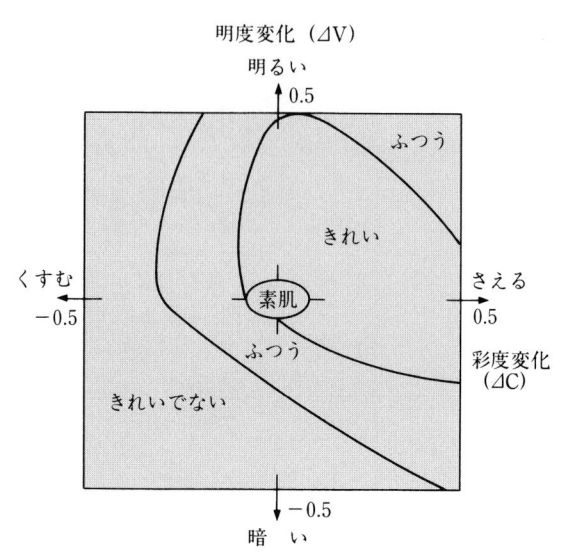

図 3-9. 化粧による肌色変化と視感評価

　肌色補正用のファンデーションとしては，赤ら顔の人にその赤味を抑える目的でグリーンのコントロールカラーがもっとも広く用いられている．これは混色の原理から彩度を下げるのと明度を上げることによって自然な，透明感ある仕上がりにみせる効果である．またグリーン顔料の吸収特性によって光源の違いによって色のみえ方があまり変らない(ノンメタ)効果も期待できる．グリーンとほぼ同じ目的でブルーも用いられる．

　また肌色は年齢が高くなると黄味で明度が下がる方向にあるが，これを補正するのにはピンクを用いるのが有効である．すなわち黄味になった肌色を赤味に寄せ明度を上げ彩度を下げる働きがある．ファンデーションの色調自体も 30 歳を過ぎる頃からピンクやアーモンド系の色を好む層が増えるのは同様の理由によるものと考えられる．

　そのほかオレンジ，イエロー，パープルなどもコントロールカラーとして用いられる．

3) 唇と口紅の色[8)]

　口紅は頬紅とともに健康的な顔色を作る主役である．口紅の色は多彩であるが，それを塗布する唇そのものの色も，個人によって異なる色を呈している．唇は普通の皮膚よりも角化が不完全で，比較的薄くメラニン色素がないため，毛細血管が透けてみえるために赤色を呈している．唇の分光反射率曲線を図 3-10 に示す．パネル A, B では 548 nm と 578 nm における吸収が皮膚の分光反射率曲線に比べてより明確にみられる．しかし唇の色の悪いパネル C, D ではこの吸収はわずかで，分光パターンも正常パネル A, B と大きく異なっている．パネル C は口紅をつけても口紅本来の色がでにくい，またパネル D は血の気の少ない彩度の低い唇である．このような人のために被覆力のあるベースコートが用意されており，口紅を塗る前に下地を修正し，その上から自

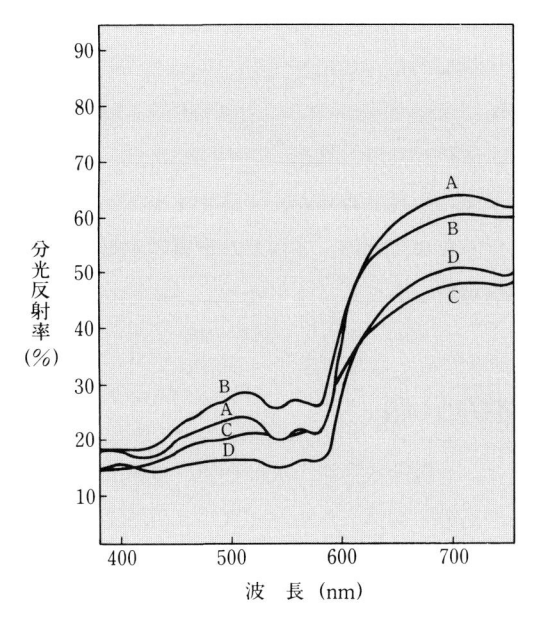

図 3-10. 唇の色の分光反射率（パネル A～D）

分の好む口紅を塗布すれば，望みの色に鮮やかな色がえられる．

　市販口紅の色調はおよそ色相で 10PR～5YR，明度 2～6，彩度 3.5～17 の範囲である．また基本となる色相は 2.5R～5.0R の範囲にあり，シーズンごとに出る色は色相の変化は小きざみで明度，彩度に動きをみせているのが特徴である．

　口紅は化粧品の中でももっとも流行色を含んだ製品であり，1962 年のシャーベットトーンのキャンペーンによるピンクの大流行から各社でシーズンごとに新色を出すプロモーション展開が行われている．

4）ポイントメーキャップの色

　日本では欧米文化の影響を受けてネイルエナメルやアイシャドーが若い女性の間にひろまったのは 1960 年頃からである．それにともないポイントメーキャップが単なる一部分に彩色するということから，全体の色彩調和を考慮したトータルコーディネートへ変わってきた．アイシャドーの色調も従来寒色系が中心でその名称が示すとおり陰影をつけることが主であった．しかしカラーテレビの普及以降日本人のファッション感覚に変化が起こり高彩度のパープル系やグリーン系の需要も生じるようになった．現在ではアイシャドーという名称よりむしろアイカラーという名称が広く用いられるようになり，あらゆる色相のものが市場にも出回っている．

3-2 ≫ 色　　材 Color materials

色材は化粧品に配合して，彩色したり，被覆力をもたせたり，紫外線を防御したりする．主としてメーキャップ化粧品に多量に配合されるが，メーキャップに配合される主な目的は皮膚を適当に被覆し彩色し美しくみせるためである．すなわち皮膚のシミやソバカスなどを隠し，好みの色彩を与え，健康で魅惑的な容貌をつくることにある．

3-2-1. 色材の分類

化粧品に配合される色材は，有機合成色素，天然色素，無機顔料に大別される．また合成技術の進歩により真珠光沢顔料や高分子粉体が化粧品に汎用されるようになってきた．さらに新しい種々の機能を有する粉体が開発され化粧品に用いられているが，化粧品に使用できる色材は，安全性が十分に保証されたものに限られている．

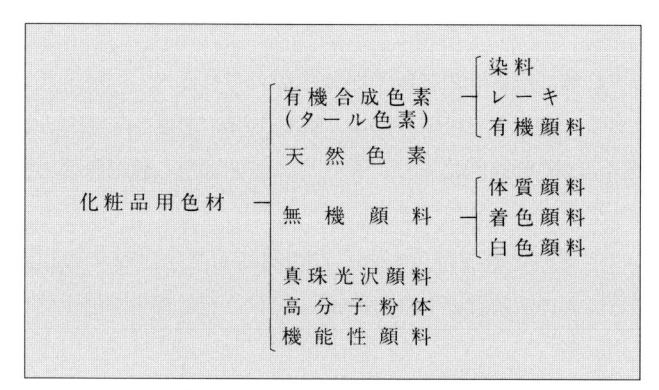

```
                    ┌ 有機合成色素  ┌ 染　料
                    │ （タール色素）┤ レーキ
                    │              └ 有機顔料
                    │ 天　然　色　素
  化粧品用色材 ─────┤              ┌ 体質顔料
                    │ 無　機　顔　料┤ 着色顔料
                    │              └ 白色顔料
                    │ 真珠光沢顔料
                    │ 高 分 子 粉 体
                    └ 機 能 性 顔 料
```

図 3-11. 化粧品用色材の分類

3-2-2. 有機合成色素 Organic synthetic coloring agents

省令では医薬品，化粧品に使用できる有機合成色素（タール色素）をつぎの3つの使用区分に分類して許可している[9,10]．この色素を法定色素という．

　Ⅰグループ：すべての医薬品，医薬部外品，化粧品に使用できるもの（11種）
　Ⅱグループ：外用医薬，外用医薬部外品および化粧品に使用できるもの（47種）
　Ⅲグループ：粘膜以外に使用する外用医薬品，外用医薬部外品および化粧品に使用できるもの
　　　　　　　（25種）（Ⅰ，Ⅱ，Ⅲ合計83種）

表3-3(1)〜(4)に法定色素（国内）と米国，EUの対応表を示す[9〜12]．なお医薬部外品または化粧品に属する染毛剤および洗髪用品についてはこの表に記載されていないタール色素でも，人体に対する作用が緩和なものについては使用が許可されている．

色　材　91

表 3-3(1). 医薬品，医薬部外品および化粧品用タール色素(国内)と米国，EU の対応表[9~12]

グループ I　医薬品，医薬部外品および化粧品用

色番(表示名称)	品名	レーキ	色	米国			EU			許可の種類	INCIコード (CI No.)
				内用	外用	No.	口紅	外用製品	洗い流す製品	眉目製品	
赤色 2号	アマランス	Al	黄紅色	×	×		○	○	○	○	永久許可	CI 16185
赤色 3号	エリスロシン	Al	黄紅色	○	×		○	○	○	○	永久	CI 45430
赤色 102号	ニューコクシン	Al	緋赤色	×	×		○	○	○	○	永久	CI 16255
赤色 104号の(1)	フロキシンB	Al,Ba	帯青赤色	○	○	D&C R No.28	○	○	○	○	永久	CI 45410
赤色 105号の(1)	ローズベンガル	Al	帯青赤色	×	×		×	×	×	×	永久	CI 45440
赤色 106号	アシッドレッド	Al	帯青赤色	×	×		×	×	×	×	永久	CI 45100
黄色 4号	タートラジン	Al,Ba,Zr	黄色	○	○	FD&C Y No.5	○	○	○	○	永久	CI 19140
黄色 5号	サンセットイエローFCF	Al,Ba,Zr	橙黄色	○	○	FD&C Y No.6	○	○	○	○	永久	CI 15985
緑色 3号	ファストグリーンFCF	Al	青緑色	○	○	FD&C G No.3	○	○	○	○	永久	CI 42053
青色 1号	ブリリアントブルーFCF	Al,Ba,Zr	青色	○	○	FD&C B No.1	○	○	○	○	永久	CI 42090
青色 2号	インジゴカルミン	Al	青色	(○)*	×	FD&C B No.2	○	○	○	○	永久	CI 73015

*化粧品への使用不可

グループ II　外用医薬品，医薬部外品および化粧品用

色番(表示名称)	品名	レーキ	色	米国	EU	許可の種類	INCIコード (CI No.)
赤色 201号	リソールルビンB		帯黄赤色	D&C R No.6	○	永久	CI 15850
赤色 202号	リソールルビンBCA		深紅色	D&C R No.7	○	永久	CI 15850

注1.「レーキ」欄に Al, Ba, Zr とあるのは，それぞれアルミニウム，バリウム，ジルコニウムレーキが認められる色素．
注2.「FD&C No.」欄は米国における許可番号を示す．
注3. EU ではこれら以外にも沢山の色素が許可されているがここでは省略した．

(厚生省令第30号，"医薬品に使用することができるタール色素を
定める省令"(1961年8月31日))
(厚生省令第55号"医薬部外品に使用することができるタール系色素を
定める省令の一部改正"(1972年12月13日))
(化粧品原料基準第2版注解薬事日報社，1984．)
(日本化粧品原料連合会編：法定色素ハンドブック，薬事日報社，1988．)

表 3-3(2)

グループII（つづき）

色番号 （表示名称）	品名	レーキ	色	米国 内用	米国 外用	米国 No.	EU 口紅	EU 外用製品	EU 洗い流す製品	EU 眉目製品	許可の種類	INCI コード (CI No.)
赤色 203号	レーキレッドC		橙色	×	×	—	×	×	×	×	永久許可	CI 15585
赤色 204号	レーキレッドCBA		帯黄赤色	×	×	—	×	×	×	×	永久許可	CI 15585
赤色 205号	リソールレッド		橙色	×	×	—	○<3.0%	○<3.0%	○<3.0%	○<3.0%	永久許可	CI 15630
赤色 206号	リソールレッドCA		深赤色	×	×	—	○<3.0%	○<3.0%	○<3.0%	○<3.0%	永久許可	CI 15630
赤色 207号	リソールレッドBA		帯黄赤色	×	×	—	○<3.0%	○<3.0%	○<3.0%	○<3.0%	永久	CI 15630
赤色 208号	リソールレッドSR		赤色	×	×	—	○<3.0%	○<3.0%	○<3.0%	○<3.0%	永久	CI 15630
赤色 213号*	ローダミンB		帯青赤色	×	×	—	×	×	×	×		CI 45170
赤色 214号	ローダミンBアセテート		帯青赤色	×	×	—	×	×	×	×		CI 45170
赤色 215号	ローダミンBステアレート		帯青赤色	×	○	—	○	○	×	○		
赤色 218号	テトラクロロテトラブロモフルオレセイン		帯青赤色	○	○	D&C R No.27	○	○	○	○	永久	CI 45410
赤色 219号**	ブリリアントレーキレッドR		紅色	×	×	D&C R No.31	×	○	×	×	永久	CI 15800
赤色 220号	ディープマルーン		蛯茶色	×	○	D&C R No.34	○	○	○	×	永久	CI 15800
赤色 221号	トルイジンレッド		緋赤色	×	×	D&C R No.21	○	○	○	×	永久	CI 12120
赤色 223号	テトラブロモフルオレセイン		橙赤色	○	○	D&C R No.30	○	○	○	×	永久	CI 45380
赤色 225号	スダンIII		赤色	×	×	D&C R No.17	×	×	×	×	永久	CI 26100
赤色 226号	ヘリンドンピンクCN		帯青赤色	×	○	D&C R No.30	○	○	○	○	永久	CI 73360
赤色 227号	ファストアシッドマジェンタ	Al	帯青赤色	○***	○	D&C R No.33	○<3.0%	○<3.0%	○<3.0%	○	永久	CI 17200
赤色 228号	パーマトンレッド		赤色	○***	○	D&C R No.36	×	×	×	○<3.0%	永久	CI 12085
赤色 230号の(1)	エオシンYS	Al	帯青赤色	○	○	D&C R No.22	○	○	○	○	永久	CI 45380
赤色 230号の(2)	エオシンYSK	Al	帯青赤色	×	×		○	○	○	○	永久	CI 45380
赤色 231号	フロキシンBK	Al	帯青赤色	×	×		○	×	○	×	永久	CI 45410
赤色 232号	ローズベンガルK	Al	帯青赤色	×	×		○	○	○	○	永久	CI 45440
橙色 201号	ジブロモフルオレセイン		橙色	○	○	D&C O No.5	○	○	○	○	永久	CI 45370

* 厚生省指導で口紅には規制されている　　　*** 口紅には3％迄配合可
** 爪用及び頭髪用化粧品のみ使用可

色材　93

表 3-3(3)

グループII（つづき）

色番 （表示名称）	品名	レーキ	色	米国 内用	米国 外用	米国 No.	口紅	EU 外用製品	EU 洗い流す製品	EU 眉目製品	許可の種類	INCIコード (CI No.)
橙色 203号	パーマネントオレンジ		橙色	×	×	—	×	×	×	×		CI 12075
橙色 204号	ベンチジンオレンジG		橙色	×	×		×	×	×	×		CI 21110
橙色 205号	オレンジII	Al Ba Zr	橙色	×	○	D&C ON0.4	○	○	×	×	永久	CI 15510
橙色 206号	ジョードフルオレセイン		橙色	×	○	D&C ON0.10	○	○	×	○	永久	CI 45425
橙色 207号	エリスロシン黄NA	Al	橙色	×	○	D&C ON0.11	○<6.0%	○<6.0%	<6.0%	<6.0%	永久	CI 45425
黄色 201号	フルオレセイン		黄	×	○	D&C YNo.7	○<6.0%	<6.0%	<6.0%	<6.0%	永久	CI 45350
黄色 202号の(1)	ウラニン	Al	黄	○	○	D&C YNo.8	<6.0%	<6.0%	<6.0%	<6.0%	永久	CI 45350
黄色 202号の(2)	ウラニンK	Al	黄	×	×		<6.0%	<6.0%	<6.0%	<6.0%	永久	CI 45350
黄色 203号	キノリンイエローWS	Al Ba Zr	鮮黄色	○	○	D&C YNo.10	○	○	○	○	永久	CI 47005
黄色 204号**	キノリンイエローSS		鮮黄色	×	×	D&C YNo.11	×	×	×	×	永久	CI 47000
黄色 205号	ベンチジンイエローG		黄色	×	×		×	×	×	×		CI 21090
緑色 201号	アリザリンアニングリーンF	Al	青緑色	○	○	D&C GNo.5	○	○	×	×	永久	CI 61570
緑色 202号	キニザリングリーンSS		青緑色	×	×	D&C GNo.6	○	○	○	○	永久	CI 61565
緑色 204号	ピラニンコンク	Al	青緑色	×	×	D&C GNo.8	×	○	×	○	永久	CI 59040
緑色 205号	ライトグリーンSF黄	Al Zr	緑色	×	×		×	×	×	×		CI 42095
青色 201号	インジゴ		藍	×	×	—	○	○	○	○	永久	CI 73000
青色 202号	パテントブルーNA	Ba	青	×	×		×	×	×	×		CI 42052
青色 203号	パテントブルーCA		青	×	×		×	×	×	×		CI 42052
青色 204号	カルバンスレンブルー		青	×	×	—	×	○	○	○	永久	CI 69825
青色 205号	アルファズリンFG	Al	青	×	○	D&C BNo.4	○	○	×	○	永久	CI 42090
褐色 201号	レゾルシンブラウン	Al	褐色	×	○	D&C Br	×	○	○	○	永久	CI 20170
紫色 201号	アリズリンパープルSS		紫色	×	○	D&C VNo.2	○	○	○	○	永久	CI 60725

このほかにグループIの赤色104号の(1)，黄色4号，黄色5号，青色1号のBa

表 3-3(4)

グループIII（粘膜以外に使用する外用薬品、外用医薬部外品および化粧品）

色番号(表示名称)	品名	レーキ	色	米国 内用	米国 外用	米国 No.	口紅	外用製品	EU 洗い流す製品	EU 眉目製品	許可の種類	INCIコード(CI No.)
赤色401号	ビオラミンR	Al	赤紫色	×	×		×	×	×	×	永久	CI 45190
赤色404号**	ブリリアントファストスカーレット		赤色	×	×		×	×	○	×	永久	CI 12315
赤色405号**	パーマーネントレッドF5R		赤色	×	×		○	○	×	○	永久	CI 15865
赤色501号	スカーレットレッドNF		緋赤色	×	×		×	×	×	×	永久	CI 26105
赤色502号	ポンソー3R	Al	帯黄赤色	×	×		×	×	×	×	永久	CI 16155
赤色503号	ポンソーR	Al	帯黄赤色	×	×		×	×	×	×	永久	CI 16150
赤色504号	ポンソーSX	Al	帯黄赤色	×	○	FD&C R No.4	○	○	○	○	永久	CI 14700
赤色505号	オイルレッドXO	Al	緋赤色	×	×		×	×	×	×	永久	CI 12140
赤色506号	ファストレッドS		赤色	×	×		×	×	×	×	永久	CI 15620
橙色401号	ハンザオレンジ		橙色	×	×		×	×	×	×	永久	CI 11725
橙色402号	オレンジI	Al Ba	橙色	×	×		×	×	×	×	永久	CI 14600
橙色403号	オレンジSS		橙色	×	×		×	×	×	×	永久	CI 12100
黄色401号	ハンザイエロー	Al	黄色	×	×		×	○	×	×	永久	CI 11680
黄色402号	ポーライエロー5G		黄色	×	×		×	×	×	×	永久	CI 18950
黄色403号の(1)	ナフトールイエローS	Al	黄色	×	○	Ext. D&C Y No.7	○	○	○	×	永久	CI 10316
黄色404号	イエローAB		黄色	×	×		×	×	×	×	永久	CI 11380
黄色405号	イエローOB		黄色	×	×		×	×	×	×	永久	CI 11390
黄色406号	メタニルイエロー	Al	橙黄色	×	×	—	×	×	×	×	永久	CI 13065
黄色407号	ファストライトイエロー3G	Al	黄色	×	×		×	×	×	×	永久	CI 18820
緑色401号	ナフトールグリーンB	Al Ba	緑色	×	×		×	○	×	×	永久	CI 10020
緑色402号	ギネアグリーンB		青緑色	×	×	—	×	×	×	×	永久	CI 42085
青色403号	スダンブルーB		青色	×	×		×	×	×	×	永久	CI 61520
青色404号	フタロシアニンブルー		青色	×	○		○	○	○	○	永久	CI 74160
紫色401号	アリズロールパープル	Al	紫色	×	○		×	○	○	×	永久	CI 60730
黒色401号	ナフトールブルーブラック	Al	黒色	×	×	Ext. D&C V No.2	×	×	○	×	永久	CI 20470

米国においては FDA (Food & Drug Administration) により食品, 医薬品, 化粧品に使用を許可されたもののみ使用することができる. そして許可色素の号数の前についている記号によって使用区分がつぎのように示されていた.

　　FD & C　　：食品, 医薬品, 化粧品に使用可能
　　D & C　　　：医薬品, 化粧品に使用可能
　　Ext. D & C ：外用医薬品, 外用化粧品に使用可能

しかし米国では色素全体を見直し種々の検討経過を経て 1990 年 1 月をもって暫定リストを廃し 35 種の色素を下に示す 3 つのカテゴリーに分けて許可することになった[12].

① 内用・外用に使用できる色素.
② 内用だけに使用できる色素(化粧品は不可).
③ 外用だけに使用できる色素.

米国では眼の周りには有機合成色素の使用は認められていない. この点は日本や EC と大きく異なっている. さらに米国で販売される製品には, 各バッチごとに FDA で許可を受けた色素 (certified color) を用いなければならないという規制がある.

EU では日本や米国に比べて許可色素の数がはるかに多い. 使用制限については以下の 4 カテゴリーに分かれている[12].

① すべての化粧品に配合してよい色素.
② 眼の周りに使用される化粧品を除くすべての化粧品に配合してよい色素.
③ 粘膜に接触しない化粧品だけに使用してよい色素.
④ 皮膚に短時間しか接触しない化粧品(洗い流す製品)のみに配合してよい色素.

有機合成色素は染料, レーキ, 顔料の 3 つの種類がありその代表的な構造について以下に述べる.

1) 染　料 Dye

染料は水または油, アルコールなどの溶媒に溶解し, 化粧品基剤中に溶解状態で存在して彩色を与えることができる物質である. 水可溶性のものを水溶性染料, 油やアルコールなどに可溶性のものを油溶性染料とよぶ. 水溶性染料は分子中にスルホン酸塩のような親水基を有する.

1-1) アゾ系染料 Azo dyes

大部分の許可染料はこの系に属する. 発色団としてアゾ基($-N=N-$)をもつことが特徴で(1)

(1) 黄色 5 号
(サンセットイエロー FCF)

(2) 赤色 505 号
(オイルレッド XO)

のようなスルホン酸ナトリウム塩をもった水溶性染料と，これをもたない油溶性のものがある(2)．

水溶性染料は化粧水，乳液，シャンプーなどの着色にまた油溶性染料はヘアオイルなどの油性化粧品の着色に用いられる．

1-2) キサンテン系染料 Xanthene dyes

キサンテン系染料は酸型，塩基型に分かれる．酸型のものは，酸—アルカリによる互変異性体(3)，(4)が存在する．

(3) キノイド型
赤色230号
(エオシンYS)

(4) ラクトン型
赤色223号
(テトラブロモフルオレセイン)

キノイド型は水に溶解しあざやかな色調を有するが染料としてより後で述べるようなレーキ化して用いる場合が多い．このタイプには赤色104号の(1)(フロキシンB)などがある．

ラクトン型は油溶性で，皮膚に染着する性質を有することから口紅に染料として配合される．このタイプには深みの赤の赤色218号(テトラクロルテトラブロムフルオレセイン)，青みの赤色223号，オレンジ系の橙色201号などがある．

塩基型の染料としては赤色213号がある，高彩度で，すぐれた着色力と耐光性をもつことから，化粧水，シャンプーなどに用いられる．

(5) 赤色213号
(ローダミンB)

1-3) キノリン系染料 Quinoline dyes

この系に属するのは許可色素中で，油溶性の黄色204号と，水溶性のスルホン酸ナトリウム塩の黄色203号のみがある．

(6) 黄色204号
(キノリンイエロー SS)

(7) 黄色203号
(キノリンイエロー WS)

1-4) トリフェニルメタン系染料 Triphenylmethane dyes

トリフェニルメタン基を有する(8)のような染料は，2個似上のスルホン酸ナトリウム塩を有するものが多く水溶性に優れている．色相は緑，青，紫を示すものが多く化粧水やシャンプーなどの着色に用いられる．耐光性に劣るものが多いので十分安定性を確認して使用することが必要である．

(8) 青色1号
(ブリリアントブルー FCF)

1-5) アンスラキノン系染料 Anthraquinone dyes

水溶性染料としてスルホン酸ナトリウム塩をアンスラキノンを母核にした化合物に導入した緑色201号(9)，油溶性染料としてスルホン酸塩のない緑色202号(10)，紫色201号などがある．このタイプのものは，いずれも耐光性に優れており，水溶性染料は化粧水，シャンプーに，油溶性染料は頭髪製品などに用いられる．

(9) 緑色201号
(アリザニンシアニングリーン)

(10) 緑色202号
(キニザリングリーン SS)

1-6) その他の染料

その他の染料の構造にインジゴ indigo 系である青色2号，ニトロ nitro 系の黄色403号，ピレン pyrene 系の緑色204号，ニトロソ nitroso 系の緑色401号などがある．

2) レーキ Lake

レーキには2つの種類がある．1つは赤色201号のような水に溶けやすい染料を，カルシウムなどの塩として水に不溶化したもので，これをレーキ顔料とよぶ．ほかに赤色204号，206号，207号，208号，220号などがある．

(11) 赤色201号
(リソールルビンB)

(12) 赤色202号
(リソールルビンBCA)

もう1つの種類は，黄色5号(1)，赤色230号(3)のような，易溶性染料を硫酸アルミニウム，硫酸ジルコニウムなどで水不溶性にして，アルミナに吸着させたもので，これを染料レーキとよぶ．

レーキ顔料と染料レーキの使用上に厳密な区別はなく，口紅，頬紅，ネイルエナメルなどに，顔料とともに使用されている．レーキを顔料と区別せずに顔料と総称でよばれることもある．一般にレーキは顔料にくらべ耐酸，耐アルカリ性が劣り中性でもわずかに水に溶出する性質があり十分な安定性試験を行う必要がある．

3) 有機顔料 Organic pigment

有機顔料は構造内に可溶性基をもたない，水，油や溶剤に溶解しない有色粉末である．許可色素中の有機顔料を分類すると，アゾ系顔料(13)，インジゴ(チオインジゴ)系顔料(14)，フタロシアニン系顔料(15)に大別される．

(13) 赤色228号
(パーマトンレッド)

(14) 赤色226号
(ヘリンドンピンク CN)

(15) 青色404号
(フタロシアニンブルー)

一般に顔料はレーキに比較して，着色力，耐光性に優れており口紅，頬紅，その他メーキャップ製品に広く用いられている．

3-2-3. 天然色素 Natural colors

　天然色素には動植物から由来のものと微生物由来のものがある．合成色素に比べ着色力や耐光性，耐薬品性に劣り原料供給にも不安定な面もありあまり多くの実績はない．しかし古くから食用にしていた物も多く安全性の面や薬理効果の面から近年天然色素が見直されてきている．

　構造からみるとニンジン，トマト，ベニザケ，海老，蟹などに主に存在する黄―橙赤色はカロチノイド系の色素に属する．またハイビスカス色素，ブドウの皮，ベニバナなどに存在する黄―赤紫色の色素はフラボノイド系に属する．エンジムシから採るコチニールなどはキノン系に属する．主な天然色素の分類を表3-4に示す[5]．つぎにこれらのうちで化粧品に実際に使われている主な天然色素について以下に説明する．

表 3-4. 天然色素の分類[5]

区　分	細区分	色素名	色	存　在
カロチノイド系		β-カロチン	黄～橙	ニンジンおよび合成
		β-アポ-8-カロチナール	黄～橙	オレンジおよび合成
		カプサンチン	橙～赤	パプリカ
		リコピン	橙～赤	トマト
		ビキシン	黄～橙	ベニの木
		クロシン	黄	クチナシ
		カンタキサンチン	赤	きのこ
フラボノイド系	アントシアニジン	シソニン	紫赤	シソ
		ラファニン	赤	カブ
		ニノシアニン	紫赤	ブドウ
	カルコン	カルサミン	赤	ベニバナ
		サフロールイエロー	黄	
	フラボノール	ルチン	黄	ソバ
		クエルセチン	黄	黒カシの皮
	フラボン	カカオ色素	かっ色	カカオ豆
フラビン系		リポフラビン	黄	酵母，合成
キノン系	アントラキノン	ラッカイン酸	橙～赤紫	ラックカイガラ虫
		カルミン酸(コチニール)	青赤	エンジ虫(サボテン)
		ケルメス酸	橙～赤紫	エンジ虫(ケルメス，ナラの木)
		アリザリン	橙	西洋アカネ
	ナフトキノン	シコニン	紫	紫根
		アルカニン	暗赤色	むらさき科植物の根(アルカンナ)
		ニキノクローム	黄	ウニ
ポルフィリン系		クロロフィル	緑	緑葉植物
		血色素	暗赤～かっ色	血液
ジケトン系		クルクミン(ターメリック)	黄	ウコン
ベタシアニジン系		ベタニン	赤	ビート

(蕈目浩吉 他編：ハンドブック，日光ケミカルズ㈱, 585, 1977.)

1) β-カロチン β-Carotene

ニンジン中よりはじめて抽出されてから広く動植物中での存在が確認された黄色色素．植物体からの抽出法，醱酵法，β-イオノンからの合成法などがある．構造上シス，トランスの異性体があるが天然のものはトランス型である．構造式を (16) に示す．ビタミンA効果を有する特徴をもつ．酸性側で酸化分解を受けやすく金属イオンの影響を受けやすい．乳液，クリームなどの着色や，食品ではバター，マーガリンなどの着色に用いられる．

(16)

2) カルサミン Carthamin

ベニバナの花弁から抽出される色素である．ベニバナ Carthamus tinctrius L. は菊科の1年草で，産地はインド，中国，日本では山形県が有名である．東洋紅として古くから紅類に用いられてきた．カルサミンの構造は幾度か発表されたものが，つぎつぎに間違いであると指摘されてきたが，1982年に (17) が妥当なものとして発表された[13]．色調は深い紅色で口紅，頬紅に用いられる．

(17)

3) コチニール Cochineal, Carminic acid

サボテンに寄生するエンジムシ (Coccus cacti L.) の雌の乾燥粉体よりえられる赤色色素で西洋では古くから口紅に用いられている．主成分は (18) の構造をもつカルミン酸でアントラキノン系色素である．色調はpH 5以下で赤橙色，pH5〜6で赤〜赤紫色，pH 7以上で赤紫〜紫色とpHによって可逆的に変化する．赤系のパール顔料や口紅などに用いられる．

(18)

3-2-4. 無機顔料 Inorganic pigments

無機顔料は鉱物性顔料とよばれ，古くは天然に産する鉱物，たとえば酸化鉄を主成分とする赤土，黄土，緑土や，天然の瑠璃(群青)などを粉砕して顔料として使用していた．しかしこれらの

ものは不純物を含み色も鮮やかなものがえられず,品質も安定しないことから,現在では合成による無機化合物が主流となっている.

無機顔料は一般に,耐光,耐熱性が良好で,有機溶媒に溶けないなどの優れた性質を有する反面,鮮やかさでは有機顔料に劣っている.

表 3-5. 無機顔料の分類

使用特性別	顔　　料
体質顔料	マイカ,タルク,カオリン,炭酸カルシウム,炭酸マグネシウム,無水ケイ酸,酸化アルミニウム,硫酸バリウム
着色顔料	ベンガラ,黄酸化鉄,黒酸化鉄,酸化クロム,群青,紺青,カーボンブラック
白色顔料	二酸化チタン,酸化亜鉛
真珠光沢顔料	雲母チタン,魚鱗箔,オキシ塩化ビスマス
機能性顔料	窒化ホウ素,フォトクロミック顔料,合成フッ素金雲母,鉄含有合成フッ素金雲母,微粒子複合粉体(ハイブリッドファインパウダー)

無機顔料を使用特性から大別したのが表3-5であるが,化粧品に配合する場合には,これらの顔料を組み合わせそれに化粧品用の油性原料,水溶性原料,界面活性剤や香料,薬剤などが添加,分散される.

化粧品における無機顔料の役割は大きく,着色顔料は製品の色調を調整し,白色顔料は色調のほかに隠蔽力をコントロールする.また超微粒子のものは紫外線散乱剤としても用いられる.体質顔料は着色の目的ではなく,製品の剤形を保つために用いられるもので,これにより製品の使用性(伸展性,付着性)や光沢などが調節される.また希釈剤として色調の調整にも用いられる.真珠光沢顔料は製品に光輝性を与える.特殊機能性顔料は製品に配合し使用性や,メーキャップ効果を高めたり,紫外線散乱効果などを高めたりするために最近開発された顔料である.以下これら,使用特性別に分類した代表的な顔料について説明する.

1) 体質顔料[14~17] Extender pigments

体質顔料としてはマイカ,セリサイト,タルク,カオリンなどの粘土鉱物の粉砕品が代表であり,無水ケイ酸などの合成無機粉体も使用される.粘土鉱物は層状構造をとりその大部分がケイ素(Si),アルミニウム(Al)を主体としてマグネシウム(Mg),鉄(Fe),アルカリ金属(Li, Na, K)などを含む含水ケイ酸塩鉱物である.したがって,粘土鉱物は,鉱床によってその組成が異なるために非常に多くの種類がある.マイカ mica はカリ雲母に属する白雲母が代表的で,その化学式は,$KAl_2(Al, Si_3)O_{10}(OH)_2$ で表わされる.雲母の結晶は単斜晶系に属し,淡褐色または緑色の六角板状をなして産生し,(001)面に完全な劈開が発達し,劈開片は容易に薄層に剥離され弾性に富むのが特徴である.主要な産地はインド,アメリカ,カナダ,ソ連で世界の大部分を占め,日

本では雲母劈開板として実用に供しうるものはまったく産出しないのでインドやカナダから輸入している．雲母は薄片状粒子で，しかも弾性に富むために使用性がよく皮膚への付着性もよい．また弾性のためにケーキングを起こさないなど多くの優れた性質のために固型白粉には重要な顔料となっている．

セリサイト（絹雲母）という粘土鉱物もかなり使用されるが，これは天然に産する微細な結晶状の含水ケイ酸アルミニウムカリウム（$K_2O\cdot 3Al_2O_3\cdot 6SiO_2\cdot 2H_2O$）である．おもな産地は日本で，乾燥物の表面が絹光沢を呈することから絹雲母とよばれている．

タルク talc は含水ケイ酸マグネシウム（$Mg_3Si_4O_{10}(OH)_2$）で表わされ，通常微細な結晶の緻密塊または葉状粗晶の集合塊をなして産生する．滑らかな触感に富むので滑石といわれる．良質のものは白色であるが，不純なものは灰色や淡緑色を呈する．緻密塊状の滑石をわが国では石筆に用いたので石筆石とも称し，外国では石けんに混入したので石けん石ともよんでいる．

タルク鉱石は広く世界各地に産出するが，日本産は鉄などの不純物が多く，白色度に劣る．高品質のタルク鉱石は中国，韓国，オーストラリアよりの輸入にたよっている．粒子形状は一般に薄片状である．タルクは伸びや滑りのよい感触が化粧品に利用される．

カオリン kaolin は米国ジョージア州，イギリス　コーンウォールから産出するものが良質のものとして世界的に知られている．これらの良質なものをイギリスではチャイナクレーとよぶ．カオリンという名称は，古代中国において磁器原料として用いた純度の高い白色粘土を採掘していた高嶺（Kauling）に由来している．

カオリンの組成は含水ケイ酸アルミニウム（$Al_2Si_2O_5(OH)_4$）であり，結晶度の高いものは規則正しい六角板状を示すが，結晶度の低いものは微細な不整板状となる．しかも板状粒子の厚さが薄いことから皮膚への付着力がよいことや吸油性，吸水性の性質から化粧品に使用される．

粘土鉱物の粉砕から得られる体質顔料の一般的性質を表 3-6 に示す．

表 3-6. 粘土鉱物系体質顔料の一般的性質

項目＼鉱物	マイカ	タルク	カオリン
化学式	$KAl_2(Si_3Al)O_{10}(OH)_2$	$Mg_3Si_4O_{10}(OH)_2$	$Al_2Si_2O_5(OH)_4$
分子量	398.4	379.4	258.2
性状	白色薄片状粉体	白色薄片状粉体	白色薄片状粉体
結晶系	単斜晶	単斜晶	単斜晶
比重	2.80	2.72	2.61
硬度（モース）	2.8	1〜1.3	2.5
屈折率	1.552〜1.588	1.539〜1.589	1.561〜1.566
pH	7.0〜9.0	8.5〜10.0	4.5〜7.0

2）着色顔料[18,19] Coloring pigments

ベンガラ，黄酸化鉄，黒酸化鉄は色調が異なる鉄の化合物で赤，黄，黒の着色顔料である．

ベンガラ red iron oxide はインドのベンガル地方から輸入されたためにベンガラの名がついたようである．ベンガラは三二酸化鉄（Fe_2O_3）の赤鉄鉱 hematite である．

黄酸化鉄 yellow iron oxide はオキシ酸化鉄（$FeO(OH)$）の針鉄鉱 goethite である．

黒酸化鉄 black iron oxide は四三酸化鉄（Fe_3O_4）の磁鉄鉱 magnetite である．

これら酸化鉄顔料の古くは天然から産出するものを粉砕や焼成して製造されていたが，不純物や色調安定性から，現在では硫酸鉄や塩化鉄を原料とした湿式合成法によって製造している．図3-12は第一鉄塩水溶液を原料として，反応条件と生成する鉄化合物について示したものである．反応条件をコントロールすることによって3種類の酸化鉄が製造できる．また反応条件によって粒子の大きさも制御できるので，粒子径の異なる酸化鉄顔料がある．

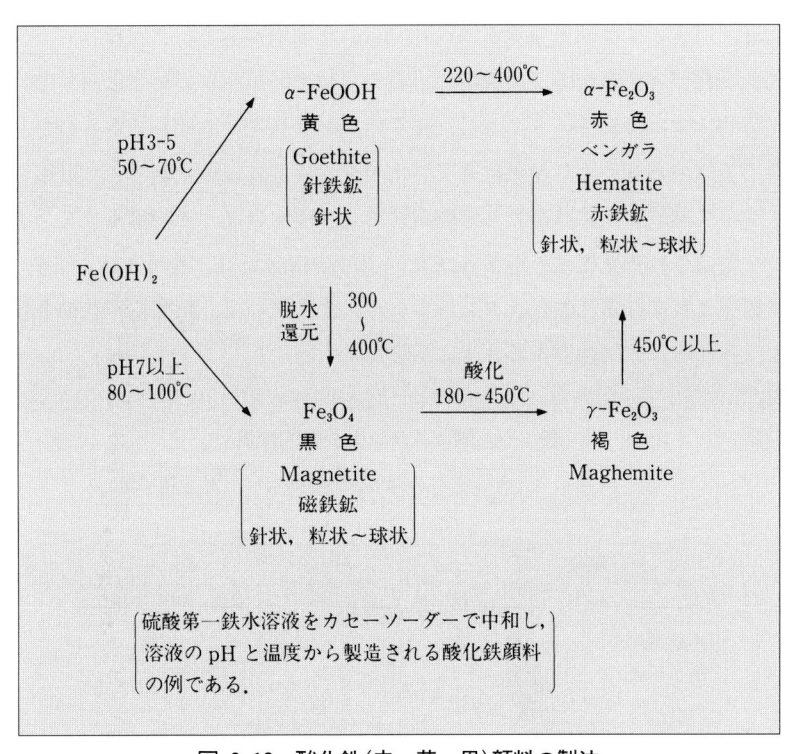

```
                         220～400℃
         α-FeOOH ─────────────→ α-Fe₂O₃
    pH3-5   黄色                     赤色
    50～70℃ (Goethite)             ベンガラ
            針鉄鉱                  (Hematite
            針状                     赤鉄鉱
                                     針状，粒状～球状)
Fe(OH)₂
            脱水還元 300～400℃              450℃以上
                                              ↑
    pH7以上                  酸化 180～450℃
    80～100℃ Fe₃O₄ ───────────────→ γ-Fe₂O₃
             黒色                      褐色
            (Magnetite)              Maghemite
             磁鉄鉱
             針状，粒状～球状

(硫酸第一鉄水溶液をカセーソーダーで中和し，
 溶液の pH と温度から製造される酸化鉄顔料
 の例である．)
```

図 3-12．酸化鉄（赤，黄，黒）顔料の製法

群青[20] ultramarine は鮮明な青色顔料である．古くは天然の瑠璃石 lapis lazuli を粉砕し，精製していたが，16世紀初めに合成の青色顔料を「海を越えて欧州に来る」の意味で azurrumultramarinum を略してウルトラマリンと名づけ，天然品と区別したといわれる．1828年フランスの Guiment およびドイツの Gmelin が同時に人工的にこの製造に成功し，その後は各国で人工的に多量にまた安価で製造されるようになった[20]．

群青の化学組成は SiO_2, 37～43%；Al_2O_3, 21～25%；Na_2O, 19～25%；結合硫黄(S)，

10〜13％；Na_2SO_4, 0.5〜1.5％である．分子構造はまだ確実にわかっていないが，20世紀初めにHoffmannが基本化学式として $Na_6Al_6Si_6O_{24}S_x$ （x＝4）なる式を与え，最近のX線による解析結果でもアルミノシリケート骨格構造が正しいことが確認されている．群青の発色は構造内に酸化数の異なるいく種かの硫黄（Sx）が共存しその間の共鳴に起因すると考えられている．

群青はカオリン，珪藻土，硫黄，ソーダ灰および還元剤（石炭，木炭，ロジン）などを混合焼成し，粉砕，分級によって製造される．混合割合や焼成条件および粉砕，分級によって顔料の性質が異なる．色は明るく群青独特の青色であるが，着色力が小さく，空気中では300℃程度の温度までは安定であるが，それ以上の温度になると褪色する．またアルカリ性に強いが，pHが5以下の酸性になると硫化水素を発生しながら褪色するので，性質を十分理解して使用することが肝要である．

3）白色顔料[21] White pigments

白色顔料には，二酸化チタンと酸化亜鉛（亜鉛華）の2種類がある．

二酸化チタン titanium dioxide は屈折率が高く，粒子径が小さいので，白色度，隠蔽力，着色力などの光学的性質に優れている．さらに光や熱，耐薬品性にも優れているので，二酸化チタンは白色顔料の王様である．また超微粒子二酸化チタンは紫外線散乱剤として汎用されている．

二酸化チタンの工業的製法には硫酸法と塩素法および酸水素炎中で四塩化チタンを加水分解することによって製造される気相法とがある．これらの製法によって二酸化チタンの性質も異なる．現在国内外で販売されている二酸化チタンはルチル，アナターゼ，超微粉子状の3種に大別することができる．各々の一般的性質を表3-7に示した．

表 3-7. 酸化チタンの一般的性質

項　　目	ルチル	アナターゼ	超微粒子状
化学式	TiO_2	TiO_2	TiO_2
分子量	79.90	79.90	79.90
性　状	白色微粉体	白色微粉体	嵩高い白色微粉体
結晶系	正方晶	正方晶	正方晶
格子定数　a(Å)	4.58	3.78	(アナターゼ 70
〃　　　　c(Å)	2.95	9.49	ルチル　　 30)
比　重	4.2	3.9	4.0
屈折率	2.71	2.52	2.6
硬度（モース）	6.0〜7.0	5.5〜6.0	—
pH（5％分散）	6.0〜7.5	5.5〜7.0	3.0〜4.0
105℃乾燥減量（％）	0.2	0.2	1.5
融点（℃）	1825	ルチルに転移	ルチルに転移

超微粒子二酸化チタンは嵩密度が小さく分散性に優れているので顔料用二酸化チタン（ルチル，アナターゼ）とは異なった性質を示す．さらに粒子の大きさが可視光線の波長の十分の1と小さい

(30〜50 nm) ために着色力や隠蔽力が小さい．したがって色相に影響を与えることが少なく製品の特性が改善できる．すなわち超微粒子状二酸化チタンを配合した場合，透明性にすぐれ，皮膚に有害な紫外線を効果的にカットする，日やけ止め化粧品ができる．

二酸化チタンはすぐれた性質をもっていることから化粧品には欠くことのできない白色顔料である．

酸化亜鉛 zinc oxide も白色顔料として広く使われている．

酸化亜鉛の製法には乾式法と湿式法とがあるが，乾式法は亜鉛金属を加熱し，亜鉛蒸気に空気を接触させ白黄色の炎を発し，煙霧状の酸化亜鉛が生成する．これを冷却捕集する．湿式法は可溶性亜鉛溶液にソーダ灰溶液を加えて塩基性炭酸亜鉛を沈殿させ，水洗，沪過，乾燥した後，焙焼分解することによって微細な比表面積の大きい酸化亜鉛を製造する方法で，これを湿式亜鉛華または活性亜鉛華とよんでいる．また超微粒子酸化亜鉛は紫外線散乱剤として利用されている．

酸化亜鉛の結晶は六方晶系（ウルツ鉱型）に属し，粒子形状は針状が多い．毒性がなく，水およびアルコールには溶けないが，酸，アルカリおよびアンモニア水などに可溶である．強熱すれば黄色を呈し，冷えると元に戻る．また硫化水素によって硫化亜鉛となるが色相は変わらない．紫外線の防御効果もあり，粒子径は 500 nm 前後，比重 5.4〜5.6 と大きい．屈折率は 1.9〜2.0 くらいで，隠蔽力は小さい．耐光性，耐候性および耐熱性ともに大で，ほとんどすべての顔料と併用することができる．

3-2-5． 真珠光沢顔料[22] Perlescent (nacreous) pigments

真珠光沢顔料は被着色物に真珠光沢，虹彩色，またはメタリック感を与えるために使用される特殊な光学的効果をもっている顔料である．

真珠光沢顔料の歴史は古く，1656 年フランス人の Jaczuin によって天然のパールエッセンス（魚鱗箔）が発見され，これを使って工業的な人造真珠の製造が開始されたといわれている．しかし天然のパールエッセンスは高価なため合成の真珠光沢顔料の開発が要望され塩化第一水銀，リン酸水素鉛，砒酸水素鉛，塩基性炭酸鉛が開発され，天然のパールエッセンスと同等の真珠光沢がえられるようになった．しかしこれらの顔料はいずれも水銀や鉛の化合物であるために化粧品用としては使用できず，代わりにオキシ塩化ビスマスが開発されたがこれも安定性に劣っていた．

1965 年 Dupont 社によって画期的な二酸化チタン被覆雲母が開発され，現在はこの顔料が真珠光沢顔料の主流となっている．

二酸化チタン被覆雲母（以下雲母チタンと略す）は雲母を平滑な薄片状粒子とし，これを核として，その表面に二酸化チタン（TiO_2）の均一層を形成させたものである．すなわちチタン塩の酸性溶液中に薄片状雲母を分散させ，加熱して加水分解により酸化チタンの水和物を析出させ，それを 900〜1000℃で焼成する．この場合生成する酸化チタンは通常アナターゼ型であるが，ルチル型のものは酸化チタンを析出させる前にあらかじめ薄片状雲母に酸化スズを被覆させておきこれに酸化チタンの水和物を析出させて焼成することにより製造される．

表 3-8. 真珠光沢顔料の性質

	天然物	塩基性炭酸鉛	オキシ塩化ビスマス	砒酸水素鉛	雲母チタン
屈折率	1.85	2.09	2.15	1.95	TiO_2：2.52 雲母：1.58
比重	1.6	6.8	7.7	5.9	TiO_2：3.9 雲母：2.8
平均粒子径 (μm)	30	8～30	8～20	7	20
粒子の厚み (μm)	0.07	0.05～0.34	0.15	0.07	TiO_2：0.06～0.17 雲母：0.25

　真珠光沢顔料の発色は，着色顔料の発色原理とは異なる．着色顔料は光の吸収および散乱の現象を利用したものであるのに対し，真珠光沢顔料の場合は薄片状の粒子が被着色物の中で規則的に平行に配列して光を反射し，反射光が干渉を起こして真珠光沢を与える．雲母チタンの場合には雲母と酸化チタンの界面でも光が反射されて干渉を起こし，酸化チタン層の厚みに応じて干渉する光の波長を変化させていろいろな干渉色がえられる．

　真珠光沢顔料の性質を表3-8に示した．また雲母チタンの酸化チタンの膜厚と反射光（干渉色）の関係を表3-9に示した．

　酸化チタンの代わりに酸化鉄で被覆したり，また酸化チタンの被覆層の上にさらに透明な顔料を被覆することによって異なった色の顔料をえることもできる．たとえば干渉が青色の雲母チタンに青色の顔料である紺青を被覆すると，干渉色も透過色も青色の顔料がえられ，赤色の顔料（たとえばカーミン）で被覆すると干渉色は青色で透過色が赤色の顔料がえられる．

　最近ではさらに耐候性のすぐれた雲母チタンが開発[22]され，屋外の用途にも使用されるようになってきた．たとえば自動車としてメタリック感を出すために従来から使用されている金属粉顔料の一部または全部をこの雲母チタン顔料に置換して着色が行われるようになってきた．

表 3-9. 光学的膜厚と干渉色

可視光線 (nm)	400～450	450～500	500～570	570～610	610～760
光学的膜厚 (nm)	210	265	285	330	385
干渉色	黄色	橙黄色	赤色/赤紫	青色	緑色
補色	紫色	青色	緑色	橙黄色	赤色

3-2-6. 高分子粉体 Polymer powders

　高分子粉体は初期の頃は不定形の粒子が用いられていたが，重合技術の進歩により球状粒子が製造可能となりメーキャップ製品に広く用いられるようになった．またラミネート化の技術によって，積層された板状粒子が開発され屈折率の差から光の干渉色が現われる美しい粉体も用い

られるようになってきた．今後も技術の進歩によって新しい粉体が出現する可能性が考えられる．高分子粉体で注意しなければならないのは，油や溶剤に溶解したり膨潤しないかどうか，残存モノマー量や薬剤などの成分を収着しないかなどを確認する必要がある．つぎに化粧品に使用される，主な高分子粉体について説明する．

1）ポリエチレン末 Polyethylene powder

エチレンの重合によってえられ，製法により低密度，中密度，高密度のものがあり，融点や比重などの性質が異なる．低密度のものは流動パラフィンに溶解し増粘剤として使用するが，粉体として用いるのは中・高密度のもので球状粉体，微粒子としてメーキャップ製品に用いられる．またスクラブ剤としても使用される．

構造式：
$$-(CH_2-CH_2)_n-$$

2）ポリメタクリル酸メチル Polymethylmethacrylate

メタクリル酸メチルの重合体で，球状のものは乳化重合によってえられる．粒子の大きさはメーキャップ製品用としては $10\,\mu m$ 以下のものが用いられる．

構造式：
$$\left[CH_2-\underset{COOCH_3}{\overset{CH_3}{\underset{|}{\overset{|}{C}}}}- \right]_n$$

3）ポリエチレンテレフタレート・ポリメチルメタクリレート積層末
Polyethyleneterephtalate・polymethylmethacrylate laminated powder

ポリエチレンテレフタレートからなる薄膜と，ポリメチルメタクリレートからなる薄膜を交互に重ね合わせ積層とし，圧着してできるフィルムを細かく切断したものである．透明な虹色の薄片でメーキャップ製品，石けんなどに用いられる．耐溶剤性が悪いので溶剤を用いた系には注意を要する．

4）ナイロンパウダー Nylon powder

ナイロン12の原料 ω-ラウロラクタムを不活性媒体中で急速開環重合させることによって直接球状のナイロン12パウダーをえる．粒度分布 $2\sim12\,\mu m$，平均粒子径 $5\,\mu m$，耐熱性，耐溶剤性に優れ粉砕時の衝撃にも変形しにくい．メーキャップ製品とくにファンデーション類に配合して製品の伸びをよくする．

構造式：
$$-(NH(CH_2)_{11}\underset{\overset{\|}{O}}{C})_n-$$

3-2-7. 機能性顔料 New functional pigments

化粧品，特にファンデーションに代表されるメーキャップ化粧品も，これまでの顔料をそのまま配合していたのでは，使用性の改善は勿論のことメーキャップ化粧品の機能改良ができない．そこで近年新しい機能性顔料の開発が活発に行われている．ここではそのいくつかを紹介する．

1）窒化ホウ素 Boron nitrite[23]

使用感触(伸展性)のよいタルクなどの粘土鉱物は隠蔽力が低く，反対に隠蔽力の高い二酸化チタンなどは使用感触に劣る．また，タルクやマイカの粒子径は数千 nm の薄片状であるのに対し，二酸化チタンは数百 nm で粒状粒子であることから，形や粒子の大きさの異なる顔料を均一に分散させることは非常に難しいことである．むしろ一種の顔料で使用感触がよく隠蔽力もあり，しかも白色の顔料が得られればメーキャップ化粧品の特性が向上するものと期待される．

六方晶窒化ホウ素 hexagonal boron nitrite(以下 h-BN と略す)は滑沢性にすぐれ，しかも高温度まで化学的に安定であることから，固体潤滑材や焼結体としてのファインセラミックス材料として用いられている．また，h-BN は結晶構造および物性が「黒鉛」に近似していることから「白い黒鉛」とよばれる．h-BN はホウ酸と尿素を混合してアンモニア気流中で反応させ，生成した微粉体をさらに高温度(1600〜1900℃)で焼成して製造する．1800℃で高温焼成した h-BN は，化粧品原料として汎用されている顔料よりも滑沢性にすぐれ，隠蔽力はタルクやマイカの3〜4倍で二酸化チタンの約 1/3 である．このように h-BN は滑沢性と隠蔽性を兼ね備えたこれまでにない化粧品顔料である．

2）合成フッ素金雲母(合成マイカ) Synthetic mica

天然鉱物には不純物が含有されているために白色度や透明感が劣る．

天然粘土鉱物であるマイカと物性および構造が類似している合成マイカの開発が行われた．合成マイカは1938年野田稲吉が研究に着手し，基礎的な研究が行われ，その後大門利信により詳細に研究された．

合成フッ素金雲母 synthetic mica は 天然金雲母 $\{KMg_3(AlSi_3O_{10})(OH)_2\}$ の結晶構造中の (OH)を(F)で置き換えた構造 $\{KMg_3(AlSi_3O_{10})(F)_2\}$ である．

合成マイカの製造は無水ケイ酸，酸化アルミニウム，酸化マグネシウム，ケイフッ化カリウムを混合し，1400〜1600℃で溶融し，1200〜1400℃で晶出させる．放冷後，粗粉砕，摩砕，分級，水洗，沪過，乾燥，解砕工程によって製造される．

合成マイカは製造条件によってその物性が若干異なるが，特に粗粉砕，摩砕，分級工程が重要である．したがってこれらの工程を十分に管理することによって「滑沢性」，「つや」，「白さ」，「感触」，「透明感」などの点で特徴のある，化粧品原料，特に粉末製品の合成体質顔料としてすぐれた特性がえられる[24]．

3）フォトクロミック顔料 Photochromic pigment

屋内でちょうどよく化粧した肌が光の強い屋外では顔全体が白っぽく浮いてみえる．これを白浮き現象という．

もし光の強さに応じてメーキャップの色が調節できれば，白浮きせずに自然な仕上がりを保つ理想的なメーキャップになる．すなわち光の強さに応じて明度が変るような顔料が開発できれば白浮きしないメーキャップが可能となる．

二酸化チタンに少量の金属酸化物を複合化することによって，光照射すると光の強さに応じて明度が低下してピンク色から小麦色に変化し，しかも暗い所に置くと元の色にもどる二酸化チタン系顔料が開発された．これをフォトクロミック顔料としてファンデーションに配合することにより，白浮きしないメーキャップが可能になった[25]．

4）複合化微粒子粉体 Inorganic pigment coated spherical organic powder, Hybrid fine powder

球状粉体を肌に塗布すると非常によく滑るが，一方二酸化チタンは粒状の微粒子（粒子径約300 nm）粉体であるが肌に塗布すると隠蔽力は高いが滑りが悪い．そこで両者の長所を複合化させたのがハイブリッド・ファインパウダー（HFPと略す）である．

このHFPは，核となる粉体の表面に外壁となる粉体を付着させたものである．付着要因は特定できないが，物理的な粉体同士の圧着や摩擦静電気などによるものと考えられている．

近年，化粧品用にこのようなHFPを応用した例が増えており，新素材として注目されている．たとえば平均粒子径5～7 μm の球状ナイロン粉体に二酸化チタンを乾式ボールミルで処理すると，球状ナイロン粉体表面に二酸化チタンが均一に付着する．このHFPは滑りがよく，しかも隠蔽力が高い粉体である．

このような技術を応用することによって微粒子粉体の長所を十分に発揮することができる．

これまでの化粧品は肌を美しくみせたり，紫外線から肌を保護したり，小ジワをみえにくくしたりする機能であった．今後はこれらに加えて，スキンケアとの相乗効果で肌をより若々しく保つような方向へと進むことと思われる．新しい機能性素材を開発するには新しい発想の展開が必要である．

◇ 参考文献 ◇

1) 納谷嘉信：産業色彩学，朝倉書店，p.4，1989．
2) JIS Z 8102（色名）．
3) JIS Z 8721（三属性による色の表示方法）．
4) JIS Z 8701（2度視野 XYZ 系による色の表示方法）．
5) 蟇目浩吉他編：ハンドブック，日光ケミカルズ㈱，557，585，1977．
6) 日本色彩学会編：新編色彩科学ハンドブック，東京大学出版会，1980．
7) 齋藤，無頼井，館：フレグランスジャーナル，13(4)，10，(1985)
8) 田中宗男：塗装工学，6(12)，(1981)

9) 厚生省令第30号,"医薬品に使用することができるタール系色素を定める省令"(1961年8月31日)
10) 厚生省令第55号"医薬品に使用することができるタール系色素を定める省令の一部改正"(1972年12月13日)
11) 化粧品原料基準第2版注解,薬事日報社,1984.
12) 日本化粧品連合会編:法定色素ハンドブック,薬事日報社,1988.
13) Takahashi, N., Miyasaka, S., Tasaka, I., Miura, et al.: Tetrahedron Lettens, 23 (49), 5163〜5166, (1982)
14) 末野悌六,岩生周一:粘土とその利用,朝倉書店,1972.
15) 須藤俊男:粘土鉱物学,岩波書店,1974.
16) 岩生周一,湊 秀雄:粘土ハンドブック,技報堂,1967.
17) 吉本文平:鉱物工学,技報堂,1963.
18) 千谷利三:無機化学,上,中,下,産業図書,1972.
19) 井伊谷鋼一,荒川正文:粉体物性図説,産業技術センター,1987.
20) 第33回顔料入門講座テキスト,色材協会,1991.
21) 鈴木福二,田中宗男:色材,55(6), 413-428, (1982)
22) 木村 朝,鈴木福二:粉体粉末冶金,34(9), 497, (1987)
23) 大野,熊谷,鈴木,齋藤:色材研究発表会要旨,p.170, (1988)
24) 大野,熊谷,齋藤,鈴木,安藤,小杉:色材研究発表会要旨,p.68, (1986)
25) 大野,熊谷,鈴木,齋藤,辻田:色材研究発表会要旨,p.202, (1990)

4 化粧品と香料

　化粧品は，また香粧品ともいわれるように，化粧品と香料とは密接な関係にある．クレオパトラや楊貴妃など古今東西の美女も香りに包まれた生活を送っていた．アメリカ大陸の発見のきっかけとなった大航海時代，その目的は東洋のスパイス類の獲得であったし，ミイラの保存に大量の香料が使われたのは，香料のもつ防腐効果を利用したものであった．このように香料は人類の歴史とともに人々の生活のいろいろな場面で利用されてきた．

　現在われわれは化粧することによって外見的に美しくなることができると同時に，化粧品のもつ快い香りを楽しむことによって，精神的に美しく装うこともできる．良い香りは周囲の人の気持ちを良くすると同時に，使っている人自身の心を豊かにしてくれるものである．

　においは嗅覚で感じることから，まず嗅覚とその性質について述べた後，化粧品につかわれる香料について解説する．

4-1 嗅　　覚 Olfaction

4-1-1．嗅覚の役割

嗅覚には2つの役割がある．

1）基本的な役割

　動物が生き延びていくためには，敵から身を守り，食べ物を探さなくてはならない．われわれ人間でもガス臭いにおい・コゲ臭いにおいは危険を知らせる信号であり，食べ物が腐っていないかどうかにおいを嗅いで確認するのは，基本的な嗅覚の役割の名残りである．また動物の世界でオスとメスが互いに誘引するのは，嗅覚が重要な役割をしており，このように同種の他の個体に影響を与える物質をフェロモンとよんでいる．

　動物の世界にあっては，嗅覚は生命の維持保存と種族の繁栄に欠かせない存在なのである．

2）精神的な役割

人では，このような基本的な役割は目立たなくなり，代わって精神的な意味が大きくなる．快い香りを嗅げば気持ちが落ち着き，精神的に豊かな，潤いのある気分に浸ることができる．逆に悪臭を嗅ぐと，気分が悪くなり吐き気を催したりする．したがって常日頃良い香りに接し精神的に豊かな生活を送るよう心がけることが必要である．

4-1-2. 嗅覚の性質

嗅覚には種々の特性があるが，代表的なものをつぎに示す．

1）順 応

同じにおいを嗅ぎ続けていると，しだいにそのにおいを感じなくなる．これを嗅覚の順応現象という．ガス中毒などは，順応現象による典型的なものである．同じ香水ばかり使っていると，本人はその香りにしだいに鈍感になり，どうしても使いすぎる傾向がある．しかし他人からみると，なんと強いにおいを発散させている人だろうということになる．

2）記 憶

あるにおいを嗅いだときに，そのにおいをかつて嗅いだときの情景が彷彿として思い起こすのも嗅覚の特性の1つである．

3）個人差

同じにおいを嗅いでも，強いと感じる人と弱くしか感じない人がおり，個人差は極めて大きい．一般には女性の方が感度がよく，年代では20歳代後半から30歳代前半がもっとも感度がよいといわれている．

4）鋭敏さ

人間は情報の大部分を視覚により得ていて嗅覚についてはあまり意識しないが，嗅覚は元来極めて鋭敏であり，かすかなにおいによっても食物，身体，生活空間などから日常の重要な情報を得ている．

5）強さと質

高級天然香料のジャスミンを分析すると，インドールという成分が含まれている．この物質は濃度の高い状態で嗅ぐと，糞臭である．しかし希釈していくとしだいに花様の香りに変わり，香りに甘さ・強さや広がりをだす極めて有用な物質となる．したがって薬同様，香料も適正な濃度で使用することが重要である．

4-1-3. 嗅覚のメカニズム

有香物質が鼻腔の上部の両側にある嗅粘膜から嗅上皮に達し，嗅細胞で化学的刺激から電気的信号に変えられ，嗅神経を通じ嗅球に集まり，ここから大脳に伝わり，においを感じている．

4-1-4. 体臭と性

体臭は，先天的には遺伝，後天的には生活様式，健康などにより異なる．特に食べ物の影響は大きく，肉食は獣臭くなるし魚食は魚臭くなる．にんにくなどにおいの強い食べ物をたくさん食べるとそのにおいが呼気や体臭にでてくる．一般に日本人は体臭の少ない民族であり，よく入浴・洗髪をして体を清潔に保っていれば体臭をそれほど気にすることはない．

4-2 >> におい・香り・香料

良いにおいも悪いにおいも含めて，においは約40万種類あるといわれている．

「香」の字の本義が「黍(きび)」などの良い香りを指しているように，「香」は良いにおい全般を指している．ジャスミンは香料の王といわれるだけあって素晴らしい香りを放つ．これを高感度の装置で分析すると200種類以上の成分から成り立っていることがわかる．その中にはジャスミンラクトンのように香りの良いものから，インドールのような悪臭成分まであり，全体として良い香りを作り上げているのである．私達の身の回りの良い香りというのも40万種類のにおいの中の組み合わせから成り立っている．

4-2-1. 香料の成り立ち

英語の香料を表わす「perfume」の語源はラテン語の「per」（を通して）＋「fumum」（煙）であるように，香料の起源は香りの良い乳香のような樹脂や木や草を焚くことから始まった．ネアンデルタール人の遺跡からは香りの良い木を焚いた跡が発見されている．

古くから人は病気や怪我に悩まされ身の回りの植物や動物に薬効を求めてきた．その中には良い香りをもつものが多く，それがしだいに植物性香料や動物性香料として用いられるようになった．薬と香料とは同じ起源のものであった．

香りをもっとも純粋に楽しんだのは古代ローマ人であり，人々は沐浴のあとバラ水をふんだんに使うのが習慣であった．町には香料の店が軒を並べていた．

古代国家の成立に際し，祭壇で香草や香木が焚かれ，馨わしい香りが神に捧げられたのはどの文明にも共通している．身の回りの花や果実から快い香りをとり出し，季節を問わずいつでもど

こでも使いたいというのが人々の変わらぬ願いであった．11世紀のイスラム文明による蒸留法の発明とエチルアルコールの濃縮・分離がその後の香料文化の発展に重要な役割を果たした．中世は，香料にとっても，僧院の裏庭で香料植物が薬草として細々と栽培されていたような暗黒時代であったが，近世の天然香料の製造技術の発達と19世紀半ば以降の合成香料の進歩が20世紀の香料と香水の華やかな時代をつくり出すことになった．

4-2-2. 化粧品における香料の役割・重要性

昔から人はオリーブオイルのような植物油や牛脂や豚脂を化粧料として用いてきた．その際，花などで香りづけをしたのが香油やポマードであり，現在にもその形をとどめている．

化粧品の中で香料が果たすもっとも重要な役割は，美と健康を目的とする化粧品に豊かな香りをもたせ，それを使う人の魅力を引き出すことにある．これは香りによって自分の魅力を演出することを本来の目的とする香水，オーデコロンなどのフレグランス化粧品ばかりでなく，クリームや化粧水などのスキンケア化粧品や，口紅，ファンデーションなどのメーキャップ化粧品においても，基本的に同じブランドでは同一の香りを使用することは，ブランド全体として魅力的なイメージをつくりあげるうえで重要である．

つぎに重要となる香料の役割は，香料のもつマスキング効果である．化粧品の蓋を初めて開けたとき，人が無意識にそのにおいや香りを嗅ぐ行動が観察される．これは新しいもの，初めてのものに人が接するとき，そのものが安心で安全なものであるか，においで判断しようとする本能的な動作である．

化粧品基剤の中には，原料固有のにおいを伴うものもあることから，これをマスキングして使い心地をよくすることも香りの重要な役割である．香りは容器の形・デザインとともに化粧品を購入する消費者にとって，最初にふれる商品特性であることから，嗜好が高く魅力的な香りをもたせることは化粧品における香料の大切な役割である．香りの良さは商品の使用感や効果に影響を与え，総合評価に寄与することがわかっている．

また近年，香りのもつ生理心理効果に関する研究が進み，他人からみた自分のイメージを高めるだけではなく，香りをつけている人自身の心や体に働きかけて心理面，生理面からの化粧を目指す研究も進められている．化粧品分野では，これらの研究に対して，アロマコロジーという名称が提案され，しだいに用いられるようになってきている．

たとえば過度のストレスにさらされ続けると，心や体に変調をきたし，ホルモンのバランスも崩れ，新陳代謝も衰えて肌あれが起きやすくなる．老化の問題も含めて，総合的な化粧を考えた場合，心のあり方や生理状態の調整の問題を抜きにしては考えられなくなってきている．

香りは人の感情や情緒に快い感覚を与えるばかりではなく，人の自律神経系・ホルモン系および免疫系に影響を与え，ホメオスタシス(恒常性維持機能)の維持向上に役立つこともしだいにわかってきている．このことから，香りの機能は，ホメオスタシスのバランスを保つことによる"内面からの化粧"の立て役者として期待されている．

このほか，香料自体の抗菌性が古くから知られている．化学合成薬剤の発達していなかった時代においては，香料植物はこのような用途に広く用いられていた．

現在，化粧品開発においても，環境保全が重要な課題となっており，香料の抗菌性，抗酸化能などの有用な特性についても，今一度見直してもよい時機にきている．

4-2-3. 香りの生理心理効果

香りの有用性とは，嗜好性が高いことのほかに，香りを嗅いだ人の心や体にさまざまな好影響を与えることである．芳香療法の歴史は古く，古代中国，古代エジプトに遡ることができる．この時代から動植物から採れる香り物質を治療に用いたという記録が残されており，香料は薬としての役割を担っていた．このような香りを用いた治療法は20世紀初めにフランスの比較病理学者R. M. ガトフォセによってアロマテラピー aromatherapy と名づけられた．アロマテラピーは香りの吸入による効果だけを指すものではなく，マッサージ・入浴などによる塗布あるいは飲用効果まで含めた香料物質のもつ多様な伝承効果一般を指す用語として用いられてきた．現代医療においても，ミラノ大学のP. ロベスティが精油の神経鎮静―興奮作用を臨床的に確認したり，秋田大学の長谷川は，香りによる心身症の治療法を開発した（聞香療法）．このような背景からアロマテラピーは，薬理活性成分を含む天然成分や植物抽出物などを用いる伝承的な医療と混同されやすい用語でもある．

近年になって，さまざまな効果香料物質が化粧品や入浴剤に応用されるようになり，アロマテラピー（芳香療法）という言葉が治療，薬をイメージするため，化粧品の用語としては適当でないとの考えもでてきた．一方，香りを嗅いだ時に体や心に引き起こされる生理心理効果に関する研究が盛んに行われるようになってきた．このような流れのなかでアロマテラピーという用語に代わって，香りの生理心理効果を解明する科学研究の総称としてアロマコロジー aromachology という用語が使われるようになった．

嗅覚刺激による生理心理効果には幅広いものがあり，鎮静・高揚効果，ストレス緩和，睡眠への影響，快適性と免疫機能に与える作用などがある．現在，アロマコロジー研究により，伝承だけでなく心理的手法，脳波や心拍などの神経系の指標，生化学的指標に基づく香りの効果が次第に実証されてきている．特に，最近は生化学的手法による研究が注目されてきていて，香りが人のホメオスタシス全体を調整する働きの可能性にも興味が持たれ，副腎皮質ホルモンや免疫指標の変化を用いた研究成果も報告されるようになっている．山口らは，音刺激を用いた反応時間課題において，心拍変動に対する香りの影響を測定し，レモンには注意力を増し，意識を高揚的にする効果があり，ローズには鎮静的効果があることをつきとめた[1]．また鳥居らは，同種の反応課題下で香りを嗅がせた時の誘発脳波の変化を測定し，ラベンダーの鎮静性と，ジャスミンの興奮性を観測した[2]．

谷田らは香りの内分泌系，免疫系への影響をそれぞれ報告している．

1）内分泌系への影響

大学生10名（男女各5名）で行った高度な暗算課題が唾液中のコルチゾールに与える影響を調べた結果，ストレスを緩和する目的で開発されたシトラスタイプの香りを作業空間に流した群は，香りなしの対照群に見られるコルチゾールの一時的上昇が抑制された[3]。

M．フランケンホイザーらは精神作業によって引き起こされる情緒と尿中ホルモンの変化を調べ，悪性ストレスが副腎皮質ホルモンのコルチゾールと関連するという仮説を提案している．

2）免疫系への影響

谷田らは香りの免疫系への影響を報告している．s-IgAは局所の産生細胞から粘膜中に分泌される抗体で，口腔などの粘膜に細菌やウイルスなどの侵入を防ぐための抗菌性の膜を作るとされている免疫物質である．

唾液中のs-IgA分泌量は個人差が大きいが，高齢者が配偶者を失った時のような強いストレスによってs-IgA量が低下することが知られている．

1）エステティクマッサージ中に香りを用いることによりs-IgAが増加した．

女性4名にナッツメグを中心にしたスパイス系の香りをエステティックマッサージ時に流すことにより，快適感につながる免疫能s-IgAが増加した[4]（図4-1）．痛みを与えない非侵襲な方法として唾液中の分泌型免疫グロブリンA（s-IgA）を測定する方法によった．

2）嗜好がよく快適感の高い香りによりs-IgAが増加した．

6名の被験者を5分毎にs-IgAを測定し，s-IgAの低下が安定する20分後にやすらぎ感の高いローズ-バイオレット・ティー系の香りを予告なしに実験室に流した．香りを与えられた群はs-IgA値が回復上昇した（図4-2）．さらに，快適度がs-IgAの上昇と同時に高くなり，バラツキも

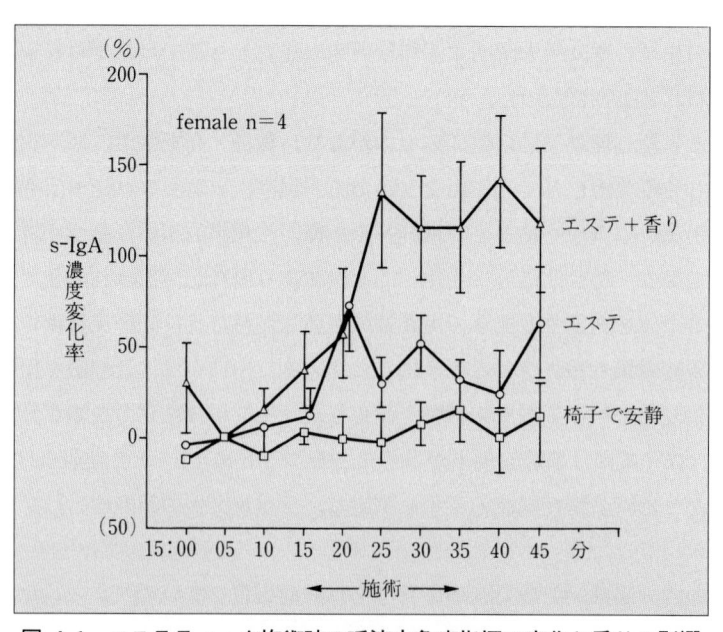

図4-1．エステティック施術時の唾液中免疫指標の変化と香りの影響

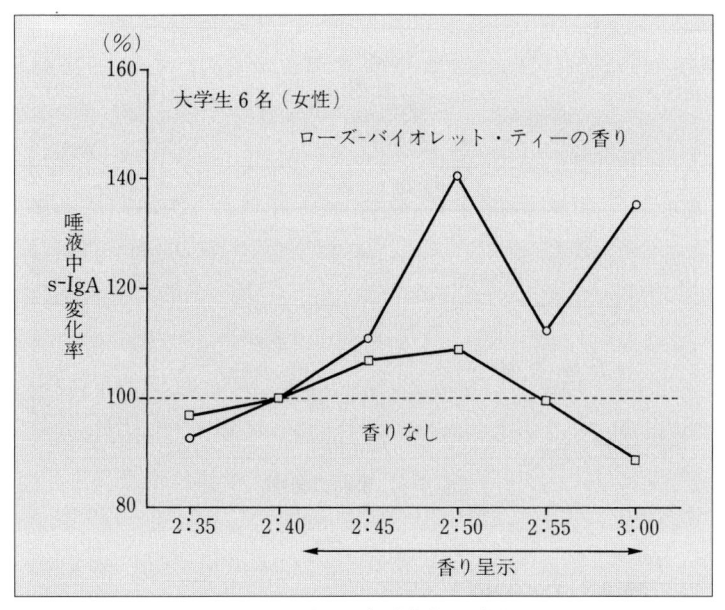

図 4-2. 香りと免疫指標の変化

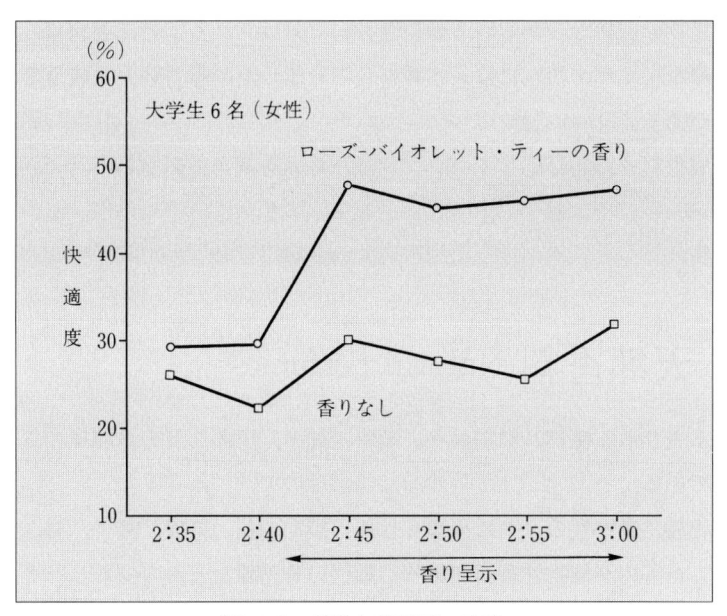

図 4-3. 香りと快適感の変化

少なくなった(図4-3).この結果から用いた香りが快適感を高め,それが免疫系に良い影響を与えていると考えられる[5].

このような研究で効果の明らかになった香料が化粧品に応用され始めている.

```
                ┌─ 植物性香料
                │  花, 葉, 材,
                │  果皮, 根, 草,
     天然香料 ──┤  樹脂など
                │
                └─ 動物性香料
                   ムスク, シベット,
                   アンバーグリス,      ├─ 調合香料
                   カストリウム
                
                ┌─ 単離香料
     合成香料 ──┤
                └─ 純合成香料
```

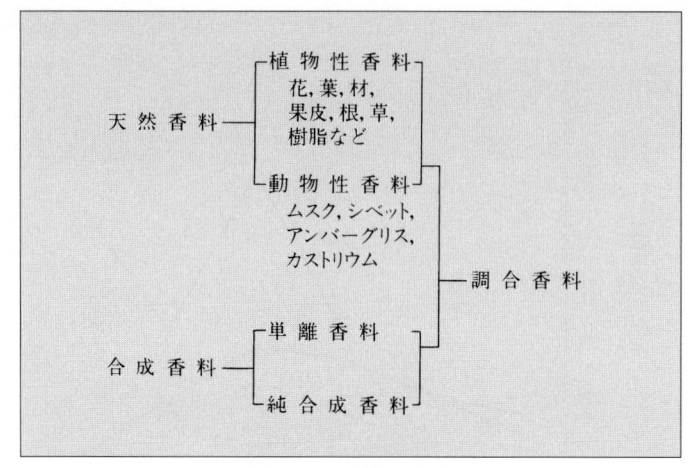

図 4-4. 香料の分類

4-2-4. 香料の分類

　香料は天然香料，合成香料と調合香料に大別される（図4-4）．天然香料は，植物から分離された植物性香料と，動物の腺嚢などから取る動物性香料に分けられる．合成香料は，単一の化学構造で現わされる香料を指すが，これには天然香料から分離した単離香料と合成反応によって作られた純合成香料とがある．

　天然香料・合成香料を目的に応じてブレンドしたものを調合香料という．

4-3 》天然香料 Natural perfumes

　天然に存在する香りある植物，動物から，蒸留，抽出，圧搾などの分離操作により取り出したものが天然香料である．

　天然香料は植物性，動物性の2つに分類できる．植物の花，果実，種子，材，枝葉，樹皮，根茎などから抽出したものが植物性香料である．動物の分泌腺などから採取したものが動物性香料で，これにはムスク（麝香），シベット（霊猫香），カストリウム（海狸香），アンバーグリス（龍涎香）の4種類がある．なかでももっとも香りが重要で，黄金よりはるかに高価であるムスクは，神秘的かつ，貴重な香料である．中央アジアの山岳地帯に生息する麝香鹿の雄の香嚢からえられ，特にチベットと四川付近のものが最高級品である．中国では媚薬や強心剤など，生薬として使用されてきた．またクレオパトラがアントニウスを誘うために，ムスクを体に塗ったともいう．アンバーグリスはムスクと並んで重要な素材であり，マッコウクジラの腸内や内臓に発生する病的生成物である．昔は海に漂う大きな塊を1つみつければ一生安楽に暮らせるといわれたほど高価であった．シベットは主にエチオピアに生息する麝香猫の腺嚢から分泌するペースト状の粘稠液

を集めたもので，ムスク同様に希釈すると芳香に変わる香料である．カストリウムはビーバーの生殖腺近くの腺嚢からえられ，古くから医薬として一部使用されたり，ビーバーを捕獲する誘引剤として使用されていたが，19世紀後半より香料素材としての価値が認められた．

近年，ムスクとアンバーグリスは，絶滅の恐れのある野生動植物の種を保護するため，国際取引を規制しているワシントン条約により入手困難となっている．このため最近ではそれぞれの主香気成分や，同様な香気特性をもったものが合成され，使用されることが多い．

4-3-1. 代表的な天然香料

代表的な天然香料とその主成分，採油法などを表4-1に示す[6~8),11)]．また代表的な天然香料植物を図4-5に示す．

4-3-2. 製造方法と名称

天然香料の採油法と，採油した香料の総称を図4-6に示す[8),11)]．

1）水蒸気蒸留法

採油する植物をそのまま，または乾燥したものに水蒸気を吹きこむと香料成分は水蒸気とともに留出する．こうして得られたものをエッセンシャルオイル（精油）と称する．本法は圧搾法や抽出法に比べて，熱に強い香料の生産に適し，精油の採油に広く用いられている．

2）抽出法

ヘキサン，石油エーテルなどの揮発性溶媒を用いて抽出する．熱に不安定な香料や，高沸点成分が多く，水蒸気蒸留では香料が収率よく取り出せない場合に用いられる．植物を揮発性溶剤に浸し若干の温度をかけ抽出する．えられたオイルをコンクリート concrete と称し，そのままでも使用できるが，冷エタノールでさらに抽出し，アブソリュートオイル absolute oil として使用することが多い．現在ではほとんど使用されていないが，シャッシ chassis と称するガラス板の上に塗った油脂の上に花をのせ，香気を吸着させるアンフルラージュ法 enfleurage や，油脂を60~70°Cに加温し，香気を吸着させるマセレーション法 maceration もある．香気が吸着した油脂をポマード pomade とよび，そのまま使用したり，さらにエタノールで抽出し使用する．

3）圧搾法

柑橘類の果皮から搾汁器で香料を採取する方法であり，得られたものをエッセンシャルオイルまたは，エクスプレスオイルと称する．柑橘類の香料は熱に不安定なので，低温で処理する．

表 4-1. 代表的な天然香料

名称(科)	原料	主産地	採油法(収油率, %)	主成分(%)
バラ油 (バラ科)	Rosa damascena Rosa centifolia の花	ブルガリア, トルコ 南フランス, モロッコ	水蒸気蒸留法 (0.01〜0.04) 揮発性溶剤抽出法 (0.07〜0.1)	l-シトロネロール(30〜59), ゲラニオール, トリナクロール, ダマスコン, ダマセノン, β-フェニルエチルアルコール, ファルネソール, ノニルアルデヒド, ローズオキサイド
ジャスミン油 (モクセイ科)	Jasminum officinale var. の花	南フランス, インド, エジプト, モロッコ	揮発性溶剤抽出法 (0.14〜0.16)	ベンジルアセテート(65), d-リナロール(16), ジャスモン, インドール, フィトール, シスジャスモン, ベンジルアルコール, ジャスミンラクトン, ベンジルベンゾエート
ネロリ油 (ミカン科)	Citrus aurantium subspamara の花	南フランス, イタリア, スペイン, ポルトガル	水蒸気蒸留法 (0.08〜0.15)	l-リナロール(30), リナリルアセテート(7), d-ネロリドール(6), ゲラニオール, テルピネオール, ピネン, ネロール, カンフェン
ラベンダー油 (シソ科)	Lavandula officinalis の花穂	南フランス	水蒸気蒸留法 (0.7〜0.85) 揮発性溶剤抽出法 (0.7〜1.3)	リナリルアセテート(30〜40), リモネン, ネロール, シネオール, リナロールとゲラニオールとそれらのエステル, d-ボルネオール, ラバンジュロール
イランイラン油 (バンレイシ科)	Cananga odorata forma genuina の花	レユニオン島, マダガスカル	水蒸気蒸留法 (0.5〜2.2) 揮発性溶剤抽出法 (0.7〜2.5)	リナロール, ゲラニオール, ベンジルアルコール, ファルネソール, セスキテルペン類
チュベローズ油 (ヒガンバナ科)	Polyanthes tuberosa の花	南フランス, モロッコ, エジプト	揮発性溶剤抽出法 (0.01〜0.03)	ゲラニオール, ファルネソール, ベンジルベンゾエート, メチルベンゾエート, ベンジルサリシレート, メチルアンスラニレート, ネロール
クラリセージ油 (シソ科)	Salvia sclarea の花穂, 葉	南フランス, イタリア, スペイン	水蒸気蒸留法 (0.5〜1.5) 揮発性溶剤抽出法 (0.01〜0.1)	リナリルアセテート, リナロール, ネロリドール, スクラレオール
クローブ油 (フトモモ科)	Eugenia caryophyllata の花蕾, 葉	マダガスカル, スリランカ, ザンジバル島, インドネシア	水蒸気蒸留法 (15〜17) 揮発性溶剤抽出法 (4〜6)	オイゲノール(70〜90), アセチルオイゲノール, メチルオイゲノール, β-カリオフィレン, メチル-n-アミルケトン, メチルベンチルケトン
ペパーミント油 (シソ科)	Mentha piperita var. の葉, 花, 茎	ヨーロッパ, 北アメリカ	水蒸気蒸留法 (0.3〜1.0)	l-メントール(40〜50), メントン(16〜25), イソメントン, 1,8-シネオール, β-カリオフィレン, メンチルアセテート, メントフラン
ゼラニウム油 (フウロソウ科)	Pelargonium graveolens の葉	レユニオン島, モロッコ, マダガスカル, アルジェリア	水蒸気蒸留法 (0.15〜0.3) 揮発性溶剤抽出法 (0.3〜0.4)	l-シトロネロール(25〜50), ゲラニオール(10〜15), メントン, リナロール, ゲラニルフォーメート, ゲラニルチグレート, シトロネリルフォーメート, イソメントン
パチュリー油 (シソ科)	Pogostemon cablin の乾燥葉	マレー半島, スマトラ島	水蒸気蒸留法 (3〜6)	パチュリーアルコール(35〜40), パチュリオン, パチュレン, β-カリオフィレン, α-グアイエン, β-プルネッセン
サンダルウッド油 (ツクバネノキ科)	Santalum album の材	インドネシア	水蒸気蒸留法 (4.5〜6.3)	α-β-サンタロール(90), サンテノン, サンテノール, α-サンタロン, テレサンタロール, サンタロン, α-サンタレン

天然香料　121

	名称（科）	原料	主産地	採油法（収油率, %）	主成分（%）
植物性香料	シンナモン油（クスノキ科）	Cinnamomum zeylanicum の樹皮	セイロン、ジャワ、マダガスカル	水蒸気蒸留法（0.2〜1.8）	シンナミックアルデヒド（65〜76）、オイゲノール（2〜5）、トーフェランドレン、ピネン、リナロール、1.8-シネオール、カリオフィレン
	コリアンダー油（セリ科）	Coriandrum sativum の種子	メキシコ、モロッコ、ハンガリー、インド	水蒸気蒸留法（0.3〜1.0）	d-リナロール（60〜70）、α,β-ピネン、リモネン、テルピネン、フェランドレン、ゲラニオール、t-ボルネオール、n-デシルアルデヒド
	ナツメッグ油（ニクズク科）	Myristica fragrans の種子	インド西南、スマトラ、ブラジル	水蒸気蒸留法（6〜16）	サビネン（20〜25）、β-ピネン、カンフェン、リモネン、リナロール、ボルネオール、テルピネオール
	ペッパー油（コショウ科）	Piper nigrum の実	インド西南、スマトラ、ブラジル	水蒸気蒸留法（1.0〜2.7）	β-ピネン、サビネン、カリオフィレン、エレモール
	レモン油（ミカン科）	Citrus limon の果実	フロリダ、カリフォルニア、イタリアを含む地中海沿岸	圧搾法（0.2〜0.3）	d-リモネン（70）、γ-テルピネン（7）、シトラール、α,β-ピネン、カンフェン、メチルヘプテノン、β-フェランドレン、α-ベルガモテン、β-ビサボレン
	オレンジ油（ミカン科）	Citrus sinensis の果実	フロリダ、カリフォルニア、イタリアを含む地中海沿岸	圧搾法（0.2〜0.4）	d-リモネン（90）、n-デシルアルデヒド、シトラール、d-リナロール、n-ノニルアルコール、d-テルピネオール、ヌートカトン
	ベルガモット油（ミカン科）	Citrus aurantium bergamia の果皮	カラブリア半島、コートダジュール	圧搾法（0.3〜0.5）	リナリルアセテート（35〜40）、l-リナロール、リモネン、シトラール、p-サイメン、デカナール
	オポポナックス油（カンラン科）	Commiphora erythea var. の樹液	ソマリア、エチオピア	水蒸気蒸留法（5〜10）	ビサボレン、γ,δ-カジネン、カリオフィレン、α-サンタレン、α-ベルガモテン
	ベチバー油（イネ科）	Vetiveria zizanioides の根	インドネシア、ハイチ、レユニオン島、セーシェル諸島	水蒸気蒸留法（0.6〜3.0）	クシモール（13〜22）、ベチセリネオール（10〜12）、α,β-ベチボン、ベチベロール、ベチベン
	オリス油（アヤメ科）	Iris pallida の根	イタリアを含む地中海沿岸	水蒸気蒸留（0.2〜0.4）	α,β,γ-イロン、リナロール、ゲラニオール、ベンジルアルコール、カンファー、n-デシルアルデヒド
	オークモス油（サルオガセ科）	樫につく苔 Evernia prunastri	ユーゴスラビア、フランス	揮発性溶剤抽出法（0.01〜0.05）	エベルニックアシッド（2〜3）、α,β-ツヨン、アトラノリン、クロロアトラノリン、カンファー、ボルネオール、ナフタレン
動物性香料	ムスク油（ジャ香）	ジャコウ鹿の雄の生殖腺分泌物	チベット、雲南省、四川省、ネパール	アルコール浸出	3-メチルシクロペンタデカノン、ムスコピリジン
	シベット油（霊猫香）	雄雌の霊猫にある一対の分泌腺嚢	エチオピア	アルコール浸出	シベトン、スカトール、インドール
	カストリウム油（海狸香）	海狸の生殖腺近くの腺嚢	シベリア、北米	アルコール浸出	カストリン、カストラミン、インカストラミン
	アンバーグリス油（龍涎香）	マッコウ鯨体内に生じる病的結石様異物	インド洋周辺の海岸、海上	アルコール浸出	アンブレイン

化粧品と香料

図 4-5. 代表的な天然香料植物

1．マダガスカルのイラン・イラン 
2．台湾のチュベローズ 
3．南フランスのジャスミン 
4．南フランスのナルシス（水仙） 
5．南フランスのセンチフォリア・ローズ 
6．トルコのダマセナ・ローズ 
7．南フランスのラベンダー 
8．レユニオンのゼラニューム 
9．南フランスのオレンジフラワー 
10．旧ユーゴスラビアのオークモス

東洋蘭の香りヘッドスペース捕集

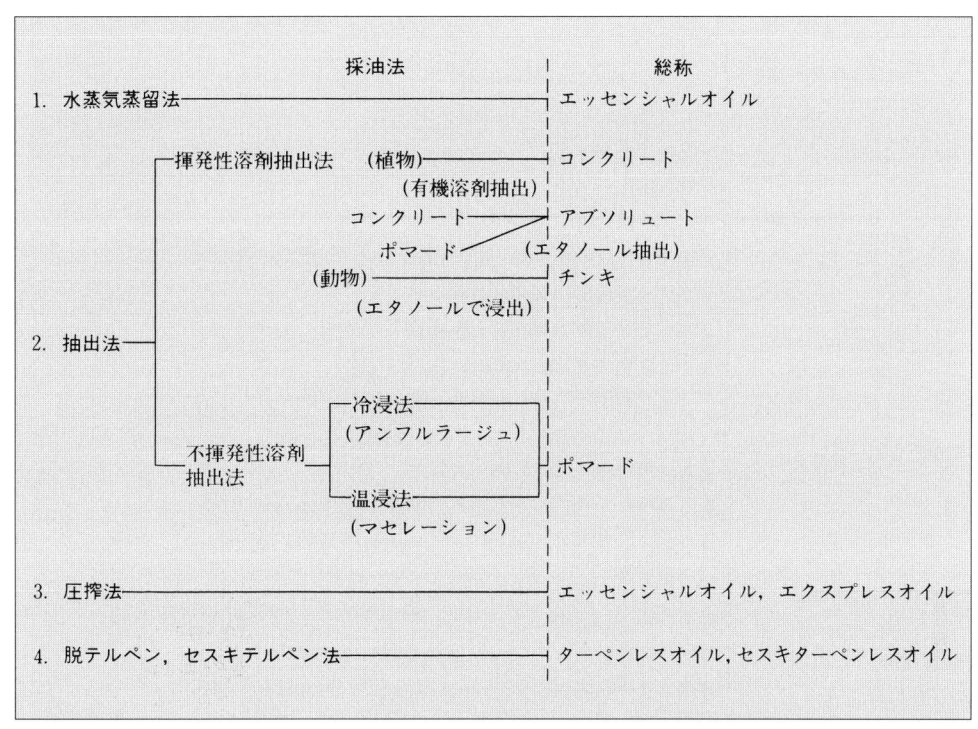

```
                            採油法                          総称
1. 水蒸気蒸留法 ─────────────────────── エッセンシャルオイル
              ┌─ 揮発性溶剤抽出法 ─(植物)──────── コンクリート
              │                  (有機溶剤抽出)
              │              コンクリート ─┐
              │              ポマード    ─┴─ アブソリュート
              │                           (エタノール抽出)
              │                  (動物)──────── チンキ
2. 抽出法 ────┤                  (エタノールで浸出)
              │                  ┌─ 冷浸法
              │                  │  (アンフルラージュ)
              └─ 不揮発性溶剤 ───┤                    ─ ポマード
                  抽出法          └─ 温浸法
                                     (マセレーション)
3. 圧搾法 ──────────────────────────── エッセンシャルオイル, エクスプレスオイル
4. 脱テルペン, セスキテルペン法 ──────── ターペンレスオイル, セスキターペンレスオイル
```

図 4-6. 天然香料の採油法と採油した香料の総称

4）脱テルペン・セスキテルペン油の製造法

主に柑橘類からえた香料中のテルペン系炭化水素はアルコールに難溶, かつ酸化・重合しやすいので, 有機溶剤抽出や分留により香料からテルペンやセスキテルペンを除去して, 使用する製造法である.

4-3-3. 天然香料の分析方法

天然香料の品質評価と成分研究の分析方法を図 4-7 に示す[9].

天然香料の分析としては, 古くから物理化学的恒数の測定が行われてきた. これらの値は物質の集合状態におけるそれぞれの特性を示すもので, 天然香料の品質の優劣や, 他の天然香料や合成香料で偽和されたかどうかを知るのに重要な手がかりとなる. 物理恒数としては比重, 屈折率や旋光度の測定が行われる. 溶解度はエチルアルコールに対する溶解性を示し, 実用的な意味をもっている. 化学的な恒数としては, 酸価, エステル価, アセチル化後のエステル価, アルコール含量, アルデヒド含量, ケトン含量などが測定される. これらは天然香料の特性を示すものであるから, その品質を評価するうえで重要な意味をもっている.

天然香料の成分は複雑で, 数百種類の化合物から成り立っている. 通常複雑な揮発性混合物の分離はガスクロマトグラフィーを用いる. また構造を確認するには質量分析法も使用されている. カラム固定相液体には極性のあるもの, 無極性のものがある. たとえば"東洋ランの花"の香料

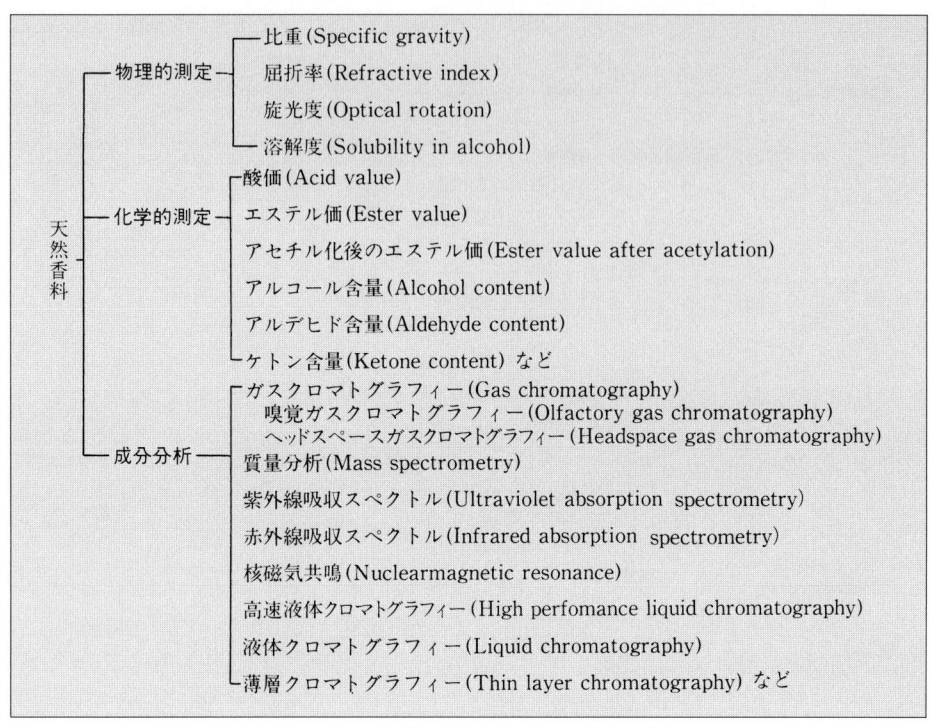

```
天然香料 ─┬─ 物理的測定 ─┬─ 比重 (Specific gravity)
          │              ├─ 屈折率 (Refractive index)
          │              ├─ 旋光度 (Optical rotation)
          │              └─ 溶解度 (Solubility in alcohol)
          ├─ 化学的測定 ─┬─ 酸価 (Acid value)
          │              ├─ エステル価 (Ester value)
          │              ├─ アセチル化後のエステル価 (Ester value after acetylation)
          │              ├─ アルコール含量 (Alcohol content)
          │              ├─ アルデヒド含量 (Aldehyde content)
          │              └─ ケトン含量 (Ketone content) など
          └─ 成分分析 ─┬─ ガスクロマトグラフィー (Gas chromatography)
                          │    嗅覚ガスクロマトグラフィー (Olfactory gas chromatography)
                          │    ヘッドスペースガスクロマトグラフィー (Headspace gas chromatography)
                          ├─ 質量分析 (Mass spectrometry)
                          ├─ 紫外線吸収スペクトル (Ultraviolet absorption spectrometry)
                          ├─ 赤外線吸収スペクトル (Infrared absorption spectrometry)
                          ├─ 核磁気共鳴 (Nuclearmagnetic resonance)
                          ├─ 高速液体クロマトグラフィー (High perfomance liquid chromatography)
                          ├─ 液体クロマトグラフィー (Liquid chromatography)
                          └─ 薄層クロマトグラフィー (Thin layer chromatography) など
```

図 4-7. 天然香料の品質評価と成分研究

を極性カラムで分析すると，主成分の methyl jasmonate は単一ピークであるが，無極性カラムで分析すると，2つのピークに分離する．このピークは methyl jasmonate の異性体である epi 体が分離したものであり，"東洋ランの花"の香調に重要な役割を果たしている成分である．この2種のカラム固定相液体を使い分けることで，香りに重要な成分を見出すことに役立っている．

物質の光学異性も香りにとって重要であり，d，l-体を特殊なカラム（光学活性固定相）を用いることにより分離できる．コリアンダー coriander などの天然香料に含まれている d-リナロール d-linalool はウッディがかった花の香り，ベルガモット bergamot などの天然香料に含まれている l-リナロール l-linalool はスイートな花の香りである．このように異性体間で大きく香りの違う香料がある．天然香料中の化合物は d-体，l-体が単独，あるいはどちらかの比率が高いことが多く，香りに大きく寄与するため光学異性の確認が必要である．

つぎに検出器としては，通常フレームイオン化検出器（FID）や熱伝導検出器（TCD）を使用することが多いが，ヘテロ化合物の確認には，熱イオン化検出器（FTD）や炎光光度検出器（FPD）を使用する．

嗅覚ガスクロマトグラフィーは，天然香料中の香りに大きく寄与する成分を見出す方法である．カラムの出口を2つに分け，1つは検出器に，1つはにおいが嗅げるように開放系にしておき，クロマトグラムに描かれたピークを見ながら各天然香料成分のにおいの確認をする．

香りの良い植物や天然香料からの揮発成分を直接分析するための手段として，ヘッドスペースガスクロマトグラフィーが用いられる．これは通常のガスクロマトグラフィーの分析と違い，揮

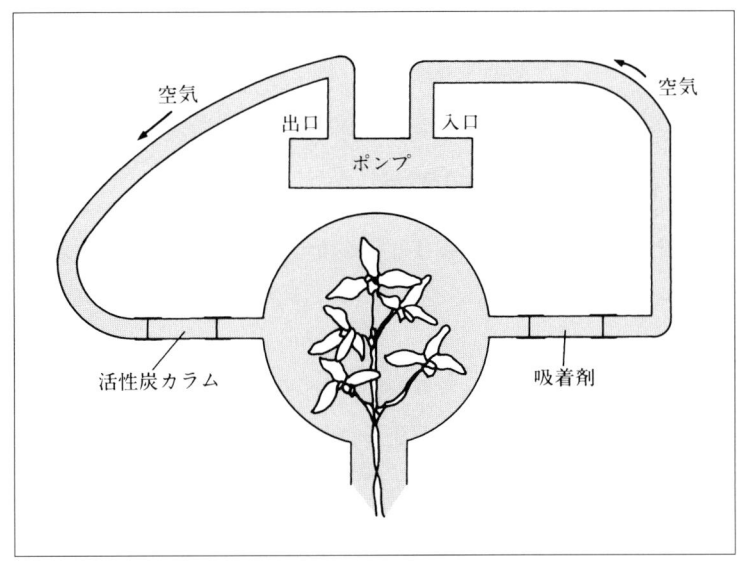

図 4-8. 捕集装置

発する成分を直接分析する方法である．特に低沸点成分の分析には有効である．また香り成分を濃縮捕集するために，揮発してくるガスをカラム管に充てんした吸着剤に吸着させ，吸着した充てん剤から，有機溶剤や加熱することで脱着させ，分析する方法も採られる（図4-5下図 および 図4-8）．吸着剤に吸着させる以外に，低温で揮発成分を凝縮させる方法もある．

これらの機器分析を行う前に，重要成分を分画する前処理法も重要であり，カラムクロマトグラフィーや単一成分の分離効率の高い薄層クロマトグラフィーなどを用いる．また分子量の大きい成分や高沸点成分の分析，熱分解しやすい成分には，液体クロマトグラフィーや高速液体クロマトグラフィーを使用する．

単一成分の確認には，紫外線吸収スペクトル，赤外線吸収スペクトル，^{1}H, ^{13}C-核磁気共鳴などで分析し，構造決定する．

4-4 » 合成香料 Aroma chemicals (Synthetic perfumes)

19世紀後半に今日のテルペン化学の基礎が築かれて以来，多くの合成方法が開発されてきた．特に1939年には Ruzicka が「Large Carbon Rings」の業績によりノーベル化学賞を受賞している．

20世紀に入り香料需要の増加とともに，土地や人件費の高騰による天然香料の価格の高騰や品不足が著しく，天然香料のみではその要求に応じきれなくなった．そこで大量に安価に安定供給可能な合成香料がつぎつぎと登場した．また天然にはない特徴的な香気を有する化合物も合成され，ますます合成香料に対する期待が大きくなっている．

合成香料には，天然香料からその含有成分を抽出，精留，晶析や簡単な化学処理によってえる単離香料と，有機合成反応により製造する純合成香料とがある．

4-4-1. 代表的な合成香料

合成香料は，その化学構造あるいは発香基という観点から一般に，炭化水素，アルコール，アルデヒド，ケトン，エステル，ラクトン，フェノール，アセタールなどの官能基別に分類される．代表的な合成香料を表 4-2 にあげる．

その他，よく使用される合成香料としてはつぎのような化合物がある．

① **アルコール類**　ゲラニオール，シトロネロール，ターピネオール，メントール，サンタロール，バクダノール，ブラマノール
② **アルデヒド類**　リラール，リリアール
③ **ケトン類**　ダマスコン，メチルイオノン，イロン，イソイースーパー，アセチルセドレン，ムスコン
④ **エステル類**　ベンジルアセテート，メチルジヒドロジャスモネート，メチルジャスモネート
⑤ **ラクトン類**　ジャスミンラクトン，シクロペンタデカノリッド，エチレンブラシレート

4-4-2. 合成方法の進歩

近年の合成研究の進歩に伴い，従来ラセミ混合物として取り扱われていた合成香料について，光学活性体の合成研究が盛んに行われている．この方法としては，光学活性な触媒や酵素を利用した合成法とクロマトグラフィーや結晶化による光学分割法が用いられている．特に酵素や微生物による生物化学的な物質変換を，合成手段に取り入れていくことが重要になってきている．

4-5 ≫ 調合香料 Fragrance compounds

化粧品に香りをつけることを賦香というが，この場合，すでに述べた天然香料や合成香料をそのまま単独で使用することは少なく，多くの場合，これらの素材を目的に応じて組み合わせ調合された香料すなわち調合香料の形で用いる．

表 4-2. 代表的な合成香料

化学構造分類		香料名	化学構造	分子式および分子量	におい
炭化水素	モノテルペン	リモネン	(構造式)	$C_{10}H_{16}$ 136.24	オレンジ様の香気
	セスキテルペン	β-カリオフィレン	(構造式)	$C_{15}H_{24}$ 204.36	ウッディ様の香気
アルコール	脂肪族アルコール	シス-3-ヘキセノール	CH_3CH_2-CH=CH-CH_2CH_2OH	$C_6H_{12}O$ 100.16	新緑の若葉様の香気
	モノテルペンアルコール	リナロール	(構造式)	$C_{10}H_{18}O$ 154.25	スズラン様の香気
	セスキテルペンアルコール	ファルネソール	(構造式)	$C_{15}H_{26}O$ 222.37	新鮮なグリーンノートでフローラル様の香気
	芳香族アルコール	β-フェニルエチルアルコール	CH_2CH_2OH (フェニル)	$C_8H_{10}O$ 122.17	ローズ様の香気
アルデヒド	脂肪族アルデヒド	2,6-ノナジエナール	$CH_3CH_2CH=CHCH_2CH_2CH=CHCHO$	$C_9H_{14}O$ 138.21	スミレ,キュウリ様香気
	テルペンアルデヒド	シトラール	(構造式)	$C_{10}H_{16}O$ 152.24	強いレモン様の香気
	芳香族アルデヒド	α-ヘキシルシンナミックアルデヒド	$CH=C-CHO$ with $(CH_2)_5CH_3$	$C_{15}H_{20}O$ 216.33	ジャスミン様の香気
ケトン	脂環式ケトン	β-イオノン	(構造式)	$C_{13}H_{20}O$ 192.30	希釈するとスミレ様の香気

化学構造分類		香料名	化学構造	分子式および分子量	におい
ケトン	テルペンケトン	l-カルボン		$C_{10}H_{14}O$ 150.22	スペアミント様の香気
	大環状ケトン	シクロペンタデカノン		$C_{15}H_{28}O$ 224.39	ムスク様の香気
エステル	テルペン系エステル	リナリルアセテート		$C_{12}H_{20}O_2$ 196.29	ベルガモット,ラベンダー様の香気
	芳香族エステル	ベンジルベンゾエート		$C_{14}H_{12}O_2$ 212.25	弱いバルサム様の香気
ラクトン		γ-ウンデカラクトン		$C_{11}H_{20}O_2$ 184.28	ピーチ様の香気
フェノール		オイゲノール		$C_{10}H_{12}O_2$ 164.21	丁字様の香気
エーテル		ローズオキサイド		$C_{10}H_{18}O$ 154.25	グリーン様,フローラル様の香気
含窒素化合物		インドール		C_8H_7N 117.15	強く不快な糞臭,希釈するとジャスミン様の香気
アセタール		フェニルアセトアルデヒドジメチルアセタール		$C_{10}H_{14}O_2$ 166.22	うすいヒヤシンス様の香気
シッフ塩基		オーランチオール		$C_{18}H_{27}NO_3$ 305.43	オレンジフラワー様の香気

4-5-1. 基本的なベース香料

調合香料をつくる時，ボディとなる部分の香りを有する素材を調合ベース香料といい，これを基礎として，修飾，変調する香りを加え，全体を整えて仕上げる[10]．

1）フローラル

花の香りは，香料の歴史上常にその中心にある重要な香りのグループで，古今東西の人々に受け入られている．またベース香料の中でももっとも重要な素材で，ローズ，ジャスミン，ミューゲ，ライラック，カーネーション，チュベローズ，ヒアシンス，オレンジフラワー，ネロリ，バイオレット，ヘリオトロープ，ガーデニア，ハニーサックル，ジョンキル，ナルシス，フリージア，イランイラン，ジンチョウゲなどがある．これらのフローラルの中で三大花香といわれているローズ，ジャスミン，ミューゲについて述べる．

1-1) ローズ

ローズは生活の中でもっとも身近な花のひとつとして親しまれている．色や形のみならず，香りにおいても嗜好性が高く，どんな香料とも調和し，香りの完成度を高める．また最近のローズの特徴をもった合成香料の開発を背景として，多様なオリジナリティのある香りが出ている．

【ローズタイプの処方例】

Phenyl Ethyl Alcohol	25.0
Geraniol	5.0
Citronellol	48.0
Linalool	12.0
Eugenol	2.0
Nerol	1.0
Aldehyde C 11 undecylenic 10%	1.0
Aldehyde C 12 lauric 10%	2.0
Amyl Phenylacetate	5.0
Rose Oxide	0.5
Geranyl Acetate	2.5
Damascone Alpha 10%	1.0
	100%

1-2) ジャスミン

ローズが花の女王といわれているのに対し，花の王はジャスミンである．繊細で華やかな広がりのあるジャスミンの甘い香りはローズとともにもっとも重要な香料で，パフューマーのパレッ

トには欠かすことができない．他の香りとどのような割合でブレンドしても調和がとれ，香りをくずしてしまうことはない．

【ジャスミンタイプの処方例】

Benzyl Acetate	17.0
Hexyl Cinnamic Aldehyde	43.0
Indole 10%	2.0
Hexyl Salicylate	8.0
Methyl Dihydrojasmonate	10.0
Eugenol 10%	4.0
Damascone Alpha 1%	4.0
Mayol	8.0
Undecalactone Gamma 10%	4.0
	100%

1-3) ミューゲ

ローズ，ジャスミンと違って華やかさはないが，日本人好みの香りといえる．ややグリーンノートを帯びた爽やかさの中に新鮮で，すっきりした甘さのある香りである．この香りは，安価で天然に非常に近い調合香料がつくれるため，ミューゲの天然香料が使用されることはない．

【ミューゲタイプの処方例】

Linalool	3.0
Ylang Ylang Oil	1.0
Rhodinol	15.0
Heliotropine	4.0
Cyclamen Aldehyde	0.5
Citronellyl Formate	2.0
Lilial	25.0
Lyral	10.0
Mayol	15.0
Dimethyl Benzyl Carbinol	5.0
Bergamot Oil	7.0
Benzyl Acetate	2.5
Phenyl Ethyl Alcohol	10.0
	100%

2) ウッディ

ドライで力強く，しかもエレガントなベチバー系，重厚で甘くややセクシーなサンダルウッド系，強くエキゾチックなパッチュリー系，その他セダーウッド系，パイン系などの木の香りの特徴をもった香料である．

3) シプレー

1917年に発売されたCoty社の香水Chypreが原型となっている[6]．ベルガモット，オークモス，オレンジ，ローズ，ジャスミン，ムスク，アンバーなどで調合された香りの特徴をもち，調香上も重要な香りのひとつである．

4) シトラス

爽やかな柑橘系の香料であるベルガモット，レモン，オレンジ，ライム，グレープフルーツ，マンダリンを主体とした香りで，フレッシュコロンやシャワーコロンなどのライトコロンに多用され，嗜好性のよい香りである．

5) グリーン

葉を切ったり，もんだりした時に感じられる香り，あるいはきゅうり，トマト，ピーマンなどに感じられる青くさい香りが特徴となっている．この香りを初めてアピールした香水として1945年発売のVent Vert (Balmain)[12]がある．

6) フゼア

1882年に発売されたFougère Royale (Houbigant)[12]の香水名が原型となり，ラベンダー，オークモス，クマリンなどをベースとし，ローズ，ジャスミンなどのフローラルノートに，サンダルウッド，ベチバー，パチュリーなどのウッディノートを加え，アンバー，ムスクなどで保香性をもたせた重厚感のある香りを特徴としている．男性用の香りに広く応用されている．

7) オリエンタル

この名称は東洋からヨーロッパに輸入された香料の特徴から名づけられたものである．バルサム類，スパイス類，バニラ，ウッディ，アニマルノートを配合し，パウダリーで甘く濃えんな残香の強い香りが特徴となっている．なお最近はよりライトでフローラルな香調を多く配合したセミオリエンタル，あるいはフロリエンタルと分類される香りも多くなっている．

4-5-2. その他のベース香料

前述した基本的なベース香料は香りの骨格になるものであるが，これ以外に少量でコクや幅を出し，変調する目的で配合する香料がある．

1）フルーティ

柑橘系以外のフルーツの香りで，ピーチ，ストロベリー，アップル，バナナ，メロン，パイナップル，ラズベリーなどがある．最近ではトロピカルフルーツも使われ，香りの特徴づけになっている．

2）スパイシー

スパイスの刺激的な香り．クローブ，シンナモン，タイム，ペッパー，カルダモン，ナツメッグなどに由来する香りを特徴としている．

3）アルデヒド

脂肪族アルデヒドに属する炭素数 7 から 12 までのもつ強烈で鋭い香気に由来する特徴をもっているもので，Chanel No.5 の香水に大胆に使用され，注目された素材である．

4）アニマル

ムスク，シベット，カストリウム，アンバーグリス様の香り．最近ではムスク，アンバーグリスは入手が困難となり，大部分が合成ないし調合されたものを使用している．

4-6 ≫ 調　香 Perfume creation

香りを創ることを調香，創る人をパフューマー（調香師 perfumer）という．パフューマーは香りの基となる香料原料（天然香料約 500 種，合成香料約 1,000 種）を用いてイメージに合った香りを創る．また一般的にはすでに調香された汎用性のある調合香料なども用いて，シンプルな香りでも 10～30 種，複雑で洗練された香りでは 50～100 種，多い時には 200～500 種の香料原料を目的に合わせて使用する．

4-6-1．調香方法

化粧品用香料を創るには，図 4-9 のように，まず商品のコンセプトを中心にして，開発技術や市場からの情報を勘案しながら香りのイメージを頭の中に描く．このイメージを基に素材の天然および合成香料，調合香料を用い，安全性，安定性などの技術要素を入れながら香料処方を組み上げる．

具体的な発想方法としては，

① 人，風景，情景，表現用語（イメージ用語，官能用語）などによってイメージを作って香りを創る．

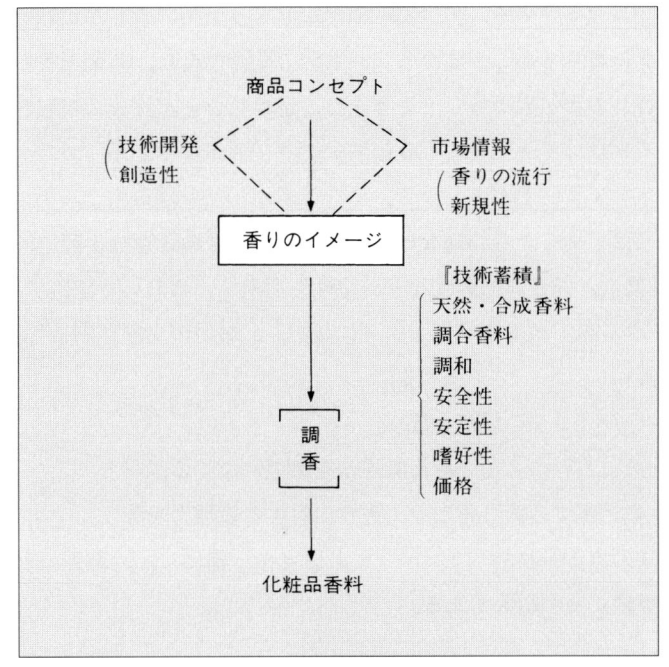

図 4-9. 化粧品香料の創作

② 既存の香り, あるいはそのイメージからヒントをえて創る.
③ 香りの一部を, 他の香りの一部や全部で置換して, 新しい香りを創る.
④ 特徴ある新しい原料の特性をいかして香りを創る.
⑤ 花などの香りの分析データを基に, その花のもつ香りやイメージを表現する.

などがある.

香水には香水らしい, クリームや化粧水にはそれぞれに相応しい香りであることが必要である. 歯磨香料にはさわやかな清涼感のある香味, 石けん, シャンプーには清潔な感じを与える香りというようにそれぞれ香りは異なる. しかし香水, 化粧品, 石けん, 歯磨などの製品香料の調香方法には共通点がある. 上立ち (top note), 中立ち (middle note), あと残り (lasting note, base note or dry out), すなわち基調となる香料を揮発度に合わせ調和よく組み合わせ, これに枝葉をつける役目の香料 modifier や保留性を与えるために保留剤 fixative を加える. この処方の組み方の上手か下手かにより調合香料の香りの良否が決まる.

トップノートは香りの第一印象を与えるものとして重要である. シトラスノート, フルーティーノートやグリーンノートなどが用いられ, 一般的には嗜好性がよく, フレッシュで全体のにおいをもち上げ, かつオリジナリティのあるものが要求される. 揮発性が高く, におい紙につけて 2 時間以内に揮散して後ににおいが残らないことが必要である.

トップノートが過ぎると, つぎに中程度の揮発性をもつ, 香りに豊かさを与えるミドルノートがやってくる. ジャスミン, ローズなどのフローラルノートやアルデヒド, スパイスノートなどの香りが用いられ, 香りの特徴を表わすもっとも重要な部分である. におい紙につけて 2〜6 時間においが持続する. 最後にラスティングノートとして揮発性が低く保留性に富んだオークモスや

ウッディノート，アニマルノート，アンバーやバルサミック系の香りがにおう．におい紙につけて6時間以上持続する香りである．また各ノート間の配合割合は，基剤と香料との相互作用により香りの揮発性や香りの質が異なることを考慮して定めないとバランスが取れない．においの構成上，爽やかなあるいはフルーティな香りはトップノートが多く，オリエンタル，シプレータイプの香りはラスティングノートが多くなる．

調香技術の習得には定まったものはないが，一般にはつぎのような手順で行われる．
① 香料原料の揮発性，強さ，拡散性などの特性を把握し，においを記憶する．
② 重要なフローラルベースやウッディベースなど，においのタイプ別に香料を2～3種組み合わせて，その調和(アコード)を調べる．
③ 重要なフローラルノートの模写を行う．
④ 香水の基本的なにおいのタイプを市販香水を参考につくる．
⑤ 代表的な香水のタイプの模写をして，香りに対する表現力を養う．

またこの間，経験のある優れたパフューマーと研究を一緒にして，調香のセンス，取り組み，考え，経験などを学ぶことが重要である．

4-6-2. においの好み

香りは性別，年齢，経験，人種などによって好みは異なる．一般に日本人は男性も女性も花の香りや柑橘系の香りを全般に好むが，年齢によりつぎのような嗜好傾向がある．8～15歳まではフルーティノートを好むが，15歳からミント，シトラスなどの香り，20～24歳の若い女性は軽いフローラルやフローラルグリーンの香り，25～30歳の女性は華やかなフローラルアルデヒド，グリーンフローラルな香りを好む．香りに対する経験を積み重ねると，重厚なシプレーやオリエンタルなどの香りも好むようになる．

日本人の男性は欧米に比べ一般にシトラスやフローラルの香りを好む．経験や生活環境の違いによってグリーン，フゼア，シプレーなどの香りを好むようになる．

一方，アメリカにおける女性用のフレグランスでは，拡散性，持続性のあるオリエンタルやホワイトフローラルなどの香りがよく受け入られる．男性はオリエンタル，シプレーの香りを好む．またフランスの女性は好みが多岐にわたっていて，嗜好が特定のものに偏っていないのが特徴である．

また化粧品別にみた場合，一般的に化粧水やクリーム類にはローズ，ジャスミン，ミューゲ，ライラックの香りが好んで用いられ，メーキャップ製品にはパウダリーな甘さをもつ香りがよく使われているが，最近ではフローラル系も多くなっている．全般的には，繊細で洗練された香りが使われる傾向にある．

4-6-3. 香りの強さと賦香率

化粧品は，その香りの強さも女性用は女性に，男性用は男性に好まれる強さの程度が求められる．また同時にある程度異性に好まれることも必要である．最近では，消費者のニーズなどから比較的弱い香りの商品が多くなっている．

同じ香りでも強すぎると嫌われる傾向にあり，適度な賦香率が望まれる．化粧品やトイレタリーの一般的な賦香率を表 4-3 に示す．

表 4-3. 化粧品の賦香率

製品名	賦香率	製品名	賦香率
クリーム	0.05 ～0.2	ヘアスプレー	0.05 ～0.3
乳液	0.03 ～0.2	ヘアムース	0.02 ～0.3
化粧水	0.001～0.05	チック, ポマード	0.5 ～3.0
ファンデーション	0.05 ～0.5	シャンプー, リンス	0.2 ～0.6
口紅	0.03 ～0.3	石けん	1.0 ～1.5
フェイスパウダー	0.02 ～0.2	クレンジングフォーム	0.1 ～0.7
アイメイク	0.01 ～0.1	入浴剤	0.2 ～3.0
ヘアトニック	0.5 ～1.0	歯磨	0.7 ～1.2
ヘアリキッド	0.3 ～1.0	洗剤	0.1 ～0.3

4-6-4. 香りの変化・変色

香水・化粧品・石けんなどに用いる香料は，すでに述べたように各種の官能基をもった香料素材の調合された複合体である．調香に際しては香料素材と化粧品基剤との相互作用による変臭や変色に十分注意する必要がある．調合香料は酸素，光，温度，湿度および賦香される基剤自体の物理，化学的性質の影響をうけ，酸化，重合，縮合，加水分解などの反応を起こし，化粧品の香りを悪くしたり，変色を起こしたりすることがある．基剤は全般に中性域のものが多いが，たとえば，石けんのようにアルカリ性のもの，さらにヘア製品の一部には酸化力や還元力をもつものもあり，使用する香料素材の選択に配慮しなければならない．また香料には熱や光に弱いものもあり，化学的な反応のほかに容器や外装の包装形態にも留意する必要がある．

4-6-5. 安全性

化粧品には天然，合成の多数の香料が使用されるが，皮膚トラブルなどがなく安全に使用できるよう研究が進められている．

国際学術機構の RIFM (Research Institute for Fragrance Materials, 1966 年設立) では，急性経口毒性，急性経皮毒性，皮膚一次刺激性，眼粘膜刺激性，アレルギー性，光毒性，光アレルギー性，催奇形性，発癌性，神経毒性など広範な項目について，香料の安全性評価をしている．

香料業界の国際機構の IFRA (International Fragrance Association) は，この評価結果に基づいて，香料を安全に使用するためのガイドラインを定めている．各国とも化粧品の香料はこの自主規制(使用禁止，量規制)に基づいてつくられている．

　また一方では光毒性，アレルギー性がある天然香料も，原因物質が解明され，これを除いた安全な香料が精力的に研究開発されている．

　このように化粧品の香料の安全性は非常に高いものとなっている．

◇　**参考文献**　◇

1) 菊池晶夫，山口浩他：日本心理学会第54回大会発表論文集，399，(1990)
2) 緒方茂樹，鳥居鎮夫他：味と匂のシンポジウム論文集，149，(1986)
3) 谷田正弘，菊池晶夫：第26回味と匂学会シンポジウム論文集．p.305-308,「味と匂学会」事務局，1992．
4) 中村祥二：アロマテラピー：医香同源．Aesthetic Dermatology, 5(3)：59-61，1995．
5) 谷田正弘：aromatopia, 5(2)：20-23，1996．
6) 藤巻正生，服部達彦，林和夫，荒井綜一編：香料の事典，朝倉書店，1980．
7) 日本香料協会 編：香りの百科，朝倉書店，1989．
8) 奥田 治：香料科学総覧，廣川書店，1967．
9) 正田芳郎：ガスクロマトグラフィー・マススペクトルによる天然香料の分析，廣川書店，1968．
10) 黒沢路可：香りの事典，フレグランスジャーナル社，1984．
11) 印藤元一：香料の実際知識，東洋経済新報社，1975．
12) 竹中利夫：調香へのアプローチ，フレグランスジャーナル社，1983．

5 化粧品の原料

　科学の発展により，天然物，合成物，バイオ生産物など多岐にわたる原料の入手が可能になり，品質の向上や製品の多様化に寄与してきた．最近では，単に他産業から供給される一般的な原料に依存するばかりでなく，新しい機能を求めたり，皮膚の生理学的メカニズムに合わせて，化粧品用として積極的に原料を設計開発していく傾向がみられるようになってきた．

　化粧品を構成している原料の主なものは，油脂，ロウ類，エステル油などの油性原料，乳化，可溶化などの目的で使用される界面活性剤，保湿剤，増粘，皮膜形成を目的として，またはそれ自身，粉末として使用される高分子化合物，紫外線吸収剤，酸化防止剤，金属イオン封鎖剤，染料，顔料などの色材類などのほか，ビタミン類，植物抽出物などの薬剤そして香料があげられる．

　化粧品は皮膚や毛髪に常用されるだけに，その基本を構成している原料の使用・選択に際して，考慮しなければならない主な条件としては，① 使用目的に応じた機能に優れている，② 安全性が良好である，③ 酸化安定性などの安定性に優れている，④ においが少ないなど品質が一定していることがあげられる．

　以上のように化粧品原料の考慮しなければならない主な条件をあげた．そのほかに考慮しなければならない条件として，法規上の規制がある（化粧品と法規の項参照）．現時点では化粧品原料は薬事法の承認制度があるため，新規の原料（未承認原料）は上記の条件を満足するのみでは使用できず，その原料の規格を定め，安全性などを確認したうえで厚生省に届け出て承認をうけることが必要である．既承認原料の大部分については，化粧品原料基準および化粧品種別配合成分規格に約 2,800 成分が収載されている．なお薬事法の規制緩和が平成 13 年 3 月までに実施される予定であり，それによると，原料を防腐剤，紫外線吸収剤，タール色素の特定成分とそれ以外の一般成分群に分け，特定成分群については使用可能原料について配合可能成分リスト（ポジティブリスト）を設け，未登録の特定成分を用いる場合は届け出て承認をとることが必要である．一般原料については配合禁止成分リスト（ネガティブリスト）と配合制限成分リスト（リストリクテッドリスト）を設け，これらの原料については使用の制約を受ける．これら以外の一般原料については厚生省の承認は不要となり各社の自己責任のもとに使用することが可能となる．

　以下に化粧品原料の主なものについて概説する．なお色材類，香料，薬剤，抗菌剤については総論のそれぞれの項で解説しているので，ここでは省略する．

5-1 》 油性原料 Oily materials

油性原料は化粧品の構成成分として広く用いられている．皮膚からの水分の蒸散を抑制したり，使用感触を向上させるなどの目的で使用される．

5-1-1． 油　脂 Oils and Fats

油脂は脂肪酸とグリセリンのトリエステル（トリグリセリド）を主成分とし，動植物界に広く分布する．油脂のなかで常温で液状のものを脂肪油，固体のものを脂肪という[1]．

化粧品原料としての油脂は，天然からえられたものを脱色，脱臭などの精製をして使われるが，ものによっては部分または完全に水素添加して硬化油として使ったり，あるいは冷却して固体脂を除いてから使う場合もある．

油脂は資源が動植物および微生物生産によるためその種類は多いが，化粧品原料としては比較的その種類が限られている．

1）オリーブ油 Olive oil

オリーブ Olea europaea Linné (Oleaceae) の果実を圧搾してえた脂肪油である．主産地はスペイン，イタリアなどの地中海沿岸地方である．構成脂肪酸としてはオレイン酸(65～85%)が多く，その他パルミチン酸(7～16%)，リノール酸(4～15%)などである．

オリーブ油は，皮膚面からの水分の蒸散の抑制や，使用感触の向上などの目的で使用される．

2）ツバキ（椿）油 Camellia oil

ツバキ Camellia japonica Linné (Theaceae) の種子からえた脂肪油である．構成脂肪酸としてはオレイン酸(82～88%)が多く，その他パルミチン酸などの飽和酸(8～10%)，リノール酸(1～4%)などからなる．

オリーブ油と性状など類似しておりクリーム，乳液などに使用される．また古くから頭髪用油として使用されてきた．

3）マカデミアナッツ油 Macadamia nut oil

オーストラリア原産のヤマモガシ科の Macadamia ternifolia の種実を圧搾してえられる脂肪油である．構成脂肪酸としては，オレイン酸(50～65%)が主成分であるが，植物油脂には珍しくパルミトレイン酸(20～27%)が多い．この特性が使用感触などを向上させており，クリーム，乳液，口紅などに使用される[2,3]．

4）ヒマシ油 Castor oil

インド，またはアフリカ原産のヒマ(トウゴマ) Ricinus communis Linné (Euphorbiaceae) の種子よりえた脂肪油である．構成脂肪酸として，ヒドロキシ酸であるリシノール酸(85〜95%)を多く含むため，他の油脂に比べ親水性が高く，粘稠であり，エタノールに溶解する[4]．

これらの特性を生かし，口紅，ポマードなどに使用されるほか，染料(赤色223号：テトラブロムフルオレセイン)の溶解剤として使用される．

5-1-2. ロウ類 Wax esters

ロウ類は化学構造上，高級脂肪酸と高級アルコールのエステルであり，動植物からえられる．動植物からえられるロウは，前述のエステルが主成分であるが，このほかに遊離の脂肪酸，高級アルコール，炭化水素，樹脂類などを含んでいる．またロウ類を構成する脂肪酸や高級アルコールは油脂の場合と異なり，C_{20}〜C_{30} のものが比較的多く含まれている．

ロウ類は基礎化粧品やメーキャップ化粧品などに広く用いられている．主な使用目的は，口紅などを固化したり，光沢を与えたり，使用感触を向上させたりすることである．

1）カルナウバロウ Carnauba wax

南米，特にブラジル北部に自生または栽培されている高さ約 10 m のカルナウバヤシ Copernicia cerifera Mart (Palmae) の葉または葉柄から採取される硬くてもろいロウである．

C_{20}〜C_{32} の脂肪酸と C_{28}〜C_{34} のアルコールからなるエステルであり，特にヒドロキシ酸エステルが多い．融点は 80〜86°C と植物ロウのうちでは高い．

カルナウバロウを使用する主な目的は，口紅などのスティック状製品のつや出し，耐温性向上などである．

2）キャンデリラロウ Candelilla wax

メキシコ北西部，米国テキサス州など温度差が激しく，雨の少ない乾燥した高原地帯に生育しているキャンデリラ植物 Euphorbia cerifera Alcocer, Euphorbia antisyphilitica Zucarrini, Pedilanthus pavonis Boissier (Euphorbiaceae) などの茎からえたロウを精製したものである．C_{16}〜C_{34} の脂肪酸のエステルが約30%，ヘントリアコンタン($C_{31}H_{64}$)などの炭化水素が約45%，ミリシルアルコールなどの遊離アルコール，樹脂分などが約25%である．

口紅などのスティック状の製品に，つや出しや，耐温性向上などの目的で使用される．

3）ホホバ油 Jojoba oil

アメリカ南部(アリゾナ，カリフォルニア地方)，メキシコ北部の乾燥地帯に自生しているホホバ Simmondsia chinensis または Simmondsia californica Nuttall (Euphorbiaceae) の種子からえられる液体ロウである．その主成分は不飽和高級アルコール(11-eicosen-1-ol および 13-

dococen-1-ol) と不飽和脂肪酸 (11-eicosenoic acid および oleic acid) のエステルである[5]. 近年はプランテーションにより人工的に栽培が行われるようになった.

ホホバ油は酸化安定性にすぐれ, 使用感触が良好で, 皮膚になじみやすいので, クリーム, 乳液, 口紅などに使用される.

4) ミツロウ Bees wax

トウヨウミツバチ Apis indica Radoszkowski (Apidae), ヨーロッパミツバチ Apis mellifera linné などのミツバチの巣からえたロウを精製したものである.

ミツバチの巣からハチミツを採取した後, 熱湯に入れ, ロウを分離してえる. 黄色あるいは黄褐色の固体である.

組成はトウヨウミツロウとセイヨウミツロウとでは多少の相違はあるが, いずれも高級脂肪酸と高級アルコールのエステルを主成分とし, 遊離脂肪酸, 炭化水素などを含んでいる. トウヨウミツロウのエステルの主成分は 16-ヒドロキシパルミチン酸セリル〔$C_{15}H_{30}(OH)\text{-}COOC_{26}H_{53}$〕, パルミチン酸セリル〔$C_{15}H_{31}COOC_{26}H_{53}$〕であるが, ヨーロッパミツロウはパルミチン酸ミリシル〔$C_{15}H_{31}COOC_{31}H_{63}$〕が主成分である[6].

ミツロウはクリームや口紅, チックなどのスティック状の製品に主として使用される.

5) ラノリン Lanolin

ヒツジ Ovis aries Linné (Bovidae) の毛からえた脂肪様の物質を精製したもので, 淡黄色の軟膏様 (ペースト状) の物質である.

主成分は高級脂肪酸とステロール類および高級アルコールのエステルの混合物である. その構成成分である高級脂肪酸部は複雑で,

アンテイソ脂肪酸 $\begin{matrix} CH_3CH_2 \\ CH_3 \end{matrix} \Big\rangle CH(CH_2)_n COOH \ (n=4 \sim 26)$

イソ脂肪酸 $\begin{matrix} CH_3 \\ CH_3 \end{matrix} \Big\rangle CH(CH_2)_n COOH \ (n=6 \sim 24)$

が大半を占め, ステロール類および高級アルコール部の組成は, コレステロール, イソコレステロールが大半で, そのほかに $C_{13} \sim C_{33}$ の高級アルコールが含まれている.

ラノリンは皮膚に対して親和性, 付着性に富んでおり, また物性的に抱水性に優れているので, クリーム, 口紅などに使用される.

5-1-3. 炭化水素 Hydrocarbons

化粧品原料として使用する炭化水素は, 通常 C_{15} 以上の鎖状の飽和炭化水素である. 主として, 石油資源から採取される流動パラフィン, パラフィン, ワセリンなど, 動物や植物からえられるスクワレンを水素添加したスクワランなどがある.

1）流動パラフィン Liquid paraffins

石油原油の300℃以上の留分から固形パラフィンを除去して精製したものである．常温で液状のC_{15}〜C_{30}の飽和炭化水素の混合物である．流動パラフィンは精製が容易で無色，無臭のものがえられ，化学的に不活性で変質することが少なく，乳化しやすいなどの理由から油性原料として多量に使用されている．

化粧品の中で，特に多く使用されるものはクリームや乳液などの基礎化粧品であり，皮膚面からの水分の蒸散の抑制や使用感触の向上などの目的で使用される．

2）パラフィン Paraffin

石油原油を蒸留し最後に残った部分を真空蒸留あるいは溶剤分別によってえられた無色または白色透明の固体(融点50〜70℃)である．組成は，主として直鎖の炭化水素からなるが，2〜3％の分岐状の炭化水素を含むものが多い．炭素数はC_{16}〜C_{40}の間に分布し特にC_{20}〜C_{30}が多い．

パラフィンは流動パラフィンと同様に無色，無臭，不活性でありクリーム，口紅などに使用される．

3）ワセリン Petrolatum

石油原油の真空蒸留残油を溶剤脱ロウした際にえられる軟膏状の物質を精製したものをワセリンという．主成分はC_{24}〜C_{34}の炭化水素であり非晶質である．ワセリンは流動パラフィンとパラフィンとの単なる混合物ではなく，固形のパラフィンが外相を，液体の流動パラフィンが内相を構成するコロイド状態で存在すると考えられている．

流動パラフィンと同様に無臭で，化学的に不活性であり，粘着力があるためクリーム類のほか口紅などに用いられる．

4）セレシン Ceresin

オゾケライト(地ロウ)を精製したもので，主としてC_{29}〜C_{35}の直鎖状の炭化水素からなるが，一部イソパラフィンが含まれている．パラフィンに比べて分子量が大きく，比重，硬度，融点(61〜95℃)などが高い．

口紅，チックなどの固化剤として使用される．

5）マイクロクリスタリン　ワックス Microcrystalline wax

ペトロラタムなどの脱油によりえられる微結晶性固体である[7]．C_{31}〜C_{70}のイソパラフィンを主成分とする複雑な混合物である．

粘性があり，延伸性をもち，低い温度で脆弱にならず，微細な結晶で，融点(60〜85℃)が高い．ほかのロウに混合すると結晶の成長を抑制する．口紅，クリームなどに使用される．

6）スクワラン Squalane

スクワレンは一般に深海産のサメ類に多量に，またオリーブ油などに存在している．このスクワレンを水素添加してえたのがスクワラン(2, 6, 10, 15, 19, 23-ヘキサメチルテトラコサン，$C_{30}H_{62}$)で，常温で液体である．

スクワランは安全性が高く，化学的に不活性な油性原料であり，クリーム，乳液などの基礎化粧品に多用されている．

5-1-4. 高級脂肪酸 Higher fatty acids

脂肪酸は一般式 RCOOH（Rは飽和のアルキル基または不飽和のアルケニル基）などで表わされる化合物で，天然の油脂，ロウなどにエステル類として含まれている．動植物油脂類に含まれる脂肪酸は直鎖脂肪酸が多く，それらのほとんどすべてが炭素数偶数である．一方，石油化学の進歩に伴って合成による側鎖脂肪酸や奇数脂肪酸も開発されてきた[8]．

化粧品においては油性原料として油脂，ロウ，炭化水素などに混合して使用されるが，主としてカセイカリ，トリエタノールアミンなどと併用して石けんを生成し乳化剤として使用される．

1）ラウリン酸 Lauric acid

$$CH_3(CH_2)_{10}COOH$$

ヤシ油，パーム核油などをけん化分解してえた混合脂肪酸を分留してえられる．

ラウリン酸を水酸化ナトリウムやトリエタノールアミンで中和してえられる石けんは，水溶性が高く，泡だちがよいので，化粧石けん，洗顔料などに使用される．

2）ミリスチン酸 Myristic acid

$$CH_3(CH_2)_{12}COOH$$

パーム核油などをけん化分解してえた混合脂肪酸を分留してえられる．化粧品に直接用いることは少ない．ミリスチン酸の石けんは起泡性などの泡の性質および洗浄力に優れているので，洗顔料などに使用される．

3）パルミチン酸 Palmitic acid

$$CH_3(CH_2)_{14}COOH$$

パーム油などをけん化分解してえられる．油性原料としてクリーム，乳液などに使用される．

4）ステアリン酸 Stearic acid

$$CH_3(CH_2)_{16}COOH$$

ステアリン酸の製造は，主として牛脂をけん化分解して得た脂肪酸を冷却プレスして，液体酸（主としてオレイン酸）を除いてつくる場合と，大豆油，綿実油などを水素添加してオレイン酸，

リノール酸などの不飽和脂肪酸を飽和脂肪酸にしたのち,けん化分解蒸留してつくる場合がある.前者の場合はパルミチン酸を相当量含んでいるが,後者はステアリン酸純度が高く,融点が高い[8].

ステアリン酸はクリームの成分として重要で,クリームの稠度,硬さなどに影響を与える.クリーム,ローション類,口紅などに使用される.

5）イソステアリン酸 Isostearic acid

分岐構造をもつ炭素数18の飽和脂肪酸をイソステアリン酸と総称している.イソステアリン酸はオレイン酸からダイマー酸を合成する際に副生する不飽和脂肪酸を水素添加してつくる場合と[9],ノニルアルデヒドのアルドール縮合物の水素添加後,酸化してつくる場合,ガーベット法(Guerbet法)によりつくる場合などがある.

イソステアリン酸は液状で,ステアリン酸,パルミチン酸などの飽和脂肪酸より融点が低く,オレイン酸などの不飽和脂肪酸に比べて酸化されにくい.油性原料として,またトリエタノールアミンなどの塩は乳化剤として使用される.

5-1-5. 高級アルコール Higher alcohol

炭素数6以上の一価のアルコールの総称で,天然油脂を原料とするアルコールと石油化学製品を原料とするアルコールに大別される[10].

高級アルコールは油性原料として使用されるほか,乳化製品の乳化安定助剤として使用される.

1）セチルアルコール Cetyl alcohol[11]

$$CH_3(CH_2)_{15}OH$$

セタノールともよばれ,鯨ロウをけん化分解してえたアルコールを分留する方法,ヤシ油または牛脂をけん化してえたパルミチン酸を還元後,分留する方法,チーグラ法などによりえられる.

白色,ロウ様の固体で,水酸基を有するため,それ自体乳化力は有しないが,クリーム,乳液などの乳化物の乳化安定助剤となる.

2）ステアリルアルコール Stearyl alcohol

$$CH_3(CH_2)_{17}OH$$

セチルアルコールと同様な方法で製造される.白色,ロウ様の固体で,クリーム,乳液などの乳化物の乳化安定助剤として使用されるほか,口紅などのスティック状製品にも使用される.

3）イソステアリルアルコール Isostearyl alcohol

分岐構造をもつ炭素数18の飽和アルコールの総称で,ガーベット Guerbet 反応,アルドール縮合などの化学合成によりえられる.最近ではダイマー酸の製造時に副生する不飽和脂肪酸の水

素添加物であるイソステアリン酸を還元したイソステアリルアルコールも市販されるようになった．

イソステアリルアルコールは，液状であり，熱安定性，酸化安定性に優れており，油性原料として使用される．

4）2-オクチルドデカノール 2-Octyldodecanol

ガーベット反応，アルドール縮合によって合成される．

無色，透明の液体で，においはほとんどない．高級アルコールにもかかわらず分枝状であるため凝固点が低い．使用感触が良好であるので油性原料として使用される．

5-1-6. エステル類 Esters

エステルは酸とアルコールとから脱水してえられる．酸としては脂肪酸，多塩基酸，ヒドロキシ酸など，アルコールとしては低級アルコール，高級アルコール，多価アルコールなどがあり，その組み合わせによるエステルは多数あるが，化粧品に使用されるエステルは比較的限られたものである．

エステル類は構造，分子量などによって性状が異なり，エモリエント剤，色素などの溶剤，不透明化剤などとして使用される．

1）ミリスチン酸イソプロピル Isopropyl myristate

ミリスチン酸とイソプロパノールを硫酸触媒などの存在下でエステル化したのち，蒸留，脱臭などによって精製した無色透明な液体である．

油相，水相に使用する成分相互間の混和剤，色素などの溶解剤としてクリーム，乳液，メーキャップ製品，頭髪製品に用いられる．

2）ミリスチン酸2-オクチルドデシル 2-Octyldodecyl myristate

ガーベット反応によりえた2-オクチルドデカノールとミリスチン酸のエステルである．

融点が低く，加水分解に対して安定である．皮膚からの水分の蒸散を抑制したり，使用感触を向上させるなどの目的で使用される．

3）2-エチルヘキサン酸セチル Cetyl 2-ethyl hexanoate

セタノールと2-エチルヘキサン酸のエステルである．粘度が低く，加水分解，酸化に対して安定で，使用感触も良好であり，クリーム，乳液などに広く使用される．

4）リンゴ酸ジイソステアリル Di-isostearyl malate

イソステアリルアルコールとリンゴ酸のジエステルであり，分子量のわりには高粘度の透明液

体である．ここで用いているイソステアリルアルコールは5, 7, 7-トリメチル-2-(1, 3, 3-トリメチルブチル)オクチルアルコールを主成分とする混合物である．

リンゴ酸ジイソステアリルは加水分解，酸化に対して安定であり，粘度が高いわりにはべとつきが比較的少ない．顔料の分散・混練剤，ヒマシ油と流動パラフィンのような極性油-非極性油相互間の混和剤として優れている．このような特性を生かして口紅のようなスティック状製品，ファンデーション，クリームなどに使用される．

5-1-7. シリコーン油 Silicones

シリコーンとはシロキサン結合(-Si-O-Si-)を有する有機ケイ素化合物の総称であり，代表的なものはすべての有機基がメチル基であるジメチルポリシロキサンである．シリコーンは広い範囲の粘度のものが入手できる．シリコーン油の特徴は，撥水性が高いこと，炭化水素油分にあるようなべたつきがなく軽い使用感触を有していること，皮膚や毛髪上への広がりに優れていることなどの点があげられる．シリコーン油の代表的なものをつぎにあげる．

1) メチルポリシロキサン Dimethylpolysiloxane

$$CH_3-\underset{\underset{CH_3}{|}}{\overset{\overset{CH_3}{|}}{Si}}-O\left[-\underset{\underset{CH_3}{|}}{\overset{\overset{CH_3}{|}}{Si}}-O\right]_n-\underset{\underset{CH_3}{|}}{\overset{\overset{CH_3}{|}}{Si}}-CH_3$$

ジメチルポリシロキサンのことであり無色透明な油分である．分子量によって低粘度のものからペースト状のものまである．分子量が大きくなると他原料との溶解性が悪くなるため，低粘度のものが多く用いられる．撥水性が高く化粧が肌上で水や汗によりくずれにくくする，油分のべたつき感を抑え軽い使用感を与え，他の成分が皮膚や毛髪上に広がるのを助ける働きをすることから，油分を配合するあらゆる製品に用いられる．

2) メチルフェニルポリシロキサン Methylphenyl polysiloxane

メチルポリシロキサンのメチル基の一部をフェニル基に置換した構造をしている．メチルポリシロキサンがエタノールに溶けないのに対しエタノールに溶ける特徴があり，また他の成分との相溶性もよいことから広い範囲の製品に配合される．

5-1-8. その他

その他の油性原料として液体整髪料に使用されているブタノールなどの低級アルコールのポリオキシプロピレン付加体などがある．

低級アルコールに水酸化ナトリウムなどのアルカリを触媒として，プロピレンオキシドを付加

重合させてえられる．

　比較的分子量の低いものは，エタノールに溶解し，常温で液状であり，整髪力もあるため液体整髪料に使用される．

5-2 》界面活性剤 Surface active agents

　溶液中で溶質が気体―液体，液体―液体，または液体―固体界面に吸着して，それらの界面の性質を著しく変える性質を界面活性といい，界面活性剤とは通常著しく界面活性を示す物質をいう．この界面活性作用には乳化，可溶化，浸透，ぬれ，分散，洗浄などのほか，保湿，殺菌，潤滑，帯電防止，柔軟，消泡などが含まれる．

　界面活性剤の種類は非常に多いが，その分子構造は共通しており，一分子内に油になじみやすい部分(親油基または疎水基)と水になじみやすい部分(親水基)をもっており，その適当な組み合わせとバランスにより表面または界面の諸性質をいろいろに変化させる性質をもっている．これらの界面活性剤は化学構造別，合成法別，性能別，用途別など種々な方法により分類されるが，一般的には界面活性剤を水に溶解した場合イオン(アニオン性，カチオン性，両性)に解離するものと解離しないもの(非イオン)に大別される．以下にこの分類にしたがって各種の界面活性剤の代表例について解説するが，ほかに高分子界面活性剤あるいは天然の界面活性剤についても述べる．

5-2-1． アニオン界面活性剤 Anionic surfactants

　アニオン界面活性剤は水に溶解したときに親水基の部分が陰イオン(アニオン)に解離するものであり，カルボン酸型，硫酸エステル型，スルホン酸型，リン酸エステル型に大別できる．一般には親水部はナトリウム塩，カリウム塩，トリエタノールアミン塩のような可溶性塩として使用されている．親油基部分は種々なものがあげられるが，アルキル基，分岐アルキル基などがおもなもので，加えて構造中に酸アミド結合，エステル結合，エーテル結合などを含むものもある．

　代表的なアニオン界面活性剤をあげる．

1) 高級脂肪酸石けん Soap

$$RCOOM$$

$$[R : C_{7\sim21} \quad M : Na, K, N(CH_2CH_2OH)_3]$$

　牛脂，やし油，パーム油を代表とする動植物油脂をアルカリ水溶液とともに加熱してけん化を行ってえられるものと，高級脂肪酸とアルカリとの反応によるいわゆる中和石けんも存在する．化粧品への応用としてはすぐれた洗浄力，起泡力を利用し洗浄剤として洗顔用石けん，洗顔用ク

リーム，シェービングクリームなどに用いられる．

2） アルキル硫酸エステル塩 Alkyl sulfate

$$ROSO_3M$$

脂肪族アルコールをクロルスルホン酸，無水硫酸，発煙硫酸などにより，硫酸化しアルカリで中和することによってえられる．化粧品への応用はすぐれた洗浄力，起泡力を利用しシャンプー，歯磨きなどに用いられる．

3） ポリオキシエチレンアルキルエーテル硫酸塩 Polyoxyethylene alkyl ether sulfate

$$RO(CH_2CH_2O)_nSO_3M$$

脂肪族アルコールに酸化エチレンを付加重合し，その後硫酸化しアルカリで中和することによってえられる．化粧品への応用は溶解性がよく，すぐれた洗浄力，起泡力があるので，シャンプーなどに用いられる．アルキル基としては C_{12}〜C_{14} が，酸化エチレンは 2〜3 モルのものが起泡性，洗浄性にすぐれる．

4） アシル N-メチルタウリン塩 Acyl N-methyl taurate

$$\underset{\underset{CH_3}{|}}{RCONCH_2CH_2SO_3M}$$

アシルクロリドとメチルタウリン塩とのアルカリ存在下における脱塩酸反応，脂肪酸とメチルタウリン塩との脱水反応などによってえられる．化粧品への応用はその高い安全性，耐酸，耐硬水性，起泡力があるので，シャンプー，洗顔料などに用いられる．

5） アルキルエーテルリン酸エステル塩 Alkylether phosphate

モノエステル塩	ジエステル塩	トリエステル
RO＞P(=O)(OM)(OM)	RO＞P(=O)(OR)(OM)	RO＞P(=O)(OR)(OR)

脂肪族アルコールまたはそのポリオキシエチレン誘導体の末端をリン酸エステル化しアルカリで中和してえられる．それぞれにはモノ，ジエステル塩およびトリエステルがあるが実際市販されているものはその混合物である．モノエステル塩は水に可溶であるが，トリエステルは水にわずかしか溶解しなく使用製品により選択される．化粧品への応用は洗顔料，シャンプーなどに用いられる．

6） N-アシルアミノ酸塩 N-Acylamino acid salt

アミノ酸は分子中にアミノ基とカルボキシル基があるため，親油性基を導入して界面活性剤をえることができる．その代表的なものは，脂肪酸を反応させてえられる N-アシルアミノ酸塩で

あり，具体的には N-アシルサルコシネート塩，N-アシル-N-メチル-β-アラニン塩，N-アシルグルタミン酸塩などがあげられる．

N-アシルサルコシネート塩 N-Acylsarcosinate
$$RCON(CH_3)CH_2 \cdot COOM$$

N-アシル-N-メチル-β-アラニン塩 N-Acyl-N-methyl-β-alaninate
$$RCON(CH_3)CH_2CH_2COOM$$

N-アシルグルタミン酸塩 N-Acylglutamate
$$RCONHCH(COOM)CH_2CH_2COOM$$

N-アシルグルタミン酸塩は分子内にカルボキシル基が2個あるので，モノ塩からジ塩に至るまで任意の割合で中和することができる．これら N-アシルアミノ酸塩はシャンプー，洗顔料，歯磨きなどに用いられる．

5-2-2. カチオン界面活性剤 Cationic surfactants

カオチン界面活性剤は，水に溶解したときに親水基の部分が陽イオン(カチオン)に解離するものであり，アニオン界面活性剤(脂肪酸石けん)とはイオン性が逆であることから逆性石けんともよばれている．カチオン界面活性剤は洗浄，乳化，可溶化などの通常の界面活性効果を応用すると同時に化粧品では特に，毛髪に吸着し柔軟効果や帯電防止効果を示すのでヘアリンスに用いられる．

構造からは第4級アンモニウム塩，アミン誘導体に大別されるが，アミン誘導体はあまり化粧品に用いられることがないので，ここでは省略する．

1) 塩化アルキルトリメチルアンモニウム Alkyltrimethyl ammonium chloride
$$[RN^+(CH_3)_3]Cl^- \quad [R:C_{16\sim 22}]$$

アルキルアミンとメチルクロリドをアルカリ触媒を用い，加圧下で反応させてえられるアルキルジメチルアミンを経て第4級アンモニウム塩がえられる．

2) 塩化ジアルキルジメチルアンモニウム Dialkyl dimethyl ammonium chloride
$$[R \cdot R \cdot N^+(CH_3)_2]Cl^- \quad [R:C_{16\sim 22}]$$

本品は繊維に対する柔軟効果，帯電防止効果のあることが知られヘアリンス剤に使用されている．殺菌力は弱く，毒性，皮膚刺激性も弱い．

3) 塩化ベンザルコニウム Benzalkonium chloride

$$\left[\underset{CH_3}{\underset{|}{\overset{CH_3}{\overset{|}{\bigcirc\!-CH-\!\!\underset{|}{\overset{|}{N^+}}\!\!-R}}}}\right] Cl^- \quad [R:C_{12\sim14}]$$

本品は逆性石けんとして知られ，殺菌剤として一般に使用されている．殺菌剤としてシャンプー，ヘアトニック，ヘアリンス剤に用いられる．

5-2-3. 両性界面活性剤 Amphoteric surfactants

両性界面活性剤は，カチオン性官能基とアニオン性官能基を1つずつあるいはそれ以上，同時に分子内にもっているものをいう．一般には，アルカリ性下でアニオン性を酸性下でカチオン性の両イオンに解離する．

このためイオン性界面活性剤の不足な点を補うことができる．とくに他のイオン性界面活性剤と比較し皮膚刺激性，毒性が低いという利点とともに両性界面活性剤の中でも洗浄力，殺菌力，静菌力，起泡力，柔軟効果を有しているものが多いため，これらの点を利用しシャンプー，ベビー用製品，あるいは泡の安定化，起泡促進効果をねらってエアゾール製品にも用いられる．

1) アルキルジメチルアミノ酢酸ベタイン
Alkyl dimethylaminoacetic acid betaine

$$RN^+(CH_3)_2 CH_2 COO^- [R:C_{12\sim18}]$$

上記構造からわかるように第4級アンモニウム塩型のカチオン部とカルボン酸塩型のアニオン部との組み合わせによる界面活性剤である．このものは水に対する溶解性がよく幅広いpH領域で安定であるという特徴をもっている．化粧品の応用は髪に対して柔軟効果，帯電防止効果，湿潤効果をもっているためシャンプー，ヘアリンスに用いられる．

2) アルキルアミドプロピルジメチルアミノ酢酸ベタイン
Alkyl amidopropyl dimethyl aminoacetic acid betaine

$$RCONH(CH_2)_3N^+(CH_3)_2 CH_2 COO^-$$

本品も同様にシャンプーなどに用いられる．

3) 2-アルキル-N-カルボキシメチル-N-ヒドロキシエチルイミダゾリニウムベタイン
2-Alkyl-N-carboxymethyl-N-hydroxyethylimidazolinium betaine

$$\underset{\text{RCNHCH}_2\text{CH}_2\overset{\overset{\displaystyle \text{CH}_2\text{CH}_2\text{OH}}{|}}{\text{N}}\text{CH}_2\text{COONa}}{\overset{\overset{\displaystyle \text{O}}{\|}}{}}$$

以前はイミダゾリン環をもった構造で示されていたが，最近においては上記に示す開環した構造であることがわかっている[12]。このものは各種の界面活性剤の中でも毒性，皮膚刺激性，眼瞼刺激性が少なく，髪のつやを増すとともに柔軟効果があり，硬水に対してもすぐれた性質を有するところからおもに頭髪用の製品，クリーム，乳液などに用いられる．

5-2-4. 非イオン界面活性剤 Nonionic surfactants

非イオン界面活性剤はイオン性，両性界面活性剤と異なってイオンに解離しない水酸基-OH，エーテル結合-O-，酸アミド-CONH-，エステル-COOR などを分子中にもっている界面活性剤である．その構造による分類は一般的には親水基であるポリオキシエチレン鎖あるいは水酸基をもった化合物に大別される．すなわち親油基はイオン性界面活性剤とほぼ同じものであるが，親水基であるポリオキシエチレン鎖の長さにより，あるいは水酸基の数により水にわずかに溶解するものから水によく溶解するものまで多くの種類のものが合成可能である．この違い，すなわち非イオン界面性剤の親油基，親水基のバランス（HLB）の違いにより溶解度，ぬれ，浸透力，乳化力，可溶化力などの性質が異なってくる．ここでは非イオン界面活性剤を以下の3種に分類する．

1) ポリオキシエチレン型 Polyoxyethylene type nonionic surfactants

$$\text{RO（CH}_2\text{CH}_2\text{O)}_n\text{H} \quad 〔R：C_{12}〜_{24}〕$$
$$\text{RCOO（CH}_2\text{CH}_2\text{O)}_n\text{H} \quad 〔R：C_{12}〜_{18}〕$$

上記の一般式のように親油基にアルカリ触媒を用い，常圧下あるいは加圧下でエチレンオキシドを付加重合されたもので，親油基としては高級脂肪族アルコール，高級脂肪酸，アルキロールアミド，ソルビタン高級脂肪酸エステルなどが代表的である．エチレンオキシドを付加重合させてえられるため，通常は単一成分ではなく重合度分布をもったものがえられる．この界面活性剤の水に対する溶解性は曇点を測定することにより判断ができ，親油基が同一の場合はポリオキシエチレン鎖が長いほど曇点は高く，より親水性となる．この型の界面活性剤は乳化力，可溶化がすぐれているため化粧品ではクリーム，乳液などの乳化剤として，化粧水では香料，薬剤などを可溶化する目的で用いられる．

2）多価アルコールエステル型 Polyhydric alcohol ester type nonionic surfactants

グリセリンをはじめとする種々の多価のアルコールの水酸基の一部を脂肪酸エステルにし，残余の水酸基を親水基とする界面活性剤である．たとえば高級脂肪酸のモノグリセリドは高級脂肪酸とグリセリンとのエステル化反応によってえられるほか，油脂とグリセリンによるエステル交換反応によってもえられる．使用される多価アルコールとしては水酸基基数3のグリセリン，トリメチロールプロパン，基数4のペンタエリスリトール，ソルビタン，基数6のソルビトール，基数8のショ糖，基数がそれ以上のポリグリセリン，ラフィノースなどがあり上記と同様な反応によりモノエステルから数個のエステル結合をもつ化合物まで合成が可能である．このうちモノ（およびジ）グリセリド，ソルビタン高級脂肪酸エステル，ショ糖高級脂肪酸エステルなどが代表的なものであり，これらの型の大部分は水中に乳化分散する程度の親水性でありモノグリセリドは親水性界面活性剤との組み合わせで化粧品に使用されることがある．さらにこれらの残余の水酸基に適当にエチレンオキシドを付加重合させた種々の HLB をもつ非イオン界面活性剤もある．たとえばソルビタン高級脂肪酸モノエステルの残余の水酸基に適当にエチレンオキシドを付加重合させた界面活性剤とか天然のヒマシ油を水添硬化し，さらにエチレンオキシドを付加させた界面活性剤があり，いずれもよい乳化力と可溶化力を示すため乳化系，可溶化系の化粧品には広く使用されている．

3）エチレンオキシド・プロピレンオキシドブロック共重合体
Ethyleneoxide propyleneoxide block polymers

$$\text{HO }(CH_2\ CH_2O)_m\ (\overset{\overset{\displaystyle CH_3}{|}}{CH}\ CH_2O)_n\ (CH_2\ CH_2O)_p\ H$$

(m+n+p=20〜80, n=15〜50)

親油基をポリプロピレングリコール，親水基をポリエチレングリコールとしたもので上記の構造式中 m, n, p を自由に変化させることにより種々の HLB をもった界面活性剤がえられる．このものは他の界面活性剤と比較し分子量が大きく皮膚刺激も少ない特徴をもっている．この型の界面活性剤はプルロニック Pluronic という商品名で市販され広く使われている．

5-2-5. その他の界面活性剤

1）高分子界面活性剤 Polymeric surfactants

従来の界面活性剤は，親油基として炭素数10ないし18ぐらいで分子量として約300前後のものが多く，エチレンオキシド・プロピレンオキシドブロック共重合体はポリオキシエチレンの付加量を多くすれば 1,000〜2,000 の分子量を有するものがえられるが，通常は 1,000 以下のものが多い．

これに対し，高分子界面活性剤はある程度以上分子量が大きく界面活性を示すものということができる．たとえばアクリル系高分子に疎水基を導入したアクリル酸アルキル共重合体が高分子乳化剤として用いられており，少ない配合量で乳化作用を示す特徴がある．その他にもポリビニルアルコール，アルギン酸ナトリウム，デンプン誘導体，トラガントゴムなども乳化，凝集，分散作用を有し，高分子界面活性剤として用いられる．

2) 天然界面活性剤 Natural surfactants

天然のものとしてはリン酸エステルのアニオン部と第4級アンモニウム塩のカチオン部とを併せもった両性界面活性剤であるレシチンが有名である．レシチンは大豆，卵黄などからえられ主な成分として，ホスファチジルセリン，ホスファチジルエタノールアミン，ホスファチジルコリンからなる．化粧品への応用は乳液，クリーム類に配合され，皮膚にさっぱりした使用感と柔軟効果をもたせることができる．最近ではレシチンのもつ特異な溶解性，2分子膜形成を利用した剤型(リポソーム)としての応用も図れる．

ほかに天然物の中にはなんらの加工をしなくても界面活性を示すものが古くからかなり知られている．たとえばラノリン，コレステロール，サポニンなどがあげられる．

5-3 ≫ 保湿剤 Humectants

若々しい皮膚の保持には水分が深く関係していることが，Blank[14]やGaul[15]らによって明らかにされ，皮膚の保湿[13]は化粧品にとって重要な機能の1つであることが十分認識される．

角質層中には，NMF (natural moisturizing factor：自然保湿因子)[16~18]とよばれる親水性の吸湿物質が存在して，皮膚の保湿のうえで重要な役割を果たしているといわれている(化粧品と皮膚 1-2-2 表1-3参照)．また，NMF 中に存在するピロリドンカルボン酸のソーダ塩は，その中でも特に重要である．

皮膚保湿を考える場合には，NMFのみならず，これらと結合または包囲してその流出を防止したり，水分の揮散に対して適度な制御をしている細胞間脂質や皮脂などの油性成分の存在，さらに真皮内に存在して，保水の役割を果たしているムコ多糖類も同様に大切である．化粧品は，これらの自然の保湿機構をモデルにして行われることが望ましく，このうち吸湿性の高い水溶性の物質を保湿剤とよび，化粧品の水相部に添加する重要な成分の1つになっている．

化粧品に用いられる保湿剤としては，グリセリン，プロピレングリコール，ソルビトールなどの多価アルコールがもっとも多いが，NMFの主成分であるピロリンドンカルボン酸塩や乳酸塩などがある．最近では微生物生産によるヒアルロン酸ナトリウムも用いられるようになってきた．保湿剤は化粧品成分の中で，前述したような重要な機能を果たすが，同時に化粧品そのものの水分保留剤として働いて，系の安定性保持に寄与する．そのほかに静菌作用や香料保留剤として用

いる場合もある．

以下に望ましい保湿剤として主な条件をあげる．
① 適度な吸湿能力をもつこと．
② 吸湿力が持続すること．
③ 吸湿力が環境条件変化(温度，湿度，風など)の影響を受け難いこと．
④ 吸湿力が皮膚や製品系の保湿に寄与すること．
⑤ できるだけ低揮発性であること．
⑥ 他成分と共存性のよいこと．
⑦ 凝固点が，できるだけ低いこと．
⑧ 粘度が適正で使用感触に優れ，皮膚への親和性(なじみ)がよいこと．
⑨ 安全性が高いこと．
⑩ できるだけ無色，無臭，無味であること．

保湿剤は，そのものの示す広い相対湿度領域での吸湿，保湿力に加えて，さらに添加された系での各濃度における効果を把握して，合理的な使い方をしないと十分その機能を発揮しえないばかりか，かえって逆効果を招く場合もあるので注意を要する．

1) グリセリン Glycerin

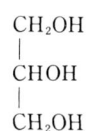

$$\begin{array}{c} CH_2OH \\ | \\ CHOH \\ | \\ CH_2OH \end{array}$$

もっとも古くから用いられてきた保湿剤であり，現在でも繁用されているものの1つである．動植物油脂より石けんまたは脂肪酸を製造する際の副生物としてえられるが，これを脱水，脱臭などの精製をしてえられる無色，無臭の液体である．

2) プロピレングリコール Propylene glycol

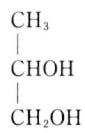

$$\begin{array}{c} CH_3 \\ | \\ CHOH \\ | \\ CH_2OH \end{array}$$

1,2-プロピレングリコールが一般的である．グリセリンに似た外観，物性を示す無色，無臭の液体であるが，グリセリンに比して粘度が低いため使用感触に優れている．

3）ジプロピレングリコール Dipropylene glycol

$$\text{CH}_3\text{CH}\text{—}\text{CH}_2\text{OCH}_2\text{CH}\text{—}\text{CH}_3$$
$$\qquad |\qquad\qquad\qquad\qquad |$$
$$\qquad \text{OH}\qquad\qquad\qquad \text{OH}$$

$$\text{CH}_3\text{CHOCH}_2\text{CHCH}_3$$
$$\quad |\qquad\qquad |$$
$$\text{CH}_2\text{OH}\quad\text{OH}$$

プロピレングリコールを脱水縮合した 2 量体であり，無色無臭の液体である．べたつきの少ない保湿剤としてクリーム，乳液などに使用される．

4）1,3-ブチレングリコール 1,3-Butylene glycol

$$\text{CH}_3\text{CH(OH)CH}_2\text{CH}_2\text{OH}$$

アセトアルデヒドのアルドール縮合物を水素添加してえられる無色，無臭の液体である．安全性が良好であり，クリーム，乳液などに使用される．

5）ポリエチレングリコール Polyethylene glycol

$$\text{HO(CH}_2\text{CH}_2\text{O)}_n\text{H}$$

水またはエチレングリコールにアルカリ触媒下で酸化エチレンを付加重合させてえられる一連の化合物で，均一な単体化合物ではなく，重合度の異なる分子の混合物である．

平均分子量 200 から 600 までのものは常温で液体であり，それ以上になるとしだいに半固体となり，1000，1500，4000，6000，と分子量の増大にともなって凝固点も上昇する．

全般的に無色，無臭であり，吸湿力は分子量の増大とともに減少する．これらはクリーム，乳液などに使用される．

6）ソルビトール Sorbitol

$$\text{CH}_2\text{OH}$$
$$|$$
$$\text{(CHOH)}_4$$
$$|$$
$$\text{CH}_2\text{OH}$$

リンゴ，モモ，ナナカマドなどの果汁に含まれる糖アルコールで[19]，白色，無臭の固体である．ブドウ糖を還元してつくられる．

吸湿作用としては，前述のものに比べて緩和な方に属するがその保湿性は低湿度側で発揮するので好ましいといえる．クリーム，乳液のほか，歯磨きなどにも使用される．

7）乳酸ナトリウム Sodium lactate

$$CH_3CH(OH)COONa$$

乳酸塩は，ピロリドンカルボン酸塩とともに NMF 中に存在する重要な天然系保湿成分であり，多価アルコール類に比較して，高い吸湿力を示す．

8）2-ピロリドン-5-カルボン酸ナトリウム Sodium 2-pyrroridone-5-carboxylate

NMF 中で重要な働きをしている保湿成分である．グルタミン酸の脱水反応により製する 2-ピロリドン-5-カルボン酸のナトリウム塩であり無臭の固体である．

優れた吸湿，保湿効果を示す．このものは塩の形で，はじめて効果を発揮することができる（表5-2）．

表 5-2．2-ピロリドン-5-カルボン酸ナトリウムの吸湿力[18]

物　質	31％湿度	58％湿度
ピロリドンカルボン酸	<1	<1
ピロリドンカルボン酸ナトリウム	20	61
グリセロール（比較）	13	35

(K. Ladem, R. Spitzer：J. Soc. Cosmet. chem., 18, 351, 1967.)

9）ヒアルロン酸ナトリウム Sodium hyaluronate

ヒアルロン酸はN-アセチルグルコサミンとグルクロン酸とが交互に結合した酸性ムコ多糖の一種で，コンドロイチン硫酸などとともに哺乳動物の結合組織に広く分布している．結合組織内での機能として，細胞間隙に水を保持し，また組織内にジェリー状のマトリックスを形成して細胞を保持したり，皮膚の潤滑性と柔軟性を保ち，外力および細菌感染を防止していると考えられる．皮膚各部位における酸性ムコ多糖の分布を調べてみると，表皮，真皮ともにヒアルロン酸はコンドロイチン硫酸やヘパリンよりも多く存在し，このヒアルロン酸の水分保持が，皮膚のみずみずしさに寄与しており，加齢とともに皮膚にみずみずしさがなくなり，しわがよっていくのは，皮下の結合組織から水分を豊富に含むヒアルロン酸が少なくなっているからではないかといわれ

156　化粧品の原料

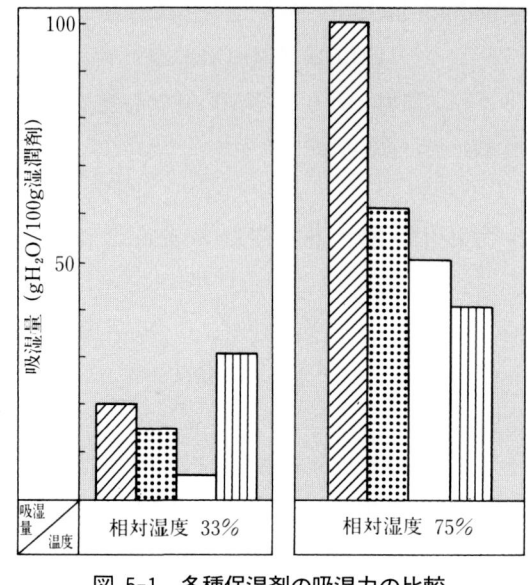

図 5-1. 各種保湿剤の吸湿力の比較
- ピロリドンカルボン酸ナトリウム
- グリセリン
- ソルビット
- ヒアルロン酸ナトリウム

ている．

　ヒアルロン酸をニワトリの鶏冠などから分離精製する方法では，非常に高価になり使用上制約があった．しかしながら最近になり，自然界よりヒアルロン酸生産菌（*Streptococcus zooepidemicus*）を分離してヒアルロン酸高生産株のスクリーニングを行い，安定かつ大量にヒアルロン酸を発酵法により生産することが可能となり，比較的安価に入手できるようになった[18,19]．

　一般的にはヒアルロン酸ナトリウムとして市販されている．ヒアルロン酸ナトリウムは白色の粉末で水に可溶であり，分子量により粘度，保湿性などの性質が異なる．分子量の異なる0.1%ヒアルロン酸ナトリウム水溶液の水分蒸発速度定数を25°C，相対湿度50%で測定した結果，分子量が大きくなるにしたがい低下し，分子量80万以上でほぼ一定となる[21]．またヒアルロン酸ナトリウムは他の保湿剤に比べ周りの相対湿度の影響をうけにくい（図5-1参照）．

　また近年ではヒアルロン酸ナトリウムの誘導体であるアセチル化ヒアルロン酸ナトリウムが角質層に対して高い保湿，柔軟効果を示すことが確認され，化粧水などに用いられている[20]．

5-4 ≫ 高分子化合物 Polymers

　化粧品原料として用いられる高分子化合物[21~24]を使用用途によって大別すると，増粘剤，皮膜剤，樹脂粉末として主に用いられており，さらに保湿剤および界面活性剤として一部使われてい

る．ここでは増粘剤，皮膜剤について述べ，保湿剤および界面活性剤および樹脂粉末についてはそれぞれの項目でふれることにする．

5-4-1. 増粘剤高分子 Thickening agents

　製品の粘度を調節する目的で用いられ，使用しやすい粘度にしたり製品系の安定性を保つ目的で使用される．たとえば乳液やリキッドファンデーションでは増粘剤が系の安定性を保つために用いられ，乳化粒子や粉末が分離するのを防いでいる．増粘剤としては，おもに水溶性高分子が用いられる．これをその起源によって分類すると表5-3に示すように，天然高分子，半合成高分子（天然高分子に合成反応によって官能基をつけたもの），合成高分子に分けられるが，昔は，天然ガム類をはじめとする天然高分子が主流を占めていたが，供給安定性およびロットによる粘度の変動や微生物による汚染などの品質安定性の点から，半合成高分子や合成高分子に変わってきており，現在では合成高分子の占める割合が大きくなってきている．増粘剤は製品使用時の感触に与える影響が大きく，種々の水溶性高分子がその目的によって選ばれ用いられている．

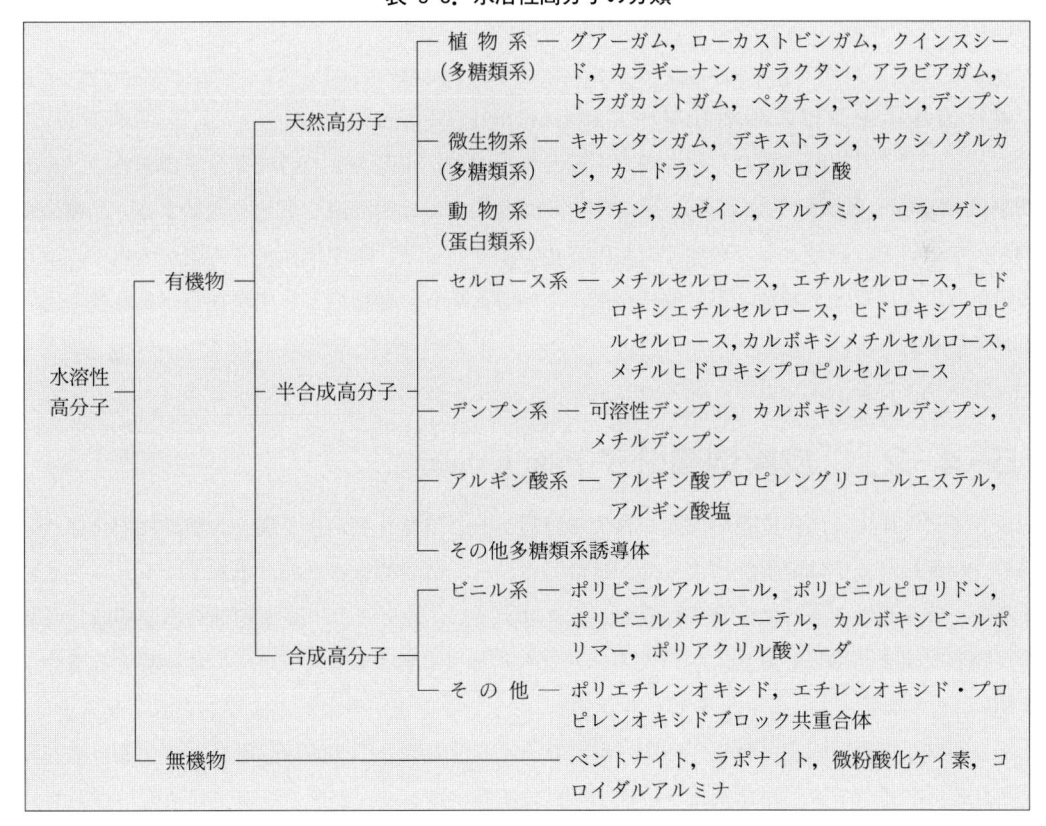

表 5-3. 水溶性高分子の分類

```
水溶性高分子
├─ 有機物
│   ├─ 天然高分子
│   │   ├─ 植物系（多糖類系） ─ グアーガム，ローカストビンガム，クインスシード，カラギーナン，ガラクタン，アラビアガム，トラガカントガム，ペクチン，マンナン，デンプン
│   │   ├─ 微生物系（多糖類系） ─ キサンタンガム，デキストラン，サクシノグルカン，カードラン，ヒアルロン酸
│   │   └─ 動物系（蛋白類系） ─ ゼラチン，カゼイン，アルブミン，コラーゲン
│   ├─ 半合成高分子
│   │   ├─ セルロース系 ─ メチルセルロース，エチルセルロース，ヒドロキシエチルセルロース，ヒドロキシプロピルセルロース，カルボキシメチルセルロース，メチルヒドロキシプロピルセルロース
│   │   ├─ デンプン系 ─ 可溶性デンプン，カルボキシメチルデンプン，メチルデンプン
│   │   ├─ アルギン酸系 ─ アルギン酸プロピレングリコールエステル，アルギン酸塩
│   │   └─ その他多糖類系誘導体
│   └─ 合成高分子
│       ├─ ビニル系 ─ ポリビニルアルコール，ポリビニルピロリドン，ポリビニルメチルエーテル，カルボキシビニルポリマー，ポリアクリル酸ソーダ
│       └─ その他 ─ ポリエチレンオキシド，エチレンオキシド・プロピレンオキシドブロック共重合体
└─ 無機物 ─ ベントナイト，ラポナイト，微粉酸化ケイ素，コロイダルアルミナ
```

1）クインスシードガム Quince seed gum

ヨーロッパ，アジア南部に産するマルメロの木の種子よりえられる天然ガムであり，構造はL-アラビノース，D-キシロース，グルコース，ガラクトース，ウロン酸などよりなる酸性多糖類である．粘液を抽出するにはマルメロの種子を20倍の水（約60℃）に一夜浸しときどき撹拌後ろ過する．つぎにこの種子をまたタンクに入れ前と同じ方法をくりかえし，この両方を混合すると適当な粘度の粘液がえられる．この粘液質は独特な感触を有し，べとつかずさっぱりとした感触を与える．使用にあたっては微生物に汚染されやすいので殺菌するか防腐剤を使用する必要がある．

2）キサンタンガム Xanthan gum

ブドウ糖をキサントモナス属菌 *Xanthomonas campestris* を用いて発酵させてえられる微生物由来の天然ガムであり，D-グルコース，D-マンノース，D-グルクロン酸よりなる酸性多糖である．温度依存性が少なく，広いpH域で安定であり多糖類独特のすぐれた使用感を有している．

3）カルボキシメチルセルロースナトリウム Sodium carboxymethyl cellulose

セルロースの水酸基を部分的に OCH_2COONa 基で置換し水に溶解するようにした半合成高分子である．保護コロイド性，乳化安定性を有し透明な増粘溶液がえられることからクリーム，乳液，シャンプーなどに配合される．

4）カルボキシビニルポリマー Carboxyvinyl polymer

主としてアクリル酸の重合したものであり，カルボキシル基をもつ合成高分子である．アルカリ中和（NaOH，KOH，トリエタノールアミンなど）によって水溶液を著しく増粘する．品質の変動が少ないこと，経時および温度での粘度変化が少ないこと，微生物による汚染が天然ガムより汚染されにくいことや増粘効果と使用感触がよいことから，増粘剤として現在もっとも多く用いられている．

5-4-2. 皮膜剤高分子 Film formers

表5-4に示すように，皮膜形成能を有する原料がその特性を生かして種々の製品に配合されている．皮膜剤高分子は溶解性によって，水やアルコールに溶解するもの，水系エマルションであるもの，非水溶性のものに分けられる．パックはポリビニルアルコール水溶液の水が揮散した時の皮膜形成能を利用しており，ヘアスプレーやヘアセット剤は水やアルコールに溶解する高分子を用い，その皮膜によって毛髪をセットさせている．シャンプーやリンスに用いられる高分子は，あまり明確な皮膜形成能は有していないが，カチオン性の高分子が使用感触をよくする目的で配合される．アイライナーやマスカラには水系高分子エマルションが配合されているものがあり，その形成される耐水性皮膜によって汗や涙による化粧くずれを防いでいる．水に溶解しない非水溶性の皮膜剤高分子としては，ネールエナメルにニトロセルロースが酢酸ブチルや酢酸エチルに

表 5-4. 皮膜剤高分子の用途と代表的原料

皮膜剤の溶解性	製品用途	代表的原料
水(アルコール)溶解性	パック	ポリビニルアルコール
	ヘアスプレー, ヘアセット剤	ポリビニルピロリドン, メトキシエチレン無水マレイン酸共重合体 両性メタクリル酸エステル共重合体
	シャンプー, リンス	カチオン化セルロース, ポリ塩化ジメチルメチレンピペリジニウム
水系エマルション	アイライナー, マスカラ	ポリアクリル酸エステル共重合体, ポリ酢酸ビニル
非水溶性	ネールエナメル	ニトロセルロース
	枝毛コート剤	高分子シリコーン
	サンオイル, リキッドファンデーション	シリコーンレジン

溶解して使用され, 枝毛コート剤には高分子シリコーンが揮散性油分に溶解して用いられ毛髪保護効果を果たす. またサンオイルやリキッドファンデーションには効果を持続させたり化粧もちを向上させる目的で皮膜形成能があるシリコーンレジンが用いられている.

1) ポリビニルアルコール Polyvinyl alcohol (PVA)

$$\left[\begin{array}{c} CH_2-CH \\ | \\ OH \end{array}\right]_n \quad \text{完全けん化物}$$

$$\left[\begin{array}{c} CH_2-CH \\ | \\ OH \end{array}\right]_m \left[\begin{array}{c} CH_2-CH \\ | \\ O \\ | \\ C=O \\ | \\ CH_3 \end{array}\right]_l \quad \text{部分けん化物}$$

ポリ酢酸ビニルをけん化して製造され, けん化度や重合度によって粘度挙動や皮膜強度が異なり用途によって使い分けられているが, 溶解性や溶液安定性の点からけん化度が約90%の部分けん化のものが多く用いられている. 皮膜形成能を利用してパックに用いられるほか, 保護コロイド効果を利用してエマルションの安定化に用いられる.

2) ポリビニルピロリドン Polyvinyl pyrrolidone

N-ビニルピロリドンを過酸化水素触媒で重合して製造される. 水によく溶け粘稠な溶液を形成する. アルコール, グリセリン, 酢酸エチルなどに可溶である. 皮膜形成能および毛髪への密着

性を利用し頭髪製品に，泡安定化や毛髪への光沢付与を目的としてシャンプーに配合される．

3）ニトロセルロース Nitro cellulose

セルロースの硝酸エステルであり，酢酸エステルやケトンなどの溶剤に可溶で他の樹脂との相溶性がよく，硬い皮膜を形成するのでネールエナメルの皮膜剤として用いられる．

4）高分子シリコーン Silicone gum

$$CH_3-\underset{\underset{CH_3}{|}}{\overset{\overset{CH_3}{|}}{Si}}-O\left[-\underset{\underset{CH_3}{|}}{\overset{\overset{CH_3}{|}}{Si}}-O\right]_n-\underset{\underset{CH_3}{|}}{\overset{\overset{CH_3}{|}}{Si}}-CH_3 \qquad n \fallingdotseq 5,000 \sim 8,000$$

分子量が30万～60万と高分子量の直鎖状のジメチルポリシロキサンであり，柔らかいゴム状の性状を有している．イソパラフィンや低分子量のシリコーン油といった揮散性油分に溶解し枝毛コートなどの頭髪製品に配合され，揮散性油分が揮散した後に毛髪の一本一本をゴム状の薄い皮膜がコートして枝毛を修復したり防止する毛髪保護効果の目的で使われる．

5-5 ≫ 紫外線吸収剤 Ultraviolet absorbents

地表には，約290 nm～400 nm波長の幅広い紫外線が到達している．化粧品における紫外線吸収剤は，この紫外線の有害作用[24]すなわち① 皮膚の紅斑，日焼け，黒化，早期老化[25]など，② 化粧品中味，容器材料の劣化(たとえば色素の変褪色，基材の分解，変質，容器の脆弱化など)を防御する目的で使用されるもので，290 nm～400 nmの紫外線全域を吸収することが望ましい．

化粧品に使用される紫外線吸収剤の重要な条件は① 毒性がなく皮膚障害を起こさない安全性の高いものであること，② 紫外線吸収能力が大きく，また幅広く吸収するものであること，③ 紫外線，熱によって分解など変化を起こさないものであること，④ 化粧品基材と相溶性がよいことなどである．

現在，化粧品に使用される主な紫外線吸収剤は化学構造上ベンゾフェノン誘導体，パラアミノ安息香酸誘導体，パラメトキシ桂皮酸誘導体，サリチル酸誘導体，その他に分類することができる．これらの主なものについて，その構造式と吸収極大位置（λ_{max}）[21,26]を表5-5に，また代表例について，その紫外線吸収スペクトルを図5-2に示す．

紫外線吸収効果は，簡便法として，適当な溶媒中一定濃度における紫外線透過率または吸光度を測定することにより推定することができるが，溶媒の種類によって吸収強度，吸収位置が変化するため，その効果を正確に評価することは困難である．現在もっとも一般的に受け入れられている吸収効果測定法は，ヒトを用いてのUVB防御効果を示すSPF（sun protection factor）と

表 5-5. 主な紫外線吸収剤

紫外線吸収剤（化学名）	構　造	λ_{max}(nm)
ベンゾフェノン誘導体		
(1) 2-ヒドロキシ-4-メトキシベンゾフェノン		288, 325
(2) 2-ヒドロキシ-4-メトキシベンゾフェノン-5-スルホン酸		
(3) 2-ヒドロキシ-4-メトキシベンゾフェノン-5-スルホン酸ナトリウム		285, 320
(4) ジヒドロキシジメトキシベンゾフェノン		
(5) ジヒドロキシジメトキシベンゾフェノン-スルホン酸ナトリウム		
(6) 2,4-ジヒドロキシベンゾフェノン		
(7) テトラヒドロキシベンゾフェノン		
パラアミノ安息香酸誘導体		
(8) パラアミノ安息香酸 (PABA)		288
(9) パラアミノ安息香酸エチル		
(10) パラアミノ安息香酸グリセリル		
(11) パラジメチルアミノ安息香酸アミル		
(12) パラジメチルアミノ安息香酸オクチル		310
メトキシ桂皮酸誘導体		
(13) パラメトキシ桂皮酸エチル		
(14) パラメトキシ桂皮酸イソプロピル		
(15) パラメトキシ桂皮酸オクチル		312
(16) パラメトキシ桂皮酸 2-エトキシエチル		
(17) パラメトキシ桂皮酸ナトリウム		
(18) パラメトキシ桂皮酸カリウム		
(19) ジパラメトキシ桂皮酸モノ-2-エチルヘキサン酸グリセリル		312
サリチル酸誘導体		
(20) サリチル酸オクチル		
(21) サリチル酸フェニル		
(22) サリチル酸ホモメンチル		308
(23) サリチル酸ジプロピレングリコール		
(24) サリチル酸エチレングリコール		
(25) サリチル酸ミリスチル		
(26) サリチル酸メチル		
その他		
(27) ウロカニン酸		
(28) ウロカニン酸エチル		
(29) 4-tert-ブチル-4′-メトキシジベンゾイルメタン		358
(30) 2-(2′-ヒドロキシ-5′-メチルフェニル)ベンゾトリアゾール		298, 340
(31) アントラニル酸メチル		

（日本公定書協会 編：化粧品原料規準第 2 版注解，薬事日報社，1984）
（日本化粧品工業連合会 編：日本汎用化粧品原料集第 2 版，薬事日報社，1989）

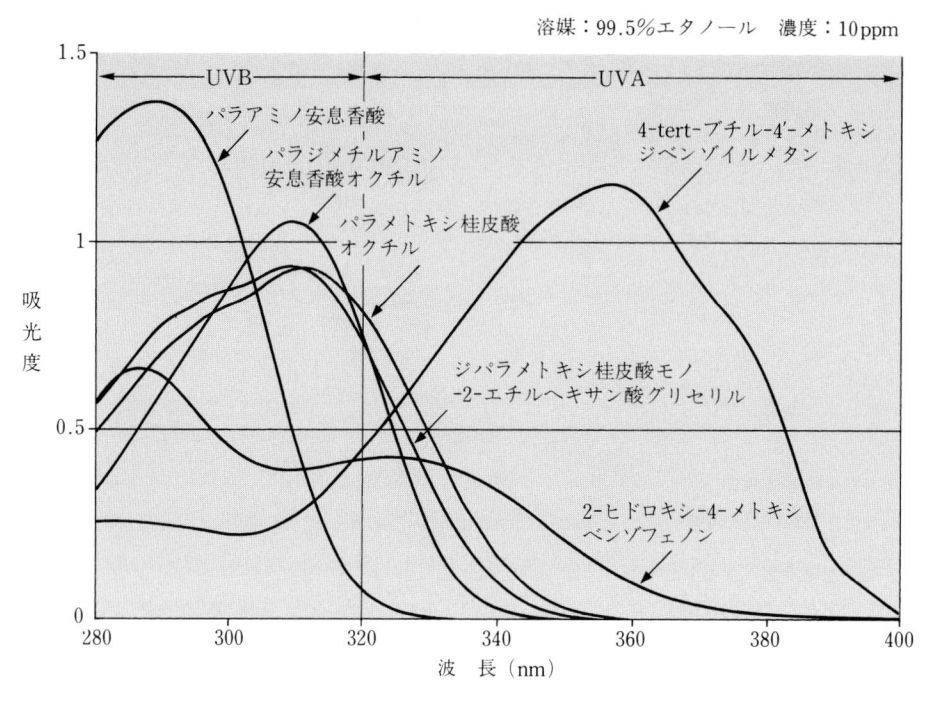

溶媒：99.5％エタノール　濃度：10ppm

図 5-2．紫外線吸収剤の UV 吸収スペクトル

UVA 防御効果を示す PFA を測定する方法である（各論 5．ボディ化粧品の項 参照）[27]．

5-6 　酸化防止剤 Antioxidants

　化粧品は油脂，ロウ類をはじめ界面活性剤や香料などよりなり，このなかで不飽和結合を有している化合物，特に不飽和結合を 2 つ以上有している油脂類は酸化されやすいと考えられている．そして化粧品の場合は，反応生成物である低級の酸，アルデヒドなどが酸敗臭を発したり，また刺激などの安全性の問題の原因ともなる．このように化粧品の品質を阻害するので，この酸化反応を抑制するために酸化防止剤を添加する必要がある．

　近年皮膚構成成分の抗酸化の重要性も指摘されるようになってきている．抗酸化剤は化粧品素材の酸化安定性の保証だけに止まらず，紫外線照射や老化に伴う皮膚成分の抗酸化という意味においても重要と考えられるようになってきた．

1 ）自動酸化の反応機構

　酸化反応の種類としては，大気中の酸素によりラジカル機構で進行する自動酸化反応とオゾン，一重項酸素などの非ラジカル的酸化反応で進行するものとに大別される．自動酸化反応は，大気中の酸素が関与すること，連鎖反応機構で進行することが特徴であり，油脂などの化粧品素材の抗酸化という立場に立てばもっとも問題にしなければならない反応と考えられる．自動酸化反応

では，熱，光（紫外線），金属（特に鉄，銅）などの因子が促進的に働くと考えられている．以下に自動酸化反応の機構を示す．

連鎖開始反応	RH	→	R・	（1）
	ROOH	→	RO・ ＋・OH	（2）
	ROOH ＋M^{n+}	→	RO・ ＋$M^{(n+1)+}$＋$^-$OH	（3）
連鎖移動反応	R・ ＋O_2	→	RO_2・	（4）
	RO_2・ ＋RH	→	ROOH ＋R・	（5）
	RO・ ＋RH	→	ROH ＋R・	（6）
連鎖停止反応	R・ ＋R・	→	RR	（7）
	R・ ＋RO_2・	→	ROOR	（8）
	RO_2・ ＋RO_2・	→	ROOR	（9）

自動酸化反応は反応の進行とともに連鎖移動反応により急激に過酸化脂質が蓄積されるのもその特徴である[28,29]．

2）化粧品素材の抗酸化

化粧品を構成する化粧品素材の酸化を防ぐためには，自動酸化反応の防止が重要であり，1）項に示した連鎖開始反応，連鎖移動反応を抑えることが必要である．(1)式，(2)式の反応を抑えるためには，冷暗所に置くこと，また紫外線吸収剤も有効と考えられる．さらに過酸化物がラジカル源となるので，それをラジカルの発生なしに分解することも有用である．(3)式の反応を抑えるには，キレート剤が利用できる．酸素は連鎖反応に関与するのでこれを除去することも有効である．

ラジカルの発生を抑えるとともに，生成したラジカルをできるかぎり速やかに捕捉し，連鎖反応を切断することにより，(5)，(6)式の進行を抑える．この範疇に入る化合物が狭義の意で酸化防止剤とよばれることもある．

例をあげれば，トコフェロール tocopherol 類，BHT（dibutylhydroxytoluene），没食子酸 gallic acid エステル類，などがある．

また上記酸化防止剤を単独で使用した時よりも，混合して使用した方が異なる機序による酸化防止効果も期待でき，結果として効果が大きくなる場合がある．これを相乗効果 synergism というが，この原理を応用して何種類かの酸化防止剤と助剤を混合した製品が市販されている．

酸化防止助剤としてはリン酸，クエン酸，アスコルビン酸，マレイン酸，マロン酸，コハク酸，フマール酸，ケファリン，ヘキサメタフォスフェイト，フィチン酸，EDTA などがある．

以上のうち化粧品には刺激，毒性，着色の点を考慮し，また往々にして水が存在する場合があるので，oil-water 系中でも添加可能でかつ効果的であることが必要である．

酸化防止剤の効力は，それ自体の酸化されやすさ，すなわち脱水素されやすさによることが酸化還元電位を用いて説明されている．

化粧品に添加する酸化防止剤の種類と量は，適当な実験を行ったうえで決定せねばならない．

酸化防止剤の効力試験法としては，AOM (active oxygen method)，Schaal oven test，酸素吸収法，紫外線照射法，加熱試験ランシマット法などがある．これらはいずれも加速条件の下で行うので実際に使用した場合，これと並行した結果が現われるかどうかをみるために，貯蔵テストを行って対比した方がよい．

酸化を防止して化粧品の品質を保持し安定化を図るには，適当な酸化防止剤の種類，量を選択するとともに，酸化を促進する不純物を含まぬ高品質の原料の選択，適切な取り扱いと製造法，金属その他酸化促進剤の混入を避けるための注意が必要である．

脂質過酸化反応は，その病理学的意味または癌や老化との関連で最近特に注目を浴びてきている[30]．すなわち酸化防止剤は，化粧品原料の酸化安定性の保証だけに止まらず紫外線照射や老化に伴う皮膚成分の酸化防止という意味においても効果が期待されると考えられてきている．

3）皮膚の抗酸化

皮膚における酸化反応では一重項酸素が重要な役割を果たしていると考えられる．皮膚上で発生した一重項酸素は脂質と反応すると過酸化脂質を生成する．いったん生成した過酸化脂質は1）項に示したラジカル連鎖反応によって皮膚で過酸化脂質を蓄積させるとともに皮膚内部へも酸化の悪影響を及ぼすと考えられている[31]．皮膚には，それ自体の抗酸化システムも存在するが（化粧品と皮膚1-2-4参照），その防御ポテンシャルを越える強いストレスや微弱ではあっても繰り返し受けるストレスに対応するためには抗酸化剤を含有する化粧品の適用も有用である．

皮膚における抗酸化を考える上では，まず一重項酸素への対応が一義的に必要であり，皮膚における酸化の最初のステップを防止する必要があると考えられる．一重項酸素消去反応性に優れ，安定性や色，臭いにも優れた生体関連成分であるチオタウリンの皮脂抗酸化剤として，化粧品応用への有用性有効性が報告されている[32]．この他にも従来より，トコフェロール，アスコルビン酸およびそれらの誘導体はその抗酸化作用を期待して広く応用されている．

$$\text{HS-S}\overset{\overset{\displaystyle O}{\|}}{\underset{\underset{\displaystyle O}{\|}}{}}\text{-CH}_2\text{CH}_2\text{NH}_2$$

Thiotaurine

5-7 金属イオン封鎖剤 Sequestering agents

化粧品に金属イオンが混入すると，品質の劣化をもたらす直接，間接の原因となることがある．金属イオンが油性原料の酸化を促進し変臭，変色の原因となったり，他の薬剤の作用を阻害したり，あるいは化粧水などの透明系で沈殿を生じさせたりすることがある．

この金属イオンを不活性化する目的で用いられるものが金属イオン封鎖剤である．

金属イオン封鎖剤としては以下のようなものがあるが，エチレンジアミン四酢酸（EDTA）のナトリウム塩がもっとも一般的である．

① エチレンジアミン四酢酸（EDTA）のナトリウム塩
② リン酸
③ クエン酸
④ アスコルビン酸
⑤ コハク酸
⑥ グルコン酸
⑦ ポリリン酸ナトリウム
⑧ メタリン酸ナトリウム

5-8 》その他の原料

化粧品を構成する成分としては，前述の主成分のほかに，液体整髪料，ヘアトニックなどに使用されるエタノール，美爪料用の樹脂の溶剤として使用される酢酸エチルなどの溶剤，エアゾールなどに使用される噴射剤，顔料の分散を目的として使用される金属石けんなどがある．ここでは金属石けんについて簡単に述べる．

金属石けん Metallic soaps

広義には高級脂肪酸の金属塩を総称して石けんとよんでいるが，ナトリウム，カリウムなどアルカリ金属の高級脂肪酸塩は一般に石けんといい，それ以外のカルシウム，亜鉛，マグネシウム，アルミニウムなどの非アルカリ金属の高級脂肪酸塩を金属石けんという．金属石けんは高級脂肪酸のアルカリ塩と硫酸亜鉛などの金属塩との複分解法，または高級脂肪酸と金属酸化物，金属水酸化物との直接法によりえられ，水に不溶または難溶である．

金属石けんは，構成脂肪酸と金属の種類により性質が異なるが，使用目的としては，顔料の分散性の向上，ゲル化能による油性原料の増粘，皮膚上での滑沢性，付着性の向上などである．ステアリン酸亜鉛は粉おしろい，ベビーパウダーに用いられ，滑沢性や使用感触を向上させている．ステアリン酸アルミニウムは流動パラフィンなどの増粘剤として，ステアリン酸マグネシウムは顔料の分散性向上などを目的として使用されている[21]．

◇ 参考文献 ◇

1) 日本油化学協会編：油脂化学便覧，1，丸善，1958.
2) 伊藤正次：フレグランスジャーナル，17(12)，23，(1989)
3) 尾沢達也，植原計一，中野幹清，小林　進：ファインケミカル，14(18)，67，(1985)
4) 日本公定書協会編：化粧品原料規準第二版注解，862，薬事日報社，1984.
5) 三輪トーマス完二：油化学，27(10)，650，(1978)
6) 日本公定書協会編：化粧品原料規準第二版注解，1108，薬事日報社，1984.
7) 石油学会編：石油用語解説集，227，幸書房，1977.
8) 日光ケミカルズ，日本サーファクタント編：化粧品・製剤原料，38，1977.
9) C. Goebel：J. Am. Oil Chem. Soc., 36, 600, (1959)
10) 日本油化学協会編：油脂用語辞典，63，600，1959.
11) 日本公定書協会編：化粧品原料規準第二版注解，598，薬事日報社，1984.
12) J. Kawase, K. Tsuji：J. Chromatog., 267, 149, (1983)
13) 尾沢達也：フレグランスジャーナル，3 (5)，43，(1975)
14) I. H. Blank：J. Invest. Dermatol., 18, 433, (1952)
15) L. F. Gaul et al.：J. Invest. Dermatol., 19, 9, (1952)
16) K. Laden, R. Spitzer：J. Soc. Cosmet. Chem., 18, 351, (1967)
17) 今堀和友，山川民夫監修：生化学辞典，376，東京化学同人，1984.
18) 赤坂日出道，瀬戸　進，柳　光男，福島正二，光井武夫；日本化粧品技術者会誌，22(1)，35，(1988)
19) 赤坂日出道，山口敏二郎：フレグランスジャーナル，14(3)，42，(1986)
20) Oka. T, et al.：J. Cosmet. Sci., 50, 171-184, (1999)
21) 日本公定書協会編：化粧品原料規準第二版注解，薬事日報社，1984.
22) 高分子学会編：高分子辞典，朝倉書店，1971.
23) 光井武夫，尾沢達也，森川良広：水溶性高分子とその化粧品への応用，化学工業社，1973.
24) 堀尾　武：フレグランスジャーナル，15(3)，11，(1987)
25) 辻　卓夫：フレグランスジャーナル，17(1)，34，(1989)
26) 日本化粧品工業連合会編：日本汎用化粧品原料集第二版，薬事日報社，1989.
27) 福田　実，長沼雅子：フレグランスジャーナル，15(3)，26，(1987)
28) 日本油化学協会編：油脂化学便覧，丸善，1990.
29) K. Mukai, K. Daifuku, K. Okabe, T. Tanigaki, K. Inoue：J. Org. Chem., 56 (13), 4188, (1991)
30) 中野　稔，浅田浩二，大柳善彦編：活性酸素：蛋白質，核酸，酵素(臨時増刊)，33，1988.
31) 河野善行，高橋元次：油化学，44(4)，248，(1995)
32) 河野善行：フレグランスジャーナル，26(12)，9，(1998)

6 化粧品と薬剤

　皮膚の恒常性の維持という化粧品の基本的な機能をより高めるため，あるいはより積極的に薬理効果を期待するために，医薬部外品や化粧品には通常の成分に加え種々の薬剤が配合される．

　本章では，主な化粧品に配合される薬剤を皮膚用薬剤，頭皮・頭髪用薬剤，口腔用薬剤，その他の薬剤と使用目的別に整理して取り上げた．

6-1 皮膚用薬剤

6-1-1. 美白用薬剤 Whitening agents

　メラニンが表皮内で異常増加した疾患である肝斑や雀卵斑などの色素異常症の発症原因については，紫外線，女性ホルモン，遺伝的要因などの関与が指摘されているが，その機序の詳細についてはほとんど解明されていない．そのため対症療法としてメラニンを対象とした薬剤が美白用薬剤として使用されている．

　皮膚におけるメラニン生成および代謝機構から，美白用薬剤の作用機序として，メラノサイト内でのメラニン生成抑制，既成メラニンの還元，表皮内メラニンの排泄促進，メラノサイトに対する選択的毒性が考えられる．

　そのなかで，美白化粧品にはメラノサイトに対する作用の緩和性から，アルブチン，コウジ酸，ビタミンCおよびその誘導体，プラセンタエキスなどのメラニン生成抑制作用を主とした薬剤が有効成分として配合され，太陽光線によるしみ・そばかすの惹起ないしは増悪の防止を目的として，「日やけによるしみ・そばかすを防ぐ」の効能で市販されている．

1）ビタミンC類 Vitamin C and its derivatives

　ビタミンCはアスコルビン酸ともいい，薬用化粧品においてもっとも代表的なメラニン生成抑制剤であり，古くから使用されてきた．その作用は還元作用によるもので，チロシンからメラニンを生成するチロシナーゼ反応において，メラニン中間体のドーパキノンを還元してメラニン生成を抑制する作用と，濃色の酸化型メラニンを還元して，淡色の還元型メラニンにする作用の2つの作用がある．

ビタミンCは，安全性が高いが安定性が悪いため，製剤の安定化を目的として種々の誘導体が合成されている（Ⅰ）．ビタミンCリン酸エステル（マグネシウム塩）は，水溶液中の安定化を目的として開発されたものである．

ビタミンCリン酸エステル（マグネシウム塩）は，皮膚抽出液中でインキュベートするとビタミンCが遊離すること，また，モルモット皮膚への連続塗布後の組織標本で無塗布部位には検出されないビタミンCが検出されることから，ビタミンCリン酸エステル（マグネシウム塩）の作用は，生体中で代謝されて生じたビタミンCによることが報告されている[1]．

in vivo でのメラニン生成抑制作用については，ビタミンCリン酸エステル（マグネシウム塩）含有製剤をヒト皮膚色素沈着部位に長期間塗布した場合，皮膚明度の回復による有効性が認められている[2]．

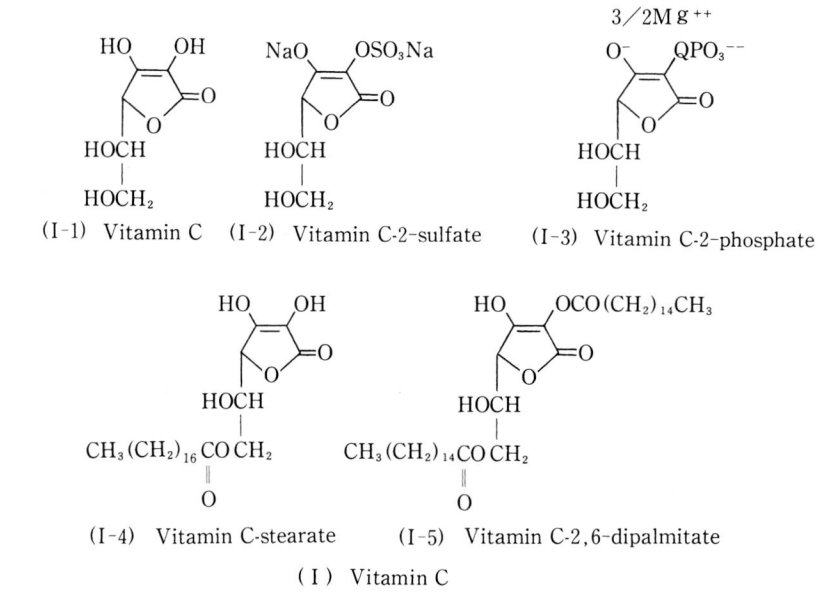

(Ⅰ-1) Vitamin C　　(Ⅰ-2) Vitamin C-2-sulfate　　(Ⅰ-3) Vitamin C-2-phosphate

(Ⅰ-4) Vitamin C-stearate　　(Ⅰ-5) Vitamin C-2,6-dipalmitate

(Ⅰ) Vitamin C

ビタミンC-2グルコシド（AA-2G）は，山本らにより哺乳動物の酵素によるビタミンC配糖体に関する研究過程で，新規安定型ビタミンC誘導体として発見され，その化学構造が2-O-α-D-グルコピラノシル-L-アスコルビン酸であることが同定された[3]．水溶液中で非常に安定であり，生体内では，α-グルコシダーゼの働きで徐々に加水分解されてビタミンCを生じ，その効力を発揮することから長時間の効果の持続が期待され持続型ビタミンCともいわれている[4]．AA-2Gの臨床効果については，ヒト皮膚に紫外線を照射し誘導される色素沈着に対する抑制効果を二重遮蔽法により調べ有効であることが報告されている[5]．

(Ⅰ-6) Vitamin C-2 glucoside

2）アルブチン Arbutin

アルブチンは，化学名をハイドロキノン-β-D-グルコピラノシド（4-ヒドロキシフェニル-β-D-グルコピラノシド）といい，（II）に示す構造式をもつ化合物である．高山植物のコケモモの葉などに含まれる成分である．その作用機序は，メラニン生成のキー酵素であるチロシナーゼに対する競合阻害であることが示されている[6]．アルブチンのメラニン生成抑制作用はハイドロキノンモノベンジルエーテルのようなメラノサイトに対する細胞毒性作用によるものではないこと，またハイドロキノンに代謝されて効果を現すものでもないことが示されている[7]．アルブチンの臨床効果に付いては，ヒト皮膚に紫外線を照射し誘導される色素沈着に対する抑制効果を二重遮蔽法により調べ，アルブチン配合乳液塗布が有効であることが報告されている（総論11．化粧品の有用性の項11-3-1．2)参照）．

（II）Arbutin

3）コウジ酸 Kojic acid

コウジ酸は（III）に示す構造をもつγ-ピロン化合物であり，主として *Aspergillus* 属や *Penicillium* 属などの糸状菌の発酵液中に産生され，味噌，醬油，酒などの色や風味などの重要な因子であるといわれている．この化合物のメラニン生成抑制作用に関しては，チロシナーゼに対する非競合阻害であり，チロシナーゼの補欠分子である銅とのキレート作用によることが示されている[8]．臨床試験として，ヒト皮膚色素沈着に対してコウジ酸クリーム塗布が有効であることが報告されている[9]．

（III）Kojic acid

4）エラグ酸 Ellagic acid

エラグ酸は，イチゴやリンゴなどの植物に広く存在する（IV）に示す構造式をもつポリフェノール構造を有している化合物である．コウジ酸と同様，その阻害機序はチロシナーゼの補欠分子である銅とのキレート作用によることが示されている[10]．紫外線による色素沈着に対するエラグ酸の効果についての臨床評価結果も報告されている[11]．

(Ⅳ) Ellagic acid

5）ルシノール Rucinol

ルシノールは，化学名 4-n-butylresorcinol といい，モミの木に含まれる物質をリード化合物として化学合成した（Ⅴ）に示す構造をもつ化合物である．その阻害機序は主にチロシナーゼとの競合阻害であること，また，紫外線による色素沈着に対する効果についての臨床評価結果も報告されている[12]．

（Ⅴ） Rucinol

6-1-2．抗しわ剤 Antiwrinkle agents

皮膚にはさまざまな老化現象が現れるが，「老化防止」はスキンケア化粧品の大きな目標の一つである．その中でも美容上の見地からしわはもっとも関心が高い皮膚老化現象である．しわは，通常顔面にもっとも現れやすく，目尻や額など筋肉の動きによって繰り返される皮膚の変形が徐々にしわとして固定されていくと考えられ，日光曝露の影響がきわめて大きいことも分かっている（化粧品と皮膚 1-7-4．2）しわの項 参照）．

加齢に伴って起こる皮膚の構造，機能，物性の変化が深く関わっていると考えられ[13]，表皮の菲薄化や角質層の肥厚，乾燥化，あるいは真皮におけるコラーゲン線維の減少や変成したエラスチン線維の蓄積，さらには基底膜やその周辺の損傷などさまざまな皮膚組織変化が皮膚の弾力性の低下をもたらし，繰り返される皮膚の変形に対する復元力を低下させ，やがてしわとして定着していくと考えられている．

したがって抗しわ剤として有効性が期待できる薬剤とは，しわ形成につながる皮膚の構造，機能の変化を修復しうるもの，またそうした変化を引き起こす生体内外の因子を防御しうるものということになる．

1）レチノイド（ビタミンA類）Retinoid (Vitamin A derivatives)

1988年に，二重遮蔽試験で初めて0.1％レチノイン酸クリームのシワ改善効果が実証されて以来多くの施設でレチノイン酸の有効性データが蓄積されてきた．作用機序は必ずしも明確ではないが，レチノイン酸によって起こされる角質層の菲薄化や表皮内グリコサミノグリカンの沈着，それに伴う角質層水分量の増加，角質層の柔軟化などが特に細かいしわの改善に一部寄与してい

ると考えられている．優れたしわ改善効果を有するレチノイン酸も皮膚刺激という副作用があり，化粧品用薬剤としての活用は難しいと考えられている[14]．

　レチノール（ビタミンA）は化粧品としての使用実績もあり，レチノイン酸と類似した効果を有しながら副作用の問題がないと考えられている．酢酸レチノール，パルミチン酸レチノールもビタミンA類として化粧品に使用可能である．レチノールがケラチノサイトに作用してヒアルロン酸合成促進効果を発現し，角質層水分を増加する効果を有することが知られており，緩和な作用のシワ改善効果が期待される．レチノールは大変不安定で安定化製剤を造る必要があるがこれを用いて，コントロール製剤と比較して有意なヒトでのしわ改善効果が報告されている[15]（図6-1）．この場合精度よく定量的にしわを計測する方法として，皮膚表面レプリカのレーザースリット光を用いた光切断法による三次元しわ計測システム（SHISEIDO Wrinkle Analyzer 3D Pro）を開発し，この装置を用いて検討が行われている．これによると効果が使用後6週間以内に現れること，塗布を中止すると効果が消退する可逆的な反応であること，皮膚刺激がほとんどないことも合わせて報告されている．

(VI)　Retinol

SHISEIDO Wrinkle Analyzer 3D Proの三次元形状解析による大じわ・パラメータの変化

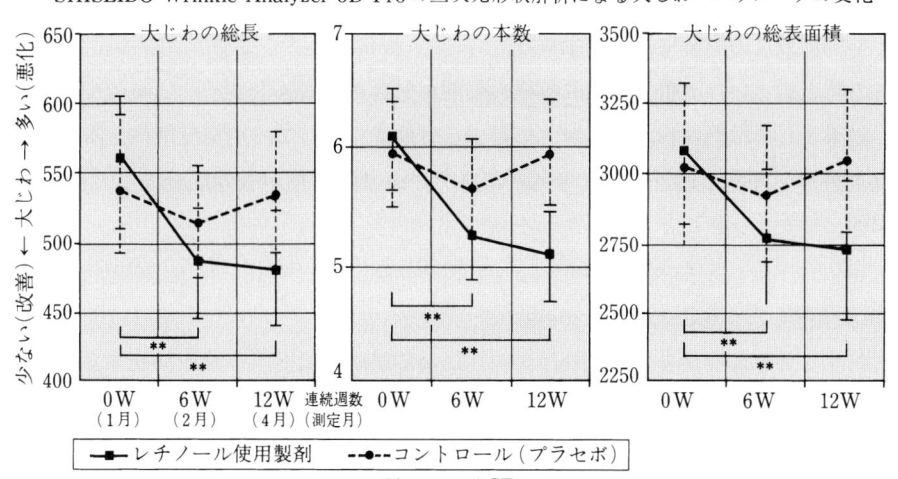

$n=59$, mean±SE
Paired t-test ($^+p<0.1$, $^*p<0.05$, $^{**}p<0.01$, $^{***}p<0.001$)

図 6-1．抗しわ化粧品による大じわ改善効果

2）α-ヒドロキシ酸　α-hydroxy acids

　α-ヒドロキシ酸は，魚鱗癬やドライスキンなどの過角化性，乾燥性皮膚疾患の治療に用いられていたが，その過程でシワ改善効果が指摘され注目されるようになった．α-ヒドロキシ酸の代表的なものとしてはグリコール酸と乳酸がある．しわ改善効果のメカニズムは，角質層間の接着機構に作用して角質層を薄くする効果と考えられている．また高濃度溶液はピーリング剤（表皮を剥離してその再生を促す）として美容整形においても用いられている．

化粧品分野でもその低濃度製剤におけるしわ改善の有効性検討が行われているが，しわの改善という観点からは明確な結果は示されていないのが現状である．α-ヒドロキシ酸は低濃度であっても一過性のスティンギングをはじめとする皮膚刺激性があることも指摘され有効性との関連から種々検討されている．

3）その他

古くから皮膚老化と酸化傷害の関連や活性酸素やフリーラジカル消去剤の予防的抗しわ効果については議論がなされてきている．またコラーゲンやエラスチンなどの構造蛋白質の糖化修飾や架橋反応がしわの原因でありそれらの要因の除去が重要であるとの議論も行われてきているが，明確にヒトでの実証には至っていないのが現状である．

しわの発生機序のより深い解明を行い，その予防と改善に新しい道を開くことが重要であると考えられる．

6-1-3. 肌荒れ改善剤 Skin care agents

化粧品および医薬部外品の対象となる肌荒れは，外観的には皮膚表層の角質層の乾燥や粉をふいた状態として現れ，その原因としては日常の生活環境（乾燥，寒冷，紫外線や皮膚に対する物理的，化学的刺激）の影響により発生する．

肌荒れの防止あるいは改善を目的に各種の薬剤が配合される．

効能，効果として「肌荒れ，あれ性」に対する有効成分として，抗炎症剤が主体となるが，肌荒れの発生機序に関する最近の研究を基にプロテアーゼ阻害剤が有効成分として開発されている．その他，ビタミン類なども配合される．

1）抗炎症剤 Antiinflammatory agents

皮膚に対する外部環境からの刺激やヒゲ剃りによる局所の微弱な炎症を防止するため，βグリチルレチン酸，グリチルリチン酸誘導体(Ⅶ)，アラントイン，アズレン，ヒドロコルチゾン(Ⅷ)などが使用される．

(Ⅶ) グリチルリチン酸ジカリウム

(Ⅷ) ヒドロコルチゾン　Hydrocortisone

2）プロテアーゼ阻害剤 Protease inhibitors

皮膚に対する刺激による肌荒れの発生に，表皮内のプロテアーゼ（蛋白分解酵素），特にプラスミンの関与が最近明らかになった．すなわち，プラスミンの前駆体であるプラスミノーゲンがプラスミノーゲンアクチベータにより活性化されることが肌荒れ発生の重要な機序であることが明らかになった（図6-2）[16,17]．

プラスミノーゲン活性化系の抑制が肌荒れの防止に大切であり，その特異的な阻害剤であるトラネキサム酸（IX）の有効性が確認され，新しい有効成分として開発された．

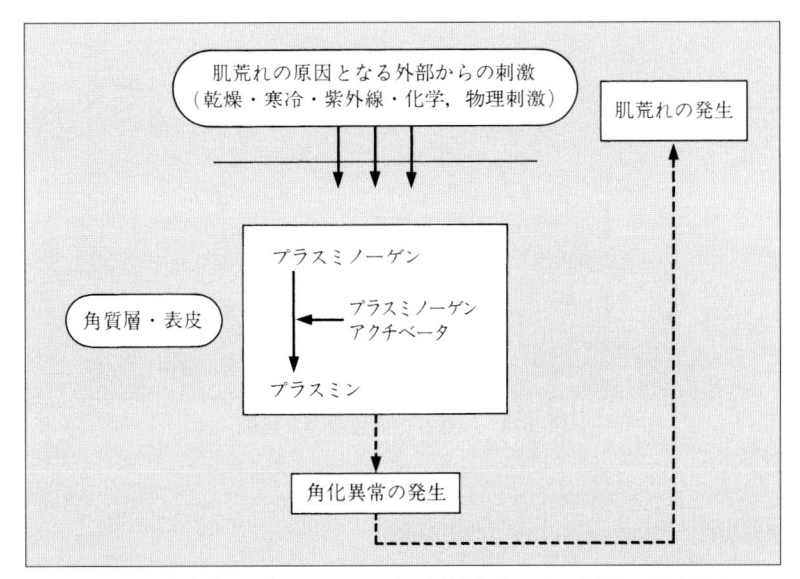

図 6-2．表皮内のプラスミノーゲン活性化系による肌荒れ発生機序

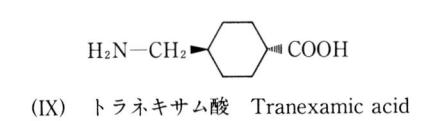

(IX)　トラネキサム酸　Tranexamic acid

3）その他

肌荒れに対する有効成分として，ビタミン類（ビタミンAおよびその誘導体やビタミンE誘導体など），抗ヒスタミン剤などが配合される（総論 6-4．その他の薬剤 参照）．

6-1-4．にきび用薬剤 Anti acne agents

にきびは，種々の要因が関連して発症するため（総論1．化粧品と皮膚の項 参照）に，にきび用化粧品には図6-3に示した各要因に対応した薬剤が種々組み合わされて配合される場合が多い．

皮脂の過剰分泌については皮脂抑制剤，角化亢進による毛包の閉塞に対しては角質溶解・剥離剤，細菌の増殖抑制に対しては殺菌剤が用いられている．

174　化粧品と薬剤

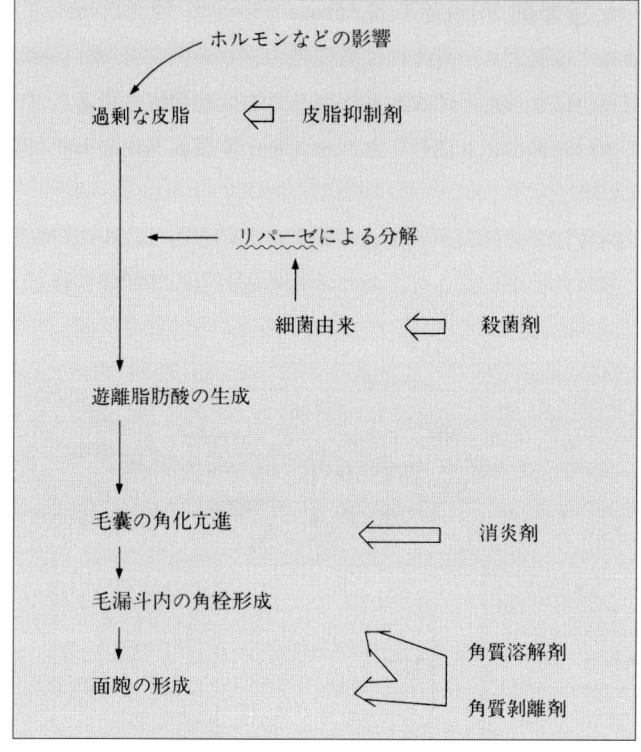

図 6-3. にきびの発生要因と薬剤

1）皮脂抑制剤 Sebum secretion inhibitors

　皮脂分泌の亢進は男性ホルモンによって支配されている．したがって皮膚内部から皮脂分泌をコントロールすることが有用であり，このような観点から，この男性ホルモンに拮抗作用を有する卵胞ホルモンが皮脂抑制剤として配合されている．しかし作用が強いため化粧品に配合できる量は制限されている．

　主な薬剤として，エストラジオール，エストロン，エチニルエストラジオールなどがある．そのほか抗脂漏作用を有するビタミンB_6も使われる．

2）角質剥離・溶解剤 Corneocyte desquamating agents

　にきび発症時には角化が亢進し，面皰ができるが，この面皰頭部を開口し，面皰内容物を排出するために，イオウ，サリチル酸（X），レゾルシン（XI）などの角質剥離剤あるいは角質溶解剤が配合されている．

（X）サリチル酸　　（XI）レゾルシン

イオウは，古くからにきびの局所治療薬として，1～10%の濃度で広く使用されてきた．イオウの作用機序にはまだ不明な点が多いが，イオウは生体組織のシステインやグルタチオンのようなSH基をもつアミノ酸と反応しS-S結合を形成させ，イオウ自身は硫化水素(H_2S)となり，硫化水素が角質溶解作用，角質剥離作用を示すといわれている．

サリチル酸は，比較的軽度なにきびに有効であるとされ，その使用実績は100年の歴史をもち，0.5から3%で炎症部位の治癒を早め，さらに高濃度で使用すると面皰形成を防ぐ作用があるといわれている．

レゾルシンは，通常イオウと組み合わせて使用され，角質剥離作用と殺菌作用を有するとされている．

3）殺菌剤 Antibacterial agents

にきび桿菌は，にきび発生要因のなかでもっとも重要な要因で，これを減少させることがにきびの改善につながると考えられている．

主な薬剤として，塩化ベンザルコニウム，塩化ベンゼトニウム，ハロカルバン，2, 4, 4-トリクロロ-2-ヒドロキシフェノールなどがある．

4）その他

炎症を抑える目的で，グリチルリチン酸，グリチルレチン酸などの抗炎症剤が配合される場合がある．またビタミンA酸とその誘導体（13-cis-retinoic acid など）やベンゾイルパーオキサイドなどはにきび治療効果に優れているが[18]，日本では使用が許可されていない．

6-1-5. 腋臭防止用薬剤 Antiperspirants and deodorants

腋臭発生の機構は，多量に分泌された汗が皮脂や皮脂の酸化物と混ざり，それが皮膚常在菌によって分解され悪臭物質を産生することによるといわれている．この悪臭物質の代表が低級脂肪酸や不飽和アルデヒド類である．

このような腋臭発生の機構に沿って腋臭防止化粧品には，汗が多量に出ることを防ぐ制汗剤と，皮膚常在菌を減少させる殺菌剤と低級脂肪酸や不飽和アルデヒド類の酸化を防ぐ酸化防止剤とが配合される．

1）制汗剤 Antiperspirants

制汗剤は皮膚を強力に収れんさせることによって汗の発生を抑えるといわれ，クロルヒドロキシアルミニウム，塩化アルミニウム，アラントインクロルヒドロキシアルミニウム，硫酸アルミニウムカリウム，酸化亜鉛，パラフェノールスルホン酸亜鉛などが使用されている．この中でクロルヒドロキシアルミニウムが汎用されている．これら粉末は，皮膚に接触することで効果を現すためその接触面積を増やすことを目的に微粒子化も行われている．

またジルコニウム化合物は，強い制汗作用をもつもので，米国ではパウダータイプ以外の剤型で，制汗剤としての使用が許可されている．しかし日本ではこれらジルコニウム化合物は許可されていない．

制汗剤の評価については，いくつか方法があるが，ヒトの腋窩の汗の重量を測定する方法が一般的である（米国FDA法）[19]．この方法は制汗剤含有の処方を片側の腋窩に塗布し，もう一方をコントロール部とする．その後，あらかじめ秤量した綿製のパットなどを腋窩にはさみ一定時間高温に保った部屋に入り，出てくる汗をパットにしみこませる．終了後再度パットの重量を測定して，発汗量を測定し，左右の汗の量の比較から制汗剤の効果を測定する．なおこの試験を行うにあたっては，あらかじめ被験者の左右の腋窩の発汗量の比率を測定しておく必要がある．

2）殺菌剤 Antibacterial agents

主な薬剤として，塩化ベンザルコニウム，塩化ベンゼトニウム，ハロカルバン，塩酸クロルヘキシジンなどがある．

3）消臭剤 Deodorants

最近では悪臭物質の1つが低級脂肪酸によるとの報告があり[20]，この臭いを消す消臭効果をもった薬剤である酸化亜鉛などの配合も行われている．酸化亜鉛の消臭機構についてはつぎのように証明されている．低級脂肪酸は，遊離の状態では揮発性が高く臭いとして感じられるが，亜鉛と塩をつくると不揮発性となり臭わなくなると考えられている．つまり，いったん発生してしまった臭い物質でも，酸化亜鉛に触れさせることにより，脂肪酸金属塩の形に変え臭いを消せる．つまり消臭することができることを示した（総論11．化粧品の有用性の項 参照）．

4）酸化防止剤 Antioxidants

主な薬剤としてチオタウリン，ヒポタウリン，トコフェロールなどがある．

6-1-6．清涼化剤 Refrigerants，収れん剤 Astringents

皮膚に清涼感を与える清涼化剤として，メントール（XII），カンフルなどが使用される．また，皮膚をひきしめ，整えるため収れん効果のある酸化亜鉛，硫酸亜鉛，アラントインヒドロキシアルミニウム，塩化アルミニウム，硫酸アルミニウム，スルホ石炭酸亜鉛，タンニン酸，クエン酸，乳酸などが使用される．

(XII) メントール Menthol

6-2 ≫ 頭皮，頭髪用薬剤

6-2-1. 育毛用薬剤 Hair growth promoters

男性型脱毛症の原因としては，① 男性ホルモン関与による毛包機能の低下，② 毛包，毛球部の新陳代謝機能の低下，③ 頭皮生理機能の低下，④ 頭皮緊張（つっぱり）による局所血流障害，⑤ 栄養不良，⑥ ストレス，⑦ 薬物による副作用，⑧ 遺伝 などがあげられているものの（ヘアケア化粧品の項 参照），まだ脱毛症の原因は完全には解明されていない．

したがって育毛剤の有効成分としては，これらの原因を取り除く作用のある薬剤が種々組み合わされて配合されている．なかでも，毛母細胞賦活効果や血行促進効果をもつ成分を中心とした製品が主流を占めており，毛成長の衰えた毛包に対しての賦活作用や血流促進による栄養成分の補給を行うことで養毛・育毛作用を発揮させることを意図している．

育毛剤に配合されている有効成分を，それぞれの配合目的から分類するとつぎのようになる．

1）血管拡張剤 Vasodilators

末梢血管の血流を促進する成分のうち，血流循環の改善を主とする血行促進剤と，局所刺激を主とし二次的に血流を促進させる局所刺激剤が配合される．

1-1) 血行促進剤 Blood flow stimulants

主な薬剤として，センブリエキス（スウェルチノーゲン），セファランチン，ビタミンEおよびその誘導体，ニコチン酸ベンジルエステル，ミノキシジルなどがある．

センブリエキスは，リンドウ科の植物のセンブリ swertia japonica Makino の苦味配糖体を含有するエキス（主成分はスウェルチノーゲン）で，皮膚の毛細血管を拡張して血行を促進，毛母細胞にエネルギーを供給するといわれている．

セファランチンは，ツヅラフジ科の植物であるタマザキツヅラフジ stephania cepharantha HAYATA の根から抽出したアルカロイドで，血管拡張作用があるといわれている．

ビタミンEは，直接投与で皮膚血管系に働き，毛細血管を拡張し血行を促進する作用がある．

1-2) 局所刺激剤 Hair follicle stimulants

主な薬剤として，トウガラシチンキ，ショウキョウチンキ，カンタリスチンキ，ノニル酸ワニリルアミドなどがある．

トウガラシチンキは，トウガラシ capsium annuum linne の果実をエタノールで浸出してえたチンキ剤で，辛味成分の capsaicin が毛根を刺激して発毛を促進させるとされている．

ショウキョウチンキは，ショウガ zingiber officinale roscoe の根茎をエタノールで浸出してえたチンキ剤で，刺激成分の zingerone, shogaol が毛根を刺激して発毛を促進させるとされている．

2）栄養剤 Nourishing agents

毛乳頭および毛包周辺の毛細血管の循環障害などによる毛母細胞周辺の栄養障害には，ビタミン類やアミノ酸類が配合される．

2-1）ビタミン類 Vitamines

主な薬剤として，ビタミン B_1, B_2, E およびその誘導体，パントテン酸およびその誘導体，ビオチンなどがある．

2-2）アミノ酸類 Amino acids

主な薬剤として，シスチン，システイン，メチオニン，セリン，ロイシン，トリプトファン，アミノ酸エキスなどがある．

3）抗男性ホルモン作用剤 Anti-androgen like agents

男性ホルモンが脱毛に関与することから，男性ホルモンに対して拮抗作用を有する女性ホルモンが配合される．

主な薬剤として，エストラジオール，エストロンなどがある．

4）毛包賦活剤 Hair follicle activating agents

毛の成長に関与する各種酵素活性の異常などによる毛母細胞の機能低下の改善のため配合される．

主な薬剤として，パントテン酸およびその誘導体，プラセンタエキス，アラントイン，感光素301などがある．

5）保湿剤 Humectants

頭皮の乾燥を防ぐために配合される．

主な薬剤としてグリセリン，ピロリドンカルボン酸などがある．

その他育毛剤には，フケ・カユミ用薬剤が配合される．

6-2-2．ふけ，かゆみ用薬剤 Antidandruff and anti iching agents

皮膚の最外層の角質細胞は垢として常時，剥離しており，頭皮で剥離したこの垢を一般にふけとよんでいる．したがって，生理的に正常な頭皮でもふけは常時，発生しているのであるが，その量が多くないために目立つことはない．しかし，角化が異常に亢進してくると，不全角化の状態で剥離するようになり，また剥離するふけの量も多くなり，この結果，ふけが目立つようになる．

角化が異常に亢進して，皮脂の分泌が萎縮して皮脂分泌が減少すると，剥離した角片を接着する力も弱くなり乾燥したふけとなる．このようなふけを乾性のふけと称している．角化が異常に亢進して，その結果，皮脂分泌も亢進するとふけは粘稠性の湿った状態となる．これを油性のふ

けと称している．

　頭皮のターンオーバー速度の亢進が直接的なふけの発生原因とされるが，ターンオーバー速度を亢進する要因としては，① 皮脂分泌の異常，② 皮脂過酸化物の刺激，③ 頭皮の乾燥　などがあげられる．

　なお，頭皮の細菌や真菌の異常増殖がふけの発生要因であると従来は考えられていたが，現在ではふけ中にこれらのふけを好む微生物が生育し，この微生物が頭皮に対する刺激物質を産生してふけを増悪するという考えが提案されている．

　図 6-4 はふけ発生の月間変動を 160 名の被験者で測定したもので冬季の平均ふけ量は夏季の平均ふけ量の約 2 倍であることを示している．夏季，特に梅雨の時期は，微生物の繁殖に適している季節であるのにもかかわらずふけの発生量が逆に減少したことからも，頭皮常在微生物のふけ発生への直接的な関与は明らかに否定される．

　このため，ふけの過剰発生を防ぐための薬用シャンプー，薬用リンスや育毛剤には，これらの原因に対応すべく角質剥離剤・溶解剤，抗脂漏剤，酸化防止剤，保湿剤が配合される．また痒みや炎症の増悪を防ぐため，殺菌剤，消炎剤や鎮痒剤が配合されている．

1）角質剥離・溶解剤 Corniocyte desquamating agents

乾性のふけに対する薬剤で，主としてサリチル酸，イオウ，レゾルシン，硫化セレンなどが使用される．

2）抗脂漏剤 Antiseborrheic agents

主としてビタミンB_6（ピリドキシン）およびその誘導体が使用される．

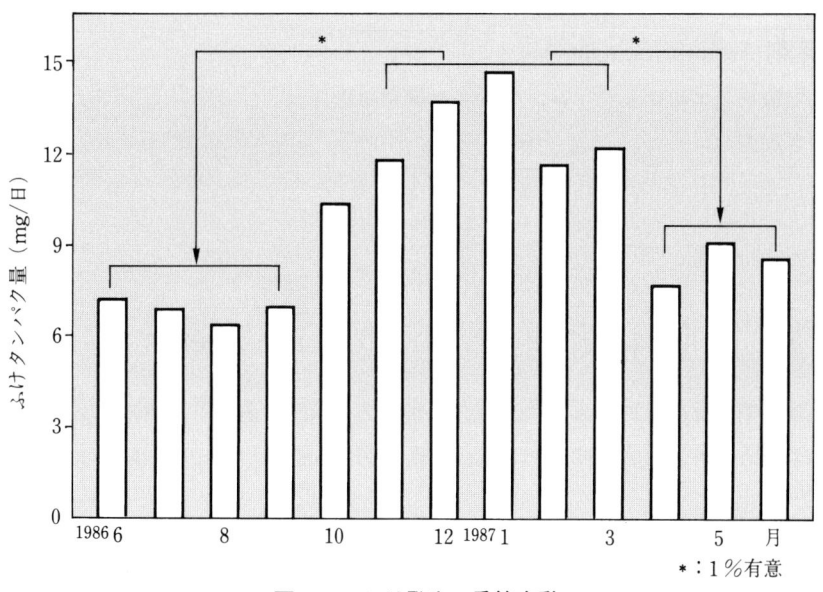

図 6-4．ふけ発生の季節変動

* ：1％有意

3）酸化防止剤 Antioxidants

刺激源となる皮脂の過酸化を防ぐ目的でトコフェロール，チオタウリン，ヒポタウリンなどが使用されている．

4）保湿剤 Humectants

頭皮の乾燥を防ぐ目的で，グリセリン，プロピレングリコール，1,3-ブチレングリコールなどが配合される．

5）殺菌剤 Antibacterial agents

ふけの増悪を防止する目的で配合される．殺菌剤によって頭皮の清潔さが保たれ，微生物の発育が抑制される．この結果，頭皮細菌類が産生するリパーゼによる遊離脂肪酸の生成が抑制され痒みや臭みが防止され，その結果，ふけの増悪が防止される．

主としてトリクロロカルバニド，ジンクピリチオン，ピロクトンオラミン，塩化ベンザルコニウム，塩化ベンゼトニウム，クロルヘキシジン，ヒノキチオール，フェノール，イソプロピルメチルフェノールなどが使用される．

このなかでジンクピリチオンとピロクトンオラミンは殺菌作用以外に，比較的強い酸化防止効果を有していることが明らかとなっている．

6）消炎剤 Antiinflammatory agents

主としてグリチルリチン酸およびその誘導体，酢酸ヒドロコーチゾン，プレドニゾロンなどが使用されている．

7）鎮痒剤 Antipruritic agents

主として塩酸ジフェンヒドラミン，マレイン酸クロルフェニラミン，カンファー，メントールなどが使用される．

6-3 》 口腔用薬剤 Oral health care agents

薬剤歯磨類の剤型は通常の歯みがきと類似の剤型の外用剤であり，歯磨剤の基本的な機能をより高め，あるいは新たな機能を付加するために各種の有効成分（薬剤）が配合される．

6-3-1．むし歯を予防する薬剤 Anti caries agents

むし歯の原因については，① 食物(糖)，② むし歯原性細菌叢および ③ 歯質の感受性の 3

要因の重なるところで発生するというKeyes[21]の説が広く受け入れられている．このなかで薬剤がむし歯を予防する効果が期待できるポイントは②および③についてであろう．

むし歯は歯に付着した歯垢内で，むし歯の原因菌とされているストレプトコッカス・ミュータンス *Streptococcus mutans* が，その菌体表層に局在するグルコース転移酵素 glucosyltransferase によってショ糖から水不溶性・粘着性のグルカンを産生し，それを介して歯に強固に付着するとともに，エネルギー代謝の結果乳酸を産生し，これが歯のエナメル質を脱灰すると考えられている．このことからむし歯の予防法として，① 歯の耐酸性を増強する，② むし歯の原因菌の殺菌，③ 細菌の産生するグルカンを分解するかその生合成を阻害する，という3種の方法が考えられ，したがって歯磨剤に配合するむし歯予防薬剤もこれら3種がある．

1) 歯の耐酸性の増強 および 再石灰化の促進

歯の耐酸性の増強の目的で従来から配合されている薬剤として，フッ化ナトリウム(NaF)，モノフルオロリン酸ナトリウム（Na_2PO_3F），フッ化スズ（SnF_2）がある．これらのフッ素化合物が歯の耐酸性を増強する作用機構は，歯のエナメル質の主構成成分のヒドロキシアパタイトの構造の一部がフッ素イオンと置換し，耐酸性の高いフルオリデーテッドハイドロキシアパタイトになるためであると考えられている．また，これらフッ素化合物はう蝕により脱灰された部分に作用してカルシウムイオンやリン酸イオンを補給し，再石灰化を促進する作用がある．

2) 殺菌剤

歯磨剤には広い抗菌スペクトルを持つグルコン酸クロルヘキシジン（XIII）が殺菌剤として汎用されている．そのほかに塩化セチルピリジニウム(XIV)，イソプロピルメチルフェノールなどが配合される．

(XIII) グルコン酸クロルヘキシジン

(XIV) 塩化セチルピリジニウム

3) グルカンの分解 および 生合成阻害

むし歯原因菌の産生する不溶性・粘着性のグルカンは，グルコースがα-1,6およびα-1,3結合などで高分子化した構造である．この中でα-1,6結合を分解する酵素がデキストラナーゼであり，α-1,3結合を分解する酵素はムタナーゼである．デキストラナーゼはすでに歯磨剤に配合されている．

4) その他

本来ショ糖に替わる非う蝕誘発性甘味料である糖アルコール類にはエナメル質の再石灰化作用があることが知られており，キシリトールはフッ素化合物との共存でそれぞれ単独の場合よりもさらに再石灰化を促進させることが知られている．

6-3-2. 歯周疾患を予防する薬剤
Anti periodontal disease agents

歯を取り囲む組織（歯周組織）に発生する疾患を歯周疾患といい，単純性歯肉炎や慢性辺縁性歯周疾患（歯槽膿漏）が含まれる．両者の違いは歯肉炎は歯肉の炎症に限局されるのに対し，歯槽膿漏は歯を支える骨（歯槽骨）の吸収が起こり，歯肉の炎症とともに歯の動揺が現われる．歯槽膿漏は多くの場合歯肉炎の進行，増悪から起こる．すなわち歯肉炎の予防が歯槽膿漏の予防につながるといえる．歯肉炎の主原因は歯垢であるので，歯磨剤には歯垢の抑制（プラークコントロール）と歯肉の炎症の予防を目的とした薬剤が配合される．すなわち歯垢を抑制する殺菌剤，抗炎症剤，収れん剤，血行促進剤などである．

1) 殺菌剤（総論 6-3-1. むし歯予防する薬剤の項を参照）

2) 抗炎症剤

2-1) ヒノキチオール（XV）

台湾産ヒノキ油からえられるトロポロン化合物であり，抗炎症作用，止血作用，殺菌作用などがある．

2-2) アラントイン

アラントインとその誘導体には抗炎症作用，収れん作用，細胞賦活作用などがある．

(XV) ヒノキチオール

2-3) グリチルリチン酸とその塩類（Ⅶ）

抗炎症，抗アレルギー，細菌発育阻止などの作用がある．

2-4) 抗プラスミン剤

炎症が起きている歯肉では局所の線溶系が亢進して出血しやすくなっている．抗プラスミン剤のε-アミノカプロン酸やトラネキサム酸が配合され，線溶系の抑制による出血予防と消炎作用を示す．

2-5) その他

ジヒドロコレステロール，アズレン，当帰エキスなどがある．

3）収れん剤

歯肉表層をひきしめる目的で配合される．アルミニウムアラントイン，乳酸アルミニウムなどがある．

4）血行促進剤

歯肉のうっ血を予防，改善する目的で配合される．末梢循環改善作用をもつビタミンEとその誘導体がある．

5）その他

古くから歯肉の炎症に効果があるとされ，また歯肉をひきしめる目的で塩化ナトリウムが配合される．またビタミンである塩酸ピリドキシンも用いられる．

6-3-3．口臭を防止する薬剤 Oral deodorants

口臭の原因は呼吸器や消化器の疾患に伴う全身性のものと口腔の疾患や食物によるものがある．歯磨剤の効果の対象はもちろん後者である．口腔内の細菌により蛋白やアミノ酸や代謝・分解されて発生する硫化水素やメチルメルカプタンなどの硫黄化合物や，有機酸や窒素化合物などが口臭の成分として知られている．口臭を防止する薬剤としては口腔内の細菌を抑制する目的で殺菌剤が配合される（総論6-3-1．むし歯を予防する薬剤の項を参照）．

その他従来から口臭に対して防止効果がある銅クロロフィンナトリウムが配合される．

6-3-4．歯石の沈着を防止する薬剤 Anti tartar agents

歯石は歯に付着した歯垢などの有機物に唾液中のカルシウムが沈着して形成されると考えられている．これを防止する薬剤としてはポリリン酸ナトリウム，ゼオライトなどが配合される．

6-3-5. タバコのやにの除去 Tar cleansing agents

歯磨剤の基本的な作用として研磨剤による歯の汚れの除去があり，この効果を高める薬剤としてポリエチレングリコールがある．

6-4 》 その他の薬剤 Other effective ingredients

6-4-1. ビタミン類 Vitamins

ビタミンは全身の正常な生理機能を維持するのに必要であるのと同様に，皮膚の生理機能の維持においても重要である．それらの欠乏によるさまざまな皮膚の症状を予防するため配合されるビタミン類を表6-1に示した．この中でビタミンA関連化合物であるレチノイン酸をはじめとしたレチノイド類は，$in\ vivo$で表皮の増殖や分化に影響することや，真皮のコラーゲンやエラスチンの生合成を促進すること[22,23]，さらに$in\ vitro$の皮膚細胞培養系においてヒアルロン酸の生合成促進作用を示すとされ[23]，今後の研究の進展が期待される．

表 6-1. 薬用化粧品に配合されるビタミン類と欠乏による皮膚症状

種　類	欠乏による皮膚症状	配合成分
ビタミンA	表皮の乾燥 角化の異常	ビタミンAあるいはその脂肪酸エステル類（パルミテート，アセテート）
ビタミンB群	脂漏性皮膚炎，湿疹	塩酸ピリドキシン(B_6)，B_6の脂肪酸エステル類，ニコチン酸アミド，γ-オリザノール
ビタミンC	色素沈着（しみ，そばかす）	アスコルビン酸モノステアリル，アスコルビン酸リン酸エステル，マグネシウム塩
ビタミンD	湿疹，皮膚乾燥，爪，毛髪の異常	
ビタミンE	更年期皮膚老化，にきび，血行障害	E-アセテート （抗酸化剤としても使用）
パントテン酸	白毛症，皮膚炎，口唇炎	パントテン酸カルシウム，パントテン酸エチルエーテル
ビタミンH	皮膚炎	ビオチン

1）ビタミンA

レチノールやそのパルミテートやアセテートなどの脂肪酸エステル類が使用される．表皮の乾燥や角化の異常に効果があるとされる．

2）ビタミンB群

ビタミンB$_6$（塩酸ピリドキシン：XVI-1やその脂肪酸エステル類）およびニコチン酸（XVI-2）誘導体（ニコチン酸アミド，ベンジルエステル）などが使用される．脂漏性皮膚炎，湿疹に効果があり，また皮膚細胞賦活作用もあるといわれている．

3）ビタミンC

美白用薬剤の項（6-1-1）参照．

4）ビタミンD

湿疹や皮膚乾燥に効果を示す．エルゴステリンに紫外線を照射してえられるものを食用油に数％溶解したものを油溶性ビタミンD$_2$（XVI-3）として配合する．

5）ビタミンE

脂肪酸エステル（アセテート）などで配合される．血行促進，抗酸化作用が知られている（XVI-4）．

6）パントテン酸

皮膚炎，口唇炎に効果を示す．パントテン酸カルシウム，パントテン酸エチルエーテルが配合される（XVI-5）．

7）ビタミンH

ビオチン（XVI-6）ともいわれ，皮膚炎に有効とされる．

(XVI-1) ピリドキシン

(XVI-2) ニコチン酸

(XVI-3) ビタミンD$_2$（エルゴカルシフェロール）

(XVI-4) ビタミンE（α-トコフェロール）

(XVI-5) パントテン酸

(XVI-6) ビタミンH（ビオチン）

6-4-2. ホルモン Hormone

皮膚の恒常性維持にホルモンが大きな役割を果たしていることはよく知られている．薬用化粧品に配合されるホルモン類は，卵胞ホルモンと副腎皮質ホルモンに限定されている．さらにそれらの種類，使用量などについては，基準が定められている．

1）卵胞ホルモン

エストラジオール（XVII）およびそのエステル，エストロン，エチニルエストラジオールなどが使用される．

2）副腎皮質ホルモン

コルチゾンおよびそのエステル，ヒドロコルチゾン（VIII）およびそのエステル，プレドニゾン，プレドニゾロンなどが使用される．

6-4-3. 抗ヒスタミン剤 Antihistaminics

皮膚のかぶれやアレルギーのように病的な状態でなくても，皮膚が荒れた状態（肌荒れ）の時にはわずかな刺激によって皮膚内でヒスタミンが産生されて，それによるかゆみや皮膚の異常が発生することがある．このヒスタミンの作用を防止する目的で種々の抗ヒスタミン剤が使用されることがある．抗ヒスタミン剤も法的な使用基準がある．

塩酸ジフェンヒドラミン（XVIII），マレイン酸クロルフェニラミン，グリチルリチン酸誘導体

などがある．

(XVII)　エストラジオール

(XVIII)　塩酸ジフェンヒドラミン

6-4-4. アミノ酸類 Amino acids

アミノ酸類は乾燥または硬化した表皮に水和性を回復させる効果があり，必須アミノ酸，塩基性アミノ酸およびその塩類が使用される．

6-4-5. 天然物由来の薬剤 Crude drugs

天然物（動植物）の抽出エキス，あるいはそれらからえられた成分が化粧品に配合されることがある．特に植物成分については長い歴史の中でえられた多くの使用経験から適用，効果，安全性などが確認され，配合が認められた成分が薬剤として配合される．配合される天然物あるいはその有効成分の例を効果，効能面から分類したものを（表6-2）に示した．

天然物からの有用物質の抽出に代わってバイオテクノロジーの技術（細胞大量培養，細胞融合，バイオリアクターなど）により，高純度，高収率かつ安価に天然物由来の有効物質が生産される場合がある．

この例としては紫根の組織培養によるシコニン[25]（抗炎症，創傷治癒作用），*Streptococcus zooepidemicus* を用いた発酵法によるヒアルロン酸，モルティエラ属の菌を用いた高密度培養法によるγ-リノレン酸含有油脂[26]（柔軟，保湿，肌荒れ改善剤）セリ科植物ミシマサイコの根（生薬サ

表6-2．効能・効果からみた生薬類の例[24]

収れん （抗脂漏）	ハマメリス，オドリコ草，白樺，ダイオウ など （タンニンを含有するもの）
消　炎	甘草，黄連，シコン，西洋ノコギリ草，ヒリハリ草，アロエ など
殺　菌	カミツレ（アズレンを含有），ユーカリ油などの精油類，ヒノキチオール など
紫外線防止	アロエ，マロニエ，β-カロチン など （フラボノイド類を含有するもの）
皮膚賦活 （新陳代謝促進，血行促進，創傷治癒）	ニンジンエキス，アロエ，シコン，リリー，ヘチマ，マロニエ，オオバク，ベニバナ など

（一部改変）

イコ）を純粋に大量培養したサイコサポニン[27,28]（保湿，角質層柔軟作用）などのバイオ技術による生産があげられる．

◇ **参考文献** ◇

1) Imai, Y. et al.：Jap. J. Pharmacol., 17, 317, (1967)
2) 田川正人ら：J. Soc. Cosmet. Chem. Jpn, 27(3), 409-414, (1993)
3) Yamamoto I. et al.：Biochim. Biophys. Acta., 1035, 44-50, (1990)
4) 坂本哲夫：フレグランスジャーナル，25 (3), 62-70, (1997)
5) 秋山純一ら：フレグランスジャーナル，25 (3), 55-61, (1997)
6) 富田健一ら：フレグランスジャーナル，18 (6), 72-77, (1990)
7) 秋保 暁ら：日皮会誌，101(6), 609-613, (1991)
8) 大山康明，三嶋 豊：フレグランスジャーナル，18 (6), 53-58, (1990)
9) 三嶋 豊ら：皮膚，36(2), 134-150, (1994)
10) 立花新一，田中良晶：フレグランスジャーナル，25 (9), 37-42, (1997)
11) 上出良一ら：西日本皮膚，57 (1), 136-142, (1995)
12) 杉山清治：皮膚と美容，30 (3), 2-6, (1998)
13) Kligman, A. M.：加齢と皮膚，高瀬，石原，戸田，森川編，清至書院，(1986)
14) 熊野可丸，堀井和泉：ファインケミカル，28 (10), 20, (1999)
15) 尾澤達也：化粧品の科学，裳華房，111, (1998)
16) Kitamura, K. et al.：J. Cosmet. Chem. Jpn., 29, 133, (1995)
17) Kitamura, K. et al.：Skin：Interface of a Living System. Tagami, H., Parrish, J. A. and Ozawa, T. editors, Elsevier Science B. V. (1998)
18) 朝田康夫：にきび（尋常性痤瘡），金原出版，1983．
19) Antiperspirant drug products for over-the-counter human use., Federal Register, 43, 46694, 1978.
20) 神田不二宏ら：日本化粧品技術者会誌，23, 217, (1989)
21) Keyes, P. H.：Bacteriol. Int. Dent. J., 12, 443, (1962)
22) Kligman, L. et al.：Connect. Tissue Res., 12, 139, (1984)
23) Tammi, R. et al.：J. Invest. Dermatol., 92, 326, (1989)
24) 駒崎久幸ら：フレグランスジャーナル，臨時増刊 No. 6, 11, (1986)
25) M. Tabata, et al.："Frontier of plant Tissue Culture 1978" p. 213 (1979) ed. by T. A. Thorpe Univ. Calgary.
26) 鈴木 修：化学と生物，23, 11, (1985)
27) 横山峰幸他：日本生物工学会大会講演要旨集 No. 1123, (1999)
28) 中山泰一，圷 信子，西山敏夫：生化学，71：889, (1999)

7 化粧品の物理化学

本章では化粧品の物理化学について述べる．物理化学は，物質の性質ならびに性質の変化に関する学問である．化粧品は多くの物質からなる混合物であり，化粧品を設計し，製造し，安定に保存するためには，物理化学的知識をもっている必要がある．物理化学の内容は多岐にわたるが，ここでは化粧品に特に関連深い分野であるコロイドおよび界面科学とレオロジーについて主に概説する．

7-1 化粧品のコロイド科学と界面科学

各論に記載されているように，化粧品は多くの成分からなり，その形態も実にさまざまである．そしてそれらの示す状態は，それぞれ物理化学的意味をもつ．化粧品には一口でいうと，溶解した状態のものと溶け合わないものが混じり合った状態のものとがある．このような状態にある物質およびその変化を研究の対象とするのがコロイドおよび界面科学であるので，化粧品の物理化学はコロイドおよび界面科学を意味するといっても過言ではない．そこでコロイドの定義と分類および界面の意義について簡単に述べた後，化粧品と関連深い項目について述べる．

7-1-1. コロイドと界面

1) コロイド Colloid

前述の化粧品の状態は，物理化学的に表現すると分散系 disperse system または dispersion となる．コロイド colloid も分散系であるが厳密に定義するのは難しい．

分散系とは，一様に連続した媒質中に粒子がばらばらに散らばって存在する系である．媒質は分散媒 disperse medium，粒子は分散相 disperse phase とよばれる．分散媒は気相，液相，固相のいずれでもよいが，分散相は前述の3つの相だけでなく，孤立した分子やイオンを指すこともある．

分散系は分散粒子の大きさにより分子分散系 molecular dispersion，コロイド分散系 colloidal dispersion と粗大分散系 coarse dispersion とに分けられる．分子分散系は，大きさが 1 nm 程

度までの孤立した分子またはイオンが分散した系であり，溶液 solution または固溶体 solid solution と同義語である．分散粒子の大きさが 1,000 nm（1 μm）をはかるに越えて，明らかに不均一とされる系が粗大分散系であり，時間の経過とともに分離してまう．コロイド分散系は分子分散系と粗大分散系の中間にあり，1～1,000 nm 程度の大きさの粒子が分散した系である．しかし粒子の大きさの範囲は厳密なものでなく，一般に粗大分散系もコロイド科学の対象とされている．

コロイド分散系は，また明らかに均一で安定な状態（分子分散系）から不均一で不安定な状態（粗大分散系）にいたる間にある．そこで，コロイド分散系は分散粒子の性質から3つに分類される．

1-1) 分子コロイド Molecular colloid

高分子が溶媒に溶けた状態，すなわち高分子溶液を意味する．系は真の溶液であり，熱力学的に安定である．今日では高分子溶液を分子コロイドといったりはしない．高分子化合物は高分子化学の対象となっている．

1-2) 会合コロイド Association colloid

比較的小さい分子やイオンが多数集まって会合体をつくり，コロイドの大きさの粒子として溶けている．この会合体をミセル micelle という（ミセルの項を参照）．会合体は熱力学的に平衡な状態にあり，会合コロイドも真に安定な系といえる．

1-3) 分散 または 粒子コロイド Disperse colloid

前述の2つの系は熱力学的に平衡な状態であり，真に安定な，可逆的な系である．それ故，混ぜるだけで自然に生成する系である．これに対して分散コロイドは，巨視的には均一にみえても，分散媒と分散相が明確に異なった相とみなしうる多相系であり，熱力学的には不安定な系である．それ故，分散コロイドは単純に混ぜても一般に生成しない．しかし分散コロイドは分散粒子の細かさや表面の荷電などにより，程度の差はあるが安定化されている（7-1-4．エマルションの項を参照）．また分散コロイドはその分散媒と分散相の関係から表7-1に示すように分類される．

表 7-1．分散コロイドの分類

分散媒	分散相	名　称	例
気　相	気　相	―	―
	液　相	エアロゾル	スプレー製品，霧
	固　相	エアロゾル	パウダースプレー，煙
液　相	気　相	泡	シェービングフォーム
	液　相	エマルション	乳液，牛乳
	固　相	サスペンション	ネールエナメル
固　相	気　相	キセロゲル	スポンジ
	液　相	ゲル	ポマード，ゼラチンゼリー
	固　相	固体コロイド	着色ガラス

今日，コロイド科学の主な対象は会合コロイドと分散コロイドであるが，化粧品で扱う対象も同じであり，たとえば化粧水は会合コロイド，乳液はエマルション，ネールエナメルはサスペンションである．ただし化粧品においては単純なコロイド系だけでなく，乳化ファンデーション，クリーム，ヘアーフォームなどのように複合された系である場合が多い（各論を参照）．化粧品にお

ける課題は，会合コロイドの場合は，できたものは安定であるので，如何にして必要とする会合コロイドを形成させるかにある（ただし，物質の化学的安定性は別）．また分散コロイドの場合は，1つは目的とする分散コロイドをどのようにして調製するかであり，もう1つは真に安定な系ではないので，如何にして安定性を向上させるかにある．

2） 界　面 Interface

界面とは，2つの相が接している境の面をさし，気相と液相または固相が接している場合は，習慣的に表面 surface という．分散コロイド（粗大分散系も含め）においては，その粒子の細かさから非常に大きな界面が存在することになり，界面が特に重要な意味をもつようになる．

界面に存在する分子は内側と外側とで異なる分子と接することになり，内部にある分子の状態とは異なる．このため界面に内部に比べ過剰の自由エネルギーが存在する．単位面積当りの過剰自由エネルギーが界面張力 interfacial tension である．分散コロイドでは，分散媒と分散粒子の間に界面が存在するので，完全に分離した状態よりも大きな界面をもつことになる．それ故分散コロイドはより大きな自由エネルギーをもつ系となり，熱力学的に不安定となる．

界面には吸着という現象があり，たとえば界面活性剤の界面への吸着は，乳化，濡れ，泡などの現象の本質に関わり，化粧品にとっても重要なものとなる．

7-1-2．　界面活性剤の性質

ここでは化粧品原料の中でもコロイドおよび界面科学ともっとも関係深い原料である界面活性剤について説明する．

界面に吸着して，界面張力を著しく低下させる物質を界面活性剤 surfactant, surface active agent という．界面活性剤は用途に応じて，乳化剤 emulsifier, 可溶化剤 solubilizer, 湿潤剤 wetting agent, 洗浄剤 detergent とよばれることもある．界面活性剤は，実に多くの種類があるが，共通した化学構造，すなわち水に対して親和性を示す親水基 hydrophilic group と，水に対して親和性を示さない疎水基 hydrophobic group をもつ．疎水基は一般に油に対して親和性を示すので親油基 lipophilic group ともよばれる．疎水基は大体において炭化水素基であるが，フルオロカーボン基やシリコーン基であることもある．親水基はイオン性と非イオン性に大別され，これらはさらに細かく分類される（総論 5-2．化粧品の原料の界面活性剤の項を参照）．

1） HLB (Hydrophile-lipophile-balance)

界面活性剤は親水基と親油基をそなえているので，その界面活性剤が親水性 hydrophilic になるか親油性 lipophilic になるかは，その親水基と親油基の性質の相対的な強さによって決まる．このような考えは古くからある[1]が，これを HLB (hydrophile-lipophile-balance) という．

Griffin[2] らは膨大な乳化実験を行い，各種界面活性剤の HLB を調べ，それを数値化し，各界面活性剤の HLB 値 (HLB number または value) を求めた．そして HLB 値を界面活性剤の化

表 7-2. 基　　数[4]

基	基　数	基	基　数
親水基		親油基	
−SO$_3$Na	38.7	−CH−	
−COOK	21.1	−CH$_2$−	
−COONa	19.1	−CH$_3$	−0.475
N（第4級アミン）	9.4	=CH−	
エステル（ソルビタン環）	6.8		
エステル	2.4	誘導基	
−COOH	2.1	−(CH$_2$−CH$_2$−O)−	+0.33
−OH	1.9	−(CH$_2$−CH$_2$−CH$_2$−O)−	−0.15
−O−	1.3		
−OH（ソルビタン環）	0.5		

(J. T. Davies：Proc. 2nd Intern. Congr. Surface Activity, 1：426, 1957.)

学構造から計算する方法[3]も提案した．

その後，J. T. Davies[4]は界面活性剤分子を単位の化学基に分け，その各々に表7-2に示す固有の値（基数）を定め，これを(1)式のように合計することにより求める方法を考案した．

$$\text{HLB 値} = \Sigma(\text{親水基の基数}) + \Sigma(\text{親油基の基数}) + 7 \qquad (1)$$

また川上[5]は非イオン界面活性剤の HLB 値をその分子構造から求める方法として(2)式を提案した．

$$\text{HLB 値} = 7 + 11.7 \log \frac{M_w}{M_o} \qquad (2)$$

ここで M_w は親水基の分子量，M_o は親油基の分子量である．

さらに，HLB 値は加成性が成り立つとされているので，混合された界面活性剤の HLB 値も簡単に計算できる．

種々の油相を乳化するのに各々それに適した界面活性剤の HLB 値がある．それを油の所要 HLB (required HLB) という．表7-3に各種油脂類の所要 HLB を示す．混合油相の所要 HLB も界面活性剤の HLB 値と同様加成性が成り立つので，たとえばミツロウ（HLB 15 として）10%，流動パラフィン（軽度）53%，ワセリン 37%からなる O/W エマルションの油相の所要 HLB を計算すると

$$\frac{15 \times 10 + 10 \times 53 \times 10.5 \times 37}{10 + 53 + 37} = 10.68$$

と成る．この油相の乳化には HLB が 10〜11 の乳化剤を用いるとよいことがわかる．

HLB 値は界面活性剤の性質をおおむね知るのに有効であり，簡便であることからよく利用されている．表7-4には HLB 値と界面活性剤の用途との関係を示す．しかしながら HLB 値も所要 HLB もあくまでも経験的に求められたものであり，理論的裏づけは十分でなく，ひとつの目安として考えたほうがよい．

HLB というと HLB 値として捉えがちであるが，これは区別して考えるべきである．HLB の

表 7-3. 所要 HLB[2]

油性原料	W/O エマルション	O/W エマルション
炭化水素		
流動パラフィン（軽質）	4	10
流動パラフィン（重質）	4	10.5
ワセリン　　（白色）	4	10.5
ミクロクリスタリンワックス	?	9.5*
パラフィン（家庭用）	4	9
動植物系油, ロウ		
綿実油	…	7.5
キャンデリラロウ	?	14.5*
カルナウバロウ	?	14.5*
ミツロウ	5	10〜16
ラノリン（脱水）	8	15
酸, アルコール, その他		
ステアリン酸	…	17
セチルアルコール	?	13
シリコン油（G. E.）	?	10.5*

*暫定値　　　　（W. C. Griffim：J. Soc. Cosmetic, Chemists, 1：311, 1949.）

表 7-4. 活性剤の HLB 値と用途

HLB 範囲	主な用途
1.5〜 3	消泡剤
4〜 6	W/O 乳化剤
7〜 9	湿潤剤
8〜18	O/W 乳化剤
13〜15	洗浄剤
15〜18	可溶化剤

概念は界面活性剤の性質をもっともよく表わし，本質的にその系の性質を決めるものである．HLB 値よりも理論的に明らかなものとして，HLB 温度 HLB temperature または転相温度 phase inversion temperature が篠田[6]により提唱された．HLB 温度は，非イオン界面活性剤の HLB が温度により変化すること(曇点の項を参照)を利用して求めるもので，その油－水－界面活性剤系で，非イオン性界面活性剤の HLB がちょうど釣り合う温度を意味し，この温度以下では O/W エマルションを，以上では W/O エマルションを生成する(エマルションの項を参照)．

　HLB はその親水基と親油基の性質の相対的な強さのみを考えているが，各々の絶対的な強さも界面活性剤の性質に大きな影響を与える．親水基と親油基の性質の相対的な強さだけでなく，それらの絶対的な強さが重要であることが，これから述べる界面活性剤の性質や機能から明らかになる．

2）ミセルの形成 と 臨界ミセル濃度
Micelle formation and Critical micelle concentration

　界面活性剤の希薄な水溶液は通常の溶液と同じ性質を示すが，濃度が増してゆくと，界面活性剤の分子またはイオンがいくつか集合し，会合体を形成して溶解するようになり，前述の会合コ

ロイドとなる．この会合体をミセル micelle という．ミセルは界面活性剤の疎水基を内側にして集合し，疎水基と水との接触を減らし溶解するのに有利な状態になろうとして(疎水相互作用)形成される．ミセルの形と会合数（aggregation number）は疎水基と親水基の相対的強さ（HLB）とそれらの絶対的強さ双方の性質によって決まる．図7-1に推定されているミセルの形[7]を示す．

　ミセルが形成される濃度を臨界ミセル濃度 critical micelle concentration または cmc とよぶ．cmc を境に界面活性剤の溶解状態が真の溶液から会合コロイドに変わるため，表面張力，束一的性質(溶質分子の数に依存する性質，たとえば浸透圧，凝固点降下)などの溶液の物理化学的性質が著しく変化する．図7-2[8]にイオン性界面活性剤水溶液の種々の物理化学的性質のその濃度に対する依存性を調べた結果[8]を示す．図にないものとしては，濁度(光散乱)，可溶化などの変化があ

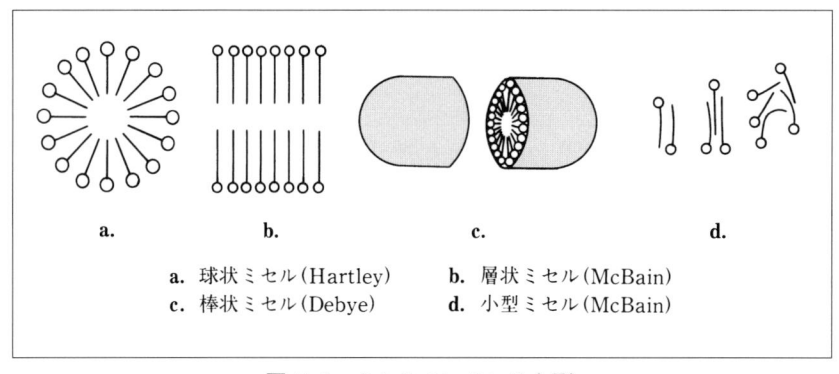

a. 球状ミセル(Hartley)　　b. 層状ミセル(McBain)
c. 棒状ミセル(Debye)　　d. 小型ミセル(McBain)

図 7-1. ミセルのいろいろな形

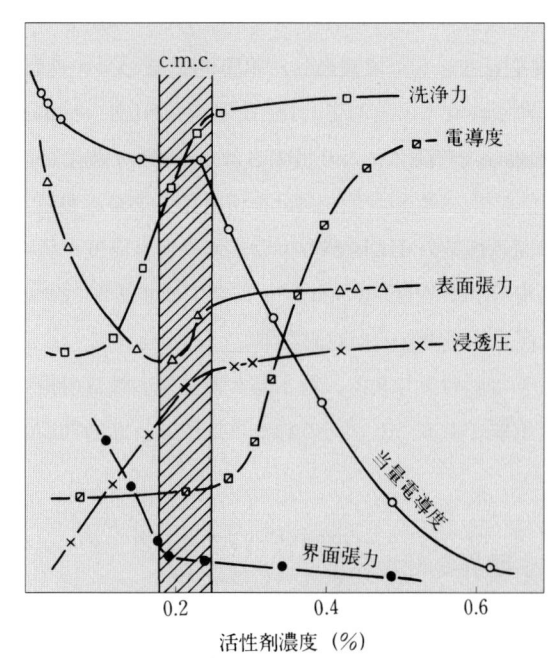

図 7-2. 物理的性質の濃度による変化[8]
(H. Preston：J. Phys., Coll., Chem., 52：85, 1948.)

る．界面活性剤の濃度を変化させて，これらの性質を測定し，その性質が著しく変わる濃度を求めることにより cmc を決めることができる．cmc は界面活性剤の疎水基と親水基の絶対的強さで決まる．

ここまでは界面活性剤水溶液系について述べてきたが，油溶液でも同様に界面活性剤がミセルを形成する．この場合は，逆ミセル reversed micelle とよばれ，親水基を内側に会合する．

界面活性剤は cmc 以上の濃度で界面活性剤としての機能が発揮されることが多いので，実際に化粧品に利用される場合も cmc 以上の濃度で用いられる．

3）液 晶 Liquid crystal

結晶と液体の中間的な状態，すなわち結晶のように分子の配列が規則的でないが，液体ほど不規則ではない状態を液晶 liquid crystal または mesophase とよんでいる．液晶は，一般に固体と液体の中間的な流動性と光学的異方性を示すことから容易に識別できる．ただし光学的に等方性の液晶も存在する．液晶は大きく分けてサーモトロピック thermotropic 液晶とリオトロピック liotropic 液晶がある．前者は結晶格子を部分的に熱によって壊したものであり，後者は溶媒によって壊したものといえる．

界面活性剤と密接な関係があるのはリオトロピック液晶であり，一般に界面活性剤が水と濃厚な状態で混じり合うとできる．図7-3 は代表的な液晶の構造を表わすが，液晶もミセルと同様に界面活性剤の会合体で形成されている．ただし液晶では会合体は無限に成長したものと考えられ，親水基を外側に配向した棒状の会合体が六方晶に充てんされたのが六方晶相 hexagonal phase または middle phase，層状構造の会合体が層状に充てんされたのがラメラ相 lamellar phase または neat phase であり，界面活性剤の配向が逆になった六方晶は逆六方晶相 reversed hexagonal phase とよぶ．液晶の構造は界面活性剤の HLB とその濃度で決まる．上述の構造も界面活性剤の HLB が反映され，親水性のものは六方晶相を，疎水性のものは逆六方晶相を，その中間の性質，換言すれば親水性と疎水性のバランスがとれたものがラメラ相をつくる．図7-4 にヘキサエチレングリコールモノドデシルエーテル-水系の相平衡図を示す．図中に1L，2Lで表わした領域は各々一液相，二液相であり，Mは六方晶相，Nはラメラ相を表わす．同じ HLB の界面活性剤であれば水が多い側に親水的な構造の相ができる．

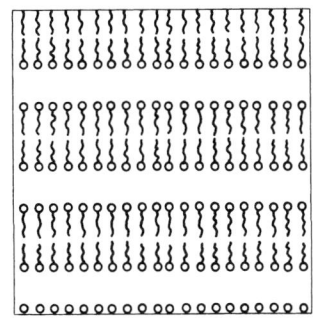

| 六方晶相 | ラメラ晶相 | 逆六方晶相 |

図 7-3. 代表的な液晶の構造の模式図

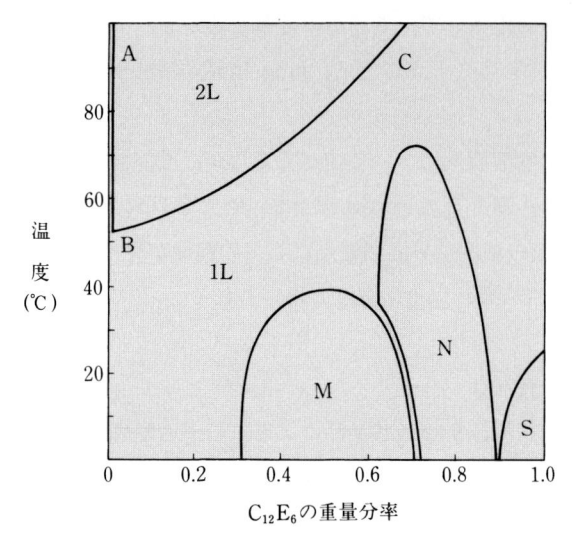

図 7-4. $C_{12}H_{25}(OC_2H_4)_6OH$ と水との平衡相図
1L：1液相，2L：2液相，M：液晶相（六方晶）
N：液晶相（ラメラ晶），S：結晶相

液晶は界面活性剤と水と油の混合系でもでき，界面活性剤の親水基側に水が，親油基側に油が溶けた構造となる．このような系は，化粧品の分野で基剤そのものとしても利用されている．

4）曇点（下部臨界温度）Cloud point

非イオン界面活性剤の水溶液は，温度を上げてゆくと急に濁ることがある．この温度を曇点 cloud point といい，下部臨界溶解温度ともよばれる．ポリエチレングリコールを親水基とする非イオン界面活性剤は，ポリエチレングリコールのエーテル酸素と水との水素結合が温度上昇とともに切断されるため，水への溶解性が低下し，水に溶けにくくなる．そして曇点では，界面活性剤の会合数が無限に大きくなり，界面活性剤濃厚相と希薄相（ほぼ水）に分離する．例として前述のヘキサエチレングリコールモノデシルエーテル-水系の曇点を相平衡図（図7-4）上に示すと ABC が曇点曲線となる．AB 線は値が小さすぎるため図には正確に描かれていない．

曇点は HLB を精度よく示すので，非イオン界面活性剤の品質管理の指標としても用いられる．

5）クラフト点 Krafft point

イオン性界面活性剤は，ある温度以上で水への溶解度が急に大きくなる．この温度をクラフト点 krafft point という．クラフト点は，簡単にいうと，水の中での界面活性剤の水和結晶の融点であり，その温度で界面活性剤の水和結晶が融解し，ミセルを形成し，急に水に溶解するようになる．それ故，水和結晶の融点が下がるような構造となる界面活性剤のクラフト点は低くなる．表 7-5 に種々のイオン性界面活性剤のクラフト点を示す．

一般に界面活性剤はクラフト点以上で機能するので，界面活性剤を化粧品に利用する場合，クラフト点に配慮する必要がある．

表 7-5. イオン性界面活性剤のクラフト点

種類	クラフト点 (℃)
$C_{12}H_{25}SO_4Na$	16
$C_{14}H_{29}SO_4Na$	30
$C_{16}H_{33}SO_4Na$	45
$C_{18}H_{37}SO_4Na$	56
$2MeC_{11}H_{23}SO_4Na$	<0
$2MeC_{13}H_{27}SO_4Na$	11
$2MeC_{15}H_{31}SO_4Na$	25
$C_{16}H_{33}SO_4NH_2(C_2H_4OH)_2$	<0
$C_{16}H_{33}(OCH_2CH_2)_3SO_4Na$	19
$C_{18}H_{37}(OCH_2CH_2)_3SO_4Na$	32

7-1-3. 可溶化とマイクロエマルション

1) 可溶化 Solubilization

界面活性剤の水溶液は水に難溶性の物質を透明に溶かすことができる．この現象を可溶化 solubilization という．可溶化は界面活性剤の cmc 以下の濃度ではみられない．油などの難溶性物質はミセルに取り込まれて溶解する．また可溶化系は透明にみえるがチンダル現象を示すので，通常の溶液とは容易に識別できる．可溶化系はミセル溶液，すなわち会合コロイドであり，熱力学的に安定である．可溶化される油の量は活性剤の量に依存するのは当然であるが，同じ活性剤量でもその HLB により著しく変わる．図 7-5[9)]に非イオン界面活性剤水溶液における油(ヘキサデカン)の可溶化量の温度依存を示す．可溶化領域は曇点曲線と可溶化限界曲線で囲まれた範囲である．非イオン界面活性剤の HLB は温度の上昇にしたがって親油化する(前述の曇点を参照)．その HLB の変化に伴って油の可溶化量が著しく変わり，最適な界面活性剤の HLB(親油性と親水性がつり合った状態，すなわち HLB 温度)で最大の可溶化量となる[10)]．ほぼ同じ HLB の界面活性剤であるヘキサエチレングリコールモノデシルエーテル($C_{12}E_6$)とオクタエチレングリ

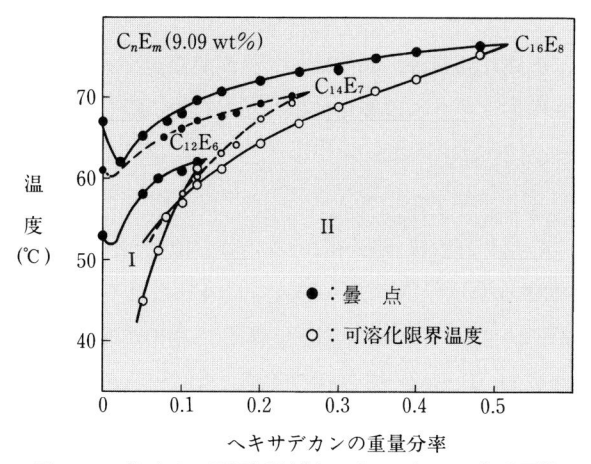

図 7-5. 非イオン界面活性剤-ヘキサデカン-水系平衡

コールモノヘキサデシルエーテル（$C_{16}E_8$）との可溶化量の比較から，親油基と親水基の性質が強いほど可溶化量が多くなることもわかる．また最適な界面活性剤の HLB は可溶化する油の構造（性質）によっても変わることがわかっている．そこで少量の界面活性剤量でできるだけ多くの油を可溶化しようとすれば，その油に対して最適な HLB であり，できるだけ大きな親油基をもつ界面活性剤を用いるとよいことがわかる．

同様な現象は界面活性剤の油溶液にもあり，逆ミセルに水溶液が可溶化される場合もある．

2）マイクロエマルション

Shulman ら[11]は，油，水，イオン性界面活性剤，中鎖アルコールを混ぜると，透明な系が自然に生成することを見いだし，マイクロエマルションと名づけた．最近のコロイド科学の分野では，マイクロエマルションは油—水—両親媒性物質からなる透明あるいは半透明な一液相で，熱力学的に安定であり，膨潤した大きなミセルが分散した系であると定義[10]されるようになった．それ故，本質的には上述の可溶化系と同じであり，可溶化される油あるいは水の量が多い系を指すことになり，図7-5 に示した可溶化の領域はマイクロエマルションということになる．

ただしこのような定義に沿って，マイクロエマルションという言葉が広く一般的に使われているとは限らず，可溶化系でない，ただエマルションの粒子が小さくなったものもマイクロエマルションとよんでいる場合がある．

7-1-4．エマルション Emulsion

水と油のように，互いに溶け合わない液体同士の分散系をエマルションまたは乳濁液 emulsion といい，このような状態にすることを乳化 emulsification という．エマルションは分散コロイドもしくは粗大分散系に属するが，いずれにしても熱力学的に不安定な系であり，いずれは分離してしまう．エマルションは通常白濁している．これは分散媒と分散相の屈折率が異なり，粒子径も 0.1 μm より大きいためである．屈折率を同じにすれば粒子径の大きなエマルションでも透明になる．

エマルションにおいて重要な問題は，如何にして長期間安定なエマルションを作るかにある．エマルションは化粧品を作るうえでの重要な技術となるので，少し詳しく述べる．

1）乳化型

エマルションはどちらの相が分散媒（連続相）あるいは分散相（乳化粒子）になるかで，水中油型(O/W)エマルションと油中水型(W/O)エマルションに分けられる．一般に親水性の乳化剤では水相が連続相である O/W エマルション，親油性の場合は油相が連続相である W/O エマルションとなる．エマルションが O/W 型になるか W/O 型になるかは，どちらの型のエマルションがより安定であるかで決まる[12]とされる．しかしもっと単純にエマルションの型が決まり，界面活性剤のミセルが水相で形成されれば O/W エマルション，油相で逆ミセルが形成されれば W/O エ

マルションとなる[13]．これは油—水界面に吸着した界面活性剤の配向が，安定系であるミセルにおける界面活性剤の配向と同じになりやすくなる，すなわちミセルが水中で形成されれば(親水基を外側に親油基を内側にして配向する)，エマルションの液滴においても界面活性剤は親水基を外側に親油基を内側にして配向するため，O/W 型が安定となると考えられる．

乳化型が O/W 型であるか W/O 型であるかは連続相の性質の差異から見分けることができ，つぎのような方法がある．① **電気伝導度**：O/W 型のほうが W/O 型より伝導度が高い．② **希釈法**：水で希釈してみて，分散のしやすさから判定する．③ **染色法**：水溶性染料または油溶性染料を溶かしてみて判定する．

O/W 型，W/O 型の単純な様式のエマルション以外に，多相エマルション multiple emulsion または複合エマルション double emulsion があり，W/O/W 型と O/W/O 型がある．これらを顕微鏡で観察すると乳化粒子の中にさらに粒子がみえる．

2) 調製法

エマルションの調製法にも，コロイド調製の基本的方法である凝集法と分散法がある．前者は一様に溶け合った状態からなんらかの手段で過飽和状態にして分散相となるものを出現させる方法である．後者は大きな分散相の塊を力により細かくするものであり，界面を広げるためにエネルギーを必要とする．

エマルションは一般に分散法で調製されている．その具体的方法として単純に乳化機の破砕力を利用した手法と界面化学的特性を利用し大きなエネルギーを必要としない手法とがある．乳化機については化粧品の製造装置の項に記述があるので，ここでは界面化学的特性を利用した手法について述べるが，凝集法で調製されるもの(超微細エマルション)も含まれる．

界面化学的特性を利用した微細 O/W エマルションを得る調製方法が数多く報告されていて，HLB 温度乳化法[14,15,16]，非水乳化法[17]，転相乳化法[18]，D 相乳化法[19]，液晶乳化法[20]などがあるが，ここでは HLB 温度乳化法と D 相乳化法について概説する．

HLB 温度乳化法は 7-1-3．1) 可溶化の項で述べたように非イオン界面活性剤の HLB が温度によって変化することを利用したものである．

油/水/非イオン界面活性剤系においては，前述のように，HLB 温度(転相温度)以上では油相中でミセルが形成され，W/O エマルションに，以下では水相中にミセルが形成され O/W エマルションとなる．HLB 温度では，界面活性剤の HLB (Hydrophile-lipophile balance) がちょうど釣り合い油相と水相の間の界面張力が最小となり著しく低くなる．それ故，HLB 温度より 2 から 3℃低い O/W 温度領域で撹拌すると微細な O/W エマルションを得ることができる．しかし，この温度ではエマルション粒子はかなり不安定で粒子径が大きくなってしまう．そこで，O/W エマルションが安定となる，HLB 温度より 20〜30℃以上低温側まで速やかに冷却することによって，経時的に安定で微細な O/W エマルションを得ることができる．この方法は，簡単な撹拌装置で微細な O/W エマルションを作ることができ有効な方法であるが，エマルションを長期間安定に保存するためには，HLB 温度が保存温度より少なくとも 20℃以上高い系を選択する必要がある．

D相乳化法は，油/水/界面活性剤の他に第4の成分として多価アルコールを用いることを特徴とする．ここでD相とは濃厚な多価アルコール水溶液に多量の界面活性剤を含む溶液を意味し，D相と油との界面張力が非常に低下することを利用している．乳化の手順は，この濃厚溶液中に油を添加し分散させ，内相比が大きくなったところで生じる透明または半透明なO/Dゲルエマルションを水で希釈して微細O/Wエマルションを得る．HLB温度乳化法の場合は，界面活性剤のHLBが乳化温度（HLB温度）で制約される．しかし，D相乳化法では，HLB温度が100℃を超える親水性界面活性剤でも使用でき，界面活性剤のHLBの選択の幅が広いという利点がある．D相乳化法は基本的な概念において前述の非水乳化法と同じである．

　はじめに述べたように，この他にも非水乳化法，転相乳化法(反転乳化法)，液晶乳化法などがある．いずれも基本的な考えは，上記2法と同じであり，界面張力が低い状態，すなわち小さいエネルギーで乳化粒子をより小さくできる状態を界面化学的工夫で作り出し，そこで乳化し微細エマルションを得るものである．界面張力が低い状態においてエマルションの安定性が悪い場合は，乳化した後になんらかの手段で安定な系に変えるという点も同じであり，例えばHLB温度乳化法ではHLB温度より20～30℃以上低い温度で保存する，D相乳化法・非水乳化法では水で希釈して多価アルコール濃度を下げるという手段である．

　ここまでは粒子の大きさがサブミクロン，すなわち $0.1\,\mu m$ 以上のO/Wエマルションの調製法であったが，$0.1\,\mu m$ 以下の透明または半透明なエマルション（超微細エマルション）[9,21]も調製できるようになった．この外観は前述のマイクロエマルションと同じである．しかしこのエマルションは相平衡図より二液相系であることがわかり，通常のエマルションの粒子が単に極めて小さくなっただけのものである．調製法は単純であり(凝集法)，前述のマイクロエマルションの項で述べた，非イオン界面活性剤—油—水系において高温で形成するマイクロエマルション(図7-5を参照)を冷却すればできる．ただしエマルションの粒子が極めて小さいため，通常のエマルションよりも，後述するOstwald ripeningによる不安定化の影響を受けやすい．しかし油を選択して用いれば極めて安定なものがえられる．この調整方法には油と界面活性剤の重量比と超微細エマルションの粒子径との関係は直線になるため，油と界面活性剤の重量比を変えることにより粒子径を制御できるという特徴がある．

　W/Oエマルションに関する報告はO/Wエマルションに比べはるかに少ない．調製法も同様であるが，ゲル乳化法と粘土鉱物を用いた乳化法についてふれる．前者は分子内に3つ以上の水酸基をもつ多価アルコールの脂肪酸部分エステル系の親油性界面活性剤中に，アミノ酸またはその塩の水溶液やソルビトールまたはマルチトールのような還元糖の水溶液を撹拌しながら加え，界面活性剤中に水溶液を含む安定なゲルを作り，そのゲルに油とさらに水を加え，W/Oエマルションをえる方法である．アミノ酸を用いる方法[22]は詳細に研究されている．つぎに水膨潤性粘土鉱物を用いたW/Oエマルション[23]について述べる．水膨潤性粘土鉱物に4級アンモニウム有機カチオンさらに非イオン界面活性剤を包接し，新たな包接化合物をつくる．この複合体は水にはまったく膨潤せず，油中で容易に膨潤し粘稠な油性ゲルを生成する．このゲルに水を加え混合すると，極めて安定なW/Oエマルションができる．これはこれまでの界面活性剤の溶液系で作ら

れるエマルションと異なり，粘土鉱物の複合体によるマイクロカプセル様のエマルションと考えられている．

3）安定性

前述のように，エマルションは本質的には不安定であり，長期間放置すると破壊してしまう．その過程は図7-6に示すように，一般には，①クリーミング creaming，②凝集 coagulation，③合一 coalescence の3つの現象に大別される．ここではさらに Ostwald ripening についてもふれる．これらはエマルションのみでなく分散コロイド一般に適用されるものである．

3-1）クリーミング Creaming

O/Wエマルションでは，油が分散相となっているので，粒子は浮上（W/Oエマルションでは沈降）してくる．その速度は（3）式に示すストークスの法則より求められる．

$$V = \frac{2g(\rho_1 - \rho_2)r^2}{9\eta} \qquad (3)$$

Vは粒子の移動速度，gは重力加速度，rは粒子の半径，ρ_1とρ_2は分散媒と分散相の密度，ηは分散媒の粘度を表わす．したがってクリーミングの速度を遅くするためには，粒子径を小さくし，分散媒と分散相の密度差を小さくし，分散媒の粘度を大きくすればよい．このことから，求められる乳化技術の1つが乳化粒子を小さくすることであることがわかる（調製方法を参照）．またつぎに述べる凝集や合一するとクリーミングを起こしやすく，クリーミングは複合された安定性を評価することになる場合がある．

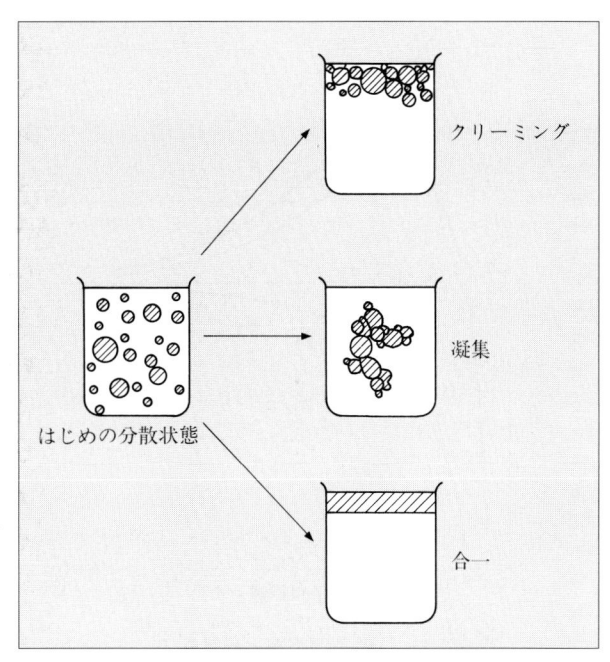

図7-6．エマルションの3つの分離過程

3-2) 凝　集 Coagulation

　コロイド粒子の間には普遍的に引力が働くので，なんらかの反発する力が粒子間に働かないと粒子が互いに凝集してしまう．コロイド粒子間に働く反発力は，電気的なものと高分子吸着相の重なりによるものが考えられている．

　電気的反発系にはDLVO理論[24]が適用される．粒子間には普遍的なLondon-van der Walls引力ポテンシャル，V_Aが作用している．一方，界面が荷電している粒子の回りに拡散電気二重層が形成され，粒子が互いに近づき，それらの電気二重層が重なり合うと静電気的反発ポテンシャル，V_Rが生ずる．この引力と反発力は粒子間の距離の関数である．粒子が近づいてきたとき粒子間に働く力が引力となるか，反発力となるかはV_AとV_Rの和である全ポテンシャルエネルギーV_Tで決まる．

$$V_T = V_R + V_A \tag{4}$$

　この関係を定性的に表わしたのが図7-7である．静電気的反発力が強ければ，V_Tは図のような曲線となり，粒子が近づくと反発力が働き，このエネルギー障壁に打ち勝たないと凝集しない．この山が熱運動によるポテンシャルkTより十分大きければ，凝集に対して安定となり，山の高さが低くなりkTと同じ程度となると粒子はゆっくり凝集することとなる．またイオンの濃度を高めると凝集しやすくなること，加えるイオンの価数が大きくなると著しく凝集しやすくなるというSchulze-Hardyの法則も，加えるイオンによる静電気的反発力の減少に基づくものとしてDLVO理論で説明される．エマルションにおいては，特にイオン性界面活性剤で乳化された系で

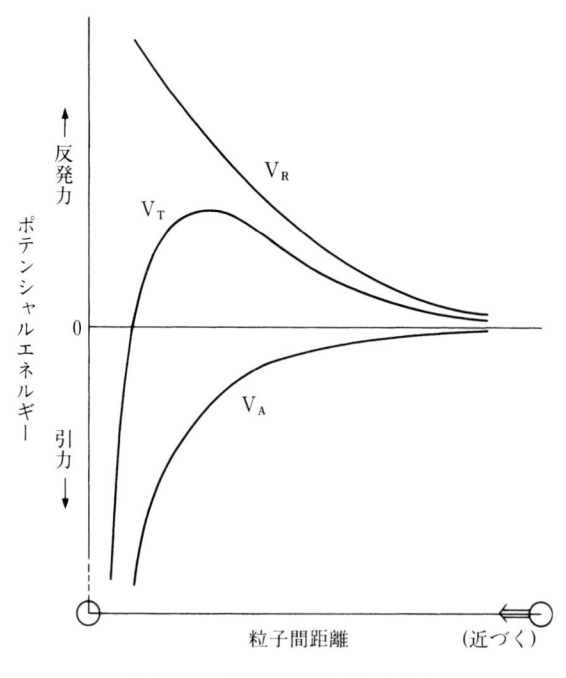

図7-7. 粒子間距離と相互作用
ポテンシャルエネルギー

重要な概念であり，十分に斥力が働く系とすれば安定化することになる．

高分子がコロイド粒子の分散安定性を高めることは古くから知られていた．これは粒子の表面に吸着した高分子の層が重なることにより反発力が生ずるためと考えられている．このような効果は浸透圧効果 osmotic effect または容積制限効果 volume restriction effect[25] とよばれる．反発力が生ずる原因を分かりやすくいえば，吸着層が重なると重なった部分は高分子の濃度が濃くなるため浸透圧が働き溶媒が入り込み粒子を引き離そうとするからである．また非イオン界面活性剤で乳化された O/W エマルションの安定性にもこの考えが適用され[26]，ポリオキシエチレンの付加モル数が大きいほど安定となることが示された．非イオン界面活性剤のエマルションの安定性を考える場合，非常に重要な問題となる．

3-3) 合一 Coalescence

合一とはエマルションの粒子同士が融合し合体することをいう．合一が完全に進行すれば二相に分離することとなり，もっとも安定な状態になることを意味し，クリーミングや凝集とは意味を異にする．凝集に対して安定であれば粒子の合一に対しても安定であると考えられるので，その点では凝集の議論が適用できる．しかし合一の過程は界面吸着膜の除去もしくは破壊を伴うと考えられるので，凝集したからといって，必ずしも合一するとは限らない．そこで界面吸着膜そのものの安定性が議論され，粒子の界面膜の流動性を低下させたり，界面に液晶を形成させて合一に対する安定性を向上させる試みがある．Davies[27] は液滴が融合する過程での界面吸着膜の役割から，合一に対してより安定な界面活性剤の構造を考え，親油性，親水性ともに強い方がよいとしている．しかし合一に対する理論的に明確な説明はまだなされていない．

3-4) オストワルド熟成 Ostwald ripening

これまでエマルションの粒子径が増大する原因として，合一だけを取り上げてきたが，最近 Ostwald ripening も関心がもたれるようになってきた．Ostwald ripening とは，エマルションの粒子径に分布がある場合，小さい粒子は小さくなり，大きな粒子はますます大きくなり，最後には小さい粒子は消滅してしまう現象である．これは(5)式に示す Kelvin 則に基づくものである．

$$\ln S_1/S_2 = \frac{2\gamma V}{RT}(1/r_1 - 1/r_2) \tag{5}$$

ここで S_1, S_2 はそれぞれ半径 r_1 と r_2 の粒子の溶解度，γ は界面張力，V は分散相のモル容積，R は気体定数，T は絶対温度である．この式は小さい油滴の溶解度は大きい油滴の溶解度より大きくなることを示している．それ故小さい粒子から大きな粒子へ油が水相を通って拡散し上述の結果となると説明される．通常のエマルション系で Ostwald ripening が起こりうることが報告[28,29]され，詳細な考察[30]もされている．粒子の大きさが 100 nm より小さくなると，上の式からも Ostwald ripening という現象がより重要なものとなることがわかる．最近では非常に微細なエマルション(超微細エマルションを参照)が調製できる[9,21]ようになり，Ostwald ripening の重要性が指摘されている．

7-1-5. リポソーム(ベシクル) Liposome (Vesicle)

レシチンのようなラメラ液晶(液晶の項を参照)を形成する両親媒性脂質を過剰な水の中に分散させると二分子膜がまるまってできた閉鎖型の小胞体が容易に作られる。これをリポソーム liposome またはベシクル vesicle という。ラメラ液晶を形成する脂質であれば，その疎水基が二鎖のものに限らず，一鎖[31]，三鎖[32]の両親媒性脂質でもベシクルを作るものがある。ベシクルはミセルと違って熱力学的に安定なものではないので，作り方によって大きさや構造の異なるものができる。幾枚かの二分子膜からできた多重層ベシクル multilamellar vesicle，1枚の膜からできた小さなベシクル small unilamellar vesicle，1枚の膜からできた大きなベシクル large unilamellar vesicle がある。ベシクルはその構造からカプセルとしての機能をもつので，医薬品や化粧品の分野で利用しようと試みられている。これらを基剤として利用しようとする場合，その安定性に注意を払わねばならない。

7-1-6. 粉体の性質

化粧品に粉体を利用する目的は，肌を彩色したり，シミ，ソバカスなどを隠したり，汗や皮脂を吸収するためである。そのほかに芳香製品には香料の担体として用いられ，歯磨には研磨剤として用いられる。粉体が用いられている化粧品の状態は粉体そのもの，固体状に成型したもの，固形状の油相に分散されたもの，サスペンションなどさまざまである。ここではそれらの状態に影響を及ぼす粉体の性質について述べる。サスペンションの安定性は，同じ分散コロイドあるいは粗大分散系であるエマルションの項を参照されたい。

1) 比表面積

粉体の粒子の形状はさまざまであるので，粒子径として定義するのは難しい。そこで単位質量または単位体積の粉体の全表面積量を求め比表面積 specific surface area とし粉体粒子の大きさの尺度とすることがある。比表面積は粉体の単位質量当りの気体の単分子吸着量を測定し求める[33]。

2) 見かけの密度

見かけの密度 apparent density は，粉体の質量と体積から算出される密度であり，粉体内に必ずできるすき間を含めたものである。かさ密度 bulk density ともいう。単位質量の粉体が充てんされて占める体積を比体積 specific volume という。

化粧品および化粧品粉末原料の比体積の測定方法は化粧品原料基準[34]に記載されている。

3) 充てん性

粉体の充てん性 characteristics of packings は，上述のかさ密度，比体積でも表わされるが，空隙率がもっともよく用いられる。空隙率はつぎのように表わされる。

$$空隙率 = 1 - \frac{(見かけ密度)}{(粉体粒子の真密度)} \tag{6}$$

同じ大きさの球であれば，空隙率はその充てん形式(粒子の配列のしかた)より計算でき，粒子の大きさに無関係である．しかし実際には比表面積や粒子径との関係があり，粒子径が，その粒子固有の大きさ(臨界粒子径)より小さくなると空隙率は大きくなる．これは粒子径が小さくなると，粒子間の相互作用(付着，凝集)を受けやすくなるためである．

4) 流動性

粉体はさらさらして流れやすいものから湿った感じで流れにくいものまである．このような流動性 flowability のちがいは粉体粒子の付着・凝集性の差異による．付着・凝集性の原因は，粒子と粒子の間に働く van der Walls 力，静電気力，粒子に付着した水の表面張力による毛細管力などが考えられている．流動性を評価するため，安息角，摩擦係数，流出速度などが測定される．ここでは安息角の測定について述べる．

平らな面に静かに粉末を落として図7-8のように積み上げたときの山すその傾斜角を測定して安息角 angle of repose とするのが普通である．しかし山の形が理想的な円錐となることは少なく，図7-8の(a')や(b')のように，すそと頂上の方で傾斜角が異なったりする．このようなときはHとDを測定して計算してもよい．安息角測定には山の積み上げ方が重要であることはいうまでもない．点供給法，円筒引き上げ法，平行板法，容器傾斜法，排出角法，シフター法，回転円筒法などが知られている．

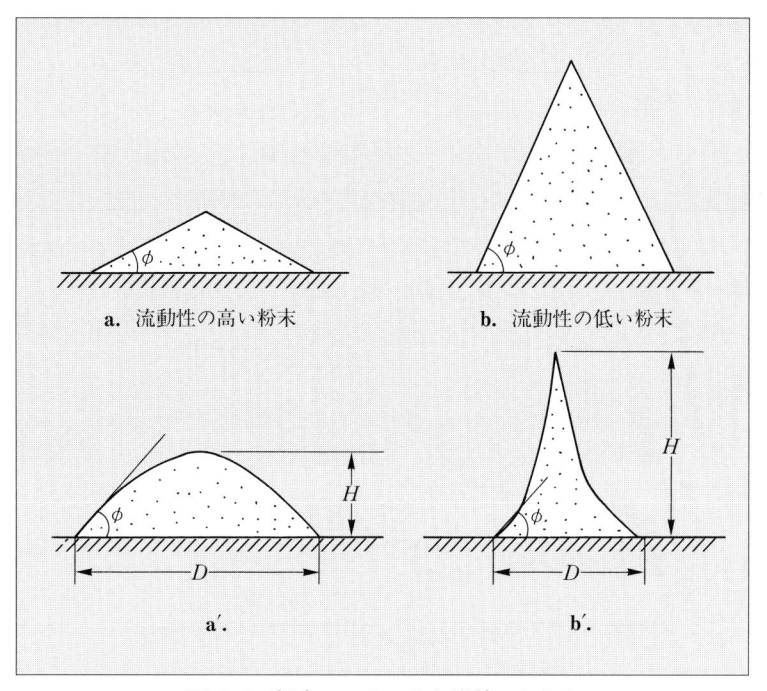

a. 流動性の高い粉末　　**b.** 流動性の低い粉末

a'.　　**b'.**

図 7-8．粉末のいろいろな堆積のしかた

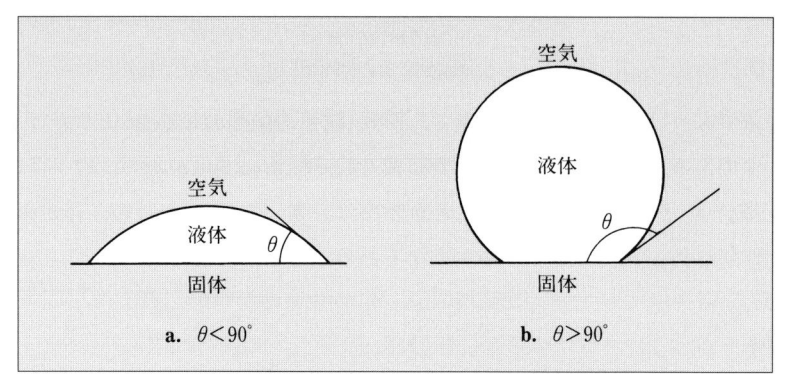

図 7-9. 液体—固体間の接触角

5) 濡 れ

大きな固体を磨いて作りだした平らな面に水滴を静かに載せると水滴が広がってその面を濡らす場合と，水滴のまま残って面を濡らさない場合がある．水滴の代わりに油滴を用いるとその油に対する濡れやすさがわかる．液滴ができる場合のようすを図7-9に示す．液体と固体の面が接する点での接線と固体表面とがなす角を接触角という．接触角は固体の液体への濡れ wettabilitiy の尺度で，化粧品においては粉体と液体を混ぜる場合の重要な指標となる．しかし実際には粉体粒子の接触角を直接測定できないので，粉体を圧縮成型した面で測定を行う．

6) 表面処理

粉体粒子表面の性質をなんらかの方法で変えることがある．これを表面処理という．化粧品での表面処理の目的は大きく分けて2つある．粒子表面の触媒作用などのような化学的性質を変えるためと，分散媒への濡れなどの物理的性質を変えるためである．

これまでに種々の表面処理技術が開発されているが，最近シリコーンモノマーを用い，粉体表面の触媒活性を利用して粉体表面にポリマーの超薄膜を形成し，その膜により触媒活性点を封鎖する方法[35]が開発された．さらにこの処理粉体の超薄膜表面に機能性分子を導入して，粉体表面の物理的性質を変えるだけでなく，皮脂や汗によって落ちにくいファンデーションを開発したり，油中における粉末の分散性を飛躍的に向上することによって高彩度の口紅が得られるようになった[36]．またこの技術は，化粧品以外にも応用され，高速液体クロマトグラフィー用カラム充てん剤などとしても利用されている．

7-2 化粧品のレオロジー

7-2-1. 化粧品におけるレオロジーの意義

レオロジー rheology とは物体の変形や流動の問題を取り扱う1つの学問体系である．レオロ

ジー的性質でもっとも単純なものは粘性と弾性である．水や流動パラフィンのような液体は粘性をもち弾性をもたない．このようなものをニュートン流体 newtonian fluid とよぶ．ニュートン流体はごく小さい力を加えても流れ，力は全部「流れること」に費やされ，それによってエネルギーが消費される．一方，ゴムやバネのようなものは粘性はもたず弾性をもつ．このようなものをフック固体 Hookian body とよび，フック固体に力が加えられるとその力は固体の変形に使われ，エネルギーは消費されず保存される．

化粧品では，溶液状態のものはニュートン流体として取り扱ってもよいが，分散系のものは粘性と弾性がからみ合った複雑なレオロジー的性質を示す．このような物体を粘弾性体 viscoelastic body とよぶ．

物体のレオロジー的性質は，その物体の内部構造に起因するから分散系の化粧品には非常に重要な性質であるばかりかレオロジーの測定は，化粧品の内部構造の解明に有力な手段となる．また化粧品のレオロジー的性質を知ることは，化粧品の製造機械を設計するうえでも大切なことである．

化粧品のレオロジーは，化粧品を使用する立場からも重要である．ポマードやチック，マッサージクリームのような化粧品はその粘着性や潤滑性を生かしたものである．ボディパウダーはタルク粉の潤沢性を利用したものである．そしてクリームなどの使用時の"のび"や"こし"，シャンプー時やリンス後の毛髪の感触など人間が感覚的に判断したレオロジー的性質を物理的に意味づけしようとする試みもある．この分野は G. W. Scott Blair[37]によってサイコレオロジー psychorheology と名づけられた．

また最近は皮膚もレオロジーの対象とされ研究が進んでいる．

7-2-2. 流動の様式

まずニュートン流体の流動について考えてみる．図 7-10 に示すように，面積 $A\ cm^2$ の 2 枚の板が $x\ cm$ だけ離れて平行に向き合っていて，この間にニュートン流体が流れるものとする．下の板は固定したままで，上の板に F dyne の力を矢印の方向に与えたとき $u\ cm/sec$ の速度で動

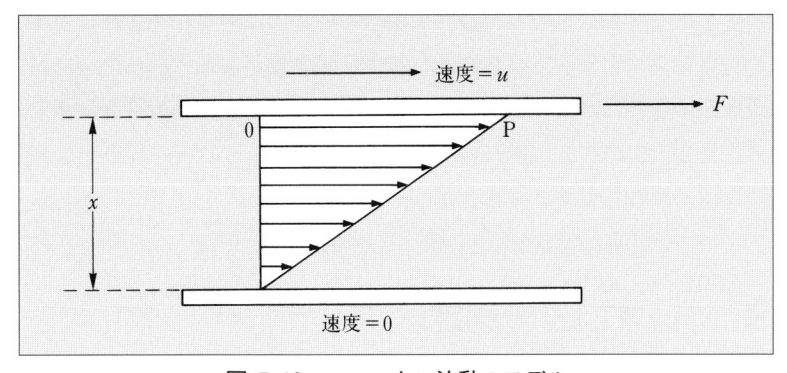

図 7-10. ニュートン流動のモデル

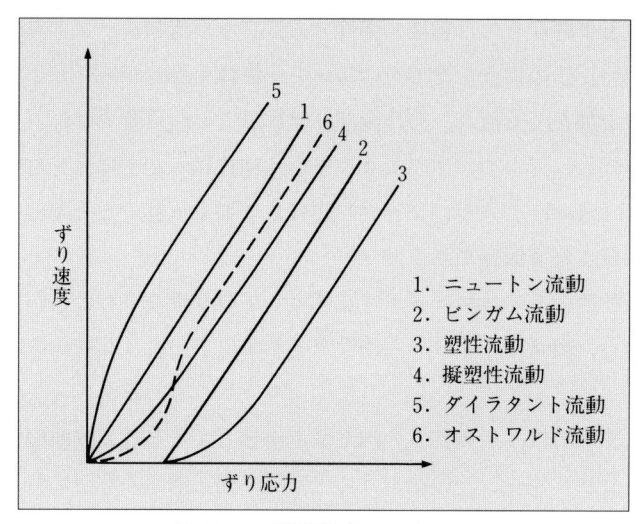

図 7-11. 流動様式のいろいろ

1. ニュートン流動
2. ビンガム流動
3. 塑性流動
4. 擬塑性流動
5. ダイラタント流動
6. オストワルド流動

くものとする．2枚の板にはさまれた流体の各層において流れる速度は矢印に示すとおりで，u/x は一定である．この値は上の板に与える単位面積あたりの力（F/A）に比例し，流体の粘度 η は(7)式で与えられる．

$$\eta = \frac{F/A}{u/x} \tag{7}$$

F/A をずり応力 shear stress, u/x をずり速度 shear rate とよぶ．粘度の単位は dyne・sec/cm^2 でこれをポアズ poise という．室温での水の粘度は約1センチポアズである．

分散系の流動様式はニュートン型であることはむしろまれで，これまでにビンガム流動 Bingham flow, 塑性流動 plastic flow, 擬塑性流動 pseudoplastic flow, ダイラタント流動 dilatant flow, オストワルド流動 Ostwald flow などのいろいろな流動様式がみいだされている．これらを図 7-11 に示す．粘度を測定するときには系に外力が加えられるので，この外力が系の構造を変えることがある．応力（外力）が一定であっても，粘度が測定中に時間とともに低下する場合をチクソトロピー thixotropy とよぶ．外力が加わると固くなり，力を除くと元に戻る場合もある．この性質をダイラタンシー dilatancy とよぶ．

チクソトロピーもダイラタンシーも可逆的な現象であるのに対し，不可逆な現象であるレオペクシー rheopexy というのがある．これは外力によりゲル化が促進されるために起こる．以上のような現象は分散系の場合にはごく普通に現われ，したがって化粧品の粘度は測定方法によって大変異なった値をえる．このことは逆にいろいろな方法でのレオロジー測定が化粧品の内部構造の解明に有力な手段となることを示唆している．

7-2-3. レオロジー測定法[38]

レオロジー測定の原理を一口でいえば，物体が流動する速さを，その流動を起こさせるのに必

要な力の関数として求めることである．しかし物体が流動しうる速さ以上に流動させようとする力が働くとニュートン流体でも弾性を示すようになるので，ずり速度の大きさが重要となるし，分散系では大きな変形を与えると粒子の分散状態の変化を伴うことが多い．これらのことを考慮すると，ある1つの化粧品のレオロジカルな性質を完全に規定することは不可能であるといってもよい．したがって測定しようとする目的に応じて，それに適した測定方法をとることが肝要である．実際の測定ではその測定値の物理的な意味に問題はあっても，実用的な観点から用いられている測定器もある．以下に化粧品の研究，生産の場でよく利用されるレオロジー測定器を紹介する．

1）毛細管粘度計

オストワルド Ostwald 型を基本とし，キャノン-フェンスケ Cannnon-Fenske，ウベローデ Ubbelohde などの改良型が代表的である．図7-12に示すような形のガラス管で，一定量の試料が上の測定球から下の試料だめに重力によって毛細管を流れる時間を測定する．化粧水や流動パラフィンなどの液体状のものを測定するのに適している．他の粘度計を検定するための粘度較正液の粘度を決定するのに用いられる．

2）オリフィス粘度計

試料槽と試料が流れでる小孔からなる実用的粘度測定器である．一定量の試料が小孔を通って流れる時間を測定する．レッドウッド Redwood 粘度計，セイボルト Saybolt 粘度計は流動パラフィンなどの粘度を測定するのに用いられる．高圧をかけて押し出す形式のものは，口紅やポマードなどの測定に適している．

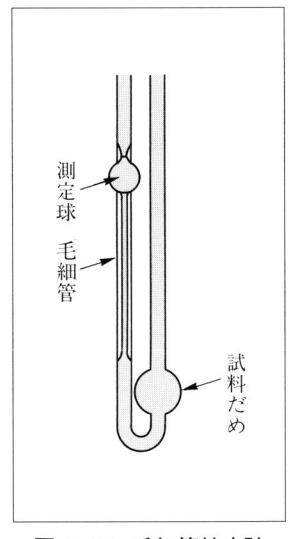

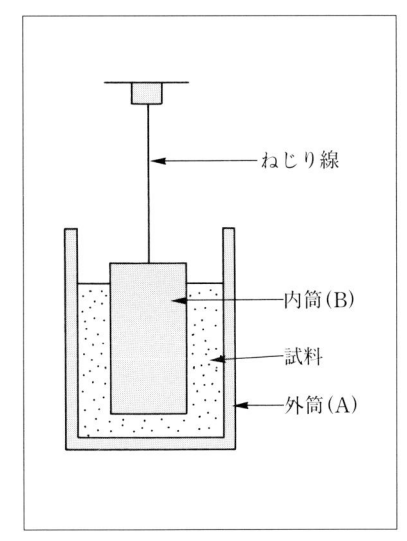

図 7-12．毛細管粘度計　　　図 7-13．回転円筒型粘度計

3）回転スピンドル型粘度計

試料中でスピンドルを回転させスピンドルに加わる抵抗をバネによって測定する．市販の測定器では回転数を数段に切り換えることができ，スピンドルも棒状のもの（高粘度用）からこれに円盤をつけたもの（低粘度用）まで数本準備されている．乳液，エナメル程度の粘度のものに適する．

4）回転円筒型粘度計

図7-13に示すような，円筒形の容器（A）と，これと共軸の内円筒（B）をねじり線につるした構造をしている．外筒と内筒の間に試料を入れ，外筒をゆっくり回転させると，内筒も試料とともに外筒と同じ方向に回転しようとする．このとき内筒はねじり線により抵抗を受けて，試料による力とねじり線による抵抗のつりあった回転角のところで静止する．この回転角の大きさから粘度を求める．外筒の回転速度を上昇させながら，後に下降させながら回転角度を求め，これを回転速度に対してプロットするとヒステリシスを示すことがある．

また，このような装置を用いてクリープCreepを測定することができる．クリープ測定は，外筒を固定しねじり線の上端に一定のトルクを与え内筒の回転角の変化を測定することにより行われる．乳液やクリームくらいの粘度のものは，低ずり速度のところでは，分散粒子の相互作用のために粘弾性を示す．このような試料に一定のトルクを与え続け内筒の回転角の時間変化から求めたクリープ・コンプライアンス（ひずみ/応力）をプロットすると，図7-14のA, B, C, Dで示されるような曲線をえる．またDのところでトルクを除去するとD, E, Fで示されるように回復する．これを解析することによって瞬間弾性（E_0），遅延弾性（E_R），粘度（ηN）を求めることができる．多くの化粧品は分散系であるために粘性のほかに弾性をも併せもつので，そのような試料の性質を測るのに適している．

5）コーン・プレート型粘度計

図7-15に示すように，円錐（コーン）と平板（プレート）の間に試料をはさみ，平板をモーターによって回転させ，円錐に加わる抵抗をバネによって測定する．円錐の大きさ，バネの強さを変えることによって，乳液程度からクリーム程度までの試料が測定可能である．この形式のものに，自動的に円錐の回転を一定の速度で上昇させ，ついで下降させながら測定できるように設計したものがあり，化粧品のような複雑な粘性挙動を示す試料を測定するのに適している．

6）コーン・プレート型振動粘度計

コーンを1つの方向に回転させるのではなく，往復振動させて測定する．これを動的測定法という．非常に小さな変形下に測定できるという利点がある．また付属の装置を用いると，弾性をもった試料に現われるワイゼンベルグ効果を測定することが可能となる．

7）平行板プラストメーター

この装置は前述のクリープ測定に用いられる．2枚の平行な円板の間に試料をはさみ，上板に

図 7-14. クリープ曲線

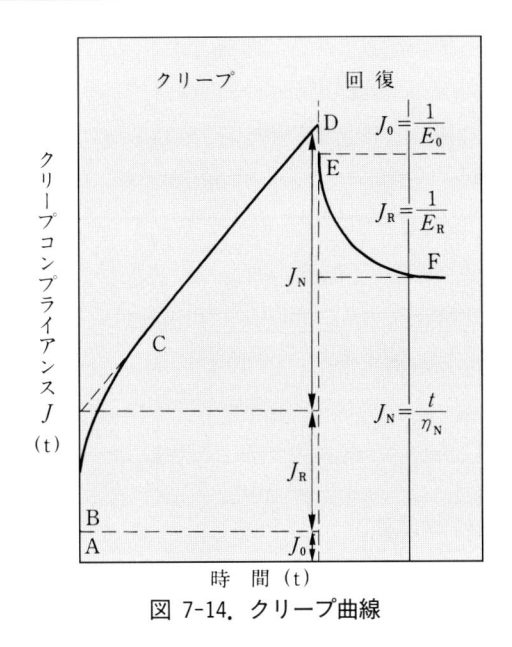

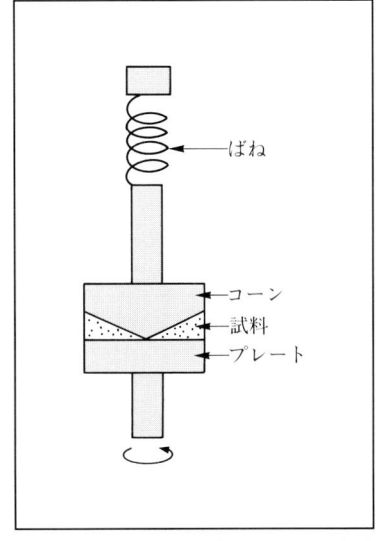

図 7-15. コーン・プレート型粘度計

加重をかけ，その重みによる試料の厚さの減少速度を測定し，クリープ曲線を求め解析する．

8）針入度型粘度計

粘度計というよりは硬度計というべきかも知れない．針または円錐形の端子を試料に侵入させるのに必要な力を測定する．スティック状化粧品や石けんなどの測定に適している．

つぎに，化粧品そのもののレオロジーではなく，皮膚の粘弾性とシャンプーやリンスの使用感を評価する測定器を紹介する．

9）皮膚粘弾性測定器（$in\ vivo$）

皮膚に小さなアタッチメントを圧着させ，これを機械的に直線方向に正弦振動させて皮膚からの応力を解析する方法である（図7-16）[39]．この測定ではセンサーを一定の圧力で押しつけて，センサーによって与えられる周期的な力に対する皮膚からの応力を測定して粘弾性値を求める．しかし皮膚のような物質はなんらかの圧力を受けると，圧縮されて本来の力学的性質が変化するので，粘弾性値も押しつけ圧の関数として扱う必要がある．そこで機器に圧力センサーを設けて常時皮膚への押しつけ圧をモニターすることにより，粘弾性を押しつけ圧の関数として扱うことにより精度のよい測定ができる．

10）水流中での毛髪摩擦測定器[40]

すすぎ時の"きしみ"，"指通り"などを評価する装置である．図7-17に示す方法で測定する．水を流した時に生ずるA点とB点との圧力差（ΔP）は毛髪同士の摩擦による摩擦抵抗と対応し，ΔP が小さいほど，すすぎ時の毛髪間の摩擦は小さく髪の毛がきしまないこととなる．

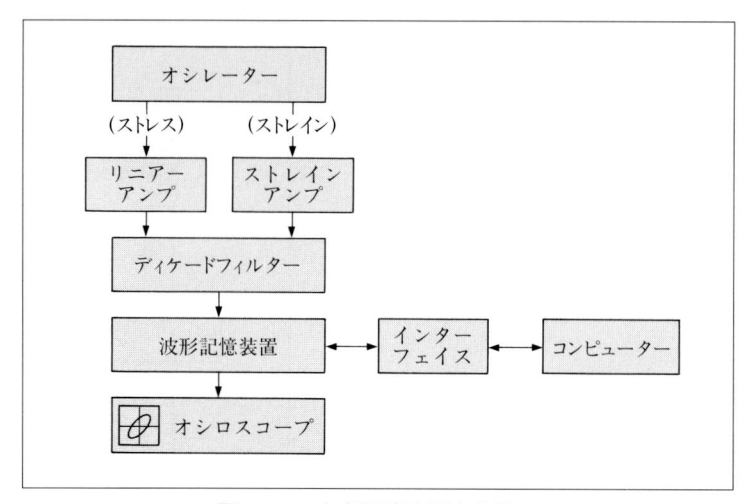

図 7-16. 皮膚粘弾性測定装置[39]

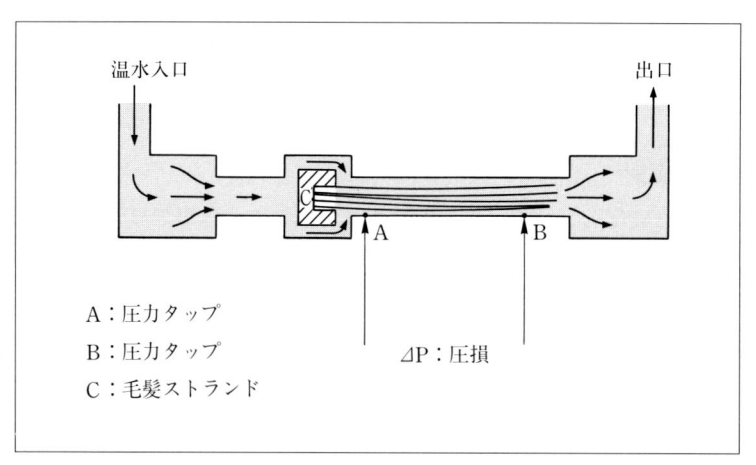

図 7-17. 水流中での毛髪摩擦測定機[40]

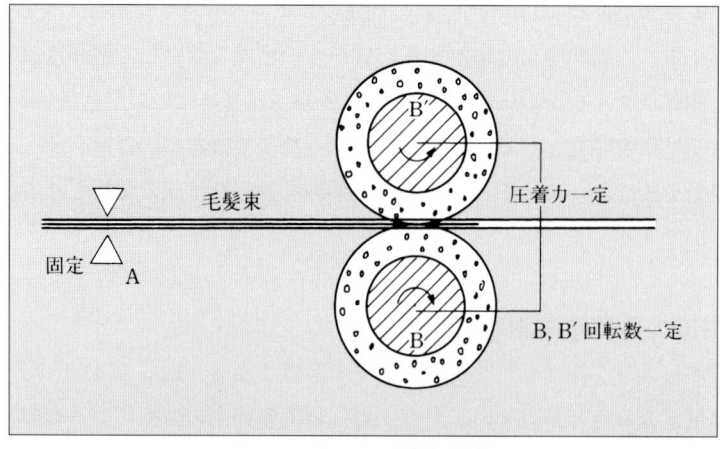

図 7-18. 毛髪の摩擦測定法[41]

11) 毛髪摩擦測定器[41]

髪を触ったときの手触りのよさを評価するための，毛髪摩擦測定器が開発された．毛髪を包み込むような発泡体（NBR）を用いて，図7-18に示すような方法により毛髪との摩擦力を測定し，官能評価との対応をみたところよい一致を示した．

◇　参考文献　◇

1) W. Clayton：Theory of Emulsions 5 th. ed., p. 178, J. & A. Churchill, London, 1954.
2) W. C. Griffin：J. Soc. Cosmetic. Chemists, 1, 311, (1949)
3) W. C. Griffin：J. Soc. Cosmetic. Chemists, 5, 249, (1954)
4) J. T. Davies：Proc. 2 nd. Int. Congr. Surface Activity, 1, 426, (1957)
5) 川上：科学，23, 546, (1953)
6) 篠田：日化誌，89, 435, (1968)
7) K. Shinoda, T. Nakagawa, B. Tamamushi and T. Isemura：Colloidal Surfactants, p. 17, Academic Press, New York, 1963.
8) H. Preston：J. Phys., Coll., Chem., 52, 85, (1948)
9) 友政，河内，中島：油化学，37, 1012, (1988)
10) 篠田，西條：油化学，35, 308, (1986)
11) L. M. Prince：Microemulsions, Preface, Academic Press, New York, 1977.
12) J. T. Davies, E. K. Rideal：Interfacial Phenomena 2 nd. ed., p. 371, Academic Press, New York, 1963.
13) F. Harusawa, T. saitō, H. Nakazima, S. Fukusima：J. Colloid Interface Sci., 74, 435, (1980)
14) K. Shinoda, H. Saito：J. Colloid Interface Sci., 30, 258, (1969)
15) K. Shinoda, S. Freberg：Eulsions & Solubilization, John Wiley and Sons, New York, 1986.
16) T. Mitsui, Y. Machida and F. Harusawa：Am. Perfum. Cosmet., 87, (1972)
17) 鈴木　喬：特許公告，昭和57-29213.
18) H. Sagitani：J. Am. Oil Chem. Soc., 58, 738, (1981)
19) H. Sagitani：J. Dispersin Sci. Technol., 9, 115, (1988)
20) T. Suzuki, H. Takei, S. Yamazaki：J. Colloid Interface Sci., 129, 491, (1989)
21) 中島，友政，河内：日本化粧品技術者会誌，23, 288, (1990)
22) Y. Kumano, S. Nakamura, S. Tahara, S. Ohta：J. Soc. Cosmetic Chemist, 28, 285, (1977)
23) 山口道広：油化学，39, 95, (1990)
24) 北原，古沢：分散・乳化系の化学，p. 104, 工学図書，1979.
25) 北原，古沢：分散・乳化系の化学，p. 202, 工学図書，1979.
26) A. T. Florence, J. T. Rogers：J. Pharm. Pharmacol., 23, 153, (1971)
27) J. T. Davies, E. K. Rideal：Interfacial Phenomena, 2 nd, ed., p. 366, Academic Press, New York, 1963.
28) W. I. Higuchi, J. Misra：J. Pharm. Sci., 51, 459, (1962)
29) S. S. Davis, H. P. Round, T. S. Purewal：J. Colloid Interface Sci., 80, 508, (1981)
30) A. S. Kabal'nov, A. V. Pertzov, E. D. Shchukin：Colloids & Surfaces 24, 19, (1987)
31) T. Imae, B. Trend：J. Colloid Interface Sci., 145, 207, (1991)
32) M. Tanaka, H. Fukuda, T. Horiuchi：J. Am. Oil Chem. Soc. 67, 55, (1990)
33) 久保，神保，水渡，高橋，早川：粉体理論と応用，p. 513, 丸善，1979.
34) 化粧品原料基準注解編集委員会編：化粧品原料基準注解，p. 423, 薬事日報社，1968.
35) 福井　寛：油化学，40, 10, (1991)
36) 那須昭夫他：日本化粧品技術者会誌，27, No 3, 338-347, (1993)
37) G. W. Scott Blair：A Survey of General and Applied Rheology, Pitman London, 1949.

38) P. Sherman：Industrial Rheology, Academic Press London, 1970.
39) 梅屋潤一郎：日本バイオレオロジー学会誌，4，34，(1990)
40) 福地，大越，室谷：日本化粧品技術者会誌，22，15，(1988)
41) 福地，田村：日本化粧品技術者会誌，25(3)，185，(1991)

8 化粧品の安定性

　すべての化粧品の品質安定性は，他の商品の品質安定性と同様，消費者に使用されてその期待やニーズに合致していることが大切なことであり，メーカーから消費者の手元に渡るまでの各種の流通経路と実際の使用期間を考慮した品質保証が重要である．最近では単に使用感や機能性の発現の保証だけでなく，使用中の安全性・安定性のほか，使用後の廃棄性の両面から考えねばならない．この章では前半に研究開発段階・生産段階における安定性を基剤および医薬部外品を考慮した薬剤安定性について述べ，後半に実際の使用場面を考慮した品質保証を基剤・容器の安定性面からふれたい．化粧品の安定性保証は研究開発段階で十分評価し，商品自身の設計目標を設定することが大切である．

8-1 基剤の安定性 と 各種の保証試験

　化粧品の種々の機能が発現されるためには，まず中味の化学的物理的劣化が起こらないことが第一である．

　　＜化学的劣化＞　　変色，褪色，変臭，汚染，結晶析出 など．
　　＜物理的劣化＞　　分離，沈殿，凝集，発粉，発汗，ゲル化，スジむら，揮散，固化，軟化，亀裂 など．

　これらの現象は使用性に大きな影響を与えるのみならず，化粧品のもつ美的外観，イメージの損失ともなる．一般的に化粧品の品質寿命は消費者が使い終るまでを保証すべく各メーカーが基準を設定して，レベルアップに研究開発力を注入している．この製品寿命の保証が消費者の信頼性の確保にも関連してくる．

8-1-1．一般的保存試験

1）温度安定性試験 Temperature stability tests
化粧品を所定の温度条件に静放置し，経日での試料の状態変化について観察したり測定する．

1-1) **設定温度**：-20℃, -10℃, -5℃, 0℃, 25℃, 室温, 30℃, 37℃, 45℃, 50℃, 60℃ な

ど．
　　　試作品の性状により適切な温度を選択する．
1-2） 保存期間：1日～1ヵ月，2ヵ月，6ヵ月，1～3年 など．
　　　試作品の観察目的により適切な期間を選ぶ．
1-3） 観察項目
　　　外観変化：(色調差，変褪色，縞・色むら，異物混入，傷，浮遊物，分離，沈殿，発汗，発粉，浮き，ブツ，ザク，亀裂，ゲル化，透明性，ケーキング，ラスター，陥没，キャッピング，ピンホール，気泡混入，カビ など)
　　　臭い変化：(直接，容器の臭い移り，使用時)
1-4） 測定項目と代表的測定機類
　　　pH　　：ガラス電極 pH メーター
　　　硬　さ：カードテンションメーター，ビッカス硬度計，オルゼン硬度計，レオメーターなど
　　　粘　度：ブルックフィールド粘度計(B，H，E型)，レッドウッド型粘度計，フェランティコーン＆プレート型粘度計など(総論7-2．化粧品のレオロジーの項 参照)
　　　濁　度：積分球式濁度計，集中光源法
　　　粒子径：顕微鏡，コールターカウンター，標準フルイ，グラインドメーター
　　　乳化型：テスター
　　　軟化点：ウッベローデ氏法，ボールリング法
　　　水分揮散：乾燥減量法，カールフィッシャー法，蒸留法
1-5） 評価：上記各測定項目の経時データを記録し試作品の異常状態を発見することにより，つぎの処方設計にフィードバックできる．一般的にはその評価は5点法や○×などの標準化された尺度により安定性の範囲を決定する．粘度の経時変化や温度変化から乳化物のゲル化，粒子径変化から合一やクリーミング，凝集状態を推測でき，より安定なバランス処方に結びつけることが可能となる．

　これらの観察における留意点は，つぎの過酷保存試験と同様に，実際の市場と同一の容器材質で保存することが大事である．また第2に留意すべき点は，経時使用により中味容量が順次減量していくことを考え，最後まで使い切った状態を想定した安定性確認が必要である．使用期間中に，化粧品の機能や性能の変化ができる限り少ない処方や容器の工夫が重要となる．

2） 光安定性試験(耐光性) Photo-stability tests

　店頭での化粧品の陳列には各種の光の存在下に置かれる場合が多い．直接日光下に並べられたり，ショーウィンドー内に長期間置かれている場合である．1個のケースつきで中味が直接光照射下にさらされない場合もあるが多くは裸陳列が大部分であるので，光安定性は必ず保証しなければならない．現在，化粧品の光安定性保証にはつぎの方法がある．

2-1） 屋外(日光)曝露試験
　定められた基準はないが，真夏の太陽下での条件を考えて数日間，数週間，数ヵ月間単位を設

定し試作品の状態変化を観察する．観察項目は主として色調変化やにおい変化であるが前記1)-1-3)に準じる．

2-2) 室内(人工光)曝露試験

屋外では雨や雪，曇りの日があり，季節変化もあり一定条件下で観察できない場合もあるため，太陽光の分光条件に近い試験で実施する場合が多い．代表的な方法には，カーボンアークフェードメーターとキセノンフェードメーターがある．キセノンアーク灯は現在人工的に作られた光源の中では日光の分光特性にもっとも近似しているといわれている．光源の構成としては長弧光形キセノン放電灯と赤外線水フィルターからなる．水循環装置と本体(光源部およびサンプル設置部)からなり，機内温度は空気温度で室温＋15℃～80℃，ブラックパネル温度は30℃～80℃の間で調整できる．サンプルの露光方法は試料を取りつけたホルダーを回転枠に取りつける．回転枠はキセノンランプのまわりを試料への照射の均一性のため，一定速度で回転，その間適宜タイムスイッチに規定した時間だけ照射される．試料の光源からの距離は25 cm～40 cmで調節できる．通常観察は室温～高温の所定時間で実施し，対照品との色調の変化度(ΔE)により安定性を評価する．図8-1は日光，キセノンランプ(フィルターつき)とカーボンアーク灯間の分光分布(波長)と光の相対エネルギーの関係を示したものである．

キセノンアークランプは紫外，可視領域で太陽光に同調するエネルギーをもった優れた光源で，色調は白色である．表8-1は光劣化に大きな影響をもつとされている300～400 nmの紫外領域に

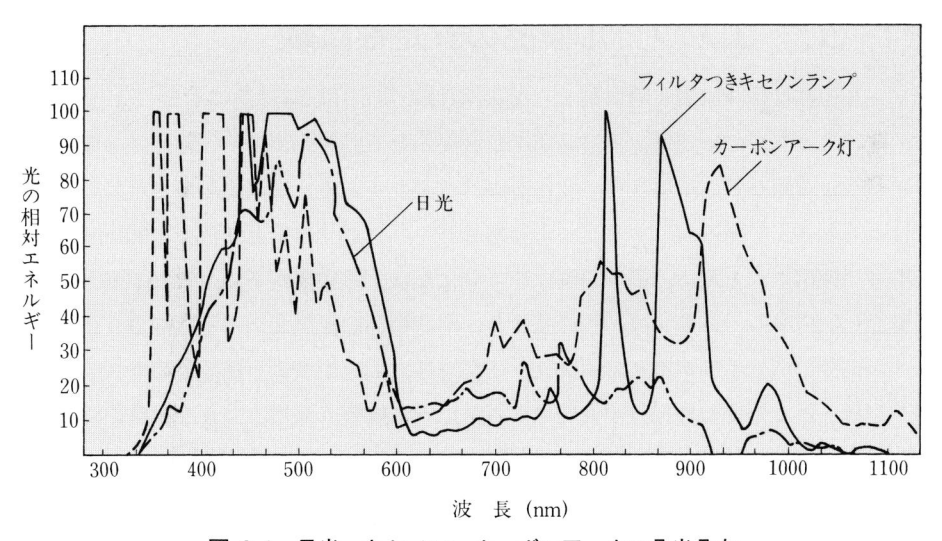

図 8-1. 日光，キセノン，カーボンアークの分光分布

表 8-1. 紫外部における太陽光と促進光源の相似性

光源 波長 (nm)	太陽光	カーボンアーク	キセノン
300～340	0.20	0.18	0.18
300～360	0.44	0.33	0.37
300～400	1.00	1.00	1.00

おける太陽光と各促進光源の相似性を示すもので，300〜400 nm のエネルギーを1とした時の300〜340，300〜360 nm のエネルギーの比によって各光源を比較したものである．

2-3) 蛍光灯曝露試験

化粧品の陳列がショーケース内に多いことを考えて考案した試験法である．1日光照射時間を算定し必要日数間放置し色調変化を観察する．

8-1-2. 一般性能・効果確認試験

8-1-1の1），2）の温度・光安定性試験によって，化粧品本来の性能や効果が変化しないかどうか各種タイプ別に試験し劣化の程度を確認評価する．

スキンケア化粧品では伸び，べたつきなどの使用性，つや(光沢)，洗浄力，起泡力などを，メーキャップ製品では粉末タイプでの化粧もちの持続性，隠蔽力，塗布色の変化，エナメルや口紅などのポイントメーキャップでは，剥離(はがれ)，光沢，指触乾燥速度，化粧もちの持続性，染着性，耐水耐油性などである．また毛髪化粧品では，セット力やウェーブ力の持続性，髪の光沢(つや)への影響，染着力，脱色力，脱毛力など毛髪物性への影響などを測定し，処方の最適な組み合わせ領域や機能成分の最適濃度決定などに活かす．

8-1-3. エアゾール製品の安定性試験

エアゾール製品は中味原液と噴射剤からなる．原液の安定性試験は前述1)〜2)で確認すればよいが，最終品としての安定性は別途確認する必要がある．液化ガスや圧縮ガスと原液との相溶性やエアゾール容器からの噴射状態の変化を調べる必要がある．法規上制限されている内圧変化や引火性はもちろんであるが，エアゾール容器のバルブ構造や材質と原液との関係でトラブルがもっとも多く観察されるため，両者の関係を十分に試験する必要がある．セット剤入り毛髪エアゾール製品(スプレーなど)のノズルへの詰まり，泡状製品の温度変化による泡質変化，揮散性原料とノズル部分のパッキング剤との耐久性，缶腐食性，倒立や横倒し状態でのガス抜け(漏洩)など容器と一体となった安定性保証が大切である．以下に腐食，漏洩，詰まり試験の概要を示す．

① **腐食試験**：試料を正立および倒立の状態で室温，高温，短期間〜長期間放置した後，開缶して発錆の有無を観察する．
② **漏洩試験**：あらかじめ重量を測定した試料を正立，横倒，倒立状態で，室温，高温に放置した後，その重量変化を求める．
③ **詰まり試験**：所定期間，所定温度(低〜高温)に放置した試料のバルブを作動し，内容物の噴射状態を観察する．噴射時間は数秒，噴射間隔は毎日，隔日，隔月ごとと適宜組み合わせた条件で詰まり状態を確認する．

8-1-4. 特殊・過酷保存試験

化粧品は消費者がそのものを使い終るまで安定性が保持されていることが重要である．そのためにたとえば，高温や低温など期間短縮した過酷温度試験や特定な化粧品の性能保証のための特殊試験を開発し，経時後の性状を予測する方法が採用されている．単一な試験法による評価だけでなく各種の試験を組み合わせて評価する方法がとられている．この安定性評価法は化粧品の基剤安定性だけでなく，後述の薬剤の安定性評価にもあてはまる．この過酷保存試験は加速試験ともいわれ，化粧品の物理的化学的変化を温度や振動などのエネルギー変化を極く短時間に濃縮した形で負荷を与えて起こる変化を観測するものであり，研究効率面からも多機能な化粧品機能や安定性面の保証面からも種々な方法が創作され実施されている．以下に代表的な過酷(加速)試験法についてふれる．

1) 温度・湿度複合試験
種々の温度と湿度を組み合わせた試験．
温度範囲としては37～50℃，湿度範囲としては75～98%などがある．

2) サイクル温度試験
一定温度や湿度下に静放置するのではなく，年間や日間の温度変化を想定した状態をつくるため，1日数サイクルさせて試料の変化を観察する方法である．サイクルの条件の例を図8-2に示す．

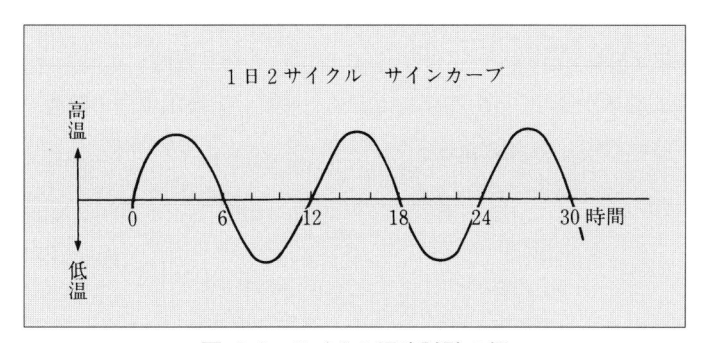

図 8-2. サイクル温度試験の例

3) 応力試験
実際使用時の総応力や期間を考え，試料に一定以上の応力を与えることによる物理的変化から基剤の安定性寿命を予測する方法である．この方法による物性変化は分離度合，乳化粒子の変化(粗大化，合一，変形)透明度，粘度異常などから観察され，シャンプー，リンス，乳液，粉末入り化粧水などの乳化液状タイプや歯ミガキ，パック，ゲル状化粧品，クリーム，マスカラなどのペーストタイプ化粧品の評価に適している．

3-1）遠心分離法

一定回転以上の力を所定容器に入れた試料に与え，分離度合を比較する．実際の静放置下の結果と対応させておけば処方間の影響が推定できる．

3-2）振盪法

トラックや列車などの運搬途中の振動による基剤の影響を確認する方法で，力と時間を決定して実際の物流上に起こる品質劣化と対応させる．

3-3）落下法

粉末固形ファンデーションやアイシャドー，ブラッシャー，白粉などに適用される．あらかじめ一定の容器に充てんした中味を，一定の高さから繰り返し落下させ中味の耐衝撃性を調べる方法である．

破壊されるまでの回数を調べ一定水準以上のものを合格とする．消費者が使用時誤って落としてしまったり，ハンドバッグに入れた時の状況を予測して保証する．

3-4）荷重法

口紅やペンシル，スティック状の化粧品の折れ強度の評価に適する．実使用時の荷重を測定し，それ以上の荷重を与えた場合に試料が折れたり，変形する回数を観察する．容器との接合部分の標準化，荷重を与える方向（角度），力点間の距離に留意し，測定回数を重ねてデータ化する．

3-5）摩擦法

石けんやネールエナメル類の耐久性を評価するのに適する．石けんの場合は摩擦面の下面まで水を満した状態で一定荷重の力で試料を摩擦溶解させ，処理前後の重量変化を測定し摩擦溶解力を推定する．ネールエナメルでは，塗布乾燥したフィルムに一定荷重で摩擦を与え，フィルムの耐摩耗性を評価する．

以上，各種の加速試験法の例を述べたが，これらはいずれも経時による基剤の安定性を短時間に予測推定する方法であるので，その精度を上げるために，実使用場面の情報を一方では確認し，その一致性を高めていくことが大切である．

8-2 薬剤の安定性と試験法

医薬部外品は医薬品と化粧品の中間に位置するものであり，「人体に対する作用が緩和なもので器具，器械でないものおよびこれらに準ずるもので厚生大臣の指定するもの」と定義されている．薬用化粧水，乳液，クリーム，日やけ止め剤，腋臭防止剤，てんか粉類，浴剤，石けん，育毛・養毛剤，シャンプーなどがある．その効能は成分・剤型によってその範囲が厳しく規制されている．最近は，消費者の効果を期待するニーズから，その効果が表示・広告できない化粧品よりも，効果を表示訴求できる医薬部外品の発売数が増加してきている状況にある．これら医薬部外品の設計上の留意点はまず配合薬剤の基剤中における安定性である．配合薬剤の種類やその効能効果

については化粧品と薬剤の項に記述したがここでは，配合薬剤の安定性についての留意点にふれることとする．

8-2-1. 配合薬剤の品質保証

薬剤によっては，空気酸化によって劣化しやすい，化学的に不安定な化合物がある．たとえば，ビタミンA，B_1，B_2，B_6，Cなどである．また同じ薬剤でも配合する系の成分との配合禁忌やpHの変化を受けやすいものがある．現在の医薬部外品の配合薬剤の安定性は，医薬品で規定されている加速試験に準拠して設定されており，40°(±1°C)75% RH(±5%)の保存条件で6ヵ月以上の加速試験がある．このデータは室温で3年以上保存した安定性試験データにほぼ匹敵するものと判断されている．

一般に薬剤の含量規格幅は90〜110%で，3ロット3回(計9回)の試験データが必要である．このような規制下で製剤中の薬剤の安定性を保証するには，第一に，原料レベルで安定化情報を確実につかむこと，第二に経時安定性の確保できる基剤の選択，第三に光などの影響を最小限にすることのできる容器の選定が重要である．基剤中での薬剤の安定化には，同時に配合する成分の影響を，pH，温度，光，配合禁忌面からいち早く把握しておくことが重要である．

不安定な薬剤の安定化には，酸素を断つ方法や酸化防止剤の配合，pH調整剤，金属イオン封鎖剤の配合や最適配合量の水準，不純物質の除去，生産プロセスにおける温度安定性の工夫，たとえば低温乳化や後添加混合など，さらには原料レベルでの安定な保管(冷暗所保管)などが重要なことである．また，使用する容器材質に収着してしまった場合もあるので設計時の容器の選択や剤型選択も慎重にしなければならない．

8-2-2. 部外品薬剤の安定性試験

医薬部外品は本質的には医薬品に準ずるものであり，医薬品同様その品質確保には厳しい規制がされている．したがって，より早く配合薬剤の経時安定性を予測する方法として，50°C以上の温度で経時品の安定性を最初に測定し，予測するという場合もある．また保証試験に関する記録などは，承認取得後，少なくとも5年間は保存しなければならないので，基剤担当部門と分析担当部門とによる管理された実験・保証体制の確立と実行が大前提であるといえよう．

8-3 量産化による化粧品の安定性

研究開発段階における実験室規模のスケールでの試作や安定性評価では何ら問題なかったのに，工場で生産に供したら分離してしまったとか，所定の粘度や色調が出なかったというような

ことが報告されている．

スケールアップにおける品質保証では，つぎのことを留意しなければならない．

① 原材料ロットのバラツキ
② 製造条件(温度，剪断力，製造時間，添加方法・順序)の差
③ 充てん条件(過冷却，再溶解，機械による剪断力，連続性)の差
④ 製造量(例：1 kg → 2ton, 10ton)

これらの製造条件の違いによる化粧品の品質特性の差は目標品質設定に影響を与えるので，開発段階でその処方のうちでもっとも影響を与える成分や製造工程の影響を実験計画法などの品質管理手法を使って十分に確認しておくことが大切で，事故を事前に防ぐ意味からも重要なことである．いわゆる「点」による安定性保証でなく，「幅」による保証の考え方を実践することである．生産現場では，即時的対応が余儀なくされる場面が多いので，問題が工程条件で解決できることか，処方上の工夫が必要であるのか，いきなり大規模なスケールアップに移行するのではなく，中間パイロットによる確認を経て，大規模なスケールアップに進むなどのステップを踏むことが必要である．前述の①～③の問題点の把握にその解決法が含まれている．

8-4 》 使用場面を考慮した安定性保証

本章の冒頭に述べたように，化粧品の安定性は消費される段階での期待やニーズに合致していることが前提であるので，実際に消費者が使用する場面でのことを考えて品質保証(安定性・安全性)することが必要である．たとえば

石けん，洗顔料類：水混入や水浸漬によるふやけ，粘度低下，使用性の劣化，とれにくさ など．

日やけ止め製品類：スポーツ場面における衣服，水着などの染着性や洗濯性，光劣化促進性 など．

入浴剤類：入浴剤を使った残り湯の防腐性，配合生薬や成分による風呂釜や浴槽への影響，タオルへの着色性，誤飲や眼に入った場合の安全性，残り湯の洗濯用水への利用 など．

エアゾール製品類：揮発性成分による家庭器具への影響，誤使用による詰まり，中味不出やガス抜け など．

溶剤性の高い成分配合化粧品類：メガネ，くし，スポンジ，洗面トレイなどの材質への浸食性，耐久性 など．

ヘアカラー製品類：手やタオル，浴室器具類への染着性，タレ落ち など．

以上いくつかの例を示したが，化粧品の安定性を考える場合，物理化学的変化の領域を越える事象についても十分に配慮しなければならない．

9 化粧品の防腐防黴

9-1 » 防腐防黴剤添加の必要性

　化粧品は，油や水を主成分としそれに微生物の炭素源となるグリセリンやソルビトールなどと，窒素源となるアミノ酸誘導体，蛋白質などが配合されることが多いので，成分を同じくする食品と同様にカビや細菌などの微生物に侵されやすい．にもかかわらず，食品と比較するとその使用期間は極端に長く，数年間にわたるものもあり，微生物による劣化の危険は食品の比ではない．

　そこで使用中に手指などから汚染してくる微生物が起こす変敗・変臭などから化粧品を長期の間保護するために防腐防黴剤を添加する必要がある．

　われわれの日常の生活のなかにいる微生物で化粧品に汚染し繁殖するものは細菌が主であり，カビや酵母も汚染してくる．これらの一般的な性質と代表的な菌は表 9-1 の通りである．

表 9-1. 化粧品に汚染してくる微生物の一般的な性質

	カビ（黴）	酵母	細菌（バクテリア）
成育至適温度	20〜30℃	25〜30℃	25〜37℃
好む栄養素	デンプン質 植物性食品	糖質 植物性食品	蛋白質・アミノ酸 動物性食品
成育 pH 域	酸性側	酸性側	弱酸〜弱アルカリ
空気（酸素）の要求性	好気性	好気性〜嫌気性	好気性が普通 嫌気性もいる
主な生産物	酸類	アルコール 酸類，炭酸ガス	アミン・アンモニア 酸類，炭酸ガス
代表的な汚染菌	アオカビ 　Penicillium コウジカビ 　Aspergillus クモノスカビ 　Rhizopus	パンコウボ 　Saccharomyces カンジダ症菌 　Candida albicans	枯草菌 　Bacillus subtilis 黄色ブドウ球菌 　Staphylococcus aureus 大腸菌 　Escherichia coli 緑膿菌 　Pseudomonas aeruginosa

9-2 一次汚染・二次汚染 と 薬事法

　薬事法第56条(販売，製造などの禁止)に「病原微生物により汚染され，又は汚染されているおそれがある医薬品は販売，製造などをしてはならない」と規定されている．化粧品もまったく同様で，病原微生物により汚染されている化粧品が製造されたり販売されることは好ましくない．病原微生物でなくても，微生物の汚染は不潔な状態での製造を意味しており，経時での品質劣化やそれに付随する皮膚刺激の発生など，使用者にとっても製造者にとっても不都合な問題である．

　この工場での製造に由来する微生物汚染を一次汚染 primary contamination といい，前述した消費者による使用中の微生物汚染を二次汚染 secondary contamination といい，区別している．一次汚染の菌は水由来の細菌(グラム陰性桿菌)が多く，二次汚染の菌は手指や環境由来の細菌(グラム陽性球菌 gram positive cocci とグラム陽性桿菌 gram positive rods)が多い．

　製造，充てんに由来する一次汚染に対しては，換気中の塵埃のフィルター沪過や除湿など作業環境の整備，水の加熱殺菌や紫外線殺菌，原料材料のエチレンオキサイドガス滅菌や加熱殺菌，製造機器類の洗浄と加熱殺菌や薬剤殺菌，さらに作業員に対する清潔な作業に関する教育などを行い，総合的に清潔な状態での製造が必要である．

　一次汚染菌と二次汚染菌を調べてみるとその種類が異なるため，二次汚染対策のために配合される防腐防黴剤に頼って一次汚染を防止しようとすることは間違いであり，実際のところ一次汚染菌に対し防腐防黴効果もあまり期待できない．

　一次汚染に対する法的な規制は従来なかったが，製薬業界においてはすでに昭和51年4月より薬発第297号にて「内用液剤及びX線造影剤の菌数の限度及び試験法について」が示され，その後昭和55年9月には省令として医薬品GMP(Good Manufacturing Practices)[1]が施行され，一次汚染に対する菌数，菌種の指導が推進されている．1994年日本薬局方12版第二追補に「微生物限度試験法」が追加され1996年4月に正式に13改正にて公布された．化粧品業界では昭和47年6月にアイライナーの微生物基準と試験法を日本化粧品工業連合会の自主規定[2]として示し，最終製品の一般生菌数は1g当たり1,000個以下で病原細菌は認めないこととした．昭和56年1月からは，アイライナー以外の化粧品や医薬部外品も品質管理の必要性が示され，具体的な管理方法については昭和56年4月の薬監第19号「化粧品の製造及び品質管理に関する技術指針」をもって行われている．

　米国でも業界のCTFA (Cosmetic, Toiletry and Fragrance Association)が，ベビー用製品や眼眉用化粧品の一般生菌数は1g当たり500個未満，その他の化粧品は1,000個未満で，病原性菌は認めないというガイドライン[3]を示している．

　化粧品中の微生物を確認する方法および病原性菌の考え方は，厚生省の石関技官らが執筆した書籍[2]「医薬品・化粧品の微生物検査法」(1978)に詳しく述べられている．製品より検出されてはならない病原性菌としては，第13改正日本薬局方に①コアグラーゼ陽性黄色ブドウ球菌，②大腸菌，③緑膿菌，④サルモネラがあげられており，製造者の責任において一次汚染菌として検

出されないよう，日常の GMP 管理が重要である．

　一方，われわれの生活環境には，多くの微生物が存在している．空気中には $8～35×10^2$ cfu/m^3，土壌には $1×10^8～5×10^{10}$ cfu/g，ヒトの頭皮にも $1.4×10^7$ cfu/cm^2 もの微生物が存在[5]する．われわれの手や顔にも多数の菌が常在しており，指を入れて化粧品を取り出したり，手のひらに取りすぎて元に戻したり，蓋を開けたままにしておくたびに，微生物に汚染されることになる．これらの汚染に対する防御の方法として防腐防黴剤の配合がなされ，汚染した微生物の増殖を抑制し，経時とともに死滅させ製品の劣化を防止している．(cfu：colony forming units)

　二次汚染に対する抵抗性については，以前は米国の局方 USP 19 版[4]に記載された方法を参考に各社独自に実施していたが，現在は日本薬局方 13 改正に参考情報で評価基準が規定された．

　防腐防黴剤の配合にあたっては，容量による製品の寿命や使用回数，容器形態による汚染の頻度なども考慮し必要最少量の添加を心掛ける必要がある．

9-3 » 抗菌剤 Antimicrobial agents

抗菌剤にはその使用目的によって 2 つに大別される．

9-3-1． 防腐防黴剤 Preservatives

　化粧品に配合され，外部から化粧品に汚染してくる微生物の増殖を抑制し，経時とともに死滅させ製品の劣化を防止する目的で防腐防黴剤が使用される．このように微生物の増殖を抑制する作用を静菌作用 microbiostasis といい，防腐防黴剤は化粧品中で静菌作用により劣化を防止している．単独の防腐防黴効果はさほど強くないが，化粧品の成分となじみやすく汚染してきた種々の微生物を時間をかけて死滅に追い込むものが汎用されている．代表的なものは，パラオキシ安息香酸エステルで一般的にパラベン paraben といわれている．パラベンは安全性が高く食品にも汎用されている．

9-3-2． 殺菌剤 Disinfectant, Germicide

　化粧品に配合された殺菌剤が，皮膚に塗布されることによって皮膚面を消毒し清潔に保つ目的で使用される．殺菌剤には短時間で菌を死滅もしくは減少させる効果が要求される．実際に使用されている殺菌剤は，にきびの原因と考えられている皮膚常在のアクネ菌の増殖を抑制しにきびの発生や症状の悪化をやわらげたり，腋臭の一因と考えられる皮膚常在菌を死滅もしくは減少させる効果があり抗アクネ製品やデオドラント製品などに配合されている．また，ふけ発生の一因と考えられる酵母（ピチロスポラム・オバール）の抑制にも効果を示す殺菌剤はふけ抑制の製品に

も応用されている．ただし実際の配合の場合，化粧品中の成分と反応したり溶解しにくいとか，皮膚上の蛋白質などと反応して効果が極端に低下するなど，実用上の問題が多い．代表的なものは，塩化ベンザルコニウム benzalkonium chloride，グルコン酸クロルヘキシジン chlorhexidine gluconate，トリクロロカルバニリド trichlorocarbanilide（TCC）などがある．

一方，一次汚染防止の目的で製造工程の殺菌消毒の目的に用いられているものもある．工程汚染菌のほとんどがグラム陰性菌であり薬剤に対する抵抗性の強い菌が多いので，水溶性の塩化ベンザルコニウム，グルコン酸クロルヘキシジンをアルコールに溶解した液，あるいは酸やアルカリの溶液が用いられる．薬剤を用いた場合，製品への薬剤混入を防止するために，殺菌消毒後の薬剤の完全な洗い流しが，GMP 上重要である．

9-3-3. 抗菌剤の必要条件

抗菌剤といわれていてもその中には，それ自身の特性から防腐防黴剤としてしか配合できないものや，殺菌剤としても利用できるものなどあり，厳密な区別はなくその使用目的によってどちらのグループにもなりうる．

抗菌剤の具備すべき理想的な条件はつぎのような諸特性[6]であるが，これらをより多く満足するものを考慮して使用する．

① 多種類の微生物に対して効果を示す．
② 水溶性，または通常用いられる化粧品成分に容易に溶解する．
③ 安全性が高く，皮膚刺激がない．
④ 中性で，製品の pH に影響しない．
⑤ 製品の成分により効果が減退しない．
⑥ 製品の外観（色など）を損なわない．
⑦ 広い温度域・pH 域で安定で効果を示す．
⑧ 入手が容易で，安定している．
⑨ 安価で経済的である．

9-4 》使用できる抗菌剤

化粧品品質基準に定められた抗菌剤[7,9]を表 9-2 に示す．この基準は薬事法にしたがい厚生大臣が中央薬事審議会の意見により設けたもので，安全性の上限を示したものである．

個々の薬剤の溶解性，安定性，効果 pH 域，配合禁忌，におい，色や製品中での実際の効果などを確認しながら配合する必要がある．またシャンプー，石けんのように洗い流す製品に限って，使用できるものや配合量を増やせる薬剤もある．その後 1997 年に種別許可基準[10]が示された．

表 9-2. 化粧品品質基準の抗菌剤

種類	構造式	使用濃度（%以下）	性質
安息香酸	C$_6$H$_5$COOH	0.2	酸性側で効果あり
安息香酸塩類	C$_6$H$_5$COONa	1.0	
サリチル酸	2-HO-C$_6$H$_4$-COOH	0.2	酸性側で効果あり 種別の規制あり
サリチル酸塩類	2-HO-C$_6$H$_4$-COONa	1.0	
フェノール	C$_6$H$_5$OH	0.1 (0.1)	臭が鋭い 種別の規制あり
ソルビン酸およびその塩類	$CH_3CH=CHCH=CHCOOH$	0.5	pH 5 以下で効果あり
デヒドロ酢酸およびその塩類	(構造式)	0.5	有機物の影響を受けにくい
パラオキシ安息香酸エステル（パラベン）	HO-C$_6$H$_4$-COOR	1.0	広い pH で有効．非イオン活性剤で不活性化
クロルクレゾール	2-OH, 3-Cl, 5-CH$_3$ 置換ベンゼン	0.15 (0.20)	種別の規制あり
ヘキサクロロフェン	(ビスフェノール構造)	0.1	非イオン活性剤で不活性化 種別の規制あり
レゾルシン	1,3-(HO)$_2$C$_6$H$_4$	0.1	種別の規制あり
イソプロピルメチルフェノール	(置換フェノール)	0.1* (1.0)	溶解しにくい
オルトフェニルフェノール	2-フェニルフェノール	0.10	特異臭 種別の規制あり
塩化ベンザルコニウム	[C$_6$H$_5$CH$_2$-N(CH$_3$)$_2$R]$^+$Cl$^-$ R=C$_8$〜C$_{18}$	0.05* (3.0)	カチオン 配合禁忌の原料あり 効果強い アイ製品には不可

種類	構造式	使用濃度（%以下）	性質
塩酸クロルヘキシジン	[Cl-C6H4-NHC(=NH)-NHCNH(CH2)6NHC(=N)- / NHCNH-C6H4-Cl] ・2HCl	0.05* (0.10)	水に難溶 アイ製品には不可
グルコン酸クロルヘキシジン	[Cl-C6H4-NHCNHC(NH)(NH)-(CH2)6-...] 2(COOH-(CHOH)4-CH2OH)	0.05 (0.10)	効果強い水溶性 カチオン性
臭化アルキルイソキノリニウム	[イソキノリニウム-R] Br⁻ R=C8～C18	0.05* (0.50)	カチオン性 分解しやすい 種別の規制あり
トリクロロカルバニリド	Cl2-C6H3-NHCONH-C6H4-Cl	0.3* (0.5)	グラム陽性菌に効果あり 難溶性，種別の規制あり
ハロカルバン	CF3,Cl-C6H3-NHCONH-C6H4-Cl	0.3* (0.3)	グラム陽性菌に効果あり 難溶性，種別の規制あり
感光素201号	[チアゾリウム-CH=チアゾリン構造, H3C, C7H15, C7H15, CH3] I⁻	0.0020	グリコール類に可溶，水にわずかに溶ける．黄色ブドウ球菌，大腸菌に有効
フェノキシエタノール	C6H5-OCH2CH2OH	1.0	水，アルコール，グリセリンに易溶．パラベンと併用で広範囲に有効
トリクロロヒドロキシジフェニルエーテル（トリクロサン）	Cl2-C6H3-O-C6H3(Cl)(OH)	0.10	水に不溶，アルカリ溶液および有機溶媒に易溶，カビよりも一般細菌への活性が高い，種別の規制あり
メチルクロロイソチアゾリノン・メチルイソチアゾリノン液	Cl-イソチアゾリノン-N-CH3 + イソチアゾリノン-N-CH3	(0.10) 液として	アルカリ性で不安定 注）洗い流す製品に限定
ビサボロール	H3C,OH-シクロヘキセン-CH3 構造	0.30 (1.0)	注）アイライナー 0.10
塩酸アルキルジアミノエチルグリシン	R-NH(CH2-CH2-NH)2CH2-COOH	0.20 純分として	両性界面活性剤

* 石けん，シャンプーなど使用後直ちに洗い流すものを除く．（ ）使用後直ちに洗い流すもの．

（化粧品原料基準追補注解，1984，第二追補，1992：化粧品種別許可基準，1999 より）

表 9-3. 抗菌剤の配合規制

名　称	時　期	規　制　内　容	問　題　点
トリクロロ・サリチルアニリド（TCSA）	35〜37	使用前例なし（日本）	光接触皮膚炎（英国・米国）
トリブロモ・サリチルアニリド（TBS）	37〜	0.05％以下	光接触皮膚炎
水銀系化合物	37.9.6	配合禁止（部外品）（通知）（白降汞を除く）	皮膚障害　感作
ホルマリン	37.9.6	同　　上（通知）	〃
白降汞	44.7.23	配合禁止（医薬品*／医薬部外品）	〃
ビチオノール	45.4.4	配合禁止（医薬品など）（告示）	光線過敏症
ホウ酸・ホウ砂(注)	46.3.12	てんか粉類・腋臭防止剤系配合自粛（医薬部外品など）（通知）	経皮吸収による毒性
ジクロロフェン	47.1.12	配合禁止（化粧品）（告示）	光線過敏症
ヘキサクロロフェン	47.3.2	浴用剤，てんか粉，腋臭防止剤への配合禁止（部外品）（通知）	最大投与による脳障害　経皮吸収毒性
ハロゲン化サリチルアニリド　トリブロムサラン（TBS）　ジブロムサラン（DBS）　メタブロムサラン（MBS）	51.1.26	配合禁止（医薬品など）（通知）	光線過敏症

（化粧品科学研究会編：最新化粧品科学，薬事日報，1980．）

* 医師の指導監督下で使用されるものを除く
注）現在ではホウ酸は配合禁止，ホウ砂についてはサラシミツロウ，ミツロウの乳化の目的で使用する場合のみ0.76％まで配合可能．その他の場合には使用不可（化粧品種別許可基準，1998）

また人体安全性で配合に規制[8]が定められた抗菌剤を表9-3に示す．

9-5 防腐防黴剤の効果評価法

二次汚染に対する手段として配合される防腐防黴剤の化粧品中での効果確認については基準も試験法も法的なものはまったくなく，以前は米国の局方USPに記載された方法を参考に各社独自に実施していたが，日本薬局方第13改正で「保存効力試験法」が参考情報として収載された．この内容については日本防菌防黴学会が編集した防菌防黴ハンドブック[9]に，詳細な方法が説明されている．

化粧品は種々の原料の混合物として組み立てられているので，配合されている防腐防黴剤の作

用が不活化されることが多い．不活化作用する要因としては，油の極性の大小と総油量[11]，ノニオン界面活性剤[12]の HLB と総量，また増粘剤，皮膜剤や保湿剤などの高分子化合物[13,14]，さらに容器のプラスチック[15]やゴムなどがあげられる．したがって化粧品の処方構成から配合した防腐防黴剤の効果を理論的に予測したり，処方成分から必要な防腐防黴剤の量を推定することはかなり難しく，一品一品微生物を接種して死滅するか否かを確認する必要がある．

　防腐防黴剤の作用に影響する因子を個別に解析し，極性の小さな油，HLB の低い界面活性剤や 1, 3 ブチレングリコールなどの不活化作用の少ない成分で構成すれば防腐防黴剤の必要量を減らすことが可能であり，逆に極性の大きな油，HLB の高い界面活性剤やポリエチレングリコールなどの不活化作用の大きな成分[16]が多量に配合されれば，必然的に防腐防黴剤の量を増やさなければならないことが確認されている．

　具体的に微生物を接種して死滅するか否かを確認する方法をチャレンジテスト challenge test, inoculum test というが，USP や CTFA のガイドライン[17]に基本的なことが記載されている．真菌（カビ，酵母）は製品 1 g 当たり 1×10^5 cfu になるように接種し，細菌は製品 1 g 当たり 1×10^6 cfu になるように接種し，1～28 日まで経日観察する．菌はそれぞれ標準菌に指定された株を用いるが，メーカーでは市場からのクレーム品などから分離した独自の株も併用することが多い．

　これらの菌をもって，私達を取り巻く環境の微生物すべてを代表させることはできないが，現在行っている方法で評価した製品が，市場で微生物劣化を引き起こしていなければ一定レベルの品質保証ができていると考えられる．今後も市場におけるクレーム品の発生に注目し，品質保証の向上に活かして行くことが重要である．

9-6 ≫ GMP とバリデーション

　過去に品質の悪い医薬品の使用により発生した，重度の障害や死亡事故を再び起こさないために，品質の高い医薬品の安定供給を目標に，WHO（世界保健機関）が"医薬品の製造および品質管理に関する規範 Good Practices in Manufacture and Quality Control of Drugs" を 1969 年に決議し，加盟各国にその実施を勧告した．この規範が GMP[1] と称されるものであり，その管理項目は原材料の受入れから保管，製造環境，製造の各段階を経て最終製品の出荷にいたるまでの全般にわたり，十分に品質の保証された製品を市場に供給することを目的としている．微生物汚染防止はその中の重要な一項目として位置づけられている．

　一次汚染を防止するためには，清潔に整備された製造環境で，滅菌した原料を用いて清潔な作業によって製造し，洗浄あるいは滅菌された容器に充てんすればよい．

　具体的な方法として，製造環境の整備は，

① フィルターを用いて換気の塵埃除去：塵埃の中には，1 g 中 1～100 万もの菌がいる．特に耐熱性の強い芽胞菌の胞子やカビの胞子をたくさん含むので除去が必要．

② 空調による除湿：湿気には大腸菌などのグラム陰性菌が多数存在するので換気の除湿が必要．
③ 除菌フィルターによる清潔度の高い環境の整備：HEPA フィルターによるクリーン度の高い環境(無菌に近い環境)の確保．
④ 外気が直接流入しないような二重扉の設置や室内圧の陽圧化システムの導入．

などが必要である．

原料材料の殺菌・滅菌は，具体的には，
① 水のフィルター(0.22 ミクロン)による除菌，加熱による殺菌，紫外線照射による殺菌．
② 各種原料の加熱による殺菌や滅菌，エチレンオキサイドガスによる滅菌．
③ プラスチック材料(容器)のエチレンオキサイドガスによる滅菌．

などを行っている．

清潔な作業方法の教育内容には，
① 手指の菌数とその消毒方法．
② 殺菌法(乾燥，紫外線，薬剤，加熱)の理論および実際の殺菌方法とその注意点．
③ 作業着，靴などから持ち込まれる塵埃や菌を防ぐ方法．

などを盛り込む必要がある．

さらに，この GMP の実施精度を上げる目的で，ただ「実施した」というのではなく「その実施した工程や方法を科学的根拠，妥当性をもって設計し，それが所期の目的どおり機能していることをシステマティックに検証すること」をバリデーション validation[18]というが，この新たな概念が導入されるようになった．水の殺菌に例えると，単に加熱したり紫外線照射するだけではなく，加熱される水の温度が目的の温度になって必要時間保持されているか，あるいは紫外線ランプの出力は必要量保持され，殺菌に必要な十分な時間照射されているかなど常にチェックし，水自体の殺菌も一定のサイクルで培養実験から確認する必要がある．さらにその結果を記録し問題が発生したなら原因を究明し，必要に応じて殺菌条件の変更を行うことが，バリデーションである．

GMP とそのバリデーションの考え方は医薬品に止まらず，化粧品の品質管理の基本的な概念として 1990 年頃から導入され[19]，化粧品の品質向上に寄与している．

◇ 参考文献 ◇

1) 医薬品 GMP 解説：薬事日報社，1987．
2) 倉田　浩，石関忠一，他：医薬品化粧品の微生物検査法，p. 35，講談社，1978．
   三瀬勝利，石関忠一，他：GMP 微生物試験法，講談社，1995．
3) CTFA Cosmetic. J., 4(3), 25, (1972)
4) U. S. Pharmacopoeia XIX, USP Convention, Inc. p. 587, 1975.
5) S. M. Henry：TGA Cosmetic J. 1(3), 6, (1969)
6) L. Gershenfeld：Am. Perfum. Cosmet., 78, 55, (1963)

7) 化粧品原料基準注解編集委員会編：化粧品原料基準 第一版 追補注解，薬事日報社，1971，1973．厚生省薬務局審査第二課監修：化粧品種別許可基準，薬事日報社，1986．
8) 化粧品科学研究会編：最新化粧品科学，薬事日報社，1980．
9) 日本防菌防黴学会編：防菌防黴ハンドブック，p.843，技報堂，1986．
10) 厚生省薬務局審査課監修：化粧品種別許可基準，(1997)
11) H. S. Bean：J. Soc. Cosmetic Chemists., 23, 703, (1972)
12) M. G. deNavarre：J. Soc. Cosmetic Chemists., 8, 68, (1957)
13) N. K. Patel et al.：J. Pharm. Sci., 53, 94, (1964)
14) H. S. Bean et al.：J. Pharm. Pharmcol., 23, 699, (1971)
15) T. J. MaCarthy et al.：Cosmet. Perfum., 88(5), 43, (1973)
16) M. YAMAGUCHI et al.：J. Soc. Cosmetic Chemists., 33, 297, (1982)
17) CTFA Technical Guideline, 1975.
18) 川村邦夫：GMP テクニカルレポート改訂バリデーション総論，薬業時報社，1990．
19) 浅賀良雄：防菌防黴，19(6)，319，(1991)

10 化粧品の安全性

　皮膚を清潔に保ち，健康を維持するために作用の緩和な外用の製品として用いられる化粧品は，一般に健康な人の皮膚に繰り返し，長期間にわたり用いられる．特定の疾患の治療のために，疾患が治癒するまでの限られた期間に用いられる医薬品とは異なる．

　医薬品が治療という有効性（ベネフィット）と，副作用という弊害（リスク）のバランスで価値が議論されるのに対して，化粧品は絶対的な安全性が確保されなければならない．すなわち化粧品は不特定多数の人々に使用され，しかもその使用方法は基本的に使用者に任されることが前提となる．このような観点からは，あらゆる可能性を考慮した安全性の確保が好ましいが，現実的に必要と考えられる化粧品の安全性の確保とはいかなるものか，またその確認の方法について述べる．

10-1 化粧品の安全性の基本的な考え方

　化粧品は多成分により構成されている．用いられている一般的な成分については成書としてまとめられているが[1~4]，技術の向上に伴って多くの有用な原料も開発される．長年にわたって食品に用いられている成分は安全である，という GRAS (Generally Recognized As Safe) に対応して，REAS (Reasonably Estimated As Safe) という，長年使われている化粧品原料は安全である，という考え方もある．しかしながら米国の CTFA (Cosmetic, Toiletry and Fragrance Association：化粧品・トイレタリー・香料工業会）が企画した，「化粧品原料の安全性の再評価」(CIR：Cosmetic Ingredient Review)[5] にみられるように，安全性の問題点や健康に対する関心は時代とともに変化し，科学的な評価は必要であると考えられている[6,7]．化粧品などに用いられる成分のうち香料については1966年に設立された研究機関 RIFM (Research Institute for Fragrance Materials) が精力的に安全性の評価を行い，専門雑誌 Food & Chemical Toxicology に随時報告している．

　わが国においては，昭和62年(1987)，厚生省が「新規原料を配合した化粧品の製造，または輸入申請に添付すべき安全性資料の範囲について」と題して，新規原料の安全性を確保するための試験項目(ガイドライン)を示した*（表10-1）．

---

*　6月18日付け薬務局審査第二課の事務連絡

表 10-1. 新規原料を配合した化粧品の申請時に添付すべき安全性資料の範囲

試験項目	原料	製品
1. 急性毒性	○	△[a]
2. 皮膚一次刺激性	○	—
3. 連続皮膚刺激性	○	—
4. 感作性	○	—
5. 光毒性	○[b]	—
6. 光感作性	○[c]	—
7. 眼刺激性	○	△[d]
8. 変異原性	○	—
9. ヒトパッチ	○	○[e]

(注) a) 当該新規原料の LD_{50} 値が $2\,g/kg$ 以下の場合に実施を検討する．ただし，配合量などから考慮して安全と推測されるものについては，製品での試験は不要とする．
b), c) 吸光度測定によって紫外部に吸収がないときには省略できる．
d) 当該新規原料に角膜，虹彩の刺激反応が認められない場合で，かつ目に入る可能性の低い製品では省略できる．
e) 洗い流す製品では省略できる．
なお配合する新規原料が殺菌・防腐剤，酸化防止剤，金属封鎖剤，紫外線吸収剤，タール系色素などのように毒性についてより慎重に扱う必要があるものの場合には，これらに加えて必要に応じ，亜急性毒性試験，慢性毒性試験，生殖毒性試験，吸収・分布・代謝・排泄試験などの資料を添付するものとする．

すなわち新規原料を配合する化粧品については十分な安全性の確保が必須である，ということを示すとともに，まず検討すべき試験項目についてその具体的な内容が明らかとなった．安全性の評価が必要であるという考え方は，化粧品は正しく選択し，使用することによって皮膚に有用であるが，その一方で安全性についても検討することが必要である，という考え方に立脚している．したがって評価に用いられる試験項目やその基本的な考え方は医薬品やその他の化学物質の評価[8,9]の場合と同様である．

10-2 》 安全性試験項目と評価方法

上記のガイドラインの基本的な考え方は，化粧品は肌に長期間にわたって使用されることから，使用後すぐに生ずる刺激および毒性反応のみならず，繰り返し適用したときの刺激や毒性反応およびアレルギー反応が起こらないことを確認する必要がある，ということである．これらの安全性はヒトで確認することが究極的には必要であるが，多くの場合にはさまざまな動物モデルで検討される[10,11]．

10-2-1. 皮膚刺激性 Skin irritation

化粧品の安全性の中でまず第一に留意することは,化粧品が皮膚に接触したときに皮膚炎(かぶれ)が起こらないことである.かぶれの原因は物質(化粧品)の安全性に問題がある場合のみとは限らない.化粧品の安全性が確認されたとしても,化粧品が使用されるときの温度,湿度などの環境条件,誤った使用方法,使用者の体質や体調が原因となることが知られている(表10-2).しかしながら本章では主として,化粧品が直接的な原因として起こりうるかぶれなどを防ぐために安全性を確保するための方法について述べる.

表 10-2. 皮膚反応におよぼす因子

```
1) 物 質
    1. 物理・化学的特性   2. 純度   3. 溶媒(希釈基剤)   4. 濃度
2) 生体
    1. 種属・系統   2. 性   3. 年齢・日齢   4. 皮膚状態   5. 個体差
3) 環境条件
    1. 季節   2. 温度・湿度
4) 適用法・使用法
    1. 頻度   2. 処置条件   3. 適用・使用期間
```

後述する免疫反応にもとづく接触感作性(アレルギー性)反応とは異なり,皮膚刺激性は試験物質の皮膚の細胞や血管系に対する直接的な毒性反応を把握するものである.このような反応は強酸や強アルカリのように多くのヒトに起こる反応である.

実験動物としては,ヒトとの反応の類似性があり,反応性が高いことからウサギまたはモルモットが古くから用いられている.もっとも一般的な,ウサギを用いるドレイズ(Draize)の皮膚一次刺激性試験法[9,12,13]の概要は以下の通りである.

① 6または8羽のウサギを用いる.
② 背部の毛を刈り,固定器に固定する.
③ 背部の2ヵ所に試験物質を適用する.1ヵ所は注射針で#型の傷をつけ(有傷皮膚),他の1ヵ所はそのまま(無傷皮膚)とする.
④ 0.5 g(または 0.5 mL)の試験物質を 2.5×2.5 cm² のリントを用いて試験部位に貼付し,さらに絆創膏で固定する.
⑤ 試験物質を24時間適用する.
⑥ 24時間後に物質を除去し,赤み(紅斑)と腫れ(浮腫)などの皮膚反応について判定する.
⑦ 72時間後に再度判定し,平均的な反応評点を算出し,皮膚刺激性の程度を評価する.

取り扱いが容易な実験動物としてモルモットを用いて皮膚刺激性を検討するときには,背部ないし腹部の毛を刈り,物質を1回または繰り返して開放で適用する.

10-2-2. 感作性（アレルギー性）Sensitization, Allergenicity

　繰り返し生体に接触することによって起こる可能性のある障害としてアレルギー性反応がある．皮膚が反応の場となることから接触感作性（接触アレルギー性）反応とよばれる．刺激性反応とは異なり免疫機構に基づく反応であるが，喘息やアナフィラキシー・ショックのような血中抗体が関与する体液性の免疫反応に対して，胸腺 thymus 由来のリンパ球（Tリンパ球）が直接的に関与することから細胞性の免疫反応といわれる．また反応の出現の時間が比較的遅いことから遅延型反応といわれる．長期に使用される化粧品の安全性においては重要な検討項目の1つである．

　研究的にはマウスが用いられることがあるが，化粧品やその原料の評価にはモルモットを用いる方法が一般的である．検出感度が高い方法としてマキシミゼイション・テスト maximization test[14,15] が汎用されている．手法は感作誘導 induction と感作成立後の感作誘発 challenge の2段階に分けられる．感作誘導では，毛を刈った動物の背上部に　①乳化したフロインドの免疫補助剤（FCA：Freund's complete adjuvant；結核死菌，流動パラフィン，界面活性剤の混合物），②試験物質，③試験物質と等量のFCAとの乳化物　を一対ずつ皮内注射する．感作能を高めるために，1週間後にラウリル硫酸ナトリウムで処理したのち，試験物質を経皮的に閉塞適用する．感作誘発では，さらに2週間後に，毛を刈った動物の背部〜腹部に試験物質を適用し，24および48時間の皮膚反応に基づき感作性の有無を評価する．

　マキシミゼイション・テストは検出の感度は高いが，試験物質をFCAと乳化しなければならず，製品ではこれが難しい可能性があることや，物質を皮内注射することは現実的な危険性を予測するのには不適当である，などの批判がある．検出感度を保ちながら試験物質を経皮的に適用することから化粧品などの製品の評価に有用なアジュバント・アンド・パッチテスト法[16,17]，FCAを用いないビューラー（Buehler）法[18]や開放による連続適用法[19,20]なども行われる．

　感作性物質としては，色素中の不純物，防腐剤，香料成分，酸化染料などの報告がある．特殊な効果を期待して開発される，生理活性を持つ可能性のある成分については十分な検討が必要である．

10-2-3. 光毒性 Phototoxicity

　化学物質の中には，光線の存在によって初めて皮膚刺激性反応を起こすものがある．このような物質を光毒性物質とよぶ．典型的な例として，香料成分であるベルガモット油中のベルガプテン（メトキシソラレン）によるベルロック皮膚炎が知られている．このような成分を含む香水を塗ったところが日に当たると，その部分に一致して紅斑が起こり，さらには茶褐色の色素沈着になることがある．このような物質の検索に用いる光源としては太陽光線が好ましいが，現実にはそのエネルギーや波長の分布は季節や1日の時間帯で著しく異なる．したがって実験的にはキセノン・ランプや市販のブラック・ランプなどを用いる．炎症反応を生ずる光線の波長域は物質により異なるため，光線の選択が重要である．一般に紫外線の領域に吸収帯を持つ物質について検

討される．したがって長波長の紫外線（UVA），または紅斑を生じない程度の中波長の紫外線（UVB）を用いるのが一般的である．

実験動物としてモルモットやウサギが用いられる[21～23]．毛を刈った動物の背部の皮膚に試験物質を塗布し，光線照射部位と，非照射部位との反応の差から光毒性の有無を評価する．

10-2-4. 光感作性（光アレルギー性）
Photosensitization, Photoallergenicity

光の存在下で生ずるアレルギー反応である．ある種の紫外線吸収剤，殺菌剤，香料などに光感作性があることが報告されている．日常，化粧品を使用して戸外で活動することは一般的であり，化粧品やその原料に光感作性がないことを確認することは重要である．特に強い紫外線のもとで使用される日やけ止め製品や紫外線吸収剤の評価は大切である．

反応機構については十分な解明がなされていないが，光線による　①物質の活性化，②免疫担当細胞の機能の変化，③物質と免疫担当細胞の相互作用の変化　などが考えられる．

実験動物としてはマウスおよびモルモットが用いられている[20～22,24～28]．いずれの場合も，接触感作性試験の場合と同様に，①物質を適用後の光照射による光感作誘導と，②一定期間後の物質適用と光照射（光感作誘発）からなる．光感作誘発における光照射部位と非照射部位との皮膚反応を観察し，その程度の違いから光感作性の有無を評価する．光毒性試験結果と合わせて，反応が刺激性に基づかないことを確認する．

10-2-5. 眼刺激性 Eye irritation

眉目製品を代表として，化粧品には顔面，特に目の周囲に用いられる製品や，頭髪洗浄料などのように使用時に目に入る可能性のある製品もある．したがって目に対する安全性の検討は大切である．このための試験法として，ウサギを用いるDraize法[9]が古くから用いられている．ウサギの片眼に試験物質を投与し，角膜，虹彩および結膜の反応を経時的に観察する．原著では，物質を適用して2秒後および4秒後に水で洗浄したときの反応性についても検討することになっている．洗浄力に富むシャンプーのように界面活性剤を多く含む製品，ある種の整髪剤のように有機溶剤を多量に配合する製品，酸化染毛剤のように反応性が高い製品では考慮が必要である．しかし通常のクリーム，乳液，ファンデーションなど多くの化粧品では眼刺激性は弱い．

10-2-6. 毒　性 Toxicity

1）単回投与毒性 Single dose toxicity

試験物質を1回（単回）投与したときの全身的な影響を評価するために行われる．一般にマウスやラットのような齧歯類に試験物質を投与し，致死量と病理検査や一般症状観察によりその毒

性の程度を判断する．従来，動物の50％の致死量（LD$_{50}$：Lethal Dose）を求めていたが，動物愛護の問題などから，試験が必要なときには少数の動物を用いて概略の致死量を求めるようになった．

投与経路としては，経口および皮下投与が中心になっているが，このほか経皮，腹腔，吸入などの経路による評価が行われる．

2）反復投与毒性 Repeated dose toxicity（亜急性・慢性毒性）

長期間にわたり，連続して試験物質が適用されたときに起こる全身的な影響を検討するために行われる．投与期間は4週間〜6ヵ月間であり，一般に試験中は体重，摂餌量の変化，一般状態の観察，血液・生化学的検査などを行い，投与終了後には解剖して各器官についての観察，重量測定，組織学的な検査などを行い，特定な器官への影響を含む生体への影響を判断する．

10-2-7. 変異原性[29] Mutagenicity

試験物質が細胞の核や遺伝子に影響を及ぼして変異を起こす可能性を評価する．用いる試験結果が発癌性試験結果と対応することから，発癌性の予測にも用いられることがある．

1）「細菌を用いる復帰突然変異試験」としてネズミチフス菌 *Salmonella typhimurium* や大腸菌 *Escherichia coli* などが用いられる．本来生育しない培地に，物質の変異原性によって生きる（復帰変異）コロニーを計測して評価する．

2）「哺乳類の培養細胞を用いる染色体異常試験」では哺乳類の初代培養細胞またはチャイニーズ・ハムスターの肺由来線維芽細胞のような樹立細胞を用いる．染色体の形態異常や倍数体が出現する細胞数により評価する．

3）赤血球は正常であれば，成熟に伴い脱核する．「齧歯類を用いる小核試験」では，試験物質を投与したマウスの骨髄中の多染性赤血球中の，脱核しない赤血球数により評価する．

1）および2）の試験では，生体における状況を考慮して試験物質が代謝されて変異原性を持つ可能性も検討する．

10-2-8. 生殖・発生毒性[8] Reproductive and developmental toxicity

使用する化学物質が，生殖に関わる毒性を生じ，たとえば胎児に影響はないであろうかといった生殖・発生の過程における化学物質の危険性を検討するために行われる．動物実験では，妊娠前から離乳期までにわたる期間を3区分して，それぞれの投与期間に応じて ①「受胎能および着床までの初期胚発生に関する試験」，②「出生前および出生後の発生ならびに母体の機能に関する試験」および ③「胚・胎児発生に関する試験」が行われる．これらの各試験を組み合わせることにより，単一試験または二試験計画による試験が行われることもある．

10-2-9. 吸収，分布，代謝，排泄[30]
Absorption, Distribution, Metabolism, Excretion

化粧品あるいはその原料は本来生体に対する作用が緩和なものと規定されている．しかしながらそれらが経皮吸収されて生体に対する作用を及ぼす可能性を知ることは，刺激性や毒性の機序を理解し，安全性を評価・予測する上で貴重な情報を与えることになる．

ラベル化合物を実験動物に投与したあとの各臓器への分布を検討したり，尿や血中の濃度や代謝物を分析する．経皮吸収を比較的簡便に検討するために，動物から皮膚の小片を採取し，拡散セルを用いる方法が汎用されている．

10-2-10. ヒトによる試験（パッチテスト，使用テスト）[31]

化粧品による皮膚炎（かぶれ）として紅斑（赤み），浮腫・腫脹（腫れ），丘疹（ブツブツ）などの肉眼的に明瞭な反応のほかに，掻痒（痒み），ほてり，しみるなどの感覚的な刺激反応が報告される．肉眼的に明瞭に識別できる反応の多くはこれまで述べた試験の結果からある程度予測することが可能であると思われるが，市場に出す前に，ヒトにおける種々の評価法により安全性を確認する必要がある．とくに，ひりつきや痒みなどの感覚的な刺激は動物試験で評価したり予測することが難しく，化粧品が用いられる条件のもとで使用試験を行ったり，感受性の高いヒトでの評価が必要となる．しかしながら，これらの試験はいずれも倫理的に行われなければならない．

1) パッチテスト Patch test
開発された原料や製品を用いるときに皮膚炎が起こらないことを確認するために，簡便な予知試験法としてヒトの前腕や背部で貼付試験を行う．皮膚科医師が皮膚炎の原因を確認するために行う診断用のパッチテストとは目的を異にする．一般に市販パッチテスト用の絆創膏を用いて閉塞で行う．揮発性が高いような物質は開放で適用する．物質の適用時間は24時間とし，皮膚反応を肉眼的に判定する．

2) 使用テスト Use test
さまざまな動物試験やその代替試験では実際にヒトが使用する条件を網羅することは不可能である．このため化粧品の開発において想定される条件のもとで使用したときの影響を評価する．日やけ止め製品では温度・湿度や紫外線などの環境条件の変化による影響や，発汗の影響，スキンケア製品では乾燥や脂質量などの肌の状態と反応性が検討される．

3) その他
ボランティアの腕や背部において，接触感作性やコメド形成の可能性が検討されることがある．またスティンギングテスト（感覚刺激テスト）なども行われる．

10-3 ≫ 動物試験代替法 Animal test alternative

　現在,「動物試験代替法」の概念としては次に示す"3R"が一般的に受け入れられている．すなわち, Replacement（動物を使用しない方法, in vitro 試験法）, Reduction（使用する動物数の削減）, Refinement（動物が受ける苦痛の軽減）である．

　in vitro 試験法を動物試験代替法として使用するためには, 再現しようとしている in vivo 試験のメカニズムを明確にする必要がある．さらに, 生体反応を再構築するために複数の異なるメカニズムを持った試験法を組み合わせたバッテリーシステム Battery system が必要となる場合もある．また, 代替法が安全性試験のガイドラインなどに採用されるためには, 施設間での再現性や動物試験結果との高い対応性を実証するバリデーション Validation が必要である．現在, 種々の代替試験法に関するバリデーションが国内外で数多く実施されており, 一部については結果が公表され, さらにはその結果に基づきガイドライン案も作成されつつある．

　以下に, 化粧品の安全性試験に関連する動物試験代替法について概要を紹介する[32,33]．

10-3-1. 眼刺激性試験

　眼刺激性試験の代替法については, 種々のバリデーション結果がすでに公表されている[34,35]．新規化粧品原料の眼刺激性試験代替法に関する厚生科学研究班では, 培養細胞を用いる試験で無毒性と判断された物質は in vivo で眼に対する傷害性の少ないことを報告している[36]．しかし, 培養細胞を用いる試験では, 難溶性の物質や特定濃度における in vivo 眼刺激性の正確な予測は困難である．そのため欧米では, 3次元培養系の角膜モデルや皮膚モデル, さらには, より生体に近い系として, 動物の摘出眼球あるいは角膜を用いる試験法や受精鶏卵の漿尿膜（CAM）を用いる試験法について検討されている[34]．

10-3-2. 皮膚刺激性試験

　皮膚刺激性試験の代替法としては, 表皮角化細胞や皮膚線維芽細胞, さらにはこれらの細胞から再構築された皮膚モデルを用いる細胞毒性試験法が報告されている[37]．また, in vivo の皮膚刺激性試験が局所の炎症反応である紅斑や浮腫などの評価に基づくため, 炎症性サイトカインのmRNA 発現・放出やアラキドン酸カスケードの代謝物を測定する方法も報告されている[37]．また, 皮膚はバリア機能としての角質層を保持していることから, 代替法を構築する上では, 物質の皮膚透過性も考慮する必要がある．

　欧州では, in vitro 試験により重篤な傷害が予測される皮膚腐食性のある物質をあらかじめ除き, ヒト試験で評価することも考えられている[37]．

10-3-3. 光毒性試験

光毒性は，適用局所の皮膚において，紫外線の関与のもとに化学物質により生じる皮膚刺激反応である．そのため，光毒性試験代替法として上記の皮膚刺激性試験代替法に紫外線照射を組み込んだ方法が検討されてきた[38]．その結果，化学物質の安全性評価に係わるOECD毒性試験ガイドラインでは，Balb/c 3T3細胞を用いてニュートラルレッド取り込みを指標とする光細胞毒性試験が提案されている．一方，難溶性の化粧品原料に対しては，酵母の光生育阻害試験と赤血球の光溶血試験との組み合わせが有効であるとの報告もある[38]．

10-3-4. 接触感作性試験

感作反応は免疫応答に基づく全身系の反応であり，複雑な発現機序に基づく感作反応を正確に in vitro 試験法で置き換えることは非常に困難と考えられている．そのため，Reduction や Refinement としてマウスを用いる Local Lymph Node Assay（LLNA）が米国で承認されている．また免疫学の進歩により，Replacement としてランゲルハンス細胞などの抗原提示細胞を用いる試験法の検討が開始されている[39]．

以上述べてきた試験法以外にも，急性経口毒性を細胞毒性試験で評価する方法，光感作性を光蛋白結合性などから検討する方法，催奇形性を全胚培養法などにより検討する方法も報告されているが，これらの試験法についてはまだ研究段階にある．

in vitro 試験法の特徴は，ヒト細胞の使用により種差の問題を克服可能であることおよび標的細胞や臓器での検討が可能なことである．今後，in vitro 試験法は，単に動物試験の代替として用いられるだけではなく，ヒトにおける安全性の予測においてより広範囲な活用が期待される．

以上化粧品の安全性について述べてきたが，化粧品やトイレタリー製品の安全性を確保することは，薬事法に基づく法律的な規定からのみならず，多くの人がさまざまな使用法によって長期間使用する可能性があるという面からも重要である．毒性や刺激性の評価は科学的に優れたものでなければならないが，試験結果の評価 safety evaluation とともに，実際の使用状況のもとにおける安全性の確認や危険性の予測 risk assessment が重要であり，そのための評価法の工夫が大切である．

安全性の予測として動物を用いない代替法の研究も精力的に行われており，科学的に受け入れられる手法を用いた評価法の利用が望まれる．

◇ 参考文献 ◇

1) 厚生省薬務局審査課監修：化粧品原料基準　第二版，薬事日報社，1982．
2) 日本公定書協会編：化粧品原料基準　第二版注解，薬事日報社，1984．
3) 厚生省薬務局審査課監修：化粧品原料基準　第二版追補注解，薬事日報社，1987．
4) CTFA Cosmetic Ingredient Handbook, 1st Edition, Cosmetic, Toiletry and Fragrance Association, 1988.
5) 岡本暉公彦，吉村孝一監訳：CTFA/CIR 香粧品原料の安全性再評価，(1)1985，(2)1985，(3)1987，(4)1989．
6) James, H. Whittam ed.；Cosmetic Safety, A Primer for Cosmetic Scientists, (Cosmetic Science and Technology Series, Vol. 5,) Marcel Dekker, 1987.
7) 尾澤達也，福島正二監訳：化粧品の安全性，フレグランスジャーナル社，1992．上記文献6)の日本語版．
8) 医薬品毒性試験法ガイドライン 1994/7/7 付薬審第 470 号
9) Appraisal of the Safety of Chemicals in Foods, Drugs and Cosmetics, Association of Food and Drug Officials of the United States, 1959.
10) 白須泰彦・松岡　理 編：新しい毒性試験と安全性の評価，ソフトサイエンス社，1975．
11) 白須泰彦・吐山豊秋 編：新毒性試験法―方法と評価―，株式会社リアライズ社，1985．
12) Federal Register：Method of Testing Primary Irritant Substances, 38 (187), 1500, 41, September 27, 1973.
13) Federal Register：Primary Dermal Irritation Study, 43 (163), 81-5, August 22,1978.
14) Magnusson, B. and Kligman, A. M.：J. Invest. Dermatol., 52, 268-276, (1969)
15) Magnusson, B. and Kligman, A. M.：Allergic Contact Dermatitis in the Guinea Pig；Identifications of Contact Allergens, C. C. Thomas, Springfield, Illinois, 1970.
16) Sato, Y., Katsumura, Y., Ichikawa, H., Kobayashi, T., Kozuka, T., et al.：Contact Dermatitis, 7, 225-237, (1981).
17) 佐藤悦久，勝村芳雄，市川秀之，小村敏明：皮膚，23，461-467，(1981)
18) Buehler, E. V.：Arch. Dermatol., 91，171-175, (1965)
19) Klecak. G., Geleick, H., Frey, J. R.：J. Soc. Cosmet. Chem., 28，53-64, (1977)
20) Maurer, T.：Contact and Photocontact Allergens；A Manual of Predictive Test Methods, Marcel Dekker, 1983.
21) 小堀辰治・安田利顕　監修：光と皮膚，金原出版，1973．
22) Fitzpatrick, T. B., et al. ed.：Sunlight and Man, University of Tokyo Press, 529-557, 1974.
23) Stott, C. W., Stasse, J., Bonomo, R. Campbell, A. H.：J. Invest. Dermatol., 55, 335-338, (1970)
24) Vinson, L. J. and Borselli, V. F.：J. Soc. Cosmet. Chemists, 17, 123-130, (1966)
25) Harber, L. C., Targovnik, S. E., Baer, R. L.：Arch. Dermatol., 96, 646-653, (1967)
26) 佐藤悦久，勝村芳雄，市川秀之，小村敏明，中嶋啓介：西日皮膚，42，831-837，(1980)
27) Ichikawa, H., Armstrong, R. B., Harber, L. C.：J. Invest. Dermatol., 76, 498-501, (1981)
28) Jordan, W. P.：Contact Dermatitis, 8, 109-116, (1982)
29) 田島弥太郎・賀田恒夫・近藤宗平・外村　晶 編：環境変異原実験法，講談社，1980．
30) 経皮・経粘膜吸収製剤の開発と新しい試験・実験・評価法の実際―総合技術資料集―，テクノアイ出版部，1986．
31) William C. Waggoner ed.：Clinical Safety and Efficacy Testing of Cosmetics, (Cosmetic Science and Technology Series, Vol. 8.) Marcel Dekker, 1990.
32) 林　俊克，板垣　宏：日本油化学会誌，45，1179-1188，(1996)．
33) 日本動物細胞工学会編：動物細胞工学ハンドブック，朝倉書店，134-136 (2001)
34) Brantom, P. G., et al.：Toxicology in Vitro, 11, 141-179, (1997)
35) Ohno, Y., et al.：Toxicology in Vitro, 13, 73-98, (1999)
36) 厚生科学研究班：Alternatives To Animal Testing And Experimentation, 5, 332-334, (1998)

37) 足利太可雄, 板垣 宏：フレグランスジャーナル, 27(7), 35-40, (1999)
38) 杉山真理子：Alternatives To Animal Testing And Experimentation, 5, 268-277, (1998)
39) 畑尾正人：Alternatives To Animal Testing And Experimentation, 5, 284-290, (1998)

11 化粧品の有用性

11-1 化粧品の有用性について

　化粧品を作る上で大切な4つの品質特性(安全性，安定性，使用性，有用性)については，化粧品概論で述べたが，化粧品特性の変遷を眺めてみても，1980年代に入り安全性とともに有用性を重視する時代となり，ライフサイエンスを基盤としたバイオテクノロジーによる新原料，新薬剤の開発やファインケミストリーによる新素材の開発，さらにこれらを組み込んだ新製剤の開発に

表 11-1. 化粧品の有用性

使用部位	有用性	使用する化粧品
1. 毛髪 （頭髪）	脱毛防止	育毛料
	白髪染め(若返り，オシャレ染め，ファッション)	染毛料(ヘアカラー)
	損傷防止，改善	トリートメント(枝毛コート剤 など)
	洗浄(生理，衛生)	シャンプー，リンス
	整髪	整髪料，パーマネントウェーブ剤
2. 顔	洗浄(生理，衛生)	洗顔料
	肌荒れ防止，改善	クリーム，乳液 など
	シミの改善	美白剤
	シワの改善	トリートメント
	美化(色彩効果，心理効果)	メーキャップ製品
	虫歯，口臭防止	歯磨き，口中清涼剤
	にきびの改善	アクネ製品
3. 体 （ボディ）	洗浄(生理，衛生)	石けん，液体ボディ洗浄料
	紫外線防御	UVケア化粧品
	体臭防止(腋臭，足臭防止)	デオドラント製品
	脱色，除毛(無駄毛の処理)	脱色剤，除毛剤
	血行改善(生理，衛生)	浴用剤
	手荒れ改善	ハンドケア製品
	爪の美化	ネイルエナメル など
4. 全体	香り(心理効果)	香水，オーデコロン など芳香製品

より有用性の高い機能性化粧品の開発が行われるようになってきている．日常の生活を眺めてみても，トイレタリー製品を含め化粧品を使用しない生活は考えられないほど化粧品は生活に密着している．使用部位別の有用性と使用する化粧品（表11-1）をみても，いかに多くの製品が日常生活に役立っているかを知ることができる．そのためには，化粧品を研究し，製造し，販売する上で有用性は何かを常に考えてゆかなければならない．

本章では化粧品の有用性研究内容とその研究例について記述した．

これら以外の製品の有用性（役割）については各論の各化粧品の章を参照されたい．

11-2 化粧品の有用性研究

化粧品の有用性研究は生理学的有用性，物理化学的有用性，心理学的有用性の3つに分類され，研究が進められている．

11-2-1. 生理学的有用性 Physiological usefulness

生理学的有用性の研究は肌荒れ改善，美白，脱毛防止などの皮膚，毛髪の生理学的な面の研究をいい，皮膚科学，生理学，生化学，薬理学，分子生物学，免疫学などライフサイエンスを基盤とした研究が中心となっている．高齢化社会を迎えて，これらは現在もっとも重点が置かれている研究分野である．

11-2-2. 物理化学的有用性 Physico-chemical usefulness

物理化学的有用性の研究は紫外線防止剤，散乱剤による光防御，メーキャップによるしみ，そばかすなどのカバー効果，パーマネントウェーブによる髪の美的改善，レオロジー（流動学）を応用してのクリームの使用性の研究などがあげられる．

11-2-3. 心理学的有用性 Psychological usefulness

化粧品の有用性で心理学的な面（フレグランスによるアロマコロジー，メーキャップの色彩心理など）を研究している分野で，化粧をし，香りをつけることにより心を豊かにし，自分に自信を持たせ，仕事の能率を向上させるなどの効用があげられる．

この分野では，心理学をはじめ，近年では，精神神経免疫学などの研究成果が応用されている
以上3分野の有用性研究とその効果について図11-1にまとめて示した．

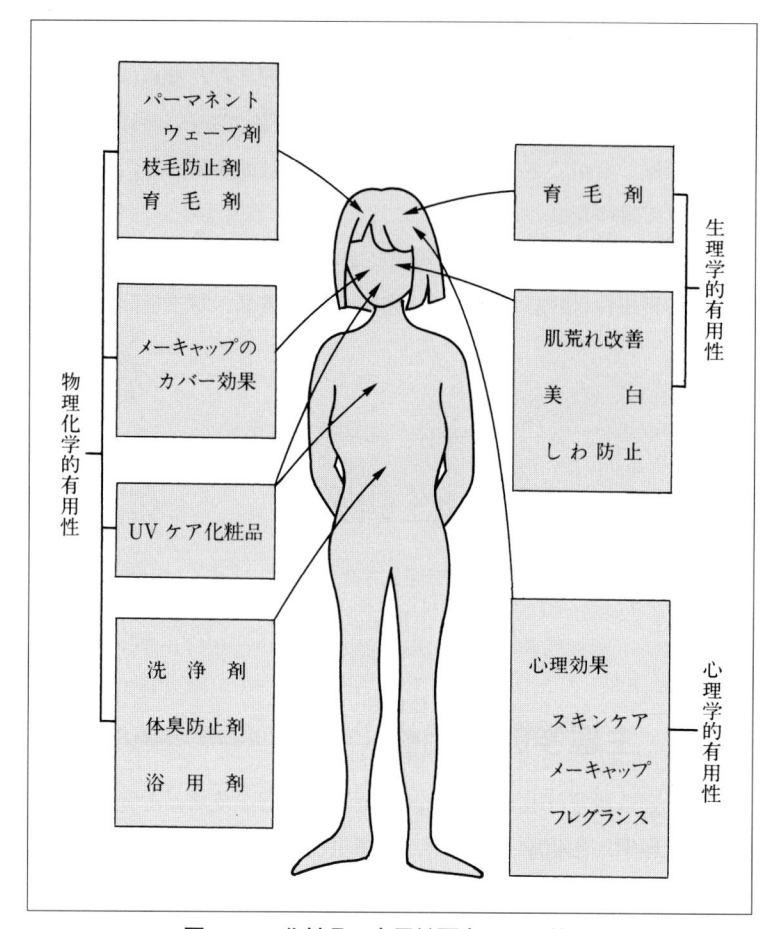

図 11-1. 化粧品の有用性研究とその効果

11-3 》有用性の研究例

11-3-1. 生理学的有用性の研究例

1）肌荒れ改善効果[1,2]

皮膚保湿にとって水-保湿剤-油およびそのバランスは極めて重要であり，三者は相乗的に機能を発揮する．

水-保湿剤-油分を適正にバランスしたクリームを使用することにより皮膚表面状態の回復のみならず，内部の生理的な状態まで改善させることが研究の結果明らかとなった．この研究方法とその結果を示す．

研究に用いたクリーム油性成分としてスクワランを主とし炭化水素系化合物，保湿剤としてヒアルロン酸などの高分子系保湿剤に化粧品などに通常繁用されるグリセリン，1,3ブチレングリ

コールなどのポリオール系保湿剤を配合し，適正なバランスをとった O/W 型クリーム製剤を I 群の被験者パネル(25～35歳男性)の頬に 2 月の厳冬期 2 週間塗布させた．

一方 II 群のパネル(25～35歳男性)の頬には 3 成分のバランスを欠いた O/W 型同型乳化クリームを I 群同様 2 週間塗布して比較した．

この結果についてつぎに示す．

図 11-2 はクリームによる皮膚表面状態の回復を示したものである．適正に処方されたクリーム

図 11-2．クリームによる皮膚表面形態の回復

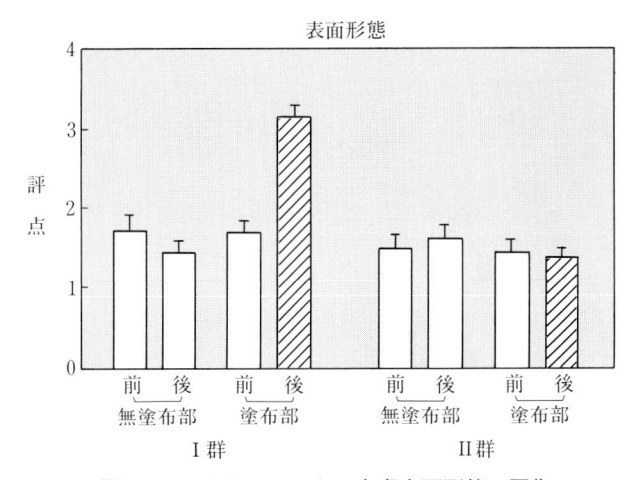

図 11-3．クリームによる皮膚表面形態の回復

を使用することにより，使用前は皮溝・皮丘が乱れていた肌も美しい肌に回復されることがわかった．図 11-3 はテストパネルの皮膚表面の状態を評点化したものである．

評点が高いほど皮膚表面状態が良好なことを示すが，適正に処方されたクリームを用いた I 群のパネルは有意差をもって回復効果があらわれているが，適正でないクリームを用いた II 群には回復効果が認められない．

図 11-4 は TEWL, 角質水分量の回復を示したものである．

適正に処方されたクリームを用いた I 群は，皮膚の水分保持機能が回復するため TEWL (transepidermal water loss) すなわち表皮から失われる水分量は減少し，角質内の水分量は増加する．

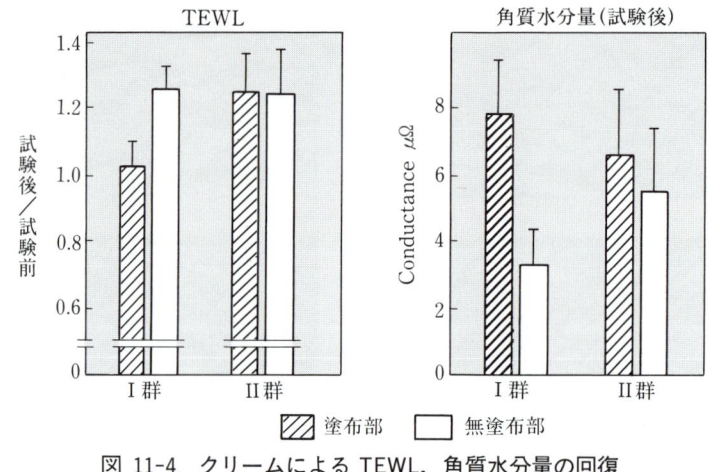

図 11-4．クリームによる TEWL, 角質水分量の回復

図 11-5 は SSB（skin surface biopsy）により残存核クラスター数を調べた結果である．角化によって生成する角質細胞は核が消失した細胞となるが，肌荒れが起こると角化の過程が不完全

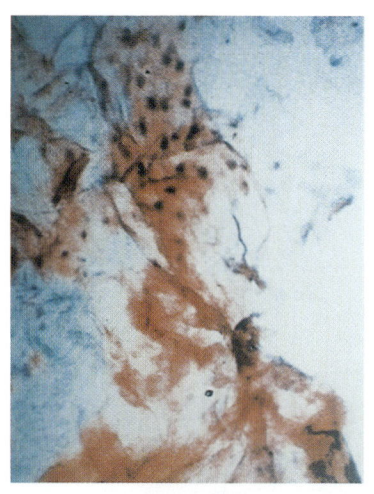

図 11-5．クリームによる残存クラスター数の回復

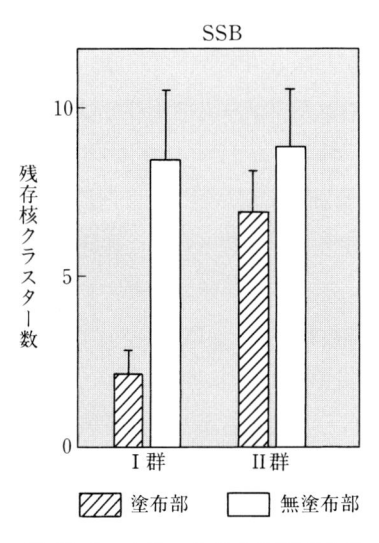

図 11-6. クリームによる残存クラスター数の回復

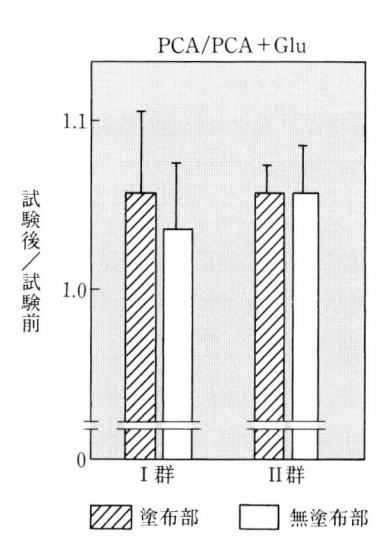

図 11-8. クリームによるアミノ酸指標の回復

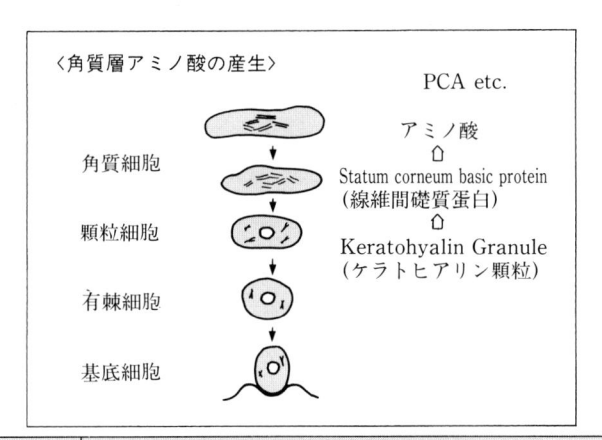

〈角質層アミノ酸の産生〉

PCA etc.

アミノ酸
⇧
Statum corneum basic protein
(線維間礎質蛋白)
⇧
Keratohyalin Granule
(ケラトヒアリン顆粒)

角質細胞
顆粒細胞
有棘細胞
基底細胞

	予想される代謝経路
PCA [Pyroglutamic Acid]	Glu → γ-Glu-AA → PCA γ-glutamyl-AA synthetase　γ-glutamyl cyclotransferase
UCA [Urocanic Acid]	His →(NH_3)→ UCA histidase
Orn Cit	Arg →(Urea)→ Orn →(carbamoyl phosphate / Pi)→ Cit arginase　ornithine carbamoyltransferase
Ala	Asp →(CO_2)→ Ala aspartate 4-decarboxylase

図 11-7. アミノ酸指標

となり，核が完全に消失せず残るようになる．それが左の黒紫色の点である．クリームにより肌が改善すると核が消滅し，角化の過程が正常化したことがわかる．

図 11-6 はこれをグラフ化したものである．適正に処方されたクリームの I 群では残存核クラスター数が有意に減少している．

図 11-7 にアミノ酸指標の考え方を示す．基底細胞が角質細胞に変わっていく段階で，ケラトヒアリン顆粒は線維間礎質蛋白を経てアミノ酸や PCA に変わる．予想される代謝経路は，グルタミンは PCA に，ヒスチジンはウロカニン酸に，アルギニンはオルニチンを経てシトルリンに，アスパラギン酸はアラニンに変わる．この代謝が順調に行われないと，PCA，ウロカニン酸，シトルリン，アラニンの生成比率が減少する．

これらの生成比率をアミノ酸指標として代謝が順調に行われているかどうかを調べた．

図 11-8 はアミノ酸指標の回復を示すものである．I 群では PCA の比率が塗布部で上昇し，代謝過程が回復したことを示すが，II 群では回復が認められない．このように適正に処方されたクリームを用いることによって単に皮膚表面状態の回復のみならず，内部の生理的な状態まで改善されることがわかった．

2）日やけによるしみ・そばかすを防ぐ美白化粧品の効果[3,4]

女性にとって美容上もっとも多い脳みの一つに「しみ・そばかす」がある．これらの脳みに対してアルブチンを配合した美白剤の有用性をあげることができる．

アルブチンについては，化粧品と薬剤の章で記述したので，ここではアルブチンを配合した美白化粧品の実際の使用試験とその効果について述べる．

アルブチンはマッシュルーム由来および B16 マウスメラノーマ由来のチロシナーゼ活性を抑制し，マッシュルーム由来のチロシナーゼに対する活性阻害形式は競争阻害であることが示されている．また B16 メラノーマ培養細胞に対して細胞増殖に影響のない濃度でメラニン生成抑制作用が示されている．

このような作用を有するアルブチンを有効成分として配合した美白化粧品の *in vivo* での効果について検討した．

まずヒト皮膚に紫外線を照射し誘導される色素沈着に対する抑制効果を二重盲検法により調べた．図 11-9 に示すように，アルブチン配合乳液塗布部位とアルブチン無配合乳液塗布部位で黒化度を比較したところ，高度に有意な差を認めた．この結果から，アルブチン配合乳液は紫外線照射により生ずる色素沈着を効果的に抑制し，「日やけによるしみ・そばかすの防止」に極めて有用なものであることがわかった．

ついで全国で 38,500 人を対象としてアルブチン配合乳液の使用テストを 1 ヵ月間実施し，実際の使用実感について自己申告形式で調査を行った．調査結果の解析は，全国を 13 ブロックに分け，各ブロックから 80 名を無作為に抽出して合計 1,040 名を解析対象者として集計した．その結果，図 11-10, 11 に示したように，何らかの効果を自己申告している人は全体の 82.3% にのぼった．また使用後の評価の主な項目として図 11-12 に示すように「透明感ができた」「くすみが気になら

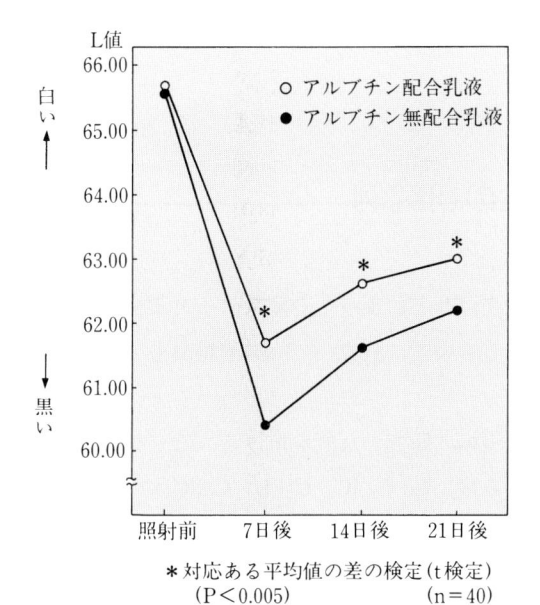

図 11-9. アルブチン配合乳液塗布部位とアルブチン無配合乳液塗布部位の皮膚色（L値）の経日変化

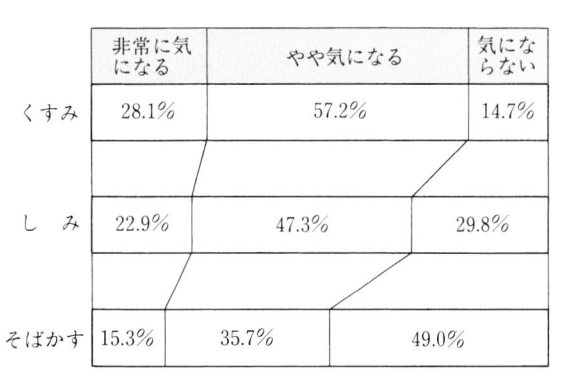

＊対応ある平均値の差の検定（t検定）
（P＜0.005）　（n＝40）

	非常に気になる	やや気になる	気にならない
くすみ	28.1%	57.2%	14.7%
しみ	22.9%	47.3%	29.8%
そばかす	15.3%	35.7%	49.0%

図 11-10. 対象者の属性（解析対象 1,040人）

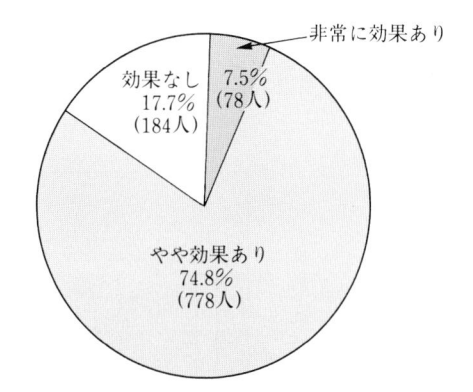

- 非常に効果あり 7.5%（78人）
- やや効果あり 74.8%（778人）
- 効果なし 17.7%（184人）

図 11-11. 使用後の評価（1,040人）

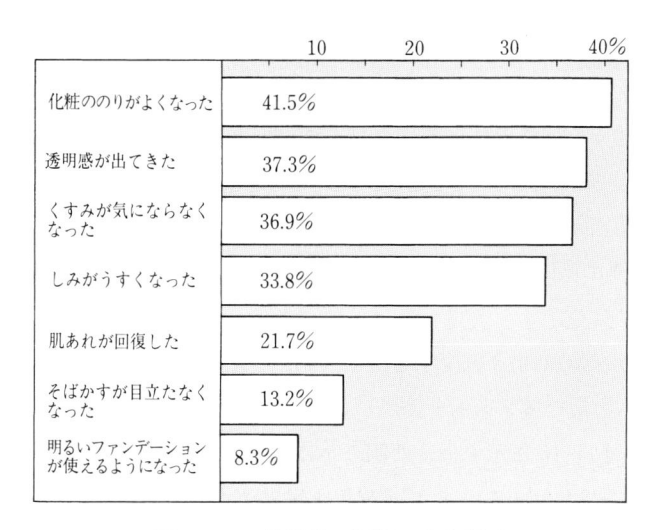

項目	%
化粧ののりがよくなった	41.5%
透明感が出てきた	37.3%
くすみが気にならなくなった	36.9%
しみがうすくなった	33.8%
肌あれが回復した	21.7%
そばかすが目立たなくなった	13.2%
明るいファンデーションが使えるようになった	8.3%

図 11-12. 使用後の評価の主な項目

なくなった」「しみがうすくなった」が多く，その結果として化粧のりがよくなったという結果がえられた．

11-3-2. 物理化学的有用性の研究例

1）体臭防止化粧品の有用性[5]

体臭と汗とは密接な関係があり，分泌物が皮膚常在菌などによって分解されると不快なにおいを発生するようになる．これが汗臭，体臭といわれるもので，腋臭（ワキガ）や足臭もこのような発生機構による．

足臭についてその原因物質とその防止の有用性について研究した例をあげる．

靴下抽出物の分析で，足臭パネルの靴下抽出物からは，iso C_5, C_6, C_7, C_8, C_9, C_{10} の低級脂肪酸が検出され，中でもイソ吉草酸は足臭パネルの靴下抽出物から特異的に検出され，このものを70%の人が足臭と捉えることがわかった（図11-13）．

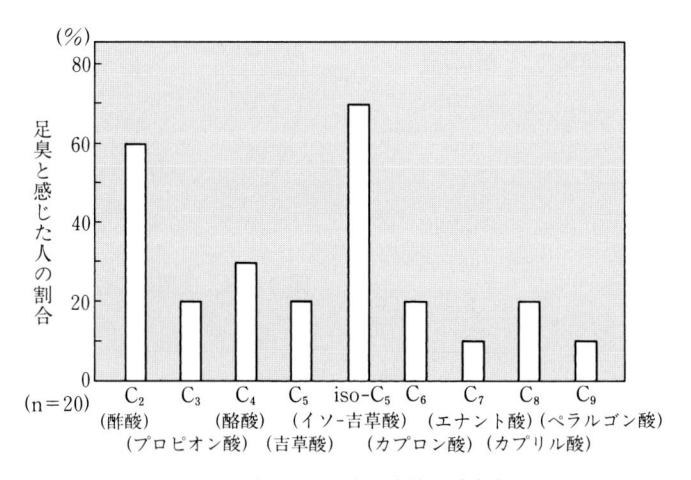

図 11-13. 低級脂肪酸水溶液の官能評価

つぎに0.5%イソ吉草酸水溶液中に各種薬剤を添加し薬剤 1 mg 当たりイソ吉草酸の消費量で消臭効果を評価した．その結果図11-14に示すように金属酸化物中でも亜鉛華にもっとも効果が認められた．この亜鉛華の消臭効果を確認するために足臭に亜鉛華を加えてその IR スペクトルをとったところ，足臭の原因物質である低級脂肪酸は亜鉛華と反応し無臭の脂肪酸金属塩になることが確認できた（図11-15）．

さらに製品系で亜鉛華の効果を確認するため亜鉛華を配合してデオドラントパウダースプレーを試作し，これを左右の足でスプレーを使用した部位と使用しない部位の足臭強度を経時31時間まで比較した結果，図11-16に示すように明らかにスプレー使用しないコントロール部位に比べスプレー使用部位は悪臭が抑えられることを認め足臭防止の有用性を十分確認することができた．

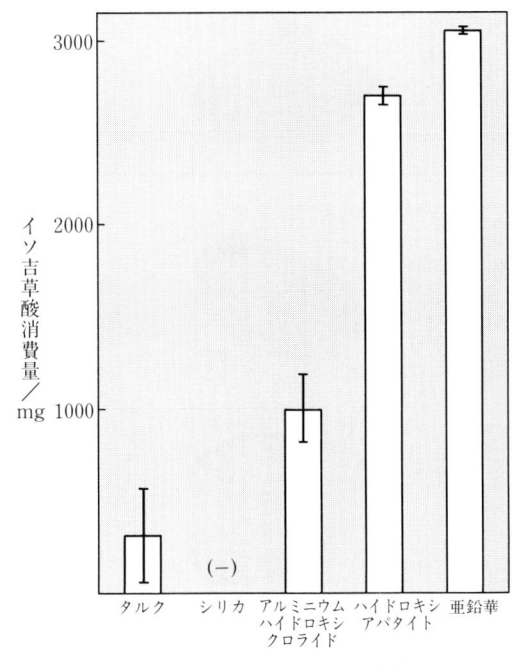

図 11-14. 種々の粉末の消臭効果

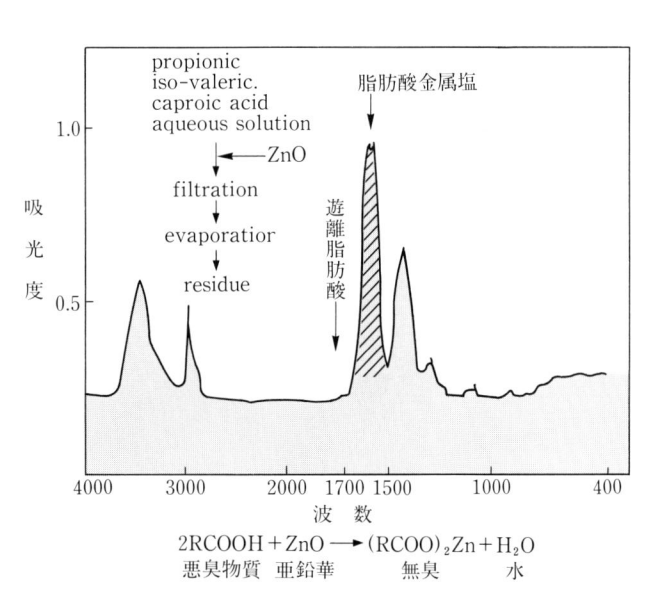

図 11-15. 亜鉛華処理した足臭の IR スペクトル

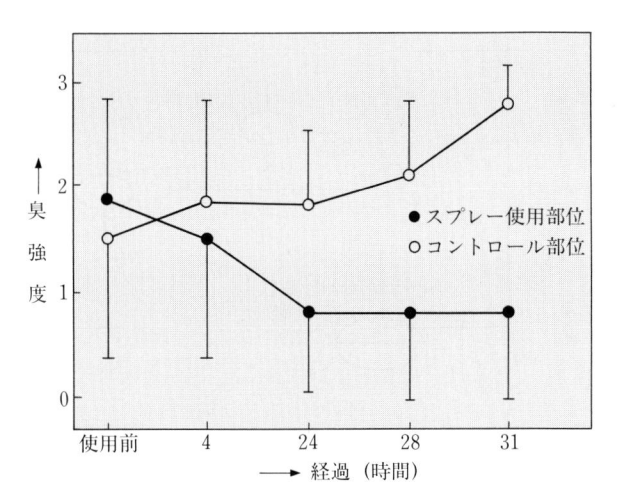

$$2RCOOH + ZnO \longrightarrow (RCOO)_2Zn + H_2O$$
悪臭物質　亜鉛華　　　　無臭　　水

図 11-16. 亜鉛華配合デオドラントスプレー使用部と対照部の足臭強度の変化

この現象は腋臭にも応用でき同様の効果を認めた.

2) 毛髪における研究例　枝毛防止剤の有用性研究[6,7]

18〜24歳の女性の髪の悩みでは,枝毛,切れ毛が51%で第一位をしめている.

この枝毛の発生を調べた結果,枝毛発生量が毛髪横断面形状と相関があることがわかった(図

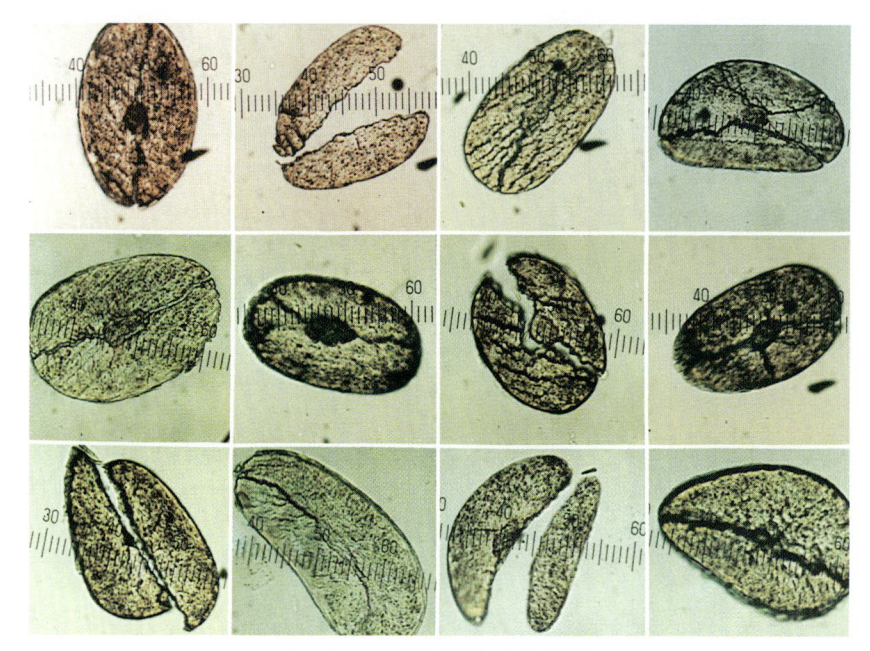

図 11-17. 枝毛横断面切片写真

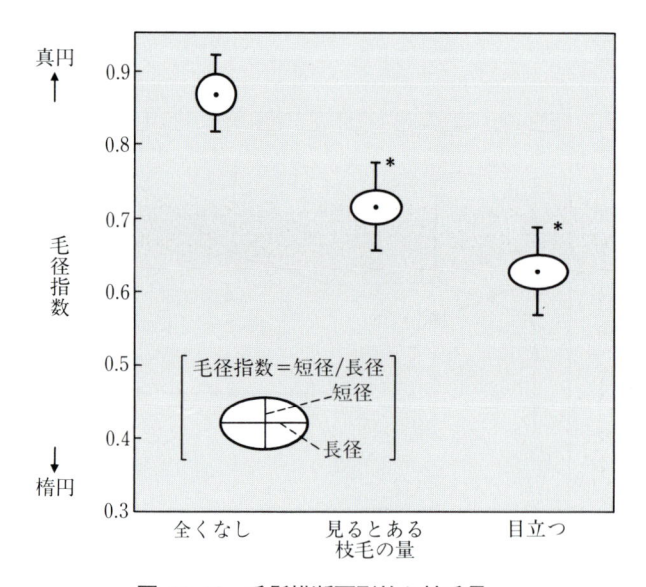

図 11-18. 毛髪横断面形状と枝毛量
パーマ 2-3 回/年
＊T検定：5％危険率で有意差あり

11-17, 18).

図 11-18 に示すように，毛径指数が小さくなる(偏平になる)に従い枝毛が多くなり，長径の先端から亀裂が入っていることを見出した．

また枝毛の多い人は毛先のキューティクルが剥離されやすい傾向にあることもわかり，特に長

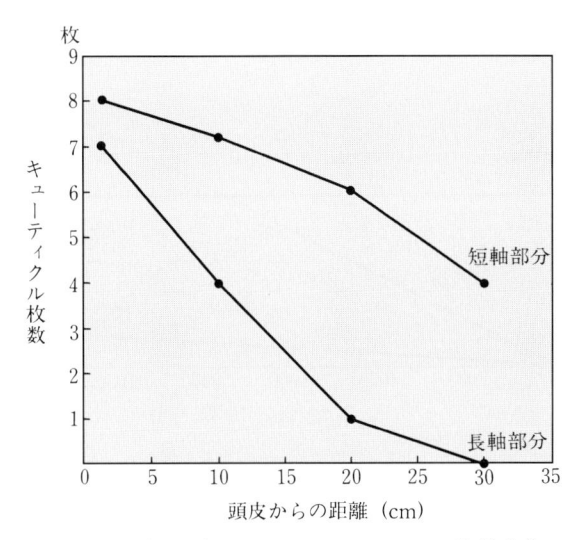

図 11-19. 偏平毛におけるキューティクル枚数変化

軸部のキューティクルは短軸部に比べて剝離されやすく，特異的に少なく，これが毛髪を損傷しやすくしている原因となっている(図 11-19)．

このような枝毛に対して枝毛防止剤(キューティクルコート剤)を使用すると図 11-20 のように毛髪表面をシリコーン樹脂の薄い被膜が覆い，毛髪を滑らかな表面とし，枝毛の進行を防ぐとともに，枝毛による毛髪のぱさつきをなくすことができる．

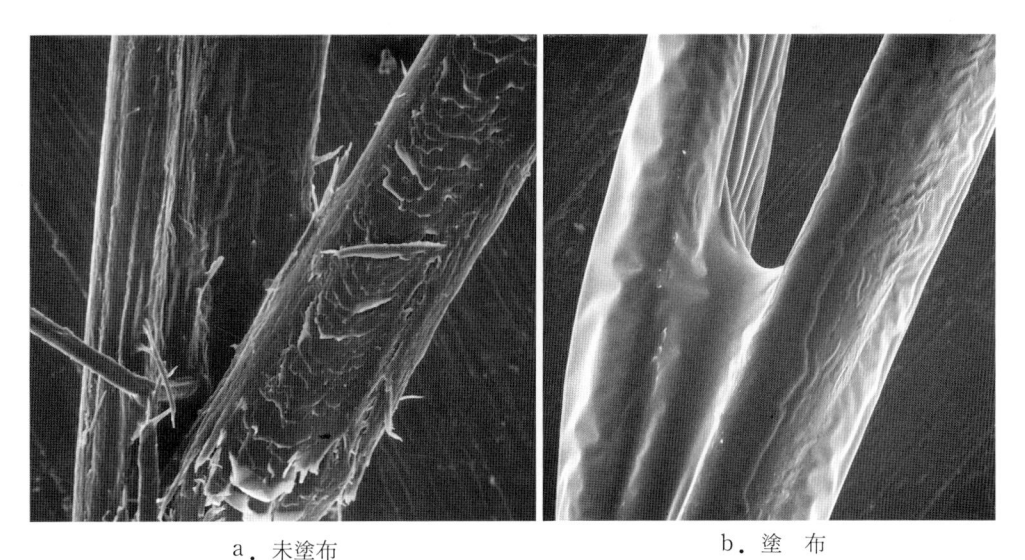

a．未塗布 b．塗布

図 11-20. 枝毛コート剤の枝毛への付着状態

また毛束にブラッシングを約 1 万回行い，そのとき発生する枝毛の本数を測定したところ図 11-21 に示すように，未塗布に比べ枝毛の発生は，顕著に抑えられることがわかった．

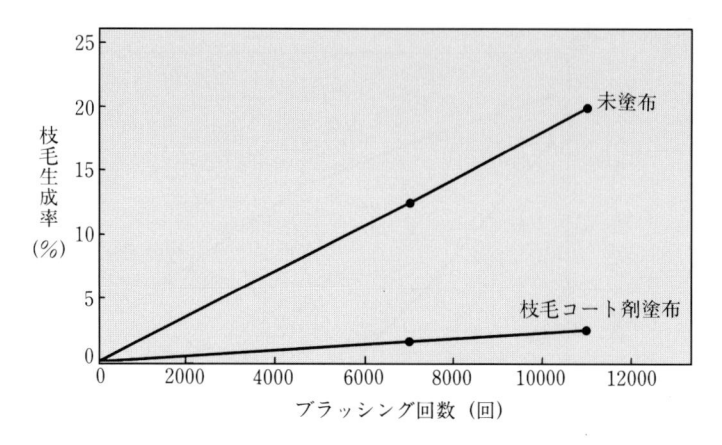

図 11-21. 毛束における枝毛発生防止効果

11-3-3. 心理学的有用性の研究例

化粧の心理効果[8]についてはいくつかの研究があるが，ここでは2例についてその内容を示す．

<その1> 岩男寿美子らの研究

　慶應義塾大学新聞研究所の岩男寿美子教授を中心とする心理学者グループと資生堂は，1981年に「化粧の心理的効用」について東京都区内の資生堂美容室の顧客673人を対象として調査を実施した．その結果化粧の心理的効果は3つに分けることができ，第一は仕事や立場上，改まった席ではきちんと化粧をしていないとおかしい(93%)とする「社会的立場を保持できる効用」．第二は化粧をすると気持ちがしゃんとする(86%)と考える「肉体，精神の蘇生(若返り)効用」．第三は女らしい気持ちになれる(74%)，夫や恋人がうれしそう(53%)とする「魅力を顕示できる効用」であった．

　また図11-22は化粧をしているときの気分や感じをたずねた結果を年代別にまとめたものである．24歳以下と25～35歳の両グループでは，「自分に自信がもてる」「人に対して積極的になれる」「立ち居振る舞いがエレガントになる」「気持ちにゆとりができる」がベスト3となった．一方36歳以上では，「化粧をしていないと相手の方に失礼な感じを与える」「化粧をしているときのほうが気持ちにゆとりができる」「化粧をしていないときには知った人にあうとはずかしくなる」の順で，上位をしめた．35歳以下が自分自身の行動や心の変化をあげているのに対し，36歳以上の人は社会を意識し，化粧によって自分らしさを取り戻そうとしている点に興味がひかれる．かつて異性をひきつけたりほかの女性と競争するためだったメーキャップが女性の社会進出とあいまってか，社会的な意味あいを色濃くしていることがわかった．

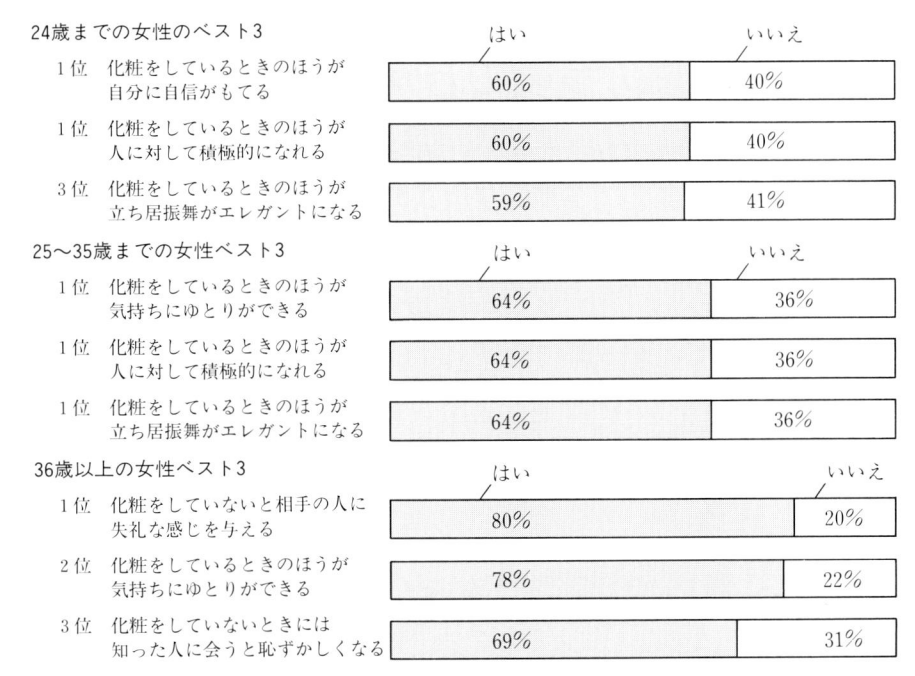

図 11-22. 化粧の心理的効用に関する調査結果

24歳までの女性のベスト3 — はい / いいえ
- 1位 化粧をしているときのほうが自分に自信がもてる　　60% / 40%
- 1位 化粧をしているときのほうが人に対して積極的になれる　　60% / 40%
- 3位 化粧をしているときのほうが立ち居振舞がエレガントになる　　59% / 41%

25〜35歳までの女性ベスト3 — はい / いいえ
- 1位 化粧をしているときのほうが気持ちにゆとりができる　　64% / 36%
- 1位 化粧をしているときのほうが人に対して積極的になれる　　64% / 36%
- 1位 化粧をしているときのほうが立ち居振舞がエレガントになる　　64% / 36%

36歳以上の女性ベスト3 — はい / いいえ
- 1位 化粧をしていないと相手の人に失礼な感じを与える　　80% / 20%
- 2位 化粧をしているときのほうが気持ちにゆとりができる　　78% / 22%
- 3位 化粧をしていないときには知った人に会うと恥ずかしくなる　　69% / 31%

＜その2＞　ジーン・アン・グラハムとアルバート・M・クリグマンの研究[9]

　クリグマンとグラハムは，若々しく美しく加齢した肌の持ち主とそうでない人との間に，どのような心理的，社会的相違があるのか研究をすすめた．60歳から90歳までの女性を，しみ，しわ，たるみ，目の下のクマの多少で同年齢同士を比較し，老化の徴候が少ない美しい肌のグループとそうでないグループに分け，さまざまな調査をした．その結果，美しく加齢したグループは，自分を肉体的にも精神的にも健康であると自覚しているだけでなく，積極的に社会参加し，明るく楽観的で，周囲への適応も順調で，自分自身の人生に満足し，生きがいを感じ，現実を肯定的に受け止める生き方をしていた．逆に老徴が目立つ肌のグループの人たちは，肌が美しくないということで，心理的にも社会的にも不利益を被っていることがわかった．

　肌は単なる皮膚科学上の問題にとどまらず，心理的，社会的にも大きな意味をもつことが改めて判明し，さらに2人は高齢になってなぜ肌の美醜が生じてくるかを調べ直した．この結果，美しい肌の人に比較して老徴が目立った人は，日やけ止め化粧品で紫外線を防御したり，保湿剤によって肌の乾燥を防ぐなどのスキンケアが不十分だったこと，長年にわたり無防備に日光に当たりつづけ，日光障害を受けつづけていたことが明らかとなった．

11-4 » 有用性の今後の方向

　高齢化社会にあり，また心の豊かさを求められる時代にあって，化粧品の有用性も老化制御 anti-aging と化粧の心理効果の追求に重点が向けられてきている．

　老化制御では，昔から化粧の3つの夢といわれている美白，肌の若返り，育毛についてさらに研究が進み，新しい成果が出されるであろう．化粧の心理効果も今後は脳神経系の心理や免疫についての研究が進み，これらの総合的な成果により人々の生活に豊かさを与えることであろう(総論1．化粧品と皮膚　1-8項　参照)．

◇　参考文献　◇

1) 尾沢達也，西山聖二，堀井和泉，川崎　清，熊野可丸，中山靖久：皮膚，27(2)，276-288，(1985)
2) Yasuhisa Nakayama, Izumi Horii, Kiyoshi Kawasaki, Junichi Koyama and others：日本化粧品技術者会誌 20(2),111，(1986)
3) 秋保　暁，鈴木裕美子，浅原智久，藤沼好守，福田　実：日皮会誌，101(6)，609-613，(1991)
4) 富田健一，福田　実，川崎　清：フレグランスジャーナル，18(6)，72-77，(1990)
5) 神田不二宏，八木栄一郎，福田　実，中嶋啓介，太田忠男，中田興亜，藤山喜雄：日本化粧品技術者会誌，23(3)，217-224，(1989)
6) 福地羊子，鳥居健二：第38回日本皮膚科学会中部支部総会(1987．10)
7) 神戸哲也，福地羊子，植村雅明，鳥居健二：日本香粧品科学会第14回学術大会(1989．6)
8) 福原義春他著：美しく年を重ねるヒント，179-184，求竜堂，1989.
9) Graham, J. A., Kligman, A. M.：J. Soc. Cosmet. Chemists, 35, 133-145, (1984)
10) 尾沢達也：スキンケアハンドブック，講談社，1986.
11) 尾沢達也：加齢と化粧品―化粧品の役割―；高瀬吉雄他編：加齢と皮膚，清至青院，1986.
12) 尾沢達也：化粧品―皮膚の加齢と皮膚保湿の恒常性維持―，大阪皮膚科専門医会会報，No. 18，(1991)
13) 尾沢達也：香粧品の有用性と香粧品科学の社会的位置付け，フレグランスジャーナル，12(1)，15-18，(1984)
14) 尾沢達也：コスメトロジー(化粧品学)の当面する課題と提言，フレグランスジャーナル 20(7)，43-48，(1992)

12 化粧品の容器

　最近の化粧品容器は消費者の多様化，個性化，技術の進歩によって，その形態，素材の種類が非常にバラエティーに富んでいる．しかし容器のもっとも重要な機能は中味を保護することで，これは今も昔も変わりがない．この基本機能を維持あるいは向上させつつ，高機能，多機能化を追及し，品質保証をしなければならないところが容器設計のポイントとなる．さらには企業活動としてのコスト，販売促進性，また社会活動としての環境保全意識をもって設計することも欠かせない．

12-1 化粧品容器に必要な特性

12-1-1. 品質保持性

　製品が工場で生産されたあと，保管，輸送などいわゆる物的流通経路や消費者の使用中の環境（温度，湿度，光，微生物など）から中味の品質を保護したり，容器そのものの品質を保持する機能である．またこれらは中味と容器が互いに悪影響を及ぼし合わないような品質の保持性や安全性に関する特性でもある．

1）中味保護機能

1-1）光透過性

　容器が透明や半透明の場合，可視光線や紫外線（UV）が容器を透過し中味の変色，変質，薬剤の分解などを生じさせることがある．このため中味処方に紫外線吸収剤や安定剤を入れて中味の変化を防止したり，また用いられる容器素材に着色剤や紫外線吸収剤を練り込む防止方法がある．ガラスびんのように紫外線吸収剤を練り込むことが不可能な場合には，着色剤や紫外線吸収剤入り塗装によって防止することもある（図 12-1）．

1-2）透過性

　金属容器およびガラス容器では，基本的には壁面を通じて気体，液体，固体の透過はしないが，プラスチック容器の場合，多かれ少なかれ透過は起こるものである．プラスチック容器に中味を入れて長期間放置した場合，香料の透過による変臭，処方中の一部が透過したために生じる中味

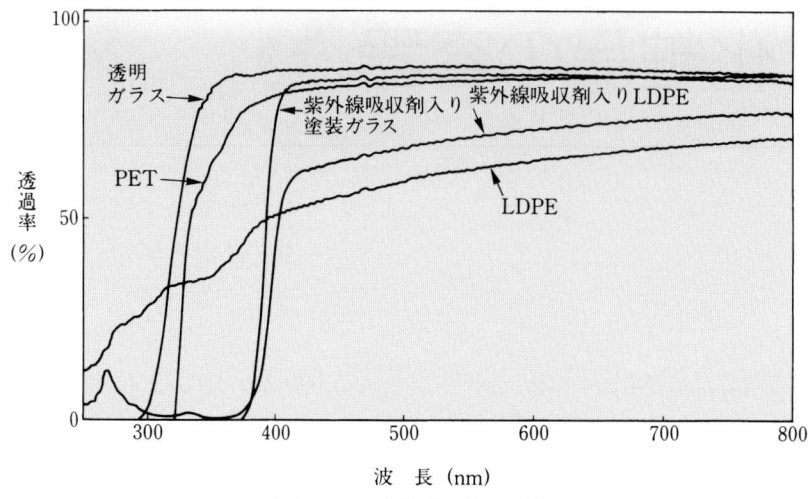

図 12-1. 素材別光線透過率

の変質，容器の外部から内部へ透過した酸素，水分による中味の変臭，変質などいろいろな問題が生じやすい．透過の度合いは用いられるプラスチックの種類，肉厚，内容物の種類，放置される環境によって大きく異なる．このためプラスチックを化粧品用容器に用いる場合は透過について十分な検討が必要である．

1-3) 変臭，変質

用いられる容器が原因で中味の変臭や変質を生じさせることもある．

アルカリ溶出　ガラスは薬品に対して非常に安定であるが，アルカリが溶出して中味を変色，沈殿，分離などさせたり，pH を変化させることがあり注意を必要とする．したがってガラスはできるだけアルカリ溶出量の少ないものを用いることが好ましい．

添加剤の溶出　プラスチックには一般に添加剤(染料，顔料，分散剤，安定剤など)が配合されており，これらが中味と反応したり，中味に溶出して変質，変臭させる原因となることがある．

2) 材料適性

2-1) 耐薬品性

容器にプラスチックを使用した場合は，その種類と中味処方との組み合わせによっては容器の膨潤，変形，破損，溶解，変色，薬剤の収着などの問題が生じることがある．ある種のプラスチックが化粧品の中味原料に対してどのような，またどのくらいの耐性があるかを事前に把握しておくことが重要である(表 12-1)．

2-2) 耐腐食性

化粧品容器には各種の金属が用いられているが，金属は中味成分，香料成分，あるいは外部環境(温泉の硫化水素ガス，大気中の亜硫酸ガスなど)によって腐食，変色が生じることがある．腐食を防止するには一般的にはコーティング，メッキ，酸化被膜などが用いられる．

表 12-1. プラスチックの原料の種類による膨潤

(50℃1ヵ月放置後の重量変化率(%))

原料＼プラスチック	LDPE	HDPE	PP	PVC	PS	AS	ABS
水	0.04	0.17	0.06	0.32	0.07	0.62	0.75
エタノール50%	0.10	0.17	0.28	0.46	0.68	1.76	2.39
エタノール99.5%	0.01	−0.03	0.45	1.19	1.33	13.95	52.44
ワセリン	11.55	4.04	1.05	0	−0.06	−0.09	−0.05
流動パラフィン	10.22	3.71	1.42	−0.09	−0.04	−0.11	−0.10
PEG400	0.10	0.16	0	0.09	0.15	0.15	0.12

LDPE：低密度ポリエチレン　HDPE：高密度ポリエチレン
PP：ポリプロピレン　　　　　PVC：ポリビニルクロライド
PS：ポリスチレン　　　　　　AS：アクリロニトリル-スチレン樹脂
ABS：アクリロニトリル-ブタジエン-スチレン樹脂

2-3) 耐光性

用いられる容器素材も自然光，人工光の影響を受けて変色や変質が生じる．店頭およびショーウィンドーでの太陽光や蛍光灯により，容器や1個ケースなどが変色したり脆化することがある．これを防止するには，素材に光遮へい効果のある酸化チタンなどの顔料や紫外線吸収剤を練り込んで耐光性を向上させることが多い．

3) 素材の安全性

化粧品容器は特に規制されていないが，基本的には食品衛生法に準じた素材を使用することが望ましい．特に容器が中味に接触する場合には，厚生省告示第20号に適合することはもちろん，塩ビ食品衛生協議会やポリオレフィン衛生協議会などの自主規制で定めたポジティブリストの範囲内で，樹脂の添加剤，着色剤，安定剤などを使用して安全性を高めるべきである．

12-1-2. 機能性

どんなにファッショナブルな，また美しい容器であっても，それが使いにくかったり，また使用中に危険が伴ってはならないし，使用後廃棄しやすいものでなくてはならない．

1) 使用上の機能

1-1) 人間工学的機能
容器類は持ちやすい，開けやすいなどの人間工学的機能を十分に配慮する必要があり，消費者の化粧行動の実態調査などからこれを知ることができる．

1-2) 物理的機能
消費者が化粧品を使用中あるいは使い終わるまで容器が意図された機能，性能を十分に発揮しているかが重要である．

2）使用上の安全性

2-1）使用場面における安全性

消費者がどのような場面でその製品を使用するか，いろいろな使用場面，環境，習慣などを想定して容器設計を行う必要がある．たとえば風呂場で使用する製品にガラスびんを用いた場合誤って破損し，その破片でケガをする可能性があるので避けるべきである．

2-2）使用方法における安全性

消費者がどのように使用するのか観察し，誤使用されないように配慮すべきである．たとえば鋭角な部分を極力なくし手を切ることがないような形，素材を採用したり，誤使用されないように能書やイラストなどによって消費者にわかりやすく説明し，安全に使用してもらえるようにすべきである．

12-1-3. 適正包装

化粧品容器における適正包装とは，容器本体(個装)，詰め合わせ箱などの包装形態が品質保持性，機能性，販売促進性を満足し，かつ資源の有効利用や廃棄処理問題を含め，過剰，過大包装にならないことである．

1）適正品質水準

製品の品質水準とコストは相関関係にあり，当然品質を上げるとコストは上昇する．どの程度の品質水準に設定すれば問題(クレーム)が生じないか消費者の要求品質を把握し，コストとのバランスをとることが重要である．

2）適正容量

内容量が 10(g) または (mL) を越える場合は内容量を表示しなければならないし，またその表示量と実際の内容量の誤差の許容範囲は，20℃において±3％以内と定められている(厚生省薬発546号)．

3）適正容積

過大包装にならないように表示容量が 30g を越えるものに関しては，容器体積の 40％以上が中味であることと定められている(公正取引委員会"化粧品の適正包装規則")．

12-1-4. 経済性

従来，企業は低価格高品質の製品を製造するために，少品種大量生産の手段をとってきた．しかし最近消費者が個性化し多様化するにつれ求められる商品も多品種になり，少量生産を余儀なくされ，これに対応した生産設備，販売方法が研究されている．またこれに伴って，素材のコス

ト，製造された製品の物流コストなどの低減も重要な課題となっている．

12-1-5．販売促進性

化粧品容器に必要な特性として，最後に販売促進性があげられる．今まで述べてきた項目は，消費者が商品を買って使用してみて分かる実用上の特性に対して，これは企業の信頼性，イメージを訴えるコーポレートアイデンティティ(社名ロゴ，社章，マークなど)や商品の特長を訴えるデザイン(ファッション，ネーミング，コンセプト，形，色など)などの視覚的，感覚的に捉える特性である．

12-2 》化粧品容器の種類
Types of cosmetic containers

化粧品容器は種々の分類ができるが，ここでは容器形態別に分類してみる．

12-2-1．細口びん(細口容器)

一般的にびん(瓶)の口部の外径が胴部に比べて小さいものをいう．

主に化粧水，乳液，ヘアトニック，オーデコロン，ネールエナメル，シャンプーなどの液状中味の製品に使用される．使われる材質としてはガラスや，ポリエチレン (PE)，ポリエチレンテレフタレート (PET)，ポリプロピレン (PP) などのプラスチックが主である．中味の透過性や耐中味性などを考慮して材質を選定する．中味の粘度に合わせて口部に中栓を取りつけ口径を絞ることで適度な流量に調整する．キャップはネジ式が主であるがワンタッチ式キャップが使用されることもある．

12-2-2．広口びん(広口容器)

一般的に容器の口部の外径が比較的大きく胴部の外径に近い容器をいう．主にクリーム状またはゲル状の中味の製品に使用される．使われる材質としてはガラスや，ポリプロピレン (PP)，アクリロニトリル-スチレン樹脂 (AS)，ポリスチレン (PS)，PET などが一般的である．

キャップは通常ネジ式が使用される．キャップの内面には発泡パッキンなどを接着し，気密性を確保している．口元にはフィルムを乗せてキャップ内面の汚れを防止することもある．さらには口元に熱で収縮するフィルムを固定させて汚れ防止とバージン性を持たせることもある．

12-2-3. チューブ容器

筒状で胴部を押して中味を適量取り出せる機能を有しているものをいう．主に歯磨，ヘアジェル，ファンデーションなどのクリーム状から乳液状の中味まで使用範囲は広い．材質としてはアルミニウム，アルミラミネート，PE，または積層プラスチックが多い．容器材質の選定にあたっては容器の厚みが薄いため，気体の透過や中味成分の滲みだしに注意し選定することが必要である．通常中味は後端部より充てんし，そのあと加熱や高周波，超音波などでシールする．広義ではブロー成形で作られた類似の容器もチューブ類である．

12-2-4. 円筒状容器

マスカラの容器に用いられているような細長い容器でアイライナー，アイシャドーなどにも使用されている．容器の素材としては，プラスチック，金属または両方の組み合わせのものがほとんどである．構造としてはキャップには細長い軸を設けて，その先にラセン状ブラシや筆，チップなどが取りつけられている．キャップをはずすとブラシや筆などの塗布具に適量の中味がついてくるようにするためシゴキの穴径や形状を調整する．シゴキ材質はゴムや PE が一般的である（図 12-2）．

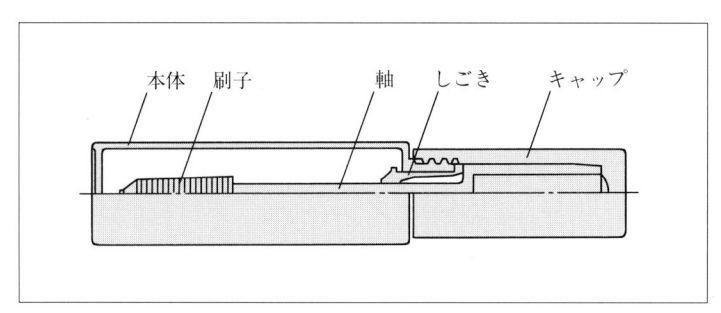

図 12-2．マスカラ容器構造図

12-2-5. パウダー容器

粉末状中味の容器で粉白粉，フレグランスパウダー，ベビーパウダーなどがあり，携帯性はほとんど要求されず，簡便性の点より蓋はネジ式またはかぶせ蓋式が多い．中味は容器に直接入れるタイプと紙や樹脂製のドラムに入れて容器にセットするタイプがある．この容器にはほかにパフとこれについてくる中味量を調節するための網が内蔵される．携帯性が必要とされる場合には，PE 製などの中蓋を口元にセットすることもある．容器の素材は PS, AS などのプラスチックが多い．パフは綿，アクリル，ポリエステル，ナイロンなどの繊維で織ったものを縫製し，中芯に発泡ウレタンなどを入れる．網はナイロンなどのメッシュに紙や樹脂の枠をつけたものが用いられている．

12-2-6. コンパクト容器

本体(身)と蓋が蝶番でつながっている容器をいう．鏡がついていたり化粧用具が収納できるといった携帯性，簡便性のよさよりメーキャップ製品に多く使用される．中味は主に固形粉末，クリーム状製品に多く使用され，中皿に充てんされたものがセットされる．

使用される材質はプラスチックではAS, アクリロニトリル-ブタジエン-スチレン樹脂(ABS), PSなどが多く，金属では真鍮，丹銅，アルミニウム，ステンレスなどがある．金属の場合薄く設計でき，重量感もあり各種の表面処理もできることから高級品に多く使用される．中皿は一般的にはアルミニウム，ステンレスが多く樹脂製の中皿を使用することもある．化粧用具としてはパフ，スポンジ，刷毛，チップなどが添付されている．最近は新機能を付加した容器も多く，中皿を簡易脱着できるものや容器に気密性を持たせて揮発性のある中味を収納できるものもある．

12-2-7. スティック容器

棒状化粧品の容器で直接肌に中味を塗布できる簡便性と携帯性があり，繰り出し式容器が多い．口紅をはじめとしてファンデーション，アイシャドー，ヘアスティック，デオドラントスティックなどにも使用されている．容器材質としてはアルミニウム，真鍮などの金属やAS, PS, PPなどのプラスチックが使用される．中味は中皿に収納され，ネジやラセンにより繰り出される．中皿は中味の抜けや耐中味性などを考慮してその材質を選定する．多く使用される材質はPP, AS, ポリブチレンテレフタレート(PBT)などがある．

容器機構は大きくは口紅容器のようにラセンが中味の外側に配置されているタイプ，スティックファンデーションなどのように中味の下にネジがあるタイプやリップクリームのように中味の中心にネジ棒があるタイプに分けられる．

12-2-8. ペンシル容器

鉛筆のように削って使用する木軸タイプとシャープペンシルのように繰り出して使用するタイプがあり，使用される中味は主にアイライナー，アイブロー，リップペンシルなどである．木軸タイプは切削性よりインセンスシダー(カナダ杉)が多いが，最近では樹脂製の軸もある．繰り出しタイプにはカートリッジ式に中味が取り替えられるタイプもある．

シャープペンシルタイプは繰り出し式や，ノック式のものがあるが化粧品の場合軟らかな中味が多いので繰り出し式が多く使用される．使用する材質はアルミニウム，真鍮などの金属やプラスチックが多い．細かな精密部品が多いので一部エンジニアリングプラスチックであるポリオキシメチレン(POM)も使用される．特にこのタイプは細い芯を芯チャックで保持しているので芯の折れや抜けには十分注意することが必要である．

12-2-9. 塗布容器

塗布容器という厳密な定義はないが，一般的には中味を容器口元から直接肌などに塗布できる容器のことをいう．たとえば口元にスポンジのような塗布具のついたリキッドファンデーションやデオドラントローションなどがある．容器自体は細口容器で口元にウレタンなどの多孔質体や布地を中栓に固定し，この中栓を通って中味が適量口元に供給される．またロールオンタイプと称し口元の樹脂製ボールが回転して液状中味を塗布できる容器もあり，制汗剤や最近ではフレグランス製品にも使用されている．

12-3 》化粧品容器に用いられる材料

化粧品容器，用具はその使用目的によって形，外観などバラエティーに富んでいるため，使われる素材の種類も多い．包装材料に用いられている素材としては下表のようなものがある（表12-2）．

表 12-2．包装材料に用いられる素材の分類

素　材	主　用　途
ガラス，セラミック，石	びん，栓，装飾材
プラスチック，ゴム	びん，栓，容器類，化粧用具，部品，保護材
金属	容器類，栓，部品，装飾材
紙，木材，糸，布	ラベル，1コケース，保護材，装飾材，部品，櫛，化粧用具
角，牙，皮，毛，海綿	装飾材，櫛，化粧用具

このように非常に多い種類の中で，本項ではこのうち容器に主に用いられる素材（材料）と成形加工法について述べる．

12-3-1. 素材の種類

1）プラスチック Plastics

加工性がよく透明，不透明，着色その他加飾しやすく，いろいろな外観のものがえられるため多く使われている．プラスチックはその化学的性質から熱硬化性樹脂と熱可塑性樹脂に大別される．

熱硬化性樹脂は加熱すると化学反応で溶融状態を経て硬化しさらに加熱すると分解する性質を持っている．素材としてはメラミン，ユリア，アクリルなどがあり現在では特殊用途に一部使われている程度である．ニトリルブタジエンラバー（NBR），イソブチルイソプレンラバー（IIR），シ

リコンゴムなども熱硬化性樹脂でありマスカラのしごき部やスポイトのゴム，パッキン材として使われている．熱可塑性樹脂は加熱すると流動性を持つ．冷えると固まり，また再加熱すると流動性をもつ．したがって成形加工工程が自動化しやすく，最近はほとんど熱可塑性樹脂が使われている．

1-1) **低密度ポリエチレン** Low density polyethylene (LDPE)

半透明で光沢がある．軟らかいため特にスクイズ性の必要なボトルやチューブ，中栓，パッキングに使われている．欠点として内部や外部の応力がかかっている状態でアルコール，界面活性剤などに接触していると亀裂（ストレスクラッキング）が生じることがある．

1-2) **高密度ポリエチレン** High density polyethylene (HDPE)

乳白色でやや光沢が劣り水分の透過が少ない．化粧水，乳液，シャンプー，リンスのボトル，チューブなどに使われる．

1-3) **ポリプロピレン** Polypropylene (PP)

半透明で光沢があり，耐薬品性がよく常温では耐衝撃性がある．特徴として繰り返し折り曲げに強く，折り曲げ部を薄く成形して一体ヒンジ（蝶番）としてワンタッチキャップなどに使われる．クリーム類の広口びん（瓶），各種キャップ類に使われる．

1-4) **ポリスチレン** Polystyrene (PS)

硬く，透明で光沢がある．成形加工性が極めてよく寸法安定性もよい．欠点として耐薬品性がよくない．耐衝撃性も悪いがこれを改良したハイインパクトスチレン（一般的には透明性は悪くなる）がある．コンパクト，スティック容器などに使われる．

1-5) **AS 樹脂** Polyacrylonitrile styrene

透明で光沢があり耐衝撃性もよい．耐油性がありクリーム容器やコンパクト，スティック類の容器，キャップなどに多く使われている．

1-6) **ABS 樹脂** Polyacrylonitrile butadiene styrene

AS 樹脂の耐衝撃性をさらに向上させた樹脂で，コンパクトなどの特に耐衝撃性を必要とする場合などに使われる．香料，アルコールに弱い欠点がある．金属感をだすための化学メッキ，真空蒸着を行う素材としても用いられる．

1-7) **ポリ塩化ビニル** Polyvinyl chloride (PVC)

透明で成形加工性がよく安価なためシャンプー，リンスのボトルや簡易なレフィル容器などに多く使われてきたが，燃やした時に有害な塩化物を発生するため最近の地球環境保全の面から海外では使用を禁止している国もあり，わが国でも使用を控えている企業もある．

1-8) **ポリエチレンテレフタレート** Polyethylene terephthalate (PET)

硬くガラスに近い透明性と光沢がある．耐薬品性，外観のよさからポリエチレン，ポリ塩化ビニルより高級なイメージの化粧水，乳液，シャンプー，リンスなどのボトルに使われている．

1-9) **その他の樹脂**

ポリアミド Polyamide (PA)，エチレン-ビニルアルコール共重合樹脂 Etylene vinyl alcohol copolymer (EVOH)，ポリオキシメチレン（ポリアセタールともいう）Polyoxymethylene

(POM) など，耐薬品性，保香性を高めるため積層容器の一部に，あるいは，強度が必要な部品などに使われている．

2) ガラス Glass

2-1) ソーダ石灰ガラス

通常使われる透明ガラスびん(瓶)で，成分的には酸化ケイ素，酸化カルシウム，酸化ナトリウムが主でほかに少量のマグネシウム，アルミニウムなどの酸化物が含まれる．着色は金属コロイド，金属酸化物が使われる．化粧水，乳液用びんなどに多く使われている．

2-2) カリ鉛ガラス

成分として酸化ケイ素，酸化鉛，酸化カリウムが主で，酸化鉛を多く含んで透明度が高く，光の屈折率が大きいものをクリスタルガラスとよぶ．高級な香水びん(瓶)などに使われている．

2-3) 乳白ガラス

無色透明なガラスの中に無色の微細な結晶(硅弗化ソーダ，塩化ナトリウムなど)が分散し，光を散乱するため乳白色にみえる．粒子のかなり細かめのものを砥(ぎょく)瓶，粒子の大きめのものをアラバスタとよんでいる．

3) 金 属 Metals

3-1) アルミニウム Aluminum

軽くて加工性がよいため，エアゾール缶，口紅，コンパクト，マスカラ，ペンシル容器などに広く使われている．表面装飾や防食のためにアルマイトをかけたり塗装して用いられている．

3-2) 真鍮，丹銅 Brass

銅と亜鉛の合金で，素材の外観は金に近く高比重を持つため，透明コートをかけたりメッキや塗装をして，コンパクト，口紅容器などに使われている．

3-3) 鉄 Steel, ステンレス Stainless steel

鉄は，錆やすいため，スズメッキとコーティングで防食加工してエアゾール缶の一部に使用されている．またクロム，ニッケルの合金で錆びにくいステンレスとして用いられている．

12-3-2. 成形，加工方法

1) プラスチックの成形方法 Plastic forming methods

プラスチックには熱硬化性，熱可塑性がありその性質により成形方法が大きく異なる．

1-1) 圧縮成形 Compression molding

熱硬化性樹脂のもっとも代表的な成形方法である．粒状または粉末状の材料を加熱した金型内に入れ，そのまま高温，高圧に一定時間おき，硬化させる．

1-2) 射出成形 Injection molding

加熱溶融させた樹脂を金型内の空間に高速圧入する．一定温度まで冷えて固まった後金型を開

いて製品を取り出す．コンパクト，キャップ，中栓などがこの方法である．

1-3) ブロー成形 Blow molding

びんのような中空製品をつくる方法で，中空成形または吹き込み成形ともよばれている．

① **ダイレクトブロー**　軟化した樹脂をチューブ状に押し出し金型に挟み込み，空気を吹き込んで膨らませる．細口びん類がこの方法で作られる．

② **インジェクションブロー**　射出成形によって口元部と肉厚の胴部を作り，これをブローの金型に挟み，空気を吹き込んで成形する．口部の内径より胴部の内径が大きい瓶などがこの方法で作られる．

1-4) 押し出し成形 Extrusion molding

加熱軟化させた樹脂を円筒状隙間から押し出す．押し出す隙間を二重，三重にすると二層，三層のチューブの胴部分ができる．

1-5) 真空成形 Vacuum forming

シートの四方を固定して加熱軟化させ，シートと型の間の空間を真空にしてシートを型に密着させて作る．コンパクトに入れる製品のレフィル容器などに使われる．

2) ガラスの成形法 Glass forming method

2-1) ブロー成形 Blow forming

溶融ガラスを型に挟み，空気を吹き込み形を作る．細口びんなどはこの方法で作られる．

2-2) プレスアンドブロー Press and blow forming

溶融ガラスを一次型でプレスして肉厚を均一にし，その後ブロー型に移して空気を吹き込んで成形する．

2-3) プレス成形 Press forming

溶融ガラスをメス型に落し込み上からオス型を押し込んで成形する．口部内径と胴部内径が同じか胴部内径がそれ以下のものに用いられる．

3) 金属の成形法 Metal forming methods

3-1) プレス成形 Drawing

板状の素材からオス型とメス型を少しずつ変えて何度もプレスすることにより最終形状にもっていく作り方をいう．口紅，マスカラ類の容器に用いられる．

3-2) インパクト成形 Impact molding

アルミニウムに高圧をかけると隙間から流れてゆく性質を利用して，厚いシートから筒状に1回のプレスで作る．エアゾールのアルミニウム缶やアルミニウムチューブがこの方法で作られる．

3-3) その他の成形法

電鋳，ダイキャストなどがある．

12-4 》化粧品容器の設計 および 品質保証

12-4-1. 容器設計の進め方

容器設計を円滑に行うためにはまず商品企画のコンセプトに基づいて、容器の設計目標を明確にする必要がある．

設計目標の内容としては以下の点が含まれているのが望ましい．

① 容器のタイプ，レフィルの有無
② 中味特性，中味保証からくる制約事項
③ 構成材料について材質，形状などの事前確認
④ 中味使用量，使用場面，携帯性などの使用方法および使用性で配慮する事項
⑤ 関連法規の確認
⑥ 販売対象者層など．

この設計目標をもとに，デザインと合わせて実際に容器の設計を行うことになる．容器の意匠は商品のファッション性に重要な役割を果たすのは当然であるが，容器の機能性，使用性にも密接に関係する．そのため，通常は試作品あるいはモデルを作製して十分に各項目について検討を行い，量産に移行する．

容器の仕様を決定するまでに確認すべき項目としては，

① 材料試験法に基づいた試作品の評価
② 工業所有権の確認
③ コストの確認
④ 量産性の確認
⑤ 環境保全に対する配慮

などが挙げられる．

さらに量産に入る前に実際の工程で小規模の生産を行い，試作品では確認できない量産での品質の安定性，作業性などについて把握する必要がある．

12-4-2. 材料試験法 および 規格

設計を行った化粧品容器が当初の設計品質を満足し，市場での量産品質においても問題がないことを確認するために，製品化の各段階で十分な品質保証を行う必要がある．その際，容器の最終形態，機構，素材，加工方法，使用方法，使用場所，流通経路などを考慮した上で，適切な保証項目とそれに応じた材料試験法の検討を行わねばならない．

1) 材料試験法について

容器の保証項目としては一般的には以下の項目が考えられる．

1-1) 中味保証の確認

中味の安定性,医薬部外品での薬剤安定性,変臭,変色,口紅などスティック類の折れ,抜けなど

1-2) 素材の適性の確認

腐食,変臭,変退色,脆化,溶出,クラック,安全性など

1-3) 機能の確認

開閉のしやすさ,組みつけ部分の強度,表面装飾の剥がれ,傷,気密性,経時での中味減量など

1-4) 基本仕様の確認

容器外観,寸法,容量など

このようなさまざまな保証項目に対応して個々の材料試験を実施する.代表的な試験法としては,温度,湿度,温水,サーマルショック,耐中味,耐アルコール,耐水,耐塩水,耐人工汗,耐洗濯,ストレスクラック,耐圧,落下,耐久性,摩擦,輸送試験などの各試験法がある.

これらの試験法の設定にあたり留意すべき点を以下に挙げておく.

① 従来の類似の製品を参考とするのは当然であるが,特に新しいタイプの容器の場合は使用方法,使用場面などあらゆることを想定して十分に注意を払う必要がある.

② 容器単独の保証にとどまらず,たとえば口紅の折れの確認のように,中味とドッキングした製品としての保証を実施する.

③ 容器の使用性,携帯性などについては社内モニター,あるいは一般モニターを用いた使用テストで必ず確認する.

④ 試験期間の短縮化,市場での問題発生防止のためには従来の試験法にとらわれずに,苛酷あるいは加速試験法を適宜検討する.

2) 材料規格について

一連の材料試験法の結果に基づいて,最終的には製品個々に材料規格を作成して量産品質の管理保証を実施する必要がある.材料規格をみれば,どんな試験をどのような条件で行い,どの程度の品質水準があれば製品として問題ないのかがわかる.特に品質水準については過去の実績,問題が生じた事例,熟練者の経験などをもとに,過剰保証に至ることはなく適正なものに設定するよう配慮しなくてはならない.

12-5 化粧品容器の動向

12-5-1. 素材,加工方法

科学技術の進歩に伴って化粧品容器に用いられる素材および加工方法も変わってきている.一例をあげると,ガラス容器はその中味保護性,透明性の点から今まで広く使用されてきた.しかしPETボトルが開発されてから,その透明性,中味保護性,軽量化のメリットを生かし化粧品

容器にかなり使われてきている．

　このように新しい素材，加工方法が開発されることにより，それをうまく化粧品容器，化粧用具などに応用し，今まで不可能であった新しい容器形態，使用感を持ったものが生み出される可能性が出てくる．

　また近年，樹脂の積層技術が進歩し，化粧品容器などによく用いられるPEに異種の素材を積層することにより，PE単層では出せなかったいろいろな特性を付加することが可能になった．たとえば耐油性の良好な樹脂や気体透過，匂い透過が少ない樹脂を積層することにより中味保護機能が向上する．また，外層に光沢のある樹脂を積層することにより，光沢感を付与することもできる．

　一方，表面処理技術の面でも紫外線硬化樹脂の開発によりその表面硬度の高さ，耐磨耗性，紫外線照射による瞬時の硬化などのメリットを生かし，化粧品容器にも応用されている．たとえばこれを樹脂容器にコーティングすることにより非常に傷つきにくい容器が可能になり，また印刷インクなどにも応用されその特性を発揮している．その他樹脂へのアルミニウムなどの金属を真空蒸着する技術も進歩し，いろいろな色調の金属的な外観が出せるようになった．

　技術の進歩は著しく，今後も新しい素材，加工方法がつぎつぎに開発され，化粧品容器に応用されていくことであろう．

12-5-2. 環境保全への対応

　1999年地球の人口は60億人を越えたと推測されている．この100年の間に45億人増加したことになる．これに伴い，地球環境の悪化はあらゆる場所でいろいろな形で顕在化しつつ，今や地球環境保全の問題は迅速な対応がせまられている．

　例えば身近な問題として
- 化石燃料の大量消費により大気中の炭酸ガス量が増大し，地球の温暖化を促進する．
- エアゾールや冷媒に用いられたフロンガスによって，成層圏のオゾン層が破壊され，このため，地上に従来以上の紫外線が到達し，生態系の環境を変化させたり，人体の被曝による皮膚ガンを増加させる．
- 塩化ビニル系樹脂などの焼却時に発生する猛毒なダイオキシンが地球を汚染し，また同時に発生した塩化水素による酸性雨が，地球を砂漠化させる．
- 環境ホルモンとよばれる内分泌撹乱物質により生態系の環境を変化させる．
- 資源の枯渇．
- ゴミ処分場の不足．

などがあげられる．

　これを規制する日本の法律には次のようなものがある．
- 環境基本法
- 廃棄物処理法

- 大気汚染防止法
- 容器包装リサイクル法

人類が増え，生活が豊かになってくるとエネルギーの消費量が増え，廃棄物が増えてくる．日本の廃棄物に占める容器包装の割合は6割にも達し，化粧品容器も量は少ないがこの中に含まれる．こうした状況の中で，化粧品メーカーとしても容器包装については，次の対応が課題になると考えられる．

① **人体や環境に有害な物質の使用中止**
- 塩素を含んだ樹脂：ポリ塩化ビニル，ポリ塩化ビニリデン，クロロプレンラバーなどで使用後の焼却時にダイオキシン，塩化水素などを発生させる．
- 内分泌撹乱物質：環境ホルモンともいわれているもので，生態系でホルモンのような作用をする化学物質．塗料，プラスチックの原料または，安定剤などに使用される．ビスフェノールA，ノニルフェノールなど，約70種類が報告されている．
- 人体に有害な重金属：塗料やプラスチックの着色剤，安定剤として使われる砒素，鉛，カドミューム，クロム，セレンなど

② **減容・減量化**
- 省資源パッケージ：中味の品質劣化を防止できる最少の重量設計容器をいう．延伸ブロー容器，パウチパック（フィルムパック）などがある．
- レフィル化：ディスペンサーの再利用（リユース）や使いやすい詰替え容器にして用具，容器を有効利用する．
- 包装の簡素化：商品の過大包装について業界では「適正包装基準」を作成している．その他地方条例，公正競争規約による法的規制もある．

③ **リサイクル化**
- 易分解容器設計：容器をリサイクル化しやすいように，異種素材の部品を分解しやすいように設計する．
- 構成部品の同素材化：容器をルサイクル化しやすいように，できるだけ構成部品は同素材（同種素材）で設計する．
- 再生材料活用の拡大：再生された材料の用途を拡大してリサイクル化を進める．再生紙，アルミ飲料缶（Can to Can），再生PETシートなどがある．
- LCA（Life Cycle Assessment）の導入．
  ：製品が環境に与える影響を，原材料の採取から製品廃棄に至るまでの各段階毎に分析し総合評価するシステムの導入．

さらには，全社的な環境保全への対応として，次の事項を検討する企業が増えている．
① **環境経営の導入**：環境対策に投じた費用と効果を算出して認識し，経営に反映させていく．
② **ISO 14001 認証取得**：環境マネジメントの国際規格であり，一定の基準を満たせば認証を取得できる．

③ **グリーン調達**：環境対策に積極的に取組む企業と取引きを行うもので，その基準として ISO 14001 認証取得，環境報告書の発行，回収ルートの保証などがある．

13 化粧品とエアゾール技術

エアゾール（Aerosol）とは物理化学的には「気体の中に固体または液体の微粒子が分散しているコロイド状態」をいう．最初に開発された殺虫剤，ヘアスプレーが本来の意味でのエアゾールであるが，ガスの圧力を利用して耐圧容器から液などを吐出する製品も総称してエアゾールとよんでいる．現在エアゾール製品はその機能性の良さから広く化粧品に利用されており，その用途を吐出状態から分類するとつぎのようになる．

① 霧状製品： ヘアスプレーなど
② 粉末状製品： パウダースプレーなど
③ 泡状製品： ヘアスタイリングフォームなど
④ ねり状製品： クリームなど

化粧品において多く利用されるのは泡状製品と霧状製品である．

13-1 エアゾールの原理と構造

13-1-1．エアゾールの原理

エアゾールの原理は耐圧密閉容器に噴射させる中味と噴射剤（ガス）を封入し，噴射剤の圧力により中味を均一に噴射あるいは吐出するものである．たとえば溶解系の原液に液化ガスを40～70％程度相溶させれば霧状に噴射される．また乳化系の原液に液化ガスを5～15％混合すれば泡状に吐出される．

13-1-2．エアゾールの構造 Components of an aerosol

エアゾール製品の構成を個々に示すと

① 噴射させる中味（原液）： 液体，粉末など
② 噴射剤： 液化ガス，圧縮ガス
③ 噴射装置： バルブ，ボタン
④ 耐圧容器： 金属，ガラス，プラスチック

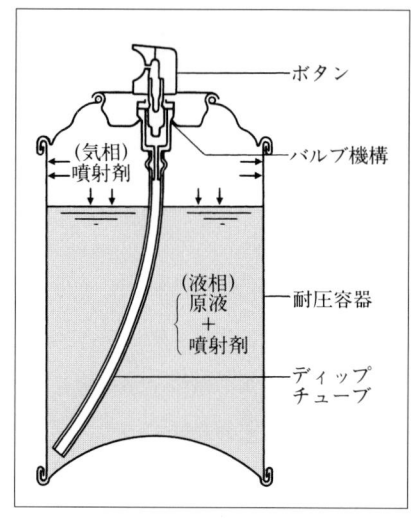

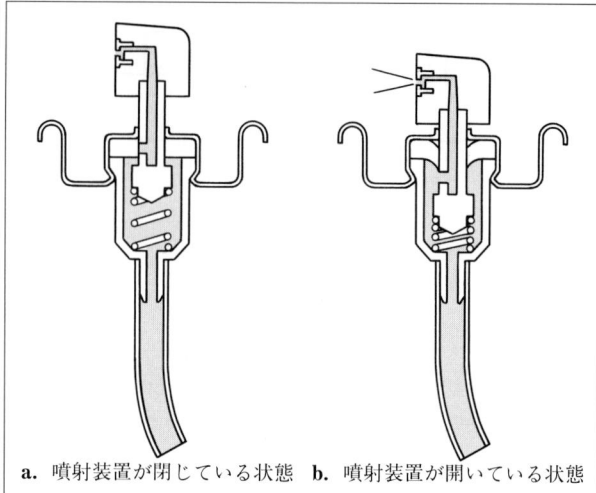

図 13-1．エアゾールの機構図　　図 13-2．バルブの開閉機構

a. 噴射装置が閉じている状態　b. 噴射装置が開いている状態

からなっている．

エアゾール製品の作動状態を図示すると図13-1, 2のようになる．

噴射剤の圧力で容器内は加圧状態になっており，上部のボタンを押すと噴射装置が開き液層（原液＋噴射剤）が噴射される．ボタンを放すと噴射装置が閉じて噴射が止まるようになっている．

13-2 》 エアゾールの噴射剤 Aerosol Propellants

噴射剤 propellant としては液化ガスと圧縮ガスの2つにわかれる．

13-2-1．液化ガス Liquefied gas

常温では気体で存在し，加圧することにより容易に液化するガスである．密閉された容器内で液体と気体が共存するため，安定した圧力がえられる．

1）液化石油ガス Liquefied petroleum gas（LPG）

低級炭化水素でプロパン，ブタン，ペンタンなどがある．それらの配合割合により圧力を調整して用いる．価格的に安く，原料臭も少ない可燃性ガスである．引火性が強いので原液処方やバルブの種類を選定することにより噴射時の勢いや噴射量を調整し，安全性を高める必要がある．

2）ジメチルエーテル Dimetyl ether（DME）

DME の特徴は水への溶解性がよいこと，またヘアスプレーなどに用いるセット剤との相溶性もよいことである．このためヘアスプレーに LPG と混合したり，また単体でも用いられる．このガスも可燃性ガスであるため，引火性には LPG と同様な配慮を必要とする．

3）フロンガス Chlorofluorocarbon

フロンとは一般にその分子が塩素，フッ素，炭素，水素で構成され，各種の構造のものの低沸点の物質を総称したものである．安定性，不活性，安全性の点からこれまでエアゾール製品の噴射剤として広く利用されてきた．しかし特定フロンガスはオゾン層破壊の原因となることが判明したため，世界的に使用禁止の方向となった．このため現在，特定フロンガスの代替としてオゾン層破壊など環境に悪影響を与えないフロンガスの開発が行われている．

13-2-2． 圧縮ガス Compressed gas

窒素ガス，炭酸ガスなど常温，低圧下では液化しないガスをいう．容器に圧縮状態で充てんされたガスは原液に溶解せず原液の上部気相から圧力を加えるように作用する．液化ガスに比較し相溶性，反応性，可燃性などの配慮を必要としない．しかし使用するにつれて容器内の圧力が低下していくので，特殊なバルブ，ボタンの検討が必要である．

13-3 》 エアゾールの原液（噴射物質）

液体，粉末，クリーム状と種々の原液がある．吐出状態，使用方法，中味の使用性により，どのような原液，ガスを選定するかまた原液とガスの比率，ガスの圧力をどう設定するか，十分な検討が必要である．エアゾールの原液は特につぎの試験で問題ないか確認し，処方が組まれる．

1）溶解度試験

原液組成によっては含まれる成分がガスと混合した時に析出あるいは分離する恐れがあるため，ガスに対する原液の溶解度を各温度条件で確認する．

2）内圧試験

中味の吐出性能は内圧に大きく影響される．適当な吐出状態をえるために，また内圧が法規上許容される範囲内に入るように原液とガスの混合物の各温度における内圧変化を測定する．

3) 吐出試験

通常使用する温度の範囲内において安定した使用性を保証するため各温度における吐出状態あるいは噴射状態を確認する．

4) 低温試験

中味組成によっては低温下において原液粘度の急激な上昇，あるいは原液に含まれる成分の析出または分離を起こすものもある．このため，冷却充てんを行う場合，低温（－30～－40℃）状態での安定性，粘性を確認する必要がある．

5) その他

原液での pH，比重，容器への影響，各温度での粘度，安定性についても確認する．
噴射剤との相溶性の悪い原液，高粘度の原液などは特に注意する必要がある．

13-4 》エアゾールの容器 Aerosol containers

13-4-1．耐圧容器

エアゾールの耐圧容器としては金属，ガラス，合成樹脂の容器が用いられる．法規的に 1.3 MPa（メガパスカル）の圧力で変形しないこと，1.5 MPa で破壊しないことと定められているため，それぞれの材質で耐圧設計の工夫が必要である．つぎに代表的な耐圧容器とその特徴を示す．

1) アルミニウム缶

アルミニウム缶は一般的には底部と胴部一体で製缶され，内面コートをして用いられる．水性の原液にも耐腐食性がよく，多くの化粧品用エアゾールに用いられている．

2) ブリキ缶

ブリキは鉄にすずメッキした材質であるため水性の原液では腐食が発生しやすく，主に非水系の原液に用いられる．

3) ガラス

ガラス容器は衝撃に対して弱いので，法規的には内容積が 100 mL 以下で，外面に合成樹脂などで被覆することが定められている．

4) 合成樹脂

現在使用されている材質はポリエチレンテレフタレート（PET），ポリアクリロニトリル

(PAN)などがあるが，原液とガスとの耐薬品性，透過性などを十分検討する必要がある．法規的にはガラス容器と同じと考えられ，現在小型製品に使用されている．

13-4-2. バルブ，ボタン，スパウト，キャップ

エアゾール製品においてその製品特性は原液，ガスに負うところが大きいがバルブ，ボタン(霧状噴霧の場合使用)，スパウト(霧状以外での吐出の場合使用)の機構でもその噴射状態が変化することが多い．したがってこれらの検討も重要である．

1) バルブ

図 13-3 に一般的なバルブ構成を示すがエアゾール内容物の噴射状態および噴射量をコントロールする装置である．その使用目的により種々のタイプがある．

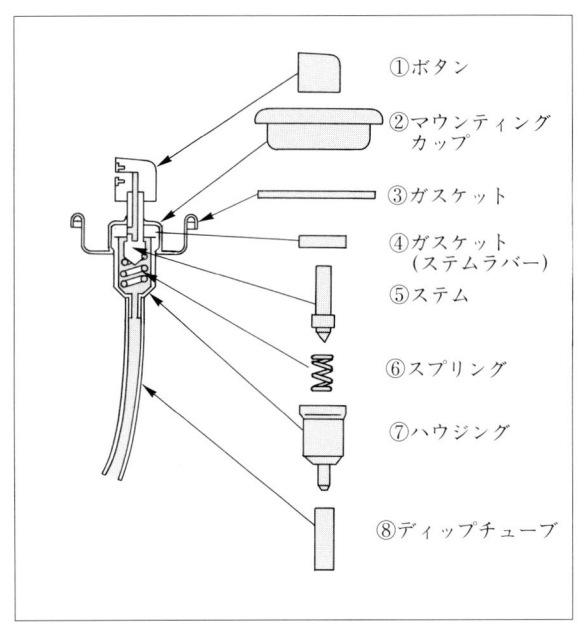

図 13-3. バルブの構造（一般的なバルブ）

①ボタン
②マウンティングカップ
③ガスケット
④ガスケット（ステムラバー）
⑤ステム
⑥スプリング
⑦ハウジング
⑧ディップチューブ

霧状製品では霧の細かさおよび引火性をおさえるため，ハウジングに横穴(ベーパータップ)をもうけ気相ガスを混合する場合が多い．また倒立使用専用の泡状製品ではディップチューブをなくし，ハウジングに多くのスリットをもうけたタイプを用いるのが一般的である．またバルブのもうひとつの重要な点はガスをシールすることにある．原液処方，ガスの種類にあったステムラバー，ガスケットなどのシールラバー材質の検討が必要である．

2) ボタン，スパウト

エアゾールの内容物が噴射あるいは吐出される出口がボタン，スパウトである．霧状製品には

霧を微細にするため，液の流れを乱流にする特別な機構（メカニカルブレークアップ）が用いられる．泡状製品においては泡切れが悪い場合は先端シール機構を用いることもある．

3）キャップ

エアゾールのバルブ，ボタンを保護するため法規でも保護キャップを必要とする．ただし，押されても内容物が出ない機構がある場合はこの限りではない．

13-5 》エアゾールの法規

エアゾール製品は他の化粧品と異なり高圧ガスを使用するため，高圧ガス保安法の規制を受ける．その主なものをつぎに示す．
1）エアゾールの製造には毒性ガスを使用しないこと．
2）人体に使用するエアゾール（告示で定めるものを除く）の噴射剤である高圧ガスは可燃性ガスでないこと．
3）容器中の圧力は35℃で0.8 MPa以下にすること．
4）35℃でエアゾールの容量を容器内容積の90％以下にすること．
5）エアゾールの充てんされた容器の外面に製造した者の名称または記号，製造番号および取り扱いに必要な注意を明記すること．

注意表示の例（ヘアスプレーなど）

火気と高温に注意（赤地に白色の文字）
高圧ガスを使用した可燃性の製品であり，危険なため，下記の注意を守ること 1．炎に向けて使用しないこと． 2．ストーブやコンロなど火気の付近で使用しないこと． 3．火気を使用している室内で大量に使用しないこと． 4．温度が40℃以上となるところに置かないこと． 5．火の中に入れないこと． 6．使い切って捨てること．

液化ガスエアゾールの一例を示したが，詳細は高圧ガス保安法一般高圧ガス保安規則第6条三の7（平成9年4月1日）を，また1 MPa以下の圧縮ガスエアゾールは高圧ガス保安法の規制を受けないためエアゾール工業界自主基準（平成9年10月）を参照されたい．

13-6 エアゾールの製造方法

大量生産に移行するにあたっては事前に種々の試作を行い，製品の安定性，缶腐食性，ガス透過性など十分な確認実験を行ってから移行する必要がある．

13-6-1．製造工程

一般的な工程を図13-4に示す．

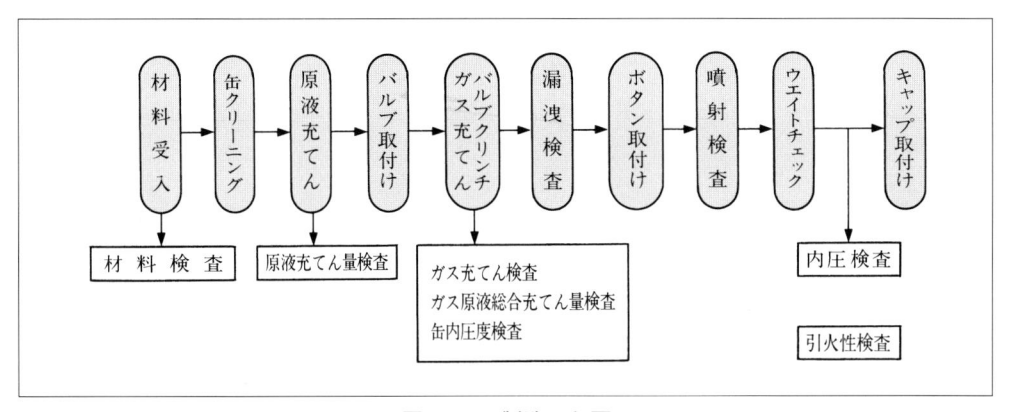

図 13-4．製造工程図

① 漏洩検査は55℃の温水中を2〜3分程度通して，ガス漏れがないかどうかを全数検査する．
② 噴射検査は必要に応じて数秒間噴射する．
③ 内圧，引火性試験を法規に準じて行う．

エアゾールの大量生産では製造条件のバラツキが製品クレームになる場合があり，製造条件をできるだけ均一化し，品質を維持する必要がある．

13-6-2．ガスの充てん(塡)方法

ガスの充てん方法は冷却充てんと加圧充てんがあり，さらに加圧充てんではアンダーキャップ方式とスルーザバルブ方式がある．

1）冷却充てん

原液と液化ガスを冷却し，ガスを液体として容器に充てんする方法で現在はあまり使用されていない．

2）アンダーキャップ方式加圧充てん

原液を充てんし，バルブを入れたあと，バルブと缶のすき間からエアー抜きしながらガスを充てんし，すぐにバルブを缶に固定する方式でガス量の多いヘアスプレーなどに使用されている．

3）スルーザバルブ方式加圧充てん

容器内に原液を入れ，エアー抜きし，バルブを固定した後，中味などが出てくる穴からガスを加圧充てんする．充てん量を正確にすることができ，ガス量の少ない泡状製品などに使用される．

13-7 ≫ エアゾール化粧品の使用上の注意点

エアゾール化粧品を安全に使用するためには，つぎの点に注意する必要がある．

1）圧力に対する注意

40℃以上での使用は圧力上昇により危険である．また低温では内圧が低下し，期待する噴射状態がえられにくいことがある．

2）引火性の注意

ガスが可燃性ガスであり，原液も可燃性物質を使用することが多いので火気をさけて使用すること．また火中に投げ入れると爆発する危険も考えられるので火中に投げ入れないこと．

3）捨て方の注意

完全にガスを抜いて捨てること．二重容器の場合は注意表示にしたがってガスを出すこと．ガスが残っていると，ゴミと一緒の場合，清掃車内などで発火することがある．

4）使用方法の注意

表示された使用方法を守ること．現在，正立使用，倒立使用，正倒立使用と市場に混在する．表示以外の方法で使用した場合，ガスが抜けて使用できなくなることがある．

13-8 エアゾール化粧品の動向

エアゾール化粧品はその便利性により近年増加傾向にある．その中でのエアゾール技術の傾向を示す．

13-8-1．特殊エアゾール

特殊エアゾールとして二重構造容器を用いるエアゾールがあり，この場合インナーバッグ方式とピストン方式がある．

1）インナーバッグ方式

二重構造の容器において，内側の軟材質の袋（PE, 軟質アルミ）に中味を，その外側にガスを充てんしておき，このガスの圧力が内側の袋を押し潰すことで中味を吐出するものである．

2）ピストン方式

缶内にピストン弁を持つ容器を用い，ピストン弁の上部に中味を，下部にガスを充てんし，このガスの圧力によりピストン弁を押し上げることで中味を吐出する方式をいう．

こういった二重構造エアゾール方式によって，従来のエアゾールでは製品化できなかった高粘度原液の吐出が必要な場合，あるいは原液とガスが分離した状態で充てんされているため，原液のみを吐出したい場合に有効である．

13-8-2．環境保全への対応

エアゾール製品を設計する場合，オゾン層破壊，大気汚染，地球の温暖化など地球環境保全への対応についても考慮する必要がある．そのため最近ではガスの使用量を低減するとか，液化ガスを用いない圧縮ガスエアゾールの開発が盛んである．さらにはガスを全く使用しない方式の容器開発が積極的に推進されている．こういったガスを全く使用しない方式の例としては，霧状製品では手動アトマイザー，電動スプレイヤー，エア圧縮方式など，また液状製品ではディスペンサーを用いる方式や原液を泡状にして吐出する方式などが研究されており，その一部はすでに製品化されている．

また，容器包装リサイクルの観点からバルブ材質と缶材質の同素材化，缶目付け量の減量化，樹脂肩カバーの脱着化などの検討が行われている．

14 化粧品と分析

化粧品と分析化学の接点を考えるとき，それらは従来の定義通り，化粧品原料の分析と製品である化粧品，医薬部外品の分析とに大別されるが[1〜4]，分析技術の進歩，化粧品原料ならびに化粧品にかかわる公定試験法の整備と充実が図られてきた現在においては，本書で取り扱う分析の対象も化粧品のみでなく，それが用いられる皮膚，爪，毛髪中のいわゆる生体関連成分にまで拡大されるべきであろう．

また原料，製品カテゴリーごとの分析法の集大成については成書などがあるので，処方の多様化も考慮すると，分析技術を中心に整理したほうが，保有する分析機器に合わせて本書を利用しやすくなるものと思う．分析法の原理，詳細については，成書が完備されているし，先に述べたように，公定試験法化されているものも多く，応用面に主体を置き，その例示に努めた．

14-1 化粧品の分析

化粧品の分析の目的は，化粧品を規制する薬事法により要求される種々の分析，すなわち「国民の健康と衛生の確保」という観点から，化粧品に使用される原料の品質を確保する目的で実施される分析および化粧品(主として医薬部外品)に配合される成分の含量保証のための分析，そしてこの延長線上ともいえるが，化粧品製造業者としての，さらに高度な品質保証のための分析とに大別される．分析は，品質保証という側面のみでなく，開発といった前向きの側面においても，ますます重要な役割を果たしてきており，そのためにもその基礎となる分析技術の開発の努力も並行して進められなければならない．機器分析およびコンピュータによるデータ処理技術の急速な進歩，さらには市販試薬，器具の進歩，拡充により分析も高感度化，迅速化，自動化が促進されてきたが，分析の基本操作となる分離，定性，定量操作にこれら高度化した技術をいかにうまく当てはめて目的を達成していくかが今後の化粧品の分析に与えられた課題である．その意味でも，各単位分析技術の化粧品分析への利用の状況を十分に理解することが重要である．

14-1-1. 一般的分離操作

化粧品のみでなく化粧品原料自体も分析的には多成分の混合物である場合が多く，一般的分離操作は極めて重要である．多量の試料を取り扱え，定量分析の基本の重量分析に直結しているという面で次項のカラムクロマトグラフィーとともに一般的分離操作は依然汎用されており，特に精度を要求しない化粧品の全分析などには有用な方法である．

表 14-1. 一般的分離操作とその化粧品分析への利用

単位分離操作	基本操作概要	適用例
蒸留，蒸発	水浴上に放置し，残留物を分離	水分，エタノール，揮発性シリコン，プロピレングリコール，その他溶剤の除去
	蒸留物，共沸物の分離	水分定量（キシレン蒸留法） アルコール数，アンモニウム試験法 水溶性モノマー
遠心分離（沪過）	溶媒可溶物と不溶物の分離	有機物と無機物の分離 無機物とナイロンパウダーの分離（メタクレゾール） 無機物とポリエチレンの分離（熱トルエン，キシレン） 無機物と金属石けんの分離（熱ベンゼン） 無機物，油脂，活性剤と粘液質，水溶性高分子の分離（熱水，エタノール）
分別沈殿	良溶媒に貧溶媒を添加することによる沈殿分離	樹脂と可塑剤の分離 ナイロン/メタクレゾール溶液からのナイロンの分離（アセトン）
液液抽出	2種の非混合溶媒による分離	界面活性剤中の油分の分離 イオン性活性剤の対イオンの分離
灰化	高温による分解	無機物の分離

表 14-1 には，一般的分離操作とその化粧品分析への利用例を示したが，特に遠心分離を単位分離操作とする溶媒抽出法は，溶媒の選択によっては簡便で，かつ精度の高い分離法として利用されている．後述する他の分析技術を含めたファンデーションの分析フローチャートを図 14-1 に示したが，これからもその骨格となる分離法としての重要性が明らかである．分離の困難なものの代表として無機粉末の相互分離があげられるが，これらは以下の高度な分離法をもってしても，その状態を変化させずに分離することは極めて難しい．しかしながら，酸，アルカリをうまく組み合わせると一部については状態を変化させずに分離することも可能である．

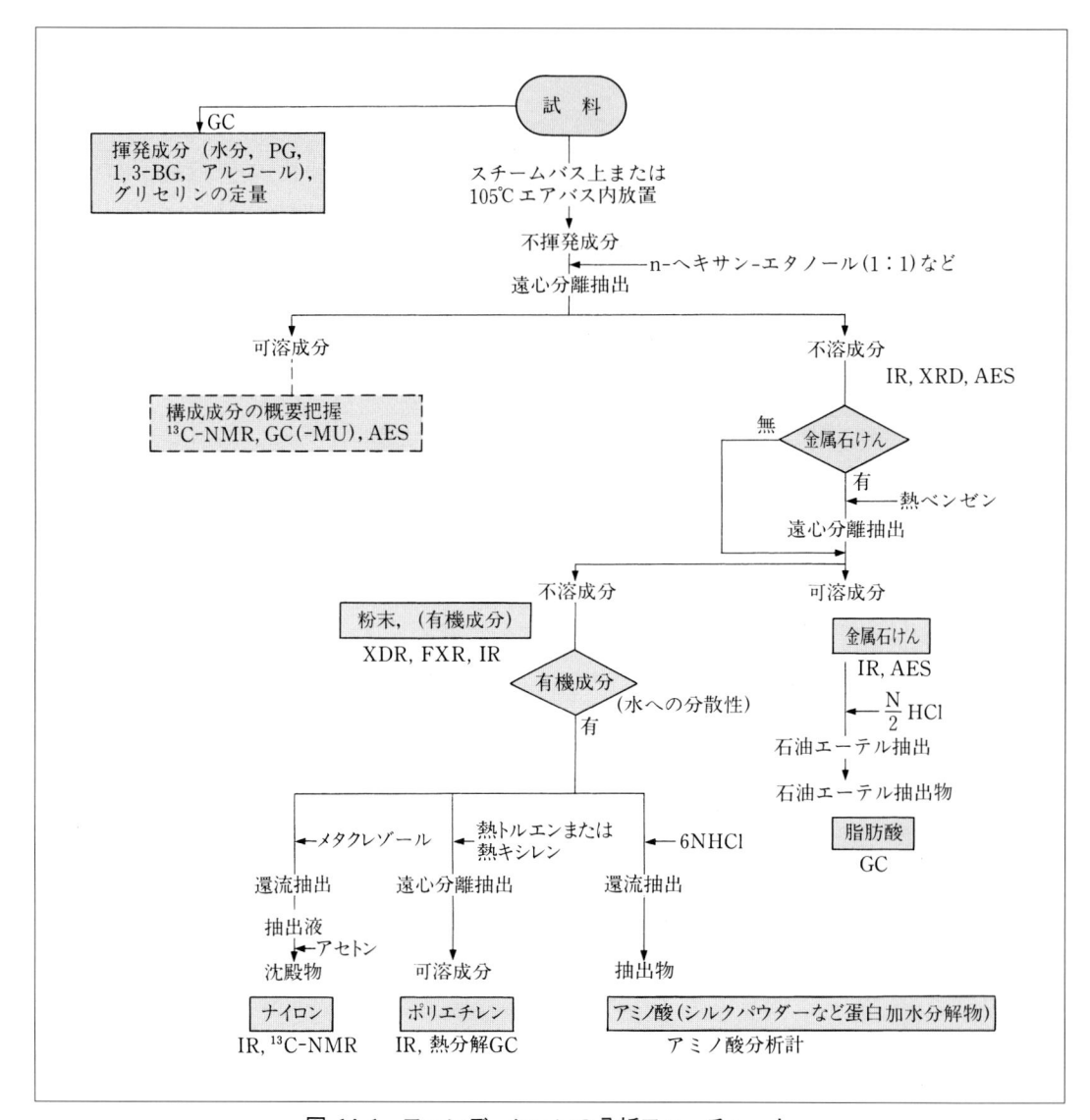

図 14-1. ファンデーションの分析フローチャート

14-1-2. カラムクロマトグラフィー
Column chromatography

　カラムクロマトグラフィー（CC）は多量の試料を取り扱うことができると同時に分離にも優れた方法であり，化粧品の分析には欠くことのできない分離法である．その代表的なものにシリカゲル，アルミナなどを用いる吸着（液―固）クロマトグラフィーが挙げられる．連続的に溶出成分をモニターする装置がないことから，汎用的に使用するためには段階溶出法など定型的な移動相系を設定する必要があり，かつ分離も吸着剤の活性度，溶媒量などによっても変化するので溶出物の他の方法による分析は必須である．しかしながら，多成分の混合物である化粧品の分離には

かなり有効な手段といえる．

表14-2には，シリカゲル吸着クロマトグラフィー，イオン交換クロマトグラフィー，逆相分配クロマトグラフィーにおける移動相系および化粧品の代表的な成分の溶出挙動を示した．これらは化粧品の分析のみでなく，油脂，ラノリンを含むワックス類の組成分析にも適用できるが，この場合には非水系イオン交換クロマトグラフィー[6,7]，尿素付加を利用するクロマトグラフィー[8]も用いられ，かつ保温条件下で分離が行われている．

表 14-2. 各種カラムクロマトグラフィーとその化粧品分析への利用

シリカゲルカラムクロマトグラフィー

溶離溶媒	溶出する化粧品成分
n-ヘキサン	・流動パラフィン，炭化水素ワックス
ベンゼン	・合成エステル ・ワックスエステル ・p-メトキシケイ皮酸-2-エチルヘキシル ・高級アルコール
クロロホルム	・トリグリセリド ・高級アルコール ・ジグリセリド ・脂肪酸
アセトン	・脂肪酸 ・モノグリセリド ・パラヒドロキシ安息香酸エステル ・エチレンオキサイド付加非イオン活性剤
メタノール	・エチレンオキサイド付加非イオン活性剤 ・ポリエチレングリコール ・グリセリン

（注）・ポリシロキサン，ポリプロピレングリコール（ポリエチレングリコールとの共重合体を含む）は全領域にわたって溶出するものがあるので要注意
・シリカゲルの活性度，溶媒量によっても分離が変化する

イオン交換クロマトグラフィー

イオン交換カラム	溶出分画	溶出する化粧品成分
カチオン交換カラム	10%塩酸溶出分画	食塩，トリエタノールアミン，4級アンモニウム塩，アシルアミノ酸
アニオン交換カラム	10%酢酸溶出分画	脂肪酸，酸性エステル
	10%塩酸溶出分画	アルキル硫酸，アルキルエーテル硫酸
非イオン性分画		非イオン性活性剤，油分

逆相分配クロマトグラフィー

固定相	溶出溶媒	溶出する化粧品成分
n-ヘプタン シラン処理セライト	50%エタノール	エチレンオキサイド付加非イオン活性剤, ポリエチレングリコール
	95%酢酸	極性油分（ヒマシ油）, 高級アルコール
	クロロホルム	炭化水素, 油分, 合成エステル
水飽和ブタノール シラン処理セライト[5]	ブタノール飽和水	ポリエチレングリコール
	エタノール	エチレンオキサイド付加非イオン活性剤

14-1-3. ガスクロマトグラフィー Gas chromatography

　ガスクロマトグラフィー（GC）は，単なる分離手段としてのみでなく保持時間を指標として定性的な情報がえられること，そして定量的にも取り扱いが容易であること，また後述するように他の分析手段（質量スペクトル，赤外吸収スペクトル）との結合が安定して実施できることから，化粧品の分析に必要不可欠な機器の一つとなっている．また化粧品原料基準などの公定規格においても確認試験法に主として利用されている．表14-3にはその利用例を一覧表の形で示したが，化粧品中に配合される広義の揮発性成分については定量法，アルキル基や重合度組成分析法としての利用が中心となっているほか，油脂，天然ワックスなどについてはその組成パターンから産地，種類の同定も行われている[6〜9]．分析条件は特に示さなかったが，特殊な場合を除いてシリコン系の液相を用いる充てんカラム，溶融シリカのキャピラリーカラムを用いれば，ほとんどの高炭素数（総炭素数50〜60）化合物について分析が可能といえる．GC分析には試料の揮発性化合物への誘導体化が必要な場合が多いが，トリメチルシリル誘導体化が一般的となり，かつ各種溶媒系で使用可能な市販試薬が取り揃えられている．揮発性化合物であることの制約条件により，加水分解，熱分解などの種々の前処理も重要であり，GC分析にあたっては分析条件のみでなく，試料前処理を十分に考慮しなければならない．

　GCの普及の陰には，高温安定性の高い液相の開発と昇温分析の一般化による適用範囲の飛躍的な拡大，ならびに熱伝導度セル（TCD）あるいは水素炎イオン化検出器（FID）などのほとんどの化合物に対して十分な感度を有する検出器の存在が忘れられない．含窒素，リン（燐），硫黄化合物に対し，選択的に感度を有する炎光検出器（NPDおよびFPD），電子吸引性物質に対し高感度を有する電子捕獲型検出器（ECD）などの検出器を併せて利用すると，極微量分析も可能であるし，クリーンアップ操作もある程度省略することができる．定性情報は保持時間のみであるが，各種化合物の保持時間を炭化水素の保持時間でノーマライズしたメチレンユニット（MU）法が未知化合物の同定にはよく用いられている[12]．また熱分解生成物のクロマトグラムをMU法によりパターン化して高分子化合物の定性に用いることもできるし，さらにこれにFPD（NPD）を組み合わせることにより，含窒素高分子化合物についてそのパターンを特有なものとして捕らえられる方法もある．

表 14-3. ガスクロマトグラフィーの化粧品分析への利用

対象化合物群	対象成分	分析目的
炭化水素	・液化石油ガス ・流動パラフィン ・固形パラフィン ・スクアラン	定性・組成分析 組成分析，組成パターン分析 定性・定量
脂肪酸 (誘導体化が必要)	・脂肪酸 ・石けん ・脂肪酸アミド ・グリセリド ・合成エステル ・天然油脂，ワックス[6〜8]	定性・アルキル基組成分析 加水分解・定性・アルキル基組成分析 加水分解・定性・アルキル基組成分析 加水分解・定性・アルキル基組成分析 加水分解・定性・アルキル基組成分析 組成パターン分析
高級アルコール (誘導体化が必要)	・高級アルコール ・硫酸エステル ・合成エステル ・天然油脂，ワックス[6〜9]	定性・アルキル基組成分析 加水分解・定性・アルキル基組成分析 加水分解・定性・アルキル基組成分析 加水分解・組成パターン分析
エステル (水酸基のあるもの は，誘導体化が必要)	・合成エステル ・グリセリド ・天然油脂，ワックス[10]	定性・定量分析 定性・アルキル基組成・モノ・ジ・トリ組成分析 組成パターン分析
脂肪族アミン	・4級アンモニウム塩 ・アミンオキサイド	熱分解・定性・アルキル基組成分析 熱分解・定性・アルキル基組成分析
エチレンオキサイド 付加物 (誘導体化が必要) (10モル程度まで)	・高級アルコール ・アルキルフェノール	アルキル基・付加モル数組成分析 ヨウ化水素酸開裂，アルキル基組成分析 アルキル基・付加モル数組成分析 ヨウ化水素酸開裂，アルキル基組成分析
多価アルコール (誘導体化が必要)	・プロピレングリコール ・グリセリン ・1,3-ブチレングリコール ・ジプロピレングリコール ・ポリグリセリン	定性・定量分析 重合度分布分析
溶剤	・水 ・エタノール ・酢酸ブチル，トルエンなど 　ネールエナメル溶剤	定性・定量分析 定性・定量分析 定性・定量・組成分析
薬剤等添加物	・メントール ・カンフャー ・糖類 ・フタル酸エステル ・パラベン ・紫外線吸収剤の一部	定性・定量分析 誘導体化・定性・定量分析 定性・定量分析 定性・定量分析 定性・定量分析
有害物	・メタノール[11] ・残留モノマー ・ニトロソアミン	微量定量分析 微量定量分析 微量定量分析（ECD）

14-1-4. 高速液体クロマトグラフィー
High performance liquid chromatography

高速液体クロマトグラフィー（HPLC）はGCのように分析可能な化合物に対する制約が少な

表 14-4. 高速液体クロマトグラフィーの化粧品分析への利用

対象化合物群	対象化合物	分離・検出モード
防腐・殺菌剤	・イソプロピルメチルフェノール[13~14]	順相（アミノ）・蛍光
	ヘキサクロロフェン	逆相・蛍光
	・トリクロロカルバニリド[13),15)]	逆相・紫外
		逆相・イオン対・紫外
	・パラフェノールスルホン酸亜鉛[13)]	逆相・紫外
	・ピリチオン亜鉛[13)]	逆相・紫外
	・パラヒドロキシ安息香酸エステル，サリチル酸，安息香酸，ソルビン酸，デヒドロ酢酸[13),15)]	逆相・イオン対・紫外
	・グルコン酸クロルヘキシジン[15)]	逆相・イオン対・紫外
	・塩化ベンザルコニウム，ピリジニウム[15)]	順相（シアノ）・紫外
		逆相・イオン対・紫外
	・レゾルシン[14)]	逆相・紫外
		順相・紫外
	・硫黄	イオンクロマト・硫酸イオンへ変換
紫外線吸収剤	・2-ヒドロキシ-4-メトキシベンゾフェノン	逆相・紫外
	・4-メトキシケイ皮酸-2-エトキシエチル	逆相・紫外
	・11種紫外線吸収剤（水および油溶性）[17)]	逆相・イオン対・紫外
	・7種紫外線吸収剤（水および油溶性）[15)]	逆相・イオン対・紫外
	・4-tert-ブチル-4′-メトキシジベンゾイルメタン	逆相・紫外
薬剤	・グリチルリチン酸塩，グリチルレチン酸[14)]	逆相・イオン対・紫外（アニオン交換前処理）
	・グリチルレチン酸ステアリル，酢酸dl-α-トコフェロール[13),14)]	逆相・紫外（同時）
	・ヒノキチオール[18)]	逆相・錯体・紫外
	・卵胞ホルモン[13),15),19)]	順相・蛍光
	・チオグリコール酸，システイン，ジチオジグリコール酸，シスチン[14),20),21)]	逆相・イオン対・紫外
	・ニコチン酸ベンジル，塩酸ピリドキシンなど12薬剤[22~24)]	逆相・グラディエント・多波長検出（紫外）
基剤など	・エチレンオキサイド付加活性剤，ポリアルキレングリコール[25)]	順相・紫外・屈折率
		ゲル浸透・屈折率
	・非イオン，アニオン，両性活性剤[26~28)]	逆相・屈折率
	・水溶性高分子	ゲル浸透・屈折率
	・キサンテン系色素[29)]	逆相・紫外
	・有機酸，アミノ酸[30)]	逆相・紫外
有害物	・ホルムアルデヒド[31)]	逆相・ポストカラムアセチルアセトン反応・可視
	・ニトロソジエタノールアミン[32)]	順相・熱エネルギー検出器（TEA）

く，移動相および固定相の両側に可変要素があることから分離手段としてはその応用範囲も広い．しかしながら，ある程度感度を有し，かつ汎用性のある検出器が不在であり，定性分析法としてよりも定量分析法としての利用が主となっていることは，化粧品原料基準は勿論，衛生試験法香粧品試験法などでの利用状況をみても明らかである．また日本化粧品工業連合会が検討，作成した化粧品，医薬部外品に配合される薬剤，添加剤の簡易定量試験法にもHPLCが多く利用されている．このことは，表14-4に示した利用状況一覧表からも明らかであり，HPLCの適用可能範囲がかなり広いことがわかる．

HPLC における分離モードの選択には，色々な考え方があるが，カラム充てん剤開発の先行，安定性，そして移動相の選択の自由度といった観点から逆相系充てん剤 (ODS—Silica) の利用が圧倒的である．

HPLC においてもっとも多く利用される検出器は紫外部(可視部を含む)吸光光度検出器であるが，このことも HPLC を定量用分析機器として普及させた大きな要因となっている．その理由としては，検出器の感度が波長により選択性があり，試料のクリーンアップ操作が単純化できることがまずあげられるし，事実定量のための前処理も試料を適当な溶媒に溶かし，不溶物を沪過，除去するという単純な方法がほとんどである．また迅速化のために多成分をグラディエント溶出法により同時分析を試みた例もある．

HPLC からえられる定性的な情報は GC と同様に保持時間が主体であるが，GC の MU 値と同様な考え方で 2 塩基酸，没食子酸エステル，アルキルフェノンにより標準同族列群を作りだし，さらに紫外部吸光光度検出器の特定 2 波長（220 nm および 254 nm）の強度比を加えた方法も報告されている．図 14-2 にはそのクロマトグラム例を，表 14-5 には防腐剤として用いられるパラベン類の保持指標（RI）の一覧表を示したが，精度もよく，自動同定プログラムとして利用されている[33~35]．また多波長（PDA）検出器を用いれば 2 波長のみでなく紫外，可視吸収スペクトル

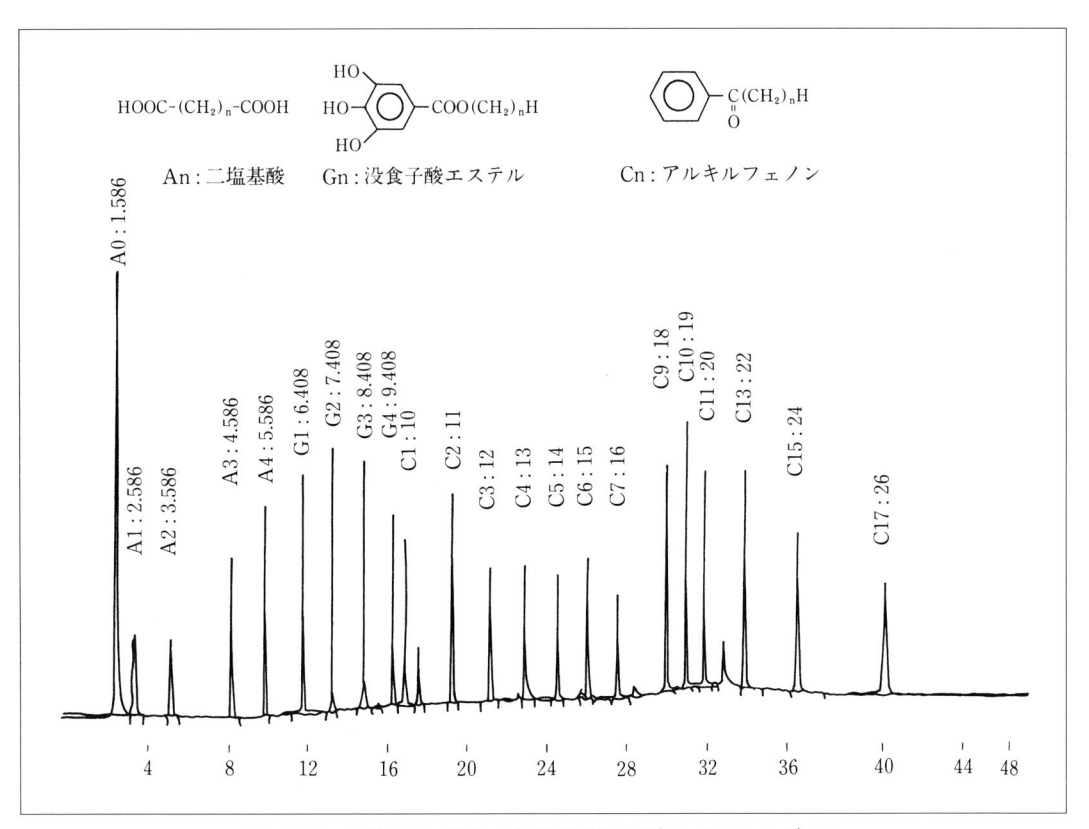

図 14-2．保持指標（RI）の標準物質の構造とクロマトグラム

<分析条件> カラム：Capcell Pak C_{18} SG（資生堂） 4.6 mmϕ×250 mm
溶離液：A 液：0.1%リン酸　B 液：アセトニトリル　B 液 2%→100%（24.5 分）

表 14-5. パラヒドロキシ安息香酸エステル類の保持指標 RI と 2 波長比ならびにその精度

標準物質	RI	標準偏差	2 波長比*	標準偏差
メチルパラベン	8.510	0.031	1.688	0.0037
エチルパラベン	10.051	0.018	1.710	0.0098
イソプロピルパラベン	10.652	0.019	1.832	0.0049
プロピルパラベン	10.746	0.018	1.788	0.0087
sec-ブチルパラベン	11.292	0.026	1.890	0.0065
ブチルパラベン	11.500	0.024	1.887	0.0088
ヘキシルパラベン	13.130	0.028	1.713	0.0066

7 回繰り返し測定　　＊ 220 nm および 254 nm

をとることも可能であり，医薬部外品中の薬剤の確認試験法としても利用できる[35]．HPLC には，各種の分離モードがあり，種々の分離モードにおける挙動から，定性的な情報をとることができるが，その中でも分子フルイ機構に基づくゲル浸透クロマトグラフィー gel permeation chromatography は分子量情報がとれるので化粧品に用いられる水溶性高分子の分析には有用である．GPC と屈折率（RI）検出器および低角度光散乱（LALLS）検出器を併用すると相対的な分子量ではなく，絶対的な分子量情報をとることもできる．

汎用的な検出器とよべるものが RI 検出器しかない反面，選択的な検出器を利用することで種々の定量分析に容易に使用することができることは前述の通りであるが，特に極微量分析には電気化学検出器（ECD），蛍光検出器（FLD）が利用されることが多い．

移動相が液体であることから種々の誘導体化反応が HPLC の系内で行われており，特にカラムから分離され，溶出してくる成分に対し，反応を行わせるポストカラム誘導体化法は高感度，選択的検出のために汎用される手段の 1 つである．ホルムアルデヒドの定量法にはアセチルアセトンとの反応が用いられている[31]ほか，専用分析機器のアミノ酸分析計にもポストカラム誘導体化法が利用されている．化合物そのものではないが，各種イオン（陽イオン，陰イオン）の分析に利用されているのがイオンクロマトグラフィーであり，硫黄の定量法として用いられている[16]ほか，無機化合物イオンの多くがこの分析法に適用できる．この方法が可能となったのも，イオン交換膜を利用した電気伝導度検出器が開発されたことによるところが大であり，如何に検出方法を考えるかが HPLC では GC 以上に重要である．

14-1-5. X線回折スペクトル X-ray diffractometry

一般的分離操作の項で述べたように，化粧品に頻繁に配合される酸化チタン，タルク，カオリン，酸化鉄などの無機化合物をその化合物の状態を変化させずに相互分離することは極めて困難である．したがって無機化合物の分析は非分離状態で実施されることが多く，各種無機化合物が配合される化粧品に特徴的な分析ともいえる．この目的で使用される代表的な機器がX線回折分析計（XRD）である．物質の結晶構造に基づく回折ピークのパターンが物質ごとに特徴的であることを利用しての定性分析が主たる利用となるが，必要に応じて定量分析も可能である．XRD

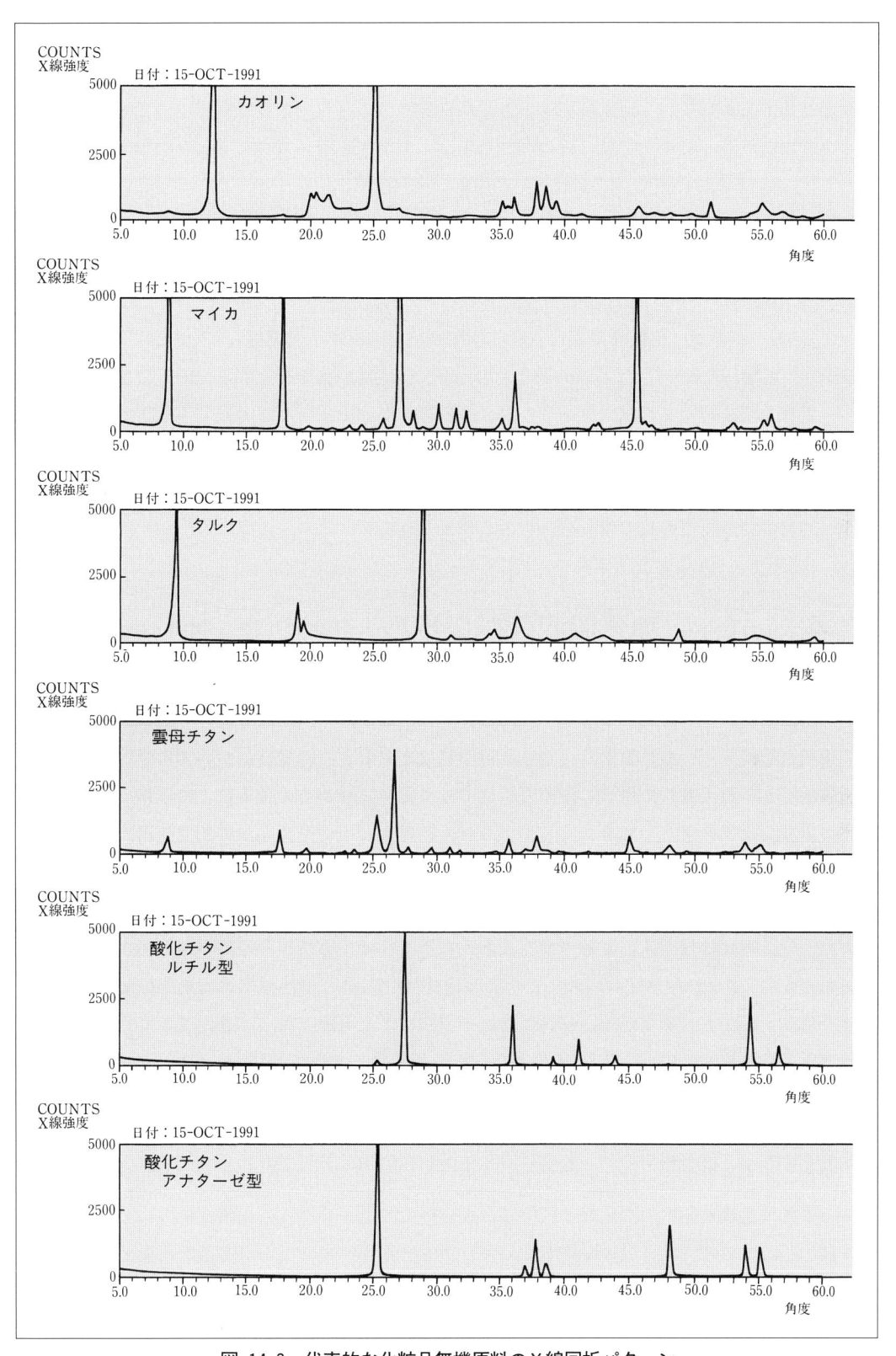

図 14-3. 代表的な化粧品無機原料のX線回折パターン

は，試料マトリックスあるいは試料セルへの試料の充てん方法などにより応答が変化する場合が多く，検量線用の試料を調製する場合には，できるかぎり試料のマトリックスに合わせることが必要である．しかしながら定量精度には自ずから限界があるし，定量感度についても％レベルと考えたほうが無難である．定量分析の例としては，タルク中のアスベスト（クリソタイル）があげられる[36]．図14-3には代表的な無機化粧品原料のXRDパターンを示した．ケイ酸，あるいはリン酸塩などのように非晶質のものあるいは前処理により多くの結晶形に変化してしまうものなどはXRDでは定性が困難であり，次項の赤外吸収スペクトル法が有効となる．また構成元素の定性分析にはX線を用いる分析法の1つとして蛍光X線スペクトル fluorescein-X-ray spectrometryがある．化粧品に配合される無機原料を構成する元素（鉄，アルミニウム，マグネシウム，ケイ素，チタンなど）には共通なものが多く，試料の状態を反映した分析には不適当であるし，定量分析においても試料マトリックスの影響を受けやすいなどの点でXRDと同様の問題を有しているが，試料前処理法を工夫すれば迅速定量分析法となる[37]．現在，公定試験法においてはXRDは取り上げられてはいないものの，無機化合物の相互分離が極めて難しく，また機器分析化が進む中では注目される日も近いものと考えられる．

14-1-6．　赤外吸収スペクトル Infrared spectrophotometry

赤外吸収スペクトル法（IR）は，従来官能基に対する情報がとれることから単離された物質の構造解析，構造確認の手法として広く利用されてきたほか，分析に入る前の分析戦略の決定のための手段としても用いられてきた．さらに粧原基などの公定原料規格においても早い時期から確認試験法として導入され，規格の機器分析化そして化学試験からの脱皮による規格の簡素化，合理化に重要な役割を果たしてきた．このような，物質の同定のための汎用的な使用方法については，多くの成書があるので，ここでは例示を省略したが，フーリエ変換というコンピュータによる数値処理法の開発，ならびに干渉計を用いる物理・化学的なフーリエ変換素子の開発によりIRの感度，分析時間は飛躍的に改善されたことから新たな使用方法が多く開発されてきたことをあげておきたい．すなわち感度の増大により表面分析，状態分析，微小試料の分析が拡散反射（DR），減光全反射（ATR），赤外顕微鏡（MIR）などの方法により可能となってきたことである．さらに高感度化と分析時間の短縮により，GCのような分離手段との直接の結合も可能となり[38]，その結合方法もガスセル（ライトパイプ）を用いる方法から現在では試料セル上にGC溶出物を凝縮，蒸着させる方法（トレーサー）も開発され，後述するGCと質量分析計との結合の普及と同時にこれの不得意とする分野あるいはこれだけでは不十分な分野，たとえば糖類などの分析，熱分解GCにおける熱分解生成ピークの同定などに併用されている[38~40]．これらの利用例についてそのいくつかを図14-4に示した．フーリエ変換処理によりデータがコンピュータに蓄積が可能となったことで分析後の再解析も容易になり，たとえば差スペクトルを用いて溶液中の分子の状態をみたりすることも可能となったし，膨大なスペクトルデータベースを検索することによる同定も可能となってきた．

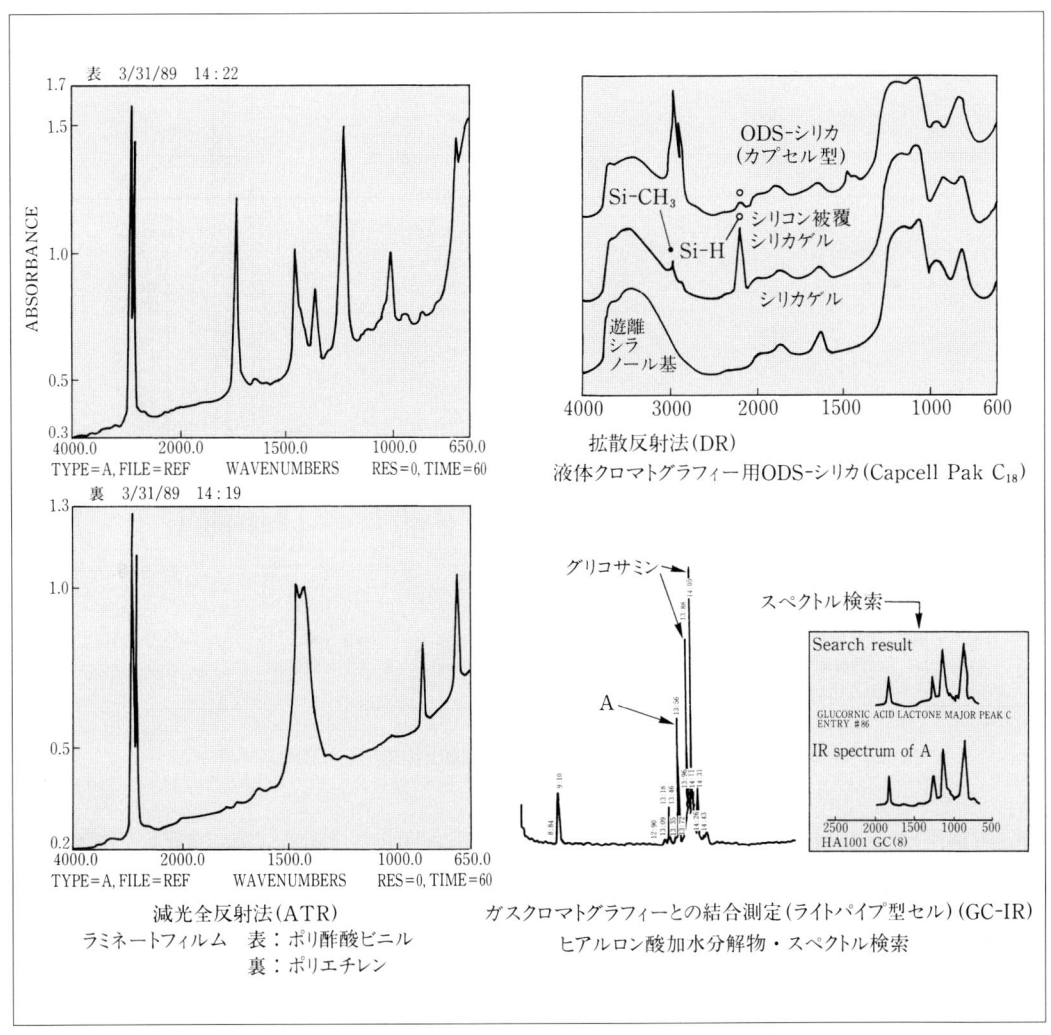

図 14-4. 特殊な測定法による赤外吸収スペクトル例

14-1-7. 核磁気共鳴スペクトル Nuclear magnetic resonance

　核磁気共鳴スペクトル（NMR）は，物質の構造決定のための高度な分析機器として知られてきたが，これも IR と同様に高周波パルスフーリエ変換 NMR の登場により ^{13}C-NMR スペクトルが高感度にかつ比較的迅速にとれるようになってきたことから化粧品の分析においても NMR の利用方法について多くの検討が開始された．すなわち 従来の IR, GC による大略分析，それによる分析戦略の決定が ^{13}C-NMR により容易にできるようになったことである．しかもこれにコンピュータによるデータ解析プログラムを付属させることにより自動分析化の試みも多くなされている[12]．試料処理も容易で，試料を適当な重溶媒に溶解し，不溶物を除去するのみでよく，かつ適当な内部標準物質を添加することにより半定量的な情報もえることができる．図 14-5 には，ファンデーションの n-ヘキサン抽出物の ^{13}C-NMR スペクトルならびにその解析結果を示した

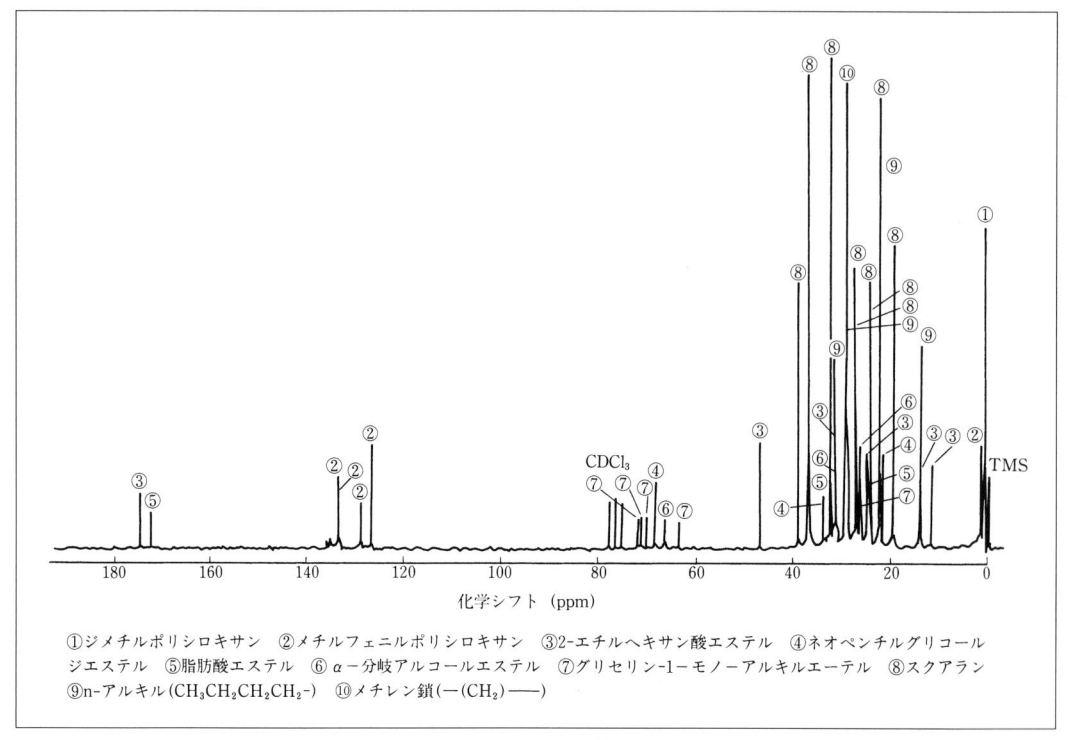

図 14-5. ファンデーションの n-ヘキサン抽出物の ^{13}C-NMR スペクトル

①ジメチルポリシロキサン　②メチルフェニルポリシロキサン　③2-エチルヘキサン酸エステル　④ネオペンチルグリコールジエステル　⑤脂肪酸エステル　⑥α-分岐アルコールエステル　⑦グリセリン-1-モノ-アルキルエーテル　⑧スクアラン　⑨n-アルキル($CH_3CH_2CH_2CH_2$-)　⑩メチレン鎖(—(CH_2)—)

が，分離手段を用いないでもかなりの情報がとれることが明らかである．高感度化，迅速化により，またこれに特殊な手法(クロスポーラリゼーション，マジックアングルスピニング)を加えることで溶液のみでなく，固体状態で NMR スペクトルを測定することも可能となってきた．さらに ^{13}C, ^{1}H 以外にも ^{29}Si, ^{31}P などの核種についても測定が可能となってきたことから，化粧品に配合される無機粉体の表面処理に用いられるシリコーンコーティングの状態，あるいはシフト試薬との組み合わせによるホスファチジルコリン乳化状態(リポソーム)の分析などにも利用されている[41]．

NMR は，このような化粧品独特の利用方法は別にしても，本来の構造解析機器としての有用性は極めて高く，各種 2 次元 NMR スペクトルなどを利用しての構造解析能力は今後の新化粧品原料の開発には重要である．このような動きはすでに公定試験法にも現われており，日本薬局方第 12 改正において一般試験法に NMR が取り入れられたことは特筆すべきである．

14-1-8. 質量スペクトル Mass spectrometry

質量スペクトル（MS）も同様に構造解析に必要な分子量情報をとるうえで有用な機器であるが，単独の利用方法よりも GC/MS として分離手段と結合させた形の利用方法が化粧品分析においては一般的ともいえる．GC/MS の普及においては，そのインターフェース(ジェットセパレーター)の開発とその安定性の貢献度が大であるが，GC 側の制約条件，すなわち揮発性物質である

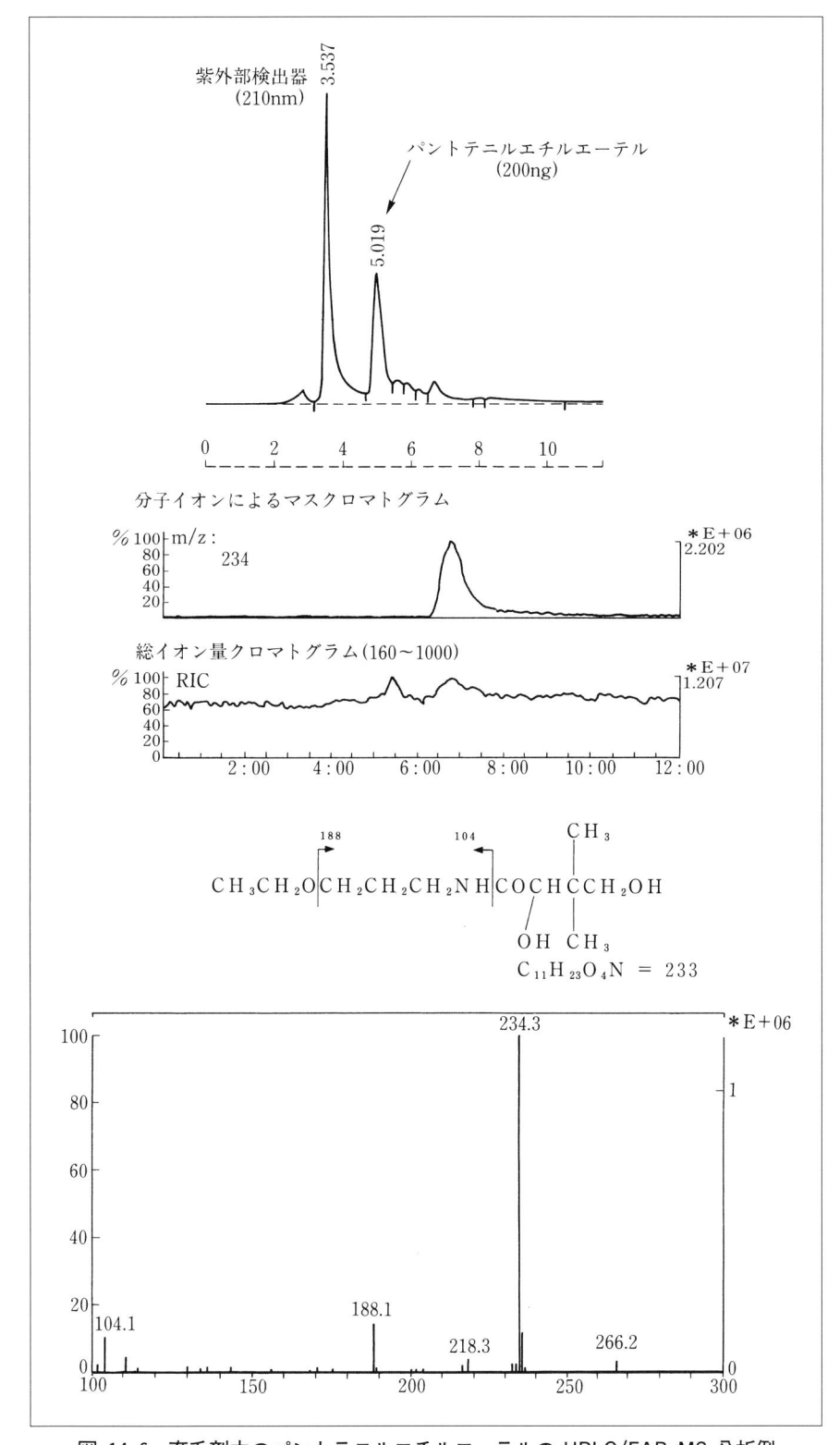

図 14-6. 育毛剤中のパントテニルエチルエーテルの HPLC/FAB-MS 分析例

ことに縛られる部分も多い．またイオン化法についても電子衝撃型（EI）あるいは化学イオン化型（CI）の利用がほとんどであることから必ずしももっとも必要な分子量情報がえられないことも問題点としてあげられる．その意味で望まれるのが，もう1つの有用な分離手段である HPLC の結合であるが，これは HPLC 用の汎用検出器の開発ニーズにも応える意味で重要な課題と思われる．特に化粧品においては難揮発性物質がかなりの割合を占めていることからも，その重要性が明らかである．難揮発性物質の MS スペクトルの測定には，高速原子衝撃イオン化法（FAB），大気圧イオン化法（API）あるいはサーモスプレーイオン化法（TSP）などが利用されると同時に HPLC とのインターフェースとしても注目されているが，FAB-MS を利用した方法について化粧品に少量配合される種々の添加剤についての測定条件の最適化の状況が報告されている[42〜43]．図14-6にはその測定例を示したが，マスクロマトグラムを書かせることにより，汎用的でかつ選択的な検出器としての利用も可能であることがわかる．しかしながら，未知化合物についての汎用検出器としてはバックグラウンドの処理などまだまだ検討課題が多く，GC/MS における総イオン量検出器（TIC）の領域に至るには多くの問題が残されている．

構造解析機器としての利用については，ここでは触れないが，最近では2台の MS を結合した MS/MS という機器も出現しており，今後の利用が注目されている．

14-1-9. 発光，原子吸光スペクトル
Atomic emission spectrophotometry, Atomic absorption spectrophotometry

発光スペクトル（AES）および原子吸光スペクトル（AAS）は，いずれも微量定量分析法として知られ，特に化粧品分野では公定試験法の中で規定される鉛，ヒ素，重金属の迅速定量分析法として広く利用されている．特に後者は定量分析法としての性格が強いことから，その傾向が高いが，試料マトリックスの影響を受けやすく，種々の前処理法およびその迅速化が鉛の定量について報告されている[44〜50]．AES については，定量分析は勿論であるが，金属元素の同時定性分析法としての利用方法もあり，化粧品に配合される無機化合物の非分離分析法として使用されているが，高周波誘導プラズマ（ICP）AES は，試料を何らかの方法で溶液化する必要性はあるものの，感度が極めて高く，必要とする情報，時間を考慮して分析法が選択されている．その意味で原子の励起にアークを利用する古くからの方法も試料を前処理なしに炭素棒に充てんすることのみで分析が可能なことから，捨てがたい方法となっている．

14-1-10. 化粧品の分析まとめ

以上，化粧品およびその原料の分析について分析技術の観点から各分析技術ごとにその利用状況を示してきたが，原料，製品とも主成分の分析ならびに配合された成分の量の確認という面では公定書も含め，かなり確立されている部分が多い．分析技術面では薄層クロマトグラフィーについて1項目を割くべきではあったが，一般的な試験法として定着していることもあり，特に色

素の分析[13]についての文献などを掲載するにとどめた．

化粧品分析の進歩は，HPLC の定着，IR の進歩，GC/MS の定着，NMR の一般化といった分析機器面での技術の進歩，定着に帰結する部分が多い．しかしながらそれを利用する側においても意識の改革が必要であり，高感度分析，迅速分析，そしてデータのコンピュータ処理が容易にできるようになった現在，分析の対象も原料，製品の主成分の分析，あるいは配合量チェックのための分析から脱皮し，さらに高度な品質保証あるいは技術開発に結びつくような分析へと転換していく必要があろう．その意味で，分析対象もますます微量化していくであろうし，未知化合物の構造決定ニーズもますます増大していくものと思われる．それに伴って，分析技術の開発も当然必要となるが，とりわけ新しい分離手段の確保，たとえば超臨界クロマトグラフィー super critical fluid chromatogaphy, 超臨界抽出 super critical fluid extraction, キャピラリー電気泳動 capillary zone electrophoresis あるいは HPLC の分取レベルでの使用など，さらに脱塩などの一般的分離操作，向流分配など分離能の高い，かつ量的にも大量の試料を取り扱える分離技術が分析部門に要求される日も遠くはないと考えられる．このような技術が分析部門を品質保証部門から開発部門へと発展させていく鍵となるものと考えるし，純然たる分析技術の面をみると高度に発展した分析機器をいかにインターフェースしていくかが今後の課題と思う．また分析対象を考えると，状態，表面状態，形態なども重要となってきており，走査型電子顕微鏡 scanning electron microscope や透過型電子顕微鏡 transmission electron microscope, 示差走査熱量分析 differential scanning calorimetry, 熱天秤分析 thermal gravimetric analysis などもかなり利用されている．

14-2 ≫ 皮膚，毛髪の分析

化粧品学における分析化学の領域は，化粧品の分析のみにとどまらないことは，本項で繰り返し述べてきたが，その例としてここでは化粧品が適用される皮膚，あるいは毛髪の分析という基礎研究における状況をまとめてみたい．本書冒頭で皮膚および毛髪については分析の結果も含めて詳述されているので，ここではやはり分析技術という面からまとめを試みることにした．皮膚，毛髪に限らず，いわゆる生体，生体関連分析は化粧品の分野でもそのニーズが高く，生化学的な分析法は勿論ではあるが，機器分析の必要度はますます高まっていくものと思われる．

14-2-1． 皮膚の分析

皮膚の分析，特にヒト皮膚の分析についてはその方法が非侵襲な方法であることが絶対的な条件となっており，試料としては図 14-7 に示すようなガラス製のカップを皮膚に当てた後，分析対象物により選択された適当な溶媒を満たし，一定時間放置することにより皮膚中の種々の物質あ

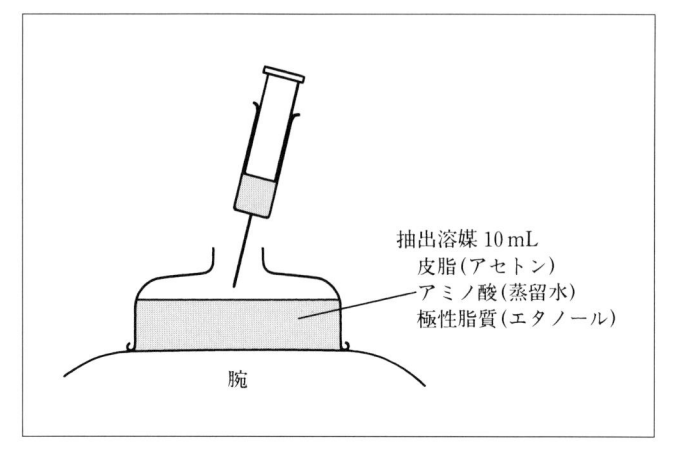

図14-7. 皮膚中の成分抽出用カップ

るいは皮膚上に分泌された物質を抽出する方法が一般的に用いられている．

　もう1つの一般的な方法はヒト皮膚から自然に採取できるものを試料とする方法で，たとえば日やけ後の剝離皮膚，かかとの角質層部分の切除などがあげられる．角質層はそれ自身を溶解することは極めて難しく，たとえ溶解できたとしても存在する物質を破壊せずに溶解することは困難といえる．したがって，これについても適当な溶媒で含まれる物質を還流抽出するなどの方法をとるのが一般的ではあるが，界面活性剤を適当に組み合わせることにより角質層を細胞レベルにまで分散できることが知られており[53]，溶媒では抽出しにくい物質の分析には有用な方法となっている．

　皮膚の分析で代表的なものは，皮膚表面の脂質の分析であり，これにはGCあるいはGC/MSが用いられている[54]．図14-8には脂肪酸，スクワレン，コレステロール，ワックスエステル，グ

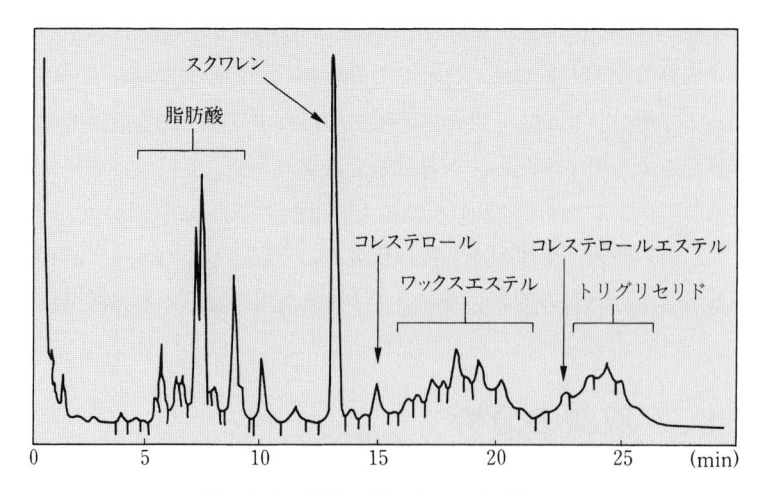

図14-8. 皮脂のガスクロマトグラム
カラム：ダイアソリッドZT　温度：100〜350℃, 10℃/分昇温抽出法，トリメチルシリル化

リセリドなどのいわゆる中性脂質の分析例を示したが，同様の方法でセラミドなどの極性脂質の分析も行われている．

セラミドについては，さらに HPLC/MS (TSP) を用いてその分子量の決定が行われている[54]．このほかにも水に抽出されるものとしてアミノ酸などの分析も行われている[55~56]．特殊な例としては，足臭の鍵となる特質の同定のために，靴下から分泌された成分を抽出し，臭いとの対応をつけるためにヘッドスペース GC (GC/HS) を利用して分析を行った報告[57~59]があり，これについても分析例を図 14-9 に示した．

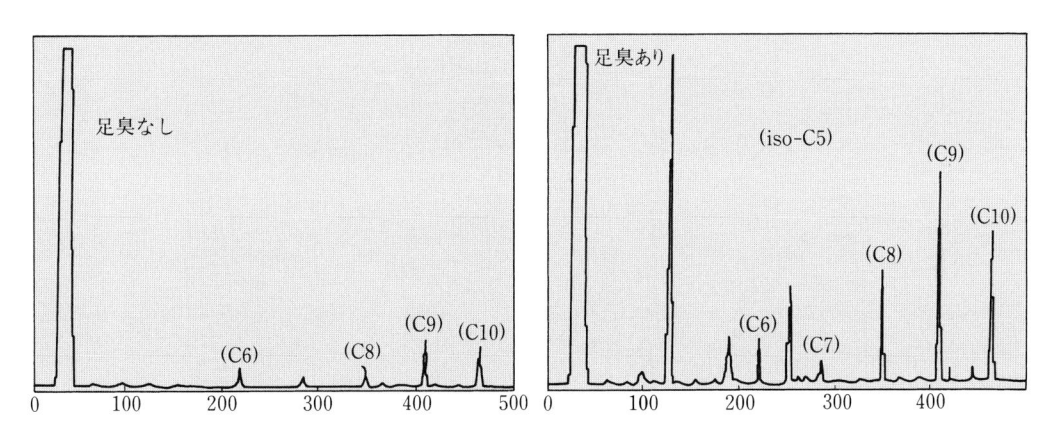

図 14-9．足臭成分(酸性成分)の GC/HS クロマトグラム

この方法は，腋臭の分析にも利用が可能であり，この場合には靴下の代わりに脱脂綿を腋の下にはさむことにより分泌物を抽出している．またこの分析法は制汗剤などに用いられる酸化亜鉛，アルミニウムヒドロキシクロライドなどの成分により臭いが抑えられるメカニズムの解明，あるいはそれら成分の有効性の判定など[58~59]にも用いられ，開発面でも重要な役割を果たしている．

さらに特殊な例であるし，皮膚そのものの分析とはいえないが，化粧品にとって経皮吸収は重要な要素であることからその状況を調べるために光音響スペクトル法〔PAS (Photoacoustic Spectroscopy)〕が用いられている．PAS 法は感度が高く，また表面の状態をそのままで分析可能な方法として種々利用されているが，皮膚表面に残存する物質の量の変化を連続的に測定することで経皮吸収が観察できるという原理に基づくものである[60~62]．図 14-10 にはその装置の概略図と実際の測定例を示したが，皮膚上の物質(インドメタシン)の減量状況と吸収された物質，すなわち膜透過物質の量が対応していることが明らかである．可視レーザー光および特定波長の紫外レーザー光しか使用できないのが，制約条件となっているが極微量の表面分析法としては皮膚との関連のみでなく，一般的な分析法としても注目すべきものの1つである．

残存物質を観察するという観点では，前述のカップ法を利用し，適用された化粧品がどの程度皮膚上，皮膚中に残存しているかを分析した例もある．現在の課題は，さらに高分子量の物質，すなわち蛋白，酵素といった領域にいかに機器分析を導入するかといったことになろう．HPLCにおける蛋白の溶離挙動，分離挙動については充てん剤との関連で種々検討がなされている

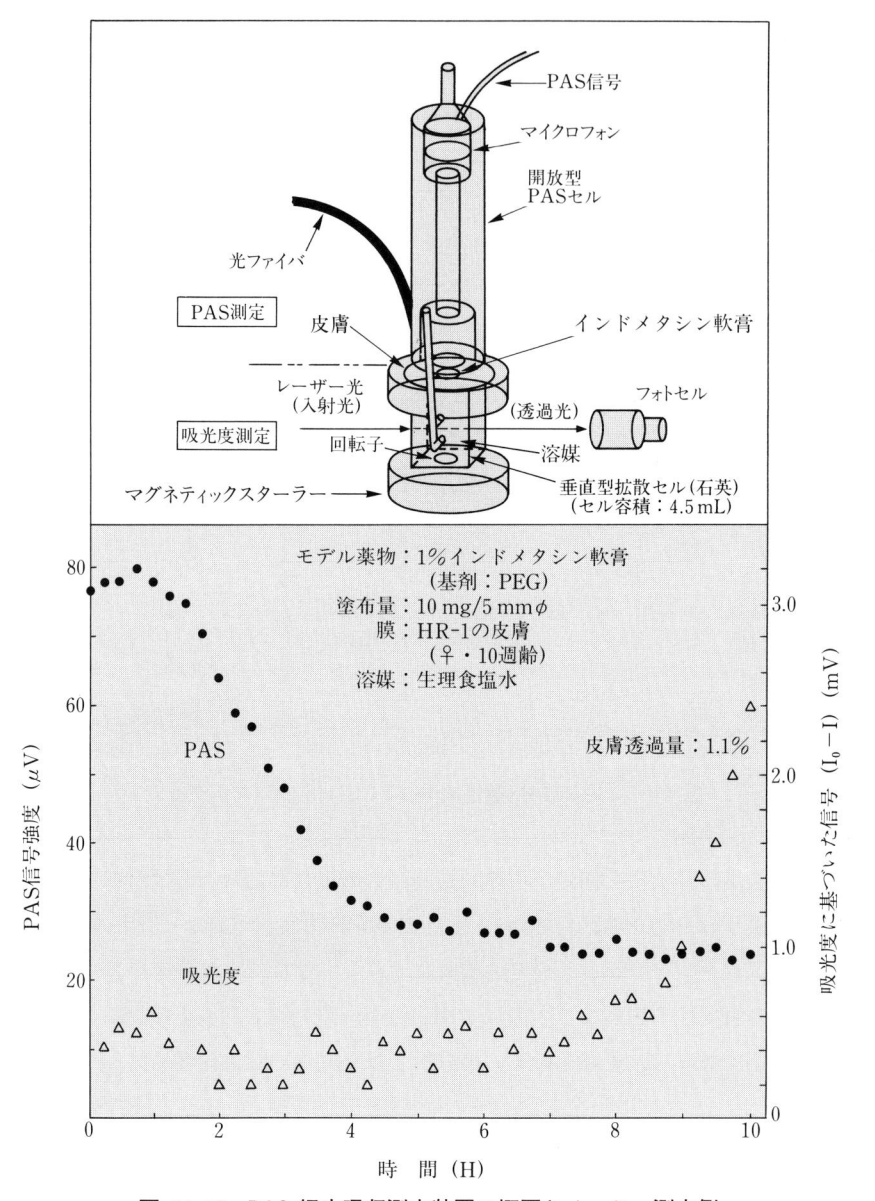

図14-10. PAS経皮吸収測定装置の概要と *in vitro* 測定例

し[63~64]，新たな充てん剤が開発されつつあるが，このような分離手段に伴い，これにいかに同定用機器をインターフェースさせていくかがここでも課題としてあげられる．

14-2-2． 毛髪の分析

　毛髪の分析については皮膚に比較するとそれが非侵襲的に容易に採取することができることから，分析にとっては容易な試料ともよぶことができる．しかしながらその物理的な状態が重視されてきたこともあり，化学組成分析については皮膚に比べると報告は少ない．皮膚と同様に脂質

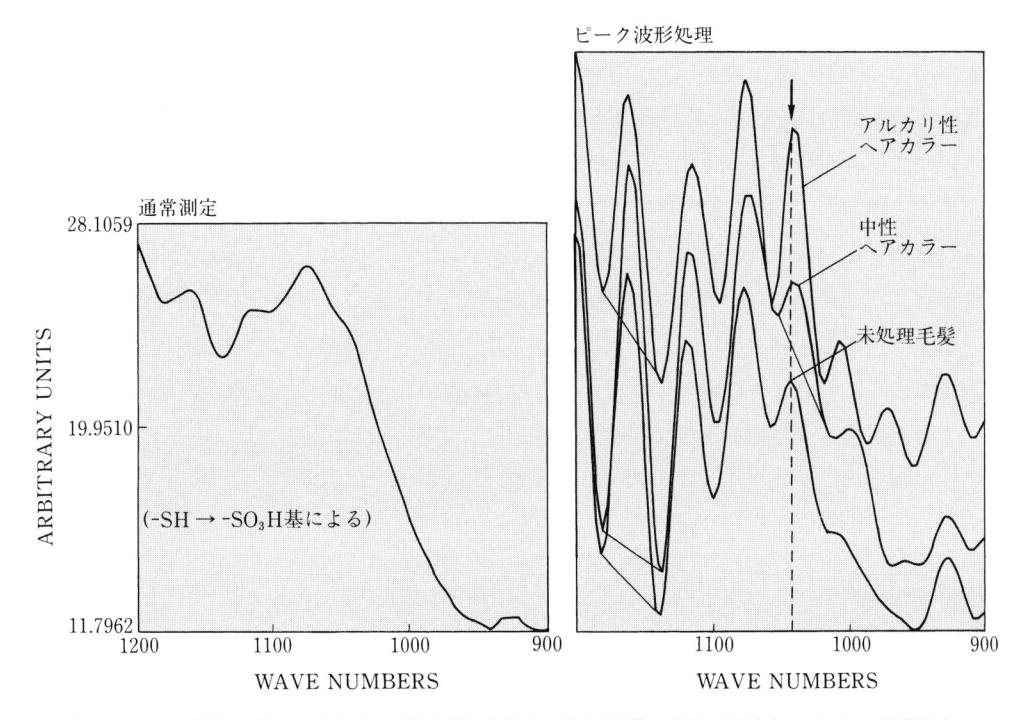

図 14-11. 毛髪の IR スペクトル 測定例（毛髪の酸化程度の測定　測定法：ミクロ錠剤法）

の分析が溶媒抽出法により行われているが，毛髪構造内の脂質については毛髪の構造を破壊するために，酵素による分解，あるいはパーマ剤に用いられる還元剤によるシスチン結合の切断分解などの方法がとられ，構造内脂質の分析が行われている．これらは脂質のみでなく，構成アミノ酸組成の分析，あるいは含有微量金属の分析などにも及んでいるが，分析技術的には皮膚の場合とほとんど同様であり，含有物質をいかに抽出するかにポイントがあると考えられる．

　毛髪の損傷については，物理化学的な評価方法が多く用いられてきたが，上述のような組成変化を捕らえる方法に加え，高感度化した IR を用いてその評価を実施した例もある．図 14-11 には IR スペクトルにより毛髪中のメルカプト基が酸化されていく状況を捉えた例を示したが，極微量の試料で IR スペクトルがとれるようになったこと，そしてコンピュータによるデータ処理で一種の波形解析が可能となったことがこのような分析を可能とせしめている．

14-3　分析の自動化

　化粧品の多様化と共に品質管理の側面，新製品開発の側面でも分析の頻度，種類は増加の一途を辿っている．同時に結果を要求される時間も短くなっており，分析の迅速化と自動化が重要な課題である．オートサンプラー，試料前処理ロボット，報告書作成などルーチン分析試験のため

の無人，夜間システムは一般的となってきているし，分析法自身の迅速化，そしてデータ解析の自動化についても種々の検討が行われている．すなわち，化粧品の分析に不可欠な分離操作をできる限り省略し，多成分の共存状態において，成分の同定，あるいは半定量がスペクトルデータベースの検索により自動的に行えるシステムとして，^{13}C-NMR を用いるシステム[65]，不揮発性の極性化合物の混合物に FAB-MS 法を用いる方法[66]，先に述べた HPLC により保持指標などを用いて自動分析する方法[65]などが報告されている．もちろん GC, HPLC に質量分析計などの同定用機器を結合したいわゆる結合型分析法 Hyphenated Analysis とスペクトルデータベース検索による方法も多用されているが，これらは自動化のみでなく，分析法としての価値も高いものである．方法のみでなく，分析結果のデータベース化も豊富なデータの多面的な検討のうえで，またデータの周知を図るうえでも重要な課題である．

◇　参考文献　◇

1) 池田鉄作編：化粧品学，第13版，p.106, 南山堂, 1978.
2) 石渡勝己：第7回色材分析入門講座テキスト，p.75, 1991.
3) 香粧品の分析・試験法と機能効果の測定法：フレグランスジャーナル，臨時増刊, 5, (1984)
4) 日本分析化学会編：分析化学便覧, 第4版, p.1101, 1988.
5) 中村　淳, 松本　勲：油化学, 26(8), 464, (1977)
6) 松本　勲, 太田忠男, 高松　翼, 中野幹清：日化, 951, (1972)
7) 高松　翼, 太田忠男, 松本　勲：日化, 2378, (1973)
8) 福田陽治, 高松　翼, 松本　勲：日本化学会，第32春季年会講演要旨集III, 1779, 1975.
9) 松本　勲, 高松　翼, 太田忠男：日化, 635, (1972)
10) 太田忠男, 難波隆二郎, 松本　勲：日化, 1862, (1976)
11) 松本　勲, 米山広勝, 田中国雄：衛生化学, 17, 384, (1971)
12) 難波隆二郎, 芝本　耿, 西谷　宏, 森川良広, 田原定明, 光井武夫：日本化粧品技術者会誌, 17(1), 35, (1983)
13) 日本薬学会編：衛生試験法・注解, p.843, 金原出版, 1990.
14) 日本化粧品工業連合会編：第10回化粧品技術情報交流会議テキスト, p.167, 1991.
15) 日本化粧品工業連合会編：第12回化粧品技術情報交流会議テキスト, p.179, 1989.
16) 中村　淳, 森川良広：分析化学, 34(4), 224, (1983)
17) 大庭美保子, 中村　淳, 松岡昌弘：薬学雑誌, 111(9), 542, (1991)
18) 花房文人, 中村　淳, 栂野清作, 太田忠男：分析化学, 38(3), 124, (1989)
19) 枝　尚, 中村　淳, 松本　勲：衛生化学, 24, 260, (1978)
20) 福田陽治, 中村文昭, 森川良広：衛生化学, 31(3), 209, (1985)
21) 小山純一, 松本　俊, 大津　裕, 中田興亜：分析化学, 37(3), 142, (1988)
22) S. Yamamoto, M. Kanda, M. Yokouchi, S. Tahara：J. Chromatogr., 370, 179, (1986)
23) S. Yamamoto, M. Kanda, M. Yokouchi, S. Tahara：ibid, 396, 404, (1987)
24) S. Yamamoto, K. Nakamura, Y. Morikawa：J. Liquid Chromatogr., 7(5), 1033, (1984)
25) 中村　淳, 松本　勲：日化, 1342, (1975)
26) K. Nakamura, Y. Morikawa, I. Matsumoto：J. Amer. Oil Chem. Soc., 58(1), 72, (1981)
27) K. Nakamura, Y. Morikawa：ibid, 61(6), 1130, (1984)
28) 中村　淳, 森川良広, 松本　勲：油化学, 29(7), 501, (1980)
29) 大津　裕, 松本　勲：日化, 511, (1979)
30) 中村　淳, 森川良広, 松本　勲：分析化学, 29(5), 314, (1980)
31) 木嶋敬二, 渡辺四男也, 鈴木助治ほか：日本薬学会第112年会講演要旨集, 4, p.326, 1992.

32) Y. Fukuda, Y. Morikawa, I. Matsumoto：Anal. Chem., 53(13), 2001, (1981)
33) 広瀬典子, 難波隆二郎, 松岡昌弘：日本学術振興会創造機能化学第116委員会業績報告, 3, 1991.
34) 難波隆二郎, 石渡勝己, 小松一男, 松岡昌弘：第1回クロマトグラフィー科学会, 1990.
35) 山本信也, 保坂匡哉, 神田正雄, 横内未知夫, 山田純一, 田原定明：分析化学, 36, T 108, (1987)
36) 日本化粧品工業連合会編：第8回化粧品技術情報交流会議テキスト, p. 84, 1987.
37) 小松一男, 石渡勝己, 松本 勲：日本化粧品技術者会誌, 12(2), 10, (1978)
38) J. R. Ferraro, K. Krishman：Practical Fourier Transform Infrared Spectroscopy, p. 470, Academic Press, 1989.
39) 難波隆二郎, 門脇英二, 中田興亜：日本学術振興会創造機能化学第116委員会業績報告, 1985.
40) 門脇英二, 難波隆二郎, 中田興亜：日本化学会第50春季年会講演予稿集I, p. 609, 1985.
41) D. Lichtenberg, S. Amselem, I. Tamir：Biochem, 18(19), 4169, (1979)
42) S. Yoshida, R. Namba, T. Takamatsu, M. Matsuoka：International Congress on Analytical Chemistry Abstracts, p. 192, Chiba, Japan 1991.
43) S. Yoshida, R. Namba, T. Takamatsu, M. Matsuoka：HPLC '92 Abstracts, p A-70, 1992.
44) 松本 勲, 高林稔雄, 中村 烈：分析化学, 19：771, (1970)
45) 松本 勲, 岡本正男, 神田正雄：分析化学, 20：287, (1971)
46) 松本 勲, 神田正雄, 石渡勝己：日本薬学会第92年会講演要旨集III, p. 216, 1972.
47) 神田正雄, 堀 宜喜, 松本 勲：分析化学, 24：299, (1975)
48) 八木田喜昭, 田中国雄, 関口利夫, 神田正雄, 松本 勲：衛生化学, 21, 225, (1975)
49) M. Okamoto, M. Kanda, I. Matsumoto, Y. Miya：J. Soc. Cosmet. Chemists, 22, 589, (1971)
50) 林 恵子, 小山和彦, 小林直行, 加納蓄積：日本化粧品技術者会誌, 9, 62, (1975)
51) 松本 勲, 高柴和子, 本間康子：衛生化学, 19(4), 278, (1972)
52) 臺 隆男, 中村 烈, 久保早苗, 松岡昌弘：衛生化学, 33(4), 271, (1987)
53) M. Takahashi, M. Aizawa, K. Miyazawa, Y. Machida：J. Soc. Cosmet. Chemists, 38, 21, (1987)
54) M. Denda, J. Hori, J. Koyama, S. Yoshida, R. Namba, M. Takahashi, I. Horii：Archives Dermatol. Res., 286, 41, (1994)
55) 小山純一, 森川良広, 松本 勲：日本化粧品技術者会誌, 15(1), 45, (1981)
56) J. Koyama, I. Horii, K. Kawasaki, Y. Nakayama：J. Soc. Cosmet. Chemists, 35, 185, (1984)
57) F. Kanda, E. Yagi, M. Fukuda, K. Nakajima, T. Ohta, O. Nakata：Brit. J. Dermatol., 122, 771, (1990)
58) F. Kanda, E. Yagi, M. Fukuda, K. Nakajima, T. Ohta, O. Nakata：J. Soc. Cosmet. Chemists, 40, 335, (1989)
59) F. Kanda, E. Yagi, M. Fukuda, K. Nakajima, T. Ohta, O. Nakata：J. Soc. Cosmet. Chemists, 41, 197, (1990)
60) R. Takamoto, S. Yamamoto, R. Namba, T. Takamatsu, M. Matsuoka, T. Sawada：Anal. Chem., 66(14), 2267, (1 1994)
61) R. Takamoto, R. Namba, O. Nakata, T. Sawada：Anal. Chem., 62(7), 674, (1990)
62) R. Takamoto, R. Namba, T. Takamatsu, M. Matsuoka, T. Swada：International Congress on Analytical Chemistry Abstracts, p. 522, Chiba, Japan, 1991.
63) J. Koyama, J. Nomura, Y. Ohtsu, O. Nakata, M. Takahashi：Chem. Letters, 687, (1990)
64) 小山純一, 神田武利, 大津 裕, 中村 淳, 福井 寛, 中田興亜：日化誌, 1, 45, (1989)
65) 白石美紀, 神田賢治, 奥村達也, 西谷 宏, 高松 翼：日本化粧品技術者会誌, 32(2), 160, (1998)
66) 木村朋子, 吉田誠一, 西谷 宏, 高松 翼：日本化粧品技術者会誌, 32(2), 160, (1998)

15 化粧品の製造装置

　化粧品(医薬部外品を含む)には，多種多様な形態があり，さらに色やにおいの違いによって多くの種類が存在する．このため優れた品質の化粧品を製造するためには，化粧品研究に併行して製造装置や製造工程などの技術開発も活発に行われている．今日では，化粧品の製造は，使用原料の秤量から最終製品の包装・梱包に至るまで，クリーンな状態で一貫してコンピュータ制御された工場で行われ，ファクトリーオートメーションによる省力化，無人化も積極的にとり入れられている．

　さらに化粧品を製造する際には，品質保証を徹底するために，日本化粧品工業連合会により自主基準として制定されている化粧品 GMP[1] (Good Manufacturing Practice) に基づいて製造されているのは申すまでもない．

　化粧品の製造装置は，製品の製造装置と成型・充てん・包装装置に大きく分けられる．製造装置としては，メーキャップ製品を製造するための粉体などの粉砕機，分散機やクリーム・乳液などの乳化機，冷却機があり，成型装置には，口紅などのスティック状製品の自動成型機やファンデーション，アイカラーなどのプレス成型機などがある(表 15-1)．

　以下に主要な装置について説明する．

表 15-1. 代表的な化粧品の製造装置

製造装置	乳液・クリーム	化粧水	固形粉体製品	口紅
混合機	○	○	○	○
粉砕機			○	
分散機 乳化機	○			○
冷却機	○			○
成型機			○	○
充てん機	○	○	○	○

15-1 » 粉砕機 Grinders

湿式・乾式，連結式・バッチ式，粗粉砕用・微粉砕用などに分かれる．15-3 の分散機にも湿式粉砕機として利用することができるものがある．ここでは乾式粉砕機について述べる．表 15-2 は粉砕機を粉砕力の与え方によって分類したものである．

表 15-2. 粉砕機の種類[2]

粉砕外力の型	粉砕機の構造	粉砕機の名称
a．圧縮粉砕型	i．咀砕型 ii．旋動型 iii．回転型	ブレーキ，ドッジ，シングル・トッグル・ジークラッシャ ジャイレトリ，コーン，ハイドロ・コーンクラッシャ ロール，シングル・ロール，ディスククラッシャ
b．衝撃圧縮粉砕型	i．搗き臼型 ii．ハンマ型 iii．流体エネルギー型 iv．回転円筒型	スタンプミル ハンマミル，インペラブレーカ，インパクトクラッシャ，レイモンド垂直ミル，ディスインテグレータ，ディスメンブレータ，チタンミル，ノボロータ，ミクロンミル ゼットミル，ゼットパルベライザ，ミクロナイザ，リダクショナイザ，噴射式粉砕機，エヤーミル ボール，チューブミル，ロッドミル，コニカル，トリコンミル，ヒルデブランドミル
c．せん断粉砕型	回転型	カッティングミル，ロータリクラッシュ，せん断ロールミル
d．摩擦粉砕型	i．回転型 ii．旋動型 iii．遠心力型 iv．回転円筒型	挽き臼，パンミル，アトリションミル，エッジランナ，サンドグラインダ スクリュークラッシャ，塔式摩砕機 遠心ローラミル（ハンチントン，レイモンド，グリヒンミル），遠心ボールミル（ルーレット，フーラーミル） リングロールミル（ケント，スターテバントミル），高速ボールミル，低速ボールミル，ハイスイングボールミル

(久保，水渡 他：粉体，理論と応用，丸善，1962.)

化粧品用の粉体は，すでに微粉砕されたものを用いることが多いので，粉砕を第一の目的に使うことは少ない．凝集粒子をほぐし，混合を速やかに行わせる目的の方が大きい．混合過程で発熱をともなうこともあり，このために有機成分の変質を招くことがある．またメカノケミカル効果 mechano chemical effect が働いて粒子表面の性質が変わったり，はなはだしいときには結晶構造などの中味が変わる場合さえある[3]．

15-2 » 粉体混合機 Powder mixing equipment

粉体の混合方法には湿式と乾式がある．ここでは乾式法について紹介する．また前項で紹介した粉砕機も混合機として用いられることが多い．ここでは粉体の混合のみを目的とする装置を述

べる.

混合機は回転型と固定型に大別される.回転型は容器自体が回転するもので,円筒型,二重円錐型,正立方型,ピラミッド型,V型などいろいろな形のものが考案されている.固定型は,容器は固定していて,その中でスクリュー型,リボン型などの撹拌装置が回転する.

粉末化粧品の調色,香料のふきつけに用いられるほか,粉末の予備混合に用いられる.

図 15-1 に回転型の代表例として V 型混合機を,図 15-2 に固定型の代表例として円錐型スクリュー混合機の構造図を示した.

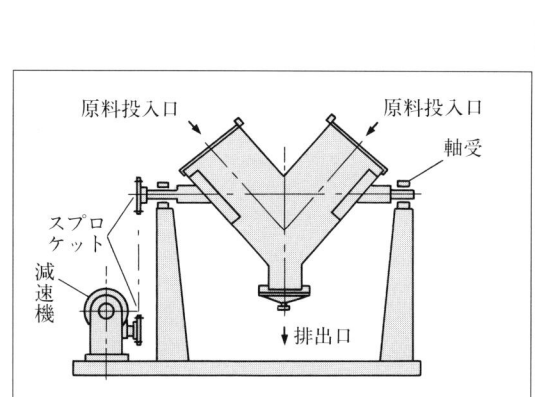

図 15-1. V型混合機

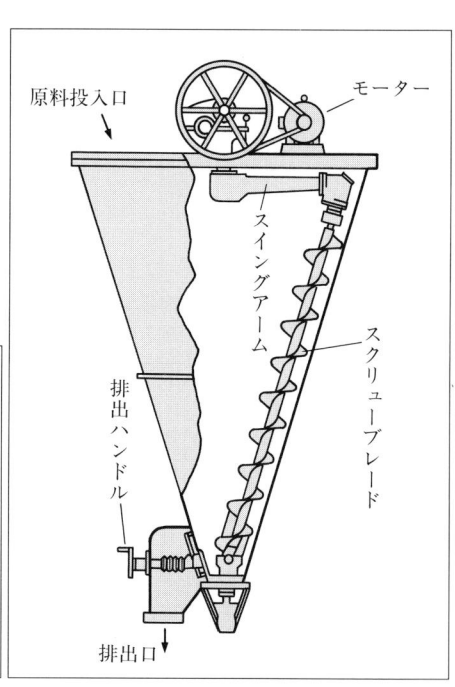

図 15-2. 円錐型スクリュー混合機

15-3 分散機・乳化機
Dispersion and Emulsification equipment

分散機,乳化機には以下のようなものがある[4].

1) プロペラミキサー

プロペラを回転棒の先端に取り付けた構造をしている.分散力としては弱いので予備的な分散や乳化に用いる.

2) ディスパー

高速に回転する棒の先端にタービン型の回転翼をとりつけたもの．分散力はプロペラミキサーよりは強い(図15-3)．

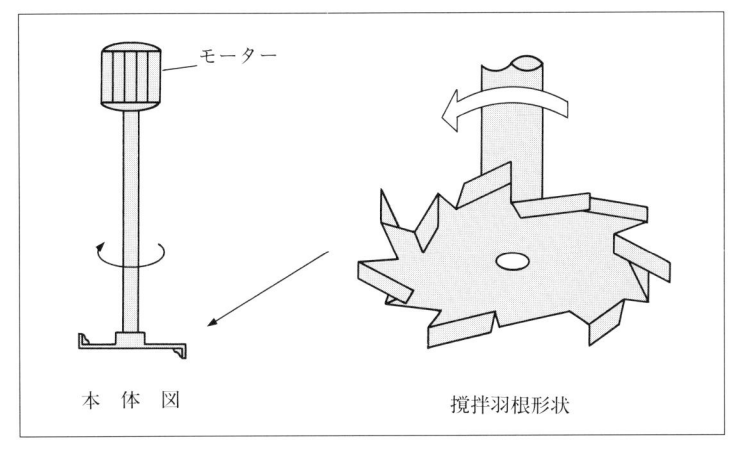

図 15-3．ディスパー

3) ホモミキサー

エッペンバッハ型のミキサーともいう．タービン型の回転翼を円筒で囲った構造で，槽中の対流が起こるように工夫されているから，均一で細かい乳化粒子がえられる(図15-4)．

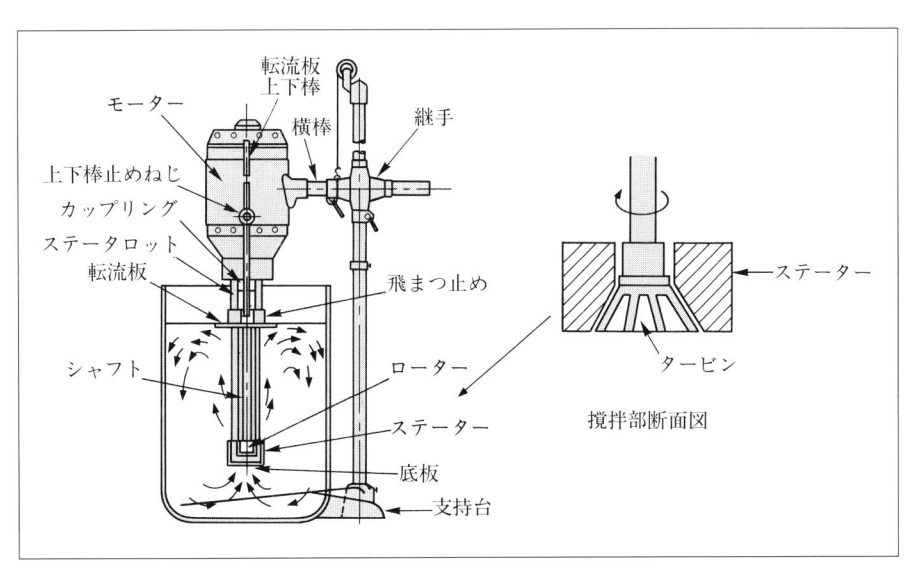

図 15-4．ホモミキサー構造図

4) ホモジナイザー

試料に高圧をかけ，小さな孔から噴き出させる．非常に強力な連続式乳化機である(図15-5)．

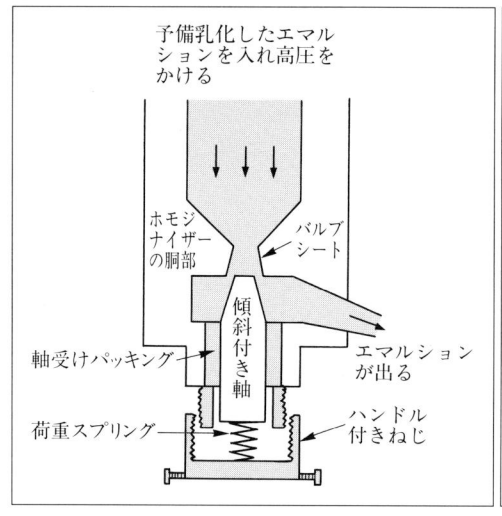

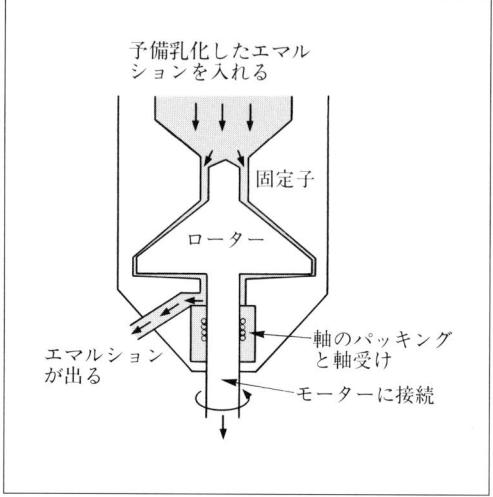

図 15-5. ホモジナイザー構造図　　図 15-6. コロイドミル構造図

5）コロイドミル

一方は固定され，一方は高速回転している2個の焼結体の狭い間隙に試料を通す(図15-6)．

6）ペブルミル

混合槽の中に試料とともに径 10 mm くらいの硬質の砂利を入れ，これを強力な撹拌器でかき回す．砂利のすり合いによって分散が起こる．粉体の分散に適している．

7）超音波乳化機

超音波発生装置からの超音波を試料に照射するやり方と，振動片のついた管中を試料が流れるときに超音波が発生するようになったものがある．

15-4　練り合わせ機 Kneading equipment

練り合わせ機[5]は粉末が多く配合された流動性の低い化粧品の製造に用いられる．

1）ニーダー

強力なリボン型混合機である．真空脱気装置と連結することができるので，粘度が高く泡の入りやすい化粧品の製造に適する．

2）ローラー

古くから利用されている機械である．練り合わせる力が強い．ローラーの数により2本ロー

ラー，3本ローラーがある．口紅やエナメルなど色調の重要な化粧品に適する．

3）擂潰機（らいかいき）

粉末の凝集粒子をすりつぶすと同時に，段階的に湿めらせ，薄めていくような工程をとるのに適する．

15-5 冷却装置 Cooling equipment

乳液やクリームなどの化粧品の冷却方法や装置には以下のようなものがある[6]．

1）冷却，かきまぜ法

容器の外部から冷しつつ冷却効果の促進と均一化を保つためかきまぜる．急激な温度下降により性質が変化する石けんなどの乳化剤を多く配合した系や，冷却しながらいろいろの物質を添加分散させる場合など，この方法をとる．

実際には図 15-7 に示したような二重釜に冷却水を通し，釜面を掻きとるパドル式の撹拌により冷却する．一般にこの釜にはホモミキサーやディスパーがコンビで取り付けられ，真空脱気しながら乳化製品を製造する装置として使用されている．

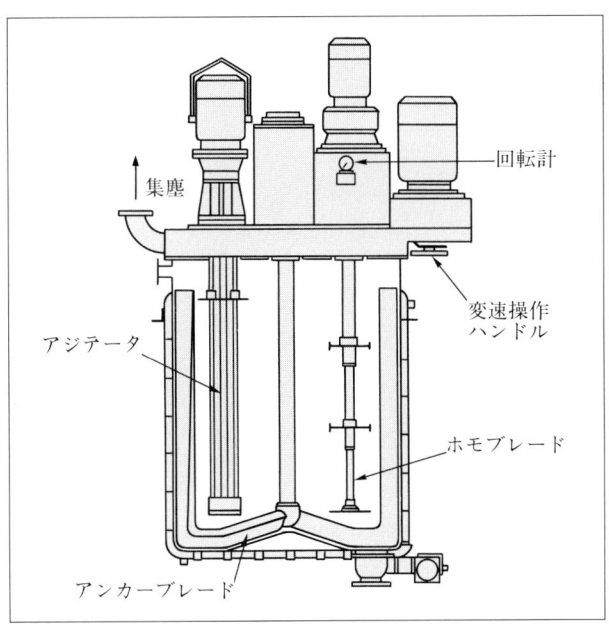

図 15-7．乳化装置の構造図（特殊機化：コンビミックス）

2）熱交換機法

高温で乳化された乳化系を連続的に急冷する方法として最近広く使われている．

2-1）プレート式熱交換機 Plate heat exchanger

プレートが幾層にも狭い間隔をもって並んでおり，内部を乳化系と冷媒が交互に流れるようになっている（図15-8）．

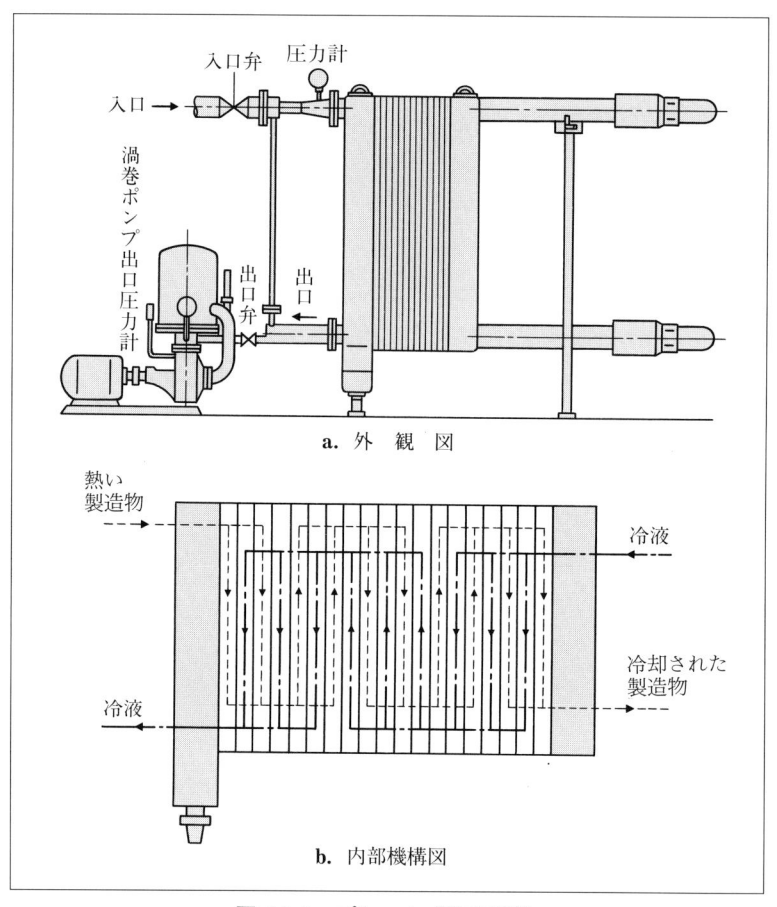

図 15-8．プレート式熱交換機

乳化系の流れと冷媒の流れは反対方向に流れ，高温の乳化系は流れにつれて冷媒とプレートを境にして熱交換を行い，冷却されるようになっている．乳化系の流動する層の間隔が狭いので，粘度の低い乳液を急冷するのに適しており，粘度が高くなると冷却作業がむずかしくなる．

2-2）ボーテーター式熱交換機 Scraped surface heat exchanger

円筒の外壁が冷媒で冷やされており，この円筒中を乳化系は押し流され，冷却された筒と接触することにより熱交換をして冷却され，一部筒に付着するものはかきとられ，また内部のものはかきまぜられながら押し流されていき，結果として急速に冷却されて押しだされる（図15-9）．粘度の高い乳液またはクリーム一般に広く用いられる．

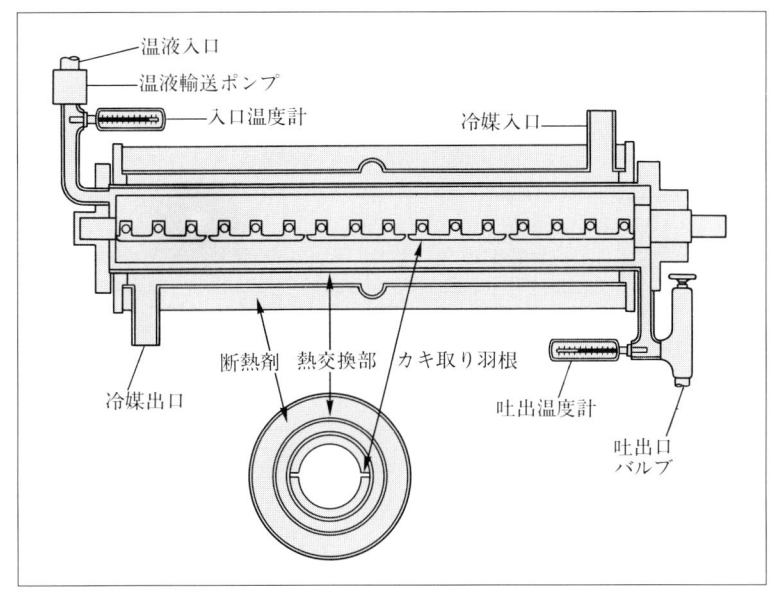

図 15-9. ボーテーター式熱交換機

15-6 成型機 Molding machines

口紅，ファンデーション，アイシャドーのように中味を成型し，最終容器に組み込まれる製品がある．代表的な例として，口紅と固形ファンデーションの成型機について述べる．

1）口紅の成型

口紅の成型には幾つかの方法があるが，型種の違いにより大別すると従来から採用されてきた金型成型法と近年開発された自動成型法としてオジーブ・カプセル成型法がある．

1-1）金型成型機

金属製の割金型に溶融した口紅を流し込み，冷却した後に，垂直に型を割り，成型物を離型するものである．金型の材質には熱伝導に優れた金属が用いられ，成型温度条件が容易にコントロールでき，また成型時間が短くてすむ工夫がされている．型の内面への離型剤の塗布，過充てん部の除去，型の清掃など人手による繊細な作業工程を必要とする．取り出された成型品は容器に挿入され，艶出しのフレーミングがなされる．

1-2）オジーブ・カプセル成型機

自動成型法として開発された方式をとるもので，型材として樹脂製のオジーブまたはカプセルとよばれる鞘に中味を流し込み成型する．もっとも有名な成型法は，イギリスのエジェクトレット社が開発した「エジェクトレット（EJ）法」である．その成型工程を図15-10に示した．

成型機にはチェーンコンベア上に容器が倒立して並べられるように多数のホルダーが取り付け

314　化粧品の製造装置

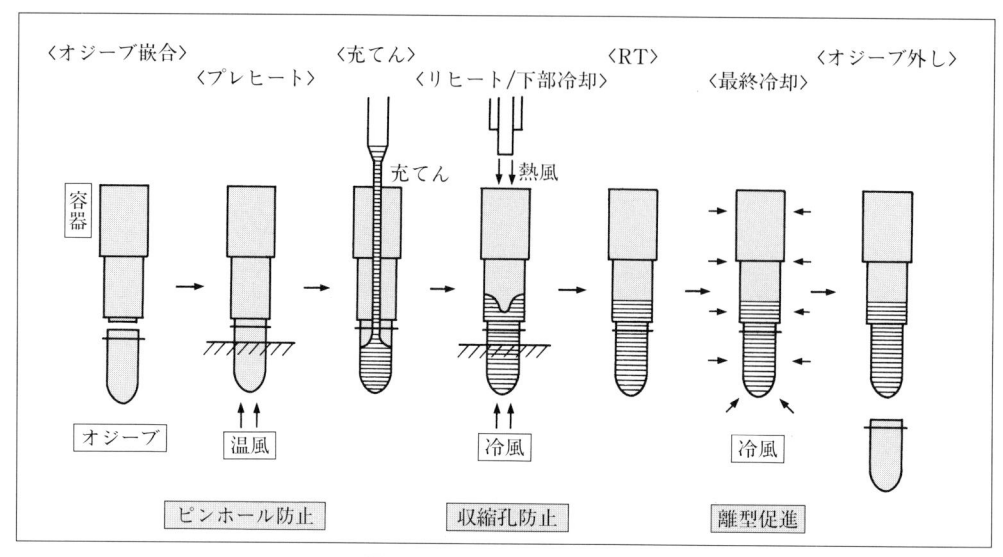

図 15-10. EJ法の成型工程

てあり，チェーンコンベアは間欠運動して各成型ゾーンを通過する．この方法により口紅成型が自動化でき，大量生産が可能になったが，口紅中味の処方の変化に応じて，成型の各プロセスの温度―時間の条件設定に厳密さが要求され，実際，これらの設定条件が口紅成形性の良否に大きな影響を与えている．図 15-11 に成型装置の写真を示した．

図 15-11. 口紅自動成型機（吉野工業所製）

2）ファンデーションの成型機

最近の粉末化粧品の成型には，殆ど自動プレス機が使用されている．この装置はターンテーブル式になっており，まず回転円盤に取りつけられたプレスの凹型に，金属の皿が自動的にパーツフィーダーから供給される．そしてつぎのゾーンに回転したところで，ホッパーの中味粉末の一定量が，この皿に投入される．つぎのゾーンでこの粉末が皿の中で一定の油圧により中皿に合わせた金型でプレスされて，成型品が取り出される．この工程を図15-12に示した．その後，型は自動的に掃除され，再び皿が供給され，連続運転される．

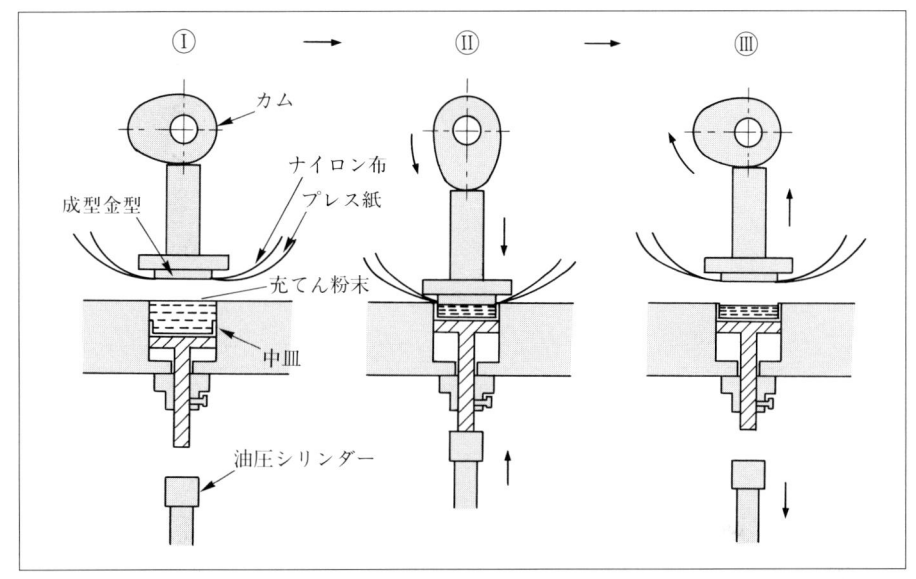

図 15-12．粉末製品の成型プレス工程

取り出された成型品はクリーニングマシンにより周辺に付着した粉末が自動的に取り除かれ，最終容器にアセンブリされる．図15-13に成型機の例を示した．

この成型ではプレス時の条件が重要なポイントである．中味粉末の性質により，プレス圧，プレス回数を調整する必要がある．たとえば雲母などのパール粉末の入ったものは，空気が抜け難く締りにくいので多段プレスを行うか，1度のプレス中に圧力を変化させるなどの操作がとられる．また皿の形状により，成型品の周辺部だけが硬くなる場合があり，プレス前の皿中の粉末の密度分布の調整や，プレスする金型の形状を変えるなどの工夫がなされ，硬度の均一化が図られている．

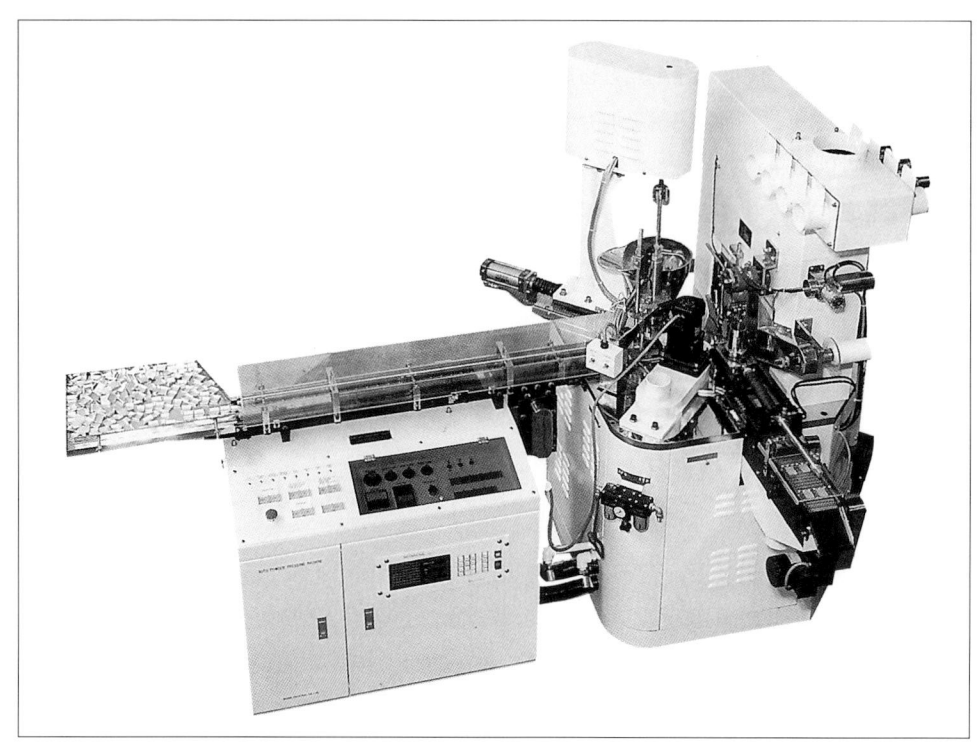

図 15-13. 粉末自動成型機（みずほ AP-3 型）

15-7 》充てん(填)・包装機
Filling and Packaging machines

　充てん(填)機は，充てんする中味の状態と容器の種類，容量により多種・多様である．化粧水や乳液にはボトル充てん機が，クリーム状のものには，広口びんまたはチューブ充てん機が，粉体状のものには紙缶や袋充てん機が，またエアゾール製品には特殊な装置を備えた充てん機が使用される．多岐に渡るので個々の機械の説明は省略するが，いずれも充てん量の精度のよいこと，充てん速度が速いこと，洗浄性のよいことなどが要求される．これらの充てんは，清潔で衛生状態のよい環境内で行われなければならない．特に液状で微生物汚染に留意しなければならないアイライナー，マスカラ類はクリーンルーム内で作業が行われる．

　包装・仕上げの工程では，レーベル貼り機，捺印機，梱包機，ウエイトチェッカー機が用いられる．接着剤や用紙の進歩でレーベル貼り機の性能は向上している．製造記号などの捺印にはインクジェッター方式が採用されていることが多い．ケース入れや箱詰めにはカルトナーやロボットが採用され，省人化が図られている．

◇ **参考文献** ◇

1) 厚生省薬務局監視指導課編：化粧品 GMP 解説，薬事日報社，1988．
2) 久保，水渡 他：粉体，理論と応用，p.425, 丸善，1962．
3) 井伊谷，荒川 他 編：粉体の物性と工学(化学増刊 31)，p.55, 化学同人，1967．
4) 清水，大田：新しい撹拌技術の実際，p.301, 技術情報協会，1989．
5) 橋本：混練装置，科学技術総合研究所，1986．
6) 遠藤，鹿又，小林，保坂：増補食品製造工程図集，p.697, 化学工業社，1989．

16 化粧品 と 法規

　化粧品が日常生活と深くかかわりをもつにつれて化粧品に対する"期待"と"社会的関心"が高まりつつあるが，化粧品がさまざまな法規とかかわりを持ち，また厳しい品質保証の裏づけのなかで製造され販売されているという事実を知る人はまだまだ少ない．

　化粧品は常時くりかえして使用するものであるので，その効用(有効性，有用性)と同時に安全性に対しての保証も最大限の努力が払われなければならない．各種の法規は，これらの品質を保証し，維持し，消費者に提供するための必要最小限の約束事ともいえるが，化粧品についての国内法規の水準の高さは世界でもトップレベルにあるといえよう．

16-1 化粧品 と 薬事法

　化粧品などを製造し，販売するためには各種の法規とのかかわりがあるが，化粧品は毎日身体に使用するものであることから，その品質，有効性，安全性などについては薬事法[1](昭和35年法律第145号)によって定められている．

　この薬事法は医薬品，医薬部外品，化粧品および医療用具の品質，有効性，安全性の確保と適正な使用を定めた衛生法規であり，国民の保健衛生の向上を目的とした人間の生命健康を守るためのきわめて重要な役割を果たす法律である．

16-1-1．薬事法で定める化粧品 と 医薬部外品

　薬事法のうちから本書に関連のある化粧品と医薬部外品について概要を述べる．

1) 化粧品の定義 Definition of Cosmetics

　薬事法第2条では「化粧品」とは，人の身体を清潔にし，美化し，魅力を増し，容貌を変え，または皮膚もしくは毛髪をすこやかに保つために，身体に塗擦，散布その他これらに類似する方法で使用されることが目的とされている物で，人体に対する作用が緩和なものをいう．とされている．

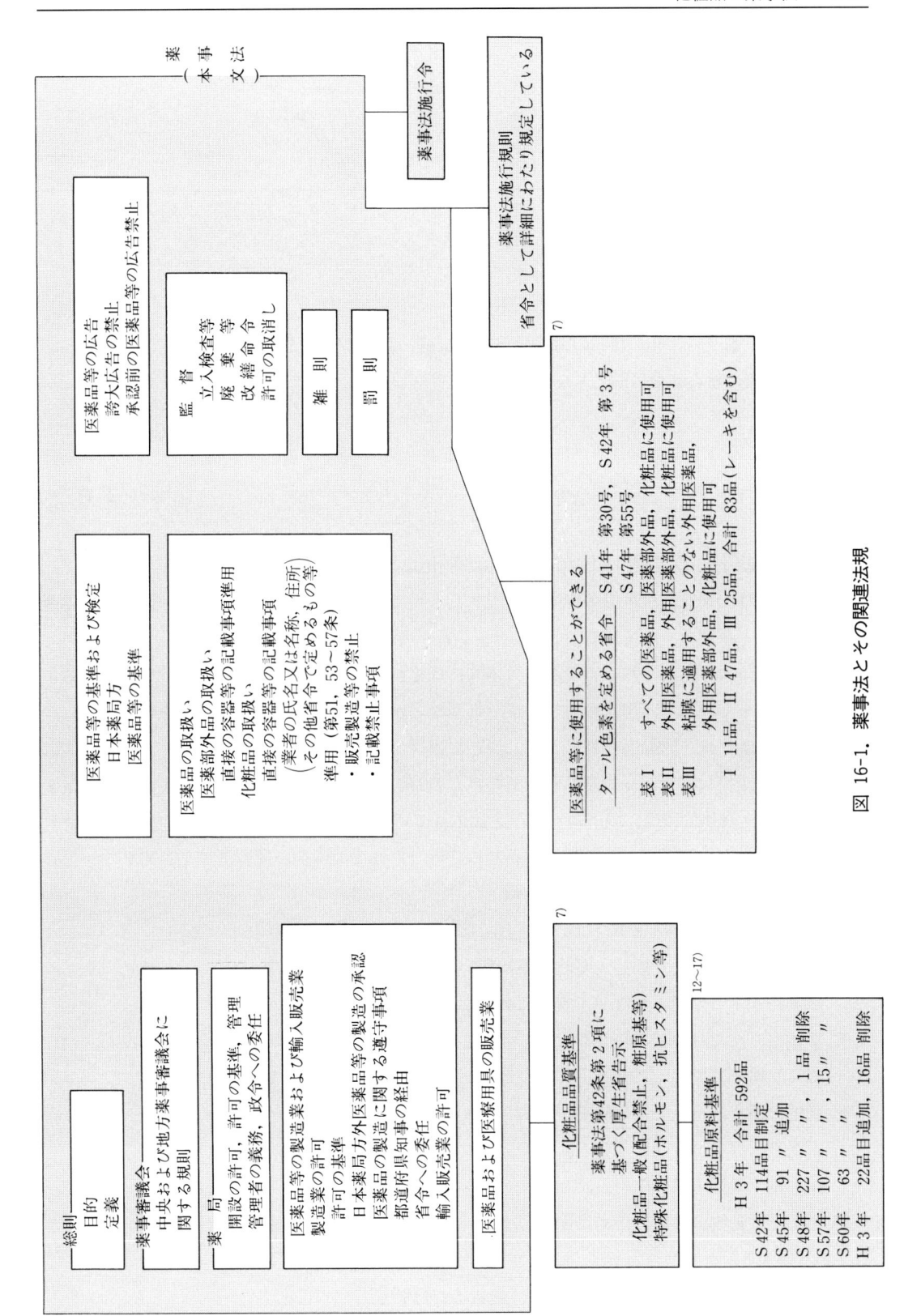

化粧品と薬事法　319

薬事法
（本文）
├─ 薬事法施行令
└─ 薬事法施行規則
　　省令として詳細にわたり規定している

総則
　目的
　定義

薬事審議会
　中央および地方薬事審議会に関する規則

薬局
　開設の許可、許可の基準、管理
　管理者の義務、政令への委任

医薬品等の製造業および輸入販売業
　製造業の許可
　許可の基準
　日本薬局方外医薬品等の製造の承認
　医薬品の製造に関する事項
　許可事業の製造等に関する遵守事項
　省令への委任
　都道府県知事の経由
　輸入販売業の許可

医薬品および医療用具の販売業

医薬品等の基準および検定
　日本薬局方
　医薬品等の基準

医薬品の取扱い
　医薬部外品の取扱い
　直接の容器等の記載事項
　化粧品の取扱い
　直接の容器等の記載事項
　業者の氏名又は名称、住所
　（その他省令で定めるもの等）
　準用（第51，53〜57条）
　・販売製造等の禁止
　・記載禁止事項

医薬品等の広告
　誇大広告の禁止
　承認前の医薬品等の広告禁止

監督
　立入検査等
　廃棄命令
　改善命令
　許可の取消し

雑則

罰則

7)
医薬品等に使用することができる
タール色素を定める省令　S41年　第30号，S42年　第3号
　　　　　　　　　　　　S47年　第55号
表I　すべての医薬品、医薬部外品、化粧品に使用可
表II　外用医薬品、外用医薬部外品、化粧品に使用可
表III　粘膜に適用することのない外用医薬品、
　　　外用医薬部外品、化粧品に使用可
　　　I 11品、II 47品、III 25品、合計 83品（レーキを含む）

7)
化粧品原料基準
　薬事法第42条第2項に基づく厚生省告示
　化粧品一般（配合禁止、粘原基等）
　特殊化粧品（ホルモン、抗ヒスタミン等）[12〜17]

化粧品原料基準
　S42年　114品目制定　合計 592品
　S45年　 91 〃 追加
　S48年　227 〃 , 1品 削除
　S57年　107 〃 , 15〃 削除
　S60年　 63 〃
　H 3年　 22品追加、16品削除

H 3年　合計 592品

図 16-1．薬事法とその関連法規

なお，人体に対する作用が緩和なものとは，正常な使用方法のときはもちろん誤使用のときでも人体に強い作用を及ぼさないものであり，安全性の高いものをいう．

具体的にはつぎのようなものがある．

① 人の身体を清潔にすることを目的としているもの．
　　石けん，洗顔料，シャンプー，クレンジングローション，パック　など．
② 人の身体を美化することを目的としているもの．
　　口紅，ファンデーションなどのメーキャップ化粧品．
③ 人の魅力を増すことを目的としているもの．
　　香水，オーデコロンなどの芳香化粧品や口紅，爪化粧品などのメーキャップ化粧品．
④ 容貌を変えることを目的としているもの．
　　口紅，マスカラ，アイシャドーなどのメーキャップ化粧品．
⑤ 皮膚もしくは毛髪をすこやかに保つことを目的としているもの．
　　クリーム，乳液，化粧水，ヘアリンス，ヘアトニック，ヘアスプレー　など．

２）医薬部外品の定義 Definition of quasi-drug products

医薬部外品は医薬品と化粧品の中間に位置するものであり，薬事法で定める範囲内でその効能を訴求することが認められている．

定義は以下のようになされているが，具体的にはそれぞれ個々の製剤について，その成分および分量，効能または効果，用法および用量，剤型などから総合的に判断して決められている．

薬事法第2条では「医薬部外品」とは，つぎに掲げることが目的とされており，かつ，人体に対する作用が緩和な物であって器具器械でないものおよびこれらに準ずる物で厚生大臣の指定するものをいう．具体的には，以下のものが定義されている．平成11年3月12日厚生省告示第31号により，厚生大臣が指定する医薬部外品として新たに外皮消毒剤，健胃清涼剤，ビタミン含有保健剤等が指定された．

① 吐きけその他の不快感または口臭もしくは体臭の防止が目的とされている物
　　口中清涼剤（効能：悪心・嘔吐，乗物酔い，口臭など）
　　腋臭防止剤（効能：わきが，皮膚汗臭，制汗）
② あせも，ただれなどの防止が目的とされている物
　　てんか粉類（効能：あせも，おむつかぶれ，ただれ，かみそりまけなど）
③ 脱毛の防止，育毛または除毛が目的とされている物
　　育毛剤，養毛剤（効能：育毛，発毛促進，脱毛の予防，ふけ，かゆみなど）
　　除毛剤（効能：除毛）
④ 人または動物の保健のためにするねずみ，はえ，蚊，のみなどの駆除または防止が目的とされている物
　　殺鼠剤（効能：殺鼠，ねずみの駆除，殺滅または防止）
　　殺虫剤（効能：殺虫，はえ，蚊，のみなどの駆除または防止）

忌避剤（効能：蚊，ぶよ，のみ，いえだになどの忌避）
⑤ これらに準ずる物で厚生大臣の指定するもの
  ⓐ 衛生上の用に供されることが目的とされている綿類（紙綿類を含む）
    衛生綿類，生理処理用品，清浄用綿類
  ⓑ 次に掲げる物であって，人体に対する作用が緩和なもの
   (1) ソフトコンタクトレンズ用消毒剤
   (2) すり傷，切り傷，さし傷，かき傷，靴すれ，創傷面などの消毒または保護に使用することが目的とされている物
     外皮消毒剤，きず消毒保護剤
   (3) 化粧品の使用目的のほかに，にきび，肌荒れ，かぶれ，しもやけなどの防止または皮膚もしくは口腔の殺菌消毒に使用されることもあわせて目的とされている物
     薬用化粧品〔薬用石鹸を含む〕（効能：にきびを防ぐ，肌あれ・あれ性，しもやけを防ぐ，日焼けによるしみ・そばかすを防ぐなど）
     薬用歯磨類（効能：むし歯の発生および進行の予防，歯槽膿漏の予防など）
   (4) ひび，あかぎれ，あせも，ただれ，うおのめ，たこ，手足のあれ，かさつきなどを改善することが目的とされている物
     ひび・あかぎれ用剤，あせも・ただれ用剤，うおのめ・たこ用剤，かさつき・あれ用剤
   (5) 染毛剤〔毛髪の脱色剤，脱染剤を含む〕
   (6) パーマネント・ウェーブ用剤
     （効能：毛髪にウェーブをもたせ，保つ．くせ毛，ちぢれ毛またはウェーブ毛髪をのばし，保つ）
   (7) 浴用剤
     （効能：あせも，荒れ性，うちみ，肩のこり，神経痛，湿疹，冷え症，疲労回復など）
   (8) のどの不快感を改善することが目的とされている物
     のど清涼剤（効能：たん，のどのあれ，のどのはれなど）
   (9) 胃の不快感を改善することが目的とされている物
     健胃清涼剤（効能：食べ過ぎ，飲み過ぎによる胃部不快感，むかつきなど）
   (10) 肉体疲労時，中高年期などのビタミンまたはカルシウムの補給が目的とされている物
     ビタミンC剤，ビタミンE剤，ビタミンEC剤，カルシウム剤
   (11) 滋養強壮，虚弱体質の改善および栄養補給が目的とされている物
     ビタミン含有保健剤

16-1-2. 製造・販売などの規制

化粧品・医薬部外品は，その安全性，有効性およびその品質を確保するために薬事法により，製品そのものとそれを製造するあるいは輸入する場所，製品への表示事項が規制されている．

製品そのものについては有効性および安全性を認証する「承認」制度が，製造あるいは輸入する場所については製品を製造あるいは輸入販売するにあたり適切な品質管理体制が整っているかどうかを確認してから与える「許可」制度がある．さらに，製品に関して必要な情報を消費者に伝えるための「表示」について規定している．

① 承　認

製品そのものが有効であり安全であることを認証する制度である．医薬部外品では，製品ごとに承認を得る必要がある．化粧品については多数の製品がつくられるので一定の基準（化粧品種別許可基準）を設け，その基準内の製品については承認を不要とし，個々の製品については届出を行う制度がある．また，新規原料を含有する化粧品に関しては種別という分類ごとに承認を与える制度がある．

承認は通常，名称，配合成分の名称と規格と配合量，使用方法，効能などについて審査し，厚生大臣が与える．一定の基準を満たすものについては承認権限を都道府県知事に委任することができる．医薬部外品では，基準が定められた生理処理用品，清浄綿，染毛剤，パーマネント・ウェーブ用剤，薬用歯みがき類について厚生大臣から都道府県知事に承認の権限が委任されている．

② 許　可

製造あるいは輸入する場所ごとに，製品を製造あるいは輸入販売するにあたり十分な体制が整っているかどうかを構造設備および品質保証・管理などの観点から審査し許可が与えられる．

たとえば，化粧品について製造を行う場合，製造所ごとに化粧品製造業の許可が，また輸入を行う場合には営業所ごとに化粧品輸入販売業の許可が必要である．また，許可には何をつくるかが含まれており，取り扱う製品を増やす場合には化粧品では種別ごとに，医薬部外品では製品ごとに追加の許可が必要である．

許可の権限はすべて厚生大臣から都道府県知事に委任されている．

③ 表　示

製造あるいは輸入した製品の適正な流通をはかるために，製造あるいは輸入販売業者の名称と所在地，製品の名称，表示しなければならない成分の名称（表示指定成分），使用方法，使用上の注意事項，製造記号などについて製品に表示することが必要である．また，製品名称，製造方法，安全性，効能，効果，性能に関して虚偽または誇大な広告は禁止されている[11]．

以上のように，製造・販売に対しては薬事法により所定の規制が行われているが，これらは薬事監視制度により監視されている．例えば，厚生省または都道府県の薬事監視員により製造（営業）所・店舗への立ち入り検査，製品の収去試験などが行われ，品質，表示を確認している．また，不良化粧品，不正表示化粧品，誇大広告が発生しないように広告宣伝活動も監視規制されている．

ところで薬事法はあくまで基本的法規であることはすでに述べた．

厚生省では薬事法に関係する具体的事例，関係する個々のケースの取り扱い，疑義について指導を行っており，関係通知事項としてその徹底をはかっている．

また化粧品の製造および品質管理(化粧品 GMP)については，日本化粧品工業連合会が自主基準として制定した「化粧品の製造および品質管理に関する技術指針について」[7](昭和63年薬監第57号)があり，適正な製造・管理を図っている．

16-2 》 その他の化粧品に関する法規

化粧品を製造，販売しようとする場合，第一に守るべき法律は薬事法といえるが，実際には目的とする化粧品の適正な品質の維持，確保のため知っておかねばならない，また守らねばならない種々の関連法規がある．それらのいくつかを表 16-1 として示した．

表 16-1. 化粧品に関連する法律

No.	法 律 名 称	法律番号	制定年度
1	薬 事 法	第 145 号	昭和 35 年
2	物 品 税 法	第 48 号	〃 37 年
3	高 圧 ガ ス 取 締 法	第 204 号	〃 26 年
4	消 防 法	第 186 号	〃 23 年
5	消費者保護基本法	第 78 号	〃 43 年
6	家庭用品品質表示法	第 104 号	〃 37 年
7	独 占 禁 止 法	第 54 号	〃 22 年
8	不 正 競 争 防 止 法	第 14 号	〃 9 年
9	特 許 法	第 121 号	〃 34 年
10	計 量 法	第 207 号	〃 26 年
11	意 匠 法	第 125 号	〃 34 年
12	実 用 新 案 法	第 123 号	〃 34 年
13	商 標 法	第 127 号	〃 34 年
14	食 品 衛 生 法	第 233 号	〃 22 年
15	毒物および劇物取締法	第 303 号	〃 25 年
16	工 業 標 準 化 法	第 185 号	〃 24 年
17	不当景品類および不当表示防止法	第 134 号	〃 37 年
18	アルコール専売法	第 32 号	〃 12 年
19	公 害 対 策 基 本 法	第 132 号	〃 42 年
20	化学物質の審査および製造などの規制に関する法律	第 117 号	〃 48 年
21	廃棄物の処理および清掃に関する法律	第 137 号	〃 45 年
22	訪問販売などに関する法律	第 51 号	〃 51 年
23	製 造 物 責 任 法	第 85 号	平成 6 年

ところで化粧品は油脂原料をはじめとして界面活性剤，色素，香料，保湿剤，抗菌剤などそれぞれ目的をもった種々の原料より構成されている．これらの原料を乳化分散，可溶化などの基本技術によって製造し，容器に充てん後，包装・検査し，商品として仕上げて化粧品店，百貨店，スーパーなどの流通機構を通じて消費者の手に渡る．

したがって原料，容器，製造工場，製品，販売活動などに関連する諸法律が化粧品に関連する法規ということができる．

16-2-1. 原料に関する法規

化粧品の配合成分については，まず化粧品品質基準のなかに汎用される化粧品について守らなければならない規格を定めた「化粧品原料基準」[12~18]が定められている．さらに，昭和61年より導入された化粧品種別許可制度により種別許可基準に合致する化粧品は届出により製造が可能となった．第11次の「化粧品種別許可基準」[19]には，清浄用化粧品，基礎化粧品（スキンケア化粧品），メーキャップ化粧品など11に分類された化粧品の種別ごとに2881成分の成分名，規格および配合上限量について収載されている．化粧品原料に関する基準・規格としては，上記に述べた「化粧品原料基準」のほか，「化粧品種別配合成分規格」[20~22]があり，その他に医薬品の基準である「日本薬局方」「日本薬局方外医薬品規格」「医薬品添加物規格」や食品添加物規格基準による「食品添加物公定書」などの公定書収載原料の一部がある．種別許可基準に合致しない原料については，原料の規格を定め，高い安全性を確認したうえで，種別ごとに配合する成分および分量を包括的に承認・許可を受けることのできる種別承認制度がある．

このほか，原料に関する法規としては「化学物質の審査および製造等の規制に関する法律」で登録された「既存化学物質名簿」あるいは「毒物および劇物取締法」，「アルコール専売法」などがある．さらに，医薬部外品に配合する原料の基準および規格については，「医薬部外品原料規格」[23]がある．

16-2-2. 製品（中味）に関する法規

1）化粧品に関する法規

「厚生大臣は医薬部外品，化粧品，医療用具の性状，品質，性能などについて必要な基準を設けることができる」（薬事法第42条第2項）に基づき，化粧品品質基準[7]（昭和42年厚生省告示第321号）や通知により，繰り返し長期間使用する化粧品による保健衛生上の危害を防止するために，化粧品への配合禁止成分，特定の成分を含有する化粧品（特殊化粧品）の配合基準を定めている．

「化粧品・医薬部外品製造申請ガイドブック」[10]にまとめられた配合禁止成分，特殊化粧品には具体的につぎのようなものがある．

1-1) 配合禁止成分
① 6-アセトキシ-2, 4-ジメチル-m-ジオキサン
② アミノエーテル型の抗ヒスタミン剤（ジフェンヒドラミンなど）以外の抗ヒスタミン剤
③ エストラジオール，エストロン，エチニルエストラジオール以外のホルモン
④ 塩化ビニル（モノマー）
⑤ オキシ塩化ビスマス以外のビスマス化合物
⑥ 過酸化水素水
⑦ 酢酸プレグレノロン

⑧ クロロホルム
⑨ ジクロロフェン
⑩ 水銀およびその化合物
⑪ ハロゲン化サリチルアニリド
⑫ ハイドロキノンモノベンジルエーテル
⑬ ビチオノール
⑭ ピロカルピン
⑮ ビタミン L_1 および L_2
⑯ ピロガロール
⑰ プロカインなどの局所麻酔剤
⑱ プレグナンジオール
⑲ フッ素化合物（無機化合物）
⑳ ホウ酸，ホウ砂（ただし，ホウ砂は，サラシミツロウ，ミツロウの乳化の目的で使用する場合は一定の基準内で配合可）
㉑ 過ホウ酸ナトリウム
㉒ ホルマリン
㉓ メタノール

1-2) 特殊化粧品

(1) ホルモンを含有する化粧品は，ホルモン（卵胞ホルモン）の種類と分量が定められている．

① 頭部，粘膜部または口腔内に使用される化粧品は，製品 1 g 中に含有するホルモンの合計量が，200 国際単位(IU) 以下であること．

② ①以外の部位に使用される化粧品で脂肪族低級一価アルコール類を含有するものは，製品 1 g 中に含有するホルモンの合計量が，200 国際単位(IU) 以下であること（ただし，配合成分の溶解のみを目的とする脂肪族低級一価アルコール類を含有するものを除く）．

③ ①，②以外の化粧品は，製品 1 g 中に含有するホルモンの合計量が，500 国際単位(IU) 以下であること．なお国際単位(IU)/g を製品 100 g または 100 mL 中の g 数に換算すると以下のようになる．

成 分 名	①および②	③
エストラジオール	0.4 mg 以下	1.0 mg 以下
エストロン	2.0 mg 以下	5.0 mg 以下
エチニルエストラジオール	0.2 mg 以下	0.5 mg 以下

(2) 抗ヒスタミン剤を含有する化粧品は，使用部位，抗ヒスタミン剤の種類と分量が定められている．

使用部位：頭部のみに使用される化粧品に限ること．

種類：アミノエーテル型の抗ヒスタミン剤であること．

表 16-2. 安息香酸，サリチル酸などを含有する化粧品 100 g 中に配合できる各薬剤量

成分名	量（下記の量以下）	成分名	量（下記の量以下）
アラントインクロルヒドロキシアルミニウム	1 g	ソルビン酸とその塩類	0.5 g
		デヒドロ酢酸とその塩類	0.5 g
安息香酸	0.2 g	パラオキシ安息香酸エステル	1 g
安息香酸塩類	1 g	フェノール	0.1 g
クロルクレゾール	0.5 g	ヘキサクロロフェン	0.1 g
サリチル酸	0.2 g	ポリオキシエチレンラウリルエーテル（8～10 E.O.）	2 g
サリチル酸塩類	1 g		
サリチル酸フェニル	1 g	レゾルシン	0.1 g

表 16-3. イソプロピルメチルフェノールなどを含有する化粧品 100 g 中に配合できる各薬剤量

成分名	量（下記の量以下）	成分名	量（下記の量以下）
イソプロピルメチルフェノール	0.1 g	パラフェノールスルホン酸亜鉛	2 g
塩化ベンザルコニウム	0.05 g	ハロカルバン	0.3 g
オルトフェニルフェノール	0.3 g	2-(2-ヒドロキシ-5-メチルフェニル)ベンゾトリアゾール	7 g
グルコン酸クロルヘキシジン	0.05 g		
シノキサート	5 g	2-ヒドロキシ-4-メトキシベンゾフェノン	5 g
臭化アルキルイソキノリニウム	0.05 g		
トリクロロカルバニリド	0.3 g		

　　　分量：製品 100 g 中 0.01 g 以下であること．

(3) ビタミンを含有する化粧品は，ビタミンの種類がビタミン L_1 およびビタミン L_2 以外のものであること．

(4) メチルアルコールについては添加することは認められない．エタノールの不純物として含有してもその量は，製品 100 mL 中 0.2 mL 以下であること．

(5) 安息香酸やサリチル酸などを含有する化粧品は，製品 100 g 中に含有する量が表 16-2 の量以下であること．

(6) イソプロピルメチルフェノールなどを含有する化粧品は，製品 100 g 中に含有する量が表 16-3 の量以下であること．ただし，石けん，シャンプーなどの使用後直ちに洗い流すものを除く．

(7) カンタリスチンキ，ショウキョウチンキまたはトウガラシチンキを含有する化粧品は，その合計量で製品 100 g 中 1 g 以下であること．

(8) パラアミノ安息香酸またはそのエステルを含有する化粧品は，その合計量で製品 100 g 中 4 g 以下であること．

(9) チラムを含有する化粧品は，つぎの量以下であること．

　① 石けん，シャンプーなどの使用後直ちに洗い流すものは，製品 100 g 中 0.5 g 以下であること．

② ①以外の化粧品は，製品 100 g 中 0.3 g 以下であること．
⑽ ラウロイルサルコシンナトリウムを含有する化粧品は，歯磨および石けん，シャンプーなど使用後直ちに洗い落とすものであること．なお歯磨については，製品 100 g 中 0.5 g 以下であること．
⑾ ウンデシレン酸モノエタノールアミドを含有する化粧品は，石けん，シャンプーなど使用後直ちに洗い落とすものであること．

これらの基準は主として含有成分についてもうけたものであるが，その他全般に関連する事項としてつぎの各項がある．

(1) 化粧品中のヒ素は亜ヒ酸として 10 ppm 以下とされており(昭和 43 年薬事 81 号通知)[5]，鉛は定めがないが 20〜30 ppm 以下が望ましいとされている．
(2) エアゾール化粧品については高圧ガス取締法および平成元年の薬発第 742 号[7]において「特定フロンを含有しないこと．」など使用できるガスの種類について一定の基準が定められている(特定フロン：ジクロルジフルオルメタン，ジクロルテトラフルオルエタン，トリクロルモノフルオルメタン)

2) 医薬部外品に関する法規

医薬部外品のうち，薬用化粧品については，昭和 37 年薬発第 464 号[7]により配合基準が定められている．

2-1) ホルモン類

ホルモン類の配合は，卵胞ホルモンと副腎皮質ホルモンに限られ，その種類と分量(製品 100 g または 100 mL 中)の合計量が表 16-4，16-5 に定められている．

表 16-4．卵胞ホルモン類の使用量

成 分 名	頭部，粘膜部，口腔内に使用の場合	その他の場合
エストラジオールおよびそのエステル	0.8 mg 以下	2.0 mg 以下
エストロン	4.0 mg 以下	10.0 mg 以下
エチニルエストラジオール	0.4 mg 以下	1.0 mg 以下
その他の卵胞ホルモン	エストロンとして 4.0 mg 以下	エストロンとして 10.0 mg 以下

表 16-5．副腎皮質ホルモン類の使用量

成 分 名	すべての薬用化粧品
コルチゾンおよびそのエステル	2.5 mg 以下
ヒドロコルチゾンおよびそのエステル	1.6 mg 以下
プレドニゾン	0.61 mg 以下
プレドニゾロン	0.5 mg 以下

2-2) ホモスルファミンの配合は，製品 100 g 中 1 g 以下であること．

2-3) カンタリスチンキの配合は，製品 100 g 中 1 mL 以下であること．
2-4) つぎの成分については，配合は認められない．
　① 2-1) 以外のホルモン
　② スルファニルアミドおよびその誘導体
　③ 水銀系化合物 および ホルマリン
　④ ビタミン L_1 および ビタミン L_2
　⑤ ニトロフラン系化合物（グアノフラシン，ニトロフラゾン など）
　⑥ ストロンチウム化合物，セレン化合物，カドミウム化合物
　⑦ 抗菌性物質（抗生物質）
2-5) 薬務局長通知などにより医薬部外品などに配合が認められない成分として追加されたもの．
　① ビチオノール
　② 塩化ビニル（モノマー）
　③ ハロゲン化サリチルアニリド系殺菌剤（トリブロムサラン，ジブロムサラン，メタブロムサラン など）
　④ クロロホルム
　⑤ 次硝酸ビスマス
　⑥ 特定フロン

また製品としての品質基準がもうけられているものに，生理処理用品品質基準[7]（昭和41年厚生省告示第285号）があり，さらに製品に使用上の注意事項を表示すべきものとしてパーマネント・ウェーブ用剤，染毛剤，脱色剤，脱染剤，殺菌剤を含有する薬用石けん・シャンプー・リンス・ひげそり用剤などがある．

16-2-3．容器などに関する法規

容器などに関する法規として，ここでは容器などに記載する事項（表示事項）を含めた容器全般について述べることとする．化粧品・医薬部外品などの表示に関しては，誤用などによる危害の防止のために，薬事法および公正競争規約によって表示すべき事項が定められている．なお公正競争規約は不当景品類および不当表示防止法（昭和37年法律第134号）第10条第1項に基づき化粧品の表示に関する事項を定めたものである．

1）容器 または 被包 などへの記載事項

薬事法では，容器または被包の外部から見やすい場所に邦文でつぎの内容を明瞭に表示すること．と定められている．

1-1）販売名
1-2）医薬部外品の場合は医薬部外品の文字

1-3) 製造業者の氏名または名称と住所
1-4) 製造記号または製造番号
1-5) 内容量(重量，容量または個数 など)
1-6) 厚生大臣の指定する成分を含有するときは，その成分の名称
1-7) 使用期限(ただし，品質が3年以上安定な場合を除く)

なお成分の名称と内容量については例外的な規定としてつぎの内容が定められている．

① 厚生大臣の指定する成分の名称を外部の被包に表示してあるときは，容器への表示は省略できる．
② 成分の表示はアレルギーなどの皮膚障害を起こす可能性のある成分を表示するものであり，消費者が商品を購入する際の参考となるよう定められた．
③ 化粧品のみの規定として10gまたは10mL以下の製品のとき，容器または外部の被包の表示面積が狭い場合には，内容量の表示は省略できる．

と規定されている．また用法・用量，使用上の注意事項，取り扱い上の注意事項などを添付文書または容器(被包)などへの記載するよう求められている．

さらに公正競争規約によって上記の表示事項以外に，容器または被包の外部から見やすい場所に邦文で ①原産国名(輸入品に限る) ②種類別名称(化粧品の場合)の表示が必要とされている．

なお内容量の表示については，重量表示を行う化粧品は20℃において粘度10,000 mPa・s 以上のものおよびエアゾール化粧品，容量表示は粘度10,000 mPa・s 未満のものとなっている．また内容量の表示と内容量の誤差についても昭和34年12月の薬発第546号通知事項として一定の基準が定められている．

2) その他の法規 および 業界の自主基準

表示に関しては，薬事法などのほかに，アルコールなど可燃性成分を含有する化粧品を主体として「消防法」(昭和23年法律第186号)，エアゾール化粧品を主体として高圧ガス取締法(昭和26年法律第204号)などの法規および日本化粧品工業連合会が制定した「化粧品の使用上の注意事項の表示自主基準について」[7](昭和53年薬発第2号)があり，これらについても注意を払う必要がある．なお，表示については消費者保護基本法(昭和43年法律第78号)の精神にのっとり，消費者が商品の購入もしくは使用に際し，その選択を誤ることのないようにするためにも十分留意する必要があるといえる．

3) 容器の形状 および 材質

容器の形状および材質について特に定めはないが，形状について注意する事項としては，医薬品と誤認するおそれのある形状(例：注射用アンプル状)は避けるべきである．また，容器の材質については，製品(中味)同様，より安全で，より適正なものを使用する必要があり，耐薬品性，耐中味性，強度，密閉性など種々の試験を経て使用に供せられている．

16-2-4. 販売活動に関する法規

適正な品質をもつ商品を適正な方法で消費者に提供するために販売活動(広告などを含む)についても基準が定められている。誇大な表現を禁止する目的で薬事法第66条(誇大広告などの禁止)をもとに厚生省薬務局長通知として医薬品等適正広告基準[11](昭和55年薬発第1339号)が制定され，商品の宣伝・広告に際して虚偽・誇大な宣伝とならないよう効能・効果，安全性などについて表現の範囲を定めている。

またこれ以外にも消費者保護基本法の精神を生かすものとして以下のものがある。

1) 化粧品の懸賞付き販売について(昭和35年薬監第431号)
2) 不当景品類および不当表示防止法(昭和37年法律第134号)
3) 懸賞による景品類の提供に関する事項の制限(昭和37年7月公取告示第5号)
4) 日本化粧品工業連合会等の企業広告における懸賞の賞品等自粛に関する申し合せ(昭和40年薬監第117号)
5) 化粧品・歯磨の広告に関する自粛申合せ(昭和42年薬監第53号)
6) 化粧品の表示，化粧石けんおよび歯磨の表示に関する公正競争規約(昭和46年公取告示第75号，82号および昭和50年公取告示第21号)
7) 訪問販売等に関する法律(昭和51年法律第51号)
8) 消費者選好試験を目的とする化粧品の取り扱いについて(昭和58年薬監第23号)
9) 詰め合わせ化粧品(医薬部外品を含む)の自主基準(昭和58年薬監第45号)

以上，化粧品に関連する法規についての概略を記した。製造から販売にいたるまで実にさまざまな法規のもとで化粧品が生みだされていることがわかる。

実際には，章の前文でも述べたように，これらのものは必要最小限の約束事であるので，よりすぐれた，より安全な商品を生みだすためにそれぞれの企業，メーカーは研究開発を進め，真剣に研究に取りくんでいる。

また本書では国内法規について簡単にその概要の一端を述べたわけであるが，米国食品医薬品局(FDAとして知られている)などの外国の法規についても情報を把握し，分析評価してゆかねばならない。

薬事法の目的に合致した，より安全で，より有用な化粧品を消費者に提供するためには，単に法規の有無で判断することなく，最大限の努力を払わなければならない。

今後，技術の進歩と相まって消費者保護の立場から技術的な法規がまだまだ制定されることであろう。

16-3 ≫ 日本における化粧品の規制緩和[24]

　薬事法に基づく化粧品の承認許可等の規制に関しては，平成13年4月1日より薬事法第42条に基づく化粧品基準により，欧米と同様に配合禁止・制限成分リスト（ネガティブリスト）および特定成分群の配合可能成分リスト（ポジティブリスト）による規制に移行し，現行の化粧品原料の種別承認制度および製品ごとの届出制度は廃止される．基本的にはネガティブリスト以外の成分は，製造者の責任において自由に配合が可能となるが，特定成分群である防腐剤，紫外線吸収剤，タール色素について新規成分を配合する場合は，その成分の安全性に関する資料を添付して申請を行い，厚生省において安全性評価が行われポジティブリストに収載されることで初めて配合可能となる．

　配合禁止成分については，日本従来の禁止成分を基本とし，米国，欧州の禁止成分も取り込んで制定される予定である．1999年7月19日付で，厚生省より示された防腐剤および紫外線吸収剤における検討中のポジティブリスト収載成分[25]について表16-6にまとめた．配合可能のタール色素については，従来の通りである．

　また規制の移行と共に平成13年4月1日より，化粧品は配合するすべての成分を表示することになる．その成分の表示名称は消費者に理解しやすく，正確に伝えられるものとして日本語の名称とする．将来的には，欧州諸国で成分名称として採用されているINCI名（International Nomenclature for Cosmetic Ingredients）による全成分表示導入も検討されると考えられる．

　なお，現段階では，医薬部外品の規制は従来の通りである．

16-4 ≫ 諸外国における化粧品の法規

　日本は化粧品について承認・許可制度を採用しているが，諸外国における化粧品に関する制度について概要を述べる．

　化粧品に関しては，許可制，届出制，保管制，特になしに大別されるが，アメリカは自主届出制，EUは保管制，アジアは許可制の国が多い．また，それぞれの国によって化粧品の定義が異なり，配合成分や効能効果表現によって含薬化粧品，OTC（店頭売薬）に該当する場合もあるので各国の法規の内容について十分に調査が必要である．なお，化粧品に関する制度が異なっていても商品についての安全性などを含めた品質保証は製造者の責務であることには変わりがない．

1）アジア圏

1-1）台湾（一部の製品は許可制）

　化粧品および含薬化粧品（医薬部外品に類似）がある．化粧品は免除申請になっているが，製

表 16-6. 防腐剤および紫外線吸収剤における検討中のポジティブリスト収載成分[25]

	紫外線吸収剤	防腐剤
すべての化粧品に配合制限がある成分	・パラアミノ安息香酸またはそのエステル	・安息香酸 ・安息香酸塩類 ・感光素 ・クロルクレゾール ・サリチル酸 ・サリチル酸塩類 ・ソルビン酸およびその塩類 ・デヒドロ酢酸およびその塩類 ・トリクロロヒドロキシジフェニルエーテル（トリクロサン） ・パラオキシ安息香酸エステル ・フェノール ・ヘキサクロロフェン ・レゾルシン
石けん・シャンプーなど使用後直ちに洗い流すもの以外のもので配合制限のある成分	・シノキサート ・2-ヒドロキシ-4-メトキシベンゾフェノン（オキシベンゾン）	・イソプロピルメチルフェノール ・塩化ベンザルコニウム ・オルトフェニルフェノール ・グルコン酸クロルヘキシジン ・臭化アルキルイソキノリニウム ・トリクロロカルバニリド ・ハロカルバン
種別基準収載成分	・サリチル酸オクチル ・サリチル酸ホモメンチル ・ジイソプロピルケイ皮酸メチル ・ジパラメトキシケイ皮酸モノ-2-エチルヘキサン酸グリセリル ・ジヒドロキシジメトキシベンゾフェノン ・ジヒドロキシジメトキシベンゾフェノンジスルホン酸ナトリウム ・ジヒドロキシベンゾフェノン ・ジメトキシベンジリデンジオキソイミダゾリジンプロピオン酸2-エチルヘキシル ・テトラヒドロキシベンゾフェノン ・パラジメチルアミノ安息香酸アミル ・パラジメチルアミノ安息香酸2-エチルヘキシル ・パラメトキシケイ皮酸イソプロピルジイソプロピルケイ皮酸エステル混合物 ・パラメトキシケイ皮酸2-エチルヘキシル ・ヒドロキシメトキシベンゾフェノンスルホン酸 ・ヒドロキシメトキシベンゾフェノンスルホン酸（三水塩） ・ヒドロキシメトキシベンゾフェノンスルホン酸ナトリウム ・4-tert-ブチル-4-メトキシジベンゾイルメタン	・安息香酸パントテニルエチルエーテル ・塩酸アルキルジアミノエチルグリシン液 ・塩酸クロルヘキシジン ・オルトフェニルフェノールナトリウム ・クレゾール ・クロラミンT ・クロルキシレノール ・クロルフェネシン ・クロロブタノール ・クロルヘキシジン ・高濃度塩酸アルキルジアミノエチルグリシン液 ・チアントール ・チモール ・パラクロルフェノール ・ピリチオン亜鉛 ・ピリチオン亜鉛水性懸濁液 ・フェノキシエタノール ・メチルクロロイソチアゾリノン・メチルイソチアゾリノン液 ・ヨウ化パラジメチルアミノスチリルヘプチルメチルチアゾリウム ・ラウリルジアミノエチルグリシンナトリウム液

紫外線吸収剤および防腐剤の定義は以下のとおりとする．
紫外線吸収剤：日やけ防止化粧品などに配合される物質であって，紫外線によるある種の有害な影響から皮膚や毛髪を保護することを目的として化粧品に配合される成分で，ある一定の紫外線を特異的に吸収する物質をいう．
・これらの紫外線吸収剤は，他の目的で配合する場合にあっても，リストに掲げた制限内および条件下で使用しなければならない．
・紫外線から製品を保護するためだけに使用される紫外線吸収剤は含まない．
防腐剤：製品中での微生物の発育を抑制することを目的として化粧品に配合される成分をいう．
・これらの防腐剤は，他の目的で配合する場合にあっても，リストに掲げた制限内および条件下で使用しなければならない．
・化粧品の処方に配合される成分には，抗菌性を有するため製品の防腐を助けるものとして，例えば精油，アルコールなどがあるが，これらの成分は防腐剤には含めない．

品の配合成分の名称および配合量，外装材質情報を通関用に保管する必要がある．含薬化粧品は製造販売証明書と製品名，配合成分の名称・配合量，有効成分（薬剤）の定量試験法およびその試験結果などの資料を衛生署に申請し，許可を得る．また，過去に配合した実績のない薬剤（新規薬剤）を含有する場合，その原料の概要，規格，安全および有効性データなどを衛生署に提出し，許可を取得しなければならない．

1-2) 大韓民国（免除申請）

化粧品の許可取得の必要はないが，製造販売証明書と製品標準書（製品規格，処方）の保管，記録が通関用に必要である．また，新規原料配合製品は規格および安全審査を受ける必要がある．

1-3) タイ（許可制）

化粧品の製品名，配合成分の名称・配合量，配合目的などの資料と製造販売証明書をタイ厚生省に申請し，許可を得る．なお，新規原料を含有する場合には，その成分の規格などの書類が必要である．

2) オセアニア圏

2-1) オーストラリア（一部の製品は許可制）

一般の化粧品について届け出は義務づけられていないが，日やけ止め製品のように治療用と分類されるものについては製品名，配合成分名および配合量，製品規格，有効性のデータなど必要な書類をオーストラリア厚生省に申請し，許可をえる．

2-2) ニュージーランド（一部の製品は許可制）

一般の化粧品について届け出は義務づけられていないが，医薬品に該当する場合には，製品名，配合成分名および配合量などのほか，該当する医薬品の申請に必要な書類をニュージーランド厚生省に申請し，許可をえる．

3) 北アメリカ圏

3-1) アメリカ（自主届出制）

化粧品の製品名，配合成分名の書類を販売後60日以内にFDAに自主的に届け出る．ただし，日やけ止め製品などOTCに該当する場合には届出が義務づけられており，製品名，配合成分名および配合量，表示内容などの書類をFDAに提出する必要がある．

3-2) カナダ（一部許可制）

一般の化粧品については，届出が義務づけられている．非処方箋薬に該当する場合には，製品名，配合成分名称・配合量，配合成分の規格などのほか，非処方箋薬の申請に必要な書類をカナダ厚生省に提出し，許可を得る必要がある．

4) ヨーロッパ圏

1997年1月1日よりEU内においては，製品情報の保管とEU内の製造・輸入場所の届出が義務づけられるようになった．製品情報として処方，原料規格，製品規格，製造方法，製品の安全

性評価とクレーム情報，製品に表示されている効果の証明が要求され，それらの情報は EU 内の 1ヵ所に保管し，担当官庁の査察に応じ提示しなければならない．

◇ 参考文献 ◇

1) 厚生省薬務局編：逐条解説　薬事法《改訂版》，㈱ぎょうせい，1995．
2) 厚生省医薬安全局薬事行政研究会監修：薬事法・薬剤師法関係法令集，平成 11 年版，薬務公報社，1999．
3) 厚生省薬務局監修：薬事法・薬剤師法関係通知集，改訂版，薬務公報社，1990．
4) 厚生省医薬安全局薬事行政研究会監修：毒物及び劇物取締法令集，平成 11 年版，薬務公報社，1999．
5) 厚生省薬務局監視指導課監修：薬事監視指導関係通知集，薬業時報社，1996．
6) 厚生省医薬安全局薬事審査研究会監修：製薬関係通知集，1999 年版，薬業時報社，1999．
7) 薬事審査研究会監修：化粧品・医薬部外品関係通知集 1999，薬事日報社，1999．
8) 厚生省薬事審査研究会監修：医薬品製造指針，1998 年版，薬業時報社，1998．
9) 厚生省薬務局審査二課化粧品審査室監修：化粧品製造申請の手引，第四版，フレグランスジャーナル社，1988．
10) 薬事審査研究会監修：化粧品・医薬部外品製造申請ガイドブック，第三版改訂増補 2，薬事日報社，1999．
11) 厚生省薬務局監視指導課・東京都衛生局薬務部監修：医薬品・化粧品等広告の実際 '94，薬業時報社，1994．
12) 化粧品原料基準委員会編：化粧品原料基準注解，第一報，薬事日報社，1968．
13) 化粧品原料基準編集委員会編：化粧品原料基準，第一版追補注解，薬事日報社，1971．
14) 化粧品原料基準編集委員会編：化粧品原料基準，第一版追補 II 注解，薬事日報社，1973．
15) 日本公定書協会編：化粧品原料基準，第二版注解，薬事日報社，1984．
16) 日本公定書協会編：化粧品原料基準，第二版追補注解，薬事日報社，1987．
17) 厚生省薬務局審査課監修：化粧品原料基準，第二版追補 II 注解，薬事日報社，1991．
18) 薬事審査研究会監修：化粧品原料基準　新訂版，薬事日報社，1999．
19) 薬事審査研究会監修：化粧品種別許可基準 '99，薬事日報社，1999．
20) 厚生省薬務局審査課監修：化粧品種別配合成分規格，薬事日報社，1997．
21) 厚生省医薬安全局薬事審査研究会監修：化粧品種別配合規格成分追補 I，薬事日報社，1998．
22) 薬事審査研究会監修：化粧品種別配合成分規格　追補 II，薬事日報社，1999．
23) 厚生省薬務局審査課監修・日本公定書協会編：医薬部外品原料規格，薬事日報社，1991．
24) 植村展生：フレグランスジャーナル，26(9)，79-85，1988．
25) 厚生省医薬安全局審査管理課長：医薬審　第 1110 号，1999．7．19．

17 化粧品 と 情報

　化粧品概論の項で述べたように，化粧品は数多くの学問領域や周辺分野と密接に関連し，そこからえられる無数の情報や研究成果を巧みに活用して完成していく商品ともいえる．換言すれば，化粧品を商品企画する段階から研究，生産，あるいは販売に至るまで，独自のノウハウを加味して，実に多くの情報が活用される．本稿では化粧品の研究開発という側面から情報の重要性と，化粧品をより深く理解してもらうために，化粧品関連の参考図書・雑誌を紹介するとともにコンピュータの普及に伴うデータベースの利用などについて解説する．

17-1 研究開発における情報の重要性

　一口に化粧品の研究といっても，独自の技術蓄積やノウハウを駆使することにより，商品企画からすぐに製品化に移行できるものから，基礎的な研究から出発して応用研究，さらに製品化研究へと段階を踏んではじめて商品が完成するものまでさまざまなレベルがある．

　ここでは 基礎研究→応用研究→製品化研究 へと移行する研究開発を例に考え，各々のプロセスで必要とする情報との関連を図17-1に示す．

17-1-1．ドキュメンテーション活動

　ここでドキュメンテーション documentation 活動とは，必要とする情報の収集から情報の加工，調査，分析・評価，提供といった一連の情報処理を組織的に実施する技術情報活動をいう．昔は研究者が研究の合い間に個人レベルで情報を収集し，それを加工（たとえば雑誌から選択した論文をカード化するなど）することで十分に対応することが可能であった．ところが情報化時代といわれる今日では，個人レベルの情報収集には限界があり，貴重な情報がもれたり，膨大な蓄積情報から必要な情報を探し出すことがほとんど困難になってきている．このため研究を効率よく進めていくためには，組織的な取り組みが不可欠になっている．この背景には ①情報の爆発的な増加と ②情報の拡散現象 という2つの大きな要因が考えられる．前者はたとえば化学分野で世界最大規模の抄録誌ケミカルアブストラクト Chemical Abstracts は，毎年50万件以上の技

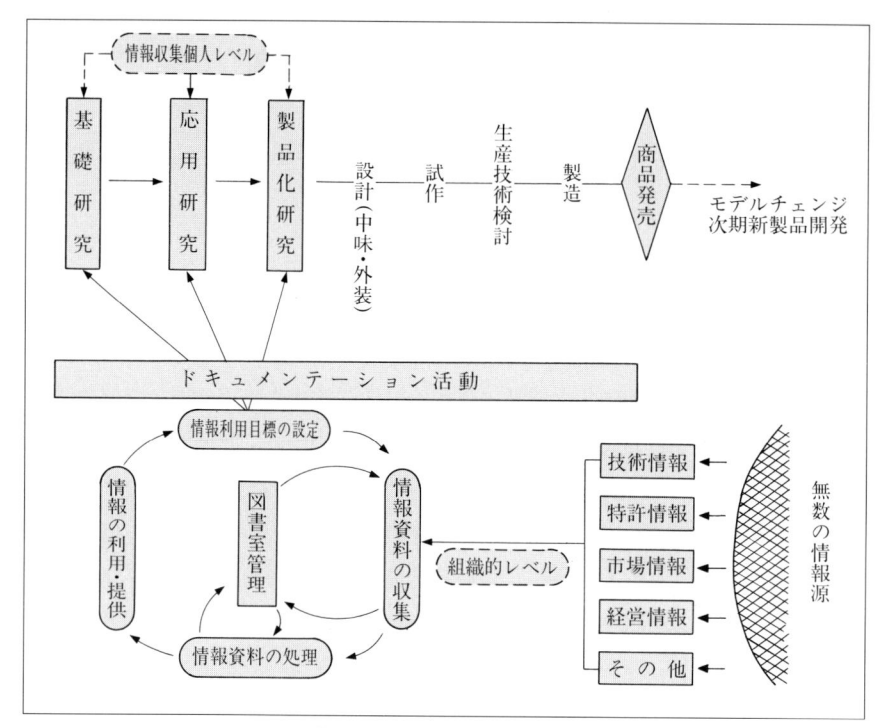

図 17-1. 研究開発と情報

術論文，特許が収録されるが，その量は年々増加の傾向にある．後者は研究成果の発表として重視される学術雑誌に反映される．すなわち特定の分野の専門雑誌だけに情報が集中するわけではなく，さまざまな学問分野に情報が拡散しているのが現状で，科学技術分野の雑誌が1万種を超えることでも理解できよう．しかも化粧品の研究対象が学際的で，関連する学問領域が多方面にわたっているため，情報の拡散現象は情報収集1つ取り上げても大変むずかしい課題となっている．

化粧品メーカーの研究機関では規模の大小はあっても，資料室とか図書室（ライブラリー）が存在しないところはない．これらがドキュメンテーション活動の核となって組織的に運営され，研究活動をバックアップしている．「情報」という資源をいかに戦略的に研究活動にリンクさせ，効率よく研究成果を生み出し，新製品開発に連動させていくかがドキュメンテーション活動の使命といえる．

17-1-2. 情報源について

化粧品研究に求められる情報は大きく分けて技術情報と特許情報がある（特許情報も技術情報の一部ともいえるが，ここでは敢えて2つに分けて記述する）．

技術情報には，研究報告書や試験報告書などの企業内部情報と，雑誌論文をはじめ各種のレポート類などの外部情報に大別できる（表17-1）．

表 17-1. 技術情報の分類

	分類	発表形態
外部情報	技術文献（論文）	雑誌または図書
	政府・民間企業・大学などのレポート類	同上
	特許・実用新案	公開公報，公告公報
	学会・協会関係	雑誌
	法的規制情報	雑誌，新聞，政府刊行物
	原材料メーカーなどの情報	カタログ
内部情報	研究報告書（基礎・応用・製品化研究）	
	試験報告書（分析，安全性，防腐・防黴，材料，安定性など）	
	処方（製造工程を含む）など	

　特許情報は，工業所有権法に基づく特許権および実用新案権などに代表される権利情報を指すが，具体的には国内外の公開・公告特許(実用新案)公報が対象となる．化粧品の研究でもっとも重視されるのがこの特許情報であることはいうまでもない．すでに他人が権利化した特許を知らないで製品を販売した場合(特許侵害)，権利を有する相手からクレームをつけられ，製品の回収や多額の賠償金を支払うなど大きな痛手を負うことになる．さらにこのような特許侵害は国際的にもますます重要な問題となり，「知的所有権に対しては正当な代価を支払う」ことが定着しているだけに，特許情報に対しては慎重すぎるぐらいの対応が必要である．つぎに重要なのが技術文献である．特に雑誌論文が重視される．絶えず最新の技術動向を把握するだけでなく，過去の研究業績を調査・分析して研究の二重投資を防止したり，研究の方向を見定めていく上で不可欠な存在になっている．また化粧品（医薬部外品を含む）は，製造から販売に至るまで種々の法的規制を受けるので，国内はもとより海外の法的規制情報を迅速に収集し，絶えず up-to-date にしておく必要がある．

17-2 化粧品関係図書・雑誌

　ここでは化粧品に直接関係する図書，雑誌に的を絞り，化粧品の基礎知識，原料，製法，処方など化粧品の研究を進めるにあたり参考となる主要な図書および雑誌を紹介する．

17-2-1. 図　書（単行本）

　化粧品を解説した図書は，他の主題分野に比べて数は少ない．全般に発行年度も古く，最近になって増補，改訂版がいくつか発行されたのがみられる程度で新刊が少ないのが現状である．表17-2 に主要な化粧品関連図書をまとめた(ただし，香料の専門図書は除外)．

表 17-2. 主要な化粧品関連図書

	図書名	著者名	出版社名	発行年
1	化粧品学, 第13版	池田鉄作編	南山堂	1978
2	最新香粧品化学, 増補版	奥田 治他編	広川書店	1978
3	現代香粧品学	岸 春雄編	講談社	1979
4	化粧品科学ガイドブック	日本化粧品技術者会編	薬事日報社	1979
5	最新化粧品科学	化粧品科学研究会編	薬事日報社	1980
6	化粧品と美容の総知識	アメリカ医学会編, 早川律子監修	週刊粧業	1980
7	最新香粧品試験法	井上哲男編	広川書店	1980
8	化粧品製造指針ハンドブック	茂利文夫編	フレグランスジャーナル社	1981
9	香料と化粧品の科学	奥田 治他編	広川書店	1982
10	皮膚と化粧品科学	高瀬吉雄監修	南山堂	1982
11	香粧品製剤学	野呂俊一, 小石真純著	フレグランスジャーナル社	1983
12	最新香粧品科学	杉浦 衛, 上田 宏編	広川書店	1984
13	スキンケアハンドブック	尾沢達也著	講談社	1986
14	加齢と皮膚	高瀬吉雄, 石原 勝他編	清至書院	1986
15	化粧品の実際知識(第2版)	垣原高志著	東洋経済新報社	1987
16	美しく年を重ねるヒント	福原義春他著	求龍堂	1989
17	美しく年を重ねるヒントII	山内志津子他著	求龍堂	1990
18	化粧品技術者と医学者のための皮膚科学	戸田 浄著	文光堂	1990
19	香粧品科学	佐藤孝俊, 石田達也編	朝倉書店	1997
20	美の科学〜美しく生きるヒント51章〜	尾澤達也著	フレグランスジャーナル社	1998
21	エイジングの化粧学	尾澤達也編	早稲田出版	1998
22	化粧品の科学	尾澤達也著	裳華房	1998
23	ヒット化粧品〜美を創る技術を解き明かす〜	日本農芸化学会編	学会出版センター	1998
24	美容皮膚科プラクティス	日本美容皮膚科学会監修	南山堂	1999
25	香粧品科学―理論と実際―第3版	田村健夫, 廣田 博著	フレグランスジャーナル社	1999
26	Handbook of Cosmetic Materials	L. A. Greenberg, O. Lester	Interscience Publishers	1954
27	Chemistry and Manufacture of Cosmetics. 2nd. ed. vol. 1〜4	M. G. deNavarre ed.	vol. 1〜2, D. Van Nostrand vol. 3〜4, Continental Press	1962 1975
28	Handbook of Cosmetic Science	H. W. Hibbott	Pergamon Press.	1963
29	Formulation and Function of Cosmetics (Kosmetologie (1959) - translated from the Germany by G. L. Fenton)	J. S. Jellinek	Wiley-Interscience	1970
30	Harry's Cosmetology	R. G. Harry	Leonard Hill Books	1973
31	Cosmetics : Science and Technology 2nd. ed. vol. 1〜3	E. Sagarin, M. S. Balsam	Wiley-Interscience	1972 1974
32	Perfumes, Cosmetics & Soaps 8th. ed. vol. 1〜3	W. A. Poucher, G. M. Howard	Halsted Press, John Wiley & Son	1974
33	Kosmetologie	J. S. Jellinek	Hüthig	1976
34	AMA Book of Skin and Hair Care	American Medical Association	Lippincott	1976
35	Professional Skin Care Manual	S. Tremblay	Prentice Hall International	1978
36	Biokosmetik	R. A. Eekstein	Verlag Fritz Majer & Son	1979
37	Cosmetic Science vol. 1〜2	M. M. Breuer	Academic Press	1980
38	New Cosmetic Science	T. Mitsui ed.	Elsevier Science	1997

一方，化粧品研究の権威ある国際会議として国際化粧品技術者会連盟（International Federation of Societies of Cosmetic Chemists, IFSCC と略称）の学術大会がある．1959 年以来 2 年毎に開催され，各国の化粧品研究の発表が活発に行われ，この議事録 proceedings も重要な情報源になっている．

17-2-2. 雑　誌

化粧品関連の専門雑誌として主に技術論文(オリジナル文献)や総説を掲載する雑誌を表 17-3 にまとめた．過去の雑誌論文の検索は，後述するコンピュータによるオンライン情報検索が一般化しているが，日常の情報収集としてこれらの専門雑誌に目を通すことは最新の技術動向を知るうえで大変有効である．さらに 2 次資料(抄録誌や索引誌)の活用もよい．代表的なものにケミカルアブストラクト (CA) の Section-62～Essential Oils and Cosmetics(隔週発行)がある．また，CA がテーマごとにコンピュータ編集して仮とじ形式で発行する CA-Selects の利用も継続的に情報を収集していくうえで役立つ．

表 17-3．主要な化粧品専門雑誌

雑　誌　名	発行頻度	発行国
1) 日本化粧品技術者会誌	4 回/年	日本
2) 日本香粧品科学会誌	4 回/年	日本
3) フレグランスジャーナル	月刊	日本
4) C & T（化粧品，トイレタリーの専門誌）	月刊	日本
5) CIR （香粧品技術文献情報誌）（2 次資料）	月刊	日本
6) creabeaux （クレアボー）	4 回/年	日本
7) Cosmetics and Toiletries	月刊	アメリカ
8) Global Cosmetic Industry (Formerly : Drug and Cosmetic Industry)	月刊	アメリカ
9) Household Personal Products Industry (HAPPI)	月刊	アメリカ
10) IFSCC Magazine	4 回/年	ドイツ
11) International Journal of Cosmetic Science	6 回/年	イギリス
12) Journal of Applied Cosmetology	4 回/年	イタリア
13) Journal of Cosmetic Science (Formerly : Journal of Society of Cosmetic Chemists)	6 回/年	アメリカ
14) Kosmetik International	月刊	ドイツ
15) Prefums Cosmetiques Actualites	6 回/年	フランス
16) Parfum & Flavorist	6 回/年	アメリカ
17) Parfum und Kosmetik	月刊	ドイツ
18) Soap and Cosmetics (Formerly : Soap Cosmetic Chemical Specialities)	月刊	アメリカ
19) Soap Perfumery and Cosmetics	月刊	イギリス
20) SÖFW-Journal Seifen Öle Fette Wachse	月刊	ドイツ

17-3 》 データベースの活用 Databases

必要な情報が必要なとき瞬時に検索できるデータベース data-base の利用が急速に広まっている．わが国では1970年代後半から実用化されたオンライン情報検索サービスは，今日では産業界，学術研究機関などで日常的に利用されている．さらにインターネットの普及によって個人でも自由に利用できる時代になったが，ここでは研究に活用される主要なデータベースを紹介する．

17-3-1．データベースとは

データベースは，見方や立場によってさまざまな定義があるが，一般には「データを整理統合し，コンピュータ処理が可能な形態にした情報ファイルもしくは集合体」をいう．データベースを単にファイルとよぶ場合もあり，両者の厳密な区別はなく使用されることが多い．

データベースの特徴は，情報収集の　①迅速性　②簡便性　③的確性　に要約される．

データベースの活用により，絶えず自分の研究分野や周辺分野の情報をキャッチし，研究の重複やモレを防ぐとともに，膨大な過去の蓄積データから新しい技術シーズを発見し，研究に役立てることができる．

17-3-2．オンライン情報検索システム

通信回線を介して，データベースをリアルタイムに検索することをオンライン情報検索 On line information retrieval というが，これを商業ベースで大規模に展開しているのが JOIS や DIALOG などに代表されるオンライン情報検索システムである．これらのシステムを利用することにより数多くのデータベースにアクセスすることが可能である．最近ではWebなどのインターネットを経由したアクセスも可能となった．

化粧品を研究するうえでよく活用されるデータベースおよび検索システムを表17-4にまとめた．最後に化粧品科学専門のデータベース「KOSMET」について略記する．

コスメット「KOSMET」は前述したIFSCCが作成し，DIALOG社が提供するオンライン情報検索システム「data-star」により利用することができる．内容は化粧品科学とその周辺の技術情報(特許は除外)で，各国の主要化粧品技術雑誌，学術講演集，会議録などが収録され，毎月データが更新される．検索できる期間は1985年以降であるが，IFSCCの学術大会で発表された論文に限り1968年まで遡及検索が可能である．今後データ蓄積が増加するに従い，KOSMETは化粧品科学に焦点を絞ったデータベースとして重視されていくことであろう．

1998年からは，日米独のオンラインネットワークシステム「STN International」からも提供されるようになった．

表 17-4. 化粧品研究によく活用されるデータベース

	オンライン情報検索システム	データベース	内容	収録期間	提供機関または総代理店
技術情報	JOIS	JICST ファイル	国内外の雑誌約 12,000 種を中心に，この他技術レポート，会議資料などに掲載された科学技術文献	1975 年～	日本科学技術情報センター (JICST)
		JMEDICINE ファイル	医学および医学関連分野（生命科学，薬学）の主要な国内雑誌に掲載された文献	1981 年～	
	DIALOG	CA SEARCH	全世界の化学分野および周辺分野にわたる雑誌，単行本，特許，会議録などを収録し，世界最大の抄録誌 Chemical Abstracts に対応	1967 年～	DIALOG Co., (英国/米国) ㈱ジー・サーチ
		MEDLINE	70ヵ国以上で出版された約 3600 誌の医学・生物学関連の雑誌に掲載された文献 米国国立医学図書館 (NLM) が作成	1966 年～	
	DATA-STAR	KOSMET	化粧品および芳香品に関する科学技術文献．雑誌論文が主体であるが学術大会の会議録からも収録．IFSCCが作成	1985 年～	
特許情報	PATOLIS	特許（P）実用新案（U）	日本の特許，実用新案，意匠，商標および世界 56 機関の特許を扱う INPADOC (International Patent Documentation Center) などのデータが網羅されている	㊙公開 1971 年～公告 1955 年～ ㊞公開 1971 年～公告 1960 年～	日本特許情報機構 (JAPIO)
	DIALOG	WPI (World Patent Index)	世界各国の化学，電気，機械をはじめ全産業分野の特許が網羅されている．特に特許ファミリーを調べる上で役立つ．Derwent Publication 社が作成	1963 年～	DIALOG Co., (英国/米国) ㈱ジー・サーチ 日本技術貿易㈱ など

（注）1992 年より INPADOC の特許情報は DIALOG からも検索可能となった．

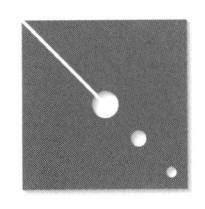

各論

1. スキンケア化粧品
2. メーキャップ化粧品
3. ヘアケア化粧品
4. フレグランス化粧品
5. ボディケア化粧品
6. オーラルケア化粧品

1 スキンケア化粧品

　身体を構成している器官の1つに皮膚がある．この皮膚は日常生活の中で目にふれる身近な存在であるため，一般にはあまり重要な器官として捉えられていない．しかしながら皮膚は生物の進化の歴史をみても明らかな如く，細胞あるいは生物にとって極めて重要な水分を保持し乾燥から防御するという機能を持っている．その他紫外線の光をメラニンにより防いだり，体温を調節したり，中和能によって外的刺激を和らげるなど，さまざまな機能を持っている．皮膚は生命体(身体)と非生命体(外部環境)の間に存在する境界膜であり，さまざまな変化に対応し身体を守る重要な器官である．

　この重要な器官である皮膚も環境の変化や加齢とともにその働きやしくみにアンバランスを生じる．この働きやしくみをうまく調節させるのが，スキンケア化粧品の使命である．

　皮膚にとって有害な乾燥，紫外線，酸化から皮膚を守り，皮膚本来の持つ恒常性維持機能を助け，皮膚をいつまでも美しく健康に保つのが理想的なスキンケア化粧品である[1~3]．

1-1 スキンケア化粧品の目的・機能・役割

1-1-1．スキンケア化粧品の目的

　現代社会においては，人はさまざまな恩恵を自然と文明から受けているが，一方では，そこから悪影響も受けている．たとえばエアコンは温度コントロールし快適な生活環境を与えてくれるが，逆に冷えすぎや乾燥という状態も与える．また，紫外線は皮膚に対してさまざまな影響を与えることがわかってきている．

　このような複雑な環境条件下で生活する人にとって必要なスキンケア化粧品の目的は以下のように考えられる．

　　(1) 皮膚を清潔にする．
　　(2) 皮膚のモイスチャーバランスを保つ．
　　(3) 皮膚の新陳代謝を活発にする．
　　(4) 有害な紫外線から皮膚を守る．

　従来は，(1)~(3)までがスキンケア化粧品の目的と考えられてきたが，最近の研究によって紫外

線による光加齢 photoaging[4] という考え方が定着し，(4)もスキンケア化粧品の目的に含めるのが一般的考え方となってきている．

それ故，上記(1)〜(4)の目的のために，主に顔面に使用される化粧品をスキンケア化粧品とよぶ．当然のことながら，スキンケア化粧品の設計に当っては皮膚生理機能を十分に研究，理解したうえで，安全性，安定性，使用性，有用性に優れたものでなければならない．

1-1-2. スキンケア化粧品の機能

スキンケア化粧品とは，皮膚本来の持つ機能を正常に働かせる．つまり恒常性維持機能 homeostasis を正常に機能させるために使用されるものであり，結果として健康で美しい肌を維持・回復させることである．このためにスキンケア化粧品は多くの機能を備えている．基本機能として，洗浄・清拭，抗乾燥，抗紫外線，抗酸化，賦活であり，このほかの肌の悩み，さらには加齢に伴う肌の悩みに対応した形で美白（日やけによるしみ・そばかすの防止），しわ・たるみの改善，にきび防止などの機能も含まれる．

ただし，これらの機能を持ったスキンケア化粧品も適切な使用法をされてこそ，その機能を十分に発揮するものである．そのために美容システムとよばれるスキンケア化粧品の使用順序や，季節，使用者の生活環境・年齢・化粧経験・肌タイプ，使用性に対する嗜好，使用に際しての TPO などに対して十分配慮する必要がある．特に美容システムにおいては，多くの種類が市場に提供されているが，これらの中で主流になっているのは以下の如くである．

ベーシックケア ｛ 洗　顔　料（メーク落し，素肌洗い）
　　　　　　　　　＋
　　　　　　　　化　粧　水（水分・保湿剤補給）
　　　　　　　　　＋
　　　　　　　　エマルション（水分・保湿剤・油分補給，新陳代謝促進）
　＋
パーソナルケア
（スペシャルケア）〔エッセンス，マッサージクリーム，マスク，パウダー など〕

ベーシックケアで補えない，あるいは十分でない機能をパーソナル（スペシャル）ケア製品とよばれる化粧品を追加使用するシステムとなっている．

1-1-3. スキンケア化粧品の役割

薬事法によれば，スキンケア化粧品（基礎化粧品）の基本は皮膚を清潔にし，角質層を十分に保水させるものと定義できる．しかし十分に研究されたスキンケア化粧品は，角質層を保水させるに止まらずこのほかにも種々の役割を担っている．

皮膚の保湿機構に関しては多くの報告があるが，大きくは表皮層，特に角質層と真皮層の2つに分けて考えることができる．角質層ではアミノ酸を主成分とする NMF (Natural Moisturizing

Factor, 天然保湿因子) と共に, 皮脂と表皮由来の成分 (細胞間脂質) よりなる脂質が重要である[5]. 一方, 真皮層においてはリン脂質などの疎水性成分のほか, 基質とよばれるヒアルロン酸, コラーゲン, エラスチンなどの高分子系親水性成分の存在が重要と考えられる.

　角質層レベルでの保湿機構に障害が現われた場合, 良質の油性成分や保湿性の高い親水性成分をバランスよく与えることによって, 皮膚の負担を軽くして健康で美しい肌に導くことが重要である. すなわち, 恒常性維持機能が十分に働いていないために生じた皮膚トラブルに対し, モイスチャーバランス moisture balance の考えを導入したスキンケア化粧品にて補正することが必要である.

　尾沢らによって提唱されたモイスチャーバランスの概念とは,「加齢に伴って角質層レベルでは NMF や脂質 lipid の減少により水分保持力の減少が起こり, 結果として角質層の硬化に繋がることを明らかにした. そこで加齢に伴って減少する水分, NMF, 脂質に相当する物質を化粧品 (水分, 保湿剤, 油分) によって補うことにより生物学的変化を伴う皮膚保湿の恒常性を維持する」というものである[3,6] (図 1-1).

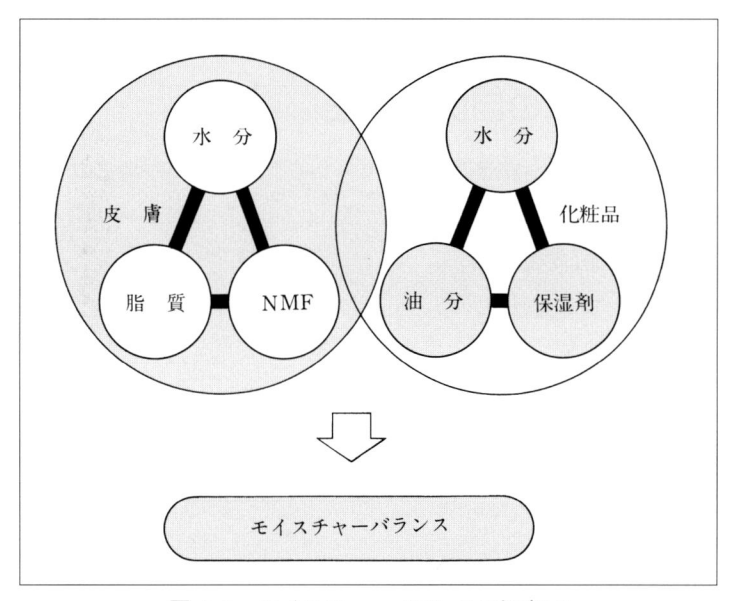

図 1-1. モイスチャーバランスの概念[3,6]

　水-保湿剤-油分を適正にバランスを取ることにより, 皮膚表面状態の改善および皮膚トラブルの未然防止を図れることが明らかになってきている[7~9] (化粧品の有用性 11-3-1. 1) 参照).

　近年, スキンケア化粧品の使用による有用性の研究には目を見張るものがあり, 皮膚に対する物理的作用だけでなく皮膚生理学的な意味合いを明確にしてきている.

　このようにスキンケア化粧品によって恒常性の回復が行われたことの証明は, これからの化粧品の進むべき方向をも示している. ここで, スキンケア化粧品の役割をまとめてみると, 皮膚恒常性機能の維持, 回復を図り (健康で美しい肌), 皮膚の老化を遅延させ, 肌の悩みを解消するこ

とである．また生涯常用しても安全であることが重要である．加齢に伴う皮膚生理パラメーターの変化についても多くの報告がされている．たとえば

- 水分保持力[6,11〜12]
- 皮脂分泌機能
- 角質層ターンオーバーおよび角質層細胞面積[12]
- 皮膚表面形態の変化(レプリカ法)
- 角質層の粘弾性 など

これらを研究・理解しスキンケア化粧品の開発に役立てて行くことが必要なことはいうまでもないことである．

以下代表的なスキンケア化粧品について，目的・機能，主成分，製造法，種類などについて記述する．

1-2 洗顔料 Face cleansing cosmetics

1-2-1. 洗顔料の目的・機能

化粧行動の第一段階である顔面皮膚の洗浄にもちいられる洗浄料を考えるうえで重要な条件はつぎの通りである．

(1) 洗われるべき対象物(皮膚表層)
(2) 皮膚表層に付着している汚れ
(3) 洗浄に用いられる製剤
(4) 洗浄方法

衣類，食器などの非生命体を対象とする洗浄料であれば，洗浄・脱脂力が大きければ大きい程よいが，洗顔料は洗浄対象物が生命体の一部の顔面皮膚であるため過度の脱脂が好ましくないことは十分理解しなければならない．

洗顔料の目的は，皮膚表層に付着している皮脂，角質層の屑片，皮脂の酸化分解物，汗の残渣などの皮膚生理の代謝産物や空気中の塵埃，微生物，女性の場合にはメーキャップ化粧品などを除くことにある．

近代の化粧品科学は，年齢・生活環境によって異なる肌質や汚染対象物の差，また洗浄習慣や嗜好の違いに対応し適正かつ快適な洗浄が行えるよう種々のタイプの洗顔料を提供している．これら洗顔料を正しく選定し適正な方法で使用することが健康で美しい肌を実現するために重要である．このためには，皮膚にとって有害(不要)な物質を除去し，有益な物質・組織には影響を及ぼさないことが要求される．さらには皮膚にとって有益な物質を供給することも試みられる．

洗顔料の分類について表1-1に示す[13]．ここでは界面活性剤を比較的多く配合し，使用時水を加え手掌上で泡立ててから使用する界面活性剤型とよばれるタイプと，使用時顔面上で汚れと十分

表 1-1. 洗顔料の剤型別分類

剤　型	形状（名称）	特　徴
界面活性剤型	固型 （石けん，透明石けん，中性石けん）	全身用洗浄料の主流，手軽で使用感もよい．ただし，使用後つっぱり感がある
	クリーム・ペースト （クレンジングフォーム）	顔専用で使用感，泡立ちに優れている．使用性簡便，弱酸性〜アルカリ性で目的に応じてベースを選択する
	液状または粘稠液状 （クレンジングジェル）	弱酸性〜アルカリ性，弱酸性のベースは洗浄力弱く，アルカリ性ベースの方が洗浄力強い．頭髪，ボディ用洗浄料が主流
	顆粒/粉末 （洗粉，洗顔パウダー）	使用性簡便．水を配合していないためパパインなど酵素配合が可能
	エアゾール使用 （シェービングフォーム，二重缶容器）	発泡して出てくるシェービングフォームタイプとジェル状で出てきて使用時発泡させる(後発泡)タイプがある．後発泡は二重缶容器使用
溶剤型	クリーム・ペースト （クレンジングクリーム）	乳化タイプのクレンジングクリームは O/W 型が主流．油分をゲル化(固化)させたタイプも洗浄力高い．ハードメーク用
	乳液 （クレンジングミルク）	O/W 型乳化タイプ乳液．クレンジングクリームより使用後の感触がさっぱりしている．使いやすい
	液状 （クレンジングローション）	洗浄用化粧水．ノニオン界面活性剤，アルコール，保湿剤の配合量多い．コットン使用のため物理的拭き取り効果もある．ライトメーク用
	ジェル （クレンジングジェル）	油分を大量に配合した乳化タイプ，液晶タイプは洗浄力高く洗い流し専用でさっぱりしている．水溶性高分子ゲル化タイプは洗浄力弱い
	オイル （クレンジングオイル）	油性成分に少量の界面活性剤，エタノールなど配合．洗い流し専用で洗い流し時 O/W 乳化する．使用後はしっとり
その他	パック （クレンジングマスク）	水溶性高分子を使用したピールオフタイプのマスク．緊張感強く，剥離時皮膚表面や毛穴の汚垢を除去

（内藤　昇他：フレグランス・ジャーナル，No. 92, 42〜46, 1988 より一部改変）

になじませた後拭き取りあるいは洗い流す溶剤型とよばれるタイプに分けられる．

近年，メーキャップ化粧品の機能向上，特に耐水耐汗性 waterproof の著しい向上がみられるが，洗顔料の立場から考えると非常に落としにくい剤型ともなっている．特殊なメーキャップ化粧品に対しては専用の洗顔料が配置される例もめずらしくない．

本節では，代表的なクレンジングフォームについて記述する．それ以外の種類についてはボディケア化粧品および他のスキンケア化粧品の項を参照されたい．

1-2-2. クレンジングフォームの主成分

　クレンジングフォームは，組成的には脂肪酸石けんを含む界面活性剤を主成分とし優れた洗浄力を備えかつ過度の脱脂を防ぐ目的でエモリエント剤（油分），保湿剤を配合する．使用後に石けん使用時のような"つっぱり感"がなく，しっとりしている感触が好まれている．外観は柔らかいクリーム状であり，これを手掌に少量取り水を加え泡立ててから使う．

　一般的に，脂肪酸石けんを主成分としたアルカリタイプのクレンジングフォームは泡立ちもよく，すすぎも簡単で使用後もさっぱりしている．この系でノニオン界面活性剤の増量，油分の増量などを行うと使用後感触はしっとりさせることができるが，すすぎ時ぬるぬるとした感触が残ってしまう．またアミノ酸系界面活性剤を主成分とし，弱酸性低刺激性を謳うクレンジングフォームもあるが，起泡力が弱いのが欠点である．クレンジングフォームの主成分を表1-2に示す．

表 1-2. クレンジングフォームの主成分

構成成分		代表的原料
石けん (洗浄剤)	高級脂肪酸	C_{12}〜C_{18}脂肪酸，オレイン酸，イソステアリン酸，12ヒドロキシステアリン酸，動植物油脂脂肪酸
	アルカリ剤	水酸化ナトリウム，水酸化カリウム，トリエタノールアミン
その他界面活性剤		アミノ酸系界面活性剤（N-アシルグルタミン酸塩），アシルメチルタウリン，POEアルキルエーテルリン酸塩グリセロール脂肪酸エステル，POEグリセロール脂肪酸エステル，POEアルキルエーテル，POE POPブロックポリマー
エモリエント剤 (油分)		脂肪酸，高級アルコール，ラノリン誘導体，ビースワックス，ホホバ油，オリーブ油，ヤシ油
保湿剤		ソルビトール，マルチトール，ポリエチレングリコール（300, 400, 600, 1500, 4000），グリセリン，1,3ブチレングリコール，ジプロピレングリコール，プロピレングリコール，POEグルコース誘導体
その他	防腐剤	メチルパラベン
	水溶性高分子	アクリル酸ソーダ，カチオンポリマー，アルギン酸ソーダ
	スクラブ剤	低分子ポリエチレン粉末，ナイロン粉末など
	キレート剤	EDTAおよび塩，ヘキサメタリン酸ソーダ
	薬剤	硫黄，グリチルリチン酸塩，トリクロロカルバン
色素，香料，酸化防止剤，精製水		

1-2-3. クレンジングフォームの一般的な製造法

　従来，アルカリを溶解した水相部に，脂肪酸を溶解した油相を添加し脂肪酸石けんを生成させる方法が取られてきた．しかしこの方法では中和時ままこ状態になりやすく，このままこを溶解するのに長時間を要してしまい異臭の原因ともなっていた．現在は，油相に水相を添加する方法が一般的であり高濃度の脂肪酸石けんを配合することも可能となっている．ただしこの方法は水

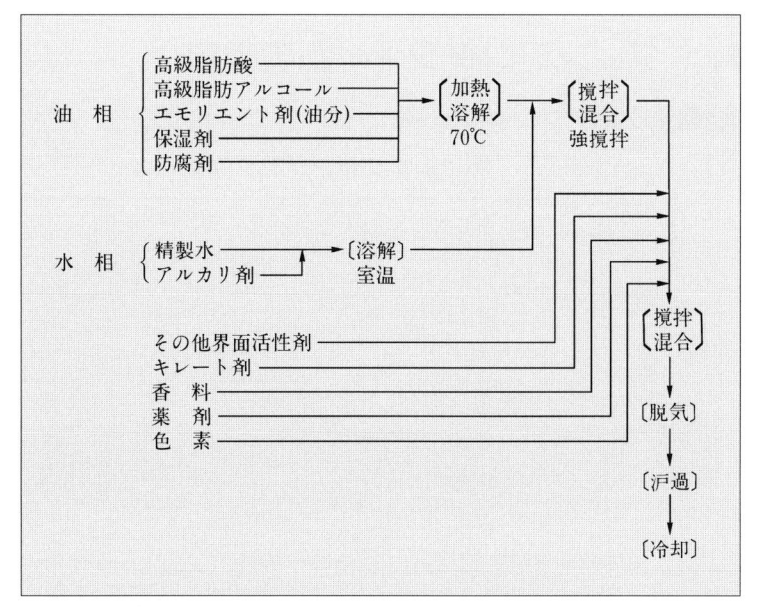

図 1-2. 工程図(石けん系クレンジングフォーム)

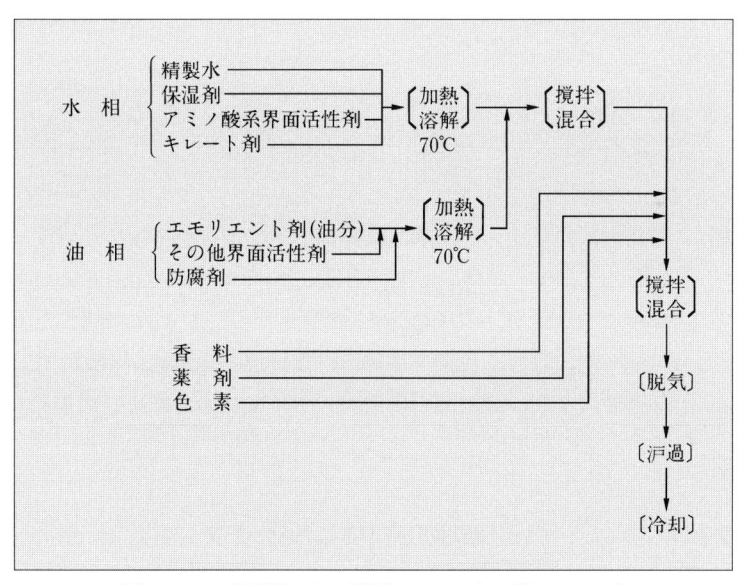

図 1-3. 工程図(アミノ酸系クレンジングフォーム)

相添加途中で高粘度状態となる領域を生ずるため撹拌力の強い製造設備が必要となる(図1-2)．

　弱酸性のクレンジングフォームの主成分であるN-アシルグルタミン酸塩を用いた場合の問題点は溶解性と冷却時，冷却機内での粘度の上昇であり，この2点に注意して製造する必要がある(図1-3)．

1-2-4. クレンジングフォームの種類

1）高級脂肪酸系クレンジングフォーム

【処方例1】　　　　　石けん系クレンジングフォーム

脂　肪　酸：	ステアリン酸	10.0%
	パルミチン酸	10.0
	ミリスチン酸	12.0
	ラウリン酸	4.0
エモリエント剤：	ヤシ油	2.0
ア　ル　カ　リ：	水酸化カリウム	6.0
保　湿　剤：	PEG 1500	10.0
	グリセリン	15.0
界面活性剤：	グリセロールモノステアリン酸エステル	2.0
	POE (20) ソルビタンモノステアリン酸	2.0
防　腐　剤：		適量
キ レ ー ト 剤：		適量
香　　　料：		適量
色　　　素：		適量
精　製　水：		27.0

【製法】　脂肪酸，エモリエント剤，保湿剤，防腐剤を加熱溶解し70℃に保つ．予めアルカリを溶解してあった精製水を，撹拌している油相中に添加する．添加後は暫く70℃に保ち中和反応を終了させる．つぎに融解した界面活性剤，キレート剤，香料，色素を添加し，撹拌混合，脱気，沪過の後冷却を行う．冷却条件により，最終品の硬度が大きく変化するため，最適冷却条件を選定する．

【処方例2】　　　　　石けん系クレンジングフォーム

脂　肪　酸：	ステアリン酸	12.0%
	ミリスチン酸	14.0
	ラウリン酸	5.0
エモリエント剤：	ホホバ油	3.0
ア　ル　カ　リ：	水酸化カリウム	5.0
保　湿　剤：	ソルビット（ソルビトール 70% Soln.）	15.0
	グリセリン	10.0
	1,3ブチレングリコール	10.0

界面活性剤	POE (20) グリセロールモノステアリン酸エステル	2.0
	アシルメチルタウリン	4.0
キレート剤：		適量
香　料：		適量
精　製　水：		20.0

【製法】　脂肪酸，エモリエント剤，保湿剤を加熱溶解し70℃に保つ．精製水にアルカリを溶解し，油相を撹拌しつつ添加する．中和反応を十分に行った後界面活性剤を添加，続いてキレート剤，香料を添加する．脱気，沪過後に冷却を行う．

2）アミノ酸系クレンジングフォーム

【処方例1】　　　　　弱酸性クレンジングフォーム

アミノ酸系界面活性剤：	N-アシルグルタミン酸ソーダ	20.0%
保湿剤：	グリセリン	10.0
	PEG 400	15.0
	ジプロピレングリコール	10.0
その他界面活性剤：	アシルメチルタウリン	5.0
	POE・POP ブロックポリマー	5.0
	POE (15) オレイルアルコールエーテル	3.0
エモリエント剤：	ラノリン誘導体	2.0
防腐剤：		適量
キレート剤：		適量
香　料：		適量
色　素：		適量
精　製　水：		30.0

【製法】　精製水に保湿剤を添加溶解後，N-アシルグルタミン酸ソーダをままこにならないよう少量ずつ添加する．キレート剤添加後加熱撹拌溶解を行う．同時に別釜にエモリエント剤，その他界面活性剤，防腐剤を加熱溶解し水相に添加する．撹拌混合後，香料・色素を添加し十分混合後，脱気，沪過，冷却を行う．一般にクレンジングフォームを冷却する時は，ボーテーター式熱交換機を用いるが，アミノ酸系フォームの場合はできるだけ終温を低くする方が均質で安定な製品をえることができる．

最近は洗浄力を上げるためあるいは他の洗顔料との差別化を図るためにスクラブ剤を配合した製品も開発されている．スクラブ剤としては，20～1,000 μm の粒径のものが大部分であり，ポリエチレン粉末やナイロン粉末などの樹脂粉末が使用される．

1-3 化粧水 Lotion

1-3-1．化粧水の目的・機能

化粧水は，一般的に透明液状の化粧品で身体を清潔にし皮膚を健やかに保つために皮膚表面に塗擦する．この際，清浄と同時に皮膚のモイスチャーバランスを保ち整肌効果を持つものである．

一般的に水不溶性物質を可溶化して熱力学的に安定化させ外観を透明液状としたものを化粧水とよんできたが，近年になってこの範疇に入らない化粧水も多くなってきている．マイクロエマルション microemulsion，リピッドナノスフェアー lipidnanosphere 技術を採用した透明あるいは半透明化粧水であったり，数％の油分を O/W 型に乳化し油相と水相の比重調整により低粘度液状でもクリーミング creaming や沈降 sedimentation を生じない不透明化粧水．また水溶性高分子を配合し透明粘稠液とした化粧水なども市場に多く出回っている．

スキンケア化粧品としての使用順序は，洗顔料により皮膚を清浄にした後に化粧水が使用され，主に水分・保湿剤を補給する．使用者の年齢・生活環境によって異なる肌質や肌状態，また化粧習慣や嗜好の違いによって保湿剤の種類・量は勿論のことエタノール量，油分量を調整し，心地好い使用感と優れた保湿効果を備える．使用目的に応じた化粧水の分類を表 1-3 に示す．

表 1-3．化粧水の目的別分類

分 類	特 徴
柔軟化粧水	角質層に水分・保湿成分を補い，皮膚を柔軟にし，みずみずしくなめらかなうるおいのある肌を保つ
収れん化粧水	角質層に水分・保湿成分を補うほかに，収れん作用・皮脂分泌抑制作用を持つ．さっぱりした使用感を持ち，化粧くずれを防ぐ
洗浄化粧水	ライトメーク落としとして，あるいは素肌に対する洗顔料として使用．汚れを落とし，肌を清潔にするため，すなわち洗浄効果を上げるため界面活性剤，保湿剤，エタノールを多く配合
多層式化粧水	2層以上の層からなる化粧水で，油層─水層および水層─粉末層の2層より構成される場合が多い．振とう後使用するが，各々乳液状，粉末分散状となり特異な使用性を示す．カーマインローションが代表的である

ここではマイクロエマルションについて簡単に記述する．マイクロエマルションは狭義には，油-水-両親媒性物質からなる透明あるいは半透明の一液相で，熱力学的に安定な膨潤した大きなミセルが分散した系と考えられている[14~15]．一方，広義のマイクロエマルションは，熱力学的に不安定な分散系と透明あるいは半透明で経時的に安定な分散系を含む．

マイクロエマルションにすることによる最大の利点は，エモリエント剤(油分)を透明可溶化系に比べ多量に配合できるため，保湿剤・界面活性剤そのもののべたつきを緩和できるという点である．さらに外観が透明化粧水と明らかに異なることも大きな利点といえる．処方を組むうえでの留意点は，界面活性剤の HLB を調整することである．エモリエント剤の構造も影響し，極性の高いものの方が一般的には調整しやすい[16]．

1-3-2. 化粧水の主成分

既述された如く，化粧水の基本機能は角質層に水分・保湿成分を補給することであるが，このほかにも柔軟・収れん・洗浄などの目的に応じて必要な成分を配合する．表 1-4 に一般的な化粧水の成分を示す．

表 1-4. 化粧水に用いられる主成分

構成成分	主な機能	代表的原料	添加量
精製水	角質層への水分補給 成分の溶解	イオン交換水	30～95%
アルコール	清涼感 静菌 成分溶解	エタノール イソプロパノール	～20%
保湿剤	角質層の保湿 使用感 溶解	グリセリン，プロピレングリコール，ジプロピレングリコール，1,3-ブチレングリコール，ポリエチレングリコール(300，400，1500，4000)などの多価アルコール，ヒアルロン酸，マルチトールなどの糖類，ピロリドンカルボン酸などのアミノ酸類	～20%
柔軟剤 エモリエント剤	皮膚のエモリエント 保湿 使用感	エステル油 植物油(オリーブ油，ホホバオイル など)	適量
可溶化剤	原料成分の可溶化	HLB の高い界面活性剤(ポリオキシエチレンオレイルアルコールエーテル など)	～1%
緩衝剤	製品の pH 調整 (皮膚の pH バランス)	クエン酸，乳酸，アミノ酸類 クエン酸ソーダ	適量
増粘剤 (粘液質)	使用感 保湿	アルギン酸塩，セルロース誘導体，クインスシードガム，ペクチン，プルラン，キサンタンガム，ビーガム，カルボキシビニルポリマー，アクリル酸系ポリマー，ラポナイト	～2%
香料	賦香	ゲラニオール，リナロール 他	適量
防腐剤	微生物安定性	メチルパラベン，フェノキシエタノール	適量

色　剤	着　色	許可色素	微　量
褪色防止剤	褪　色　防止 変　色	金属イオン封鎖剤 紫外線吸収剤	適　量
〈薬　剤〉 ・収れん剤 ・殺菌剤 ・賦活剤 ・消炎剤 ・美白剤	皮膚のひきしめ 皮膚上の殺菌 皮膚賦活 抗炎症 メラニン生成阻害	スルホ石炭酸亜鉛，スルホ石炭酸ソーダ ベンザルコニウム塩酸塩，感光素 ビタミン・アミノ酸誘導体，動植物抽出物 グリチルリチン酸誘導体，アラントイン アルブチン，コウジ酸，ビタミンC誘導体	適　量

1-3-3.　化粧水の一般的な製造法

　化粧水は一般に室温下で製造される．アルコールや防腐剤の少ない系では加熱工程がないため特に微生物による汚染に留意する必要がある．

　精製水にポリエチレングリコール，1,3ブチレングリコールなどの保湿剤を添加し，さらに緩衝剤，増粘剤，褪色防止剤などの水溶性成分を溶解する．つぎにエモリエント剤，防腐剤，香料，薬剤などのエタノール可溶性成分および油溶性成分を可溶化剤とともにエタノール部に溶解し，前述の精製水部に添加混合して室温下で可溶化する．

　その後色剤を加えて調色を行い，沪過し透明性の高い化粧水をえる．沪過材料として沪紙・カートリッジなどが用いられる．沪過残渣が多いことは可溶化・溶解などが不完全であることを意味しているので，処方や工程をみなおす必要がある(図1-4)．

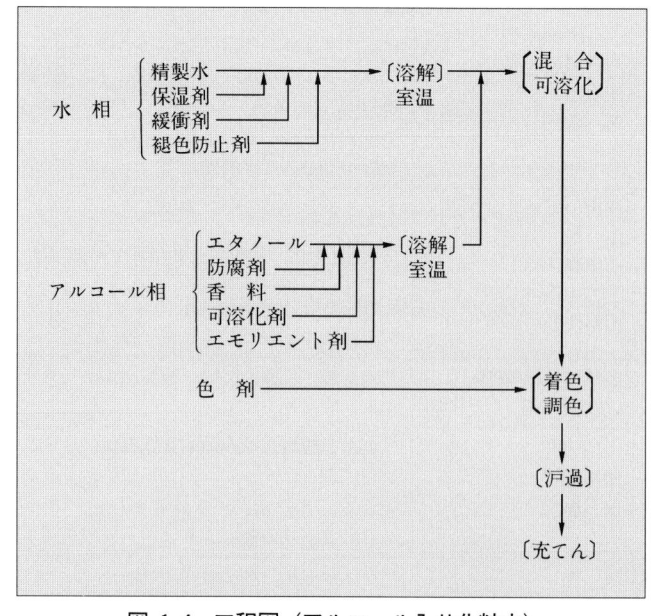

図 1-4.　工程図（アルコール入り化粧水）

最近市場に多く出ているノンアルコール化粧水では，水に不溶な成分は可溶化剤とともに保湿剤中に加熱溶解させる．この時透明な化粧水をえるために適切な保湿剤を選定することが重要である(図1-5)．半透明化粧水についてはマイクロエマルション技術を採用するが，界面活性剤の選定と製造工程によって粒子径の違いが大きく，結果として外観の透明性(濁度)に大きな影響を与えるので透明化粧水以上の注意が必要である．

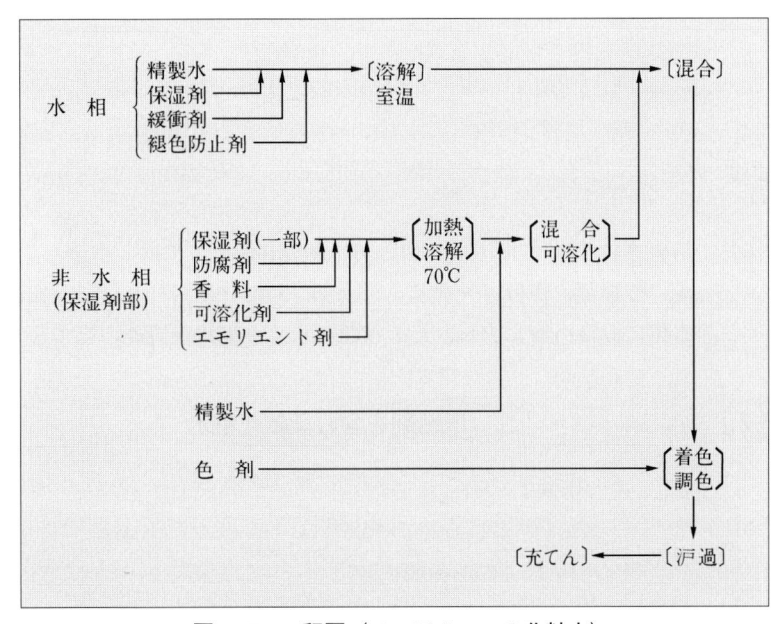

図 1-5．工程図（ノンアルコール化粧水）

1-3-4．化粧水の種類

1）柔軟化粧水 Softening lotion

pHは弱アルカリ～弱酸性が主流であるが，最近は皮膚表面のpHに近い5.5～6.5程度に調整された化粧水が多い．保湿剤の量・種類の選択・組み合わせ，水溶性高分子の有無，エタノール量の違いなどにより使用感触に特徴を持たせ化粧水本来の目的である角質層に対する水分・保湿成分の補給をする．化粧水ではわずかな量のエモリエント剤であっても使用性に対する影響も大きいため，可溶化・マイクロエマルション化によって配合を検討することも重要である．

【処方例1】　　　　　　　　透明化粧水（弱酸性）

保　湿　剤：1,3ブチレングリコール	6.0%
グリセリン	4.0
エモリエント剤：オレイルアルコール	0.1

```
界 面 活 性 剤：POE(20) ソルビタンモノラウリン酸エス
                      テル                          0.5
              POE(15) ラウリルアルコールエーテル      0.5
ア ル コ ー ル：エタノール                          10.0
香         料：                                     適量
色         剤：                                     適量
防   腐   剤：                                      適量
褪 色 防 止 剤：                                     適量
緩   衝   剤：                                      適量
精   製   水：                                     78.9
```

【製法】 精製水に保湿剤，緩衝剤，褪色防止剤を室温にて溶解し水相とする．エタノールに防腐剤，香料，エモリエント剤，可溶化剤（界面活性剤）を溶解し，先の水相に混合可溶化する．その後色剤により調色後沪過，充てん(填)を行う．

【処方例2】　　　　　　　増粘剤を含む柔軟化粧水

```
保   湿   剤：ソルビット                           4.0%
              ジプロピレングリコール                 6.0
              PEG 1500                              5.0
界 面 活 性 剤：POE(20) オレイルアルコールエーテル    0.5
増   粘   剤：メチルセルロース                      0.2
              クインスシード                        0.1
ア ル コ ー ル：エタノール                          10.0
香         料：                                     適量
色         剤：                                     適量
防   腐   剤：                                      適量
キ レ ー ト 剤：                                     適量
褪 色 防 止 剤：                                     適量
緩   衝   剤：                                      適量
精   製   水：                                     74.2
```

【製法】 精製水の一部を取りキレート剤を溶解し，これに高分子増粘剤のメチルセルロースおよびクインスシードを混合・撹拌し粘稠液を作る．精製水の残部に保湿剤，緩衝剤，褪色防止剤などを加えて室温下にて溶解し，これに前述の粘稠液を加え均一な水溶液をえる．エタノールに防腐剤，界面活性剤，香料を加えアルコール溶液とし，これを前述の水溶液に添加混合して可溶化を行

う．色剤で調色後沪過する．

【処方例3】　　　　　　　半透明マイクロエマルション化粧水

保　湿　剤：	1,3ブチレングリコール	6.0%
	グリセリン	5.0
	PEG 4000	3.0
エモリエント剤：	オリーブ油	0.5
界面活性剤：	POE(20) ソルビタンモノステアリン酸エステル	1.5
	POE(5) オレイルアルコールエーテル	0.3
アルコール：	エタノール	10.0
香　　料：		適量
色　　剤：		適量
防　腐　剤：		適量
緩　衝　剤：		適量
褪色防止剤：		適量
精　製　水：		73.7

【製法】　精製水に保湿剤，褪色防止剤，緩衝剤を加え，室温下で溶解する．一方エタノールにエモリエント剤，界面活性剤，防腐剤，香料を加え室温下で溶解する．このアルコール相を前述の水相に添加しマイクロエマルションを調整する．

2）収れん化粧水 Astringent lotion

収れん化粧水は，一時的に皮膚蛋白をひきしめ，過剰の皮脂や汗の分泌を抑制する作用のある化粧水であり，一般的に使用感触もさっぱりしていることから，脂性肌の人や夏向きの化粧水とも考えられている．しかしながら最近では「皮脂分泌を抑制，化粧くずれを防ぐ」と，より目的を明確にした化粧水へと変化している．これに応じて一般的名称も収れんを意味するアストリンゼントローションから，トーニングローションやオイルコントロールローションなどに移りつつある．

pH は酸性であり，アルコールの配合量も多く蒸発熱による皮膚温の一時的な低下を図ると同時に，スルホ石炭酸塩やビタミン B_6 塩酸塩のような薬剤配合も行う．最近では顔面で特に皮脂分泌の多いTゾーン(額と鼻の部分)専用製品も市場にみられるが，これらはアルコール配合量が非常に高く（20～40%程度）使用感触でも特徴を持たせている．

【処方例1】　　　　　　　　収れん化粧水

保　湿　剤：ジプロピレングリコール	1.0%
ソルビット	1.0
界面活性剤：POE(20) オレイルアルコールエーテル	1.0
収　れ　ん　剤：スルホ石炭酸亜鉛	0.2
クエン酸	0.1
アルコール：エタノール	15.0
香　　　料：	適量
防　腐　剤：	適量
緩　衝　剤：	適量
色　　　剤：	適量
褪色防止剤：	適量
精　製　水：	81.7

【製法】　精製水に保湿剤，収れん剤，緩衝剤，褪色防止剤を室温下で溶解する．エタノールに香料，界面活性剤，防腐剤を溶解する．このエタノール相を前述の水相に添加混合し可溶化する．色剤により調色し，沪過，充てんし製品とする．

3）洗浄用化粧水 Cleansing lotion

ライトメークを落としたい時や朝の化粧前に清拭を目的に使用されるのがこのタイプの化粧水である．洗浄効果を上げるためには，界面活性剤・エタノールの配合量を多くすることと同時に，保湿剤の選定・組み合わせも重要である．使用法はコットンに含ませて汚れを拭き取る方法であり，物理的作用に負う部分もある．上述の如く洗浄効果を上げると使用感触がべたつき，悪くなる欠点を持っているため，このタイプはあくまでライトメーク用として位置づけ，洗浄力の大幅な向上は期待できないと考える．ヘビーメークを洗浄するためには洗浄力の高いクリームやジェルなどの洗浄料を使用すべきである．洗浄用化粧水は，肌が弱く石けん，クレンジングフォームの使用を好まない人や簡便な化粧落しを望む人に適している．

【処方例1】　　　　　アルコール入り洗浄化粧水

保　湿　剤：ジプロピレングリコール	6.0%
1,3 ブチレングリコール	6.0
PEG 400	6.0
可溶化剤：POE(20) ソルビタンモノラウリン酸エステル	1.0

洗　　浄　　剤	：ポリオキシエチレンポリオキシプロピレン	
	ブロックポリマー	1.5
アルコール	：エタノール	15.0
香　　　　料	：	適量
防　　腐　　剤	：	適量
緩　　衝　　剤	：	適量
色　　　　剤	：	適量
褪色防止剤	：	適量
精　　製　　水	：	64.5

【製法】　精製水に保湿剤，緩衝剤，褪色防止剤を室温下にて溶解する．エタノールに可溶化剤，洗浄剤，香料，防腐剤を溶解する．このエタノール相を前述の水相に添加し可溶化する．色剤にて調色し，沪過後充てんする．

4）多層式化粧水 Multi-layer lotion

　2層以上の層からなる化粧水で油層，水層といった液〜液系のものと水層〜粉体のような液〜固系のものとある．いずれの場合も使用時振とうして用いる．液〜液系では，少量の界面活性剤の配合で使用時乳液の状態となり，使いやすくしかも幅広い使用目的と使用感触を持たせることができる．また界面活性剤の代りに粉体を配合することにより，使用時振とうして粉末乳化により均一層にすることも可能である．

　液〜固型のものは，カーマインローション（カラミンローション）と代表してよばれる．日焼けした肌のほてりを鎮める目的で，夏期に好んで使用される．この粉末によって，さらっとした使用感を感じさせると同時に分泌された皮脂も粉末に吸着させ，結果として化粧くずれを防ぐ効果をも示す．

【処方例1】　　　　　　　2層式化粧水（液〜液型）

油　　　　分	：スクワラン	8.0%
保　　湿　　剤	：ソルビット	1.0
	グリセリン	1.0
界面活性剤	：POE ソルビタンテトラオレイン酸エステル	0.2
アルコール	：エタノール	10.0
香　　　　料	：	適量
防　　腐　　剤	：	適量
色　　　　剤	：	適量
精　　製　　水	：	79.8

【製法】 スクワランに油溶性色剤を加える．さらにこれにポリオキシエチレンソルビタンテトラオレイン酸エステル，防腐剤を加えて溶解したアルコール部を加えて油層とする．精製水にマビット，グリセリン，水溶性色剤を加えて溶解したものを水層とする．水層部に油層部を室温下に加え，よくかきまぜながらナイロン沪布などにより沪過して製品とする．

【処方例2】　　　　　カーマインローション(液〜固型)

アルコール：	エタノール	15.0%
保湿剤：	グリセリン	2.0
	1,3ブチレングリコール	2.0
粉末：	酸化鉄(ベンガラ)	0.15
	酸化亜鉛	0.5
	カオリン	2.0
薬剤：	カンファー	0.2
	フェノール	0.02
香料：		適量
褪色防止剤：		適量
精製水：		78.13

【製法】 エタノール，保湿剤に香料を入れて溶解する．精製水にカンファー，フェノールを溶解し，ここに粉末，褪色防止剤および前述のエタノール保湿剤相を加え撹拌し，粉末を湿潤分散する．150メッシュ程度で沪過して製品とする．

1-4　乳液 Milky lotions

1-4-1．乳液の目的・機能

　乳液は化粧水とクリームの中間的性格をもつもので，特別な例を除いて油分量は少なく流動性のあるエマルションである．

　スキンケア化粧品は皮膚の恒常性機能の維持，回復やその他の役割を持つことは，先に述べたことであるが，乳液は皮膚のモイスチャーバランスを保つべく主に水分・保湿剤・油分を補給し，皮膚の保湿・柔軟機能をはたす化粧品である．また，これら基本機能のほかに乳液の特性を利用した各種の化粧品がある．目的・機能別分類を表1-5に示す．

　乳液は，油性成分量に対し水性成分量の比率が大きいので，肌に対してはのびが良く，なじみやすい．油っぽくなくさっぱりしているため夏期の使用や，普通肌〜脂性肌用の化粧品に適して

表 1-5. 乳液の目的・機能別分類

目的・機能	製品分野
皮膚の保湿・柔軟	エモリエントローション （モイスチャーローション，ミルキィーローション，ナリシングローション，ナリシングミルク，スキンモイスチャー，モイスチャーエマルションなどとよばれ，季節，対象肌，嗜好などによって乳化タイプ，油分・保湿剤量などが調整される）
皮膚の血行促進・柔軟	マッサージローション
洗浄・化粧落し	クレンジングローション
生活紫外線の防御(注)	サンプロテクト （プロテクトエマルション，サンプロテクター，UV ケアミルクなどとよばれる）
(その他：各項 参照) 紫外線防御 化粧下地 角質柔軟 毛髪の保護 ボディ・ハンド用	日やけ止め化粧品 メーキャップローション 角質スムーザー エルボーローション ヘアーミルク ハンドローション ボディローション

(注) スポーツやレジャー時に，強い紫外線を浴びる場合には SPF 値の高い日やけ止め化粧品が使用されるが，洗濯・買物・散歩などの日常生活において浴びる生活紫外線から肌を守るために使用されるデイリーユース daily use のスキンケア化粧品として位置づけされる．十分なモイスチャーバランスを持つことは勿論のこと，下地用化粧品としての機能を持っている．

いる．

　乳液は，水と油のように，互いに溶け合わない液体の分散系を利用しており，エマルションまたは乳濁液 emulsion とよばれる状態であり，熱力学的に不安定な系である．分散媒(連続相)中の分散相(乳化粒子)の分離を表わす関係式として，ストークスの法則が知られている[17]（総論 7. 化粧品の物理化学 参照）．

　安定化を保持するためには，①乳化粒子を細かくする．　②内・外相の比重差を小さくする．③外相の粘度を上昇させる　などの手段を講ずる必要がある．

　そのため，乳液では水溶性高分子や粘土鉱物を用いて，分散媒の増粘を図ったり，乳化粒子に対する保護コロイド性を与えたりして安定化を図ると同時に使用性の調整を行う手段が取られることが多い．

　乳液の pH は，皮膚表面の pH 域に合わせて弱酸性～中性が多いが，特殊なケースとして，ヒジ・カカトを対象とした角質柔軟のための化粧品で pH をアルカリ側にしているものもある．

　つぎに，処方構成面(乳化タイプ，油分量)からの分類を表 1-6 に示す．

1-4-2. 乳液の主成分

　乳液の構成成分はクリームの構成成分と類似したものが多いが，固型油分やロウ類の使用される割合はクリームよりかなり少ない．

　乳化タイプは，ほとんどの乳液は O/W 型であるが，製品特徴や用途によって W/O 型も選択

表 1-6. 乳液の処方別分類

乳化型	乳化剤	油分量(%)	代表製品例
O/W 型	石けん (高級脂肪酸石けん)	3〜30	エモリエントローション サンプロテクト ハンドローション
	石けん＋ノニオン界面活性剤併用		
	ノニオン界面活性剤	10〜50	クレンジングローション エモリエントローション
	水溶性高分子 (高分子乳化)	10〜40	マッサージローション エモリエントローション
	蛋白質界面活性剤 (蛋白質乳化)	10〜40	エモリエントローション
W/O 型	ノニオン界面活性剤	30〜50	マッサージローション エモリエントローション
	有機変性粘土鉱物		
多相エマルション (multiple emulsion)	ノニオン界面活性剤	―	(W/O/W 型と O/W/O 型があるが，安定性に問題点も多いため市場にはほとんどみられない)

される．乳化に用いられる界面活性剤は，安全性の高いノニオン系，アニオン系が主体である．最近では蛋白質系界面活性剤も生体関連成分として用いられる．

油性成分としては，炭化水素，油脂，ロウ，高級脂肪酸，高級アルコール，エステルに加え，最近では直鎖・環状のシリコーンオイルも用いられる．これら油性成分の量・種類の選定は，使用性・安定性などの特性より決められる．

水性成分としては精製水，エタノール，多価アルコール，水溶性高分子などがある．その他の成分として，防腐剤，薬剤，キレート剤，紫外線吸収剤，酸化防止剤，分散剤，褪色防止剤，緩衝剤，色剤，使用性改質剤，香料などがあげられる．

実際に処方を作成する場合は目的とする製品特徴に応じて，安定性，安全性，防腐性，使用性などの広い観点から各成分の特性を把握した上で設計する必要がある．

一般的な乳液に用いられる主成分については，「1-5-2. の表 1-9. クリームの主成分」を参照されたい．

1-4-3. 乳液の一般的な製造法

乳液は微生物による汚染を防止する意味や乳化をスムーズにするために，加熱して製造するケースが多い．製造工程はクリームと共通点を持っているが，粘度などの物性が製造工程条件により左右されることが大きいので，乳化条件(添加方法，乳化温度，添加順序)，撹拌条件，乳化機処理条件，冷却処理条件などの条件を適宜選択することが重要である．

具体的には，分散媒に分散相を加え予備乳化を行った後，強力な乳化機(ホモミキサー)によって乳化粒子を均一にし，脱気，濾過後，熱交換機で冷却し製品とする(図 1-6, 7)．

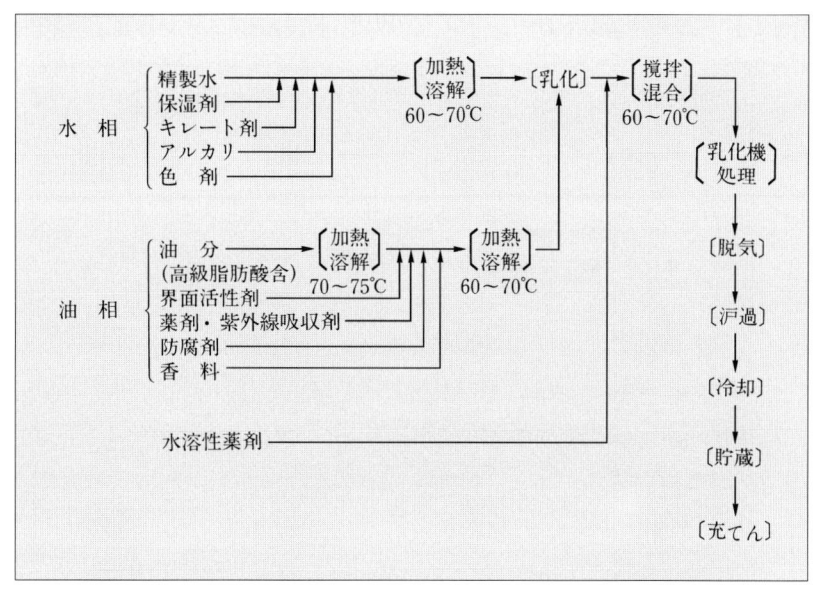

図 1-6. 工程図（O/W 型，石けん＋ノニオン界面活性剤併用乳液）

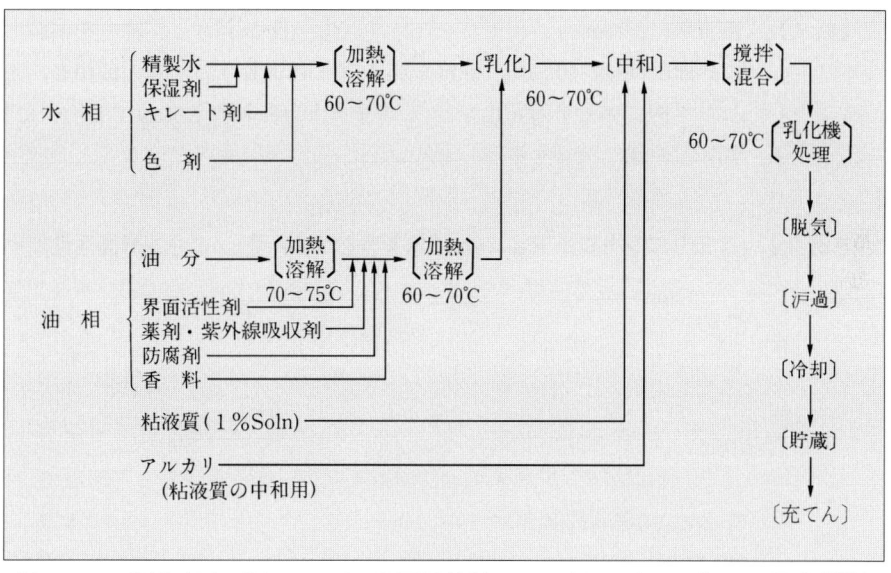

図 1-7. 工程図（O/W 型，ノニオン界面活性剤，カルボキシビニルポリマー配合乳液）

1-4-4. 乳液の種類

1）保湿・柔軟乳液 Moisturizing and softening milky lotion

このタイプの乳液は，一般に O/W 型で油分量 10〜20％，保湿剤量 5〜15％程度の製品が多い．

【処方例1】　エモリエントローション（O/W 型, 石けん・ノニオン界面活性剤併用）

油　　　　分 :	ステアリン酸（反応後一部石けんとなる）	2.0%
	セチルアルコール	1.5
	ワセリン	4.0
	スクワラン	5.0
	グリセロールトリ-2-エチルヘキサン酸	
	エステル	2.0
界 面 活 性 剤 :	ソルビタンモノオレイン酸エステル	2.0
保　湿　剤 :	ジプロピレングリコール	5.0
	PEG 1500	3.0
ア ル カ リ :	トリエタノールアミン	1.0
防　腐　剤 :		適量
香　　料 :		適量
精　製　水 :		74.5

【製法】　精製水に保湿剤，アルカリを加え70℃に加熱調整する．油分を溶解し，これに界面活性剤，防腐剤，香料を加え70℃に調整する．この油相を，先に調整した水相に加え予備乳化を行う．ホモミキサーにて乳化粒子を均一にした後，脱気，沪過，冷却する．

【処方例2】　エモリエントローション（粘液質を含む O/W 型, ノニオン界面活性剤）

油　　　　分 :	セチルアルコール	1.0%
	ミツロウ	0.5
	ワセリン	2.0
	スクワラン	6.0
	ジメチルポリシロキサン	2.0
ア ル コ ー ル :	エタノール	5.0
保　湿　剤 :	グリセリン	4.0
	1,3ブチレングリコール	4.0
界 面 活 性 剤 :	POE(10)モノオレイン酸エステル	1.0
	グリセロールモノステアリン酸エステル	1.0
粘　液　質 :	クインスシード抽出液（5％水溶液）	20.0
防　腐　剤 :		適量
色　　剤 :	染料	適量
香　　料 :		適量
精　製　水 :		53.5

【製法】　精製水に保湿剤，色剤を加え70℃に加熱調整する．油分に界面活性剤，防腐剤を加え70℃に加熱調整する．これを先の水相に加え予備乳化を行う．ここにクインスシード抽出液，エタノールを加え撹拌．ホモミキサーにて乳化粒子を均一にした後，脱気，沪過，冷却を行う．

【処方例3】　エモリエントローション（O/W型，高分子乳化，界面活性剤無配合）

油　　　　分：ジメチコン	5.0%
シクロメチコン	5.0
流動パラフィン	5.0
保　湿　剤：ジプロピレングリコール	6.0
グリセリン	4.0
高　分　子：カルボキシビニルポリマー	0.1
アクリル酸・メタクリル酸アクリル共重合体	0.1
中　和　剤：水酸化カリウム	適量
防　腐　剤：	適量
酸化防止剤：	適量
香　　　　料：	適量
精　製　水：	74.8

【製法】　精製水に，保湿剤に防腐剤を加熱溶解したものと高分子を加え室温で溶解する．これに中和剤を加えたものを水相とする．これに室温で均一混合した，油分，酸化防止剤，香料を添加して乳化する．ホモミキサーにて乳化粒子を均一に調整した後，脱気，沪過を行う．

【処方例4】　エモリエントローション（W/O型，ノニオン界面活性剤）

油　　　　分：マイクロクリスタリンワックス	1.0
ミツロウ	2.0
ラノリン	2.0
流動パラフィン	20.0
スクワラン	10.0
保　湿　剤：プロピレングリコール	7.0
界面活性剤：ソルビタンセスキオレイン酸エステル	4.0
POE(20)ソルビタンモノオレイン酸エステル	1.0
防　腐　剤：	適量

香　　　　料：	適量
精　製　水：	53.0

【製法】　精製水に保湿剤を加え 70℃に加熱調整する．油分を加熱溶解後，界面活性剤，防腐剤，香料を加え 70℃に調整する．この油相を撹拌しながら，先に調整した水相を徐々に加え予備乳化を行う．ホモミキサーで乳化粒子を均一にした後，脱気，沪過，冷却する．

1-5　クリーム Creams

　一般にクリーム剤型は，化粧水とともにもっとも古くから汎用されてきたスキンケア化粧品である．乳化技術，化粧方法の歴史的変遷，進歩につれて各時代にいろいろなクリームが作られているが，界面化学の進歩，化粧品の製造技術水準の向上，化粧方法の発達が今日の多種多様なクリームを生み出している．

1-5-1．クリームの目的・機能

　クリームは水と油のように互いに混じり合わない2つの液体の一方を分散相として，他方の分散媒中に安定的な状態で分散させたエマルション emulsion の一種である．半固型状（クリーム状）に固まっているので，乳液などと比べて安定性の幅が広く，油分・保湿剤・水分などをきわめて幅広い比率で配合できるためスキンケア化粧品としても代表的なもので，その存在意義も大きい．

　クリームは，一般的に皮膚のモイスチャーバランスを保つべく，主に水分，保湿剤，油分を補給し，皮膚の保湿・柔軟機能を持つものである．またこのほかにクリームの特性を利用した保湿・柔軟以外の血行促進，洗浄・メーク落しなどの機能を持つ製品も多い（表1-7）．

　クリームは，使いやすく均一に塗布しやすいため，加えて処方幅も広く取ることが可能なため，使用感の上でもさっぱりしたもの，油っぽいもの，しっとりしたもの，硬いもの，軟らかいもの，よくのびるもの，すぐ肌になじむもの，手で拭うと落ちやすいもの，落ちにくいもの，水洗できるもの，できないものなどいろいろな性質のものを調整することができる．それ故，季節，使用者の年齢，生活環境によって異なる肌質や肌状態，化粧習慣や嗜好の違いに応じて水分，保湿剤，油分の量・種類を変化させ，使用目的に応じた処方作成が容易である．

　クリームの処方構成面（乳化タイプ，油分量）より分類すると表1-8のようになる．

表 1-7. クリームの目的・機能別分類

目的・機能	製品分野
皮膚保湿・柔軟	エモリエントクリーム（栄養クリーム，ナリシングクリーム，モイスチャークリーム，バニシングクリーム，ナイトクリームなどとよばれ，季節・対象肌・嗜好などによって乳化タイプ，油分・保湿剤量などが調整される）
皮膚の血行促進・柔軟	マッサージクリーム
皮膚の洗浄・化粧おとしなど	クレンジングクリーム
化粧下地・メークアップベース	メーキャップクリーム，ベースクリーム，プレメーキャップクリーム
その他特殊目的	
（例）紫外線防御	日やけ止めクリーム，サンタンクリーム
脱　毛	ヘアリムーバー
整　髪	ヘアクリーム
防　臭	デオドラントクリーム
ひげそり	シェービングクリーム
角質軟化	角質軟化クリーム

表 1-8. クリームの処方別分類

クリームの型式	構成成分		代表例	
	油相量(%)	乳化剤	代表製品例	古いよび方
O/W 型	10～30	・高級脂肪酸石けん ・ノニオン界面活性剤 ・蛋白質界面活性剤 ・石けん＋ノニオン界面活性剤併用 ・ミツロウ＋ホウ砂＋ノニオン界面活性剤併用	エモリエントクリーム	油相量10～20%で石けんを主な乳化剤としているものをバニシングクリーム
	30～50		エモリエントクリーム	中油性クリーム
	50～85		マッサージクリーム クレンジングクリーム エモリエントクリーム	コールドクリーム
W/O 型	20～50	・ノニオン界面活性剤 ・アミノ酸＋ノニオン SAA* 　（アミノ酸ゲル乳化） ・有機変性粘土鉱物 ・石けん＋ノニオン界面活性剤	エモリエントクリーム	—
	50～85		マッサージクリーム クレンジングクリーム エモリエントクリーム	コールドクリーム
無水油性	100	・油性ゲル化剤	リクィファイニングクリーム（クレンジングクリーム）	—
O/W/O 型	10～50	・親水性ノニオン SAA＋親油性ノニオン SSA ・有機変性粘土鉱物	エモリエントクリーム	—
W/O/W 型	5～30	・親水性ノニオン SAA＋親油性ノニオン SAA	エモリエントクリーム	—

(＊ SAA：界面活性剤の略)

1-5-2. クリームの主成分

　クリームの構成成分は，油性成分，水性成分，界面活性剤，防腐剤，キレート剤，香料，薬剤などから成り，その組み合わせは数多くあるので，ここでは一般的なもののみ取り上げる．
　クリームにも O/W 型と W/O 型の乳化型があり，用いる界面活性剤や油性成分に特徴がある．

O/W 型の場合，一般的に親水性の界面活性剤が中心となる．油性成分は非極性油分から非常に極性の高い油分まで幅広く用いることができる．内相比の高いクリームの場合，乳化粒子の密度が高くなることにより構造上流動性がなくなりクリーム状を呈す．しかし内相比の低い場合は，硬度を出すために両親媒性物質である高級アルコールや高級脂肪酸などを配合して，外相の流動性をなくしクリーム状として安定性向上を図る必要がある．特に両親媒性物質として高級アルコールが汎用されるが，これは高級アルコールとノニオン界面活性剤との組み合わせによって外相(水相)中にラメラー型の液晶が形成され，外相中でゲル構造を作ることも明らかにされている[18~19]．この種のクリームを経時的にさらに安定化させるためには，セチルアルコールとステアリルアルコールを組み合わせて用いることも有効である[20]．

W/O 型の場合，界面活性剤も親油性のものが中心となる．油性成分は非極性油分が中心となって構成される．安定性を向上させるためには，外相(油相)の離液を防ぐことが重要であり，その

表 1-9. クリームの主成分

構成成分	代 表 的 な 原 料
油相成分	(炭化水素) スクワラン，流動パラフィン，ワセリン，固形パラフィン，マイクロクリスタリンワックス，セレシン など
	(油 脂) オリーブ油，アーモンド油，カカオ脂，マカデミアナッツ油，アボガド油，硬化パーム油，ヒマシ油，ヒマワリ油，月見草油，合成トリグリセライド など
	(ロ ウ) ミツロウ，ラノリン，カルナバロウ，キャンデリラロウ，ホホバ油 など
	(脂肪酸) ステアリン酸，オレイン酸，イソステアリン酸，ミリスチン酸，パルミチン酸，ベヘニ酸 など
	(高級アルコール) セタノール，ステアリルアルコール，ベヘニルアルコール，ヘキサデシルアルコール，オクチルドデシルアルコール，コレステロールなど
	(合成エステル) IPM，グリセリントリエステル，ペンタエリスリトールテトラエステル，コレステリルエステル など
	(その他) シリコーン油(ジメチルポリシロキサン，メチルフェニルポリシロキサン，シクロメチコン) など
水相成分	(保湿剤) グリセリン，プロピレングリコール，ソルビット，ポリエチレングリコール，ジプロピレングリコール，1,3 ブチレングリコール，ジグリセリン，マンニトール，POE メチルグリコシド，生体高分子 など
	(粘液質) クインスシード，ペクチン，セルロース誘導体，キサンタンガム，アルギン酸 Na，ソアギーナ，カルボキシビニルポリマー など
	(アルコール) エタノール，イソプロピルアルコール
	(精製水) イオン交換水
界面活性剤(乳化剤)	(非イオン性) モノステアリン酸グリセリン，POE ソルビタン脂肪酸エステル，ソルビタン脂肪酸エステル，POE アルキルエーテル，POE・POP ブロックポリマー，POE 硬化ヒマシ油エステル など
	(陰イオン性) 脂肪酸石けん，アルキル硫酸ナトリウム など
その他	(アルカリ) 水酸化カリウム，水酸化ナトリウム，トリエタノールアミン
	(香 料)
	(色 剤) 許可色素，顔料
	(キレート剤) EDTA
	(防腐剤) パラベン類，ソルビン酸，イソプロピルメチルフェノール など
	(酸化防止剤) ジブチルヒドロキシトルエン，ビタミンE など
	(バッファー剤) クエン酸，クエン酸 Na，乳酸，乳酸 Na など
	(薬 剤) ビタミン類，紫外線吸収剤，アミノ酸，美白剤 など

ために油分の選択・組み合わせに注意する必要がある．

　油相の多いクリームの場合，油性の強いものには W/O 型，さっぱりした使用性を求める場合には O/W 型が採用されてきた．この選択もコールドクリーム*，クレンジングクリームのように油分の多い場合のみ可能で，油分の少ない領域ではこのような自由な選択は不可能で，ほとんど O/W 型に限定されてきた．しかしながら，後述のように乳化技術の発達により，比較的油分の少ない領域でも，使用感がさっぱりして，しかも耐水性の良いクリーム製剤が得られるようになってきた．

　代表的なクリームの主成分を表 1-9 にあげる．これらのほかにも，最近の化学合成・精製技術の進歩により，さらに多くの油分，保湿剤，乳化剤，薬剤などが用いられるようになってきている．

1-5-3．クリームの一般的な製造法

　精製水に保湿剤，そのほか水に溶解する成分を添加して 70℃ に加熱調整し，これを水相とする．一方，固型油分，半固型油分，流動油分，防腐剤，酸化防止剤を加え加熱撹拌溶解し 70℃ に調整する．これを油相として乳化直前に香料を添加し撹拌する．先に調整した水相を撹拌しながら，この油相を徐々に添加し予備乳化を行う．この後，乳化機（ホモミキサー）処理を行い乳化粒子を均一にし，脱気，沪過，冷却を行った後，貯蔵タンクに移して容器に充てんする．このケースは，O/W 型クリームの一般的な製造法である（図 1-8）．

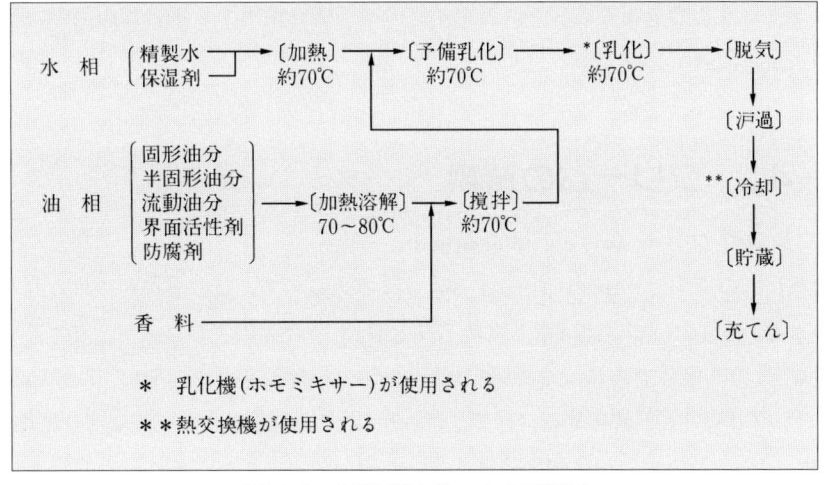

図 1-8．O/W 型クリームの工程図

---

　*　コールドクリーム：このクリームの起源は古く，古代ローマ時代にさかのぼるといわれる．垢を落したり，皮膚に適度な油分を与えるなど用途がきわめて広く，またこれを皮膚に塗擦すると水分の蒸発により冷感を与えるので昔からコールドクリームという名称がついている．その構成は油相（とくに炭化水素系油分）が多く，乳化状態で存在している含水油性クリームである．硬度の温度依存性が高いため，高温・低温で硬度が著しく変わらないようにすることが必要である．乳化型式は W/O 型あるいは O/W 型がある．

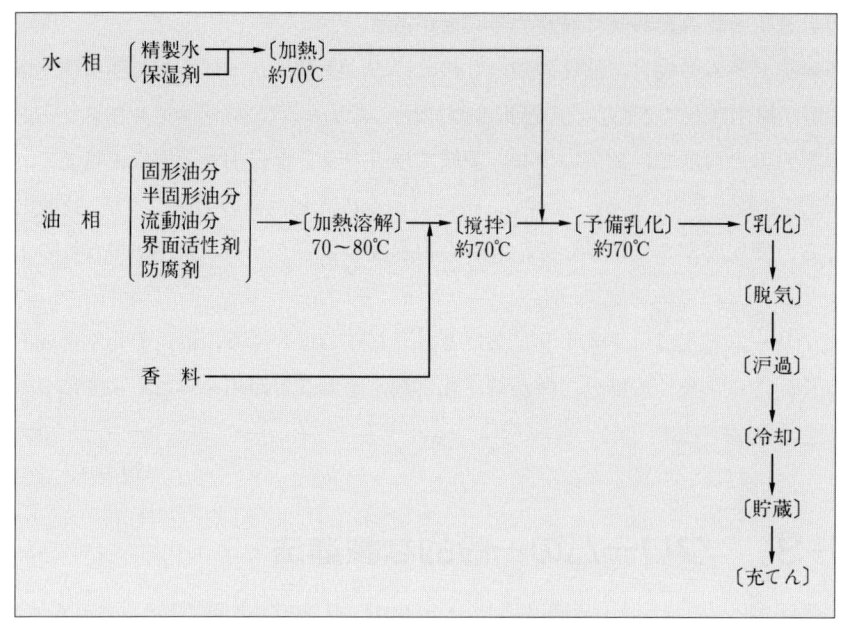

```
水相 ┬ 精製水  → 〔加熱〕
     └ 保湿剤    約70℃
                              ↓
油相 ┬ 固形油分                
     │ 半固形油分              
     │ 流動油分  → 〔加熱溶解〕 → 〔撹拌〕  → 〔予備乳化〕 → 〔乳化〕
     │ 界面活性剤   70～80℃    約70℃      約70℃
     └ 防腐剤                                              ↓
                                                      〔脱気〕
香料 ─────────────────────────────↑            ↓
                                                      〔濾過〕
                                                         ↓
                                                      〔冷却〕
                                                         ↓
                                                      〔貯蔵〕
                                                         ↓
                                                      〔充てん〕
```

図 1-9．W/O 型クリームの工程図

　W/O 型クリームの場合は，O/W 型とは逆に油相に水相を徐々に添加して予備乳化を行い，ついで前述の O/W 型と同様の工程を取る（図 1-9）．
　クリームの製造工程によって品質特性値，特に硬度に影響を与えるのは，乳化粒子を調整するための工程および冷却工程である．冷却工程で使用するボーテーター式熱交換機は品質の安定したクリームを得るうえで重要である．このタイプの冷却機を使用する場合は円筒の回転数および冷却終温の選定に注意が必要である．

1-5-4．クリームの種類

1）バニシングクリーム Vanishing cream

　皮膚に塗布してのばすと vanish（消失）するようにみえるので，この名称がつけられた．バニシングクリームは，一言にしていえば水とステアリン酸（および高級アルコール，ステアリン酸モノグリセリドなど）の乳化系であり，これに保湿効果を与える多価アルコール（グリセリン，ソルビット，プロピレングリコール，ポリエチレングリコールなど）を添加したものである．乳化型式は O/W 型のみで，10～20％の油分が水相に分散乳化したもので，古くからある代表的なクリームである．特に油相中のステアリン酸と水相中の水酸化カリウム（場合によっては水酸化ナトリウム，トリエタノールアミン）を混合した時，中和反応を生じ，その際できるステアリン酸カリウムが乳化剤となって乳化を促進する．この反応乳化（石けん乳化）とよばれる製法が広く使われてきたが，戦後界面活性剤の導入により反応乳化と界面活性剤の両者を組み合わせた型のクリームが多くなってきた．現在ではクリームの pH を中性に近づけるためにも，ノニオン界面活性剤が中心で

少量の石けんを併用した系が主流となっている．

【処方例1】　バニシングクリーム（O/W 型，石けん＋ノニオン界面活性剤併用）

油　　　　分：ステアリン酸	8.0%
ステアリルアルコール	4.0
ステアリン酸ブチル	6.0
保　湿　剤：プロピレングリコール	5.0
界 面 活 性 剤：モノステアリン酸グリセリン	2.0
ア　ル　カ　リ：水酸化カリウム	0.4
防　腐　剤：	適量
酸 化 防 止 剤：	適量
香　　　料：	適量
精　製　水：	74.6

【製法】　精製水に保湿剤，アルカリを加え 70℃に加熱調整する．油分を加熱溶解後，界面活性剤，防腐剤，酸化防止剤，香料を加え 70℃に調整する．これを先の水相に加え予備乳化を行う．ホモミキサーにて乳化粒子を均一にした後，脱気，沪過，冷却を行う．

2) O/W 型中油性クリーム O/W type medium cream

大部分のエモリエントクリーム（栄養クリーム，ナイトクリーム，モイスチャークリームなど）はこの中に入る．

油相が 30～50％前後で，バニシングクリームとコールドクリームの中間的性格のものとして"中油性"の名称が使われている．油分が少なく，適当にさっぱりしており，油溶性，水溶性の両薬剤の配合が可能なため非常に有用なクリームとなっている．

【処方例1】　エモリエントクリーム（O/W 型，ノニオン界面活性剤）

油　　　　分：ステアリルアルコール	6.0%
ステアリン酸	2.0
水添ラノリン	4.0
スクワラン	9.0
オクチルドデカノール	10.0
保　湿　剤：1,3 ブチレングリコール	6.0
PEG 1500	4.0
界 面 活 性 剤：POE (25) セチルアルコールエーテル	3.0
モノステアリン酸グリセリン	2.0

防　腐　剤：	適量
酸化防止剤：	適量
香　　　料：	適量
精　製　水：	54.0

【製法】　精製水に保湿剤を加え70℃に加熱調整する．油分を加熱溶解後，界面活性剤，防腐剤，酸化防止剤，香料を加え70℃に調整する．これを先の水相に加えて，ホモミキサーにて乳化粒子を均一にして，脱気，沪過，冷却する．

【処方例2】　エモリエントクリーム(O/W型, 石けん＋ノニオン界面活性剤併用)

油　　　分：セチルアルコール	5.0%
ステアリン酸	3.0
ワセリン	5.0
スクワラン	10.0
グリセロールトリ2-エチルヘキサン酸エステル	7.0
保　湿　剤：ジプロピレングリコール	5.0
グリセリン	5.0
界面活性剤：プロピレングリコールモノステアリン酸	
エステル	3.0
POE (20) セチルアルコールエーテル	3.0
ア ル カ リ：トリエタノールアミン	1.0
防　腐　剤：	適量
酸化防止剤：	適量
香　　　料：	適量
精　製　水：	53.0

【製法】　精製水に保湿剤，アルカリを加え70℃に調整する．油分を加熱溶解後，界面活性剤，防腐剤，酸化防止剤，香料を加え70℃に調整する．これを先の水相に添加し予備乳化を行う．ホモミキサーにて乳化粒子を均一にした後，脱気，沪過，冷却を行う．

3）マッサージクリーム Massage cream

コールドクリームの代表ともいえる製品である．長い間，下に示すようにミツロウとホウ砂の反応によって生成する石けんを乳化剤として用いてきたが，乳化剤全体に占める石けんの割合は徐々に低くなってきており，最近では使用性が軽く，のびの良いクリームが求められているため，

この石けんを全く含まないマッサージクリームも多くなってきている．

ミツロウ bees wax 中に約20%含まれる脂肪酸(リグノセリン酸 $C_{23}H_{47}COOH$ およびセロチン酸 $C_{25}H_{51}COOH$ など)とホウ砂の反応による石けん．

$$Na_2B_4O_7 + 7H_2O \rightleftharpoons 2NaOH + 4H_3BO_3 \cdots\cdots\cdots\cdots\cdots\cdots (\text{I})$$
ホウ砂　　　　　　　　　　　　　　　ホウ酸

$$C_{25}H_{51}COOH + NaOH \rightleftharpoons C_{25}H_{51}COONa + H_2O \cdots\cdots\cdots (\text{II})$$
セロチン酸(ミツロウ中の成分)　　　　セロチン酸ナトリウム

(I)(II)を総合すると，

$$2C_{25}H_{51}COOH + Na_2B_4O_7 + 5H_2O \rightleftharpoons 2C_{25}H_{51}COONa + 4H_3BO_3$$

のようになりセロチン酸ナトリウムが，乳化剤となって働く．リグノセリン酸も同様のプロセスをとる．

【処方例1】マッサージクリーム(O/W 型，ミツロウ＋ホウ砂＋ノニオン界面活性剤併用)

油　　　分：固型パラフィン	5.0%
ミツロウ	10.0
ワセリン	15.0
流動パラフィン	41.0
保　湿　剤：1,3ブチレングリコール	4.0
界面活性剤：モノステアリン酸グリセリン	2.0
POE(20)ソルビタンモノラウリン酸エステル	2.0
アルカリ：ホウ砂	0.2
防　腐　剤：	適量
酸化防止剤：	適量
香　　　料：	適量
精　製　水：	20.8

【製法】　精製水に保湿剤，ホウ砂を加え70℃に加熱調整する．油分を加熱溶解後，界面活性剤，防腐剤，酸化防止剤，香料を加え70℃に調整する．これを先に調整した水相に徐々に添加し予備乳化を行う．ホモミキサーにて乳化粒子を均一にした後，脱気，泸過，冷却を行う．

【処方例2】　　マッサージクリーム(W/O型，ノニオン界面活性剤)

油　　　　分：	マイクロクリスタリンワックス	9.0%
	固型パラフィン	2.0
	ミツロウ	3.0
	ワセリン	5.0
	還元ラノリン	5.0
	スクワラン	34.0
	ヘキサデシルアジピン酸エステル	10.0
保　湿　剤：	プロピレングリコール	5.0
界 面 活 性 剤：	モノオレイン酸グリセリン	3.5
	POE(20)ソルビタンモノオレイン酸エステル	1.0
防　腐　剤：		適量
酸 化 防 止 剤：		適量
香　　　料：		適量
精　製　水：		22.5

【製法】　油分を加熱溶解後，界面活性剤，防腐剤，酸化防止剤，香料を加え70℃に調整する．精製水に保湿剤を加え70℃に調整する．このクリームはW/O型なので，先に調整した油相に水相を徐々に添加し予備乳化を行う．ホモミキサーで乳化粒子を均一にした後，脱気，沪過，冷却を行う．

4) クレンジングクリーム Cleansing cream

　従来はクレンジングクリーム使用後拭き取る使用法であったものが，手軽な使用法ということで洗面所・浴室で洗い流す使用法が望まれた結果，拭き取り・洗い流しの両方可能なツーウェイタイプが市場では主流となっている．洗い流し後にべたつきを残さないため油相中に占める固型・半固型油分の比率が低くなっている．

【処方例1】　　クレンジングクリーム(O/W型,石けん＋ノニオン界面活性剤併用)

油　　　　分：	ステアリン酸	2.0%
	セチルアルコール	3.0
	ワセリン	10.0
	流動パラフィン	38.0
	イソプロピルミリステート	10.0
保　湿　剤：	プロピレングリコール	5.0

界 面 活 性 剤：	モノステアリン酸グリセリン	2.5
	POE(20)ソルビタンモノステアリン酸エステル	2.5
ア ル カ リ：	水酸化カリウム	0.1
防 腐 剤：		適量
酸 化 防 止 剤：		適量
香 料：		適量
精 製 水：		26.9

【製法】　精製水に保湿剤，アルカリを加え70℃に調整する．油分を加熱溶解後，界面活性剤，防腐剤，酸化防止剤，香料を加え70℃に調整する．これを先に調整した水相に徐々に添加し予備乳化を行う．ホモミキサーにて乳化粒子を均一に調整後，脱気，沪過，冷却を行う．

5）W/O型エモリエントクリーム W/O type emollient cream

　通常W/O型のエマルションは，外相(油相)の粘度を高くし安定性の良いクリームを得なければならなかったため，油っぽく・べたつく使用感触となりエモリエントクリームとしての評価は低かった．しかし幅広い領域の水相(水＋保湿剤)を含有してかつ油相中の固型・半固型油分を大幅に少なくしても安定性の良好な「アミノ酸ゲル乳化法」[21~23]，「有機変性粘土鉱物ゲル乳化法」[24]などが新しく開発され，幅広いニーズに対応したクリームを作製することが可能になった．

【処方例1】　　エモリエントクリーム(W/O型，アミノ酸ゲル乳化)

油 分：	流動パラフィン	30.0%
	マイクロクリスタリンワックス	2.0
	ワセリン	5.0
界 面 活 性 剤：	ジグリセロールジオレイン酸エステル	5.0
防 腐 剤：		適量
香 料：		適量
水 相(1)：	L-グルタミン酸ナトリウム	1.6
	L-セリン	0.4
	精製水	13.0
水 相(2)：	プロピレングリコール	3.0
	精製水	40.0

【製法】　水相(1)を50℃で加熱溶解したものを，同じく50℃に加熱した界面活性剤部

へ撹拌しながら徐添して，W/D* 乳化組成物（アミノ酸ゲル）を作る．油相を 70°C に加熱溶解したものの中に前述の W/D 乳化組成物を均一に分散する．さらに水相(2)を 70°C に加熱したものをこの分散液中に十分撹拌しながら添加し，ホモミキサーで均一に乳化した後，脱気，沪過，30°C まで冷却する．

【処方例2】 エモリエントクリーム（W/O 型，有機変性粘土鉱物油性ゲル乳化）

油　　　　分：	スクワラン	20.0%
	セチルイソオクタノエート	8.5
	マイクロクリスタリンワックス	1.0
粘　土　鉱　物：	有機変性粘土鉱物	1.3
界　面　活　性　剤：	POE グリセロールトリイソステアリン酸エステル	0.2
保　　湿　　剤：	グリセリン	10.0
防　　腐　　剤：		適量
香　　　　料：		適量
精　　製　　水：		59.0

【製法】 油分を加熱溶解後，粘土鉱物，界面活性剤，防腐剤，香料を加え 70°C に調整し均一に分散・溶解して油性ゲルを得る．精製水に保湿剤を加え 70°C に調整する．この水相を先に調整した油性ゲルの中へ十分に撹拌しながら徐添する．ホモミキサーで均一に混合した後，脱気，沪過，30°C まで冷却する．

6）無水油性タイプクレンジングクリーム Anhydrous oily cleansing cream

リクィファイニングクリームともよばれ，乳化していない油性成分だけのクリームで，製法が簡単なので昔から作られていたクレンジングクリームである．

【処方例1】　　　　　　　無水油性クレンジングクリーム

油　　　　分：	セレシン	8.0%
	マイクロクリスタリンワックス	5.0
	ワセリン	35.0
	流動パラフィン	50.0
固　　化　　剤：	低分子ポリエチレン	2.0
香　　　　料：		適量

---

* 界面活性剤相を示す．

【製法】　香料以外の成分を混合し加熱溶解(約90℃)した後, 約60℃まで冷却し香料を添加する. この処方は低分子ポリエチレンの溶解性の点から, 冷却時90〜70℃間での撹拌条件とクリームが固化してからの撹拌条件によって, 最終品の硬度と安定性が大きく変化するので注意が必要である.

7) O/W/O タイプマルチプルクリーム　O/W/O multiple cream

最近では薬剤の安定化, 香料の徐放効果, 従来とは異なる使用感を目的としてO/W/OやW/O/Wといったマルチプルエマルション (多層型乳化) 技術を用いた製品も見られるようになってきた.

【処方例1】マルチプルエマルション (O/W/O型, ノニオン界面活性剤＋有機変性粘度鉱物併用)

〈パートA〉

油　　　　　分：	スクワラン	5.0%
	グリセロールトリ2-エチルヘキサン酸エステル	3.0
	ワセリン	1.0
保　湿　剤：	ジプロピレングリコール	5.0
	グリセリン	5.0
界　面　活　性　剤：	POE (60) 硬化ヒマシ油	2.0
防　腐　剤：		適量
酸　化　防　止　剤：		適量
精　製　水：		79.0

〈パートB〉

油　　　　　分：	シクロメチコン	15.0%
	ジメチコン	10.0
	ペンタエリスリトールテトラエステル	5.0
粘　土　鉱　物：	有機変性粘土鉱物	1.0
界　面　活　性　剤：	POEグリセロールトリイソステアリン酸エステル	0.3
香　料：		適量

【製法】　パートAの調製：保湿剤, 防腐剤, 酸化防止剤, 精製水を70℃で均一溶解し, これに油分, 界面活性剤を70℃に調製したものを加えホモミキサーで均一混合し, 30℃まで冷却する.

パートBの調製：油分を加熱溶解後, 粘土鉱物, 界面活性剤, 香料を加え70℃に調製し均一に分散・溶解して油性ゲルを得る. 事前に調製しておいたパー

トA 68.7%を，パートBの中へ十分に撹拌しながら徐添する．ホモミキサーで均一に混合した後，脱気，沪過，30℃まで冷却する．

処方例としてO/W/O乳化を挙げたが，これと逆の方法でW/O/W乳化物を得ることができる．

1-6 ジェル Gels

1-6-1．ジェルの目的・機能

ゼリーあるいはジェルと呼称される剤型で，外観状態が均一で透明〜半透明を示しており水々しい感触を与える．かつては，水性ジェルの特徴である水々しくさわやかな使用感を生かして，サマー用化粧下地などに利用されてきた．最近では各種製剤技術が開発され多種の水性・油性ジェルが市場に現われ，水分補給，保湿以外の機能，すなわち血行促進，洗浄・メーク落し用製品として好評を得ている．

水性ジェルは水分を多量に含んでいるため，肌への水分補給，保湿効果，清涼効果の基剤ベースや，ライトメーク用クレンジング剤などの基剤ベースとして利用される．使用感的には水々しく，さっぱりし，清涼感が感じられるため夏期や脂性肌用の製品に利用される．

油性ジェルは，油分を多く含んでいるため肌への油分補給，化粧水などとの組み合わせ使用で

表 1-10．ジェルの目的・機能別分類

目的・機能	ジェルタイプ		特　徴
水分補給 保　湿	水性ジェル (高分子増粘タイプ)	油分なし	水々しく，清涼感があり，さっぱりした使用感を持っているので，夏期使用や脂性肌用に向いている．オクルージョン効果は少ない
		少量油分含有	
保湿維持 油分補給	油性ジェル (乳化または液晶タイプ)		油性タイプのため，油性クリームのような重厚感がある．冬期や，乾燥肌用の保湿，油分補給として適している
血行促進 (マッサージ用)	水性ジェル		水性ジェルなので水々しい感触と高分子のすべりを利用して，なめらかなのびでマッサージしやすい．保湿剤が多く水が少ない系では温熱を感じる
洗　浄 メーク落し	水性ジェル (高分子増粘タイプ)	油分なし	水洗い，拭きとり両方が出来，さっぱりしているがハードメークには洗浄効果が劣る．洗浄力小
		少量油分含有	
	油性ジェル (乳化または液晶タイプ)		メークとのなじみがよく，使用途中でO/Wから転相しさらに軽くなる．その後の水洗性もよく，ハードメーク落し用として最適．洗浄力大
	オイルジェル		メークとのなじみはよいが，水洗できないため，拭きとって使用する．油膜が残るためクレンジングフォームなどによる再洗浄が必要．洗浄力大

保湿効果の維持のため，冬期や乾燥肌用に用いられる．またハードメークとのなじみがよいため，活性剤の種類と量を適宜選んで，水洗性にしメーク落し用としても用いられる．

ジェルを目的別に分類すると表 1-10 のようになる．

1-6-2. ジェルの主成分

水性ジェルは水溶性高分子のゲル化能を利用する場合が多い．たとえばカルボキシビニルポリマーやメチルセルロースが用いられる．このゲルベースの中に，保湿剤，界面活性剤，防腐剤，薬剤，色剤，香料などが添加されてジェル製品となる．ジェル製品は一般に透明性があるので，添加物の配合は均一溶解，均一分散に注意を要する．

油分含有乳化タイプ水性ジェルは前述水性ジェルに，少量の油分，界面活性剤を加えた透明～半(不)透明ジェルである．

油性ジェルは，界面活性剤のゲル化能や液晶構造を利用したり，内外相の屈折率を合わせ透明にした乳化タイプなどがある．

オイルジェルは，相溶性のよい油分の組み合わせ，油相のゲル化剤および安定なゲル化を保つ原料の組み合わせが必要とされる．

実際の処方に組む場合は目的とする製品特徴に応じて，安定性，安全性，防腐性，使用性などの広い観点から各成分の特性を把握したうえで設計する必要がある．

1-6-3. ジェルの一般的な製造法

ジェルは一般に粘性が高いので，製造設備を選択する必要がある．具体的には均一撹拌が可能である撹拌装置，気泡を除く脱泡装置，高粘度物質の輸送，沪過，冷却装置などである．

ジェルは透明性がポイントなので，原料の溶解，均一性に注意する必要がある．

1-6-4. ジェルの種類

1) 洗浄・メーク落し用ジェル

ジェルの特性である水々しい使用感が好まれ，洗顔料の中でもっとも高い伸びを示している．ハードメーク落し用としての油性ジェルは，メークと十分になじませた後，洗い流しも簡単であり使用後感もさっぱりしている．

【処方例1】　　　　　油性ジェル(乳化タイプ)

油　　　　分：流動パラフィン	12.0%
グリセロールトリ-2-エチルヘキサン酸	
エステル	50.0
保　湿　剤：ソルビトール	10.0
PEG 400	5.0
界 面 活 性 剤：アシルメチルタウリン	5.0
POE オクチルドデシルアルコールエーテル	10.0
香　　　料：	適量
精　製　水：	8.0

【製法】　精製水に保湿剤，アシルメチルタウリンを加え70℃に加熱調整する．油分にPOE オクチルドデシルエーテル，香料を加え70℃に加熱調整する．これを先の水相に徐々に添加する．ホモミキサーにて乳化粒子を均一にした後，脱気，沪過，冷却を行う(水相と油相の屈折率が近いため，外観が透明～半透明のジェル状となる)．

2) 水分補給・保湿用ジェル

【処方例1】　　　　　モイスチャージェル

保　湿　剤：ジプロピレングリコール	7.0%
PEG 1500	8.0
水溶性高分子：カルボキシビニルポリマー	0.4
メチルセルロース	0.2
界 面 活 性 剤：POE (15) オレイルアルコールエーテル	1.0
ア ル カ リ：水酸化カリウム	0.1
防　腐　剤：	適量
褪 色 防 止 剤：	適量
色　　　　剤：	適量
キ レ ー ト 剤：	適量
香　　　　料：	適量
精　製　水：	83.3

【製法】　精製水に水溶性高分子を均一に溶解させた後，PEG 1500, 褪色防止剤，色剤，キレート剤を添加する．ジプロピレングリコールに界面活性剤を加え50～55℃で加熱溶解し，これに防腐剤，香料を加える．先に調整した水相を

撹拌しながらこれを徐々に添加する．最後にアルカリ水溶液を添加し，中和のため十分に撹拌する．

1-7 》 エッセンス(美容液)[25~27] Essences (beauty lotions)

1-7-1．エッセンスの目的・機能

スキンケア化粧品の使用によって荒れた肌が改善されたということだけでなく，TEWL (Transepidermal Water Loss) やスキンコンダクタンス値の回復といった変化を機器的に測定できたり，不全角化の改善[7~8]や表皮アミノ酸代謝の改善といった生理学的変化が研究されてきたときとほぼ機を同じくして，美容液・エッセンスと呼称される化粧品群が市場に頻繁に現われるようになってきた．

このような名称や商品形態は何も目新しいものではないが，大きな市場を形成してきた要因をいくつか挙げることができる．使用者のライフスタイルの変化，たとえば，time-saving 指向による日常の化粧行為の簡素化．"濃縮された"という名称からくる効果を感じさせるイメージ．外装の工夫による手軽に使えるという簡便さである．また技術面からみれば，皮膚生理に基づいた優れた機能を有する各種の保湿成分(エモリエント剤およびヒューメクタント剤)や薬剤(美白剤，細胞賦活成分，紫外線防止剤など)の開発．それに付随する製剤技術の進歩．有用性の実証などである．

表 1-11．美容液・エッセンスの分類

形　状	技　術	特　徴
透明・半透明化粧水タイプ	可溶化，マイクロエマルション，Liposome, Disc-like Capsule	化粧水に比べ，一般的に保湿剤の配合量多い．保湿剤および水溶性高分子の選択・組み合わせにより使用性調整．美容液・エッセンスのもっとも一般的な製剤
乳化タイプ	O/W 型 W/O 型 W/O/W 型	エモリエント剤（油分）を多量に配合することができるため，紫外線吸収剤を始めとする油溶性成分を多量に配合する製品に適している．撥水性を要求される製品には W/O 型乳化が適している
オイルタイプ	──	古くから化粧油として用いられてきた．オリーブ油，ホホバ油，ミンク油，スクワランなどの動植物油脂をベースとして固型・半固型油の配合により使用性を調整する．他製剤に比べ使用性も悪く市場から淘汰されつつある
2剤混合タイプ	上記技術に加え，スプレードライ，フリーズドライ，マイクロカプセル	薬剤，製剤の不安定化を避けるためあるいはビジュアルな変化を持たすため2剤とし使用時混合させる．液-液と液-粉末の組み合わせがある．粉末は溶けやすいように製剤化されている
その他	粉末入化粧水タイプ アルコール高配合タイプ	皮脂分泌の多いTゾーン専用エッセンス．粉末配合により化粧持ちを良くする アクネ用として用いられる殺菌機能を持つ部分使用エッセンス

つまり従来のスキンケア化粧品では"もの足りない，補いきれない"効能効果，使用感触，美容システムなどを持つ製品群として位置づけされている．いい換えると，保湿効果は勿論，紫外線防止，美白，酸化防止，消炎，賦活効果などに対し1つの機能でも突出していたり，多機能を備えていたり，さらには多目的であったりする付加価値の高い化粧品が美容液・エッセンスとして配置されている．

製剤的には表1-11のように分類できるが，この中でも透明・半透明粘稠液タイプが市場にもっとも多く出されている．

1-7-2. エッセンスの主成分

上述したように，エッセンスの形態も多種多様であるが製剤的には化粧水，乳液，クリーム，オイルなどと共通する部分が多いため，ここでは透明粘稠液タイプの主成分を表1-12に示す．エッセンスは少量使用で使用中の"コク，なじみ"，使用後の"しっとりさ，しなやかさ"などを要求されることが多いため水溶性高分子や保湿剤の選択・組み合わせに工夫が必要である．

表 1-12. 透明粘稠液タイプエッセンスの主成分

構成成分		代表的原料
保湿剤		ポリエチレングリコール(300, 400, 1500, 4000)，グリセリン，ジプロピレングリコール，1,3ブチレングリコール，ソルビトール，マルチトール，ヒアルロン酸，コンドロイチン硫酸，コラーゲン，エラスチン，ピロリドンカルボン酸，アミノ酸類
アルコール		エタノール，イソプロピルアルコール
水溶性高分子（増粘剤）		カルボキシビニルポリマー，ポリアクリル酸Na，セルロース誘導体，アルギン酸Na，クインスシードガム，ペクチン，キサンタンガム，アラビアガム，アイリッシュモス，プルラン，トラガカントガム
界面活性剤		POEオレイルアルコールエーテル，POEソルビタンモノラウレート，POE・POPブロックポリマー，POE脂肪酸グリセリンエステル，POE硬化ヒマシ油エステル
エモリエント剤		植物油（ホホバ油，オリーブ油など），オレイルアルコール，エステル油，スクワラン，ラノリン誘導体
薬剤	美白	ビタミンCおよび誘導体，アルブチン，コウジ酸
	賦活	パントテニールエチルエーテル，DNA，ビタミン類，動植物・菌類抽出物
	酸化防止	ビタミンEおよび誘導体，アミノ酸類
	紫外線防止	TiO_2，オクチルメトキシシンナメート，パラアミノ安息香酸エステル など
	殺菌	TCC，感光素 など
	消炎	アラントイン，グリチルリチン酸塩，グリチルレチン酸エステル
その他		香料，色剤，防腐剤，褪色防止剤，緩衝剤（化粧水の項 参照）

1-7-3. エッセンスの一般的な製造法

化粧水，乳液，クリームなどの項で詳細に述べているのでここでは省略する．

1-7-4. エッセンスの種類

【処方例1】　　　　　　　　透明保湿エッセンス

保　湿　剤	ソルビトール	8.0%
	1,3ブチレングリコール	5.0
	PEG 1500	7.0
	ヒアルロン酸	0.1
アルコール	エタノール	7.0
界面活性剤	POEオレイルアルコールエーテル	1.0
エモリエント剤	オリーブ油	0.2%
香　料		適量
防腐剤		適量
褪色防止剤		適量
緩衝剤		適量
精製水		71.7

【製法】　精製水に保湿剤，褪色防止剤，緩衝剤を順次室温にて溶解する．エタノールに界面活性剤，エモリエント剤，香料，防腐剤を順次溶解後，前述の水相に可溶化する．これを沪過する．

【処方例2】　　　半透明美白エッセンス(マイクロエマルション，粘稠液)

保　湿　剤	ジプロピレングリコール	5.0%
	PEG 400	5.0
アルコール	エタノール	10.0
水溶性高分子	カルボキシビニルポリマー	0.3
	キサンタンガム	0.2
アルカリ剤	水酸化カリウム	0.5
界面活性剤	POEソルビタンモノステアリン酸エステル	1.0
	ソルビタンモノオレイン酸エステル	0.5
エモリエント剤	オレイルアルコール	0.5
薬　剤	ビタミンC誘導体	2.0
	ビタミンEアセテート	0.2
香　料		適量
防腐剤		適量
褪色防止剤		適量
精製水		74.8

【製法】　精製水に水溶性高分子を溶解した後，保湿剤，褪色防止剤を順次溶解する．エタノールに界面活性剤，エモリエント剤，ビタミンEアセテート，香料，防腐剤を順次溶解し，前述の水相に添加しマイクロエマルション化する．最後に一部の精製水に水酸化カリウム溶解し，これを添加し撹拌，脱気，濾過する．

【処方例3】　　　　　　　紫外線防止エッセンス(O/W 乳化)

油　　　　分：	ステアリン酸	3.0%
	セタノール	1.0
	ラノリン誘導体	3.0
	流動パラフィン	5.0
	2-エチルヘキシルステアレート	3.0
保　湿　剤：	1,3ブチレングリコール	6.0
界面活性剤：	POE セチルアルコールエーテル	2.0
	モノステアリン酸グリセリン	2.0
ア　ル　カ　リ：	トリエタノールアミン	1.0
紫外線吸収剤：	オクチルメトキシシンナメート	4.0
	ジベンゾイルメタン誘導体	4.0
防　腐　剤：		適量
香　　　料：		適量
精　製　水：		66.0

【製法】　精製水に保湿剤，トリエタノールアミンを溶解し加熱して70℃に保つ．油分を70～80℃にて加熱溶解後，界面活性剤，紫外線吸収剤，防腐剤，香料を順次溶解し温度70℃にする．前述の水相を撹拌しながら油相を添加し乳化を行う．ホモミキサーで乳化粒子を均一に調整後，脱気，冷却する．

【処方例4】　　　　　　　　化粧用油(オイルタイプ)

油　　　　分：	オリーブ油	49.8%
	流動パラフィン	30.0
	スクワラン	20.0
薬　　　剤：	ビタミンEアセテート	0.2
酸化防止剤：		適量
香　　　料：		適量

【製法】　油分に薬剤，酸化防止剤，香料を添加し撹拌後沪過する．

1-8 » パック・マスク Packs and masks

1-8-1．パック・マスクの目的・機能

パックは古くから用いられている化粧品の1つであり顔のみならず，首，肩，腕，脚などの部分用ばかりか全身にも用いられる．現在は表1-13のように，多種多様な製剤がありつぎのような機能を備えている．

① 皮膚の角質層はパックからくる水分，保湿剤，エモリエント剤と，塗布されたパックの閉塞効果（occlusive effect）により皮下からくる水分によって保水され柔軟となる．

② パックの吸着作用と同時に，乾燥剥離時に皮膚表面の汚垢を取り去るので優れた清浄作用がある．

表 1-13．パックの分類と特徴

タイプ	製品形態	特徴
ピールオフタイプ	ゼリー状	透明または半透明のゼリー状で，塗布乾燥後透明な皮膜を形成する．皮膜剥離後は保湿柔軟効果，清浄効果を示す
	ペースト状	不透明ペースト状．粉末，油分，保湿剤を比較的多く配合できるため乾燥し，皮膜形成，剥離後は十分なしっとり感を与える
	粉末状	粉末主体で使用時水などで均一に溶いて塗布する．水の蒸発潜熱により冷たくてサッパリしていて緊張感も強く，夏期向きである
拭き取りまたは洗い流しタイプ	クリーム状	通常の O/W 型乳化タイプのクリームであり，塗布しやすくするため硬度を低くすることと，使用後十分なしっとり感を与えるため保湿剤量が多い
	泥状	粘土鉱物を含んだ粉末を，水＋エタノール＋保湿剤よりなる水相に混合．乾燥後拭き取りは難しく，洗い流し使用が中心
	ゼリー状	透明または半透明のゼリー状．水溶性高分子の配合によりゼリー状とするも，皮膜剤量が少ないため拭き取りまたは洗い流しの使用法となる
	エアゾール（泡状）	泡状の製品を塗布するが，使用したガスに気化熱をうばわれるため，皮膚表面がチクチク，ヒリヒリする欠点がある
固化後剥離タイプ	粉末状	主成分を焼石膏としており，水を加え水和反応熱により発熱させ，固化させる $CaSO_4 \cdot 1/2H_2O + 3/2H_2O \longrightarrow CaSO_4 \cdot 2H_2O + 8.2\ kcal$
貼布タイプ	不織布ゲル貼布タイプ	ゲルの性質により使用性が左右されるが，新しいタイプのパックとして注目される．使用法も簡単であり，他のスキンケア化粧品との組み合わせ効果も高い
	不織布含浸タイプ	不織布に化粧水，エッセンス類を含浸させてあり，冷たくて快適である．使用法も簡単である

③ 皮膜剤や粉末の乾燥過程では，皮膚に適度な緊張を与え，乾燥後一時的に皮膚温を高め血行をよくする．

使用法は貼布タイプを除き，いずれの剤型も適度な厚さに塗布し一定時間放置後，剝離したり（peel off），拭き取り洗い流し（rinse off）を行う．ピールオフタイプの場合，古い角質層を取り除く強力な作用があるので週1～2回程度の使用が適当といえる．

パックの欠点は施術時間(塗布後の放置時間)が長いことであり，このため忙しい生活の中では home use としてはいまひとつ使用頻度は高くないが，使用後の満足感は十分に感じられるためエステティックサロンでは重要な商品となっている．乾燥時間を短縮化する方法も開発されている．

1-8-2. パック・マスクの主成分

パックはその剤型によって使用する原料が全く違っているので，ここではスキンケア化粧品のパックの主流であるゼリー状またはペースト状のピールオフタイプに使用される主成分を表1-14に示す．

表 1-14. ピールオフパックの主成分（ゼリー状，ペースト状）

構成成分	代表的原料	配合量
精製水	イオン交換水	40～80%
アルコール	エタノール	～15%
保湿剤	ポリエチレングリコール(300, 400, 1500, 4000)，グリセリン，プロピレングリコール，ジプロピレングリコール，1,3ブチレングリコール，ソルビトールほか糖類，ムコ多糖類，PCA-Na など	2～15
皮膜剤および増粘剤	ポリビニルアルコール，ポリビニルピロリドン，ポリ酢酸ビニルエマルション，カルボキシメチルセルロース，ペクチン，ゼラチン，キサンタンガムなど	10～30
油 分（エモリエント剤）	オリーブ油，マカデミアナッツ油，ホホバ油，流動パラフィン，スクワラン，エステル油など	～15
粉 末	カオリン，タルク，酸化チタン，亜鉛華，球状セルロースなど	～20
色 剤	許可色素，無機顔料	適量
薬 剤	美白　ビタミンCおよび誘導体 賦活　パントテニールエチルエーテル，ビタミン類，動植物抽出物 消炎　アラントイン，グリチルリチン酸塩 殺菌　感光素，TCC	適量
防腐剤	パラベン類	適量
界面活性剤	POE オレイルアルコールエーテル POE ソルビタンモノラウリン酸エステルなど	～2%
緩衝剤	クエン酸，乳酸，アミノ酸類，クエン酸Na，乳酸Na	適量

1-8-3. パック・マスクの一般的な製造法

タイプによって異なるのでここではペースト状ピールオフタイプと,泥状洗い流しタイプについて記述する.

ペースト状ピールオフタイプでは,製造工程で注意すべき部分は皮膜剤の分散・溶解と粉末の分散である.皮膜剤は溶解に時間がかかるが,ままこ状態を残さず均一に溶解していることを確認しなければならない.粉末については経時での2次凝集によりブツとなることを防ぐため十分な分散が必要である(図1-10).

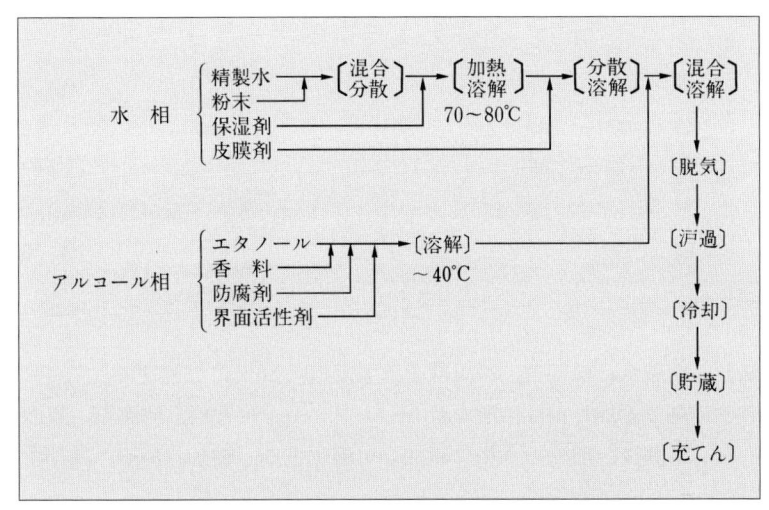

図 1-10. ペースト状ピールオフパックの工程図

泥状洗い流しタイプは,防腐剤や界面活性剤の溶解時に加熱を必要とする以外は基本的に室温工程で行う.もっとも注意を要するのが粘土鉱物の分散と粉末類の水相への均一混合である.こ

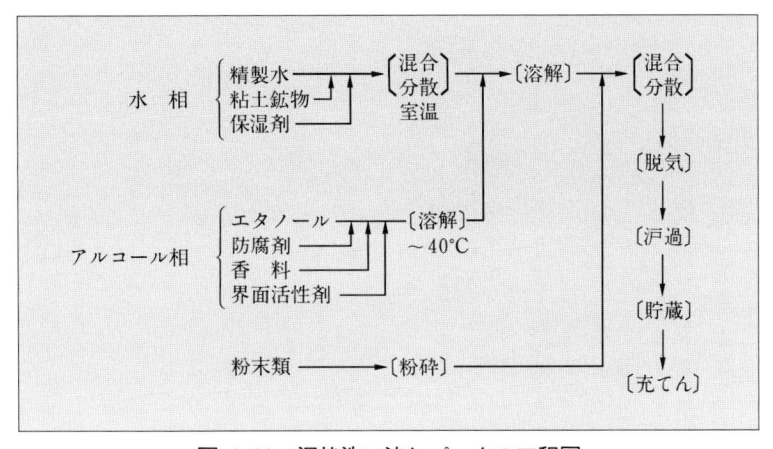

図 1-11. 泥状洗い流しパックの工程図

の2か所を十分に行わないと製品の外観はブツあるいはザラザラとしておりなめらかさに欠けてしまう．さらに経時により水相部の離漿などの原因ともなってしまう(図1-11)．

1-8-4．パック・マスクの種類

【処方例1】　　　　　　　　　ゼリー状ピールオフタイプ

皮　　膜　　剤：ポリビニルアルコール	15.0%
増　　粘　　剤：カルボキシメチルセルロース	5.0
保　　湿　　剤：1,3ブチレングリコール	5.0
ア ル コール：エタノール	12.0
香　　　　　料：	適量
防　　腐　　剤：	適量
緩　　衝　　剤：	適量
界 面 活 性 剤：POE オレイルアルコールエーテル	0.5
精　　製　　水：	62.5

【製法】　精製水に緩衝剤，保湿剤を添加後70〜80℃に加熱する．ここに増粘剤，皮膜剤を添加し撹拌溶解を行う．エタノールに香料，防腐剤，界面活性剤を添加溶解後，前述の水相に添加し可溶化する．脱気，沪過，冷却する．

【処方例2】　　　　　　　　　ペースト状ピールオフタイプ

皮　　膜　　剤：ポリ酢酸ビニルエマルション	15.0%
ポリビニルアルコール	10.0
保　　湿　　剤：ソルビトール	5.0
PEG 400	5.0
油　　　　　分：ホホバ油	2.0
スクワラン	2.0
界 面 活 性 剤：POE ソルビタンモノステアリン酸エステル	1.0
粉　　　　　末：酸化チタン	5.0
タルク	10.0
ア ル コール：エタノール	8.0
香　　　　　料：	適量
防　　腐　　剤：	適量
精　　製　　水：	37.0

【製法】　精製水に粉末を加え十分分散した後保湿剤を添加し，70～80℃に加熱後皮膜剤を添加し溶解する．エタノールに香料，防腐剤，界面活性剤，油分を添加する．これを前述の水相に加え混合する．脱気，沪過，冷却する．

【処方例3】　　粉末状ピールオフタイプ

このタイプは，水に溶解したときアルギン酸カルシウムとしてゲル化させ，皮膜形成させる．

粉　　　　末	カオリン	30.0%
	タルク	20.0
ゲ　ル　化　剤	アルギン酸ナトリウム	10.0
ゲル化反応剤	硫酸カルシウム	35.0
ゲル化調整剤	炭酸ナトリウム	5.0
色　　　　剤		適量
香　　　　料		適量

【製法】　粉末，ゲル化剤，ゲル化反応剤，ゲル化調整剤，色剤，香料を順次加え，混合し充てんする．

【処方例4】　　泥状洗い流しタイプ

このタイプとクリーム状洗い流しタイプは，ある程度乾燥させてから手掌でこすり落とす使い方(ゴマージュ)をさせる製品もある．

保　湿　剤	ジプロピレングリコール	5.0%
	PEG 400	8.0
	グリセリン	10.0
粘　土　鉱　物	モンモリロナイト	2.0
ア　ル　コ　ー　ル	エタノール	8.0
粉　　　　末	酸化チタン	5.0
	カオリン	10.0
	タルク	5.0
香　　　　料		適量
防　腐　剤		適量
界面活性剤		適量
精　製　水		47.0

【製法】　精製水に粘土鉱物，保湿剤を加え十分に湿潤分散させる．エタノールに防腐剤，香料，界面活性剤を添加溶解し，前述の水相に添加する．つぎに粉末を添加し十分に分散させ，脱気，濾過する．

【処方例5】　　　ゼリー状拭き取りまたは洗い流しタイプ

保　湿　剤：PEG 1500	5.0%
ジプロピレングリコール	5.0
ソルビトール	5.0
増　粘　剤：カルボキシビニルポリマー	1.0
キサンタンガム	0.5
ア ル カ リ：水酸化カリウム	0.5
界面活性剤：POE ラウリルアルコールエーテル	1.0
アルコール：エタノール	5.0
香　　　料：	適量
防　腐　剤：	適量
精　製　水：	77.0

【製法】　精製水に増粘剤を加え撹拌溶解する．エタノールに香料，防腐剤，界面活性剤を添加溶解し，これを前述の水相に添加し可溶化する．最後に一部の精製水に水酸化カリウムを溶解し，これを加え中和し脱気，濾過する．

1-9 ひげそり用化粧品 Shaving cosmetics

1-9-1．ひげそり用化粧品の目的・機能

　男性用スキンケア化粧品としては，クレンジングフォーム，ローション，乳液，スキンクリーム，エッセンス，パックなど女性と同様の商品が配置されている．男性の肌は女性の肌に比べて皮脂量が多いので，成分的には油分量の少ない処方になっている．使用感的にはさっぱりしたものが好まれ，洗顔フォームはスクラブ入りクレンジングフォームが多い．また男性は皮脂量が多いが冬には肌荒れする人も多い．いわゆる乾燥型脂性肌で，さっぱりした使用感の乳液，エッセンス類で乾燥を防止している．

　男性の場合，これらのスキンケア化粧品よりもひげそり用化粧品の使用頻度がきわめて高い．スキンケア化粧品の処方構成は女性のものに近似しているので，ここではひげそり用化粧品，つまりひげそり前後に使用する化粧品について述べる．

ひげそり化粧品としてはシェービングソープ，シェービングクリーム，プレシェービングローションおよびアフターシェービングローションがある．

シェービングソープおよびシェービングクリームは，ひげそり前に使用してひげを膨潤，軟化させて，ひげそりを容易にするとともに，ひげそりによる皮膚の"あれ"を防ぎ，使用後の感覚をよくするために用いられる化粧品である．現在の市場ではほとんどがクリームタイプである．

プレシェービングローションも同じくひげそり前に使うものであるが電気カミソリ専用で，電気カミソリの滑りを良くしたり，収れん(斂)剤やエチルアルコールで皮膚をひきしめ，毛の硬直化を促進することにより電気カミソリによるそりやすさを助長するものである．

アフターシェービングローションはひげそり後，殺菌したり，うるおいを与える肌の手入れ用化粧品である．

1-9-2. ひげそり用化粧品の種類

1) シェービングソープ

シェービングソープ shaving soap のうち，液状粉末状あるいは顆粒状のものは，主として理髪店などの業務用として多く用いられている．固形状のものは一般に広く用いられている．粉末ないし顆粒状のものは吸湿による固化を防ぐ必要がある．

固型シェービングソープは，通常の化粧石けんに似た性状をもつが，その一番大きな相違点は洗浄性よりむしろ泡質を重視した配合処方になっている点である．すなわち均一で粘りがあり，しかも濃厚で持続性のある豊富な泡をもつような油脂組成をもち，さらにグリセリンやその他の過脂肪剤が豊富に配合されることが多い．

2) シェービングクリーム

シェービングクリーム shaving cream にはラザリングクリーム，エアゾールタイプシェービングフォームなどがある．

ラザリングクリームは40〜50％の脂肪酸石けんを含むものであって，石けんの乳化とアルカリ性によってひげを膨潤，軟化させ，そりやすくしたものである．使用法としては，水またはぬるま湯でひげをしめしてから，このクリームをつけブラシをぬらして肌の上で泡立て，カミソリでそり，ひげそり後は水で洗い流す点に特徴がある．

脂肪酸は主としてステアリン酸とヤシ油脂肪酸である．泡立ち，泡の持続性および皮膚への刺激性などから普通には75％のステアリン酸と25％のヤシ油が油脂原料として用いられている．

また，けん化には水酸化カリウムと水酸化ナトリウムの混合アルカリが用いられるのが普通で，クリームを良好な硬さに保ち，かつ温度の高低によるクリームの硬度の変化を防ぐのに役立つ．トリエタノールアミンによる石けんは黄色に着色する傾向が強いから注意しなければならない．

使用中乾燥するのを防ぐために，グリセリンなどの保湿剤を添加することは非常に効果的である．さらに皮膚にうるおいを与えるために，ワセリンを配合したり過脂肪にすると効果的である．

クリーム中の全脂肪酸量は 35〜50％で製品の pH は約 10 である．遊離の脂肪酸やグリセリンは起泡力を阻害するが，上記のように保湿剤としての効果もあるので，両者の性質をよく考え合わせてその量を決めることが必要である．

【処方例 1】　　　　　　　　　ラザリングクリーム

油　　　　　分：	ステアリン酸	25.0%
	パルミチン酸	5.0
	ヤシ油	10.0
	パーム油	5.0
保　湿　　剤：	グリセリン	10.0
ア　ル　カ　リ：	水酸化カリウム	7.0
	水酸化ナトリウム	1.5
酸 化 防 止 剤：		適量
香　　　料：		適量
精　製　水：		36.5

【製法】 精製水に水酸化カリウム，水酸化ナトリウムを溶解し，グリセリンを加え 80℃に保つ（水相）．香料を除く他の成分を混合し加熱溶解して 80℃に保つ（油相）．油相に水相を徐々に加え反応を行う．添加終了後けん化反応を十分に行わせる．これを 50℃まで冷却し，香料を加え均一に混合した後 30℃まで冷却する．

ラザリングクリームのほかに，エアゾールタイプのシェービングフォームがあり，広く普及している．これはこの泡のダイナミックな感じに加え，使用時の簡便さによると思われる．そのほかに毛の柔軟作用，ひげそり中の水分保持能力，カミソリの滑りやすさなどのすぐれた特徴を有する．最近はカミソリの 2 枚刃が普及しているので，カミソリ刃へのつまりを防ぐために，泡が柔らかくなってきている．

シェービングフォームの処方は，原液とこれを噴射して泡にするプロペラントからなる．原液は泡の持続性をよくし，ひげをそりやすくするために石けん・ノニオン併用型乳化タイプになっている．この乳化剤により泡の硬さを調整する．プロペラントとしては，オゾン層破壊の問題から脱フロン化され，液化炭化水素ガスやジメチルエーテルなどが用いられる．

【処方例2】　　　　　　　シェービングフォーム

〈原液処方〉

油　　　　分	ステアリン酸	4.5%
	ヤシ油脂肪酸	1.5
界 面 活 性 剤	グリセリルモノステアリン酸エステル	5.0
保　湿　剤	グリセリン	10.0
ア ル カ リ	トリエタノールアミン	4.0
香　　　料		適量
精　製　水		75.0

〈充てん処方〉

原　　　液：	96.0
噴射ガス(LPG)：	4.0

【製法】　原液は精製水にグリセリン，トリエタノールアミンを加え70℃に加熱する（水相）．他の成分を加熱溶解して70℃に保つ（油相）．水相に油相を加え反応乳化させる．その後30℃まで冷却する．充てんは缶に原液を処方量充てんし，バルブ装着後ガスを処方量充てんする．

最近，新しいタイプのシェービング剤として後発泡タイプのエアゾールが市場に出されている．これは沸点の高い（30～40℃）ガスを低温でジェルベースに乳化させてできた組成物を二重容器に密封したエアゾールタイプのシェービング剤である．沸点が28℃であるイソペンタンを内包した原液を内容器に充てんし，液化石油ガスを外容器に充てんする．エアゾール缶から原液が放出された後，皮膚上で体温によりあたためられイソペンタンが気化して泡になる．したがって，ラザリングクリームのように水をつけてブラシで泡立てる必要もなく，簡便なシェービングクリーム剤である．

【処方例3】　　　　　　　後発泡ジェルクリーム

油　　　　分	パルミチン酸	10.0%
保　湿　剤	グリセリン	15.0
界 面 活 性 剤	POE・POPブロックポリマー	5.0
ア ル カ リ	トリエタノールアミン	6.0
精　製　水		59.0
発　泡　剤	イソペンタン	5.0

【製法】 精製水にアルカリ，保湿剤を加え70℃に加熱調整する．パルミチン酸を70℃に加熱融解後，先に調整した水相に添加する．この後界面活性剤を添加する．このベースを容器に充てん後，イソペンタンを充てんし，容器全体を振盪させイソペンタンを均一に乳化させる．

3）プレシェービングローション Preshaving lotion

電気カミソリの普及に伴い，ひげそり前に用いて，ひげをそりやすくする化粧水タイプのプレシェーブローションが使われるようになった．処方タイプとしては，スルホ石炭酸亜鉛やタンニン酸などの収れん剤を配合して肌をひきしめひげを立たせるタイプと，球状粉末などを配合して電気カミソリのすべりをよくするタイプがある．

【処方例1】　　　　　プレシェーブローション

収 れ ん 剤：スルホ石炭酸亜鉛	1.0%
アルコール：エタノール	84.0
油　　　　分：イソプロピルミリスチン酸エステル	7.0
イソプロピルパルミチン酸エステル	8.0
香　　　料：	適量

【処方例2】　　　　粉末入りプレシェーブローション

アルコール：エタノール	94.0%
粉　　　　末：球状粉末	4.0
油　　　　分：グリセリルトリ-2-エチルヘキサン酸エステル	1.0
保　湿　剤：1,3 ブチレングリコール	1.0
薬　　　剤：ビタミンEアセテート	適量
香　　　料：	適量

粉末はカミソリのすべりをよくするために，球状で比重の軽い粉末が適切である．

4）アフターシェービングローション Aftershaving lotion

ひげそりにより生じる切傷を癒し，肌荒れを防ぎ清涼感を与えるため，ひげそり後に使用する一種のアストリンゼントローションである．処方系としては，清涼感，殺菌効果が主にアルコールによるもの，アルコール量を抑えてメントール，カンファーで清涼感，消炎作用を出しているタイプ，そして粉末配合による皮脂分泌抑制タイプがある．それぞれに，切傷の化膿を防ぐ作用，肌をひきしめる作用，肌荒れを防ぐ作用がある．

【処方例1】　　　　　　　アルコール高配合タイプ

```
アルコール：エタノール                          55.0%
保　湿　剤：ジプロピレングリコール               2.0
界面活性剤：POE 硬化ヒマシ油エステル             1.0
薬　　　剤：アラントイン                         0.1
植物抽出物：アロエ抽出物                         適量
香　　　料：                                     適量
殺　菌　剤：                                     適量
精　製　水：                                    41.9
紫外線吸収剤：                                   適量
```

【製法】　精製水にジプロピレングリコール，アラントインを加え溶解する（水相）．エチルアルコールに他の成分を加え溶解する（アルコール相）．アルコール相に水相を加え可溶化し，沪過する．

1-10 　その他化粧品

1）パウダー製品

ここでは水溶液にすると安定性の悪いビタミンC，あるいはビタミンC誘導体を配合した粉末，顆粒，カプセルタイプの製品について述べる．

還元作用とチロシナーゼ活性阻害作用を持つビタミンCとその誘導体を配合したパウダー製品は，美白化粧品として配置されている．使用法は，パウダーを手掌にのせ約10倍量の水を加え溶解する．その水溶液を顔面に塗擦する．疎水性のアスコルビン酸ジパルミテートなどを配合した場合，溶解状態をよくするために賦形剤，溶解助剤を加え顆粒とする場合もある．

【処方例1】　　　　　　　粉末タイプ（美白パウダー）

```
保　湿　剤：蔗糖                                60.0%
　　　　　　PEG 6000                            20.0
粉　　　末：シリカ                               5.0
薬　　　剤：ビタミンC                            5.0
　　　　　　ビタミンCジパルミテート             10.0
色　　　剤：                                     適量
```

【製法】　保湿剤，粉末，薬剤，色剤を混合粉砕し，小分け容器に充てんし製品とする．

2）クレンジングオイル

ハードメーク落とし用洗顔料として用いられる．使用法は，メークと十分になじませた後に拭き取りまたは洗い流すタイプがある．最近は洗い流すタイプが主流となっている．主成分はメークとなじみのよい油分と洗い流すための界面活性剤である．洗い流し時 O/W 型乳化とするため界面活性剤の選択・組み合わせがこの製品のポイントである．

【処方例 1】　　　　　　　　クレンジングオイル（洗い流し専用）

油　　　　分	：流動パラフィン	50.0%
	2-エチルヘキシルステアレート	20.0
	シリコーン油	20.0
界 面 活 性 剤	：POE オレイルアルコールエーテル	10.0
香　　　　料	：	適量

【製法】　油分，界面活性剤，香料を撹拌溶解し，沪過後に製品とする．

◇　**参考文献**　◇

1) 光井武夫，尾沢達也：最新化粧品科学，化粧品科学研究会編，p. 17～58，薬事日報社，1980．
2) 尾沢達也：スキンケアハンドブック，講談社，1986．
3) 尾沢達也 他：皮膚，27〔2〕，276-288，(1985)
4) A. M. Kligman："加齢と皮膚"，p. 33，清至書院，1986．
5) 熊野可丸：フレグランスジャーナル，16(2)，89-98，(1988)
6) 尾沢達也 他：香粧会誌，11(4)，297-307，(1987)
7) J. Koyama et al.：J. Soc, Cosmet. Chemists, 35, 183-195, (1984)
8) Y. Nakayama et al.：日本化粧品技術者会誌，20(2)，111，(1986)
9) 田中宗男：香粧会誌，15(1)，31-36，(1991)
10) 田上八郎 他："加齢と皮膚"，107, 1986.
11) 高橋元次：フレグランスジャーナル，19(5)，73-78，(1991)
12) 高橋元次：香粧会誌，12(4)，265-271(1988)
13) 内藤　昇 他：フレグランスジャーナル，16(5)，42-46，(1988)
14) L. M. Prince："Microemulsions", Preface, Academic Press, New York, 1977.
15) 篠田，西條：油化学，35，308，(1986)
16) 友政　哲 他：油化学，37，1012，(1988)
17) W. C. Griffin：J. Soc. Cosmet. Chemists, 5, 249, (1954)
18) S. Fukushima et al.：J. Colloid Interface Sci., 57, 201, (1976)
19) 福島正二 他：薬学，104，986，(1984)
20) 福島正二 他：薬学，29，106，(1980)
21) Y. Kumano et al.：J. Soc. Cosmet. Chemists, 28, 285, (1977)
22) 光井武夫：油化学，26(10)，635，(1977)
23) 田原定明：フレグランスジャーナル，5(1)，6-14，(1977)
24) 山口道広：油化学，39，95，(1990)
25) 熊野可丸：フレグランスジャーナル，14(4)，64-71，(1986)
26) 鈴木　正 他：フレグランスジャーナル，14(4)，58-63，(1986)
27) 伊藤勝利：フレグランスジャーナル，14(4)，72-77，(1986)

2　メーキャップ化粧品

2-1　メーキャップ化粧品の歴史

　メーキャップ化粧品の歴史は非常に古く，古代において人々は顔や体を保護する目的あるいは宗教的な意味合いなどから天然の顔料などを身体に塗布していた．わが国でも古くから顔に赤土をぬる風習があったことが，埴輪の彩色や日本書紀の記述から推定される．

　白粉 face powder は古くは米の粉などが用いられていたが，7世紀に鉛白（塩基性炭酸鉛）がはじめて作られ用いられたといわれている．その後軽粉（塩化第一水銀）が伊勢でつくられ白粉として用いられるようになった．16世紀終わり頃から鉛白粉が大量に生産され汎用されるようになった．しかし近年次第に鉛中毒の害が明らかにされ1934年に鉛白粉の製造，販売が禁止となった．

　ファンデーション foundation が導入されたのは，比較的新しく1950年代以降であり，当初はアメリカで開発された乳化，油性タイプのものを参考にして作られた．その後種々の新しいタイプのファンデーションが開発され肌色を美しく自然に仕上げるメーキャップが可能になってきた．現在ではファンデーションがベースメーキャップの主流となり，白粉はファンデーションの上からつけ油抑えあるいは微妙な色彩効果を与えるために使用されている．

　一方，紅 rouge が最初に日本に紹介されたのは7世紀頃と推測されている．8世紀に書かれた鳥毛立女屛風（正倉院御物）には鮮やかに唇に紅を施し，頬に紅が刷かれている．紅は高価なため一般に広まるには時間がかかり広く用いられるようになったのは江戸時代に入ってからである．

　紅の製法は産地でベニバナを摘みそれを圧搾して紅餅となす．その後，製造地へ送りアルカリ（灰汁）で溶出し，酸（梅酢）で分離させる．それを皿や杯に移したものを「うつし紅」「ちょこ紅」とよび，また漆塗り板に延ばしたものを「板紅」とよび紅筆でといて使用された．1880年頃に合成色素がわが国に輸入されるようになり国産のベニバナの生産は徐々に衰退していった．

　わが国で現在のような形の口紅が最初に作られたのは1917年頃といわれている．

　黛は古くから用いられていたが，アイシャドーやネイルエナメルが広く一般に普及しだしたのは1960年頃からであり，色鮮やかな種々のポイントメーキャップが，流行色 fashion color とあいまってラインアップされてきている．

　メーキャップ化粧品は使用性，機能性，シーズン性などの観点から新しいタイプのものがつぎつぎに開発されている．

2-2 》 メーキャップ化粧品の種類 と 機能[1~3]

メーキャップ化粧品の役割には，美的役割(美しくみせる)，保護的役割(肌を守る)，そして心理的役割がある．心理的役割には，気持ちにけじめをつける，活動への活力を生み出す，化粧することが楽しいなどの化粧行動による安心感の機能や，変身願望などに対する満足感としての機能がある[4]．

美的役割と保護的役割に対する機能については，種類ごとに表2-1に示す．

表 2-1. メーキャップ化粧品の機能

種類		機能
ベースメーキャップ	白粉・打粉類	1) 肌の色を整え，明るくする 2) 肌にはり，透明感を与える 3) 汗や皮脂を抑制し，化粧持ちをよくする 4) 紫外線から肌を守る
	ファンデーション類	1) 肌の色を好みの色に変える 2) 肌につや，はり，透明感を与える 3) 肌のしみやそばかすなどの欠点をカバーする 4) 乾燥と紫外線から肌を守る
ポイントメーキャップ	口紅類	1) 唇に色をつけ，顔をひき立たせる　化粧効果がもっともある 2) 唇を乾燥と紫外線から守る
	頬紅	1) 頬の部分に紅をさし，明るく健康的に見せる 2) 顔の欠点（顔形）をカバーしたり，立体感を出す
	アイライナー	1) 睫毛の生えぎわに沿ってラインを入れ，目の輪郭を強調する 2) 目の形を変化させ，目元の表情を豊かにする
	マスカラ	○睫毛を長く，カールさせることにより目元を強調し，できる陰影により目元に表情を与える．髪や目，アイライナーやシャドーの色とコーディネートさせる
	アイシャドー	○目元に陰影をつけ立体的に見せ，顔に表情を与える　服装，口紅などとコーディネートさせる
	眉墨(またはアイブロー)	1) 眉の形を整え，目元をはっきりさせる 2) 入れ方により顔の表情を変化させる　髪の色とコーディネートさせる
	ネールエナメル	1) 爪に色をつけ，艶を出し，手，指に表情を与える 2) 爪を補強する
	エナメルリムーバー	エナメルを爪から除去する
	ネールトリートメント	脱脂または脱水し，ツヤがなくなったり，もろくなった爪を，もとの状態に戻す

2-3 》 メーキャップ化粧品の種類 と 剤型

メーキャップ化粧品は顔料(有機,無機,パール顔料など)を種々の基剤中に分散させたものである.

メーキャップ化粧品の形態や処方は時代とともに著しく進歩している.メーキャップの機能,効果,使用上の便利さなどを考慮して種々の剤型のものがつくられている.メーキャップ化粧品の種類と剤型および構成成分の概略を表 2-2 に示した.

2-4 》 メーキャップ化粧品の構成原料

メーキャップ化粧品を構成している原料は着色顔料,白色顔料,体質顔料,パール顔料などの粉体部分と,これらを分散させる基剤部分から成り,両者の配合比率を変えることにより種々の剤型のものが作られる.

基剤には,流動パラフィン,ワセリン,ワックス類,スクワラン,合成エステルなどの油分,グリセリン,プロピレングリコールなどの保湿剤,界面活性剤などがある.このほかの原料として,防腐剤,酸化防止剤,香料などがある.

メーキャップ化粧品では,化粧効果の面から,特に被覆性や着色性が重要であるが,これらの機能は,粉体部分に負うところが大である.表 2-3 にメーキャップ化粧品に用いられる粉体を示す.

着色顔料,白色顔料は製品の色調の調整や被覆力をコントロールするのに用いられる.粉体の隠蔽力 hiding power は 屈折率 refractive index と粒径に関係するが,表 2-4 に主な粉体の屈折率を示す.メーキャップ化粧品では高屈折率の二酸化チタンや亜鉛華が被覆力を与えるのに用いられる.

また粒径との関係では,$0.2 \sim 0.3\,\mu m$ で隠蔽力が最大となり,それ以下でもそれ以上でも小さくなる.

パール顔料は色調に真珠光沢を与え,質感を変えるのに用いられる.

体質顔料は,着色顔料の希釈剤として色調をコントロールするとともに,肌に対する伸展性,付着性,汗や皮脂の吸収性といった使用感触,そして光沢などの仕上りを調整する.

伸展性とは肌の上で伸びがよく,滑らかな感触を与える特性で,タルクやマイカ系の原料がそのような特性を示す.最近では,粉径が $5 \sim 15\,\mu m$ 程度の球状粉体が伸展性向上に用いられるようになり,球状シリカやアルミナ,球状の高分子粉体であるナイロン,ポリエチレン,ポリスチレン,ポリメチルメタアクリレートなどがある.

伸展性の物理化学的評価法として動摩擦係数がある.表 2-5 に各種粉体の動摩擦係数値を示す

表 2-2. メーキャップ化粧品の種類と構成成分[5]

使用部位	顔					ほほ				唇			目元			目元 眉墨			目元 アイライナー						目元 マスカラ				爪 ネールエナメル	
分類	白粉・ファンデーション					ほほ紅				口紅			アイシャドー			眉墨			アイライナー						マスカラ				ネールエナメル	
剤型	シート状	粉末型	固型	乳化型	油性型	固型	シート状	液状	練状	スティック状(油性)	スティック状(乳化)	練状	固型	乳化型	油性型	固型	油性型	ペンシル型	固型	油性型	揮発性油剤型	乳化型	乳化高分子型	ペンシル型	油性型	揮発性油剤型	乳化型	乳化高分子型	溶剤型	乳化型
原料																														
油脂			○	○	○	○			○	○	○	○		○	○		○	○		○		○	○	○	○		○	○		○
ロウ			○	○	○	○			○	○	○	○		○	○		○	○		○		○	○	○	○		○	○		
脂肪酸				○						○	○			○								○	○				○	○		
高級アルコール				○						○	○			○								○	○				○	○		
脂肪酸エステル			○	○	○	○			○	○	○	○		○	○		○	○		○		○	○	○	○		○	○		
炭化水素			○	○	○	○			○	○	○	○		○	○		○	○		○		○	○	○	○		○	○		
界面活性剤				○				○			○			○								○	○				○	○		
金属石けん	○	○	○			○							○			○														
可塑剤																													○	○
高分子化合物				○				○			○			○								○	○				○	○	○	○
無機増粘剤				○				○			○			○								○	○				○	○		
揮発性油剤(溶剤)																					○					○			○	○
多価アルコール				○				○			○			○								○	○				○	○		
無機粉体	○	○	○	○	○	○	○	○	○	○	○	○	○	○	○	○	○	○	○	○	○	○	○	○	○	○	○	○		
精製水				○				○			○			○								○	○				○	○		
着色料 有機性着色料	○	○	○	○	○	○	○	○	○	○	○	○	○	○	○	○	○	○	○	○	○	○	○	○	○	○	○	○	○	○
着色料 無機性着色料	○	○	○	○	○	○	○	○	○	○	○	○	○	○	○	○	○	○	○	○	○	○	○	○	○	○	○	○	○	○
着色料 パール顔料	○	○	○	○	○	○	○	○	○	○	○	○	○	○	○	○	○	○	○	○	○	○	○	○	○	○	○	○	○	○

* 紙おしろい

表 2-3. メーキャップ化粧品に用いられる粉体

種　別		原　料
体質顔料		タルク，カオリン，マイカ，セリサイト，炭酸カルシウム，炭酸マグネシウム，無水ケイ酸，硫酸バリウム など
着色顔料	有　機	（合成）食品，医薬品および化粧品用タール色素 （天然）β-カロチン，カルサミン，カルミン，クロロフィル など
	無　機	ベンガラ，黄酸化鉄，黒酸化鉄，群青，紺青 酸化クロム，カーボンブラック など
白色顔料		酸化チタン，亜鉛華
パール顔料		魚鱗箔，オキシ塩化ビスマス，雲母チタン 酸化鉄処理雲母チタン など
その他	金属石けん	ステアリン酸 Mg, Ca, Al 塩，ミリスチン酸 Zn 塩 など
	合成高分子粉末	ナイロンパウダー，ポリエチレン末，ポリメタクリル酸メチル など
	天然物	ウールパウダー，セルロースパウダー，シルクパウダー，でんぷん粉 など
	金属末	アルミニウム末 など

表 2-4. 主な粉体の屈折率[6]

粉　体	屈折率
二酸化チタン（ルチル）	2.71
〃　　　（アナターゼ）	2.52
亜鉛華	2.03
鉛白	1.94～2.09
硫酸バリウム	1.63～1.64
炭酸カルシウム	1.51～1.65
粘土鉱物（タルク，マイカなど）	1.56
アルミナ	1.50～1.56
シリカ	1.55

（桑原，安藤：顔料及び絵具，p.26，共立全書，1972）

表 2-5. 各種粉体の動摩擦係数[7]

粉　体	動摩擦係数
タルク	0.27～0.33
マイカ	0.42～0.47
カオリン	0.54～0.59
二酸化チタン	0.49
微粒子二酸化チタン	0.80
亜鉛華	0.60
球状シリカ	0.28～0.32
球状アルミナ	0.29
球状ナイロン	0.33
球状ポリスチレン	0.26～0.30
球状ポリメチルメタアクリレート	0.29

が，動摩擦係数の値が小さいものほど伸展性がよいことになる．

付着性とは肌によく付着する特性で，肌へののりと仕上がり感，さらには化粧持ちにも関係してくる．以前は付着性を上げるのに，金属石けんが多用されていたが，最近では粉体を表面処理 surface treatment することによって付着性の向上を計ることが多くなってきた．また肌に密着している粉体が汗となじみ化粧くずれすることを防ぐために粉体の撥水処理も行われている．撥水処理には金属石けん，脂肪酸，高級アルコール，シリコーンなどが用いられる．

粉体の吸収性とは汗や皮脂を吸収する特性で，肌のあぶらぎった光沢を消すとともに，化粧くずれをしにくくする．化粧くずれは皮脂量の多い脂肪肌の人ほど早く，また特に皮脂量の多いTゾーンといわれる額や鼻のまわりは化粧くずれしやすい．

カオリン，炭酸カルシウム，炭酸マグネシウムは，汗や皮脂の吸収に優れているが，同じ粉体でも微細化することにより，吸水量と吸油量を増すことができる．最近では，吸収能を持つ粉体

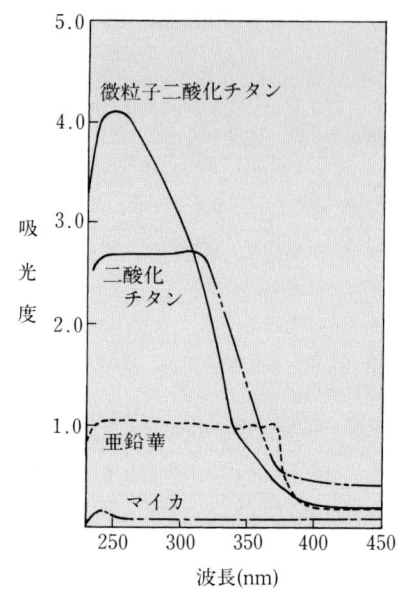

図 2-1. 粉体の紫外線吸収能[8]

として，多孔性の粉体が用いられる．多孔性シリカビーズや多孔性セルロースパウダーなどがあり，これらは球状であることから，伸展性の向上も同時に図ることができる．

　メーキャップ化粧品にとって，紫外線から肌を守ることが重要な要素の1つになっている．二酸化チタンや亜鉛華のように被覆力の大きな粉体は紫外線の遮蔽効果があるが，仕上り感からあまり多くは配合できない．しかし，平均粒径が $0.03\,\mu m$ 程度の微粒子二酸化チタンは，図2-1に示すように紫外線防御効果が優れているうえに微粒子であることから，可視光線を透過して塗布色が白っぽくならず，自然な仕上りが得られる．紫外線防御機能を付与したメーキャップ化粧品には，微粒子二酸化チタンのほかに，亜鉛華，ジルコニアなども用いられる．

　なお，その他の原料については各製品の種類ごとに述べる．

2-5 》白粉・打粉類 Face powder・Pressed powder

　白粉は古くから用いられているメーキャップ化粧品の一種で，顔の色を変えて魅力的にする，シミやソバカスなどの欠点をカバーするなどを目的としていた．しかしファンデーションが登場してからは，汗や皮脂によるあぶらぎった光沢を消し，化粧持ちをよくするということが主目的になってきている．また最近では，ピンクやブルーなどの色をつけて微妙に肌色を変化させたり，あるいは頬紅的な使い方をするものもある．さらに1つの中皿に2色以上のものを成形したいわゆる多色成型品などもあり，これまでにないメーキャップ効果を楽しむことができる．

白粉の剤型には，粉体を主体とした粉白粉 loose powder，これに少量の油分を結合剤として配合し固形状にした固形白粉 compact powder，粉体を紙に付着させた紙白粉 paper powder，粉体を水性成分に分散させた水白粉 liquid face powder，粉体をグリセリンなどの溶液で練り合わせた練白粉 kneaded powder などがある．

現在では，粉白粉や固形白粉が主流であり，昔よく用いられた水白粉や練白粉は一般的にはあまり使われず，舞台用などの特殊なメーキャップに使われる場合が多い．

2-5-1. 粉白粉 Loose powder

粉白粉は油分などを配合しないで，ほとんどが粉体原料のみで処方構成された粉末状のものである．

粉白粉は主として乳化ファンデーションや油性ファンデーションの上に塗布し，あぶらびかりやべたつきを抑えて，マットで透明感のある肌色を演出したり，汗や皮脂を抑え化粧持ちをよくする目的で使われる．

粉白粉はパフなどの化粧用具を使って塗布するが，肌に滑らかにのび広がらなければならない．この目的には一般に主粉体としてタルクが用いられる．そしてマット感やカバー力の調整にカオリンや酸化チタンなど，付着性向上のためにステアリン酸亜鉛やミリスチン酸亜鉛など，汗や皮脂の吸収のために炭酸カルシウムや炭酸マグネシウムなどがそれぞれ用いられる．さらに肌色を補正するために着色顔料やパール顔料を用いることもある．

【処方例】　　　　　　　　　粉　白　粉

粉　　　体：	タルク	75.0%
	カオリン	5.0
	二酸化チタン	3.0
	ミリスチン酸亜鉛	5.0
	炭酸マグネシウム	5.0
	セリサイト	7.0
	着色顔料	適量
そ　の　他：	香料	適量

【製法】　タルクと着色顔料をブレンダーで混合する．これに残りの原料を添加してよく混合し調色した後，香料を噴霧し均一に混ぜる．これを粉砕機で粉砕した後，ふるいを通す．

2-5-2. 固形白粉 Compact powder

粉白粉を固めて携帯用に便利にしたのが固形白粉で，機能的には粉白粉とほぼ同じである．粉白粉は一般に家庭用であり，固形白粉は外出先での化粧直しに用いられる．

固形白粉の基本原料は粉白粉と同じであるが，粉体を成形するために結合剤 binder として5％前後の油分が用いられる．

【処方例】　　　　　　　　固形白粉

粉　　　体：	タルク	55.0%
	セリサイト	15.0
	カオリン	10.0
	二酸化チタン	5.0
	ミリスチン酸亜鉛	5.0
	炭酸マグネシウム	5.0
	着色顔料	適量
結　合　剤：	スクワラン	3.0
	トリイソオクタン酸グリセリン	2.0
そ　の　他：	防腐剤，酸化防止剤	適量
	香　料	適量

【製法】　タルクと着色顔料をブレンダーで混合する．これに残りの粉体を添加してよく混合してから結合剤，防腐剤を加え，調色した後，香料を噴霧し均一に混ぜる．これを粉砕機で粉砕した後，ふるいを通し，中皿に圧縮成型する．

2-5-3. 紙白粉 Paper powder

粉白粉を携帯しやすいように，紙に塗布したのが紙白粉である．経時で肌に浮いた汗や皮脂を抑え，簡単に化粧直しができるものである．

粉体原料は粉白粉とほぼ同じで，紙に固定するために水溶性高分子が添加されている．水溶性高分子溶液に粉体原料を分散させ，それをコーターで紙に均一に塗布した後，乾燥させ，適当な大きさに裁断しケースにセットされている．

2-5-4. 水白粉 Liquid face powder

グリセリンなどを含んだ化粧水の中に，粉白粉を分散させたものである．使用時にはよく振って均一にしてから用いるが，静置した場合には粉体が浮遊したり分離したりしないで，均等に沈

降するのがよい．また，びんの壁に付着しないものがよい．さっぱりした清涼感と薄化粧を特徴としている．

2-5-5. 練白粉 Kneaded powder

首すじや襟元の化粧に用いられるもので一般的なメーキャップ用ではなく，舞台化粧や花嫁化粧用である．

粉体原料は粉白粉と同じものを使うが，特にカバー力が要求されるために，二酸化チタンや亜鉛華が多く配合されており，それら粉体をグリセリンなどの溶液で練り合わせたものである．カバー力と密着性があって化粧持ちがよいことが特徴である．

2-5-6. その他の粉末化粧品

1）ベビーパウダー Baby powder

乳幼児用としてベビーパウダーがある．すぐれた滑りと吸湿性で皮膚を保護するため，タルクが主原料として使われ，またおむつかぶれなどを予防するために殺菌剤も配合される．乳幼児用であるため殺菌剤とか香料は特に刺激のないものを選ぶ必要がある．

剤型的には粉体原料を主としたルース状のものと，それに結合剤として5％前後の油分を配合した固形状のものがある．

つぎに粉末状の処方例を示す．

【処方例】　　　　　　　　ベビーパウダー（粉末状）

粉	体：タルク	93.0%
	亜鉛華	3.0
	ステアリン酸マグネシウム	4.0
その他：殺菌剤		適量
	香料	適量

【製法】　粉白粉と同じ．

2）タルカムパウダー Talcum powder

全身を対象にした粉末化粧品であり，すべすべした感じをあたえるとともに，汗や水分を吸収するため夏期の湯上りやひげそり後などに用いられる．普通の粉白粉に比べてタルクの量が多いが，付着性をよくするために金属石けんが配合される．また目的により殺菌剤なども添加される．

【処方例】　タルカムパウダー

```
粉　　　体：タルク                            95.0%
　　　　　　ステアリン酸マグネシウム          5.0
そ　の　他：殺菌剤                            適量
　　　　　　香　料                            適量
```

【製法】　粉白粉と同じ．

2-6 ファンデーション類 Foundations

　昔はベースメーキャップといえば白粉が主流であった．しかし戦後になって肌色メーキャップ化粧品として，乳液状，ケーキ状，スティック状などのファンデーションが登場し，白粉は化粧持ち向上や化粧直しとしての機能が主となっている．そしてファンデーションが肌色補正，質感の修正，しみやそばかすなどのカバー，紫外線などの外界刺激からの保護，トリートメント性などの機能を持つようになり，最近では，白粉とファンデーションは別分類として論じられるようになった．

　ファンデーションにも非常に多くのタイプがあるが，大きくは粉末固形ファンデーション，油分散型（油性）ファンデーション，乳化ファンデーション（O/W 型，W/O 型）に分類される．表 2-6 にファンデーション類のタイプ別分類を示すが，それぞれに特徴をもったものである．ファンデーションに種々のタイプがあるのは，年間を通して変化する日本の気象条件にも影響している．

表 2-6. ファンデーション類のタイプ別分類

タイプ		構成成分（％）				特徴
		粉体	油分	水分	その他	
コンパクト状	パウダリータイプ	80～93	7～20	—	薬剤	肌色補正，携帯に便利
	両用タイプ	80～93	7～20	—	薬剤	同上，水あり，水なしの両方で使用可
	ケーキタイプ	80～85	2～20	—	乳化剤	水専用で使用時に清涼感あり
	油性タイプ	35～60	40～65	—	薬剤	つきが良く，水に強い
	W/O 乳化タイプ	15～55	30～70	5～30	乳化剤・保湿剤	化粧持ちが良い，携帯に便利
スティック状	油性タイプ	35～60	40～65	—	薬剤	つきが良く，カバー力が高い
クリーム状	O/W 乳化タイプ	10～25	15～30	40～70	乳化剤・保湿剤	のびが良い，トリートメント性
	W/O 乳化タイプ	10～35	15～50	20～60	乳化剤・保湿剤	化粧持ちが良い
乳液状	O/W 乳化タイプ	5～20	10～25	50～80	乳化剤・保湿剤	のびが良い，トリートメント性，みずみずしい
	W/O 2層分散タイプ	10～30	15～50	30～50	乳化剤・保湿剤	化粧持ちが良い，さっぱり感あり

すなわち夏季は高温多湿なので，汗や皮脂が多く出るため，それに耐えられ，化粧くずれしないものとして，シリコーンなどで疎水化処理した粉体を配合したものや，さっぱりした使用感触にするために，化粧用具であるスポンジに水を含ませて使用する固形ファンデーションなどがある．さらに夏季の強い紫外線から肌を守るように，紫外線防御効果のある日やけ止めファンデーションが主流になりつつある．一方，低温乾燥した冬季には，肌へのうるおいを考慮して，乳化ファンデーションなどが用いられる．W/O乳化型ファンデーションにワックスを加えて中皿に充てんした固形乳化型ファンデーション（ソリッドエマルション）などもある．

このほか，特殊なものとして，しみやそばかすなどの欠点をカバーするための部分用ファンデーションには，被覆力を上げることができる油性タイプが適している．

ファンデーションの色調は，ピンク系，ピンクオークル系，オークル系，イエローオークル系など4〜10色くらい配置され，本人の肌色や好みなどを考慮して選択できる．

最近では，室内でファンデーションを使ってきれいにメーキャップしても，太陽光線の強い屋外では白く浮いてみえる現象をなくすために，光の照射によって色が可逆的に変化するフォトクロミック粉体を配合したファンデーションなども開発されている．

2-6-1．パウダリーファンデーション Powdery foundation

粉末固形ファンデーションの代表的なものが，パウダリーファンデーションである．下地クリームを塗布した後に，スポンジに適量をとり，肌に塗布するものであるが，簡単にメーキャップすることができるので，外出先での化粧直しにも用いられ，わが国では幅広い年代層に普及している．

パウダリーファンデーションの組成は体質顔料，白色顔料，着色顔料，結合剤，香料などからなる．のびをよくし，滑らかな感触を与え，着色顔料などを分散させる体質顔料には，タルク，マイカ，セリサイトなどが用いられる．

パウダリーファンデーションは，美しい仕上がりや肌色補正の観点から，着色顔料や白色顔料が固形白粉よりも多く配合される．着色顔料は，主として酸化鉄系の無機顔料が配合されるが，場合によっては肌色をよりきれいにみせる目的で，彩度の高い有機顔料や，仕上がりに適度なつやを与えるために，雲母チタン系のパール顔料なども使用される．

結合剤としての油分には，天然の動植物油や，流動パラフィンのような鉱物油，あるいは合成のエステル油，またのびを軽くしたり撥水性を出すために，シリコーン油なども用いられる．成型性を向上させるために，ラノリンなどの半固形油分や炭化水素系のワックスなども配合される場合がある．結合剤の配合量は，その製品の目標とする使用性などによるが，粉体原料の吸油特性とのバランスも考慮し決められる．

吸油特性とは粉体が油分を保持する性質である．100gの粉体に油分を少しずつ加え，練り合わせながら粉体の状態を観察し，ばらばらな分散した状態から1つのかたまりをなす点を見い出し，その時の油分のmL数がその粉体の吸油量 oil absorption であり，粉体物性を表わす一因子となっている．

【処方例】　　　　　パウダリーファンデーション

粉　　体	タルク	20.3%
	マイカ	35.0
	カオリン	5.0
	二酸化チタン	10.0
	雲母チタン	3.0
	ステアリン酸亜鉛	1.0
	ベンガラ	1.0
	黄酸化鉄	3.0
	黒酸化鉄	0.2
	ナイロンパウダー	10.0
結合剤	スクワラン	6.0
	酢酸ラノリン	1.0
	ミリスチン酸オクチルドデシル	2.0
	ジイソオクタン酸ネオペンチルグリコール	2.0
	モノオレイン酸ソルビタン	0.5
その他	防腐剤, 酸化防止剤	適量
	香料	適量

【製法】　固形白粉と同じ.

2-6-2. ケーキタイプファンデーション
Cake-type foundations

　水を含ませた海綿やスポンジで使用する固形ファンデーションで, その清涼感から夏季に多用される. ウェットスポンジでとるとき, クリーミーな感触を出すために親水性界面活性剤が配合され, その際水と混じって使用時には乳化状態となる. 使用感触がサッパリしていて, 薄づきでフィット感のある仕上がりから好んで使用する人も多い.

【処方例】　　　　　ケーキタイプファンデーション

粉　　体	タルク	43.1%
	カオリン	15.0
	セリサイト	10.0
	亜鉛華	7.0
	二酸化チタン	3.8
	ベンガラ	1.0

	黄酸化鉄	2.9
	黒酸化鉄	0.2
結合剤：	スクワラン	8.0
	モノオレイン酸 POE ソルビタン	3.0
	オクタン酸イソセチル	2.0
	イソステアリン酸	4.0
その他：	防腐剤，酸化防止剤	適量
	香料	適量

【製法】 固形白粉と同じ．

2-6-3. 両用ファンデーション[9] Dual-use foundations

パウダリーファンデーションとケーキタイプファンデーションの両方の機能をもち乾いたスポンジでも水を含ませたスポンジでも使用できることから両用ファンデーションとよばれ，現在ではケーキタイプファンデーションに替ってサマーファンデーションの主流となっている．簡便性とウェットスポンジを使用した時の清涼感や化粧持ちのよさが特徴である．

パウダリーファンデーションをウェットスポンジで使用すると，粉体が親水性のため水を吸って固まってしまい，いわゆるケーキング現象を生じて使用しにくくなってしまう．そこで粉体を疎水化処理することにより，ウェットスポンジ使用でのケーキングを防止することが可能となり，両用ファンデーションが誕生した．

基本的には，シリコーン処理された粉体と結合剤から処方構成されているが，主に夏季用ということで紫外線防御効果をもたせるために，超微粒子二酸化チタンや紫外線吸収剤を配合している場合も多い．

【処方例】 両用ファンデーション

粉体：	シリコーン処理タルク	19.2%
	シリコーン処理マイカ	40.0
	シリコーン処理二酸化チタン	15.0
	シリコーン処理超微粒子二酸化チタン	5.0
	シリコーン処理ベンガラ	1.0
	シリコーン処理黄酸化鉄	3.0
	シリコーン処理黒酸化鉄	0.2
	ステアリン酸亜鉛	0.1
	ナイロンパウダー	2.0
結合剤：	スクワラン	4.0

固形パラフィン	0.5
ジメチルポリシロキサン	4.0
トリイソオクタン酸グリセリン	5.0
UV吸収剤：オクチルメトキシシンナメート	1.0
その他：防腐剤，酸化防止剤	適量
香料	適量

【製法】 固形白粉と同じ．

2-6-4．油性ファンデーション Oil-based foundations

　油性基剤の中に粉体を分散させたもので，コンパクトタイプとスティックタイプがある．エモリエント効果が高いので，秋冬に適している．

　油性ファンデーションは，肌へののびやつきがよいので化粧くずれしにくいなどの特徴がある．また被覆力が大きいので，通常のファンデーションでは隠せないひどいしみやそばかすやアザなどをカモフラージュする場合にも使われる．

　油性基剤であるので，べたつきを感じないように，油分や粉体の性質を十分に考慮し，処方設計する必要がある．

　つぎにコンパクトタイプと被覆力の大きいカモフラージュ用の処方例を示す．

【処方例1】　　　油性ファンデーション（コンパクトタイプ）

粉体：タルク	17.8%
カオリン	15.0
二酸化チタン	15.0
ベンガラ	1.0
黄酸化鉄	3.0
黒酸化鉄	0.2
結合剤：固形パラフィン	3.0
マイクロクリスタリンワックス	6.0
ミツロウ	2.0
ワセリン	12.0
酢酸ラノリン	1.0
スクワラン	6.0
パルミチン酸イソプロピル	18.0
その他：酸化防止剤	適量
香料	適量

【製法】 結合剤および酸化防止剤を85℃で溶解し，これに十分に混合粉砕された粉体部を撹拌しながら添加する．つぎにコロイドミルで磨砕分散する．香料を加え，脱気後70℃で容器に流し込み冷却する．

【処方例2】 カモフラージュ用ファンデーション（スティックタイプ）

粉 体：	タルク	2.8%
	カオリン	20.0
	マイカ	3.0
	二酸化チタン	20.0
	ベンガラ	1.0
	黄酸化鉄	3.0
	黒酸化鉄	0.2
結 合 剤：	固形パラフィン	3.0
	マイクロクリスタリンワックス	7.0
	ワセリン	15.0
	ジメチルポリシロキサン	3.0
	スクワラン	5.0
	パルミチン酸イソプロピル	17.0
そ の 他：	酸化防止剤	適量
	香 料	適量

【製法】 コンパクトタイプと同じ．

2-6-5. O/W 乳化型ファンデーション
O/W emulsion foundations

　O/W乳化型ファンデーションは，水相に油相および粉体原料を乳化・分散させた系で，クリームタイプとリキッドタイプがある．

　みずみずしい使用性と高いトリートメント性があり，湿度が少なく乾燥している欧米では，ファンデーションの中でももっとも好まれ使用されている．ただし汗や皮脂となじみやすく，化粧持ちがあまりよくないという欠点もある．

　O/W乳化型ファンデーションは，粉体（顔料）を水相中に均一に分散させると同時に，安定な乳化系を保たなければならない．特に低粘度ほど，みずみずしさが得られるが，どこまで外相粘度を下げて安定な系が得られるかがもっとも検討を要するところである．処方設計する時は，粉体の選択，油相の構成，乳化剤の選択，乳化・分散の方法など十分に検討して行う必要がある．

つぎの処方例はリキッドタイプのものであるが，リキッドタイプの油相（内相）比を上げ粉体量を多くすれば，クリームタイプのものが得られる．

【処方例】 O/W 乳化型ファンデーション（リキッドタイプ）[9]

粉　　体：タルク	3.0%
二酸化チタン	5.0
ベンガラ	0.5
黄酸化鉄	1.4
黒酸化鉄	0.1
水　　相：ベントナイト	0.5
モノステアリン酸ポリオキシエチレンソルビタン	0.9
トリエタノールアミン	1.0
プロピレングリコール	10.0
精製水	56.4
油　　相：ステアリン酸	2.2
イソヘキサデシルアルコール	7.0
モノステアリン酸グリセリン	2.0
液状ラノリン	2.0
流動パラフィン	8.0
防腐剤	適量
そ の 他：香　料	適量

【製法】 水系の増粘剤であるベントナイトを分散したプロピレングリコールを精製水に加え 70℃でホモミキサー処理した後，残りの水相成分を添加し十分に撹拌する．これに十分混合粉砕された粉体部を撹拌しながら添加し，70℃でホモミキサー処理する．つぎに 70〜80℃で加熱溶解された油相を徐々に添加し 70℃でホモミキサー処理する．これを撹拌しながら冷却し，45℃で香料を加え，室温まで冷却する．最後に脱気し容器に充てんする．

2-6-6. W/O 乳化型ファンデーション
W/O emulsion foundations

W/O 乳化型ファンデーションは古くから知られていたが，外相が油分ということから，使用感触がべたつくという欠点があった．しかしシリコーン系界面活性剤が登場したことにより，シリコーン油を外相とした安定性のよい W/O 乳化型が開発された．これを応用した W/O 乳化型

ファンデーションは，従来の W/O 乳化型に比較して，シリコーン油のもつさっぱりとした使用感触があり，また O/W 乳化型ファンデーションにはない化粧持ちのよさが特徴である．

W/O 乳化型の一種に 2 層分散タイプファンデーションがあり，このファンデーションは低粘度で使用時に振とうすることにより W/O 乳化型となる．清涼感とみずみずしさがあるので最近，サマー用としてその使用性が好まれている．

さらに最近では，W/O 乳化型ファンデーションを固形化したコンパクト状ファンデーションが開発され，乳化型ファンデーションのもつ仕上がりの美しさと高いトリートメント性に加え，コンパクトのもつ簡便性から人気をよんでいる．これは基本的には，クリームタイプにワックスを加えて中皿に充てんし，固形状にしたものである．

W/O 乳化型ファンデーションの処方例としてクリームタイプと 2 層分散タイプについてつぎに示す．

【処方例 1】　　　W/O 乳化型ファンデーション（クリームタイプ）[10]

粉　　　体：	セリサイト	5.36%
	カオリン	4.0
	二酸化チタン	9.32
	ベンガラ	0.36
	黄酸化鉄	0.8
	黒酸化鉄	0.16
油　　　相：	流動パラフィン	5.0
	デカメチルシクロペンタンシロキサン	12.0
	ポリオキシエチレン変性ジメチルポリシロキサン	4.0
水　　　相：	精製水	51.9
	分散剤	0.1
	1,3 ブチレングリコール	5.0
	防腐剤	適量
そ　の　他：	安定化剤	2.0
	香　料	適量

【製法】　水相を 70℃で加熱撹拌後，十分混合粉砕された粉体部を添加し 70℃でホモミキサー処理する．これに一部の精製水に溶解した安定化剤を加え撹拌する．さらに 70℃に加熱した油相を加え，70℃でホモミキサー処理する．これを撹拌しながら冷却し 45℃で香料を加え，室温まで冷却する．最後に脱気し容器に充てんする．

【処方例2】　　　　W/O 乳化型ファンデーション（2層分散タイプ）[11]

粉体	:	タルク	7.0%
		二酸化チタン	12.0
		無水ケイ酸	2.0
		ナイロンパウダー	4.0
		着色顔料	2.0
油相	:	オクタメチルシクロテトラシロキサン	10.0
		ロジンペンタエリスリットエステル	1.5
		ジイソオクタン酸ネオペンチルグリコール	5.0
		スクワラン	2.5
		トリイソオクタン酸グリセリン	2.0
		ポリオキシエチレン変性ジメチルポリシロキサン	1.5
水相	:	精製水	39.5
		1,3 ブチレングリコール	4.0
		エタノール	7.0

【製法】　水相を撹拌後，十分に混合粉砕された粉体部を添加しホモミキサー処理する．油相を溶解後これに加えホモミキサー処理する．最後に脱気し容器に充てんする．

2-7　口紅類 Lipsticks and Rouge

2-7-1．口紅の歴史[12~18]

　ギリシャ・ローマ時代には，特定の植物に含まれる色素が唇や頬につけられていた．その後，口紅用色素としては主に西欧ではエンジムシから採れるカルミン（コチニール）が，日本では紅花から採れるカルサミンが汎用されていた．油脂とロウ（ワックス）より構成される近代的スティック状口紅は第1次世界大戦を境にして台頭してきたものである．相変わらずカルミンが中心的色素であったが，合成色素テトラブロムフルオレセイン（赤色 223 号）がこの頃より使用されるようになって落ちにくい口紅が作られるようになった．1940 年頃からはカルミンなどの天然色素に代わって，合成色素が盛んに使用されるようになり，口紅の色調が女性の髪型，衣服と密着した形で流行するようになった．とくに近年は真珠光沢をもった粉末も使用されるようになり色調，質

感が豊富になった．最近では口紅への要求はさらに広がり，特にリップケアの機能を合わせもつことが重要になってきた．唇の構造は皮膚と異なり，皮脂膜，角質層が極めて薄いため，水分蒸発速度が速く角質水分量も少ない．そこで，スキンケアでは水，保湿剤，油剤の適正なバランス（モイスチャーバランス）が必要であるように，口紅基剤においても水，保湿剤を含有した乳化タイプのものなど，さまざまな工夫がなされてきている．

2-7-2. 口紅に必要な性質

品質上，口紅に要求される条件を下に示す．
① 口唇に対し無刺激，無害であること．
② 不快な味や匂いがないこと．
③ なめらかにつき，にじみがなく，必要な時間保持されていること．
④ 保管あるいは使用中に折れたり，変形・軟化したりすることなくスティック状を維持していること．
⑤ 発汗，発粉など経時変化のないこと．
⑥ 魅力的な外観を維持し，色調変化のないこと．

2-7-3. 口紅の構成原料

口紅は主に油性基剤および着色剤よりなるが，上記口紅に必要な性質を満足させるために各種の原料を合理的に組み合わせる必要がある．

1) 油性基剤

スティック形状をととのえるためには常温で固体状のワックス類が使用される．ワックスは天然系のものとしてカルナウバロウ，ミツロウ，キャンデリラロウ，木ロウなどが，また鉱物系のものとして固形パラフィン，マイクロクリスタリンワックス，セレシンなどの炭化水素類があげられる．常温で液状または体温付近で融点を示す油分では天然系のものとしてカカオ脂，ヒマシ油，ホホバ油，マカデミアナッツ油，ラノリンなどが使用され，さらにワセリン，流動パラフィンなどの炭化水素類，合成系の各種脂肪酸エステル油も使用される．特にヒマシ油は古くから口紅に使用されてきた原料で，成型された口紅に固有の粘度を与えるほか，染料の溶解剤としても重要な役割を果たしている．

一般的に天然系のものはある程度の極性を有しており，顔料の分散安定性に寄与し，特にワックス類はよく使われる油分中において強い固化力を示す．このような優れた特性から口紅には天然系原料が多く使用されるが，原料の吸湿による口紅の発汗，匂い安定性などに関しては注意をする必要がある[19]．最近はいろいろの新しい合成油分が開発され，これらの合成油分には天然の動植物油脂がもっているような不快な油臭い匂いがなく，性質も一定であるのでかなり広く使用さ

れている．

　口紅に使用される合成油分としてはグリセリド，とりわけトリグリセリドが多く，酸部分の炭素数や分枝の位置にバリエーションをもたせ，特徴ある油分を設計している．またグリセリド以外のエステル油，例えば液状のロウなども多く使われている．さらに極性のないポリブテンや天然物の構造に似せて合成したリシノール酸オクチルドデシルのようなものも使用される．

　このほかに口紅中の色素の分散をよくするために親油性のノニオン活性剤などが少量添加される場合もある．

　口紅は主に上記のような油性成分で構成されているが，最近では口唇のモイスチャー バランスを考え，保湿機能を有したさまざまな油性原料が配合されてきている．また直接，水や保湿剤を安定に配合した乳化タイプのものが口紅の基剤として使用される場合もある[20~26]．最近では食事で落ちにくく，カップや衣服に付着しにくい皮膜タイプ口紅も開発された．この化粧もちに優れた口紅は主油分として揮発性の環状シリコーンを用い，これに皮膜剤としてシリコーンレジンを配合している．このシリコーンレジンは油分が揮発すると，柔軟性のある皮膜を形成し，「落ちない・つかない」機能を発揮する．唇に塗布した時にべたついたり，乾いたあとにごわつきを感じたりという問題点を解決するためのシリコーンレジンの分子設計がひとつのポイントである．また，この口紅は従来のものと異なり，気密性の容器が必要である．さらに口唇を紫外線から守る目的や荒れを防ぐ目的で，紫外線防止剤その他の薬剤が配合される場合もある．また，これらの口紅基剤より着色剤を除いたものがリップクリームとして配置されている．

2）着色剤

　口紅の色素としては厚生省令で定められた化粧品用タール色素のグループⅠおよびⅡの中から選んで使用される（総論3章化粧品と色彩・色材の表3-3(1), (2) 参照）．タール色素は構造および性質から染料と顔料に分類され，顔料にはさらに顔料色素そのものと，水溶性または難溶性の染料を金属塩または沈殿剤で水不溶化したレーキとがある．口紅の外観色を決定するのは，顔料である．

　このほかに口唇上での色持ちをよくするために染着性のある染料が併用されるが，染料としては赤色218号，赤色223号，だいだい色201号などが使用される．

　染料の溶解にはヒマシ油が一般的に使用されるが溶解度は低いもので，溶解性を高めるために溶解助剤が使用される場合もある．溶解助剤としてはステアリン酸ブチルエステル，セバシン酸ジエチルエステル，テトラヒドロフルフリルアルコールまたはそれの酢酸エステルなどがある．

　外観の設計にはタール色素のほかに種々の無機顔料も使用される．すなわち色調，明るさを調整するために二酸化チタン，ベンガラ，黄酸化鉄，黒酸化鉄が，真珠光沢を与えるために雲母チタン，着色雲母チタンなどパール顔料が使用される．さらに口紅にフィット感を持たせたり，質感を与える目的でその他の無機顔料が使用される場合もある．最近はこれら無機顔料の表面処理による表面改質により，その分散性と安定性を増す工夫もなされてきている．

【処方例1】　　　　　油性タイプ口紅

粉	体：二酸化チタン	5.0%
	赤色201号	0.6
	赤色202号	1.0
	赤色223号	0.2
油	分：キャンデリラロウ	9.0
	固形パラフィン	8.0
	ミツロウ	5.0
	カルナウバロウ	5.0
	ラノリン	11.0
	ヒマシ油	25.2
	2-エチルヘキサン酸セチル	20.0
	イソプロピルミリスチン酸エステル	10.0
その他	：酸化防止剤	適量
	香料	適量

【製法】　二酸化チタン，赤色201号，赤色202号をヒマシ油の一部に加えローラーで処理する(顔料部)．赤色223号をヒマシ油の一部に溶解する(染料部)．他の成分を混合し加熱融解した後，顔料部，染料部を加えホモミキサーで均一に分散する．分散後，型に流し込み急冷し，スティック状とする．

【処方例2】　　　　　乳化タイプ口紅[27]

粉	体：二酸化チタン	4.5%
	赤色201号	0.5
	赤色202号	2.0
	赤色223号	0.05
油	相：セレシン	4.0
	キャンデリラロウ	8.0
	カルナウバロウ	2.0
	ヒマシ油	30.0
	イソステアリン酸ジグリセライド	39.95
	ポリオキシエチレン(25)ポリオキシプロピレン(20)2-テトラデシルエーテル	1.0
水	相：イオン交換水	5.0
	グリセリン	2.0
	プロピレングリコール	1.0

その	他：紫外線防止剤		適量
	酸化防止剤		適量
	香　料		適量

【製法】　二酸化チタン，赤色201号，赤色202号をヒマシ油の一部に加えローラーで処理する（顔料部）．赤色223号をヒマシ油に溶解する（染料部）．イオン交換水，グリセリン，プロピレングリコールを80℃で均一に溶解する（水相）．他の成分を混合し，加熱融解した後，顔料部，染料部を加えホモミキサーで均一に分散する．その後，水相を加えホモミキサーで乳化分散後，型に流し込み急冷し，スティック状とする．

【処方例3】　　　　　　　　皮膜タイプ口紅

粉	体：二酸化チタン		2.0%
	赤色201号		1.0
	パール顔料		5.0
	マイカ		7.0
	シリカ		8.0
油	分：カルナウバロウ		2.0
	ポリエチレンワックス		8.0
	シリコーンレジン		18.0
	デカメチルシクロペンタシロキサン		10.0
	オクタメチルシクロテトラシロキサン		28.0
	流動パラフィン		5.0
	ジメチルポリシロキサン		5.0
	ポリオキシエチレン変性ジメチルポリシロキサン		1.0
その	他：酸化防止剤		適量
	香　料		適量

【製法】　シリコーンレジンをオクタメチルシクロテトラシロキサンに溶解した後，他の油相成分と混合する．この油相部を加熱し，二酸化チタン，赤色201号，パール顔料，マイカ，シリカおよび酸化防止剤，香料を添加しホモミキサーで均一に分散した後，型に流し込み急冷し，スティック状とする．

2-8 》 頬紅類 Rouge, Cheek color and Blush-on product

頬紅は頬に塗布するもので，立体感をだしたり，血色よく健康的にみせるために用いる．そのため主に赤色系顔料が用いられてきたが，最近は色幅が拡大し，褐色や青色顔料も用いられるようになった．頬紅には固形，液状，クリーム状，スティック状のものがある．頬紅として一般に使用されているものは固形のものである．

基剤面からは，同じ剤型のおしろいまたはファンデーションとほぼ同じである．一般に色がはっきりつくのは好ましくなく，被覆力はファンデーションなどに比べ少なく，着色顔料は1～6%程度である．染料は肌に染着するため使用しない．

頬紅に必要な性質を以下に示す．
1) ファンデーションなどとなじみやすく，ぼかしやすいこと．
2) 色変化のないこと．
3) 適度な被覆力，光沢，付着性があること．
4) 容易に拭き取りやすく，皮膚に染着しないこと．

【処方例1】　　　　　　　　固形頬紅

粉	体：タルク	80.0%
	カオリン	9.0
	ミリスチン酸亜鉛	5.0
	顔　料	3.0
油	分：流動パラフィン	3.0
その他：香　料		適量
	防腐剤	適量

【製法】　香料，結合剤(流動パラフィン)以外の成分をブレンダーでよく撹拌混合し，そこへ結合剤および香料を噴霧し粉砕機で処理した後，圧縮成型する．

【処方例2】　　　　　　　　油性練紅

粉	体：カオリン	20.0%
	二酸化チタン	4.2
	酸化鉄(赤)	0.3
	赤色202号	0.5
油	分：セレシン	15.0
	ワセリン	20.0

	流動パラフィン	25.0
	イソプロピルミリスチン酸エステル	15.0
その他：	酸化防止剤	適量
	香料	適量

【製法】 カオリン，二酸化チタン，酸化鉄，赤色202号を流動パラフィンの一部に加えローラーで処理する（顔料部）．他の成分を混合し加熱溶解したあと，顔料部，カオリンを加えてホモミキサーで均一に分散する．分散後攪拌しながら50℃まで冷却し，容器に充てんする．

2-9 眉目類 Eye make up cosmetics

2-9-1．歴史と分類

アイメーキャップの歴史は古く，アイシャドウ，アイライナーはエジプト時代から用いられてきた．わが国では眉目という名が示す通り，眉墨が主であったが，アイメーキャップが一般に用いられるようになったのは比較的最近のことである．生活様式の変化，ファッションへの関心の高まりなどから，かなり幅広い年齢層に受け入れられるようになった．

アイメーキャップ製品には種々の種類のものがあるが，これらを目元に塗布することにより，目元をはっきりさせたり，表情を与えるためのものである．基剤～剤型など組み合わせるとたくさんの製品がある．ここではアイメーキャップになくてはならないリムーバーなど特殊な製品についても触れておく．

眉目類の種類を以下に示す．

1）アイメーキャップ
　・アイライナー
　・マスカラ
　・アイシャドー
　・眉墨（アイブロー）

2）その他の特殊製品
　・アイメーキャップリムーバー
　・アイリンクルケア製品
　・つけ睫毛およびのり（これは薬事法上化粧品には含まれない）

2-9-2. 眉目類の留意点

他の製品でも勿論重要であるが，アイメーキャップでは特に十分配慮を要することは，安全性の点である．その厳しい順に並べると目の粘膜に近い部分順になっている．

　　アイライナー＞マスカラ，アイシャドー＞眉墨

処方を組むうえで以下の点を留意しなければならない．

1) 顔　料

日本では目，睫毛，髪の色との関連で，アイライナー，マスカラ，眉墨には黒，灰色，茶褐色が一般的であるが，アイシャドーにはこのほかに明るいピンク，パープル，青，緑やパール光沢のあるものなどもある．欧米では目，睫毛，髪，肌の色もバラエティーに富んでいるので，全体として色の幅が広い．

アイメーキャップ用顔料としてはおもに黒色，赤色，黄色の酸化鉄，群青，カーボンブラックなどの無機顔料やタルク，カオリンのような体質顔料，チタン・マイカ系のパール顔料など無機系のものが使用される．有機顔料でも安全性の高い天然色素や厚生省が化粧品用として許可した3つのグループ(総論3．化粧品と色彩，色材の項　参照)中Ⅰ，Ⅱグループのものであれば法規上は使用可能である．海外向け製品では，その国の規制を受ける．たとえば米国では有機顔料の使用が許可されていない．またこれらの規制も時代により多少変化するので，注意を要する．

2) 微生物汚染対策

アイメーキャップでは製品が目に入ることがあるので微生物による汚染対策として，原料段階，製造途中，また人の手に渡って使用する段階までも考慮し，衛生管理に注意を払う必要がある．特に天然および合成皮膜剤，増粘剤などが入る水系のアイライナー，マスカラなど，使用した筆やブラシを中に入れるタイプのものには菌が繁殖しやすいものが多いので十分注意する必要がある．

① 　原料段階：　粉体その他の原料(特に天然物)の微生物汚染を防止するための滅菌処理．
② 　製造環境および工程：　製造中汚染しないための環境および工程の整備．
③ 　容器など包装材料：　滅菌処理．
④ 　製品の抗菌性(防腐処方)：　実際に使用されることを考慮しての二次汚染対策(基剤および防腐剤処方)．

以上のことは，すべての化粧品にいえることであるが，特にアイメーキャップ製品については，各国とも厳しい規制が行われている．

2-9-3. アイライナー Eye liner

上下の睫毛の生え際ぞいに細い筆でラインをひいて目の印象を強め魅力を増すために用いる．

市販されているアイライナーにはつぎのようなものがある．

$$\left\{\begin{array}{l}液\ \ 状\left\{\begin{array}{l}水\ 系\left\{\begin{array}{l}皮膜タイプ\\非皮膜タイプ\end{array}\right.\\油\ 系\end{array}\right.\\固形状\left\{\begin{array}{l}粉末固形状\\鉛筆タイプ\end{array}\right.\end{array}\right.$$

　液状アイライナーにはいくつかの種類があるが，いずれも低粘度の液体中に顔料を安定に分散させた系という点では共通している．筆つきのガラスびん，金属あるいは樹脂の円筒容器などに充てんされている．

　アイライナーに必要な性質を以下に示す．
① 目の縁につけるものなのでとくに刺激がないこと．
② 乾きが早いこと(特に奥二重の瞼の人では乾くまで目を閉じていなければならないので乾きが遅いと苦痛である)．
③ 描きやすいこと．
④ 皮膜に柔軟性があること．
⑤ 仕上りがきれいなこと．
⑥ 化粧もちがよいこと．経時ではがれ，にじみ，ひび割れを起こさないこと．
⑦ 耐水性がよいこと．汗や涙で見苦しく落ちないこと．特殊なものでは泳いでも落ちないこと(ウォータープルーフ water proof とよばれている)．
⑧ 顔料の沈降や分離がないこと．
⑨ 微生物汚染がないこと．

わが国でよく用いられている皮膜タイプのアイライナーは樹脂エマルションを主成分とし，塗布後処方中の水分が揮散すると艶のある連続的な皮膜を皮膚上に形成するものである．生成された皮膜は水に不溶であるから汗や涙に滲まず，取り除く際はリムーバーで濡らせば一連の皮膜としてはがし取ることができる．このようなタイプのものは，ピールオフタイプ peel-off type とよばれている．

【処方例1】　　　　　　　　皮膜形アイライナー

粉　　　　体：酸化鉄(黒)	14.0%
樹脂エマルション：酢酸ビニル樹脂エマルション	45.0
保　湿　剤：グリセリン	5.0
界面活性剤：ポリオキシエチレンソルビタンモノオレイン酸エステル	1.0
増粘剤高分子：カルボキシメチルセルロース(10%水溶液)	15.0

可　塑　剤：クエン酸アセチルトリブチル	1.0	
精製水	19.0	
そ　の　他：防腐剤	適量	
香　料	適量	

【製法】 精製水にグリセリン，ポリオキシエチレンモノオレイン酸エステルを加え，加熱溶解した後酸化鉄（黒）を加えコロイドミルで処理する（顔料部）．他の成分を混合し 70°C に加熱する．これに顔料部を加えホモミキサーで均一に分散する．

このタイプの処方を組む際もっとも重要なのは樹脂エマルションの選択であろう．使用性のよいもの，つまり筆への取れがよくなめらかに描けてつっぱらず経時でのもちのよいものを選ばなければならないのはいうまでもないが，さらに十分安全性の高いものを選択しなければならない．市販のエマルションには化粧品には好ましくない種類の界面活性剤，防錆剤，防腐剤，残留モノマーなどの成分が含まれている場合があるので注意が必要である．法規制が国により異なる点にも留意しなければならない．たとえば強力な防腐剤であるホルマリンはわが国では行政指導により化粧品への配合は認められていないが，欧米では使用が禁止されていないため輸入原料中には含まれていることがある．

他の成分についても同様に十分厳選したものを使用するが水の系では成分相互間の化学反応や凝集を起こしやすく，顔料が沈降しやすい．また凍結すると不可逆変化を起こすこともあるので高温や低温での過酷テストが必要である．

また水の系には一般に微生物が繁殖しやすいので製造時の滅菌にも留意しなければならない．処方中の多価アルコールは，凍結防止や防腐助剤の役割も果たす．

非皮膜タイプの水系液状アイライナーは樹脂エマルションを用いず水溶性高分子や高級脂肪酸とトリエタノールアミンの石けんを用いたものであるが，注意点は皮膜タイプと共通なので省略する．非皮膜タイプの製品では剥離性のある皮膜は形成されないので耐水性に欠けるが，つっぱりが少なく皮膚上での異物感は比較的少ない利点がある．

アイライナーに特有な製品形態として筆ペン，あるいはフェルトペンタイプのものがある．細い自然なラインが描ける利点があり，化粧に不慣れな人でも使いやすい．

【処方例2】　　　　　　フェルトペンタイプアイライナー

顔　　　　料：カーボンブラック	5.0%	
分　散　剤：ポリオキシエチレン(10)ドデシルエーテル	2.0	
保　湿　剤：グリセリン	10.0	
精製水	83.0	

防腐剤	適量
香料	適量

【製法】　水に分散剤を溶解した後,カーボンブラックを加え粉砕器(ボールミルまたはパールミル)で粉砕する.このときの粉末と水の比率,ボールの大きさ,サンプルとボールの量比などが粉砕効率に大きく影響する.粉砕後の顔料分散液に,防腐剤,香料,保湿剤を配合した精製水で希釈する.

　このアイライナーの中味特徴として,粘度が極端に低い点が挙げられる.この特徴は毛先やフェルトへの目詰まりを防止し,また描きやすさを特徴とするために不可欠であるが,粘度としては数〜数十 cps,の範囲内が目安となる.中味粘度を低くするためには,顔料の沈降を抑える技術が要求される.すなわちストークスの法則によれば,粘度が一定の条件下では,①顔料の比重を下げる,②顔料の粒子径を小さくすることがもっとも大切である.比重が小さく,粉砕が容易で,発色がよいなどの点で,顔料としてはカーボンブラックや紺青,有機顔料などがよく使われる.製品設計によっては,処方中にマスカラや液状アイライナーで用いるエマルション樹脂を加えて,耐水性をもたせ,にじみを抑えることができる.粉砕はボールミルなどの方法が適している.

　鉛筆状のものは使いやすいためによく使用されているが,処方的には眉墨と似ているので眉墨の項を参照されたい.アイライナー用には芯径をやや細めにし,色味のつきをよくし,しかもソフトなタッチに仕上げる工夫が必要である.

2-9-4.　マスカラ Mascara

睫毛を長く美しくするために用いる.マスカラには大別するとつぎのようなタイプのものがある.

$$\left\{\begin{array}{l}\text{液\ 状}\left\{\begin{array}{l}\text{水\ 系}\left\{\begin{array}{l}\text{皮膜タイプ}\\ \text{非皮膜タイプ}\end{array}\right.\\ \text{油\ 系}\end{array}\right.\\ \text{固形状}\end{array}\right.$$

　最近は固形のものはほとんど使用されておらず刷毛や棒を内蔵したいわゆるオートマチック容器に充てんされたクリーム状ないし液状のものがよく用いられている.
　中味タイプはわが国では皮膜タイプないし皮膜剤を含むタイプが好まれており,さらに睫毛を長くみせるために天然または合成の短繊維を処方中に3〜4%加えたものがもっとも好まれている(ロングラッシュタイプ longlash type とよばれている).
　マスカラに必要な性質を以下に示す.
　①　目のそばにつけるものなのでとくに刺激がないこと.

② 均一につくこと．睫毛を固めたり玉になってついたりしないこと．
③ 睫毛を濃く長くみせること．
④ 睫毛をカールさせる効果があること．
⑤ 適度の艶があること．
⑥ 適度の乾燥性があること．
⑦ 乾燥後下瞼についたり汗，涙，雨などで見苦しく落ちないこと．
⑧ 化粧おとしが容易であること．
⑨ 経日使用で使いにくくならないこと．
⑩ 微生物汚染がないこと．

しかしこれらの性質に対する要求度は睫毛の条件や好みによって異なり，すべての人の満足する条件を備えた製品を作るのはむずかしいため，いくつかのタイプの製品が市販されているのが現状である．そして製品タイプには，中味の粘性や，ブラシなど容器面の寄与も大変大きい．睫毛の長さ，太さ，粗密の度合，上を向いて生えているか下を向いて生えているかなどの条件は人によりかなり異なる．欧米では油性タイプが発達したのに対し，このタイプは日本ではあまり好まれないのは人種による睫毛の条件の影響があるためと思われる．すなわち欧米人では細く長い睫毛が密に上を向いて生えているのに対し，日本人では太く短い毛が粗に下を向いて生えている人が多いため，一般の日本人が油性マスカラをつけると下瞼について見苦しくなるためである．しかし最近は油性でも下瞼につかないものも開発されている．このような睫毛の条件の影響やつけ睫毛の併用の有無の影響もあってマスカラのタイプに対する好みは千差万別である．

【処方例】　　　油系ウォータープルーフマスカラ

粉　　　　　体：酸化鉄(黒)	10.0%
高分子エマルション：ポリアクリル酸エステルエマルション	30.0
油　　　　　相：固形パラフィン	8.0
ラノリンワックス	8.0
軽質イソパラフィン	30.0
界 面 活 性 剤：セスキオレイン酸ソルビタン	4.0
精製水	10.0
そ　の　他：防腐剤	適量
香料	適量

【製法】　精製水に酸化鉄を加えホモミキサーで分散したのち，ポリアクリル酸エステルエマルションを加え加熱して70℃に保つ(水相)．他の成分を混合し，加熱して70℃に保つ(油相)．油相に水相を加えホモミキサーで均一に乳化分散する．

水系マスカラの処方は基本的には水系アイライナーにワックスや増粘剤を増やしたものと考えればよいので処方は省略する．増粘剤としては有機系ではセルロース誘導体，無機系ではベントナイトがよく用いられている．

固形マスカラは以前にはあったが，現在ではクリーム状のものが主流となり，最近はほとんど使用されていないので省略する．

2-9-5. アイシャドー Eye shadow

まぶたや目尻に塗布して陰影をつけ，立体感を出すことによって目の美しさを強調するために用いる．

色調はアイメーキャップ中もっとも多彩であり，ブルー，バイオレット，ブラウン，グレイなど一般的なものから，グリーン，オレンジ，ピンクなどの鮮やかな色まである．これらの色を出すために従来の無機顔料のほかに，最近種類の多くなったチタン・マイカ系有色パール顔料を加え，光沢を与え質感のバリエーションも出している．さらに今日では，表面を疎水化処理した顔料を用いることにより，化粧もちに優れたタイプのものも出回っている．

アイシャドーとしてはつぎのようなものがあり，処方面では基本的にファンデーションと同じである．平たい皿状の容器内に圧縮成型した粉末固形状のものが主流である．

```
          ┌ 液状～ペースト状 ┌ 油性系
          │                  └ 乳化系（W/O 型）(O/W 型)
          │
          │                  ┌ 粉末固形状
          └ 固形状           ├ 油性スティック状
                             └ 鉛筆状
```

アイシャドーに必要な性質を以下に示す．
① ぼかしやすく，しかも密着感があること．
② 塗膜が油光りしないこと．
③ 色変化がないこと．
④ 塗膜が汗や皮脂でにじまず，化粧もちがよいこと．
⑤ 目の周囲に用いるので安全性のよいこと．

【処方例 1】　　　　　　　　　　　　固形粉末状

粉　体：タルク	45.0%
マイカ	15.0
セリサイト	5.0
顔　料	15.0

	パール顔料	10.0
	防腐剤	適量
結 合 剤：	流動パラフィン	6.0
	メチルポリシロキサン	2.0
そ の 他：	セスキオレイン酸ソルビタン	2.0
	酸化防止剤	適量
	香料	適量

【製法】 粉末部をブレンダーでよく混合し，結合剤を均一に溶解後，粉末部に加え混合後，粉砕機で処理し圧縮成型する．

【処方例 2 】　　　　　　　乳化アイシャドー

粉 体：	タルク	10.0%
	カオリン	2.0
	顔　料	5.0
油 相：	ステアリン酸	3.0
	ミリスチン酸イソプロピル	8.0
	流動パラフィン	5.0
	モノラウリン酸プロピレングリコール	3.0
	酸化防止剤	適量
	香　料	適量
水 相：	精製水	56.8
	ブチレングリコール	5.0
	グリセリン	1.0
そ の 他：	防腐剤	適量
	トリエタノールアミン	1.2
	金属イオン封鎖剤	適量

【製法】 ①粉体部をブレンダーで混合後，粉砕機で処理する．②水相部を 70～75℃で加熱溶解する．③油相部を 70～80℃で加熱溶解する．④①の粉体部を②の水相部に加え，撹拌混合する．⑤④の顔料分散液に③の油相部を撹拌しながら加え，ホモミキサーにより分散する．⑥⑤を室温になるまで撹拌冷却する．

　この処方系では，顔料表面から金属イオンが溶出し，これが乳化剤である石けんと反応し，系の安定性を悪くする場合がある．表 2-7 に化粧品によく使用される市販の顔料からの溶出イオン量を調べた結果を示す[12]．対策としては金属イオン封鎖剤の添加などが考えられる．

表 2-7. 各種顔料の溶出イオン量

	Mg	Na	Ca	Zn	K	SO_4
二酸化チタン（アナターゼ型）	0.2	7	0	0.6	30	59
二酸化チタン（ルチル型）	3.7	3	1.3	8.7	0	31
群青	0.02	127	0	0	7	126
紫群青（A社）	0.1	60	0	0	4	70
紫群青（B社）	21.9	33	7	1.3	1.5	70
タルク	1.1	2	0.1	0	4	31
酸化鉄（黄）	0.67	3	0.5	4.8	0	14
酸化鉄（赤）	2.0	8	0.8	6	4	28

顔料 2 g ／蒸留水 50 g ）→ 70℃，1時間放置→遠心分離→上澄液
4,000 RPM
数字は上澄液中のイオン量を ppm で表したものである．

このほか，液状アイシャドーとしては，揮発しやすい C_{10}～C_{15} の軽質イソパラフィンを主に基剤として使用し，これにワックスや顔料を加えたものがある．これは耐水性に優れている．ぼかしやすさの調整と系の安定性，容器の気密性，使用による乾燥などに注意する必要がある．

スティック状アイシャドーとしては液状油分，ワックスを加熱溶解した中に，顔料を分散させ，金型に流し込み冷却するもので，口紅に類似している．適当な伸び，かたさ，肌への付着性をもたせるため液体ないし固形油分の選択が重要であるが，同時に経時での発汗，発粉，変臭あるいは使用中の折れなどもないようにつくらねばならない．

2-9-6. 眉 墨 Eye brow

眉を剃刀，鋏あるいは毛抜きで形を整えたあと好みの形に描いたり，濃くしたり，明るくしたりするのに用いる．

使いやすい鉛筆あるいはシャープペンシル状のものがもっとも多く用いられているが，固形粉末状，液状のものもある．

鉛筆あるいはシャープペンシル状のものは固形あるいは液状油分と顔料を練り合わせたものである．粉末固形状のものは少量の結合剤を加えて板状に押し固めるか，皿状容器に流し込んだもので，筆を使って塗布するものである．液状のものは顔料を油系または乳化系中に分散させたもので筆つき容器に充てんしたものである．

色は日本ではダークブラウンがもっとも多く，ついで黒またはダークグレイが用いられている．このほかに濃すぎる眉を薄くみせるための淡色の製品もみられる．

眉墨に必要な性質を以下に示す．

① 肌にソフトタッチで，均一につくこと．
② 鮮明な細い線が描けること．
③ 持続性が高く，化粧くずれしにくいこと．

④ 安定性が良いこと．発汗，発粉などなく折れやくずれがないこと．
⑤ 安全性が高いこと．

【処方例1】　　　　　　　　　　鉛筆タイプ眉墨

粉	体：酸化鉄(黒)	20.0%
	酸化チタン	5.0
	タルク	10.0
	カオリン	15.0
油	分：モクロウ	20.0
	ステアリン酸	10.0
	ミツロウ	5.0
	硬化ヒマシ油	5.0
	ワセリン	4.0
	ラノリン	3.0
	流動パラフィン	3.0
そ の 他：酸化防止剤		適量

【製法】　酸化鉄(黒)，タルク，カオリン，パール顔料をブレンダーでよく混合する(粉末部)．他の成分を混合し加熱融解した後，粉末部を加えよく練り合わせて芯に成型し，木にはさんで鉛筆状とする．

【処方例2】　　　　　　　　　　粉末固形型眉墨

粉	体：二酸化チタン	20.0%
	酸化鉄(赤)	20.0
	酸化鉄(黄)	20.0
	酸化鉄(黒)	15.0
	タルク	10.0
油	分：ラノリンワックス	10.0
	流動パラフィン	4.0
界 面 活 性 剤：モノステアリン酸グリセリン		1.0
そ の 他：香料		適量

【製法】　二酸化チタン，酸化鉄，タルクをブレンダーでよく混ぜ合わせる(粉末部)．他の成分を混合し加熱融解し，粉末部に均一に加え粉砕機で処理後圧縮成型する．

2-9-7. その他の特殊化粧品

1）アイメーキャップリムーバー Eye make up remover

各種あるアイメーキャップの化粧落としとして使うもので，アイメーキャップの系に合わせ，主に水系と油系のものとがあり，それぞれに対応させて使用する．処方を組む場合，十分に安全性に留意する必要があると同時に，使用に際しては，肌のこすり過ぎは刺激につながる可能性があるので避けなければならない．

　水　系　　涙の成分に合わせて精製水に若干の成分を配合したものである．液状のものが主である．使用後感がサッパリしているので油系リムーバーのあとで使う場合もある．

　油　系　　油性のアイメーキャップ基剤に近いもので顔料を入れない系で，液状〜ゲル状のものまであり，アイメーキャップを溶解させて落とす．中には揮発性油分を配合し落とす力を増したものもある．これらの油系では安全性は勿論のこと，洗浄効果とサッパリさをもたせる油分の選択が重要な点である．

2）アイリンクルケア Eye wrincle care

目のまわりの皮膚は顔の中でもっとも乾燥しやすい部分である．特に冬場，乾燥したままで放置すると，しわの原因となる．これを防ぐために保湿効果を持たせたアイリンクルケア製品を用いるとよい．処方系としては，リップクリームや口紅に近い油系（スティック状）や乳化系（クリーム状，乳液状）のものがある．

3）つけ睫毛 False eyelashes

糸の上に人毛やナイロン毛をつけて作った人工睫毛で添付の接着剤を用いて睫毛の生え際ぞいに貼りつけるものである．形，長さ，密度の異なる種々のものが市販されている．接着剤には接着力のすぐれた天然ゴムラテックス系のものが使われる．

2-10　美爪類 Manicure preparations

2-10-1. 役割と種類

爪は頭髪と同じように表皮細胞の変化したもので，ケラチンを主成分とする蛋白質よりなり，指の末端にあってその保護を主目的としている（爪の構造や構成成分は総論2を参照のこと）．爪は健康な場合には平均して1ヵ月に約3mm成長する．美爪料はこの爪を保護し，指先を美しくするための化粧料である．図2-2に美爪用製品の使う順序を，表2-8に種類を示す[28,29]．

爪の形状は人により薄い，厚い，大きい，小さい，長い，短い，扁平，わん曲などさまざまであり，当然物理的性質も異なると考えられる．爪の硬さは爪甲に含まれる水分の量やケラチンの

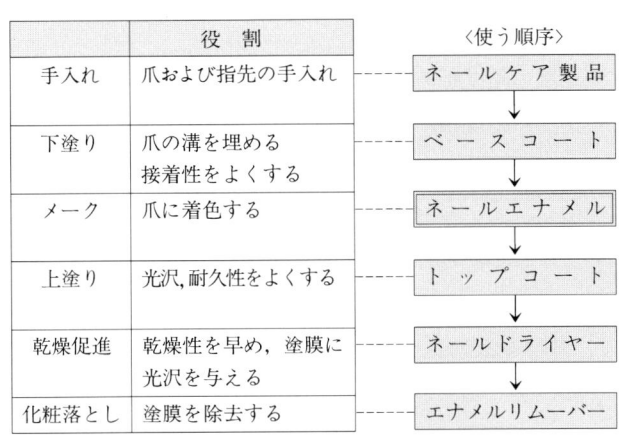

図 2-2. 美爪用製品の使う順序

	役割	〈使う順序〉
手入れ	爪および指先の手入れ	ネールケア製品
下塗り	爪の溝を埋める 接着性をよくする	ベースコート
メーク	爪に着色する	ネールエナメル
上塗り	光沢,耐久性をよくする	トップコート
乾燥促進	乾燥性を早め,塗膜に光沢を与える	ネールドライヤー
化粧落とし	塗膜を除去する	エナメルリムーバー

表 2-8. ネールケア製品の種類

製品	役割
ネールトリートメント	・溶剤による脱水・脱脂に対し,油分を補給する ・保湿効果を与える
キューティクルリムーバー	・爪のキューティクル（甘皮）を整える
ネールガード	・爪を補強する ・爪の割れや欠けを防ぐ
ネールポリッシュ	・爪の表面を平滑にし,光沢を与える
ネールブリーチ	・爪を白くする
ニコチン除去液	・タバコのニコチンを除去する

組成によって変わってくる．一般に乳幼児では爪甲は柔らかく，かつ弾力性に富み，老人では硬く，かつもろくなる[30]．

このように一言で爪といっても人によりさまざまに異なっており，爪のトリートメントおよび爪を美しく見せる美爪料の果たす役割は大きい．

2-10-2. ネールエナメル Nail enamel, Nail lacquer

現在のネールエナメルは，組成的にニトロセルロースラッカーに属し，歴史的にみてもこのタイプの特性を越えるものは実用上見当らない．

ネールエナメルによって形成される塗膜は堅牢で爪を保護すると同時に，爪に美観を与え，近代美容の重要な一部門として欠かせないものになった．すなわち粉末やペーストを用いて爪に色づけることは困難なので，使用が簡便でしかも光沢を賦与する方法としてネールエナメルが大いに用いられてきたのである．

1) ネールエナメルに必要な性質

1-1) 爪に塗りやすい適度の粘度があること．
1-2) できる限りすみやかに乾燥し，均一な塗膜を形成すること(3〜5分間)．
1-3) 乾燥した塗膜に曇りやピンホールを生じないこと．
1-4) 顔料は均一に分散し，所定の色調や光沢を保持していること．
1-5) 日常生活において塗布したネールエナメルが爪によく接着し，はがれにくいこと．
1-6) 除去するときにはエナメルリムーバーなどで容易に，かつきれいに除去できること．さらに爪を破損したり，毒性を示すようなものは使用してはならない．

2) ネールエナメルの主要成分

これらの諸性質を満足するネールエナメルを構成する成分をつぎに示す(表2-9参照)．

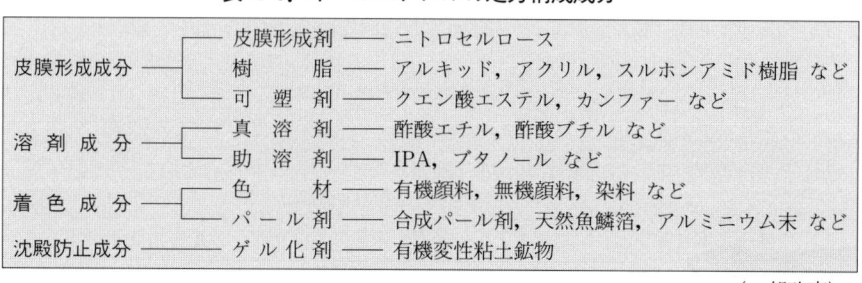

表 2-9. ネールエナメルの処方構成成分[30]

分類		成分
皮膜形成成分	皮膜形成剤	ニトロセルロース
	樹　　脂	アルキッド，アクリル，スルホンアミド樹脂 など
	可 塑 剤	クエン酸エステル，カンファー など
溶剤成分	真 溶 剤	酢酸エチル，酢酸ブチル など
	助 溶 剤	IPA，ブタノール など
着色成分	色　　材	有機顔料，無機顔料，染料 など
	パール剤	合成パール剤，天然魚鱗箔，アルミニウム末 など
沈殿防止成分	ゲル化剤	有機変性粘土鉱物

(一部改変)

2-1) 皮膜形成剤 Film formers

ネールエナメルに使用される皮膜形成剤としてはニトロセルロースがもっともすぐれている．現在用いられているニトロセルロースの品質は1/2〜1/4秒の粘度のものが多く，窒素含有量としては11.5〜12.2%の範囲のもので，エステル系，ケトン系の溶剤に溶けやすいものである．これらの品質のものは塗膜の物理的性質が良好で塗料工業でも広く用いられている．いうまでもなく遊離酸の存在は製品を劣化させるので十分に精製されたものでなければならない．なお取り扱い上火気や熱に近づけぬよう注意することが必要である．

2-2) 樹脂類 Resins

ネールエナメルの一成分として欠かせない原料である．ニトロセルロース単品だけでは接着，光沢の点で完全とはいえず，これに樹脂を併用することによって密着性を著しく増大させ，また塗膜の光沢を向上させる特徴を有している．

一般に使用される樹脂としてはアルキッド樹脂，スルホンアミド樹脂，シュークロース系樹脂，アクリル樹脂などが用いられている．これらの選択にあたっては色素との相互作用，ニトロセルロースとの相溶性，溶剤との溶解性などに注意する必要がある．

2-3) 可塑剤 Plasticizer

塗膜に柔軟性を与え耐久性を保たせるために可塑剤が使用される．この目的のために最初はヒ

マシ油やカンファー(樟脳)が用いられてきたが，現在ではクエン酸アセチルトリブチルのようなクエン酸エステル系のものが多く用いられている．しかしカンファーはニトロセルロースの有効な可塑剤として今も使われている．

さらにこれら可塑剤に要求される性質としては，

① 溶剤やニトロセルロース，その他の樹脂と相溶性のよいこと．
② 揮発性が小さく塗膜に可塑性を与えること．
③ 安定で悪臭のないこと．
④ 使用される顔料となじみやすいこと．
⑤ 無毒であること．

があり，これらの諸点に注意して適当な可塑剤の種類とその量を決定する．

2-4) 溶 剤 Solvents

ネールエナメルに使用する溶剤はニトロセルロース，樹脂，可塑剤などを溶解し，適切な使用感がえられる粘度に調節でき，適度の揮発速度をもったものでなければならない．乾燥速度がはやすぎる溶剤ではピンホールが発生したり，筆跡を残したりして塗膜の仕上りを損なう．また蒸発潜熱の大きい溶剤を用いると"曇り"を起こすので，この点からも注意する必要がある．したがってピンホール，曇り，乾燥速度，使用感の諸性質を満足する単一溶剤系は存在しないので，各種の溶剤の混合したものが一般に用いられる．

これらの溶剤を分類して説明するとつぎの如くなる．

(1) 真溶剤　単に溶剤ともいわれるもので，単独でニトロセルロースを溶解しその沸点により4種類にわけられる．

① 低沸点溶剤(100℃以下)　アセトン，酢酸エチル，メチルエチルケトンなどでエナメルの粘度を下げ速乾性を有する．

② 中沸点溶剤（100〜140℃）　酢酸ブチル，メチルイソブチルケトン，セロソルブなどがありエナメルに流展性をあたえ，曇りを抑制する．

③ 高沸点溶剤（140〜170℃）　乳酸エチル，ジアセトンアルコール，セロソルブアセテートなどがあり，流展性と密着性を高める．

④ 超高沸点溶剤(170℃以上)　ブチセロソルブ，カルビトールなどがあり，とくに曇りを抑制する．

(2) 助溶剤　ニトロセルロースとの親和性はあるが単独では溶解能がなく，真溶剤と混合して使用すると溶解性を増す．エチルアルコール，ブチルアルコールなどのアルコール類がある．使用感の向上効果をもっている．

上記のように真溶剤にはエステル系，ケトン系，助溶剤にはアルコール系のものが相当していることになる．

2-5) 色 素 Coloring agents, colors, pigments

ネールエナメルに不透明感や美しい色調の仕上り感を与えるためにローダミンBのような染料，リソールルビンBCAのような有機顔料および二酸化チタンのような無機顔料が用いられる．

また美しい仕上り感の得られる天然魚鱗箔や人工パール顔料のようなパール顔料なども用いられる．

2-6) 沈殿防止剤 Suspending agents

二酸化チタンなどの無機顔料や形状の大きいパール顔料を用いるネールエナメル系では，それらの分散安定性向上のために沈殿防止剤を用いる．沈殿防止剤としては一般に有機変性粘土鉱物 organically modified clay minerals[31] が用いられ，エナメルベースにチクソトロピー性を賦与することにより沈殿を防止する．有機変性粘土鉱物とはベントナイトのような粘土鉱物の層間を有機カチオンで交換し，親油性をもたせ，溶剤に分散しやすくしたものである．

【処方例】　　　　　　　　　　ネールエナメル

樹　　脂：	ニトロセルロース(1/2秒)	10.0%
	アルキド樹脂	10.0
可 塑 剤：	クエン酸アセチルトリブチル	5.0
溶　　剤：	酢酸エチル	25.0
	酢酸ブチル	45.0
	エチルアルコール	5.0
粉　　体：	顔　料	適量
そ の 他：	沈殿防止剤	適量

【製法】　アルキド樹脂の一部とクエン酸アセチルトリブチルの一部に顔料を加えよく練り合わせる(顔料部)．他の成分を混合溶解し，これに顔料部を加えよくかきまぜて均一に分散する．製法上とくに注意することは溶剤の揮散がないよう密閉容器で火気や熱に注意しながら作る．

最近ではW/O乳化エナメルも開発された[32]．また応用製品としては下塗り用で爪の溝を埋めたり，接着性をよくするためのベースコート base coat や，ネールエナメルの上に塗り光沢や耐久性をよくするためのトップコート top coat とよばれる各種製品がある．これらは基本的には顔料を除いてネールエナメルと類似の構成成分からなるが，それぞれの機能を高めるように工夫されたものである．

2-10-3．エナメルリムーバー Enamel remover

ネールエナメルの塗膜を除去するのが目的であり，一般にニトロセルロースや樹脂を溶解する溶剤類の混合物が用いられる．

このほかに溶剤の脱水，脱脂による油分の補給や保湿効果を与えるためにモイスチュアライザーや水を加えたものもある．さらにクリーム状のエナメルリムーバーなどもある．

【処方例】　　　　　　　　エナメルリムーバー

溶　　　　剤：アセトン	66.0%
酢酸エチル	20.0
酢酸ブチル	5.0
油　　　　分：ラノリン誘導体	1.0
精製水	8.0
そ　の　他：染　料	適量
香　料	適量

これらの主要原料はいずれも引火性が強いものであるから火気に十分注意して製造する必要がある．

2-10-4． ネールトリートメント Nail treatment

ネールエナメルや除去液を継続的に使用する場合には爪および指先の手入れを忘れずに行うことが望ましい．そのために用いるものとしてネールトリートメントとよばれる乳液状，クリーム状のものがあり，とくにペンシルチューブ形態にしたものが使いやすい．これは就寝前につけているエナメルを取り除き温石けん水に手を浸し，水分を完全に拭き取った後に使用するのが一番効果的である．そして爪の状態にもよるが1週間に2～3回はこの手入れを行った方がよい．

【処方例】　　　　　　　　ネールトリートメント

油　　相：ステアリン酸	2.0%
ミクロクリスタリンワックス	3.0
ワセリン	7.0
水添ラノリン	2.0
流動パラフィン	22.0
ポリオキシエチレン(5)オレイン酸	
エステル	2.0
水　　相：プロピレングリコール	5.0
トリエタノールアミン	1.0
粘土鉱物	0.3
精製水	55.7

その他：防腐剤	適量
香料	適量

【製法】 精製水にプロピレングリコール，トリエタノールアミンを溶解した後，粘土鉱物を加え，均一に分散させ加熱し70℃に保つ（水相）．他の成分を混合し，加熱溶解して70℃に保つ（油相）．水相に油相を加え予備乳化を行い，ホモミキサーで均一に乳化する．乳化後かきまぜながら30℃まで冷却する．

2-10-5. その他の特殊化粧品

1）キューティクルリムーバー Cuticle remover

爪甲上の古いキューティクル（甘皮ともいう）や一般の汚れなどを除去して爪を美しく保つために用いられる化粧品である．タイプとしてはリン酸ソーダやトリエタノールアミンのような弱アルカリ成分を用いたもの，スクラブ剤を用いた物理的効果によるものがある．

【処方例】　キューティクルリムーバー

アルカリ剤：トリエタノールアミン	10.0%
保湿剤：グリセリン	10.0
精製水	80.0
その他：香料	適量

爪以外の部分や衣服などにつかないように，とくに目に入らないように注意しなければならない．

2）ネールガード Nail guard

薄い爪，柔らかい爪を補強し，爪の割れや欠けを防ぎ，またエナメルのもちをよくする化粧品である．処方としてはエナメルの下に塗るベースコートに補強剤として高分子ポリマー，粉末，ナイロンファイバーを加えたタイプのものがある．

3）ネールドライヤー Nail drier

ネールエナメルの乾燥性を早め，塗膜にさらに光沢を与えるものである．一般的にエアゾールタイプであり，大部分のプロペラントと少量の原液から成るが，原液には各種の油分が使用される場合もある．

4）ネールポリッシュ Nail polish

爪にこの化粧料をつけ，セーム皮（鹿の裏皮）などで磨き爪上の溝を埋め，表面を平滑にし，かつ光沢を与えて爪を健康的に化粧する．またこれを用いることによって塗膜を堅牢にし，より強い光沢をうる効果がある．主成分は無機系の粉末で，さらに健康色を与えるために顔料が若干用いられる．粉末状，ペースト状，固形のものがある．

5）その他

現在は見なくなったが，歴史的にはタバコのニコチンを除去するニコチン除去液 nicotine remover や，これと同じように爪を白くするネールブリーチ nail bleach などがある．

◇ 参考文献 ◇

1) 杉浦，上田編：最新香粧品科学，廣川書店，1974．
2) 向坊　隆編：現代商品大辞典，東洋経済新報社，1986．
3) 日本化粧品技術者会編：最新化粧品科学，改訂増補，薬事日報社，1988．
4) 斎藤，無類井，館：フレグランスジャーナル，73，10，(1985)
5) 田中宗男，熊谷重則：化学と工業，40(6)，115，(1987)
6) 桑原，安藤：顔料及び絵具，p.26，共立全書，1972．
7) 東久保和雄：フレグランスジャーナル，14(5)，60-66，(1986)
8) 神保元二 編：粉体その機能と応用，p.301，日本規格協会，1991．
9) 小林　進：フレグランスジャーナル，20(1)，107-113，(1992)
10) 米山 他：特開昭：61-293904．
11) 染谷 他：特開平：2-142716．
12) 春山行夫：おしゃれの文化史，p.22，30，107～125，平凡社，1976．
13) 犬養智子 他共著：化粧品のすべて，あなたの美容の周辺を考える，p.62，69，86～88，国際商業出版，1978．
14) 春山行夫・コレクション：化粧と生活文化史の本，p.30～36，p.45，平凡社，1987．
15) ポーラ文化研究所コレクション［2］：日本の化粧道具と心模様，p.30，40～42，ポーラ文化研究所，1989．
16) 真壁　仁：紅花幻想，山形新聞社，1978．
17) 上村六郎：染織と生活，No.2，p.37～39，(株)染色と生活社，1973．
18) (社)色材協会編集：色材工学ハンドブック，p.318，朝倉書店，1989．
19) 池田敏秀：フレグランスジャーナル，18(8)，41-45，(1990)
20) 池田敏秀：フレグランスジャーナル，20(4)，14-21，(1992)
21) 特許：1374048．
22) 特許：1307890．
23) 特開昭：56-45045．
24) 特公平：03-76284．
25) 特許：1461702．
26) 特公平：01-287011．
27) 中島 他：特公昭 61-42328，油中水型乳組成物．
28) アン・山崎：ネールケア＆ネールアート，p.6～11，永岡書店，1986．
29) 別冊，25 ans ELEGANCE BOOK No.12 COSMETICS 2，婦人画報社，1988．
30) 山崎一徳：フレグランスジャーナル 14(4)，16-20，(1986)
31) 池田，小林，田中，藤山，尾沢，光井：日本化粧品技術者会誌 22(1)，25-34，(1988)
32) 山崎一徳，田中宗男：日本化粧品技術者会誌 25(1)，33-50，(1991)

3 ヘアケア化粧品

3-1 洗髪用化粧品 Hair cleansing cosmetics

　洗髪用化粧品は頭皮，頭髪に付着した汚れを除去し，頭皮，頭髪を清潔に保つために使用するものであり，シャンプーとヘアリンスがある．繊維の洗浄では汚れを除去した後乾燥して終了するが，身体の洗浄では，汚れを除去するだけではなく，洗浄中，洗浄後の感触およびアフターケアも重要な要素である．シャンプーで洗浄した後は毛髪になめらかさを与え，髪を整えやすくするためにリンス剤が用いられる．

　洗浄の機構には汚れの種類，洗浄剤の性質，洗髪時の温度や物理的な力などが関係する．汚れには頭皮上に分泌される皮脂，汗の老廃物，過剰な角質片(ふけ)，ホコリなどの外部からの付着物，一定の役目を終えた頭髪用化粧品の残りなどがある．これらの汚れを除去するために一般に陰イオン性，両性および非イオン性の界面活性剤がシャンプー用洗浄剤として用いられている．界面活性剤の浸透作用と乳化，分散作用によって汚れが除去される．まず洗浄液が汚れとそれが付着している被洗浄表面(頭皮，頭髪)の間に浸透して汚れの付着力を弱める．その結果汚れは物理的な力により容易に水中に離脱する．そのとき汚れは細かくなり，水中に安定に分散し，汚れに吸着した界面活性剤が汚れの再付着を防止する．

　シャンプーの泡は洗浄液が流れ落ちないように保持し，指通りをよくして洗いやすくするとともに毛髪同士のもつれを防ぐクッションの役割をしているので，泡の働きは大切である．しかし起泡力と洗浄力は必ずしも相関性はない．たとえば非イオン性の界面活性剤は一般に起泡力は弱いが，乳化力は強いので，良好な洗浄性を示す．

　シャンプーも現在は単に汚れを落とすだけではなく，洗髪中の毛髪の損傷防止効果のあるコンディショニングタイプのシャンプー，ふけ，痒みを防ぐ薬用タイプのシャンプー，リンス効果を付与したリンス一体型シャンプーなど多機能化が進んでいる．

　洗髪後はヘアリンスが使われるが，髪に塗布し洗い流した後にヘアリンスの主成分であるカチオン界面活性剤と油分が髪に吸着して毛髪の風合が改善される．ヘアリンスの中でもさらに毛髪の保護効果を高めたものはヘアトリートメントあるいはヘアパックとよばれ，ヘアリンスと同様の使われ方をしている．

3-1-1．シャンプー Shampoo

シャンプーは頭皮および頭髪の汚れを落とし，ふけや痒みを抑え，頭皮，頭髪を清潔に美しく保つために用いる洗髪用化粧品である．そのためには，汚れは十分落とすが頭皮，頭髪に必要な皮脂はとりすぎない適度な洗浄力が必要である．

主目的である洗浄機能のほかにも，コンディショニング，ツヤ，スタイリングなど，さまざまな付加機能を持った商品があり，その種類，形状も多岐にわたっている．

1）シャンプーの性質と分類

現在シャンプーにはいろいろな機能をもつものがあるが，シャンプーとして備えなければならない性質にはつぎのような項目がある．
① 適度な洗浄性を有すること．
② クリーミーで豊かな持続性のある泡がたつこと．
③ 洗髪中の摩擦による損傷から毛髪を保護すること．
④ 洗髪後の毛髪に自然なツヤと適度な柔軟性を与えること．
⑤ 頭皮，頭髪および眼に対する安全性が高いこと．

1955年（昭和30年）以前は固形石けんや脂肪酸石けんをベースとした粉末状の洗浄剤が洗髪用として使われてきた．合成洗剤の進歩とともに昭和30年代にはアルキル硫酸エステル塩をベースとした粉末状シャンプーやゼリー状のシャンプーが使われるようになった．昭和40年代に入ってアルキルエーテル硫酸エステル塩が導入されてからシャンプーが本格的に普及し，形状も液状が主流を占めるようになった．外観上からは，透明液状と乳濁剤を配合して高級感を与えた不透明液状に分けられる．

シャンプーの付加機能の点からは，一般につぎにあげるタイプのものがある．
① 洗いあがり感の向上を目的として油分を配合したオイルシャンプー，クリームシャンプー．
② 洗髪中の毛髪の損傷を防ぐ，コンディショニングシャンプー．
③ ふけ，痒みを防ぐ効果の高い，ふけ用シャンプー．
④ 頭皮，頭髪に対しての刺激が通常のものより低い低刺激（マイルド）シャンプー．
⑤ リンスの機能（毛髪表面の摩擦低下，静電気防止，毛髪保護など）も付加したリンス一体型シャンプー．
⑥ 上記の機能のうちのいくつかを併せ持ったシャンプー．

2）シャンプーの主成分

シャンプーの原料には起泡洗浄剤とその他の添加剤がある．起泡洗浄剤としては，アニオン（陰イオン性）界面活性剤，両性界面活性剤およびノニオン（非イオン性）界面活性剤が用いられる．

2-1) アニオン界面活性剤

シャンプーの主起泡洗浄剤として広く用いられているのがアニオン界面活性剤である．アニオ

ン界面活性剤のうち重要なものをあげるとつぎのとおりである．

(1) アルキル硫酸エステル塩（AS）およびポリオキシエチレンアルキルエーテル硫酸エステル塩（AES）

$$ROSO_3M \qquad AS$$
$$RO(CH_2CH_2O)_n SO_3M \qquad AES \qquad M：ナトリウム他$$

価格が比較的廉価なこと，供給力が豊富なことなどからシャンプーに一番多く使用されている活性剤でナトリウム塩，アンモニウム塩，トリエタノールアミン塩などがある．これらの活性剤は中性で，洗浄力が優れており，硬水に安定であり，かつ起泡力もシャンプーとしての泡を満足させるものである．通常は泡立ちがよく廉価な AS と，より親水性で低温での透明性がよく刺激性の低い AES を組み合わせて使うことが多い．アルキル鎖やポリオキシエチレン鎖の長さを変えることにより泡立ち，刺激性，親水性を適度に調整することができる．

(2) アシルメチルタウリン塩（AMT）

$$\underset{CH_3}{RCONCH_2CH_2SO_3M} \qquad M：ナトリウム他$$

アシルメチルタウリンは，人間や動物の胆汁中に存在する生体界面活性剤タウロコール酸と類似した構造をもっていることが注目され，安全性の高い界面活性剤として利用されているものである．親水基がスルホン酸ナトリウムになっているために，耐酸，耐硬水性も良好である．アニオン界面活性剤の皮膚刺激性，蛋白質変性，蛋白質への収着性，洗浄性などに関する研究[1]によると，他の界面活性剤と比べ，アシルメチルタウリンは，洗髪後の頭皮，頭髪に残りにくく，頭皮，頭髪の構成成分である蛋白質を変性させず，正常な皮膚の新陳代謝を狂わせないなどの特長を持っているといえる．

(3) N-アシルグルタミン酸塩

$$\underset{CH_2CH_2COOM}{RCONHCOOM} \qquad M：ナトリウム他$$

アミノ酸を原料として製造されるアミノ酸系の界面活性剤でナトリウム塩，トリエタノールアミン塩がある．AS，AES に比べて泡質がやや軽く，皮膚や目に対する刺激の面からいえばマイルドであり優れている．

そのほか石けんも用いられることがあるが，水や人体に由来するカルシウムやマグネシウムと不溶性の金属石けんを生成し，髪がゴワゴワするので，シャンプーの洗浄剤としてはあまり好まれない．

2-2) 両性界面活性剤

アニオン界面活性剤との組み合わせで安全性の向上，増粘などの補助的な目的で用いられるが，単独で用いることもある．

ベタイン型

アルキルベタイン
$$R-\underset{CH_3}{\overset{CH_3}{\underset{|}{\overset{|}{N^+}}}}-CH_2COO^-$$

アルキルアミドベタイン

$$\text{RCONH(CH}_2)_3-\overset{\overset{\displaystyle CH_3}{|}}{\underset{\underset{\displaystyle CH_3}{|}}{N^+}}-CH_2COO^-$$

イミダゾリニウムベタイン

$$\overset{O}{\overset{\|}{R}C}NHCH_2CH_2\overset{\overset{\displaystyle CH_2CH_2OH}{|}}{N}CH_2COONa$$

イミダゾリニウムベタインは，一般に上記の5員環の化合物として表わされているが，イミダゾリン環の開裂などが起こり，実際には複雑な混合物となっている．起泡性，洗浄性といった面からはアニオン界面活性剤に劣るが，低刺激性であること，特に眼に対する刺激性が低いため，古くからベビーシャンプーの主基剤として用いられている．

2-3) ノニオン界面活性剤

アニオン界面活性剤の補助的な役目を示す起泡洗浄助剤である．

脂肪酸アルキロールアミド

モノエタノールアミド

$$RCONHCH_2CH_2OH$$

ジエタノールアミド

$$RCON\begin{matrix}CH_2CH_2OH\\CH_2CH_2OH\end{matrix}$$

泡の安定性向上，シャンプー基剤の増粘，低温での安定性の向上（凍結，固化の防止）などの目的で広く使用されている．

2-4) その他の添加剤

前記の主成分のほかにつぎのような添加剤が種々加えられる．シャンプーに配合される油分としては，ラノリン誘導体，流動パラフィン，高級脂肪酸，高級アルコール，エステル油，シリコーン油などがある．

コンディショニング剤としてはカチオン化セルロースなどのカチオン性高分子が広く用いられている．シャンプー液を希釈するとカチオン性高分子と界面活性剤の複合塩が析出し[2,3]，毛髪に付着するため，洗髪中およびすすぎ時の指通りがなめらかになる．このような作用によって，カチオン性高分子は洗髪中の毛髪損傷防止に関して高い効果を示す．

そのほかにグリセリンなどの保湿剤，増粘剤としての高分子化合物類，粘度調整剤，乳濁剤，色素，さらに安定化剤として金属イオン封鎖剤，紫外線吸収剤，防腐剤，pH調整剤が目的に応じ添加される．

薬剤としては，ふけ，痒みの防止を目的としたもので，つぎのようなものがある．

トリクロロカルバニリド，イオウ，サリチル酸，ジンクピリチオン（Z-pt），イソプロピルメチ

ルフェノール．

最後に代表的なシャンプーの処方例を2例示す．

【処方例1】　　　　　透明液状シャンプー

ラウリルポリエキシエチレン(3)硫酸エステルナトリウム塩(30%水溶液)	30.0%
ラウリル硫酸エステルナトリウム塩(30%水溶液)	10.0
ヤシ油脂肪酸ジエタノールアミド	4.0
グリセリン	1.0
香　料	適量
色　素	適量
防腐剤	適量
金属イオン封鎖剤，pH調整剤	適量
精製水	55.0

【製法】　精製水を70℃に加熱し，他成分を加え均一に溶解したのち，冷却する．

【処方例2】　　　　　コンディショニングシャンプー

ラウリルポリエキシエチレン(3)硫酸エステルトリエタノールアミン塩(30%水溶液)	10.0%
ラウリルポリエキシエチレン(3)硫酸エステルナトリウム塩(30%水溶液)	20.0
ラウリル硫酸エステルナトリウム塩(30%水溶液)	5.0
ラウロイルモノエタノールアミド	3.0
ラウリルジメチルアミノ酢酸ベタイン(35%水溶液)	7.0
カチオン化セルロース	0.2
エチレングリコールジステアリン酸エステル	2.0
蛋白質誘導体	0.5
香　料	適量
防腐剤	適量
金属イオン封鎖剤，pH調整剤	適量
精製水	53.3

【製法】　精製水にカチオン化セルロースを添加し，加熱撹拌して70°Cまで昇温する．これに他の成分を加えて撹拌溶解し，冷却することにより，パール感のある結晶を析出させる．

コンディショニング剤としてすすぎ時の指通りをよくするカチオン化セルロースエーテルを添加し，不透明化剤としてエチレングリコールジステアリン酸エステルを添加したパール感のある美しい外観のシャンプーである．

3-1-2.　リンス Rinse

リンスは洗髪後使用し，毛髪になめらかさを付与して毛髪の表面状態を整えることを目的とした化粧料である．洗髪に石けんが使われていたころはアルカリと金属石けんを除去するために，クエン酸などを配合した酸性リンスが用いられていた．酸性リンスは現在もパーマネントウェーブやヘアカラーの施術の際に使われている．また洗髪時に過度に脱脂された髪に油分を与えるために，オイルリンスと称して油脂類やヘアクリームを水に分散させたものが洗髪の仕上げに用いられたこともある．

アルキル硫酸エステル塩やポリオキシエチレンアルキルエーテル硫酸エステル塩を洗浄剤とするシャンプーが本格的に普及し始めた昭和40年代には，カチオン界面活性剤を主成分とするリンスが登場した．カチオン界面活性剤は毛髪によく吸着し，毛髪の表面をなめらかにする作用をもっている．

現在ではカオチン界面活性剤と高級アルコールが形成するゲルの中に種々の油分を配合した乳液状またはクリーム状のリンスが主流となっている．ヘアリンスの中には，さらにリンス機能を高めたものとしてヘアトリートメント hair treatment あるいはヘアパック hair pack とよばれている化粧料がある．これらはリンスと同様に髪になじませた後洗い流す製品である．

1）リンスの機能

毛髪へのカチオン界面活性剤の吸着に関してつぎのようなことが知られている[4]．カチオン界面活性剤は毛髪に吸着し，毛髪表面の摩擦係数を低下させるが，その効果はカチオン界面活性剤のアルキル鎖長が長いほど大きい．毛髪表面の摩擦係数を低下させるためには，毛髪表面にカチオン界面活性剤の単分子層が形成される程度の吸着量で十分である．カチオン界面活性剤は親水基を毛髪の方に向けて静電的に吸着し，親油基を外側に向けるため(配向吸着)，毛髪の表面がカチオン界面活性剤の親油基でおおわれて毛髪がなめらかになるものと考えられる．また一度毛髪に吸着したカチオン界面活性剤や油分は単なる水洗では簡単に脱着しない．したがってリンスを使用した後は軽くすすいでも，十分すすいでもリンス効果はあまり変わらないといえる．

毛髪表面へのカチオン界面活性剤と油分の吸着および親水基部分における水和層の形成によってリンスはつぎのような機能を発現する．

① 毛髪の表面をなめらかにし，くし通りをよくする．
② 静電気を防止する．
③ 毛髪の表面を保護する．
④ 毛髪を柔軟にし，自然な光沢を与える．

2）リンスの成分

2-1）カチオン界面活性剤

代表的なものは塩化アルキルトリメチルアンモニウムである．

$$\left[\begin{array}{c} CH_3 \\ | \\ R-N^+-CH_3 \\ | \\ CH_3 \end{array} \right] Cl^-$$

アルキル基は C_{16}〜C_{22} のものが用いられる．その他2鎖型の塩化ジアルキルジメチルアンモニウムも使われる．

2-2）油分

油分としては主に炭化水素，高級アルコール，エステル類，シリコーン油などが用いられる．特にシリコーン油は毛髪になめらかさを付与する効果が高い．

2-3）保湿剤

保湿剤としては，グリセリン，プロピレングリコール，1,3ブチレングリコール，ポリエチレングリコールなどが用いられる．保湿剤は髪にうるおいを与えしっとりさせる効果がある．

形態としては，透明系と白濁系がある．カチオン界面活性剤の水溶液に油分を可溶化した透明なリンスは，配合できる油分の種類や量に制約があるので，現在は以下に述べる乳化系（白濁系）が主流となっている．

カチオン界面活性剤と高級アルコールと水を混合すると層状構造（ラメラ型）のゲルを形成する[5]．したがってこの系に油分を添加して乳化すると，ゲルの中に微細な油滴が分散した乳液状またはクリーム状のリンスが得られる．これを髪に塗布し洗い流すと，油性の薄い保護膜が毛髪表面に残る．ヘアトリートメント（ヘアパック）は油分量と油の種類を調整し，通常のリンスよりリンス機能を高めたものである．

【処方例】　　　　　　　リンス

シリコーン油	3.0%
流動パラフィン	1.0
セチルアルコール	1.5
ステアリルアルコール	1.0
塩化ステアリルトリメチルアンモニウム	0.7
グリセリン	3.0
香料，色素，防腐剤	適量

精製水	89.8

【製法】 精製水に塩化ステアリルトリメチルアンモニウム，グリセリン，色素を加え70℃に保ち（水相），他の成分を混合し，加熱融解し70℃に保つ（油相）．水相に油相を加えホモミキサーで乳化後撹拌しながら冷却する．

3-1-3. リンス一体型シャンプー
Two-in-one shampoo or One-step shampoo

　従来のコンディショニングシャンプーを一歩進めて，毛髪表面の摩擦係数の低下，静電防止効果，毛髪保護効果などの基本的なリンス機能を持たせたのがリンス一体型シャンプーである．リンスインシャンプーとよばれることもある．洗髪回数の増加，外出前のシャンプー，旅行先・外出先でのシャンプーなど若い世代を中心としたライフスタイルの変化を背景に簡便性を追求して生まれた製品である．

　主洗浄剤としては両性界面活性剤またはアニオン界面活性剤が用いられる．コンディショニング剤としては主にカチオン界面活性剤，シリコーンおよびその誘導体，その他炭化水素系の油分などが用いられる．

　カチオン界面活性剤を単独で用いるより，アニオン界面活性剤と一定の比率で組み合わせた方がカチオン界面活性剤の刺激性を緩和でき，しかも良好なリンス剤として働くことが知られている[6]．一般にカチオン界面活性剤とアニオン界面活性剤を混合すると水に不溶性の複合体を生成するが，末端の親水基に加えて分子内に別の親水基をもつアニオン界面活性剤の場合はカチオン界面活性剤と併用しても水溶性の複合体を形成する[7]．したがって両性界面活性剤を主洗浄剤とするシャンプーにはこの種のアニオン-カチオン複合体をリンス剤として配合することができる．

　一方，通常のアニオン界面活性剤を主洗浄剤とするシャンプーではカチオンとアニオンが結合して析出したり，カチオン界面活性剤の効果が弱められるので，コンディショニング剤としては主にシリコーン油が用いられる．

【処方例】　リンス一体型シャンプー

イミダゾリニウムベタイン型両性界面活性剤	16.0%
ヤシ油脂肪酸ジエタノールアミド	4.0
塩化ステアリルトリメチルアンモニウム	2.0
N-ラウロイル-N-メチル-β-アラニンナトリウム	1.0
ジメチコーン	1.0
ポリオキシエチレンアルキルポリアミン	1.0

香料，色素，pH 調整剤	適量
精製水	75.0

【製法】　精製水に塩化ステアリルトリメチルアンモニウムと両性界面活性剤を加え加熱溶解し 70℃に保ち，残りの成分を加え溶解後冷却する．

3-2 育毛剤 Hair growth promoters

3-2-1. 概論

　育毛剤は，アルコール水溶液に，各種の薬効成分を添加した外用剤で，頭部に用いて頭皮機能を正常化し，また頭皮の血液循環を良好にして毛包の機能を高めることにより，発毛，育毛促進および脱毛防止そして，ふけ，かゆみの防止効果を有するものである．

　育毛剤は，頭髪の成長を促進または刺激するという積極的な効能を有する点で，化粧品の商品群にあって特異な製品である．そのため，高齢化社会を迎えた今日では，年々その需要は増大するものと考えられ，それに呼応するかのように新しい発毛ないし脱毛防止の薬剤が開発されつつある．しかしながら，真に画期的な育毛剤の開発には，発毛や脱毛機構の基礎的な解明と，地道な薬剤の効果追及そして，ヒトにおける科学的な効果実証が必要とされる．

3-2-2. 育毛剤の種類

　育毛剤は，薬効成分の種類や配合量，そして効能効果の差異によって化粧品，医薬部外品，一般用医薬品，医療用医薬品の 4 種類に分けられる．

　薬事法における化粧品の育毛剤の効能効果は，一般にふけ・かゆみ防止，脱毛の予防に対し，医薬部外品の効能の範囲は，毛生促進，発毛促進，育毛，養毛，薄毛・ふけ・かゆみ，脱毛の予防となっている．一方，円形脱毛症，発毛不全，脂漏性脱毛症，粃糠性脱毛などの病的脱毛症に対しては医薬部外品育毛剤の対象外であり，医薬品による適応が必要とされる．

　しかし男性型脱毛に対しては病的な脱毛症ではないため，医薬部外品ならびに一般用医薬品が，脱毛防止のために使用されているのが現状であり，特に医薬部外品育毛剤の存在意義はそこにあるようである．

　医薬部外品の原則的な剤型は，液状であって，クリーム状のもの(軟膏剤)は認められないことが，薬務局通知により示されている[8]．

3-2-3. 脱毛の原因

現在考えられている脱毛の原因は，以下のようである．

1）男性ホルモン関与による毛包機能の低下

一般に外観上問題となる"うす毛"は，頭頂部または前頭部より"うす毛"が始まり加齢とともに進行するもので，男性型脱毛 male pattern baldness とか，男性ホルモン性脱毛 androgenic alopecia といわれる[9]．

このタイプの"うす毛"は，円形脱毛症などの病的な"うす毛"と異なり，皮膚や毛包の病気によるものでない[10]．毛が薄くなる状態とは，頭部の体表面積あたりの毛の数は，薄くなる前と変わらないが[11]，毛が細く短くなって軟毛化が進んでいくものである．すなわちヘアサイクルの成長期間の短縮による硬毛の軟毛化である[12]．

この男性型脱毛と男性ホルモンの関係を立証したのはハミルトンであり，彼は疫学的解明から，男性型脱毛の要因は，① 男性ホルモンの関与と，② 遺伝的素因であることを，1940年代のはじめに提唱した[9]．

さらに毛包における男性ホルモンと，毛根細胞の代謝との関係について，つぎのように推測されている．

男性ホルモンであるテストステロン testosterone は，毛包で5α-レダクターゼ5α-reductase により，より生物活性の高い5α-ジヒドロテストステロン 5α-dihydrotestosterone（DHT）に変換される[13,14]．現在ではこの DHT の作用が脱毛を引き起こす主原因と考えられている．そのメカニズムについて詳細は不明だが，DHT が直接作用するのではなく，細胞内で DHT のレセプター(特定の蛋白質)と結合し，核内に移行して，ある特定の遺伝子を活性化し，ある種の蛋白質を生成誘導しこの蛋白質が毛の成長を阻害していると考えられている[14~16]．しかし現在でも毛包での DHT のレセプターについては不明であるが，いずれにしても，テストステロンから DHT への変換は，脱毛を起こさせる最初のステップであると考えられ，5α-レダクターゼの働きを阻害する化合物が育毛料の薬剤として注目されてきている．

2）毛包，毛球部の新陳代謝機能の低下

毛髪は，毛根部の毛母細胞の分裂増殖，分化によって作られ伸長して，毛髪を表皮へ送り出している．毛母細胞は毛乳頭内に分布している毛乳頭毛細血管によって，細胞分裂に必要な種々の栄養物質の供給をうけている．また成長期の毛包では，毛包の下から1/3のところにバスケット状の血管網が分布しており，毛包に血液を供給して毛の成長を助けている．したがって毛乳頭および毛包を取り巻いている毛細血管の発達は，毛の成長に関して非常に重要である．

そこで毛包，毛乳頭を取り巻いている末梢毛細血管の血流量が減少し，毛乳頭部位ならびに毛母細胞への栄養物質の供給不足により，新陳代謝が低下し，毛の成長に異常をきたす．

3）頭皮生理機能の低下

ふけの過剰発生により，毛の表皮出口である毛口を塞いでしまう．そのため毛を産生している毛根の働きを悪くする．またふけが多くたまると細菌などで分解され，分解物が頭皮を刺激し，痒みや炎症を伴った頭部粃糠疹(ひこうしん)などの原因になる．これらの症状を放置しておくと，びまん性の脱毛を引き起こし，粃糠性脱毛症となる[17]．

また毛包上部の皮脂腺からの皮脂分泌が過剰になると，頭皮常在菌などで分解され，分解物の頭皮刺激の過剰により，脂漏性脱毛症を引き起こすこともある．

4）頭皮緊張（つっぱり）による局所血流障害

頭皮の柔軟性の低下による，頭部皮下組織末梢血管の血流量の減少で，毛の成長に異常をきたす[18]．結果的には2）に近い現象である．

このほかに以下のことも要因としてあげられる．

5）栄養不良
6）ストレス
7）薬物による副作用
8）遺伝

3-2-4. 育毛剤の薬効成分

現在，育毛剤に配合されている薬剤について，作用別に示したのが表3-1である．

表 3-1. 育毛剤の薬効成分

作　用	薬　剤
血行促進	センブリエキス（スエルチノーゲン），ビタミンEおよびその誘導体，ニコチン酸ベンジルエステル，セファランチン，塩化カルプロニウム，ミノキシジル
局所刺激	トウガラシチンキ，カンタリスチンキ，カンフル，ノニル酸ワニリルアミド
毛包賦活	ヒノキチオール，感光素，パントテン酸およびその誘導体
抗男性ホルモン	エストラジオール，エストロン
抗脂漏	イオウ，チオキソロン，ビタミンB_6
角質溶解	サリチル酸，レゾルシン
殺菌	サリチル酸，ヒノキチオール，塩化ベンザルコニウム，感光素
消炎	グリチルレチン酸およびその誘導体，メントール
その他	アミノ酸，ビタミン，生薬エキス類

これらの薬剤の種類および配合量の範囲は薬事法で定められており，この薬事法の範囲内で，薬効成分および配合量を組み合わせて育毛効果を効果的に発揮させるようにする．

毛細血管を拡張する薬剤のなかで，血管神経系に作用するものとして，センブリエキス（スエルチノーゲン），ビタミンEおよびその誘導体，ニコチン酸ベンジルエステル，塩化カルプロニウム，ミノキシジルなどがあり，局所刺激作用による血液循環を促進する薬剤としては，トウガラシチ

ンキ，カンタリエキス，ノニル酸ワニリルアミドなどがある．

　毛包機能賦活作用を有する薬剤としてヒノキチオール，パントテン酸およびその誘導体，感光素などが用いられる．ヒノキチオールはまた，抗菌作用を有し，ふけ防止効果作用がある．

　抗男性ホルモン作用のある薬剤として，エストラジオール，エストロンがある．

　抗脂漏剤としてイオウ，チオキソロン，ビタミンB_6およびその誘導体などが用いられる．

　角質溶解作用，殺菌作用を有するサリチル酸，レゾルシン，塩化ベンザルコニウムなどがフケの発生を防止する．

　緩和な消炎作用を有するものとして，グリチルレチン酸およびその誘導体，メントールなどが頭皮の炎症を防止するために用いられる．

　その他，毛包への栄養補給，酵素活性の賦活のためにアミノ酸，ビタミン，生薬エキスなどが育毛料に配合されている．

3-2-5. 育毛剤の評価法

　育毛剤の評価法を分類すると，表3-2に示すように，①動物を用いる方法，②ヒトを用いる方法，③組織培養を用いる方法　に大別することができる．①の方法は，動物の毛の成長を，毛の重さや長さ，発毛面積および発毛開始時期などを調べることである．しかしながら動物の毛の成長は，種族，加齢，季節，飼料などに留意する必要がある．

表 3-2. 育毛剤の評価方法

① 動物を用いる方法[20~23]	② ヒトを用いる方法
マウス 　a．毛の長さの測定 　b．毛の発毛面積の測定 ウサギ 　a．毛の長さおよび重さの測定 　b．発毛時期の測定 ハムスター 　a．皮脂腺の大きさの測定 (*in vivo*) 　b．皮脂腺の5α-レダクターゼ阻害測定 　　 (*in vitro*) 　c．皮脂腺のDHTレセプター阻害測定 　　 (*in vitro*) サル 　a．前頭部の発毛を測定（ベニガオザル）	a．写真判定，発毛状態の観察 b．トリコグラム法 c．5α-レダクターゼ阻害測定（毛根） d．洗髪テスト e．血流量測定テスト ③ 組織培養を用いる方法 　a．毛根の培養 　b．毛根細胞の培養

　育毛効果の最終的な効果は，ヒトを用いた試験が必要である．ヒトにおける評価試験は，個人的，部位的なバラつき，被験者のコントロールが困難なこと，日間，季節的変動が不明なことなど，解決すべき問題点が多く残されている．しかし現実には表3-2②のヒトを用いる方法に示したようなテストが行われている．aの写真判定や発毛状態の観察は，客観的，定量的なデータをえることは難しいが，多くの被験者に実施することができる．b，c，d，eについては，費用

とパネル管理などの労力は大きいが，定量的なデータがえられる．

bのトリコグラム法[19]とは，頭部の各部位から100本前後の毛髪を無作為に抜去し，毛包の状態を顕微鏡下で，成長期，退行期，休止期に分け，休止期毛の割合を調べて育毛効果を判定する方法である．

cの毛根の5α-レダクターゼ阻害測定とは，育毛剤使用前後のヒト毛包での5α-レダクターゼ活性を測定するものである．

dの洗髪テストとは，洗髪による抜毛本数を測定するもので，説得性のあるデータをえるには，被験者の洗髪管理を厳重にすることが大切になる．

eの血流量測定テストは，頭皮の血液循環をよくすることが，毛髪の成長を促すと考えられていることより，育毛効果の評価として測定される．血流量の測定機として，ドップラー効果を利用したものや熱電対を利用したものなどが開発されているが，測定環境などに留意しながら測定する必要がある．

③の組織培養を用いる方法は，Weterings[24]らが牛の水晶体被膜上で毛包のケラチノサイトを培養できることを報告している．また毛乳頭 dermal papilla cell は毛の成長にとって重要なものと考えられているが，この細胞の培養は，Jahoda と Oliver[25]によって試みられている．毛包および毛包系の細胞の培養は育毛剤の評価法のみでなく，毛の成長の機序を解明するためにも１つの有力な評価法と考えられる．

脱毛の原因は，さまざまな要因によって，引き起こされるため，育毛剤の処方は，複数の成分より構成される．その１例を以下に示す．

【処方例】　　　　　　　　　育　毛　剤

エチルアルコール	60.0%
ヒノキチオール	適量
センブリエキス	適量
ビタミンB_6	適量
ビタミンE誘導体	適量
プロピレングリコール	2.0
香　料	適量
香料可溶化剤	適量
精製水	38.0

【製法】　エチルアルコールに精製水を除く他の成分を順次加え溶解したのち，精製水を加え可溶化を行い均一にした後沪過する．

3-3 ≫ 毛髪仕上げ用化粧品

　毛髪仕上げ用化粧品とは，主に洗髪後を中心とした日常における，毛髪の仕上げを目的とした化粧品群で，風呂で使用する洗髪用化粧品をインバス化粧品というのに対し，アウトバス化粧品とよばれることもある．

　機能的には　①毛髪を固定，セットする整髪性を重視したタイプ，②毛髪の光沢・感触・質感・扱いやすさなどを改善するヘアトリートメントタイプ，また①と②が合わさったタイプなどがある．

　よって，ここでは整髪性を重視したヘアスタイリング剤と，トリートメント性ならびにそれに整髪性も加味したヘアトリートメント剤の2群に分けて述べる．

3-3-1．ヘアスタイリング剤の種類

　毛髪を固定，セットする方法としては，常温で固形もしくはペースト状または粘性のある液状の油脂類を用いるタイプ，高分子樹脂を用いるタイプ，そして粘性のある保湿剤を用いるタイプがある．

　油脂や保湿剤を用いるタイプは，油脂類や保湿剤の粘性を利用し，一方，高分子タイプは樹脂の固化を利用したもので，いずれにしても毛髪を物理的に密着，固定することにより整髪するものである．

　以下，製品の剤型別に分類して述べる．

1）ヘアフォーム，ヘアムース®　Hair foam, Hair mousse

　ヘアフォームは泡状整髪料の総称でエアゾール金属缶に整髪機能を有する組成物(原液)と液化ガス(噴射剤)が詰められたものである．原液が噴出されるのと同時に，原液部に内包されていた液化ガスが大気圧下で気化することで，原液をふくらませて泡状になる．製剤上の特徴としては，①原液の粘度の制約がほとんどないことと，②使用前に振って使うことにより原液の可逆的相分離が許容されるため，原液形状の自由度が高いことがある．このため新機能を追及しやすく，多くの機能商品がある．大きく分けるとセット力を主とするタイプ，トリートメントを主とするタイプとウエットなつやをだすタイプとがある．

　そして構成成分はセット剤(4) セットローションの項を参照)，油分(流動パラフィン，シリコーン油)，保湿剤，活性剤などであり，製品用途に応じて適宜処方が組まれる．近年発売される製品数も多く，髪型別・髪質別・仕上り感別・枝毛コートタイプなどに細分化されてきている．

【処方例1】　　　ヘアフォーム（ハードセット用）

（原液処方）
アクリル樹脂アルカノールアミン液（50%）	8.0%
ポリオキシエチレン硬化ヒマシ油	適量
流動パラフィン	5.0
グリセリン	3.0
香料，防腐剤	適量
精製水	69.0
エチルアルコール	15.0

（充てん処方）
原液	90.0
液化石油ガス	10.0

【製法】流動パラフィンをグリセリンとポリオキシエチレン硬化ヒマシ油の溶解物に添加し，ホモミキサーで均一に乳化する．これを他の成分の溶液に添加する．充てんは缶に原液を充てんし，バルブ装着後，ガスを充てんする．

【処方例2】　　　ヘアフォーム（トリートメントタイプ）

（原液処方）
カチオン化セルロース	3.0%
ポリオキシエチレン硬化ヒマシ油	適量
シリコーン油	5.0
ジプロピレングリコール	7.0
エチルアルコール	15.0
香料，防腐剤	適量
精製水	70.0

（充てん処方）
原液	90.0
液化石油ガス	10.0

【製法】シリコーン油をジプロピレングリコールとポリオキシエチレン硬化ヒマシ油の溶解物に添加し，ホモミキサーで均一に乳化する．これを他の成分の溶液に添加する．
充てんは缶に原液を充てんし，バルブ装着後，ガスを充てんする．

2）ヘアスプレー，ヘアミスト Hair spray, Hair mist

　ヘアスプレー，ヘアミストはセットした毛髪の上に噴霧し，毛髪の形を保持する目的に用いられる．ここではエアゾールのものをヘアスプレー，ディスペンサーのものをミストと定義するが，これにあてはまらない商品名のものもある．

　ヘアスプレーの主成分は皮膜形成剤で，これに高級アルコール，ラノリン誘導体などを配合して皮膜に適度な可塑性を付与したり，シリコーン油などで光沢を付与する．皮膜形成剤はポリビニルピロリドンまたはこれの酢酸ビニル共重合体やアクリル樹脂アルカノールアミン液やビニルメチルエーテル／マレイン酸ブチル共重合体などが用いられる．

　また溶剤はほとんどがエチルアルコールであったが，1989年のフロンガス規制以降の製品には火炎性をおさえるため，一部精製水を用いているものもある．

　一方，噴射剤の選択と配合にあたっては，樹脂の溶解性，圧力や噴霧状態，缶の腐蝕など十分な品質検査を行う必要がある．噴射剤はフロンガス規制以降，液化石油ガスか液化石油ガスとジメチルエーテルの混合ガスが使用されている．

【処方例】　　　　　　　　　ヘアスプレー

（原液処方）	
アクリル樹脂アルカノールアミン液(50%)	7.0%
セチルアルコール	0.1
シリコーン油	0.3
エチルアルコール	92.6
香　料	適量
（充てん処方）	
原　液	50.0%
ジメチルエーテル	50.0

　【製法】　原液はエチルアルコールに他の成分を加え溶解し，沪過する．充てんはヘアフォームの項と同様に行う．
　　　　　ミストは皮膜形成剤をエチルアルコールに溶解したもので処方的にはヘアスプレーの原液と類似のものである．即乾性が要求されるため水分を含むものは少ない．

3）ヘアジェル Hair gel

　ヘアジェルは水溶性高分子によって作られる増粘系に整髪成分を加えたゼリー状の透明整髪料の総称である．水溶性高分子にはカルボキシビニルポリマー，メチルセルロース，カラギーナンなどが用いられる．

ハードタイプのヘアジェルは整髪成分として樹脂を加えてあり，ドライな仕上がり感がえられる．構成成分は水溶性高分子，セット剤(ポリビニルピロリドン，ポリビニルピロリドン/酢酸ビニルポリマーなど)，保湿剤，アルカリ剤，界面活性剤，キレート剤などである．

ウエットタイプのヘアジェルには整髪成分としてグリセリンなどの保湿剤をハードタイプより多量に加えてあり，ウエットな仕上り感がえられる．

【処方例1】　　　　　　　　　ヘアジェル

カルボキシビニルポリマー	0.7%
ポリビニルピロリドン	2.0
グリセリン	適量
水酸化ナトリウム	適量
エチルアルコール	20.0
ポリオキシエチレンオクチルドデシルエーテル	適量
香料，キレート剤	適量
精製水	77.3

【製法】　カルボキシビニルポリマーをグリセリンと一部の精製水で分散する．他の成分を残部の精製水に溶解し，撹拌しながら添加する．

4) セットローション，カーラーローション　Set lotion, Curler lotion

セットローション，カーラーローションは，ガム類や樹脂類をエチルアルコールおよび精製水の混合溶液に溶解したもので，ブラシやカーラーを用いて髪をスタイリングする際に使用する．

セット成分は初期には天然ガム類(トラガム，カラヤガム)が用いられたが，現在は品質的にばらつきが少ない合成高分子が使用される．合成高分子は数多く開発されておりつぎのようなものがある．

非イオン性ポリマー　ポリビニルピロリドン，ポリビニルピロリドン/酢酸ビニル共重合体．

アニオンポリマー　アクリル酸エステル/メタクリル酸エステル共重合体，ビニルメチルエーテル/マレイン酸ブチル共重合体．

カチオンポリマー　ビニルピロリドン/ジメチルアミノエチルメタクリレート共重合体カチオン化物．

両性ポリマー　アクリル酸ヒドロキシプロピル/メタクリル酸ブチルアミノエチル/アクリル酸オクチルアミド共重合体．

樹脂の選定にあたっては，セット力，被膜特性に加え，ディスペンサーのつまりにも留意する必要がある．

樹脂のみでは被膜が剥離し白く粉を吹いたようになる傾向があるため，保湿剤(グリセリン，1,3

ブチレングリコール）や可塑剤（合成エステル，シリコーン誘導体）をセット力に留意しながら添加する．

【処方例】　　　　　　　セットローション

ポリビニルピロリドン/酢酸ビニル共重合体	5.0%
防腐剤	適量
香　料	適量
エチルアルコール	30.0
精製水	62.5
シリコーン誘導体	0.5
グリセリン	2.0

【製法】　エチルアルコールに高分子，防腐剤，香料を加えて均一に溶解する．これに，あらかじめ溶解していた水相部（精製水，シリコーン誘導体，グリセリン）を加え溶解する．

5）ヘアリキッド Hair liquid

ヘアリキッドは整髪成分を溶解したエチルアルコール水溶液で，ポマードやチックに比べ，ソフトな整髪効果を有し，またヘアオイルに比べさっぱりした仕上り感を有し洗髪も容易である特徴を有している．整髪剤としては主としてポリアルキレングリコールが用いられており，プロピレングリコールの付加モル数の違いにより化合物の粘度，アルコール溶解性などが調整できる．

機能性向上の点でポリアルキレングリコールの開発があり，メガネのつるや，くしなどのセルロイドをいためず，衣服に付着しても簡単に除去でき，ベタツキの少ないものに改良されてきている．

【処方例】　　　　　　　ヘアリキッド

ポリオキシプロピレン(40)ブチルエーテル	20.0%
ポリオキシエチレン硬化ヒマシ油	1.0
エチルアルコール	50.0
精製水	28.0
香　料	1.0
染　料	適量
防腐剤，紫外線防止剤	適量

【製法】　エチルアルコールにポリオキシプロピレン(40)ブチルエーテル，ポリオキシエチレン硬化ヒマシ油，香料，防腐剤，紫外線防止剤を溶解する．精製水に染料を溶解する．アルコール相に水相を添加し，沪紙などで沪過する．

6）ポマード，チック Pomade, Hair stick

ポマードはゼリー状あるいはやや固めの半固形の油で，頭髪に光沢を与えると同時に，ヘアスタイルをととのえるために用いられるものである．チックはスティック状の固形整髪料で，とくにかたい毛髪をととのえるのに用いられる．

ポマードには，植物性ポマードと鉱物性ポマードがあり，植物性のものはヒマシ油とモクロウを主原料とし，鉱物性のものはワセリンを主原料としている．

植物性ポマードは半透明で光沢があり，適度な硬さと粘性を有しており，髪の毛のかたい日本人に愛好される．

鉱物性ポマードはべとつかずサッパリとした整髪料である．原料油が鉱物性であるため原料臭が少なく，賦香が容易で，毛髪に芳香を与える目的でも使用される．

チックには，ポマードと比較すると，硬さを増すために固形の油脂原料が多く用いられている．またカーボンブラックを適量加えて，白髪を目立たなくする目的に使用されるものもある．

【処方例1】　　　　　　　　ポマード（植物油系）

ヒマシ油	88.0%
精製モクロウ	10.0
香　料	2.0
染　料	適量
酸化防止剤	適量

【製法】　ヒマシ油，精製モクロウ，酸化防止剤を混合し加熱溶解する．これに香料，染料を加え金属製のバットなどに流し込み，静かに氷上で急冷却し固化させる．

【処方例2】　　　　　　　　　チック

ポリオキシエチレン(40)ブチルエーテル	70.0%
サラシミツロウ	10.0
精製モクロウ	4.0
自己乳化型モノステアリン酸グリセリン	7.0
親油型モノステアリン酸グリセリン	4.0
香　料	適量

【製法】　香料以外の成分を加熱溶解する(80℃)．これに香料を加え，型に流し込み急冷する．

7）ヘアワックス Hair wax

ヘアワックスは髪に適度なつやを与え，ナチュラルなセット力があり，しかもみだれた髪を手でも簡単に整えることで，再整髪が可能な固形整髪料である．固形油分による整髪力，つやを利用したものであるが，市販のものには固形油分を含まないものもある．

構成成分は固形油分としてロウ類（キャンデリラロウ・カルナウバロウ・ミツロウなど）・高級アルコール（セチルアルコール・ステアリルアルコール・イソステアリルアルコールなど）・高級脂肪酸・炭化水素など，流動油分，半固形油分，増粘剤，保湿剤，界面活性剤などからなる．

【処方例】　ヘアワックス

キャンデリラロウ	5.0%
パラフィンワックス	15.0
ポリオキシエチレン(10)オレイルアルコールエーテル	3.0
ステアリルアルコール	0.5
流動パラフィン	8.0
スクワラン	8.0
1,3-ブチレングリコール	5.0
水酸化ナトリウム	適量
精製水	55.5
香料	適量

【製法】　1,3-ブチレングリコール，水酸化ナトリウム，精製水を70〜80℃で撹拌溶解し水相部とする．これ以外の成分を80〜90℃で撹拌溶解し油相部とする．水相部に油相部を加えてホモジナイザーを用いて乳化，冷却し，充てんする．

3-3-2．ヘアトリートメントの種類[26,27]

この項では主にトリートメントに重きをおいた製品を中心に記す．

1）ヘアクリーム Hair cream

ヘアクリームは乳化型の製品で，頭髪につや，柔軟性，潤いを与えるとともに，くし通りをよくし必要に応じ適度な整髪効果を与える．

ヘアオイルが油分が多く使用の際，手がべとつく傾向にあるのに対し，ヘアクリームは乳化型

であるため比較的さっぱりとした使用感を持ち，さらに油分によるコンディショニング効果に加え，水分の補給(保湿)効果を持つ．

　成分的には流動性の油性成分が主体であり，これに30〜70%の水性成分が配合される．

　乳化状態からO/W型，W/O型に分けられるが，O/W型はべたつきが少なく，さっぱりとしたものが一般的で，W/O型は油性感があり，つやや整髪効果に優れるため目的に応じて選択される．

　ヘアクリームには油脂(オリーブ油，ツバキ油,合成トリグリセライド)，炭化水素(流動パラフィン，ワセリン，セレシン，マイクロクリスタリンワックス)，ロウ(ミツロウ，ラノリン)，高級脂肪酸(ラウリン酸，ミリスチン酸)，高級脂肪酸エステル(ミリスチン酸イソプロピル，ステアリン酸ブチル)，高級アルコール(セタノール，ステアリルアルコール)，シリコーン油，界面活性剤，保湿剤(プロピレングリコール，グリセリン)，増粘剤(カルボキシビニルポリマー，キサンタンガム)，有機アミンまたは無機アルカリ，防腐剤，キレート剤などが配合されるが，組み合わせにより使用性，機能性，安定性が異なるため，十分留意する必要がある．

【処方例】　　　　ヘアクリーム(O/W型：乳液状)

①	流動パラフィン	15.0%
	ワセリン	15.0
	サラシミツロウ	2.0
	防腐剤	適量
	香　料	適量
②	精製水	59.75
	カルボキシビニルポリマー	0.1
	キサンタンガム	0.1
	グリセリン	5.0
	ポリオキシエチレン硬化ヒマシ油	3.0
	キレート剤	適量
	色　素	適量
③	苛性ソーダ	0.05

【製法】　①を加熱溶解し80℃に調整する．②を加熱溶解し80℃に調整する．撹拌しながら①を②に加えホモジナイザーを用いて乳化する．冷却を行い30℃になれば③を加え均一になるまで撹拌する．

2) ヘアブロー Hair blow

ヘアブローは，ディスペンサータイプのポンプ式スプレーで霧状に噴霧し，コンディショニン

グ効果やヘアスタイリング効果を与える．コンディショニング効果を重視したものをトリートメントローション treatment lotion またはブローローション blow lotion という．

本品はドライヤーを用いたブロー仕上げ時の熱や，ブラッシングによる摩擦からの髪の保護を目的とするものである．

単に油分・保湿剤を毛表皮部に物理的に付着・吸着をさせるものからリンス剤のようにカチオン活性剤を含み，毛表皮部にイオン結合したり静電状態を変えて質的改善を成すものがある．

構成成分はカチオン活性剤，エタノール，シリコーン誘導体，保湿剤，油分，蛋白加水分解物，防腐剤などである．

【処方例】　　　　　　　トリートメントローション

①	1,3ブチレングリコール	2.0%
	グリセリン	1.0
	塩化ステアリルトリメチルアンモニウム	0.5
	メチルフェニルポリシロキサン	1.0
	コラーゲン加水分解物	1.0
②	香料，防腐剤，紫外線防止剤	適量
	エタノール	50.0
	精製水	44.5

【製法】　②を撹拌溶解し，さらに①を溶解する．
このほかに油分（流動パラフィン，シリコーン油）を乳化して配合しトリートメント効果を向上させたものもある．

3）枝毛コート Hair coating lotion

1988年頃の女性のロングヘアの流行を背景に，ロングヘアの最大の悩みである"枝毛の修復・予防"を目的として上市され反響をよんだ．

主成分は高分子シリコーン（ジメチルポリシロキサン），揮発性の油分（低沸点イソパラフィンなど）で高分子シリコーンによるコート効果，平滑性，密着性，耐水性を最大限に生かすよう処方構成されている．

【処方例】　　　　　　　枝毛コート

ジメチルポリシロキサン	10.0%
シリコーン油	20.0
軽質流動イソパラフィン	70.0

香　料	適量

【製法】　全成分を常温で均一に混合・溶解する．

4）ヘアオイル Hair oil

　ヘアオイルは毛髪に油分を補い，光沢，滑らかさ，柔軟性を与えることを目的として使用される．

　わが国ではもっぱら植物油が使用され，特にわが国特産の油脂であるツバキ油は古くから賞用されてきた．

　構成成分は比較的粘度の低い植物油（ツバキ油，オリーブ油），鉱物油（流動パラフィン）を主成分とし，これに高級脂肪酸エステル，スクワラン，シリコーン油などを配合する．使用する油によっては，特に不飽和度の高い植物油の場合は経日によって酸敗し，不快臭を発することがあるので適当な酸化防止剤を添加する必要がある．

　ヘアオイルは古くからびんつけ油として使用されてきたが，使用感が油っぽいためか最近では減少の傾向にある．

【処方例】　ヘアオイル

流動パラフィン	80.0%
オリーブ油	19.0
香　料	1.0
酸化防止剤	適量

【製法】　全成分を常温で均一に混合・溶解する．

3-4　パーマネントウェーブ用剤 Permanent waving lotion

3-4-1．歴　史

　毛髪にウェーブをつけて，おしゃれを表現することは，紀元前3000年古代エジプトの時代にすでに行われていた記録がある．それは，髪を棒に巻き，その上に粘土を塗って天日で乾かすという方法であった．

　ギリシャ，ローマ時代には，火で焼いた鉄の棒でウェーブをつけたといわれ，19世紀までは，ほぼ同じような方法がとられていた．しかしこれらのウェーブはすぐに伸びてしまってパーマネ

ントとよぶにはふさわしいものでなかった．

　パーマネントウェーブに初めて成功したのはドイツの Nestler で 1905 年のことである．彼はホウ砂などのアルカリ性水溶液を用いる化学的な処理を加え，さらに電熱を用いて加熱することを考案した．その後，この Nestler の方法の加熱器具は改良され，薬品もホウ砂に代わってアンモニアや炭酸アンモニウムが用いられるようになり，1920 年代に「電熱パーマ」として盛んになった．

　1923 年，Sartory が電熱の代わりに化学反応熱を用いた．この方法は石灰の水和熱を利用したものであって，「マシンレスウェーブ」として普及する一方，パーマネントウェーブ用の薬剤の開発を促すきっかけとなった．

　1934 年，Goddard, Michelis がチオグリコール酸塩を用いて，また 1936 年 Speakmann が亜硫酸水素ナトリウムを用いることにより，従来 100℃前後の加熱が必要であった施術温度を，室温近くまで下げても十分ウェーブがえられるようになった．コールドパーマの「コールド」とは上記の意味でつけられた名称である．1940 年頃からアメリカの McDonough がチオグリコール酸を主剤とするコールドパーマネントウェーブローションの研究を行い，現在の製品形態に近いものが開発され，現在に至っている．

3-4-2．パーマネントウェーブ形成のメカニズム

　毛髪は，主成分であるケラチンのポリペプチド鎖が種々の側鎖結合でつながりながら，網目構造をとっている[28]（化粧品と毛髪の項　参照）．

　パーマネントウェーブを形成する上で重要なのは，種々の側鎖結合のうち，もっとも強固なジスルフィド結合（S-S 結合）である．

　ジスルフィド結合は還元剤により切断されてシステインとなるが，酸化剤によって，また新たなジスルフィド結合を生成する．

$$\text{Keratin-S-S-Keratin} \xrightleftharpoons[\text{酸化剤}]{\text{還元剤}} \text{Keratin-SH HS-Keratin}$$

この還元・酸化を経てパーマネントウェーブが形成される過程を模式的に図 3-1 に示す．

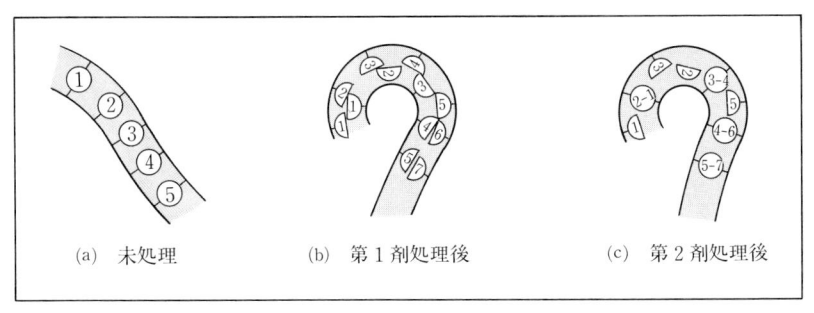

図 3-1．ウェーブ形成の模式図

(a) 未処理　　(b) 第 1 剤処理後　　(c) 第 2 剤処理後

ケラチンのポリペプチド鎖(a)をカールに巻き付けて引っ張った状態にし，そこに還元剤を作用させて，側鎖のジスルフィド結合を切断する(b)．つぎに酸化剤を作用させることにより，その位置で新たなジスルフィド結合が生成してウェーブが形成される(c)．

毛髪の微細構造の研究の結果，毛髪ケラチンは結晶領域と非結晶領域とから成り，前者は毛髪の縦方向に並列してミクロな繊維構造を形成し，後者はランダムコイル構造で上記のミクロな繊維構造を埋めて固定する役割を果たしていることが，近年明らかにされつつある[29]．

ウェーブ形成のメカニズムとして，従来は図3-1の反応過程を結晶領域のポリペプチド鎖に適用していたが，最近は非結晶領域に適用する考え方が有力である[30]．

すなわち結晶領域のまわりの非結晶領域がジスルフィド結合の還元，切断により軟化し，非結晶領域の繊維構造の配列がカールの形に沿って変化する．この状態で酸化すれば，繊維構造が新しい形状を形成したままで固定され，ウェーブが形成される．

3-4-3． パーマネントウェーブ用剤の種類

わが国で製造，輸入，販売が認められているのは，厚生省の「パーマネントウェーブ用剤基準」に適合したもののみである．それらのパーマネントウェーブ用剤は，用法と主成分とにより分類される．用法により使用時に室温で使うものと，加温して使うもの，1剤だけで構成されているものと，1剤と2剤とから構成されているもの，使用時に混合することにより発熱するものと，しないもの，目的がウェーブ形成にあるものと，縮毛矯正にあるものに分類される．現在，使用されているパーマネントウェーブ用剤の大半は第1剤と第2剤とから成る．

第1剤はウェーブ形成の第1プロセス(図3-1の(b))として，ジスルフィド結合を切断するためのものであって，還元剤を主成分とする．

第2剤は新たなジスルフィド結合を生成し，ウェーブを形成する第2プロセス(図3-1の(c))のためのものであって，酸化剤を主成分とする．

第1剤を還元剤の種類により大別すると，チオグリコール酸類を主成分とするものと，システイン類を主成分とするものとがある．また，日本では許可されていないが，欧米では他の還元剤としてチオグリコール酸のグリセリンエステルも使用されている．

1) チオグリコール酸類を主成分とするパーマネントウェーブ用剤

還元剤としてチオグリコール酸，またはその塩類(アンモニウム塩，モノエタノールアミン塩など)が使用され，ほかにアルカリ剤，界面活性剤，安定化剤などが配合される．ウェーブの強弱は，チオグリコール酸塩の量とアルカリ剤によって調整することができる．チオグリコール酸塩は，銅，鉄などの金属イオンと反応して呈色し，外観を損なうと同時にその還元能力も減ずるので，使用する水や原料の精製に注意を要する．

アルカリ剤としてはアンモニア，有機アミン，アンモニウム塩，塩基性アミノ酸が使用される．なかでもアンモニアは毛髪に対して適度な膨潤作用を持つこと，揮発により残留性がないため，

安全性面で有利といった点から多用されている．ほかに無臭性の点からモノエタノールアミンも広く使用されるが，揮発性がないため，毛髪中に残留する恐れがあるので，その配合量や施術時の水洗に気をつけなければならない．

そのほか，安定化剤としてエデト酸 ethylenediaminetetraacetic acid 塩などのキレート剤，有効成分の浸透・乳化剤として，主に非イオン性界面活性剤，使用性向上のためにカチオン性界面活性剤，油分などが配合される．

【処方例】　　　　　　　　　　第　1　剤

チオグリコール酸アンモニウム(50%水溶液)	10.0%
アンモニア水(28%)	3.0
塩化ステアリルトリメチルアンモニウム	0.1
プロピレングリコール	5.0
イオン交換水	81.9
エデト酸塩	適量
香料	適量

【製法】　各成分を均一に撹拌，混合する．チオグリコール酸アンモニウム，アンモニア水は最後に混合する．

2）システイン類を主成分とするパーマネントウェーブ用剤

還元剤にシステインが使用される．チオグリコール酸系のウェーブ用剤に較べて，刺激臭が少ない，毛髪を損傷し難い，といった長所がある反面，ウェーブ形成力が弱いという欠点がある．その他の成分は1）と同様であるが，システインは，還元作用の際，自身は酸化されてシスチンとなり，水に難溶性の白色粉末として結晶化して，手指に付着しやすい．そのとき，チオグリコール酸アンモニウムを共存させると，シスチンの結晶化が抑制できる．

【処方例1】　　　　　　　　　　第　1　剤

システイン	5.0%
チオグリコール酸アンモニウム	0.3
モノエタノールアミン	2.0
イオン交換水	92.7
エデト酸塩	適量
香料	適量

【製法】　各成分を均一に撹拌，混合する．

第2剤は，酸化剤として臭素酸カリウム，臭素酸ナトリウム，過ホウ素酸ナトリウムを主成分とするものと，過酸化水素水を主成分とするものに分けられる．第2剤には，ほかにpH緩衝剤を配合して一定のpH下で酸化反応が進行するように配慮されている．さらに第1剤と同じ目的で界面活性剤，油分などが適宜配合される．

【処方例2】　　　　　　　　　　第　2　剤

臭素酸ナトリウム	5.0%
シリコーンエマルション	1.0
イオン交換水	94.0
pH 緩衝剤	適量

【製法】　各成分を均一に撹拌混合する．

3) チオグリコール酸のグリセリンエステルを主成分とするパーマネントウェーブ用剤

欧米ではチオグリコール酸塩を主成分としたパーマ剤をアルカリ性パーマ剤と称し，チオグリコール酸のグリセリンエステルを主成分としたパーマ剤をアシッドパーマ剤と称して区別されている．アシッドパーマ剤はアルカリ性パーマ剤よりもウェーブ形成力はやや弱いが，弾力に富んだウェーブが形成され，毛髪の損傷も少ないという長所があり，美容師に好まれて使用されている．

【処方例】　　　　　　　　　　第　1　剤

〈パートA〉	チオグリコール酸のグリセリンエステル（80%）	25.0%
〈パートB〉	アンモニア水（28%）	適量
	エデト酸塩	適量
	ポリオキシエチレン（25モル）ラウリルエーテル	2.0
	香　料	0.5
	イオン交換水	72.5

【製法】　パートB；ポリオキシエチレン（25モル）ラウリルエーテルを加熱融解し，香料を加え均一に撹拌し，適量のイオン交換水を加えて香料を透明に可溶化させる．その他の成分を加え撹拌溶解させ，最後にイオン交換水で全量を75%とする．

アンモニア水はパートA，Bを混合したときのpHが5.0～7.0となるように配合しておく．

チオグリコール酸のグリセリンエステルは水溶液中で加水分解されるので，パーマ施術直前にパートAとパートBとを混合して使用される．

第2剤は主として過酸化水素を主成分としたものが使用されている．

3-4-4．ストレートパーマ剤 Straight perm．

パーマネントウェーブ用剤の主な目的は髪にウェーブを形成させることであるが，くせ毛を真直に伸ばすストレートパーマ剤（縮毛矯正剤）もある．

1剤の主成分はチオグリコール酸塩が使われるが，粘稠なクリーム状に調製されており，髪にコームでテンションをかけながら塗布される．10～20分静置後水洗し，次に粘稠なクリーム状2剤で同様に塗布し10～15分静置させ，水洗仕上げを行うことにより真直でさらさらした髪に変えることができる．ストレートヘアの流行に伴い，ストレートパーマ剤もよく使用されてきている．

3-5 》 染毛剤，ヘアブリーチ　Hair colour, Hair bleach

「毛髪を染める」のは，
① 白髪を目立たなくすることにより，自然な毛髪にみせたい．
② 毛髪に積極的に色のバラエティーをつけることにより，ファッションの手段にしたい．
という2つの動機が考えられる．

前者に対しては「白髪染め」，後者に対しては「おしゃれ染め」として，種々の染毛剤がある．本項では，これらの染毛剤と，さらにそれらと反対の目的で使用されるヘアブリーチについても述べる．

3-5-1．歴　史[31]

天然の植物や鉱物を用いて毛髪を染めることは，紀元前3000年の古代エジプトで行われていた．

現在広く使用されている酸化染毛剤が開発されたのは19世紀の後半，パラフェニレンジアミンが発明されてからである．

日本では明治の中頃までは，タンニン酸と鉄塩との「おはぐろ」の原理による「白髪染め」が行われていたが，明治の後期，パラフェニレンジアミンを用いた染毛剤が使用されるようになった．

第2次大戦後になって，アメリカから「おしゃれ染め」が入ってきてヘアカラーの新しいジャンルが開かれ，現在に至っている．

3-5-2. 染毛剤の分類とそのメカニズム

　染毛剤は染毛効果の持続性，すなわち堅牢度を尺度として，一時染毛剤，半永久染毛剤，永久染毛剤に分類され，その染色のメカニズムはそれぞれ異なった形態をとる．

　染毛剤が作用する部位と，利用される物理・化学現象を模式的にまとめたものが図3-2である[32]．

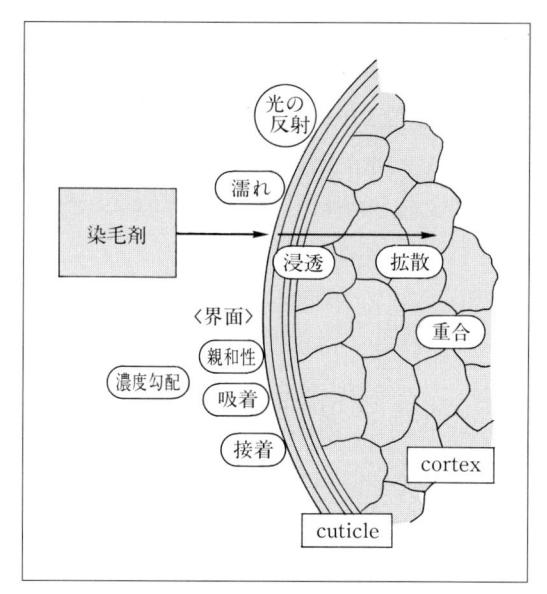

図 3-2. 染毛剤の毛髪に対する作用

　染毛剤の毛髪に対する作用は，図3-2においてまず色剤と毛髪の最外面，すなわち cuticle の最外層（epicuticle）との接触に始まる．ここでは液-固界面での「濡れ」「吸着」といった界面現象がみられる．つぎに cell membrane complex を通して cuticle, cortex 内への「浸透」「拡散」現象があり，場合によっては「重合」という化学反応がなされる．

　染毛のメカニズムはしたがって発色する部位により，図3-3のように大別できる．

1）毛小皮最外層（エピキューティクル表面）への染色

　毛小皮最外層（エピキューティクル表面）に，顔料，または染料を固定することにより染毛する．固定する手段により，油脂で「付着」させるもの(カラースティック)，水溶性のポリマーのジェルで「付着」させるもの(カラージェル)，高分子樹脂で「接着」させるもの(カラースプレー，カラームース)などがある．

　なお，ジェル状のもので色剤が配合されてはいるが，cuticle 全体を被覆する量はなく，ジェルベース自体のコートによる光の反射で白髪が目立たなくなるものもある．

　以上のようなメカニズムによる染毛は，商品上「一時染毛剤」として分類される．

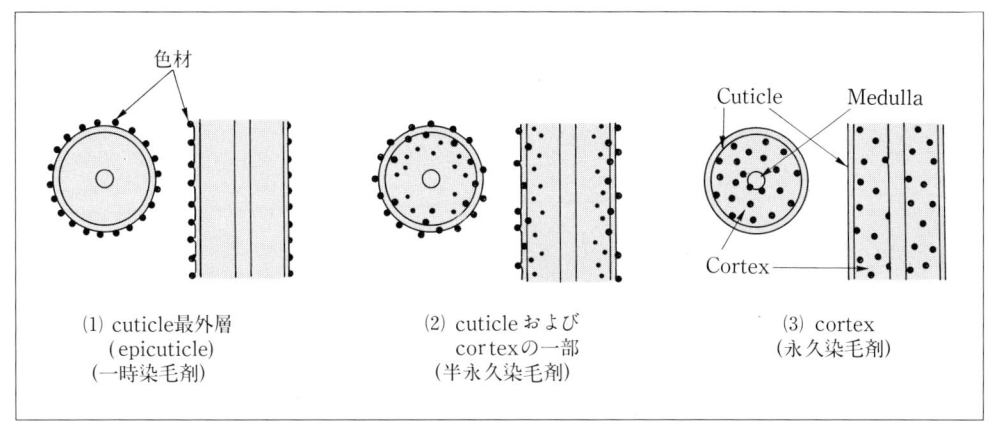

図 3-3. 染毛剤の種類と染毛のメカニズム

2）毛小皮内および毛皮質内の一部への染色

酸性染料を毛小皮内および毛皮質内の一部まで浸透させ，イオン結合により沈着，染色する．分子量の大きい染料の場合には，ベンジルアルコールなど溶剤のキャリヤー効果により浸透を容易にする．

以上のメカニズムによる染色の持続効果は1か月程度であり，「半永久染毛剤」として分類される．

3）毛皮質内への染色

低分子の酸化染料（アミン系，フェノール系化合物）を毛髪内に浸透させて，同時に酸化剤（通常，過酸化水素水）を作用することにより酸化重合し，高分子体の色素を形成して毛皮質（cortex）内に沈着させる．cortex 内に生成した色素は高分子となっているため，毛髪内から外に出ることができず，したがって染毛の持続効果は永続的となる．

このメカニズムによる染毛剤は「永久染毛剤」とよばれる．

3-5-3. 染毛剤の種類

1）一時染毛剤 Temporary hair colour

スティック，ジェル，スプレー，ムースなど，種々の剤型がある．共通して，色持ちが弱いが，逆にシャンプーで簡単に洗い流せる，使用法が簡単，安全性が高いといった特徴がある．

配合される色剤は，カーボンブラック，顔料が主で，酸性染料が用いられるときもある．

1-1）カラースティック

スティック状の一時染毛剤でびんなど部分的な白髪染めに使用される．

【処方例】　　　　　　　カラースティック

カーボンブラック	2.0%
ミツロウ	15.0
モクロウ	10.0
ヒマシ油	66.8
POE(20)セスキオレイン酸エステル	1.2
香料	5.0
酸化防止剤	適量

【製法】　油性成分を加熱融解，均一に混合後，カーボンブラックを添加，混合して，冷却する．

1-2) カラースプレー

エアゾールタイプで明るいファッションカラーを楽しんだり，白髪の部分染め用として用いられる．

【処方例】　　　　　　　カラースプレー

（原液処方）	
顔料	1.0%
アクリル樹脂アルカノールアミン液(50%液)	6.0
エチルアルコール	93.0
香料	適量
（充てん処方）	
原液	70.0
LPG	30.0

【製法】　原液成分を均一に撹拌，混合後，エアゾール缶に充てんする．

1-3) 液状タイプ

ボトルに充てんされ，付属のブラシで部分染めに使用する．

【処方例】　　　　　　　液状タイプ

顔料	1.0%

アクリル樹脂アルカノールアミン液(50%液)	8.0
エチルアルコール	91.0
香　料	適量

【製法】　各成分を均一に撹拌，混合する．

2）半永久染毛剤 Semipermanent hair colour

剤型としては，液状，ジェル状，クリーム状のものがある．いずれも主にアゾ系の酸性染料が用いられ，さらに溶剤としてベンジルアルコールなどが配合される．酸性側で染色すると染毛効果が高いため，通常クエン酸などでpH調整される．

普通は1回の使用により完全に染毛されるよう設計されるが，その場合，使用前後の差が歴然とし過ぎて好まれないことがある．そこで，数回の使用により徐々に染毛されるよう染毛効果を調整した「カラーリンス」もこの項に分類される．

いずれにしても，手や頭皮にも染め着きやすいので染毛効果とバランスをとることが大切である．

2-1）ジェルタイプ

使用時にたれ落ちしないよう増粘剤によりジェル状としたものである．増粘剤としては，カルボキシメチルセルロース，キサンタンガムなどが用いられる．部分染め，あるいは全頭用として使用される．

【処方例】　　　　ジェルタイプ

酸性染料	1.0%
ベンジルアルコール	6.0
イソプロピルアルコール	20.0
クエン酸	0.3
キサンタンガム	1.0
精製水	71.7

【製法】　各成分を均一に撹拌混合する．キサンタンガムはベンジルアルコールに分散させて添加する．

3）永久染毛剤 Permanent hair colour

染色効果が一時染毛剤や半永久染毛剤より永続的であることから，こうよばれている．

永久染毛剤には，酸化染毛剤，植物性染毛剤，金属性染毛剤がある．

3-1) 酸化染毛剤 Oxidation hair colour

酸化染毛剤はほかのタイプに比べ，効果が永続的である，ブリーチ効果を伴うので元の毛髪より明るい色調にすることが可能である(特に日本人の黒髪をファッショナブルな色に染めるとき)，といったことから，染毛剤の中ではもっともよく使用されている．剤型としては粉末，液体，クリームがあり，現在後2者が主流である．

メカニズムの項で述べたように，酸化染料に酸化剤を作用させて酸化重合するために，2剤形式をとり(粉末タイプの場合には空気酸化によるので1剤形式)，第1剤に酸化染料，第2剤に酸化剤を配合し，使用時に混合する．

第1剤には酸化染料，アルカリ剤，界面活性剤などが配合される．酸化染料には自身の酸化により発色する「染料前駆体」(オルト・パラ位のフェニレンジアミン，アミノフェノールやその誘導体)と，染料前駆体との組み合わせにより種々の色調となる「カップラー」(メタ位のフェニレンジアミン，アミノフェノール，多価フェノール類)がある．アルカリ剤は染毛効果を向上する目的と，さらに毛髪中のメラニン顆粒の酸化分解を同時進行させて明るい色調をえる目的で配合される．もっとも，アルカリは毛髪に対するダメージが大きく，これを避けるため，近年，中性から弱酸性領域で反応が進行するよう設計された染毛剤も多くみられる．

第2剤には酸化剤として主に過酸化水素が配合される．過酸化水素は分解しやすいため，安定剤としてキレート剤，pH調整剤などが配合される．

酸化反応は図3-4にしたがって進行する[33]．

初期反応として毛髪の中で過酸化水素により，染料前駆体(図3-4ではパラフェニレンジアミ

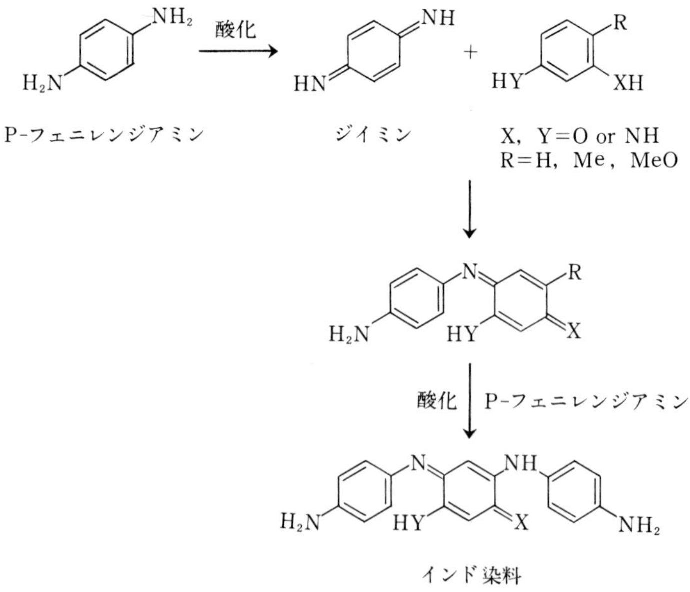

図 3-4. 酸化反応
(J. F. Corbett：Cosmetics and Toiletries, 91, 21, 1976)

ン)が酸化され，ジイミン類が生成する．つぎにそれがカップラーと，あるいは他の染料前駆体と反応してインド染料を生成する．染料前駆体とカップラーとの組み合わせ，重合度の違いにより異なった色調が得られる(図3-5)．

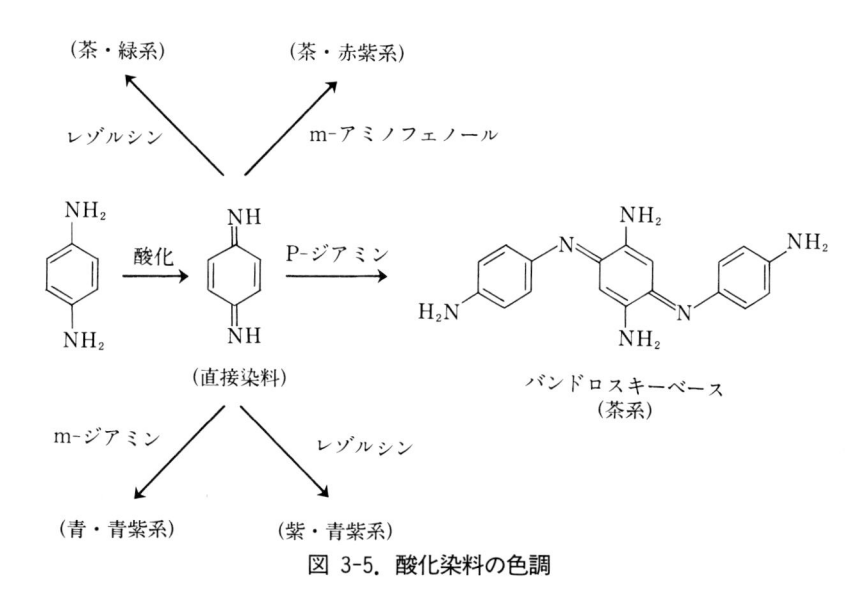

図 3-5. 酸化染料の色調

【処方例1】　　　　　　　　　液状タイプ(第1剤)

成分	%
パラフェニレンジアミン	3.0%
レゾルシン	0.5
オレイン酸	20.0
ポリオキシエチレン(10)オレイルアルコールエーテル	15.0
イソプロピルアルコール	10.0
アンモニア水(28%)	10.0
精製水	41.5
酸化防止剤，キレート剤	適量

【製法】　各成分を均一に撹拌，混合する．酸化染料は酸化劣化を防ぐ意味から最後に添加することが好ましい．

【処方例2】　　　　　　　　　液状タイプ(第2剤)

成分	%
過酸化水素水(30%)	20.0%
精製水	80.0

安定化剤	適量

【製法】 各成分を均一に撹拌，混合する．

酸化染毛剤の使用に際しては，その中に含まれる酸化染料に対して，ごくまれにアレルギー体質の人がみられるため，事前にパッチテストが義務づけられている．

3-2) その他の永久染毛料

植物性染毛剤は，ヘンナの葉(有効成分は 2-ヒドロキシ-1, 4-ナフトキノン)，カミツレの花(有効成分は 4′, 5, 7-トリヒドロキシフラボン)などを原料としたものである．ともに α, β-不飽和化合物であり，毛髪蛋白質の遊離アミノ基などの求核性残基と 1, 4 付加反応を起こす[34]．わが国ではあまり使用されていない．

鉱物性染毛剤も鉛，鉄，銅，ビスマス，ニッケル，コバルトなどの金属の酸化物を利用するものであるが，一部毒性の問題もあり，現在日本ではほとんど使用されていない．

3-5-4. ヘアブリーチ Hair bleach

ヘアブリーチは毛髪中のメラニンを酸化分解することにより，毛髪を脱色するものである．

2 剤形式のものが多く，第 1 剤にアルカリ剤，第 2 剤に過酸化水素水が配合され，使用時に混合する．

さらに強力なブリーチ剤としてブースターと称する促進剤(過硫酸アンモニウムやその他の過硫酸塩類)を添加したり，ピロ亜硫酸ソーダを第 1 剤に入れて酸化還元の反応熱を利用する発熱タイプもみられる．

【処方例 1】　　　　　　　　　　　第　1　剤

ポリオキシエチレン(10)オレイルアルコール	20.0%
ポリオキシエチレン(15)ジステアレート	10.0
パルミチン酸	4.0
エチルアルコール	10.0
アンモニア水	9.0
キレート剤	適量
精製水	47.0

【製法】 加熱した精製水にアンモニアを除いた各原料を混合，溶解し，冷却後，アン

モニア水を加える．

【処方例2】　　　　　　　　第　2　剤

ラウリル硫酸ナトリウム	5.0%
ポリオキシエチレン(9)オレイルアルコール	5.0
セタノール	52.0
過酸化水素水(35%)	17.0
安定化剤	適量
精製水	21.0

【製法】　精製水に安定化剤を溶解し，加熱後各原料を混合，溶解し，撹拌冷却を行う．

◇ **参考文献** ◇

1) 宮沢，田村，勝村，内川，坂本，富田：油化学，38：297, (1989)
2) E. D. Goddard, T. S. Phillips, R. B. Hannan：J. Soc. Cosmet. Chemists, 26, 461, (1975)
3) E. D. Goddard, R. B. Hannan：J. Am. Oil Chem. Soc., 54, 561, (1977)
4) 春沢，加藤，田中：日本化粧品技術者会誌，15：225, (1981)
5) 野田，山口，町田，福島：日本化粧品技術者会誌，20, 103, (1986)
6) 春沢，中間，田中：日本化粧品技術者会誌，25：111, (1991)
7) Y. Nakama, F. Harusawa, I. Murotani：J. Am. Oil Chem. Soc., 67：717, (1990)
8) 日本公定書協会編：医薬品製造指針，薬業時報社，1986.
9) J. B. Hamilton：In the Biology of Hair Growth. p. 400, Academic Press, New York, 1958.
10) K. Adachi：Curr. Probl. Dermatol., 5, 37, (1973)
11) R. A. Ellis：In The Biology of Hair Growth. p. 469, Academic Press, New York, 1958.
12) E. J. Scott, T. M. Eckel：J. Invest. Dermatol.,31, 281, (1958)
13) N. Bruchovsky, J. D. Wilson：J. Biol. Chem., 243, 2012, (1968)
14) S. Takayasu, K. Adachi：J. Chinical. Endocri. & Metab., 34, 1098, (1972)
15) S. Takayasu, K. Adachi：Endocrinology, 90, 73, (1972)
16) K. Adachi：J. Invest. Dermatol., 62, 217, (1972)
17) 宇塚　誠，福島正二：フレグランスジャーナル，11(1), 28-31, 36, (1983)
18) 利谷昭治：フレグランスジャーナル，17(5), 61-65, (1989)
19) Braun-Falco：Arch. Klin. Exp. Derm., 227, 419, (1966)
20) H. Ogawa, M. Hattori：Normal and Abnormal Epidermal Differentiation, Univ. Tokyo Press, Tokyo, Japan, p. 159-170, 1982.
21) D. Van Neste, J. M. Lachapelle, J. L. Antoine：Trends in Human Hair Growth and Alopecia Research, Kluwer Academic Pub. U. K., p. 94-98, 1989.
22) S. Takayasu, K. Adachi：Endocrinology, 90, 73, (1972)
23) H. Uno, J. W. Kemnitz, A. Cappas, K. Adachi, A. Sakuma, H. Kamoda：J. Dermatol. Sci., 1, 183-194, (1990)
24) P. J. J. M. Weterings, H. M. J. Roelots et al.：Acta Derm. Venereol. (stockholm), 63,

315, (1983)
25) C. Jahoda, R. F. Oliver：Br. J. Dermatol., 105, 623, (1981),
26) 杉浦・上田：最新香粧品科学，廣川書店，1984.
27) 日本化粧品技術者会編：化粧品科学ガイドブック，薬事日報社，1979.
28) E. Sagarin et. al. ed.：Cosmetics-Science and Technology 2 nd. ed. p. 178, Wiley-Interscience, 1972.
29) E. G. Bendit：Fibrous Proteins, 2, 115, (1980)
30) 日本パーマネントウェーブ液工業組合編：毛髪とパーマネントウェーブ，p. 97, 1989.
31) 広瀬：フレグランスジャーナル，臨時増刊 No. 8, 110-112, 109, (1987)
32) 新井，鳥居：フレグランスジャーナル，19(6)，14-18，(1991)
33) J. F. Corbett：Cosmetics and Toiletries, 91, 21, (1976)
34) C. R. Robbins："Chemical and Physical Behavior of Human Hair" p. 129, Van Nostrand Reinhold Company, 1979.

4 フレグランス化粧品

フレグランス化粧品とは，香水，オードパルファム，オーデコロン，芳香パウダー，練香，香水石けんなど，香りを中心とする化粧品である．

4-1 フレグランス化粧品の種類

よく知られているのは香水やオーデコロンであるが，フレグランス化粧品には表4-1のように種々のものがある．

表 4-1. フレグランス化粧品の種類

種　　類	賦香率（香料の含有％）
香水・パフューム・パルファム	15～30％
オードパルファム	7～15
オードトワレ	5～10
オーデコロン	2～ 5
練香水	5～10
芳香パウダー	1～ 2
香水石けん	1.5～ 4

このほか，ボディローション，バスオイルなどの化粧品や，ポプリ，香料を含浸させたシート（紙）やビーンズ（粒），キャンドルなどの雑貨類もある．

4-2 女性用香水 Perfume

香水は，香料をエチルアルコールに溶かしたものであり，このようなタイプの香水が，はじめて世にでたのは14世紀，ハンガリー女王が若返ったといわれる「ハンガリー・ウォーター」が最初であるといわれている．

現在，化粧品の多くには香りがついているが，その頂点に立つのが香水である．香水は，香り

の宝石といわれるほど，昔から貴重品扱いされてきた．香水は，香りの芸術品とされ，音楽や絵画にもたとえられることもある．したがってパフューマーには芸術家的な感性も要求される．

よい香水とは，基本的につぎの6つの要件を満たすことが必要である．

① 美しい香り，洗練された格調高い香りであること．
② 香りに特徴があること．
③ 香りの調和がとれていること．
④ 香りの拡散性がよいこと．
⑤ 香りが適度に強く持続性があること．
⑥ 香りが商品コンセプトに合致していること．

4-2-1. 香水の製造法

1）製造方法

調合香料とエチルアルコールを一定の割合で混合する．通常，可溶化剤は使用せず，香料をアルコールに溶かすだけなので，香料の溶解性には十分配慮する必要がある．アルコール濃度は，香りの質，香料の溶解性を考慮して決める．混合したものを，ステンレスなどの安定な材質でできた密閉容器に入れ，冷暗所で一定期間熟成させる．香りのタイプにより熟成期間は異なる．熟成の終わったものを沪過して沈殿物を取り除き，透明になったものを容器に充てんする．沪過は沪過助剤を用いた加圧沪紙沪過が一般的であるが，香水によって沪過条件は異なる．

香水・オードパルファムは賦香率が高いので，変色には注意が必要である．通常着色剤は使用しないが，必要に応じて着色することもある．

2）熟 成

熟成に伴いツンとしたアルコールの刺激臭がなくなり，丸みとまろやかさのある芳醇な香りになる．熟成中には，エステルの生成，エステル交換，アセタールの生成，アセタール交換，自動酸化，重合など種々の化学反応が複雑に絡み合って進行している．個々の反応は極微量ではあるが，多種類にわたる変化の蓄積が，熟成とともに生じ，まろやかで丸みのある芳醇な香りに結びついていると考えられる．一般には水の多い系ほど熟成は進みやすい．

4-2-2. フレグランス用アルコール

通常，香水に用いられるアルコールはエチルアルコールである．

1）種 類

日本の専売アルコールには，特級，1級，合成級の3種類がある．

2）濃　度

専売アルコールには無水の 99.5% と含水の 95% の 2 種類がある．香水には主に 95% アルコールが使われ，オーデコロンには同じかそれ以下の濃度のアルコールが使われる．

3）変性剤

エチルアルコールそのものは飲料にもなるので，工業用に使用するものには，苦みや匂いのある物質を添加し，飲料にならないようにしている．その添加物を変性剤という．各国とも政府所定の変性剤処方があり，化粧品用にはこの政府所定の変性アルコールを用いることが多い．変性剤については国により許可しているものが異なるので，製造する場合はその国で許可されている変性剤に合せる必要がある．

4-2-3.　女性用香水の分類

香調による分類とマーケティングからの分類がある．香調による分類はさらに香りのタイプによる分類と，香りの流れを年代順に系列化した香りの系統図（ジェネオロジー）に分けられる．マーケティングからの分類では，高級品であるプレステージラインと一般向けのマス商品に大別される．

このような分類とは別に，デザイナー香水といわれる一群の商品がある．有名デザイナーの名前をつけた香水で，コスチュームを含めたトータルファッションの仕上げとして位置づけられている．たとえば Ungaro, Oscar de la Renta, Kenzo, Liz Claiborne などがある．

最近では，デザイナーに限らず，有名人の名前を冠したフレグランスも登場しており，これらはセレブリティーフレグランス celebrity fragrance ともいわれている．たとえばエリザベス・テイラーの Passion などである．

香りの分類の中でもっとも重要な香調による分類にも種々のものがあり，その 1 例をつぎに示す．香水を香りのタイプ別に 8 つに大分類する．この主分類とその香りの説明，代表作を表 4-2 に示す．

この 8 つの主分類で大分類した香水を，主分類の表現のほかに表 4-3 の特徴を持った香りでさらに分け，2 次元のマップにする．これを表 4-4 に示す．

4-2-4.　香水の選び方

通常一度に嗅ぎわけられるのは大体 2〜3 種類で，それ以上になると判断がつかなくなる．香りを嗅ぐときも，ビン口から直接嗅がず，手の甲や手首の内側に 1〜2 滴つけ，アルコール分をとばしてから，鼻から少し離して手を静かに動かすようにして軽く嗅ぐ．手につけると体温であたためられて，実際に使うときのように自然に香りがよくたつ．

表 4-2. 女性用香水の主分類と香調

主分類	そのグループが持つ香りの特徴	代表作
シトラス	レモン，ベルガモット，オレンジ，グレープフルーツ，ライム などからなる柑橘系の香り 新鮮でさわやかな，爽快感を感じる	4711 Shower Cologne Fresh Lime
グリーン	青葉や青草をもんだときに感じる青くさい香りやヒヤシンスのグリーンノートとフローラル系の香りを合わせ持つ香り 草原や林のさわやかな自然を思い起こさせる香り シトラスよりも個性が強く高級感がある	Fidji
シングルフローラル	ローズ，ジャスミン，ミューゲ，ライラック，ガーデニア など1つの花の香り シンプルでさわやかさがある 西洋風の感じがするカジュアルな香り	Diorissimo
フローラルブーケ	複数の花がミックスされた花束の香り 高級感のある現代風の香り 女っぽい甘さがただよい，まろやかで優雅さがある	L'Air du Temps
フローラルアルデハイド	花の香りがアルデヒドで特徴づけられている香り 女っぽい甘さと優雅さに，さらに深みがプラスされたロマンチックな香り	Chanel No. 5
シプレー	オークモス（苔），ベルガモット，ジャスミン，ローズ，ウッディ，ムスク などのコンビネーションが特徴となっている香り 大人っぽい女らしさがただよう個性的な香り	Miss Dior
フロリエンタル	フローラル系の優しさと，オリエンタル系の個性・強さを合わせ持つ香り	Poison
オリエンタル	ウッディ，パウダリー，アニマル，スパイシーの特徴が強い香り 濃艶で，セクシーでかなり個性が強く感じられる大人の香り	Opium

その他，レザー，タバックの要素を含んだものもある．代表作：Cabochard

表 4-3. 女性用香水の副分類と香調

香りの種類	そのグループが持つ香りの特徴
フルーティー	柑橘以外の果実の香り．ストロベリー，ピーチ，グレープ，アップル，カシスなどが代表的
アルデハイディック	脂肪族アルデヒド類のむせるような強烈な香り．少量使うと香りに深みを出す
パウダリー	粉っぽい香り．大人っぽく女性的なイメージを出す．ワニリン，ヘリオトロピン，ムスクなどが代表的
ウッディ	木の香り．重厚感を感じさせる．サンダルウッド（白檀），セダーウッド，パチュリー，ベチバーなどが代表的
モッシィ	樫の木に着く苔の香り．湿った森林の中を連想させる
スパイシー	ピリッとしたスパイスの香り．クローブ（丁字），ペッパー（胡椒），シナモン，ナツメッグ，ローズマリー，タイム，カーネーション などが代表的
レザータバック	皮革やタバコの男性的な香り．男っぽいさわやかさを感じさせる
バルサミック	樹脂の香り．重い甘さの深みのある香り
アニマル	動物性香料の香り．ムスク，アンバー，シベット，カストリウムの香り．セクシーで濃艶なイメージがある

表 4-4. 女性用香水の分類

	主分類	I シトラス さわやか	II グリーン 自然	III シングルフローラル 清純	IV フローラルブーケ 優雅	V フローラルアルデハイディック ロマンチック	VI シプレー 個性的・ならしさ	VII フロリエンタル 暖かな・センシュアル	VIII オリエンタル 濃艶・セクシー
副分類									
1 シトラス	柑橘	4711 Shower Cologne Fresh Lime							Shalimar
2 グリーン	草			Diorissimo	Eternity Pleasures Anaïs Anaïs Paris	Calandre Chloé Charlie White Linen	Givenchy III		Chamade
3 フルーティ	果実		Alliage Les Belles de Ricci		Tiffany Kenzo Giorgio	Nahéma	Mitsouko Femme	Poison Dolce Vita	Angel
4 フローラル	花	Eau Sauvage Ô de Lancôme Eau d'Hermès Eau de Rochas CK One	Cristalle Ivoire Eau de Givenchy		Joy Cabotine Eau de Fleurs		Knowing	Loulou Oscar de la Renta Angélique	Cinnabar L'Origan
5 フローラルアルデハイド	花 アルデハイド	Tosca	Rive Gauche		Nina	Chanel No. 5 Arpège	Y		Magie noir Paloma Picasso
6 アルデハイド	アルデハイド				Byzance	Fleurs de Rocaille L'Aimant	Miss Dior Ma Griffe		
7 パウダリィ	粉っぽさ		Chanel No. 19		Ombre Rose	Sophia		Ombre Bleue Joop Nuit d'Été	Bal à Versaille Missoni
8 ウッディ	木香 白檀		Amazone		Murasaki Beautiful Trésor	Madame Rochas Samsara Calèche		Coco Boucheron Bijan	Dune
9 モッシィ	苔		Diorella		Zen Gucci No. 3	First Imprévu L'Insolent			
10 スパイシー	スパイス	Eau de Cologne Hermès	Fidji		L'Air du Temps	Super Estée	Parure	Joop	Jicky Vol de Nuit Opium
11 レザータバック	皮革 タバコ					Scandal	Cabochard		Tabu
12 バルサミック	木の樹脂						KL	Roma	Obsession Must de Cartier Mystère de Rochas
13 アニマル	動物				Ysatis Parfum d'Hermès		Intimate La Nuit		Musk

4-2-5. 香水の使い方

　香水の上手なつけ方は，清潔な肌に直接アトマイザーでスプレーする．つけるのは手首，肘・膝の内側などの肌に直接つけるのが最適である．マリリン・モンローが私はシャネルの5番を着て寝るといった話は有名であるが，欧米では香水をつけることを着る wear という．ただし，特に皮膚の弱い人は，スカートの裾などにつけるとよい．

4-2-6. 香水の保存

　早く使いきるのが基本であるが，香水の保存に際し特に注意すべきことはつぎの3点である．

1）空気にふれないようにする

　香水中に含まれる成分は空気中の酸素によって酸化され劣化する．したがって，大きい容器に少量になった場合小さい容器に入れ換えるなどして，なるべく空気に触れないようにする．

2）直射日光をさける

　香水中の成分のあるものは，日光による温度または紫外線によって劣化し，匂いが悪くなったり変色したりする．

3）高温や温度変化の激しいところはさける

　香水中の成分は，高温で化学変化を起こし，劣化することがある．

4-3 》 男性用コロン Men's cologne

　オーデコロンはイタリア人，ヨハン・マリア・ファリナが元祖だといわれている．この人がイタリアから香料商人としてドイツの町ケルン Köln（仏名コローニュ Cologne）にやってきて，イタリアやフランスの香料を集め，1709年にはじめてオーデコロン（正確にはオードコローニュ Eau de Cologne とよぶ）を売りだしたといわれる．オーデコロンといえばナポレオンといわれるほど，ナポレオンはオーデコロンを愛用し，戦場にまで多数持参したといわれている．

　このようなオーデコロンから出発した男性用コロンには，女性用に較べ，力強い，個性的な香りが多い．

　女性用フレグランスと同様，種々の分類があるが，その1例として主分類とその香りの説明，代表作を表4-6に示す．

　これらを2次元のマップにしたものを表4-5に示す．

表 4-5. 男性用コロンの分類

副分類 \ 主分類	I シトラス	II グリーン	III フローラル	IV フゼア	V ウッディ	VI シプレー	VII オリエンタル
1 シトラス	4711 Armani		Auslese			Chanel	
2 グリーン	Bravas		Kenzo	Tommy	Escape for men	Ténéré	
3 ラベンダー	Pour Homme (YSL)			Monsieur Cardin			
4 アロマティック			Minotaure	Tsar Pasha	Versus XS pour homme	Caractère Trussardi	
5 パイン				Horizon pour homme			
6 フローラル	Eau Sauvage	Drakkar Noir Tactics		Pour Homme (Azzaro) Brut	Balcan Boucheron		Héritage
7 ウッディ		Fahrenheit		Jazz		Tuscany	Egoïst
8 モッシィ	Lacoste			Paco Rabanne for men Safari for men	New West		
9 スパイシー	Pour Homme (Cacharel)			Eternity for men Cool Water Monsieur Rochas	Equipage Old Spice		
10 レザー タバック					Boss Burberry	Basala Polo Aramis Antaeus	
11 バルサミック							Obsession for men
12 アニマル				Kouros			

表 4-6. 男性用コロンの主分類と香調

主分類	そのグループがもつ香りの特徴	代表作
シトラス	レモンやオレンジ，ベルガモット，マンダリンなどの柑橘系の香りから成る．新鮮でさわやかな香りで，嗜好性の高いグループ．初めは柑橘系の香りで，後になってフローラルやスパイシーな香りが現れてくるのも，このグループに属す．ユニセックス的な感じがするのも特徴．	Eau Sauvage
グリーン	青葉や若草をもんだ時に感じる青くさい香りで，このグループをグリーンノートという．その中にもいくつかの種類があり，一般的な草や葉の香りに近いものをリーフィーグリーン，また海辺の新鮮な香りやオゾンノートもこのグループに属し，シーサイドグリーンと呼ばれる．いずれも自然を思いおこす，さわやかな香りが特徴．女性用に比べ，フローラルノートが弱い．	Fahrenheit
フローラル	ローズ，ジャスミン，ラベンダーなどから成るフローラルの香りをベースに，深みやグリーンノートを加えたものが多く，女性用の香りに比べ，フローラルノートの要素が弱く，甘さも少なめである．	Auslese
フゼア	ラベンダーやオークモス，クマリンを中心に構成される香り．暖かみや深みのある落ちついた感じがする． 男性用の香りに広く応用され，"Fougère Royale (Houbigant 1882)"という香水名が香調名の由来．	Paco Rabanne pour Homme
ウッディ	代表的な木様である白檀，パチュリー，セダーウッド，ベチバーなどが特徴となっている香り．力強く，男性的で，持続性に優れている．	Old Spice
シプレー	深みと落ちつきを与えるオークモスを中心として，フレッシュなシトラス，力強く男性的なウッディなどから成る香り． レザー，パイン，グリーン，アロマティックなどの香りと組み合わせた，数多くのバリエーションがある． 女性用の香りに比べフローラルの要素が弱い．	Aramis
オリエンタル	中近東やアジアで採取される素材（ウッディ，スパイス，アニマル，バルサムなど）を中心に構成される，甘く，重く，濃厚な香り．女性用に比べて，甘さよりウッディ，スパイシーな感じのするものが多くなっている．	Obsession for men

5 ボディケア化粧品

化粧品の使用部位を身体の部分で分けるとボディがもっとも広い部分となる．またこのボディでは生理現象がそれぞれの部位で特徴的であり，使用する化粧品も明確な機能を付与しているものが多い．これらの製品を部位別に分けると表5-1のようになる．

最近，健康に対する意識の高まりから，シェイプアップを行い健康美を求める傾向にあり，ボディラインケア化粧品が新しい分野の商品となりつつある．

表 5-1. ボディケア化粧品の種類

部 位	目 的	製 品 例
全 身	洗浄・浴剤	石けん，ボディシャンプー，スクラブ洗浄料，バスオイル，バスソルト
	トリートメント	ローション，エマルション，クリーム
	フレグランス	パウダー，コロン
	紫外線防御	日やけ止め化粧品，サンオイル，アフターサンローション
	虫よけ	インセクトリペラー，モスキートスクリーン
手（指）	トリートメント	ローション，クリーム
足	脱色・除毛	ディスカラー，除毛クリーム，脱毛テープ，除毛ムース
ひじ・ひざ	柔 軟	角質軟化ローション，ゴマージュクリーム
脚	むくみ防止	レッグフレッシュナークリーム
腋 下	防臭・制汗	デオドラントローション，スプレー，パウダー，スティック

5-1 石けん Soap

5-1-1. 石けんの歴史

石けんとは高級脂肪酸の塩の総称であるが，われわれが日常皮膚洗浄に用いる石けんは水溶性であって C_{12}〜C_{18} の脂肪酸のアルカリ塩である．

このような皮膚洗浄用としての石けんの起源は非常に古く紀元前からすでにあったといわれており，一世紀頃の科学者プリニウスの著書にもすでに記載されている．

原始的な石けん工業が発生したのは8世紀頃の北イタリアの港町サヴォナで，これがフランス語の savon, 英語の soap, ドイツ語の seifen などの語源になっている．

その後，ヴェネチア（ベニス）その他で製造され，マルセイユにおいて石けん工業は開花した．すなわち地中海沿岸で取れるオリーブ油と海藻を焼いてえられたアルカリを用いて，良質な「マルセル石けん」が製造されたのである．

その後改良を続け，今日では家庭用としてばかりでなく，工業的にも広く応用され各種の形態のものが市販されている．

5-1-2. 石けんの原料

石けんの原料として用いる脂肪酸や油脂にはいろいろなものがあるが，その特性を考えて目的に合った石けんを作るための脂肪酸配合処方・油脂配合処方が決定される．

表5-2および表5-3に脂肪酸単体のソーダ石けんの性質と天然油脂酸組成の1例を示した．石けん原料として古くは牛脂とヤシ油が用いられたが，最近では原料の安定性・匂い・供給面・価格面より植物系油脂の組み合わせが用いられている．植物系油脂の代表としてはパーム油とパーム核油で，配合割合はパーム油60〜80％，パーム核油20〜40％が適当とされている．原料油脂は

表 5-2. 各種脂肪酸のソーダ石けんの性質

	脂肪酸名	溶解性	洗浄力	起泡性	素地の固さ	安定性
飽和脂肪酸	C_{10}以下	大	甚だ小	泡やや粗大，泡量小（泡の持続性小）	硬い	大
	C_{12}（ラウリン酸）	冷水に易溶	やや大	泡やや粗大，泡量大（泡の持続性中）	硬い	大
	C_{14}（ミリスチン酸）	冷水に溶	大	泡細かい，泡量大（泡の持続性大）	硬い	大
	C_{16}（パルミチン酸）	冷水に難溶	大	泡細かい，泡量中（泡の持続性大）	硬い	大
	C_{18}（ステアリン酸）	冷水に不溶	甚だ大	泡細かい，泡量小（泡の持続性中）	硬くて脆い	大
不飽和脂肪酸	C_{18}^{-}（オレイン酸）	冷水に易溶	大	泡やや粗大，泡量大（泡の持続性中）	軟らかくねばりあり	普通
	$C_{18}^{=}$（リノール酸）	冷水に易溶	中	泡やや粗大，泡量中（泡の持続性中）	柔軟	変敗しやすい

表 5-3. 油脂中の脂肪酸組成

油脂名	飽和脂肪酸%									不飽和脂肪酸%			
	C_6	C_8	C_{10}	C_{12}	C_{14}	C_{16}	C_{18}	C_{20}	C_{24}	オレイン	リノール	リノレン	アラキドン
ヤ シ 油	0.2	8.0	7.0	48.2	17.3	8.8	2.0			6.0	2.5		
パーム核油		3.0	3.0	52.0	15.0	7.5	2.5			16.0	1.0		
パ ー ム 油					1.0	42.5	4.0			43.0	9.5		
牛 脂					2.2	35.0	15.7			44.0	2.2	0.4	0.1
豚 脂					1.0	26.0	11.0			48.7	12.2	0.7	0.4
大 豆 油						8.3	5.4	0.1		24.9	52.3	7.9	
米 糖 油					0.4	17.0	2.7	0.4	1.0	45.5	27.7		

精製して使用される．

われわれが普通使用する石けんは油脂を苛性ソーダや苛性カリでけん化して作ったもの，あるいは油脂を分解して得られた脂肪酸を苛性ソーダや苛性カリで中和して作ったものである．苛性ソーダで作った石けんを硬質石けん，苛性カリで作ったものを軟質石けんという．普通の浴用石けんは硬質石けんである．

5-1-3. 石けんの製造方法

石けんの製造法は，大きくは，けん化法 saponification と中和法 neutralization の二通りに分けることができる．けん化法は油脂（脂肪酸のグリセリンエステル）をアルカリで加水分解，中和して石けんとグリセリンをうる方法であり，中和法は脂肪酸とアルカリを直接反応させて石けんをうる方法である．

$$\boxed{\text{けん化法}} \quad \begin{array}{l} \text{CH}_2\text{-OOCR} \\ | \\ \text{CH-OOCR} \\ | \\ \text{CH}_2\text{-OOCR} \end{array} + 3\,\text{MeOH} \rightarrow 3\,\text{RCOOMe} + \begin{array}{l} \text{CH}_2\text{-OH} \\ | \\ \text{CH-OH} \\ | \\ \text{CH}_2\text{-OH} \end{array}$$

Me：Na，K

$$\boxed{\text{中和法}}$$

$$\text{RCOOH} + \text{MeOH} \rightarrow \text{RCOOMe} + \text{H}_2\text{O}$$

Me：Na，K

1）石けん素地の製造法

1-1）釜炊きけん化法（バッチ法）

最近では連続けん化設備や，連続中和設備などが開発され，この方法はあまり行われなくなっているが，伝統的な石けん製造法であり，基本的でもあるので説明を加えることにする．

この方法では，けん化，塩析，水洗，仕上げ煮および仕上げ塩析などの諸段階の操作により石けん素地が製造される．

まず釜に混合原料油脂を仕込みこれを加熱し，撹拌しながら苛性ソーダ水溶液を加えていくと，油脂は脂肪酸とグリセリンにわかれ，脂肪酸は苛性ソーダと化合して脂肪酸ソーダすなわち石けんとなり，遊離したグリセリンは水相と混和する．この反応がけん化である．

けん化反応が完了した後，なお撹拌を続けながらこれに食塩あるいは飽和の食塩水を徐々に加えていくと，石けんは塩水に溶けにくいから水分を分離する．この作用を塩析という．

この操作の後，加熱と撹拌を止めて保温しながら数時間あるいは数十時間放置すれば，石けん分は分離して上層に浮かぶ．

つぎに下層の液（塩分，過剰の苛性ソーダ，グリセリン，水溶性不純物などの混合物）を釜の底から抜き去る．この廃液からは，グリセリン，食塩を回収することができる．

廃液を抜き去った上層の石けん分は水分のほかにグリセリンや若干の不けん化物を含んでいるので，さらに食塩水，苛性ソーダや水を加えて蒸気加熱，撹拌を適宜繰り返し，塩析(洗浄)，仕上げ工程（仕上げ煮，仕上げ塩析）を経て，純良な石けんをうることができる．これらの操作により釜の上層にニートソープ（水分を約30％含んだ純良な溶融石けん），中間層にニガーソープ（不純物を多く含んだ質の悪い溶融石けん），下層に再び廃液を生じて，内部が3層に分離してくる．

ここで上層のニートソープを取り出し，加熱乾燥を経て石けん素地をえる．

1-2）連続けん化法

以上が石けんの釜炊き法（バッチ式）であるが，けん化反応の終了までに時間がかかり，ニートソープをえるまでに3～5日を要する場合もある．

そこで現在では，油脂と苛性ソーダの接触を均一かつ高速にした連続製造方式がとられている．たとえば油脂と苛性ソーダを向流接触させてけん化を行うシャープレス法，コロイドミルを用いて乳化状態でけん化を行うモンサボン法，水蒸気噴射によって高温下で油脂と苛性ソーダをジェット撹拌しながらけん化を行うユニリバー法などがよく知られている．

1-3）中和法

この方法は油脂をあらかじめ高圧分解釜にて脂肪酸とグリセリンに分解し，えられた脂肪酸にアルカリを作用させ中和して石けんをえる方法である．けん化法と異なり未反応油脂やグリセリンなどの不純物が存在しないため，塩析工程を採る必要がない．そのため，製造時間が短くてすむという利点がある．反面，塩析工程がないため分解脂肪酸の劣化が進まないうちに中和する必要があるとか，えられた石けんにあらためて品質向上のためにグリセリンなどの添加物を加える必要があるなどの問題もある．しかしながら，近年の連続中和設備の進歩と相俟って，原料脂肪酸の質の向上，安価で安定した価格，脂肪酸の組み合わせの自由度が高く使用性にバリエーションを持たせることができるなどメリットが大で，最近ではこの方法が多く採用されている．

1-4）エステルけん化法

この方法は，油脂とメチルアルコールのエステル交換反応によって，まず脂肪酸メチルエステルをえ（グリセリンは分離回収），これをアルカリでけん化して，石けんとメチルアルコールをえる方法である．メチルアルコールは回収循環使用が可能なこと，けん化反応がすばやく完全に行われることなどが利点であるが，メチルアルコールの回収設備が必要になるなどの問題もある．

2）仕上げ・加工

前工程でえられた石けん素地を冷却し，香料，色素を加える．これを混合機にかけよく混合撹拌したものをロール，プロッターにかけ，練りと圧縮を加え，棒状に成型して押し出し，これを型打ちし，包装する．

このような工程を経てえられるものを機械練り石けんという．このほかにニートソープを型に直接流し込み，冷却，固化，切断，乾燥してえる枠練り石けんがある．機械練り石けんは，連続作業の簡易化が行えない枠練り法に比べ生産性上のメリットがあるため，現在では化粧石けんの

製造工程の主流となっている．

5-1-4. 石けんの性質

　石けんは弱酸の強アルカリ塩であるため，その水溶液はアルカリ性を呈し，そのpHは10近辺である．

　また石けんは界面活性剤の一種であるからその水溶液は他の界面活性剤と同様に表面張力および界面張力の低下，起泡性，分散性，乳化性，洗浄性などを示す．

　石けんの洗浄作用は以下のように説明されている．すなわち石けんの水溶液が汚れと皮膚の間に浸透して，付着力を弱めて汚れをはがれやすくする．洗浄に伴う物理的な力で除去された汚れは石けん分子によって溶液中に乳化分散される．汚れの種類によっては石けんのミセル中に可溶化されて除去されることもある．

　石けんには他の長鎖アルキル基をもつ化合物と同じく polymorphism（多形）がみられる．Ferguson[1]はそれを α, β, δ, ω の4種の結晶形に分類した．

　しかし α 形は分子量の小さい，水分のごくわずかしか含まない石けんにしかみられず，一般の石けん製造条件では生成しないため，市販の石けんでは β, δ, ω の3種類が重要である．

　ω 形は枠練り法のようにニートソープをそのまま冷却したものに多くみられ，β 形は機械練りに多い．δ 形は高水分，高分子量の石けんで温度の低いときに現われる傾向がある．

　石けんの性質がこれらの結晶形によってのみ支配されるわけではないが，1つの要因になることは確かである．

5-1-5. 石けんの種類

1）化粧石けん Toilet soap

　化粧石けんは冷水でも温水でも適度に泡立ち，水に浸ってもあまり膨潤せず，乾燥によって変形せず，刺激がなく，また快適な芳香を持っていなければならない．

　機械練り石けんはこれらの要求をほぼ満足させるが，温水で溶けが早すぎたり冷水で溶け難かったりする傾向がみられるため，現在では脂肪酸や油脂の配合割合さらに炭化水素などの補助剤でこれらの欠点を除く努力が払われている．

　また，泡をクリーミーにしたり，皮膚を保護する目的で高級アルコール，高級脂肪酸，高分子ポリマー，ポリオール類が少量配合される場合がある．この中でも高級脂肪酸の配合がもっともポピュラーで，その配合量が数％〜10％近い製品もあり，これらは過脂肪石けんとよばれている．現在，市販されている石けんは特殊な芳香性石けん以外たいていは過脂肪石けんである．

2）透明石けん Transparent soap

　透明石けんは一般の化粧石けんと同じように高級脂肪酸のソーダ塩を主体にしたものである

が，カリ塩，トリエタノールアミン塩との併用タイプもある．外観が極めて透明であるのが特徴である．

原料は一般の化粧石けんと同じように高級脂肪酸やパーム核油・パーム油・ヤシ油・およびオリーブ油などの油脂が用いられる．高級脂肪酸や油脂はその構成脂肪酸が透明石けんに適した性状を保つよう配慮され混合して用いられるので，機械練り石けんの脂肪酸組成とは必然的に異なってくる．さらに透明性や可塑性を上げる目的でしばしばヒマシ油も用いられる．また，同じ目的でグリセリン，砂糖およびエチルアルコールなどの透明化剤を配合し石けんに透明構造を持たせている．

グリセリンと同様の目的また使用性にバリエーションを持たせる観点から，さらにプロピレングリコール，ソルビトールおよびポリエチレングリコール，両性界面活性剤，アニオン界面活性剤などが加えられることがある．このように，多くの透明化剤やその他の補助剤が配合されているため石けんの含有率は通常の石けんより少ない．

透明石けんは外観的に美的要素が高いばかりでなく，保湿剤でもあるグリセリンや砂糖が多量含有されているため皮膚の保護作用にも富み，使用感がマイルドで主に洗顔用に用いられている．

2-1) 透明石けんの製造方法

透明石けんは特別な製造工程をとるので，原料を反応釜に仕込んで反応させる時点と乾燥後の完成品とではその原料組成に変動がある．

まず反応釜に仕込む時点での基本的な配合処方例について記す．

【処方例】　　　　　　　透明石けん

（配合処方）	
パーム油	22.0%
パーム核油	10.0
ヒマシ油	4.0
オリーブ油	4.0
苛性ソーダ	6.0
エチルアルコール	20.0
精製水	20.0
砂　糖	9.0
グリセリン	4.0
香　料	1.0
染　料	適量
金属イオン封鎖剤	適量

透明石けんは反応終了後固化しこれを乾燥熟成して，水分・エチルアルコールを徐々に揮散させる．そのため完成した透明石けんの組成は仕込み時と大きく異なって前記の配合処方はおおよ

そつぎのような組成になる．

【製品組成】

脂肪酸石けん	55.3%
砂　糖	12.0
グリセリン	11.5
水　分	19.9
香　料	1.3
染　料	適量
金属封鎖剤	適量

【製法】　一般的な方法について図5-1に示す．

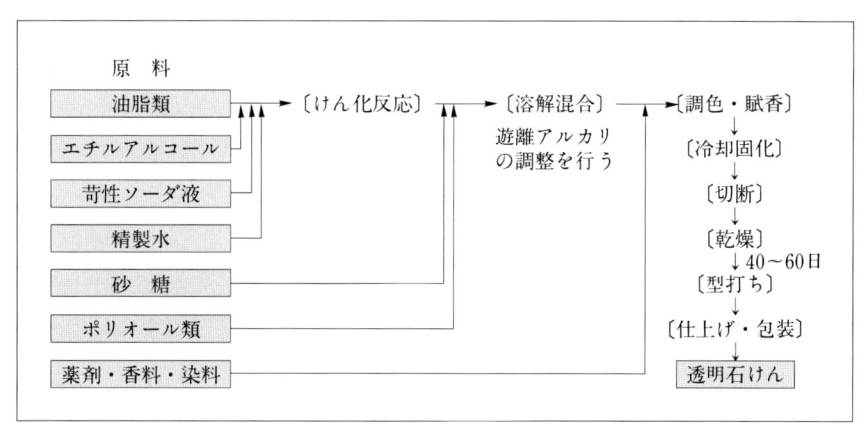

図 5-1．透明石けんの製造工程

2-2）透明石けんの結晶構造

透明石けんの結晶構造についてはまだ不明な点が多いが，McBainら[2]はX線回折から透明石けんの結晶は微細結晶であることを見出だした．ではなぜこのような微細結晶になるかといえば，エチルアルコール，グリセリン，砂糖のような透明化剤がこれに関与している．

透明化剤には石けんの結晶化を抑制する作用があり，荻野[3]の電子顕微鏡を用いた透明化剤の石けん結晶に及ぼす影響に関する研究に詳細に報告されているが，それによれば透明化剤の添加により明らかに石けんの特徴である長いひも状の繊維構造が消失している．

石けんは，石けん分子の極性基同士，炭化水素鎖同士が横に並んで配列し，それがさらに縦方向に何層にも重なった層状構造をしている．透明化剤の添加は，炭化水素鎖間の van der Waals 力に大きな影響を及ぼし，結晶成長を抑制して，結晶を微細にするものと思われる．

鴨田ら[4]も，透明石けんのX線回折を行い，不透明石けんの繊維状微結晶が，透明化剤によって

繊維軸に対して垂直に分断され，可視光線の波長以下に微細化されるため透明化すると，McBainらと同様の結論をえている．

3）合成化粧石けん Syndet bar

硬水における石けんの泡立ちの改善や石けんカス発生の防止および石けんのアルカリ性の改善を目的とした洗浄料がある．これらはアシルイセチオン酸塩，アルキル硫酸エステル塩，脂肪酸モノグリセリド硫酸エステル塩，N-アシル-L-グルタミン酸塩，アルキルヒドロキシエーテルカルボン酸塩，アルキルヒドロキシマルチトールエーテル，アルキルイミダゾリニウムベタイン型両性界面活性剤などの合成界面活性剤をそれぞれ主原料として単独または石けんと組み合わせた製品である．合成界面活性剤を単独で用いたものは合成化粧石けんとよばれ，欧米で広く普及している．

ただ，合成化粧石けんは高価格であることと泡切れやさっぱり感が良好ではなく，また溶け崩れが大きいことなどから水質に恵まれ，気候風土の関係で「さっぱりさ」を好む日本人にとってはその普及率はまだ低い．

しかし，石けんの欠点である使用後のきしみ・つっぱり感がないことから石けんとの併用で使用性・有用性の点でバリエーションが広がること，また，おむつかぶれのベビーや湿疹患者などのようにアルカリに敏感な人にも使用できるなど現在注目されつつある．

【処方例1】　　　　合成化粧石けん

ラウリン酸モノグリセリド硫酸エステルソーダ塩	80.0%
ステアリン酸モノグリセリド	7.0
セチルアルコール	10.0
ラノリン誘導体	1.0
コーンスターチ	2.0
香　料	適量
染　料	適量
酸化防止剤，金属イオン封鎖剤	適量

【処方例2】　　　　複合石けん

ラウリン酸モノグリセリド硫酸エステルソーダ塩	55.0%
ラウリル硫酸エステルソーダ塩	10.0
石けん	30.0
セチルアルコール	4.0
二酸化チタン	1.0

香　料	適量
染　料	適量
酸化防止剤，金属イオン封鎖剤	適量

4）薬用石けん Deodorant soap, Medicated soap

薬用石けんはデオドラントソープとメディケイテッドソープに分けられる．

デオドラントソープは石けんに殺菌剤を配合した製品で，皮膚の殺菌・消毒に効果がある．通常用いられる殺菌剤としては TCC，塩化ベンザルコニウム，塩酸クロルヘキシジンなどがある．

メディケイテッドソープは石けんに消炎剤を配合した製品で，ニキビ，剃刀負けおよび肌荒れを防ぐ効果がある．消炎剤としてはグリチルリチン酸塩，感光素，ヒノキチオール，アラントイン，ビタミン類が用いられる．

5）その他

このほかに特殊な用途や外観を有する石けんには浮き石けん，水石けん，粉末石けん，紙石けんなどがある．

5-2　液体ボディ洗浄料 Body shampoo

皮膚の衛生上もっとも必要なことは，肌の表面の汚れを洗い落として，たえず清潔に保つことであり，この目的のために使用されるのが洗浄料である．

一般的な皮膚洗浄料としてもっとも古い歴史を持つのは固形石けんであり，安価であることと，そのさっぱりした使用感が好まれ，現在も入浴時のボディ洗浄料として広く使われているが，その需要は頭打ちとなっている．一方昨今の消費者の生活様式の変化，ニーズの多様化は，洗浄料に単なる洗浄機能以上の付加価値を要求し始めている．

欧米では以前から，バスタブに直接入れて泡立てるバブルバスとよばれるものがある．入浴習慣の違いからバブルバスは日本では普及していないが，家庭風呂，シャワーの普及とあいまって固形石けんとは異なった，豊かな泡立ちと嗜好性の高い香りをもった，ムードを楽しむ製品として，液体ボディ洗浄料（ボディシャンプー）が出現した．ボディシャンプーが登場した 1970 年代の初めの頃は，バブルバスのひとつのバリエーションとしての位置づけを持った化粧品的要素の強いものであった．その後シャワーの使用頻度の増加に加え，朝のシャワー，スポーツ後の入浴など洗浄料の使用場面も変化した．一方，スポンジ，ナイロンタオルなど洗浄用具も多様化が進み，これに伴って従来の固形石けんより形態的に使いやすい液状のボディ洗浄料が普及していった．価格も現在はトイレタリー製品の位置づけになっている．

一方皮膚生理の研究も進み，皮膚洗浄料をスキンケアの一環としてとらえ，安全性，有用性が追求されるようになった．

5-2-1. ボディシャンプーに求められる機能

1）泡特性

ボディの洗浄は，広い面積を洗浄する必要があると同時に，使用時に泡立ちそのものを楽しむというニーズも存在する．したがって高い起泡性，クリーミーでなめらかな泡質，高い泡持続性が要求される．

2）皮膚生理と洗浄性

ボディ洗浄料は，基本的に顔面以外の皮膚に供する洗浄料である．したがってボディの皮膚生理[5]について考慮しなければならない．顔面に比べてボディの方が皮脂量，発汗量は少ないが，体臭の原因となる物質を分泌するアポクリン腺の分布する部位はほとんどボディに存在している．

健常な皮膚上に存在する脂質成分には，コレステロール，セラミドなどの角質層由来の脂質成分と，スクワレン，トリグリセリド，脂肪酸などの皮脂腺由来の脂質がある．これらの脂質は皮膚上で皮脂膜を形成し，環境から皮膚を保護しているが，分泌されてから時間がたつと，外界からホコリが付着したり，皮膚常在細菌により分解されたり，酸化劣化を受け，洗浄されるべき汚れとなる．また紫外線などの影響で，過酸化脂質などの刺激物質に変化することもある．

人体を外界から守っている角質層の細胞は，新陳代謝により最終的に垢として剥離していくが，これを皮脂やホコリとともに肌に長く留めておくと，外部からくる細菌の繁殖を促し，皮膚疾患をひき起こす原因ともなる．また汗腺から分泌する汗も，水分の蒸発後塩分および尿素などを肌の表面に残し，これが肌を刺激する．

皮脂腺由来の脂質は洗浄によって一時的に除去されても比較的短時間で回復するが，角質層由来の脂質は回復に時間がかかる．また角質層由来の脂質は皮膚のバリヤー機能，水分保持機能，角質層細胞間の接着性などに関与しているので，洗浄剤が角質層内に浸透し，これらの脂質を溶出するのは好ましくない．

したがって，ボディ洗浄料では，角質層細胞間に存在する脂質をできる限り保護しながら，皮膚上の尿素，塩分，変質した脂質成分およびその中に分散したさまざまな汚れ成分を効果的に除去し，細菌の増殖，刺激物質の生産を抑えるという，選択的洗浄性が要求される．

また健常人の皮膚の角質層部分には，通常10～20%程度の水分が含まれており，皮膚に弾力性と柔軟性を与えている．この水分は，皮脂膜，角質層細胞間脂質，NMF (Natural Moisturizing Factor) の働きで保持されている．NMF は，遊離アミノ酸，ピロリドンカルボン酸，乳酸塩などから構成されている．したがって NMF の流失も好ましくない．

以上のように皮膚生理機能に悪影響を与えないで，汚れだけをよく落とすという観点から，洗浄剤を設計していく必要があるといえる．

5-2-2. 液体ボディ洗浄料の種類

液体ボディ洗浄料は外観的に透明タイプと不透明タイプに分類される．

また，処方としては固形石けんと同様で，液体石けんを主体とした石けんタイプ，合成界面活性剤を主体としたシンデットタイプ，液体石けんと合成界面活性剤を組み合わせたタイプの3つに分類される．

5-2-3. 液体ボディ洗浄料の主成分

1）起泡洗浄剤

ボディ洗浄料に用いる起泡洗浄剤は全身を洗浄するに必要な泡立ち，泡の量，泡持続性，クリーミーな泡質を有し，かつ，刺激が少ないことが望まれる．

従来から用いられてきた起泡洗浄剤としてはアニオン界面活性剤の代表である脂肪酸石けん，アルキル硫酸塩，アルキルエーテル硫酸塩，α-オレフィンスルホン酸塩が一般的で，また，より安全性，有用性を重視したものとしてはN-アシルメチルタウリン塩，アシルサルコシン塩，スルホコハク酸アルキルエステル塩，N-アシル-L-グルタミン酸塩，アシルイセチオン酸塩，アルキルヒドロキシエーテルカルボン酸塩，脂肪酸タウリン塩，アルキルヒドロキシマルチトールエーテル，モノアルキルリン酸塩などが挙げられる．

これらの中で，石けん以外の界面活性剤を主体とした場合，固形石けんの項で述べたように日本においては気候風土の関係からすすぎ難い，ヌメルといった問題点が指摘されることが多い．したがって，脂肪酸石けん主体あるいは脂肪酸石けんと石けん以外の界面活性剤が組み合わされ用いられることが多い．これに対し，硬水地域が多く，乾燥した気候風土である欧米では合成界面活性剤を主剤にするのが普通である．

2）助　剤

非イオン界面活性剤や両性界面活性剤は適量を主剤と組み合わせて配合することで，主剤の泡立ち，泡質を改善すると共に，使用感の調整，耐硬水性の向上に効果を発揮する．

助剤として用いられる代表的な非イオン界面活性剤には脂肪酸アルキロールアミドやアミンオキサイドがあるが，最近では泡立つタイプとしてアルキルグルコシド，アルキルヒドロキシマルチトールエーテルも用いられている．両性界面活性剤としてはアルキルベタイン型およびイミダゾリニウムベタイン型がよく用いられる．

また，非イオン界面活性剤や両性界面活性剤は主剤の刺激性を緩和することが知られており，多くの製品に配合されている．

3）安定化剤

ボディ洗浄料は洗うべき表面積が大きく，豊富な泡を必要とすることから，界面活性剤濃度の

高い処方となることが多いため，低温時の流動性維持や透明タイプの場合の濁り防止のため安定化技術が必要となる．

　低温での流動性確保，濁り防止の目的には系全体のクラフト点を下げる必要があり，この意味で主剤であるアニオン界面活性剤の対イオンの選択，さらに多価アルコールや種々の非イオン界面活性剤中でも安価で濁り防止効果・増泡効果の高い脂肪酸アルキロールアマイドがよく用いられている．

　また，微生物，酸化に対する安定化剤としては前者にはパラベン，安息香酸塩，エタノール類が，後者には BHT，ビタミン E 類が用いられる．

【処方例1】　　　　　　　　　　石けんタイプ

ラウリン酸	2.5%
ミリスチン酸	5.0
パルミチン酸	2.5
オレイン酸	2.5
ココイルジエタノールアミド	1.0
グリセリン	20.0
苛性カリ	3.6
精製水	60.4
香　料	適量
染　料	適量
金属イオン封鎖剤	適量

【処方例2】　　　　　　　　コンビネーションタイプ

N-ラウロイル-L-グルタミン酸トリエタノールアミン（30%水溶液）	15.0%
N-ラウロイルメチルタウリンナトリウム（30%水溶液）	10.0
アルキルヒドロキシエーテルカルボン酸ナトリウム（30%水溶液）	5.0
ラウリン酸トリエタノールアミン	10.0
ミリスチン酸トリエタノールアミン	10.0
ラウリルイミダゾリニウムベタイン	5.0
ココイルモノエタノールアミド	1.0
エチレングリコールジステアレート	3.0
1,3ブチレングリコール	7.0
精製水	34.0

香　料	適量
染　料	適量
防腐剤	適量
酸化防止剤	適量
金属イオン封鎖剤	適量

【処方例3】　　　　　　　　シンデットタイプ

ラウリル硫酸トリエタノールアミン塩（40%水溶液）	40.0%
ラウリルポリオキシエチレン（3モル）硫酸ナトリウム（30%水溶液）	20.0
ラウリルアミドプロピルベタイン（30%水溶液）	3.0
アルキルヒドロキシマルチトールエーテル	5.0
グリセリンモノパルミチン酸エステル	1.0
ジプロピレングリコール	5.0
精製水	26.0
香　料	適量
染　料	適量
防腐剤	適量
酸化防止剤	適量
金属イオン封鎖剤	適量

5-3 UV ケア化粧品 UV care cosmetics

総論で紫外線の皮膚への作用について述べたがスキンケア，ボディケアにとって紫外線の害から皮膚を守ることは重要な課題の1つである．UV ケア化粧品は，紫外線を防御し，その皮膚に対する悪影響を最小限に抑えることを主たる目的とし，紫外線を浴びた後の皮膚のトリートメントを行うものまで含めて，およそ次のように分類される．

① **日やけ止め化粧品** Sunscreen cosmetics

　UVA と UVB をカットし，紫外線による悪影響から肌を守る化粧品

② **サンタン化粧品** Suntan cosmetics

　UVB をカットし，紫外線による紅斑を抑制しながら美しい小麦色の肌に日焼けさせる化粧

品

③ **セルフタンニング化粧品** Self-tanning cosmetics

　紫外線を受けずに皮膚を日焼け色に変え，小麦色の肌を作りだす化粧品

④ **アフターサン化粧品** After sun cosmetics

　日焼け後の肌のトリートメントに使用する化粧品

　また近年では光老化などの慢性的な紫外線の影響に対するケアという観点から，スキンケアとUVケアを兼ね備えたデイリーユースのサンプロテクトスキンケアという新たな分野も生まれている．

5-3-1．紫外線防止効果の表示と測定法[6～9]

　多くのUVケア化粧品では，製品個々にUVA，UVBに対する紫外線防止効果の程度がそれぞれ表示されている．一つはSPF（Sun Protection Factor）で主にUVBに対する効果を表し，数値で示される．もう一つはPFA（Protection Factor of UVA）でUVAに対する効果を表し，3段階に分類されPA＋，PA＋＋，PA＋＋＋の何れかのマークで示される．表示の目的は各製品の効果を同じ土俵で比較し示すことにあり，日本化粧品工業連合会では統一してその測定法を「SPF測定法基準」「UVA防止効果測定法基準」として定めている（表5-4）．

1）SPF測定法と表示

　SPFの値はUVケア化粧品を塗布したときに皮膚が微かに赤くなるのは，塗布しないときの何倍の紫外線量を浴びた時かを示したものである．測定は肌タイプⅠ～Ⅲ（化粧品と皮膚1-6-2．紫外線による急性反応参照）のヒトを被験者とし，UVB領域が太陽光に近似したキセノンアークソーラシュミレーターを光源として用いて行う．皮膚に試料塗布部と試料無塗布部をつくり，紫外線を照射し，照射後16～24時間に皮膚反応を観察する．微かに赤くなった部位の紫外線量を最小紅斑量（minimal erythema dose：MED）とし，試料塗布部，試料無塗布部のMEDを求め，この求められたMEDの比からSPFを算出する（SPF＝試料塗布部のMED/試料無塗布部のMED）．なお，標準試料をコントロールとして同時に測定し試験成否の確認を行う．

　UVB防止効果の表示は，世界的にみてもSPFの指数そのものが採用されている．測定に関しては各国で基準が設けられており，それぞれ微妙に異なる部分はあるものの，測定法の概略はほぼ同様である．また，同一試料を測定したときにほぼ同じ値の得られることも，ヨーロッパ，オーストラリア，日本の化粧品工業会の共同研究において確認されている．

　表示について日本では，従来数値の上限設定はなかったが，2000年1月より上限が設定され，51以上の場合はSPF 50＋とすることとなった．これは，実使用上極端に高い値のものが必要でないこと並びに無意味な数値競争を避ける目的からである．海外では，オーストラリア，ニュージーランドが同様に，31以上はSPF 30＋と表示することとしている．

表 5-4. 日本化粧品工業連合会 SPF 測定法基準および UVA 防止効果測定法基準の概要

	SPF 測定法基準[a]	UVA 防止効果測定法基準[b]
被験者	肌タイプ I，II，III	肌タイプ II，III，IV
被験者数	最小 10 名	
標準サンプル	SPF 4 標準試料 SPF 15 標準試料	3%パラメトキシケイ皮酸 2-エチルヘキシル，5% 4-tert-ブチル-4'-メトキシベンゾイルメタン配合クリーム
塗布量 塗布面積 試料塗布後の待ち時間	$2\ mg/cm^2$ or $2\ \mu l/cm^2$ 最小 $20\ cm^2$ 15 分後すみやかに	
光　源	UVB 領域が太陽光に近似したキセノンアークソーラシュミレーター	UVA 領域に連続スペクトルを有する人工光源で UVA II/UVA＝8～20%[c]
照射野	最小 $0.5\ cm^2$	
紫外線増幅量	予測 SPF により異なる (25%，15%，10%)	最大 25%
判定時間 観察指標	照射 16～24 時間後 紅斑	UVA 照射 2～4 時間後 持続型即時黒化
SPF/PFA	$SPF=\dfrac{試料塗布部位のMED}{試料無塗布部位のMED}$ Minimal Erythema Dose (MED)	$PFA=\dfrac{試料塗布部位のMPPD}{試料無塗布部位のMPPD}$ Minimal persistent Pigment darkening Dose (MPPD)
表　示	被験者の平均 SPF (小数点以下切り捨て) SPF が 50 以上で，誤差が少ない場合 (95%信頼下限値が 51 以上)→ SPF 50＋ 〈最大 SPF 50＋〉	PA＋：$2\leq PFA\leq 4$　PA 表示は SPF PA＋＋：$4\leq PFA<8$　表示と合わせて行う PA＋＋＋：$8\leq PFA$ PA：Protection Grade of UVA

SPF：Sun Protection Factor　　PFA：Protection Factor of UVA

a) 日本化粧品工業連合会 SPF 測定法基準（2000 年 1 月 1 日発効）
b) 日本化粧品工業連合会 UVA 防止効果測定法基準（1996 年 1 月 1 日発効）
c) UVA I（340～400 nm）と UVA II（320～340 nm）の比率が太陽光に近いこと．すなわち UVA II（320～340 nm）/UVA（320～400 nm）＝8～20%

2）UVA 防止効果測定法と PA 分類表示

UVA 防止効果の測定は，UVA 照射 2～4 時間後の持続型即時黒化反応を指標に，PFA（Protection Factor of UVA）を求める方法が 1996 年 1 月，日本で最初に確立された．しかし，日本以外ではまだ工業会あるいは国レベルでの標準化には至っていない．

測定法の概略は表 5-4 に示した通りで，PFA を求めるまでの基本的な考え方は SPF 測定法と同様である．ただし，指標とする皮膚反応が UVA 照射 2～4 時間後の黒化であること，被験者の肌タイプが II，III，IV であること，光源が UVA 領域の放射波長を有すること，標準試料が違うこと，が SPF 測定法と異なる点である．表示については，表 5-5 に示すように指数そのものではなく，効果の程度を PA＋～PA＋＋＋に 3 分類し表示することとなっている．

表 5-5. UVA 防止効果の分類と表示方法

PFA 値	PA 分類	意味
2 未満	PA 表示なし	—
2 以上 4 未満	PA＋	UVA 防止効果がある
4 以上 8 未満	PA＋＋	UVA 防止効果がかなりある
8 以上	PA＋＋＋	UVA 防止効果が非常にある

3）その他の測定法

1），2）の方法はヒトによる in vivo での評価であり，最終的な確認として必要である．しかし，開発段階の評価としては時間や費用がかかることから，より簡便な方法が求められる．そこで，それらのいくつかの in vitro 測定法の例について述べる．

初期の UV ケア化粧品の評価法は，希釈溶液や薄膜をスペクトロフォトメトリックな手法によって評価するものであったが，ヒトによる in vivo のテスト結果とほとんど相関が得られていなかった．これに対し，Sayre ら[10,11]は塗布体としてマウスの表皮を使用し in vitro 測定法に実際の皮膚の表面形態の影響を取り入れ，同様に Stockdale ら[12,13]は塗布体として紫外線を透過する皮膚のレプリカを用いた測定法を提案している．

また，Diffey と Robson[14]は表面に凸凹がある市販とトランスポアテープ® を塗布体として用いた汎用性の高い in vitro 測定法を開発した．さらに，小川ら[15]はこの方法を発展させ，紫外線による紅斑反応が UVB ばかりでなく UVA も相乗的に作用することについて，SPF 値と透過 UV スペクトルの関係から検証すると共に，演算プログラムにより高い精度で in vivo SPF 値を予測する方法を開発している．

5-3-2. 基剤の種類

UV ケア化粧品の形態としては，乳化タイプ，ローションタイプ，オイルタイプ，ジェルタイプ（油性，水性），エアゾールタイプ，スティックタイプがある．それぞれの形態別にその特徴をつぎにまとめた．

1）乳化タイプ

＜O/W 型＞　　紫外線吸収剤の配合や基剤の安定化も容易である．耐水性面では，W/O 型やオイルタイプの基剤に比べると劣るが(図 5-2)，みずみずしい使用感触を持ち，低 SPF から高 SPF 製品までの製剤化が可能である．

＜W/O 型＞　　使用感触や基剤の安定性面では O/W 型に劣るが，耐水性や紫外線防止効果に優れることから，高 SPF で耐水性が求められる製品に多く利用されている．シリコーンオイルなど使用感の軽い油分を使用することで，使用感触の改善が図られている．

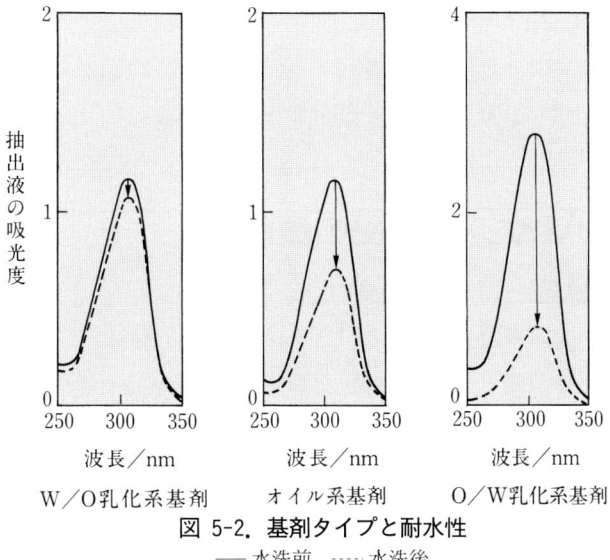

図 5-2．基剤タイプと耐水性
―― 水洗前，……水洗後

水洗前・後の皮膚上に残存するサンプルをエタノールで抽出し，サンプル中の UV 吸収剤を指標として水洗前・後の抽出液の吸光度により耐水性を評価した．

2）ローションタイプ

さらっとした使用感触が好まれるが，高い紫外線防止効果をえるため多量の紫外線吸収剤を配合することが必要となる．また，耐水性も高くない．

3）オイルタイプ

耐水性はよいが紫外線防止効果は乳化基剤に比べ低くなるため，低 SPF のサンタン製品の基剤として用いられることが多い．

4）ジェルタイプ

<水性タイプ>　ローションタイプと同様な性格があるが，粘度が高いため皮膚に塗布しやすい．

<油性タイプ>　重く油っぽい使用感触であるため使用場面が限られているが，耐水性は良好である．

5）エアゾールタイプ

泡状，スプレー状の製品形態として有用だが，夏の高温下での使用場面を考慮すると高圧ガス容器としての漏れ，爆発の懸念がある．近年ではノンガスタイプの容器が開発され，その用途拡大が期待できる．

6）スティックタイプ

塗布時の「のび」が重いため身体全体に使用するには適さないが，高い紫外線防止効果がえやすいため，鼻や頬など日焼けしやすい部位の部分使用に適する．

5-3-3. UVケア化粧品の種類

1）日やけ止め化粧品 Sunscreen cosmetics

日やけ止め化粧品は，太陽光線中のUVA，UVBの両領域の紫外線をカットし，紫外線による悪影響から肌を守ることを目的とする．一般的に日やけ止め化粧品は紫外線吸収剤と紫外線散乱剤を組み合わせて高い効果を付与しているものが多い．しかし，近年では敏感肌用として散乱剤のみを使用した日やけ止め化粧品も上市されるようになっている．紫外線吸収剤，紫外線散乱剤については総論の原料の部分に記載したのでここでは省略する（総論 3-2-4. 無機顔料，5-5. 紫外線吸収剤 参照）．

理想的な日やけ止め化粧品の条件としては

① 紫外線防止効果が十分あること
② 安全性が高いこと
③ 使用感触に違和感がないこと
④ 汗や水で落ちないこと
⑤ 衣服に着色しないこと

が挙げられる．

汗や水で落ちないこと（耐水性）は日やけ止め化粧品として重要な機能の1つである．耐水性を向上させるためには，基剤形態をW/O乳化タイプとすることが一般的だが前項でも触れたように使用感触や基剤の安定性を十分検討する必要がある．また耐水性向上のため，古くからシリコーンオイルの添加が行われている．特に低粘度のシリコーンオイルは耐水性ばかりでなく，使用感触の向上にも寄与する．

【処方例1】　　　　　　　　O/W型クリームタイプ

（油　相）	
オキシベンゾン	2.0%
パラメトキシケイ皮酸オクチル	5.0
スクワラン	10.0
ワセリン	5.0
ステアリルアルコール	3.0
ステアリン酸	3.0
グリセリルモノステアレート	3.0
ポリアクリル酸エチル	1.0

酸化防止剤	適量
防腐剤	適量
香料	適量
（水相）	
精製水	54.95
1,3ブチレングリコール	7.0
二酸化チタン	5.0
エデト酸二ナトリウム	0.05
トリエタノールアミン99%	1.0

【製法】　油相部と水相部をそれぞれ70℃に加熱し溶解させる．水相部は二酸化チタンの分散を十分に行い，油相部を加え，ホモジナイザーを用い乳化する．乳化物を熱交換機を用い冷却する．

【処方例2】　W/O型乳液タイプ

（油相部）	
パラメトキシケイ皮酸オクチル	5.0%
オキシベンゾン	3.0
4-tertブチル-4′-メトキシベンゾイルメタン	1.0
疎水化処理二酸化チタン	5.0
疎水化処理酸化亜鉛	5.0
スクワラン	20.0
シリコーンオイル	23.0
シリコーンレジン	2.0
ジイソステアリン酸グリセリン	2.0
有機変性モンモリロナイト	0.5
防腐剤	適量
香料	適量
（水相部）	
精製水	28.5
1,3ブチレングリコール	5.0

【製法】　油相部と水相部をそれぞれ70℃に加熱し溶解させる．油相部は二酸化チタンの分散を十分に行い，ホモジナイザー処理を行いながら水相部を添加する．乳化物は熱交換機を用いて冷却する．

【処方例3】　　　　　　　　W/O型クリームタイプ

```
（油相部）
    疎水化処理二酸化チタン              10.0%
    疎水化処理酸化亜鉛                  10.0
    スクワラン                         20.0
    シリコーンオイル                    12.0
    ジイソステアリン酸グリセリン           3.0
    有機変性モンモリロナイト              1.5
    防腐剤                            適量
    香　料                            適量
（水相部）
    精製水                           38.5
    1,3ブチレングリコール                5.0
```

【製法】　油相部と水相部をそれぞれ70℃に加熱し溶解させる．油相部は二酸化チタンの分散を十分に行い，ホモジナイザー処理を行いながら水相部を添加する．乳化物は熱交換機を用いて冷却する．

2）サンタン化粧品 Suntan cosmetics

サンタン化粧品は，紫外線特に UVB による紅斑を起こすことなく，均一で美しい日やけ色の肌をつくるためのものである．したがって紫外線防止剤は UVB をカットするものをメインに構成されている．製品形態としては，オイル状のものがもっとも一般的であるが乳化タイプ，ジェルタイプ，ローションタイプのものも基剤として採用されることが多い．オイル状の基剤では，

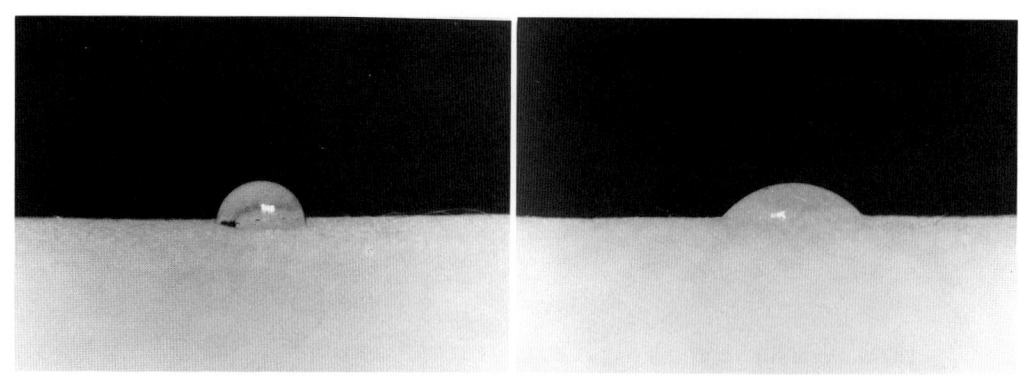

a．シリコーンレジンを配合したサンオイルを塗布した肌上の水滴　　　b．シリコーンレジン未配合サンオイルを塗布した肌上の水滴

図 5-3．撥水性の比較

製品の性格上,夏の海浜で使用される場合が多く,使用感触がべたつかず,砂の付着が少ないほうが好まれる.したがって,処方構成にあたっては砂の付着しにくい,さっぱりした油分を用いることが好ましい.またサンタン化粧品においても耐水性は重要な機能の1つである.サンタン化粧品にも耐水性向上のため皮膜形成剤を配合することは有効な手段である.図5-3には皮膜形成剤として,シリコーンレジンを配合した処方の撥水性の例を示した.

【処方例1】　　　　　　　　オイルタイプ

パラメトキシケイ皮酸イソプロピル	1.5%
流動パラフィン	56.5
ミリスチン酸イソプロピル	10.0
シリコーンオイル	30.0
シリコーンレジン	2.0
BHT（酸化防止剤）	適量
香　料	適量

【製法】　シリコーンレジンをシリコーンオイルに添加し,溶解させる.つぎにミリスチン酸イソプロピルを添加し,十分に混合した後,残りの成分を添加し撹拌する.

【処方例2】　　　　　　　　ジェル（油性）

パラメトキシケイ皮酸オクチル	2.0%
流動パラフィン	73.0
オリーブオイル	20.0
有機変性モンモリロナイト	5.0
BHT（酸化防止剤）	適量
香　料	適量
着色剤	適量

【製法】　流動パラフィンの一部をとり,有機変性モンモリロナイトを膨潤させた後,強い撹拌により均一に分散させる.それに残りの流動パラフィンその他の成分を添加し均一に混合する.

【処方例3】　　　　　　　O/W型乳液タイプ

（油　相）

パラメトキシケイ皮酸オクチル	3.0%
ミリスチン酸イソプロピル	2.0
オレイルオレート	4.0
ワセリン	2.0
ステアリルアルコール	1.0
ステアリン酸	2.0
グリセリルモノステアレート	2.0
ビタミンEアセテート	適量
防腐剤	適量
香　料	適量
（水　相）	
精製水	77.8
1,3ブチレングリコール	5.0
カルボキシビニルポリマー	0.2
トリエタノールアミン	1.0

【製法】　油相部と水相部をそれぞれ70℃に加熱し溶解させる．水相に油相を加え，ホモジナイザーを用い乳化する．乳化物を熱交換機を用い冷却する．

3）セルフタンニング化粧品 Self-tanning cosmetics

　肌に影響を与える紫外線を浴びずに小麦色の肌を作りだす化粧品としてセルフタンニング化粧品がある．外用により皮膚を褐色に変化させる活性成分はジヒドロキシアセトン（DHA）である．この作用は皮膚の上層にのみ限定されており，適用後数時間で褐色変化が現れ，水洗いしても色落ちしないが，角質層の剥離が進むにつれてしだいに消えて行く．

　DHAは皮膚ケラチンのアミノ酸およびアミノグループと反応して褐色の化合物を形成する．その反応機構は非酵素的褐色反応として知られているメイラード反応と類似しているといわれている．DHAは，最初に化粧品に使用されたのは1959年であるが，日焼け剤として利用をうたった特許が1960年に出て急速に浸透し，その後各国で使用されてきている原料である[16]．

【処方例1】　　　　　　　　O/W型クリームタイプ

（油　相）	
オキシベンゾン	1.5%
パラメトキシケイ皮酸オクチル	3.0
流動パラフィン	12.0
ワセリン	5.0
セタノール	5.0

グリセリルモノステアレート	1.5
イソステアリン酸ポリオキシエチレングリセリル	2.5
酸化防止剤	適量
防腐剤	適量
香　料	適量
（水　相）	
精製水	54.45
グリセリン	5.0
1,3 ブチレングリコール	5.0
ジヒドロキシアセトン	5.0
エデト酸二ナトリウム	0.05

【製法】　油相部と水相部をそれぞれ 70℃に加熱し溶解させる．水相に油相を加え，ホモジナイザーを用いて乳化する．乳化物を熱交換機を用いて冷却する．

4）アフターサン化粧品 After sun cosmetics

強い紫外線を受けた皮膚は，紅斑を起こし，数日後遅延型色素沈着とともに，落屑を生じる．このときの皮膚の角質層の水分量は，紫外線を受けていない部位に比べ，低下し，角質層中の遊離アミノ酸量が減少することが知られている[17]．

アフターサン化粧品は，このような紫外線を受けた皮膚の手入れのためのものである．紅斑のような一時的な炎症には亜鉛華のような粉末や抗炎症剤の配合されたカーマインローション（各論 1-3-4.4）多層式化粧水【処方例 2】参照）や水性ジェルなどの製剤が有効である．また水分の減少した皮膚には，モイスチャー効果の高いローションや乳液が必要となる．

日やけによる色素沈着の回復には，アスコルビン酸およびその誘導体，プラセンターエキスなどが古くから用いられているが，最近ではコケモモの成分であるアルブチンや麹の成分であるコウジ酸などの有効性が知られている．

5-4 》 ハンドケア化粧品 Hand care cosmetics

「手」を対象とした製品には，洗浄とトリートメントを目的とした石けん，ハンドクリーム，ネイルケア製品などがある．

ハンドケア化粧品の目的の 1 つは手荒れ防止で，この中には乾燥からの肌荒れ防止と水仕事による手荒れ防止があげられる．このほかに美白・紫外線防止を目的とするものがある．乾燥防止，

肌荒れ防止のためにはモイスチャー効果の高いクリームタイプと，水仕事の前に塗布して撥水性をもたせ，水との直接的接触を防ぐタイプがある．モイスチャータイプのクリームでは保湿効果を持たせるために各種の保湿剤やワセリンなどを配合している．手荒れ予防タイプは撥水性を持たせるために，シリコーン油，シリコーン高分子を配合している．乳化型としてはローションタイプやW/O型エマルションが適当である．手荒れがひどくなり，ヒビ割れた手を改善するためには，各種の保湿剤やワセリンなどに加えて，尿素，消炎剤，ビタミン類などの薬剤を配合するのが望ましい．

また人の身体の中で，衣服に覆われていない部分の肌は，その人の年齢がもっとも現れやすいといわれている．その部分は手の甲と首筋である．

そこで，手を白く維持したい，あるいは紫外線から防止したいという欲求に対して美白剤（ビタミンC誘導体など）や紫外線防止剤（パラオキシケイ皮酸2-エチルヘキシル・4-tert-ブチル-4-メトキシジベンゾイルメタンなど）を配合し，より高い効果をねらうものもある．

【処方例1】　　　手荒れ予防ローション

ポリフェニルメチルシロキサン	5.0%
エチルアルコール	94.8
香　料	0.2

【処方例2】　　　モイスチャークリーム

精製水	64.75%
グリセリン	15.0
1,3ブチレングリコール	3.0
苛性カリ	0.25
ステアリン酸	3.0
ステアリン酸モノグリセリド	3.0
セタノール	2.0
流動パラフィン	6.0
ワセリン	3.0

【処方例3】　　　ハンドクリーム

精製水	58.0%
グリセリン	20.0
尿　素	2.0
POE(60)イソステアリン酸グリセリド	2.5

ステアリン酸モノグリセリド	1.5
セタノール	4.0
ワセリン	2.0
流動パラフィン	10.0
V-E アセテート	適量
ビタミンD	適量

【処方例4】　　　　　　　　美白乳液

精製水	78.0%
グリセリン	8.0
1,3 ブチレングリコール	4.0
POE(10)ベヘニルアルコールエーテル	2.0
ソルビタンセスキオレート	2.0
セタノール	2.0
ワセリン	1.0
流動パラフィン	3.0
4-tert-ブチル-4-メトキシジベンゾイルメタン	適量
パラオキシケイ皮酸2-エチルヘキシル	適量
グリチルリチン酸	適量
V-C 誘導体	適量

【製法】　クリーム，乳液とも製法は一般的な製法に従うので，基礎化粧品の項を参考にされたい．

5-5 防臭化粧品 Deodorant cosmetics

防臭化粧品は，不快な体臭を防止することを目的とした皮膚外用剤であり，薬事法上の分類でいう「腋臭防止剤」に類別され医薬部外品として取り扱われる．主な剤型としては，液剤，エアゾール剤，軟膏剤，散剤，固形粉末，スティック状のものがあるが，粉末含有エアゾール剤や液剤が一般的である．

5-5-1. 体臭の発生

体臭としては汗臭，腋臭（わきが），足臭などが挙げられるが，これらは臭いのもととなる「汗」と臭いを生み出す「皮膚常在菌」によって作り出されている．総論1-1-4で述べたように汗は汗腺より分泌され，主にエクリン腺とアポクリン腺に類別される．人体の全体にわたって分布するエクリン腺より分泌される汗はエクリン汗とよばれ，そのほとんどが水分より構成され，その他に若干の塩化ナトリウム，乳酸，尿素などを含んでいる．一方，アポクリン腺（臭気腺ともいわれる）は毛に付随して存在する汗腺で，腋窩や乳輪，陰部などの特定の部位のみに存在する．ここより分泌されるアポクリン汗は蛋白質や脂質，脂肪酸，コレステロール，グルコース，アンモニア，鉄などが含まれるミルク様の汗である．

これらの分泌された汗はそれ自体では強く臭気を発することはないが，皮膚表面に存在する皮膚常在菌によって臭気物質に変化する．腋臭や足臭を分析した結果，腋臭からはペラルゴン酸やカプリン酸などの低級脂肪酸が特異的に検出され，足臭からはイソ吉草酸が特異的に検出されており，これが体臭の原因と思われる．

また最近の研究によると40歳頃から，男女いずれにも感じられることのある青臭さを帯びた脂くさい独特の体臭は加齢と共に増加する皮脂中の脂肪酸の一種9-ヘキサデセン酸が皮膚の過酸化脂質と常在菌によって分解，生成するノネナールによるものであることが見出された．

この加齢臭を抑制する製品開発も行われている[8]．

5-5-2. 防臭化粧品の機能と配合成分

体臭発生の過程を考慮すると防臭化粧品が備えるべき機能としてつぎの4つが挙げられる．

1）汗を抑制する制汗機能

比較的強い収れん作用を有する薬剤を配合することによって発汗を抑制する方法で，パラフェノールスルホン酸亜鉛やクエン酸，各種のアルミニウムやジルコニウム塩が配合されることが多い．これらの中でも各種アルミニウム化合物を配合する場合が多くアルミニウムクロロハイドレートがもっとも一般的である．アルミニウムクロロハイドレートは水に溶解させ液剤としたり，粉末のまま散剤や粉末エアゾール剤に使用されたり，油性スティック中に分散させるなど剤型上に自由度がある．

2）皮膚常在菌の増殖を抑制する抗菌機能

体臭の原因物質を作り出す皮膚常存菌の増殖を抑制し防臭効果をえる目的で抗菌剤が使用される．その有効成分としては，トリクロサン，塩化ベンザルコニウム，塩化ベンゼトニウム，塩酸クロルヘキシジン，グルコン酸クロルヘキシジン，ハロカルバンなどの抗菌性薬剤が一般に用いられる．生薬由来の精油や抽出物などで抗菌性を有するものを配合する場合もある．

3）発生した体臭を抑える消臭機能

体臭の原因である低級脂肪酸は，その型を金属塩に変えることによって，その特異的な臭気を発しなくなる．この事実を応用し亜鉛華（酸化亜鉛）を臭気物質である低級脂肪酸に作用させると

$$2RCOOH + ZnO \rightarrow (RCOO)_2Zn + H_2O$$

にしたがって低級脂肪酸亜鉛塩が生成し臭気がなくなる．その他には，フラボノイドやクロロフィルなどを多く含有する植物抽出物を配合する場合もある．

4）香りによるマスキング機能

程度の弱い体臭であれば，香水やオーデコロンなどを用いることでマスキングを行うことができる．これらのコロン類に上述の抗菌性成分を配合して防臭効果を高めたデオドラントコロンと称されるものもある．

以上の4つの機能があるが，実際の製品には制汗と抗菌機能を中心にして各々の目的に合った薬剤を組み合わせて配合を行うのが望ましい．さらに，これに消臭成分を添加して防臭効果をさらに助長させたり，香料を添加してマスキングを行いつつ香りの嗜好性を高めていくような方法が良好である．

5-5-3. 防臭化粧品の種類

1）デオドラントローション Deodorant lotion

液剤であるデオドラントローションはエチルアルコールを多量に含むため清涼感に優れるものが多く，また他の剤型に比較して制汗効果が高いと考えられている．噴射剤を用いないスプレー（ナチュラルスプレー）や回転ボールによって塗布を行うロールオンなどのタイプがある．

【処方例1】　　　　　　　　ロールオンタイプ

アルミニウムクロロハイドレート	10.0%
無水エチルアルコール	60.0
精製水	25.3
1,3ブチレングリコール	3.0
塩化ベンザルコニウム	0.2
ポリオキシエチレン（40）硬化ヒマシ油	0.5
水溶性増粘剤	1.0
香　料	適量

【製法】　精製水にアルミニウムクロロハイドレート，1,3ブチレングリコール，塩化ベ

ルザルコニウム，水溶性増粘剤を加えて溶解する．無水エチルアルコールに界面活性剤と香料を溶解し，水相にアルコール相を混合し沪過する．

【処方例2】　　　　　　　ナチュラルスプレータイプ

パラフェノールスルホン酸亜鉛	2.0%
無水エチルアルコール	74.0
ジメチルポリシロキサン	13.0
精製水	7.29
プロピレングリコール	3.0
塩化ベンザルコニウム液（48%）	0.21
ポリオキシエチレン（40）硬化ヒマシ油	0.5
香　料	適量

【製法】 精製水にパラフェノールスルホン酸亜鉛とプロピレングリコールを溶解する．無水エチルアルコールに他の成分を溶解させ両相を混合して沪過を行う．

2）デオドラントパウダー Deodorant powder

粉末を単純混合したものや，固形ファンデーションのように粉末を成型したプレストパウダーがある．

【処方例】　　　　　　　プレストパウダー

アルミニウムクロロハイドレート	5.0%
酸化亜鉛（亜鉛華）	5.0
タルク	87.0
流動パラフィン	3.0
香　料	適量

【製法】 粉末成分を十分混合した後に，流動パラフィンに溶解した香料を均一に噴霧し混合する．この粉末を粉砕した後に圧縮成型を行う．

3）デオドラントスプレー Deodorant spray

デオドラントスプレーは液化ガスを噴射剤に用いたエアゾール剤である．このタイプには，ウエットタイプ（化粧水型）とドライタイプ（粉末型）があり後者は一般的にパウダースプレーとよばれている．化粧水型はデオドラントローションと同様の使用性を有する一方，粉末型は非常

にさっぱりとした使用性を有するのが特徴である．噴射剤として用いられる液化ガスは主として液化石油ガス（LPG）などである．フロンガスのオゾン層破壊が問題提起されたことから現在その使用は自粛されている．パウダースプレー（粉末型）の場合，配合粉末の分散性（粉末の沈降速度）や沈降した粉末の再分散性に注意を払う必要がある．

【処方例1】　　化粧水型スプレー

（原液処方）

成分	%
パラフェノールスルホン酸亜鉛	2.0%
無水エチルアルコール	92.79
塩化ベンザルコニウム液（48%）	0.21
1,3ブチレングリコール	3.0
ミリスチン酸イソプロピル	2.0
香料	適量

（充てん処方）

原液	50%
LPG	50

【製法】　原液成分を無水エチルアルコールに溶解させ沪過を行う．エアゾール容器にエチルアルコール原液を注入しバルブを装着後，LPGを充てんする．

【処方例2】　　パウダースプレー

（原液処方）

成分	%
アルミニウムクロロハイドレート（微粉末）	30.0%
無水ケイ酸（微粉末）	15.0
シリコン処理タルク	15.0
酸化亜鉛（微粉末）	5.0
塩化ベンザルコニウム液（48%）	0.21
ミリスチン酸イソプロピル	21.79
ジメチルポリシロキサン	10.0
ソルビタン脂肪酸エステル	3.0
香料	適量

（充てん処方）

原液	10.0%
LPG	90.0

【製法】 粉末状成分と液状成分を各々混合し粉末部はフルイを通し液状部は沪過を行う．粉末部と液状部をそれぞれエアゾール容器に入れ，バルブを装着し噴射剤である液化ガスを充てんする．

4）デオドラントスティック Deodorant stick

油性成分の中に制汗物質や抗菌性成分を配合しスティック状に固めた剤型である．スティック状のものは付着力に優れているために防臭効果の持続性があるといわれている．処方的には不透明のワックス系と透明の石けんアルコール系のものがあり，前者は肌あたりが柔らかく後者は非常にさっぱりとした使用性を有している．

【処方例1】　　　　　　ワックス系スティック

成分	%
アルミニウムクロロハイドレート	23.0%
タルク	15.0
固形パラフィンワックス	2.0
ステアリルアルコール	8.0
流動パラフィン	14.5
環状ジメチルポリシロキサン	36.5
ソルビタン脂肪酸エステル	1.0
香　料	適量

【製法】 流動パラフィンに固形パラフィン，ステアリルアルコール，ソルビタン脂肪酸エステルを加温融解し混合する．残る粉末を加え，ホモミキサーを用いて均一に分散混合し，型に流し込み冷却固化させる．

【処方例2】　　　　　　石けんアルコール系スティック

成分	%
ミリスチン酸イソプロピル	12.0%
ステアリン酸ソーダ	10.0
セチルアルコール	3.0
プロピレングリコール	25.0
無水エチルアルコール	48.76
塩化ベンザルコニウム液（48%）	0.21
精製水	1.0
香　料	適量

【製法】 加温したエチルアルコールにステアリン酸ソーダを加えて混合する．残りの

成分を加温混合し，型に流し込み冷却固化させる．

5-6 脱色剤・除毛剤

5-6-1. 脱色剤 Bleach or Discolour

現在，一般的に使用されている脱色剤は，アルカリ性過酸化水素でメラニン顆粒を酸化的に分解するもので，黒い毛を茶色やブロンドに変えることができる．それ故，腕や足のむだ毛を目立たなくする目的で，脱毛・除毛とともに現在広く用いられている．

脱色剤の主成分は過酸化水素水で，これに油分や界面活性剤，さらに漂白促進剤（過硫酸アンモニウムやその他の過硫酸塩類）が配合されている．これらは一般に強いアルカリ性で酸化剤を用いるので注意して使用することが大切である．

脱色剤は毛に損傷を与えやすい欠点があり，これは毛の蛋白質の主成分であるケラチンが酸化されるためで，このケラチンの酸化はまずシスチン結合において起こるとし，また他のアミノ酸残基も若干酸化を受けるとしている．

5-6-2. 脱毛・除毛剤 Depilatories

腋の下の毛や足や腕に生えた体毛を除去する目的で使用される．一般に市販されている脱毛・除毛剤には，物理的力を利用しむだ毛を抜去するものと，化学的作用を利用して除去するものに大別される．最近，前者を脱毛剤，後者を除毛剤といい分けている．

毛の成長期は部位により異なり，前腕で2ヵ月程度，下腿で3.7ヵ月程度である．また，毛の成長速度は，腋の下で 0.3〜0.42 mm/day，すねで 0.21〜0.23 mm/day である．

したがって毛根から抜去する脱毛剤の持続性は1ヵ月から数ヵ月の期間が期待できる．また皮膚表面に出ている毛を除去する除毛剤の持続性は数週間から数ヵ月の期間が期待できる．しかしながら同じ部位でも毛群により毛周期が異なるので実際は2〜3週間に1度の処置が必要である．

1）脱毛剤

現在，市販されている脱毛剤には，加温溶解したワックスを塗布し，毛を包みこみ，冷却後，固化したワックスとともに毛を抜去するもの，水あめ状の粘着性のあるジェルを薄く塗布し，不織布を密着させそれとともに毛を抜去するもの，あるいは強力な粘着テープの接着性を利用して毛を抜去するものがある．いずれも若干の熟練が必要である．

脱毛剤は毛根から抜去するので効果の持続性（脱毛してから再び毛がはえてくるまでの期間）は除毛剤より長い．ただ脱色した毛を脱毛しようとした場合，毛根から抜けずに途中で切れる場合がある．

腋の下の太い毛を抜く場合はワックスタイプの脱毛剤が適しており，毛足の細い毛はジェルタイプや接着シートタイプの脱毛剤が手軽にでき十分に効果が高い．接着力の強いシートタイプは皮膚に対して損傷を与える場合があるので，同じ部位を何回も脱毛するのは控えるべきである．

【処方例】　　　　　　　　　ワックスタイプ

ロジン	48.0%
ミツロウ	25.0
固形パラフィン	17.0
ワセリン	10.0
酸化防止剤	適量

【製法】　全量を加熱し均一に溶解させた後，充てんし，冷却固化させる．

2）除毛剤

むだ毛を化学的作用により除去するもので，脱毛剤に比べ痛みもなく，ワックスタイプのように加温する手間もいらないので，現在もっとも広く用いられている．

除毛の機構は，毛の構成成分であるケラチン蛋白質のシスチン結合（ジスルフィド結合）を還元することにより切断するのである．

$$\text{CH-CH}_2\text{-S-S-CH}_2\text{-CH} \xrightarrow{\text{還元}} \text{CH-CH}_2\text{-SH} \quad \text{HS-CH}_2\text{-CH}$$

この反応を迅速にかつ効果的に行わせるため，毛を膨潤させる目的でpHを11〜13程度のアルカリに保つ必要がある．

還元剤としては，硫化ストロンチウム，硫化ナトリウム，硫化カルシウムなどの無機系とチオグリコール酸の有機系がある．無機系還元剤は悪臭が強いこと，皮膚に対する刺激が強いことなどの欠点により現在はほとんど使用されていない．

チオグリコール酸塩には，チオグリコール酸カルシウム，ナトリウム，リチウム，マグネシウム，ストロンチウム塩などがあり，現在広く用いられているのはカルシウム塩とナトリウム塩である．

チオグリコール酸塩類は比較的不快臭が少ないことから香料で容易にマスキングができ，また皮膚への刺激が緩やかである．強いアルカリ性を示すため，使用される原料は加水分解されにくいものを選択すること，チオグリコール酸塩は酸素を吸収し失活すること，使用する容器の腐蝕性などに留意して製造する必要がある．

塗布後5〜8分くらいで毛が除去できることが必要であるが，チオグリコール酸塩の濃度とpHに影響を受けるので，濃度は4％以上，pHは12以上を1つの目安にするとよい．

化学的作用であるため，人によっては炎症を起こす場合があるので，消費者に適切な使用方法を指導することが大切である．

剤型はペースト状，クリーム状，エアゾール状のものがあり，腋の下などの密着性が要求される部位はクリーム状あるいはペースト状が適している．広い部位にはエアゾール状のものが適している．

除毛剤の主剤と助剤の性質を以下に参考にあげておく．

2-1) チオグリコール酸カルシウム $(HSCH_2COO)_2Ca$

わずかに硫化物臭を有する白い粉末結晶である．水に対する溶解度は常温で7％，95℃で27％である．水溶液はアルカリ性であるが，さらに水酸化カルシウムなどを添加してpHを12くらいに調整して使用される．製品での濃度は2～10％である．

2-2) 除毛助剤

毛に除毛剤が効果的に働くような助剤として，毛の蛋白質を膨潤変性させる作用のある尿素そしてグアニジンのような有機アミンを加え短時間で除毛できるような工夫がなされている場合もある．

【処方例1】　　　　　　　　　クリームタイプ

チオグリコール酸カルシウム	4.0%
セチルアルコール	6.0
ワセリン	15.0
流動パラフィン	10.0
ポリオキシエチレンオレイルアルコールエーテル	4.0
ポリオキシエチレンステアリルアルコールエーテル	2.0
精製水	59.0
香料	適量

【製法】　精製水にチオグリコール酸カルシウムを加え，加熱溶解して65℃に保つ（水相）．他の成分を混合し，加熱融解，分散して65℃に保つ（油相）．水相に油相を加えホモミキサーで均一に乳化する．乳化後撹拌しながら35℃まで冷却する．

【処方例2】　　　　　　　　　エアゾールタイプ

精製水	66.5%
ジプロピレングリコール	10.0

チオグリコール酸	6.0
水酸化ナトリウム	4.5
ポリオキシエチレンセチルアルコールエーテル	3.0
流動パラフィン	2.0
香　料	適量
LPG	6.0
ジメチルエーテル	2.0

【製法】　精製水にチオグリコール酸を添加したもの（水相）に，ポリオキシエチレンセチルアルコールエーテル，流動パラフィン，香料を 70°C に加熱溶解した油相を加え撹拌乳化後，水酸化ナトリウムを加える．その後 35°C に撹拌冷却し原液をえる．えられた原液を容器に充てん後，噴射剤として LPG, ジメチルエーテルを加える．

5-7 ≫ 浴用剤 Bath preparations

5-7-1．浴用剤の歴史と目的

　日本は多数の温泉に恵まれた国で，古来より人々は温泉を健康維持や治療に利用してきた．また同様の目的で生活の知恵として薬用植物，たとえばゆず湯やしょうぶ湯などが盛んに利用され，今日まで伝えられている．

　温泉には色々な種類（美人の湯，子宝の湯，打ち身，挫き治療の湯など）の温泉がある．温泉地にいかなくても家庭で温泉が手軽に利用できないものかと工夫され，当初は温泉成分を乾燥し，粉末にした物や湯の花（温泉成分の結晶）などが利用されていた．その後，昭和の初めに無機塩類による家庭用浴用剤が開発されたのが浴用剤の始めである．

　浴用剤を形態で分類すると散剤，顆粒剤，錠剤，軟カプセル剤，液剤など種々のものがある．錠剤，軟カプセル剤は，誤飲，誤食を避けるため直径が 2 cm 以上の規定がある．

　浴用剤はつぎのような目的で使用される．

① お湯に色と匂いを与え，心をやわらげ気分を爽快にする．
② 温泉の有効成分あるいは薬剤を配合し，保温効果，血行促進効果，疲労回復効果および美肌効果を高める．
③ 皮膚を清浄にする．

　これらの目的のうちいくつかを組み合わせて製品を作るが，①および②の目的をもった製品が多く，最近では①と②を組み合わせた製品が主流を占めている．③の目的のものはバブルバスと

いわれるもので，お湯のなかに溶かし，泡立てて入浴するもので，欧米では一般的入浴法である．

5-7-2. 浴用剤の種類 と 機能

1）無機塩類浴用剤

　主成分は温泉に含まれる無機塩類で，これに着色，賦香したもので簡単にお湯に溶解する．温泉の効果成分で浴用剤に用いられる原料は，身体を温め血行促進効果のある塩化ナトリウム，塩化カリウム，硫酸ナトリウム，硫酸マグネシウムなど，皮膚を清浄にする炭酸水素ナトリウム，セスキ炭酸ナトリウム，炭酸ナトリウム，炭酸カリウムなどがある．

　製品を形態で分けると，粉末，顆粒，錠剤などがあり，また溶解するとき，お湯のなかで二酸化炭素の気泡が発生する発泡性バスソルトがあり，成分は炭酸水素ナトリウム，セスキ炭酸ナトリウム，炭酸ナトリウムなどにコハク酸，酒石酸，りんご酸などの有機酸の結晶を組み合わせたものである．さらに保存時の安定性を向上する目的で，硫酸ナトリウムやデンプンなどの吸湿剤が添加される．

　処方としては一般的な浴用剤の一例を記載する．

【処方例1】　　　　　　　　　粉末タイプ

硫酸ナトリウム	50.0%
炭酸水素ナトリウム	50.0
色　素	適量
香　料	適量

　　【製法】　上記成分を均一に混合する．

【処方例2】　　　　　　　　　顆粒タイプ

硫酸ナトリウム	50.0%
炭酸水素ナトリウム	49.0
カルボキシメチルセルロースナトリウム	1.0
色　素	適量
香　料	適量

　　【製法】　上記成分に水を適量加え，均一に混練りし，押し出し造粒を行い，乾燥，篩処理する．

【処方例3】　　　　　　　錠剤タイプ

硫酸ナトリウム	45.0%
炭酸水素ナトリウム	15.0
炭酸ナトリウム	8.0
コハク酸	22.0
滑沢剤	適量
色素	適量
香料	適量

【製法】　上記成分を均一に混合し，打錠機にて円形あるいは角型状に打型する．

2）薬用植物浴用剤

薬用植物の乾燥品を裁断または粉砕したものをそのまま布または不織布の袋につめたものや，溶媒で抽出した抽出エキスを液状製品にしたもの，またはスプレードライ処理などにより乾燥したエキスを無機塩類に加えたものなどがある．

薬用植物としては，ウイキョウ，オウゴン，オオバク，カミツレ，コウボク，米醗酵エキス，シャクヤク，ジュウヤク，ショウブ，ショウキョウ，センキュウ，チンピ，トウガラシ，トウキ，ニンジン，ユズ，ヨモギ，アロエ，ボウフウ，ハッカなどがあり，その効果は薬用植物中に含有する精油，タンニン，アズレンなど種々の成分により，保温，血行促進，消炎，鎮静，鎮痛，殺菌，清浄などの効果を有し目的に応じて配合する．

3）バスオイル

バスオイルは液状の動物性および植物性油脂，炭化水素，高級アルコールあるいはエステル油などの油分が主成分で，入浴後の肌に油分を与え，水分蒸発を防止し，肌を柔軟にし，滑らかさを与えるなど，美容の目的で使用される．

バスオイルの中で特に香りを楽しむことを主体にした場合は，バスコロン bath cologne あるいはバスパフューム bath perfume とよばれることがある．バスオイルは使用時の油分の溶解，分散などの状態からつぎのようなタイプに分類することができる．

① Floating bath type（油滴として表面に浮く）
② Spreading bath type（油膜として広がる）
③ Dispersion bath type（油分が微細粒子となり浴湯中に分散）
④ Milk bath type（油分が浴湯中に白濁分散する）

これらのバスオイル中，④の Milk bath type は肌がべたつかずさらさらしていて日本人の肌感触にあい好まれる．また Milk bath type は油成分と界面活性剤成分から成り，そのまま液状製品にすることがある．

最近では Milk bath type を軟カプセルに充てんし，バスカプセルとして用いられている．このバスカプセルは，1回の使用量が明確であること，コンパクトであること，ゼラチン皮膜は透明で綺麗なうえ着色加工でき見栄えがよいことおよび皮膜成分は保湿作用があることなどのメリットがある．

バスカプセルは，医薬品のソフトカプセルと同じで，軟カプセル基剤はゼラチン，グリセリンおよび水の組成から成り立っていて，浴湯に投入するとゼラチン皮膜が膨潤溶解して内容液が浴湯に白濁分散する．

【処方例】　　　　　ミルクバスタイプ（カプセル型）

a) 中味処方	
流動パラフィン	60.0%
スクワラン	10.0
マカデミアナッツ油	10.0
ソルビタンオレート	5.0
POE オレイルエーテル	10.0
香　料	4.0
水	1.0
b) カプセル	
ゼラチン	41.0%
水	41.0
グリセリン	18.0

【製法】
1) a)の原料を均一に溶解する．
2) b)の原料を70℃で均一に溶解し，脱気して，温度をさげて60℃に保つ．
3) ゼラチンのシート化およびカプセル化
　　b)の成分をローラー上で約1mmのシートを作り，シートは，ロータリー式全自動ソフトカプセル成型機の円筒型成型機に供給し双方向からの回転によりカプセルを成型する．同時にポンプによってa)を充てんする．a)が規定量に達すると同時に成型も完了し，この時接着に必要な温度を，形状セグメントによりシートに与え，成型時の圧力によってカプセルを接着する．えられたカプセルは3〜7日間かけて徐々に乾燥を行いカプセルの水分が10%以下になったら製品とする．

4）バブルバス

水の硬度が高い欧米諸国では，石けんの泡立ちが悪く，その入浴習慣の中から生まれた商品で，浴槽の中にバブルバスを投入し，蛇口より勢いよくお湯を注ぎこむことで，浴槽内を泡で満たし，

主に洗浄および硬水軟化を目的とした浴用剤であるが，同時に豊かな泡と芳香を楽しむものである．欧米ではその入浴習慣上広く普及しているが，日本ではほとんど用いられていない．

製品形態としては，粉末状，顆粒状，固形状，ジェル状，液状，などがある．用いられる原料の起泡・洗浄剤成分は硬水でも泡立ちの良好なアルキル硫酸エステル塩，アルキルエーテル硫酸エステル塩などのアニオン界面活性剤を主体に，ポリオキシエチレンアルキルエーテル，脂肪酸アルカノールアミドなどのノニオン界面活性剤およびイミダゾリン系両性界面活性剤などが用いられている．

粉末状および液体状の処方例を記す．

【処方例1】　　　　　　　粉末タイプ

ラウリル硫酸ナトリウム	40.0%
硫酸ナトリウム	44.0
無水ケイ酸	10.0
酸化チタン	5.0
エデト酸三ナトリウム	1.0
色　素	適量
香　料	適量

【製法】　上記成分を均一に混合する．

【処方例2】　　　　　　　液状タイプ

ラウリル硫酸ナトリウム	6.0%
ポリオキシエチレンラウリルエーテル硫酸ナトリウム	15.0
ポリオキシエチレンラウリルエーテル硫酸トリエタノールアミン	10.0
ラウリン酸ジエタノールアミド	3.0
ジステアリン酸エチレングリコール	3.0
グリセリン	5.0
エデト酸三ナトリウム	1.0
水	57.0
色　素	適量
香　料	適量

【製法】　上記成分を均一に混合溶解する．

5-8 » インセクトリペラー Insect repellents

蚊・ブユ（ブヨ）などの虫さされ予防に使用する製品である．刺咬性昆虫（蚊，シラミ，ノミ，ダニなど）の吸血性昆虫の忌避成分として，ジメチルフタレート，2-エチル-1,3-ヘキサンジオール，ビスブチレンテトラヒドロフルフラール，N,N-ジエチル-m-トルアミドなどがある．このようなリペレント剤が身体に塗布されると，蒸散し，身体のまわりを取りかこむ．この蒸散したリペレント剤が，蚊の炭酸ガス感知器を麻痺させ，そして湿度感知器を防害することにより忌避効果を示す．

【処方例】　　　　　　　　　　虫よけスプレー

エタノール	49.5%
N,N-ジエチル-m-トルアミド*	5.5
香　料	適量
LPG（噴射ガス）	45.0

＊　薬事法上N,N-ジエチル-m-トルアミドの配合量上限は10%となっている．

◇　**参考文献**　◇

1) R. H. Ferguson, F. B. Rosevear, R. C. Stillman：Ind. Eng. Chem., 35, 1005, (1943)
2) J. W. McBain, S. Ross：Oil and Soap, 24, 97, (1944)
3) 荻野：油化学, 18, 804, (1964)
4) 鴨田, 大畠, 青木, 仁科：油化学, 18, 804, (1969)
5) 清水, 塚田：フレグランスジャーナル, 11(1), 46-51, (1983)
6) 長沼雅子：都薬雑誌, 19(6), 21-26, (1997)
7) 福田　實：日本香粧品科学会　第22回教育セミナー講演要旨集, (1997)
8) 福田　實：日本化粧品技術者会誌, 31(4), 385-395, (1997)
9) 長沼雅子 他：日本化粧品技術者会誌, 31(4), 420-428, (1997)
10) R. M. Sayre et al.：J. Soc. Cosmet. Chem., 31, 133-143, (1980)
11) C. Cole, R. VanFossen：Photochem. Photobiol., 47, 738, (1988)
12) M. Stockdale：Int. J. Cosmt. Sci., 9, 85-98, (1987)
13) J. Ferguson et al.：Int. J. Cosmt. Sci., 10, 117-129, (1988)
14) B. L. Diffey, J. Robson：J. Soc. Cosmet. Chem., 40, 127-133, (1989)
15) 小川克基 他：日本化粧品技術者会誌, 29(4), 336-352, (1996)
16) 藤原直三：Bio Industry, 11(1), 49-53, (1994)
17) 土屋 他：日本化粧品技術者会誌, 22, (1)10, (1988)
18) 土師信一郎, 合津陽子：フレグランスジャーナル, 9, 42-46, (1999)

6 オーラルケア化粧品

　オーラルケア化粧品は，歯牙およびその周辺部を清掃し，口中を浄化，爽快にするとともに，むし歯や歯周疾患の予防に用いられる口腔用外用剤である歯磨類 および 吐き気，その他の不快感の防止を目的とする内服剤である口中清涼剤とに大別される．

6-1 歯磨類 Dentifrices

6-1-1．歯磨の歴史

　歯磨が人類の歴史に登場した最初の記録は紀元前 1550 年頃の古代エジプトであり，火打ち石の粉末，緑青，緑粘土，乳香，蜂蜜などを混ぜたものを使用していたとされている．その後，ローマ時代やギリシャ時代にも鹿の角の粉末，動物の骨灰，軽石や大理石の粉末，蜜，各種の薬草を原料にした歯磨が用いられていたと思われ，中世まではこのような歯磨であったと想像される．歯磨が，その原料や形，機能において現在の歯磨に近いものとなったのは 18 世紀以降のことで，チューブに入れられたものとしては 1850 年，米国の「シェフィールド歯磨」が最初とされている．
　わが国では，奈良朝以前から歯磨のようなものが使用されていたと推察されているが，文献に現われるのは 1643 年頃，丁字屋喜佐衛門という商人が「丁字屋歯磨」を発売したのが最初である．江戸時代には房州砂，焼塩，炭，貝殻を焼いた粉末などが原料に用いられていたようであるが，明治時代には炭酸カルシウムや石けんを用いた西洋式処方が登場した．また製品の形態としては，明治時代の粉歯磨，潤性歯磨を経て，大正時代にチューブ入り練歯磨が登場して以来，今日では，さらに液状歯磨，液体歯磨，洗口剤とさまざまなものが開発されるに至った．
　近年の歯科医学や薬学の発展とともに，フッ化物をはじめとする各種薬効成分が研究されるようになり，歯磨は単に口腔内の清掃だけでなく，むし歯 dental caries や歯周疾患 periodontal diseases の予防などの口腔内の健康維持に欠かせない役割を担っている．

6-1-2．歯磨類の分類

　歯磨類は，その使用時において歯ブラシを併用する歯磨剤 dentifrice と，歯ブラシを併用しな

表 6-1. 歯磨類の分類

用法	分類	形状	成分	特徴
歯ブラシと併用する	歯磨剤	粉歯磨	研磨剤，発泡剤，香味剤，薬効成分，他	研磨剤が95％以上
		潤性歯磨	研磨剤，湿潤剤，発泡剤，香味剤，薬効成分，他	研磨剤が70％前後
		練歯磨	研磨剤，湿潤剤，粘結剤，発泡剤，香味剤，薬効成分，他	研磨剤は60％以下
		液状歯磨	同　　上	低粘度の液状剤型
		液体歯磨	湿潤剤，粘結剤，発泡剤，香味剤，薬効成分，他	研磨剤は配合されない
歯ブラシと併用しない	洗口剤		溶剤，湿潤剤，可溶化剤，香味剤，薬効成分，他	液体で使用し，原液タイプ，濃縮タイプ，粉末タイプがある（表6-2参照）

表 6-2. 洗口剤のタイプ別分類

タイプ別	用　法	特　徴
原液タイプ	原液をそのまま使用する	手間がかからず，現在もっとも広く使われている
濃縮タイプ	原液を一定量の水に希釈して使用する	コンパクトで軽く，1本当りの使用回数が多い
粉末タイプ	粉末を一定量の水に溶かして使用する	携帯に便利

い洗口剤 mouth wash とに大きく分類される．さらに歯磨剤はその形状により，粉歯磨，潤性(半練)歯磨，練歯磨，液状歯磨および液体歯磨に分類される．また洗口剤は，その用法および形状により，原液タイプ，濃縮タイプ，粉末タイプに分類される(表6-1, 2)．

6-1-3. 歯磨剤

1）歯磨剤の機能

歯磨剤は薬事法により薬効成分を含まない「化粧品」およびフッ化物などの薬効成分が配合されている「医薬部外品」とに区分され，それぞれの効能，効果の範囲は表6-3のように定められている．ここで化粧品歯磨剤の効能，効果は歯磨剤の基本的機能と考えることができ，これは主に歯磨剤のもつ清掃作用によるものである．一方，薬効成分が配合されている医薬部外品歯磨剤では，歯磨剤の基本的機能に加えて，薬効成分のもつ化学的・薬理的な効果により，より積極的なむし歯の予防，あるいは歯周疾患の予防を目的としている．

1-1) 清掃作用[1]

歯牙の表面には飲食物中の色素やタバコのヤニなどによるステイン stain とよばれる有色性沈

表 6-3. 歯磨剤の効能・効果の範囲

化粧品	医薬部外品
(1) むし歯を防ぐ (2) 歯を白くする (3) 歯垢を除去する (4) 口中を浄化する (5) 口臭を防ぐ (6) 歯のやにを取る (7) 歯石の沈着を防ぐ	(1) 歯を白くする (2) 口中を浄化する (3) 口中を爽快にする (4) 歯槽膿漏の予防 (5) 歯肉炎の予防 (6) 歯石の沈着を防ぐ (7) むし歯を防ぐまたは，むし歯の発生および進行の予防 (8) 口臭の防止 (9) タバコのやに除去 　　ただし(4)〜(9)は対応する薬効成分の配合が必要

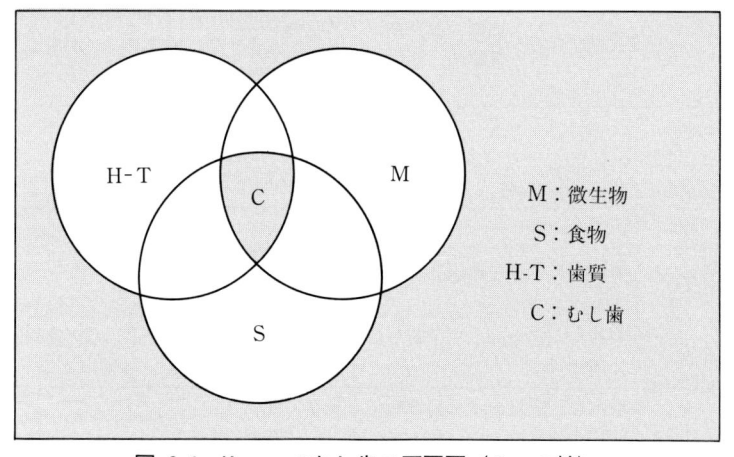

図 6-1. Keyes のむし歯の原因図（3つの輪）

M：微生物
S：食物
H-T：歯質
C：むし歯

着物や，口腔内細菌叢が粘着性物質で付着した歯垢 plaque などのさまざまな沈着物が存在する．特に歯垢はう蝕や歯周疾患，口臭の原因であり，さらに歯垢が唾液中のカルシウムイオンやリン酸イオンなどの作用で石灰化すると，歯牙に強固に付着した歯石 tartar を形成する．これらの沈着物は歯ブラシのみによる機械的清掃作用では完全にとり除くことは困難であり，歯磨剤はその成分中の研磨剤や発泡剤の作用により，歯牙表面の沈着物を効果的に除去することができる．

1-2）むし歯の予防

むし歯の原因についてもっとも広く受け入れられている学説は，むし歯は食物(糖)，むし歯原因細菌叢，歯質の感受性の3要因の重なるところに発生するという Keyes の説[2]である（図6-1）．すなわち，むし歯原因細菌である *Streptococcus mutans* などの連鎖球菌がショ糖を基質として，不溶性，粘着性の多糖類を生成し，さらに *Streptococcus mutans* 自身や，他の口腔内細菌をとり込んだ細菌叢となって歯面に付着する．これが歯垢といわれるものであり，歯垢中で *Streptococcus mutans* をはじめとする酸産生菌がショ糖から産生した酸により，歯牙の無機質部分が溶解する（これを脱灰とよぶ）現象がむし歯である．またこの脱灰の程度は歯牙の酸に対する抵抗性の強弱にも影響されることも知られている．したがってむし歯を予防するためには，①ショ糖の摂

取を控える，②歯面に付着する歯垢を除去する，③歯牙の酸に対する抵抗性を増強することが考えられる．歯磨剤には先に述べたように，その基本的な機能である清掃作用により歯垢を除去する効果があるが，さらに歯垢を形成する細菌の増殖を抑制する成分や，細菌叢が歯面に付着する原因となる多糖類を分解する成分を配合することにより，より積極的に歯垢の形成を抑制することが可能である．

またフッ化物〔fluoride（NaF, SnF_2, Na_2FPO_3）〕は歯質の主成分であるヒドロキシアパタイト（$Ca_{10}(PO_4)_6(OH)_2$）に作用してフルオリデーテッドハイドロキシアパタイト（$Ca_{10}(PO_4)_6(OH)_{2-x}F_x$）にすることにより，酸に対する抵抗性を増大させたり，再石灰化（脱灰された部分が再び結晶化して歯質を形成すること）を促進することにより，歯質を強化する作用がある．これらの成分を配合した歯磨剤は，清掃作用のみを示す歯磨剤に比べ，より優れたむし歯予防効果があることが知られている．

1-3) 歯周疾患の予防

歯周疾患とは，歯肉炎や歯槽膿漏などの歯周組織の病気を指し，栄養のバランスが崩れたり，高血圧や糖尿病といった全身的原因および口腔内の付着物や歯列不正といった局所的原因により惹起される．特に歯垢は，むし歯の原因となるだけではなく，歯周疾患の原因ともなる．歯垢が歯と歯肉の境目に付着し停滞すると，歯垢中の細菌の分泌する内毒素により歯肉に炎症が起きる．炎症が起きた部位は血管の拡張などにより赤く腫れ，そのため歯と歯肉の間に歯周ポケットとよばれる溝ができ，歯垢がさらにたまりやすくなり，炎症が急速に進行し，歯周組織が破壊される．このような歯周疾患を予防するためには，歯垢の除去が重要であるが，さらに炎症を抑える成分や，細菌の増殖を抑制する成分，歯肉の血行を促進する成分などが配合された歯磨剤は，歯周疾患の予防に，より効果的であることが知られている．

2) 歯磨剤の成分

歯磨剤はその形状により，配合成分，配合割合が異なるが，主な成分としては研磨剤，湿潤剤，発泡剤，粘結剤，香味剤，着色剤，保存剤および薬効成分などである（表6-4）．

2-1) 研磨剤 abrasives

研磨剤は歯磨の主要成分の1つであり，歯牙の表面を傷つけることなく歯面の付着物を除去し，歯に生来の光沢を与えるもので，多くは無機化合物の粉末である．

研磨剤として具備すべき条件としては，まず第一に硬さが挙げられる．歯牙の表面を構成するエナメル質の硬さはモース硬度で6～7であり，研磨剤の硬度としては3またはそれ以下が望ましい．粒子径としては20 μm以下のものが実用的であり，これ以上のものは使用上ざらつきを感じたり，歯面や歯肉を傷つけるおそれがあるので好ましくない．粒子の形も針状や棒状のものは避けるべきである．研磨剤粉末，もしくは研磨剤を配合した歯磨剤の研磨力測定法はこれまでに多くの方法が提唱されてきたが，現在世界的に広く受け入れられているものとして RDA（Radioactive dentin abrasion）法がある[3]．これは抜歯されたヒトの歯の象牙質に放射線を照射して歯質成分中の ^{31}P を ^{32}P に変換し，研磨試験器で研磨剤もしくは歯磨剤で研磨したときに研磨され

表 6-4. 歯磨剤の成分

分類	成分	効果・作用
研磨剤	・炭酸カルシウム ・リン酸水素カルシウム ・無水ケイ酸 ・水酸化アルミニウム　など	・歯磨の主要成分 ・歯の表面を傷つけずに，歯の表面の汚れを落す
湿潤剤	・グリセリン ・ソルビトール　　　　　など	・歯磨中の粉体に湿り気と可塑性（クリーム状の形）を与える
発泡剤	・ラウリル硫酸ナトリウム　など	・口中に歯磨を拡散させ，口中の汚れを洗浄する
粘結剤	・カルボキシメチルセルロースナトリウム ・カラギーナン　　　　　など	・粉体と液体成分とを結合させ，かつ成形性を与える
香味剤	・サッカリンナトリウム ・ペパーミントオイル ・スペアミントオイル ・メントール　　　　　　など	・香味の調和をはかる ・爽快感と匂いをつけ歯磨を使いやすくする
着色剤	・法定色素	・歯磨の外観を美しくする
保存剤	・パラオキシ安息香酸エチル ・パラオキシ安息香酸ブチルなど	・歯磨の変質を防ぐ
	・精製水	・歯磨の粘度・稠度を調整する
薬効成分	・フッ化物 ・殺菌剤 ・消炎剤　　　　　　　　など	・むし歯予防，歯槽膿漏，歯肉炎の予防，口臭の除去，口腔内の汚染除去などの効果を高める

る ^{32}P の量を測定する方法である．この方法による研磨力の適性値としては，ピロリン酸カルシウムの研磨力を 100 としたときに 250 以下であるといわれている．

　研磨剤としての他の条件としては，pH が弱酸性〜弱アルカリ性の範囲にあり，水に不溶の無味無臭の白色粉末であることが望ましい．また当然のことながら毒性などの安全性についても十分考慮されるべきである．

　このような条件を満たし，現在広く使用されている研磨剤としてはつぎのようなものがある．

① 炭酸カルシウム ($CaCO_3$)　　古くから歯磨剤の研磨剤として使用されており，安価に入手できるが，研磨力は一般にリン酸カルシウムより大きい．重質および軽質の 2 種類があり，前者は石灰石を原料とし後者は水酸化カルシウムを原料としている．

② 第二リン酸カルシウム ($CaHPO_4$, $CaHPO_4・2H_2O$)　　2 水塩および無水塩があるが，無水塩は 2 水塩に比べて硬度が高いために単独で使用されることは少ない．2 水塩はおだやかな研磨性と良好な使用感があり，pH も中性で他成分との相容性もよい．しかし 2 水塩は歯磨剤中で長期間の間に結晶水を失って無水塩に変化し歯磨剤を硬化させるので，一般にはマグネシウム塩などの安定化剤を添加して使用する．

③ 無水ケイ酸 ($SiO_2・nH_2O$)　　シリカともよばれる．歯磨剤に用いられる無水ケイ酸は高純度の非晶質二酸化ケイ素が主成分であり，その製法の違いにより種々の物性のものが知ら

れている．無水ケイ酸はフッ素と反応して不溶性の塩を生成することがないために，フッ化物を配合する歯磨剤に適している．また他の研磨剤と比較して屈折率が低いために，透明感のある歯磨剤とすることができる．

④ **水酸化アルミニウム（Al(OH)$_3$）** 天然鉱石としても存在するが，歯磨剤に用いられるものは，アルミン酸塩から合成されたものなどである．第二リン酸カルシウムに比べて安価なため，第二リン酸カルシウムの代替品として使用される．

⑤ **その他の研磨剤** その他の研磨剤としては，ピロリン酸カルシウム，不溶性メタリン酸ナトリウム，炭酸マグネシウムなどがある．また特殊な用途としてアルミナが用いられる場合もある．

2-2）湿潤剤 humectants

湿潤剤は歯磨剤成分中の粉末にペースト状の形状を与え，歯磨剤が容器中や空気中で固まるのを防ぐ．主としてグリセリン，ソルビット液（ソルビトールの高濃度水溶液），プロピレングリコール，ポリエチレングリコールなどの多価アルコールが使用される．

2-3）発泡剤 foaming agents

発泡剤の役割は，歯磨剤を口腔中に拡散させて清掃効果を高め，また界面活性剤としての作用で口腔中の汚れを洗浄することである．さらに泡のボリューム感で，歯磨剤使用時の感覚的な安定感や満足感を与えるはたらきをする．発泡剤としては，発泡，分散，懸濁，浸透，洗浄，耐硬水性などの諸性質に優れかつ毒性，刺激性のない界面活性剤の中から選択される．さらに口の中に入るものであるので味，匂いの点も重視される．現在もっとも広く使用されているものはラウリル硫酸ナトリウムであり，ほかにラウロイルサルコシンナトリウム，アルキルスルホコハク酸ナトリウム，ヤシ油脂肪酸モノグリセリンスルホン酸ナトリウム，ショ糖脂肪酸エステルなどが用いられる．

2-4）粘結剤 binders

粘結剤は歯磨剤の粉末成分と液体成分との分離を防ぎ，歯磨剤に適度な粘弾性と形状を与える．また歯磨剤の口腔中での分散性，発泡性，すすぎやすさなどにも影響を与える．現在もっとも広く使用されているものはカルボキシメチルセルロースナトリウム（CMC）である．CMCは生理的に不活性で，水に容易に溶解し，他成分との相溶性や安定性がよく，比較的安価であるという特徴がある．CMCは分子中のOH基の置換度や重合度により，性質の異なる種々のものがあり，目的に応じて適宜選択する必要がある．他のセルロース誘導体としてメチルセルロースやヒドロキシエチルセルロース，ヒドロキシプロピルセルロースなども知られている．またアルギン酸ナトリウム，カラギーナン，キサンタンガムなどの多糖類や，ポリアクリル酸ナトリウムのような合成高分子化合物，ベントナイト，ラポナイトなどの無機粘土鉱物も使用される．

2-5）香味剤 flavoring agents

香味剤は歯磨剤原料に由来する不快な匂いや味を消し，清涼感や嗜好性のよい香味を付与して歯磨剤を使いやすくするために用いられる．

① **香　料** 歯磨剤に用いられる香料はペパーミント油，スペアミント油，l-メントールなど

の清涼感，爽快感を与えるものが多用され，さらに嗜好性を高めるために各種フレーバー類も用いられる．

② **甘味剤**　サッカリンナトリウムが広く使用されているが，湿潤剤として用いられるグリセリンやソルビトールにも甘味がある．歯磨剤の目的からして，甘味剤にはむし歯を誘発するようなものを用いてはならないのは当然のことである．

2-6) 薬効成分

歯磨剤に配合される薬効成分は，その作用機序によりむし歯の予防や歯周疾患の予防などの効果が認められる（詳しくは化粧と薬剤の口腔用薬剤の項を参照されたい）．

3）歯磨剤の処方例

【処方例1】　　　　　　　　粉歯磨

炭酸カルシウム	95.0%
ラウリル硫酸ナトリウム	1.8
サッカリンナトリウム	0.1
香料	適量
精製水	3.1

【処方例2】　　　　　　　　潤性歯磨

炭酸カルシウム	70.0%
グリセリン	20.0
ラウリル硫酸ナトリウム	1.5
サッカリンナトリウム	0.1
香料	適量
精製水	8.4

【製法】　混合機に炭酸カルシウム，ラウリル硫酸ナトリウムを入れ，グリセリン，精製水を加えて混合する．さらに精製水の一部にサッカリンナトリウムを溶解したもの および 香料を加え，均一になるまで混合する．

【処方例3】　　　　　　　　練歯磨

第二リン酸カルシウム・2水塩	45.0%
無水ケイ酸	2.0
グリセリン	15.0
カルボキシメチルセルロースナトリウム	1.0
カラギーナン	0.3

ラウリル硫酸ナトリウム	1.5
サッカリンナトリウム	0.1
薬効成分	適量
香　料	適量
パラオキシ安息香酸エチル	0.01
精製水	35.09

【製法】 真空混合機に精製水，グリセリンを入れ，カルボキシメチルセルロースナトリウム，カラギーナンを加えて混合溶解する．これに第二リン酸カルシウム・2水塩，無水ケイ酸，ラウリル硫酸ナトリウムを加え，混合する．さらに精製水の一部にサッカリンナトリウムを溶解したもの および 香料，パラオキシ安息香酸エチルを加え，均一になるまで混合した後，減圧脱気する．混合や脱気が不十分だと，経日で固一液成分間の分離を生じるので注意を要する．

【処方例4】　　　　　　　　　練歯磨（透明タイプ）

無水ケイ酸	20.0%
ソルビット液	55.0
グリセリン	10.0
カルボキシメチルセルロースナトリウム	1.5
ラウリル硫酸ナトリウム	1.8
サッカリンナトリウム	0.05
香　料	適量
パラオキシ安息香酸エチル	0.01
着色剤	適量
精製水	11.64

【処方例5】　　　　　　　　　液状歯磨

無水ケイ酸	10.0%
プロピレングリコール	2.0
グリセリン	5.0
ソルビット液	10.0
ポリアクリル酸ナトリウム	1.0
ラウリル硫酸ナトリウム	1.0
サッカリンナトリウム	0.1
香　料	適量

パラオキシ安息香酸エチル	0.01
着色剤	適量
精製水	70.89

【処方例6】　　　　　　　　　液体歯磨

エタノール	10.0%
グリセリン	5.0
ラウリル硫酸ナトリウム	1.0
ポリオキシエチレンポリオキシプロピレングリコール	0.5
サッカリンナトリウム	0.15
香　料	適量
安息香酸ナトリウム	0.1
着色剤	適量
精製水	83.25

【製法】　精製水にグリセリン，ラウリル硫酸ナトリウム，ポリオキシエチレンポリオキシプロピレングリコールを加え，溶解する．これにエタノールに香料を溶解したものを加え，混合溶解する．さらにサッカリンナトリウム，安息香酸ナトリウム，着色剤を加えて溶解した後，沪過する．

6-1-4．洗口剤 Mouth wash

1）洗口剤の機能と成分

　洗口剤は水歯磨，あるいはマウスウォッシュともよばれており，形状としては液体歯磨に類似しているが，液体歯磨が歯ブラシを併用するのに対し，洗口剤は歯ブラシを使わずに適量を口に含んで口腔内をすすいだ後，吐き出して用いる．洗口剤には原液タイプ，濃縮タイプ，粉末タイプがあるが，現在は原液タイプのものがもっとも普及している(表6-2 参照)．

　わが国における洗口剤は，1960年頃に米国から輸入された含嗽剤（うがい薬）から発展した比較的歴史の浅い製品であるが，生活の洋式化や口腔衛生および歯科予防医学が社会的に認識されるのに伴い，急速に定着しつつある．

　洗口剤の機能は口中を浄化したり，口臭の防止，口中を爽快にしたりすることである．薬効成分が配合されているものは，むし歯の予防，歯周疾患の予防効果がある．

　洗口剤の成分としてはエタノールなどの溶剤，湿潤剤，可溶化剤，香味剤，保存剤，pH調整剤などが用いられる．粉末タイプのものについては液体成分の代わりに，炭酸水素ナトリウムなど

の賦形剤が用いられている(表6-5).

表 6-5. 洗口剤の成分

分類	成分	効果・作用
水	精製水	粘度,稠度,容量などの調整用溶媒
溶剤	エタノール など	香味剤溶解,爽快感付与
湿潤剤	グリセリン など	口内の保湿,香味剤溶解補助
可溶化剤	ポリオキシエチレン硬化ヒマシ油 ポリオキシエチレンポリオキシプロピレングリコール ラウリル硫酸ナトリウム など	香味剤可溶化,口内洗浄
香味剤	サッカリンナトリウム メントール ペパーミントオイル など	清涼感,特徴香味の付与
保存剤	パラオキシ安息香酸エチル 安息香酸ナトリウム など	防腐,製品の変質を防ぐ
着色剤	法定色素,カラメル など	着色で外観を美しくみせる
pH調整剤	リン酸塩,クエン酸塩	pHの調整
薬効成分	1,8-シネオール,チモール,サリチル酸メチル,l-メントール	歯肉炎の予防,歯垢の沈着の予防,口臭の防止

【処方例1】　　　　　　　　　　原液タイプ

エタノール	15.0%
グリセリン	10.0
ポリオキシエチレン硬化ヒマシ油	2.0
サッカリンナトリウム	0.15
安息香酸ナトリウム	0.05
香　料	適量
リン酸二水素ナトリウム	0.1
着色剤	適量
精製水	72.7

【製法】　精製水にグリセリン,ポリオキシエチレン硬化ヒマシ油を加え,溶解する.これにエタノールに香料を溶解したものを加え,混合溶解する.さらにサッカリンナトリウム,安息香酸ナトリウム,リン酸二水素ナトリウム,着色剤を加えて溶解した後,沪過する.

【処方例2】 濃縮タイプ

イソプロピルアルコール	30.0%
ソルビット液	10.0
ラウリル硫酸ナトリウム	4.0
サッカリンナトリウム	0.15
香　料	適量
安息香酸ナトリウム	0.15
着色剤	適量
精製水	55.7

【処方例3】 粉末タイプ

炭酸水素ナトリウム	97.8%
無水ケイ酸	2.0
サッカリンナトリウム	0.2
香　料	適量
着色剤	適量

6-2 口中清涼剤 Mouth freshener

　口中清涼剤は吐き気その他の不快感の防止を目的とする内服剤で，薬事法上は医薬部外品として扱われている．形状としては丸剤状，板状，トローチ状，液状などがあり，液状のものについてはスクイズ式，あるいはポンプ式容器で霧状にして使用するものもある．

　口中清涼剤と形状が類似したものとして，飴やガム，清涼菓子といった食品があるが，これら食品と口中清涼剤とは法的な取り扱いが明確に区別されている．

　口中清涼剤はその目的から一般に清涼感の強い香味となっており，その成分としてはアセンヤク，ウイキョウ，カンゾウ，ケイヒ，チョウジなどの生薬類，ハッカ油，ウイキョウ油，d-カンフル，l-メントール，クロロフィリン誘導体などであり，形状に応じて他の賦形剤，香味剤，保存剤などが用いられる．

【処方例】 液状タイプ

エタノール	40.0%
グリセリン	10.0

ポリオキシエチレン硬化ヒマシ油	1.0
l-メントール	0.5
サッカリンナトリウム	0.05
グルコン酸クロルヘキシジン	0.02
香　料	適量
精製水	48.43

【製法】　精製水にグリセリン，ポリオキシエチレン硬化ヒマシ油を加え，溶解する．これにエタノールに l-メントールおよび香料を溶解したものを加え，混合溶解する．さらにサッカリンナトリウム，グルコン酸クロルヘキシジンを加えて溶解した後，沪過する．

◇　**参考文献**　◇

1) 岩崎浩一郎他：歯界展望, 62(2), 321, (1983)
2) P. H. Keyes：Int. Dental J., 12, 443, (1962)
3) R. J. Grabenstetter et al.：J. Dental Res., 37, 1060, (1958)

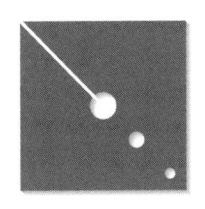

付録

日本の化粧品の歴史

- ▶ 奈良時代
- ▶ 平安時代
- ▶ 鎌倉・室町時代
- ▶ 安土桃山時代
- ▶ 江戸時代前期
- ▶ 江戸時代中期
- ▶ 江戸時代後期
- ▶ 明治・大正時代
- ▶ 昭和時代以降

日本の化粧品の歴史

　化粧品の歴史は，太古に香樹を発見した時から始まり，その起こりは原始に遡る．原始，人々は大自然に対する畏敬や畏怖心から信仰心をもつようになった．そこから神に物を供える風習が生まれ，神に奉仕するため心身の清浄を願い清流で禊ぎをすることを考え，香木を用いて供香が行われ，その芳香によって心を清めたり鎮めたりすることを覚えた．また多彩な中から目につく赤は，太陽の色，血の色，炎の色でもあるからか神聖視され丹色(あか)信仰が10〜12万年前頃から始まり世界に流布していった．そして，灼熱の太陽や寒さ，乾燥から身体を保護するには脂を塗ると快適であり健康的だと分かった時に脂を塗ることが習慣となった．また同じように，自然界で生き抜くため，外敵に対し強い立派な身体に見せたい時，神がかりになる儀式，死や病気を恐れ魔除けをする時，成人・種族・階級の記号，ハレ(祭り)の特別な姿や，水面に映るのは我が身と気がつき身繕いをし飾った時等に，人は丹青(たんせい)を施したという．こうして，化粧品は次第に【美】が意識され生活を彩るためにも用いられていった．

　4000年前の昔から，エジプト人やアラビア人は軟膏状の香粧品などを使用していた．B.C. 2920年にはエジプトでタールや水銀から作られた化粧品の発達が始まっていて，B.C. 1930年頃のエジプトでは，すでに香料の通商も盛んであったと史料に出ている．B.C. 1350年頃のツタンカーメン墳からの芳香性軟膏や極彩色はわれわれを大変驚かせた．「旧約聖書」出埃及記(B.C. 1230年頃)に神からモーゼへ薫香品の製法指示がある．中国でも，B.C. 2200年頃の夏の禹王時代に粉が作られたと「墨子(ぼくし)」が述べているし，殷の紂王の頃(B.C. 1150年)には鉛錫を焼いて作った粉や紅(臙脂(えんじ))で粧ったという．また秦の始皇帝宮中では「紅粧翠眉(こうしょうすいび)」し，それが眉を画く初めとも伝えられている．

　太古上古時代の我が国は，外国からの影響は殆ど受けずに長く固有風俗で過ごし，古代の化粧法は，原始的な赤土粉飾が行われていた．
　「古事記」や「日本書記」から古代の化粧に関する箇所(初文書)を上げてみよう．海幸彦山幸彦の神話……兄の火須勢理命(ほすせりのみこと)が弟の彦火火出見尊(ひこほほでみのみこと)に降伏し臣下の礼をとる時赤土(はに)を塗り，忠誠を示し服従を誓った．……とあり，これが化粧について記述さ

れた始まりである．また…須勢理毘売が葦原色許男に椋の実と赤土とを授けて，須佐之男命の頭の呉公を喰い破ったように見せかけることを教えた話や，……活玉依毘売の父母が，赤土を床前にまき散らし，麻糸を巻いたものに針をつけてその男の着物の裾に刺しておきなさいと教えた話などからは，我が国では赤土を邪悪を祓う魔除けとして使用していたことがわかる．このように赤(赤土)を使うことは身体の保全や安全願望もあったようだ．また化粧法や眉墨(化粧品)の作り方が次の歌に述べられている．

　………神武天皇は，皇后に相応しい美しい乙女を探していた．
　天皇の旨を伝える供の大久米命の刺青の眼を不思議に思った伊須気余理比売の歌

あめつつ	あま鳥　せきれい　千鳥に　頬白
千鳥ましとと	まるでそんな鳥の眼みたい
など黥ける利目	あなたはなぜそんな刺青をして鋭い眼にしているの

　　大久米命(武力部の長)の返歌

媛女に	あなたさまをお探しする旅をして参りました
直に遇はむと	直接(早く)お会いしたくて(見つけられますように)
わが黥ける利目	わたしは刺青をして眼を大きく(鋭く)しているのです

　……応神天皇が寵妃矢河枝比売を歌われた御製

木幡の道に遇はしし嬢子	木幡の道で出会った乙女は
後姿は小楯ろかも	後ろ姿は小柄ながら楯のようにすらっとしているし
歯並は椎菱なす	歯並びは椎の実か菱の実をまるで揃えたように美しい
櫟井の丸邇坂の土を	櫟井の丸邇坂の土は
初土は膚赤らけみ	上の方の土は　赤すぎるし
底土は丹黒き故	底の方の土は　赤黒いから
三栗のその中つ土を	栗の中の三つの実のような真ん中の色の綺麗な土をとり
頭著く真日には当てず	頭上でかんかん照りつける太陽には当てないようにして
眉畫き此に畫き垂れ	日陰で乾かして作った眉墨で
	眉麗しくこのように眉尻を下げて(三日月形に)描いている

また歯並びは椎や菱の黒く艶やかな実のように美しいと読むと歯黒とも考えられる．古代では赤化粧と眉引き（と歯黒）が行われていた．

自然眉の上縁に半月形に墨を入れて，下縁はぼかして細く長く引いて描いていた．

古墳から発掘の埴輪にも男女を問わず，額や頬・首などに丹朱で彩られた跡が見られる．そして後には左右対称の線が描かれるようになった．

古代の埴輪などの赤色は酸化鉄の丹（べにがら）で皮膚は傷めないが伸びの悪い顔料であった．古墳時代になると朱（辰砂・硫化水銀）も魔除けや殺菌殺虫用に使われた．藤ノ木古墳の内部や石棺に多量に塗ってある朱は，金より高価なものだったという．

赤の化粧法は，埴輪の他にも中国の「後漢書」〔東夷伝」〕（200年代作成）には，……倭国は韓国の東南の大海中に在り．（略）婦人は髪を被り屈紒す．衣は単被の如く頭を貫きて之を衣る．（略）並びに朱丹を以て身を扮すること中国の粉を用ふるが如きなり．と記述されている．

埴輪のいわれは，古代貴人死去に際し身近に仕えていた者を墳墓の回りに生埋めにしていたが，垂仁天皇時代にその殉葬を改善し身替りに埴輪をと土師部を定めたことをいう．だから埴輪は埋めた当時の風俗をそのまま写していると推測されるのである．

神功皇后韓土出征後は，大陸文化が大勢の人々とともにわが国へ続々と流れ込んで来た．その中で婦人達が化粧品を持参し広めたり，大陸との往来で取り寄せたりしていた．

　　　　……雄略天皇御代の吉備上道臣田狭の歌（愛妻稚媛を讃えて）
　　　天の下の麗人は吾が婦に　　　この世の中にみめ麗しい人は多いけれど
　　　若く莫し　　　　　　　　　　わが妻におよぶ美人はいないだろう
　　　鉛花もつくろわず　　　　　　白粉で粧うこともなく
　　　蘭沢もそうること無し　　　　香をつけなくても（美しい）
　　　　　　　　　　　　　　　　　わが妻にまさる女性はいないと思う

このように，鉛白白粉や蘭沢（香油）も上流社会では使われていたことがわかる．しかし，貧富の差が著しい古代では，庶民とか文化の浸透が遅い地方などではまだ，赤土化粧が通例であっただろうと思われる．

この頃から日本の歴史は大きな転換期を迎える．仏教伝来は仏の教えと異国文化をもたらした．渡来人達は大陸の技術を持ち込み人々にカルチャーショックを与えた．

わが国に初めて香木が到来したのは推古天皇3年（595年）で，淡路島に漂着し朝廷に献上された．その香木で聖徳太子は仏像（夢殿の観世音）を作り余材は仏前に供香した．東大寺正倉院御物の名香"法隆寺（太子）"はその時の香木とされている．

推古天皇18年にはわが国へ「ベニ」の原料の紅花の種を初めて高麗僧曇徴が伝え

た．そして国産の白粉が作られたのは，大化改新から約50年後の持統天皇の御代である．持統天皇6年(692年)に国産初鉛粉白粉は元興寺僧観成(がんじょう)が作成し天皇に献上した．天皇は大変喜ばれて絁(あしぎぬ)十五匹・綿二十屯・布五十五端を下賜した(「日本書紀」)．元明天皇和銅6年(713年)伊勢水銀(いせみずがね)が発見された．これが水銀(みずがね)白粉(シロキモノ)ハラヤである．

▶ 奈良時代

絢爛豪華な大唐朝文化の渡来はますます盛んになってきていた．
唐風をそのままに極彩色で咲く花の匂うがごとき……青丹(あおに)よし……寧良朝(ならちょう)文化となった．化粧品は，紅・白粉・朱・香料などが入ってきた．鏡は国産も盛んに作成され始めた．化粧法も唐宮廷の影響をうけ美人の典型は蛾眉(三日月眉)豊頬切長目としていた．「翠鈿黛頬紅(すいでんたいきょうこう)」という，額や頬に紅で小さい点や模様をうつ花鈿(かでん)(靨鈿(ようでん))もつけた．これは，日・月・星を意味する三つの点を額や口の両端に紅でつける化粧法である．蛾眉は蛾の触覚を理想として眉端を描く方法．主に描かれた三日月眉は，眉上縁の毛を抜いて生え際を揃え眉墨できっかり描き下の方は抜かずに暈(ぼか)す方法であった．このような奈良時代の女人像は，代表的絵画として「高松塚古墳の壁画の女子群像」「薬師寺の吉祥天女像」「正倉院御物の鳥毛立女(とりげたちおんなびょうぶ)屏風」，また万葉集に歌われている．

香の渡来二度目は聖武天皇東大寺大仏建立時三韓からの"蘭奢待(らんじゃたい)(東大寺)"で，後の称徳天皇時代東大寺宝庫に収めた"紅塵(こうじん)"と合わせて「古(いにしえ)の名香(みょうごう)」と呼ばれる．この時代の香は，精神的なものであり儀式性だけで，香気は問題にならなかった．

▶ 平安時代

都も京都に遷って，宮廷を中心とする貴族階級の地位が安定してきた平安朝では，日本独自の文化として日本的な生活風習が生まれてきた．風俗も男女共に奈良時代の軽快さから，品位を高める重々しさを見せるようになった．衣裳は徐々に袖を大きく全体をゆったりとさせ，あの威厳に満ちた男性の束帯姿や十二単(唐衣装束)の華麗な女人像となってきた．また女手(平仮名)が興り女流文学などが文化でも活躍した．

平安貴族の住居(寝殿造)は大きくなり軒下も長くなって，光が室内をあまり照せなくなった．屋内での生活が多く宮仕えは夕刻からであったから，薄明の中で暮らしていたといえる．ほの暗い宮廷内では顔は白さが映えること，日本的で静的な美意識や(白い文化の浸透)屋外作業(日焼け)をしない階級の証などから，薄暗闇の中でも顔が美しく映えるように，顔に白粉を塗り顔の白さを強調する化粧が主流となった．

当時の白粉は「延喜式(えんぎしき)」(927年・制度の記録)によれば，……供御(くご)の白粉料として，糯米(もち)一石五斗・粟一石……と規定されていることから推し量り，皇后や女御の御料も

鉛白だけでなく，米や粟の澱粉白粉が使用されていたと分かる．
「倭名類聚鈔(わみようるいじゆしよう)」(935年我国初漢和辞典)は，……粉は白粉．ハニフという鉛粉白粉と上流婦人がつけるシロキモノすなわち水銀白粉という2種に分けている．その他に，……経粉(ケイフン)はわが国ではヘニ(べに)といい白粉を(混ぜて)赤く染め頬につけるもの．……黛(タイ)は万由須美(まゆずみ)．眉を画く墨，油煙を油でねったもの．と記述している．

上流婦人用眉墨(捏墨(こねずみ))は紫草の花の黒焼や油煙・金粉などを胡麻油で捏ねて作った．

永観二年(984年)に丹波康頼が「医心方(いしんほう)」(我国最古医学全書)を完成させた．全巻三十巻きで，内科外科・薬の使用法・健康管理等広範囲に渡り編纂されている．中では，美人になる方法や顔や身体を色白にする方法，顔をいきいきとさせる方法，ふくよかで色白にする・豊麗な色白の美人にする・濃艶な色白の美人にする方法とか清潔な白い肌にする方法・たおやかに美しく老いてなお若々しい容貌を保つ方法，また体臭をかぐわしくする方法などが載っている．「医心方」は円融天皇に奉呈された．

灯台に照らされた，色白で黒髪を長く垂らした艶やかな色彩の十二単の后妃女官．髪は白い顔の対照美として，黒い色と直毛を考慮し丁寧に梳いた上で後に垂らした．そしてわずかな鬢を顔の両側(頬)に垂らして，切り揃えた("鬢(びん)そぎ(しけげ)"という)．女性にとって黒髪は命にも等しく髪を大切に手入れをし，丈なす緑の黒髪を誇った．髪は漆黒で長ければ長いほど美しいとされた．それは美人の第一条件とされていた．髪の手入れは，植物性水油を綿に含ませた油綿を用い，洗髪にはいちいち吉日を占い灰汁洗(あく)いしたうえ，清流ですすぎ，香炉の火で乾かしながら薫香(くんこう)を炊(た)き籠(こ)めていた．太古から髪に脂をつけていたが奈良時代前より頭髪料に五味子(美男葛(さねかづら)(びなんかづら))も使った．五味子の蔓の皮を剝ぎヌルヌルする液を水に浸出させ，髪につけると艶を増し養毛にも良いとされていた．さらに黄揚(つげ)の櫛(くし)(養毛効果)で丁寧に梳(す)いて光沢を出した．その他，泔(ゆする)(米のとぎ汁)を髪のくせ直しや栄養として，整髪料や洗髪料に使った．「延喜式(えんぎしき)」に……洗料として泔(ゆする)のための白米と，洗粉としての小豆……が出ている．また……中宮の御料に御澡豆(そうず)小豆二升五合とあり，この頃より澡豆を美顔料として用いた．

深窓の佳人は白い顔を強調するのに，白粉の塗り方の他に眉作など随分苦心した．眉は白粉を塗るためにわざわざ抜き，そして額の上部に改めて眉(茫眉(ぼうまゆ)など)を描いた．茫眉は楕円形を描き左右両端を指で擦り暈(ぼか)して，顔の白さを強調する化粧法である．眉墨の色は，髪の漆黒を生かすために，薄青色かやや赤めの色のものが使用された．

眉を額の上部の方に描くので瞼が広がりをもち高貴で夢幻的な雰囲気を醸し出す．

両端をぼかした眉は，眉頭が離れて見えて(愁眉を開く)優雅なイメージとなる．

眉は額からの汗の流れを止める．額に汗は庶民，故に高貴の証に眉を取り除

いた．

眉は表情を端的に表すから感情を抑えるという美意識のために抜いたとも推察する．

口元は，顔を白く塗ると歯の色が目立つのでその対処方法として，歯を黒く染めた．これをお歯黒または鉄漿(かね)という．お歯黒は白い顔を麗しく見せ仕上げ効果を高める．

鉄漿付けの儀式は，女性が一人前という成女式に行われた．この日からはいつでも女性は結婚の申込みを受けてよいとされた．
お歯黒は古代より邪悪への魔除けとして行い，後経験的に虫歯予防にも行われた．
鉛(シロキモノ)粉や食餌および衛生面などの影響で健康でない歯も，お歯黒で目立たなくなった．

また，表情(口)などで鉛粉や澱粉白粉がくずれたのを隠す，邪悪の混入を予防する，食す話すという生命力の感じられる箇所のため控えめを善し（上品）としたことから古来，口元に扇（衵(あこめおうぎ)扇，檜(ひおうぎ)扇）や手をあてて隠す習慣が長く続いていた．

香は，仏教と共に伝来し供香により広まったが，平安朝では宮廷や貴族生活を潤わせ上品に豊かにするために用いられ，次第に日用品化し儀式儀礼に欠かせなくなった．香を衣類や髪・居間に炷(た)き籠(こ)める〔薫物(たきもの)〕は，高尚な香りに包まれつつ起居振舞(たちいふるま)いの追風(移香・残香)が優美なよう，貴族の嗜みとし独自で調香に秘方を凝らした．
そして〔薫合(たきあわせ)〕は盛んになるとそれを持ち寄る高次元的遊びの〔薫物合(たきものあわ)せ〕となり，やがて香の競技〔香合(こうあわせ)〕が優雅に開催され始めた．ここに，香りの文化が開花した．そうして，世界に類を見ない芸術〔香道(もんこう)(聞香)〕へとすすんでいくのである．
王朝雅びは「源氏物語」「栄華物語」「枕草子」「宇津保物語」などでうかがえる．
"匂ふがごとき花の顔(かんばせ)"とは，暗闇でも光るような鮮やかな顔の白さを称えていう．例えば「源氏物語」の光源氏や薫の君と匂宮「かぐや姫」などのように，男女を問わず大きな魅力の持ち主や麗しさ，そして"色の白い高貴な人"を香言葉で現している．
白河院御代の頃には，とうとう男性にまで白化粧がおよんだ．公卿達は華奢風流を好んで，白粉を塗り眉を抜き髭を挟み鉄漿をつけ歯を黒め，薄化粧を始めたという．それは遂に武家階級である平家一門の公達にまで広がり，武家も貴族化していった．後に公達は戦場でさえも薄化粧の身嗜みを行って赴いた（1185年平家滅亡）という．その美しくも哀しい情景は「源平盛衰記」等々により今日に伝えられている．

▶ 鎌倉・室町時代

武家社会が始まった．武家の質実剛健な精神が反映されていった．その中で男性の

お歯黒は公卿と僧侶や稚児の間には王朝時代以後も続いていた．そして武家も実権を握ると公家を真似て，お歯黒や薄化粧をする階級も出てきた．その後，上流武士達の身嗜み（権威を示す象徴）として浸透していった．それはやがて，戦で敵に首を捕られても見苦しくないように，武家の身嗜みであると地方武士にまで広がっていった．髪は幾分簡素化し髪丈は短めになり，平素は元結をかけ丁子油（ちょうじゆ）で手入れをしていた．眉は自然眉に近づき，一文字眉（または下縁を半円になるよう整える眉）になった．化粧はハフニ（鉛白粉）やハラヤ（水銀白粉）をヘチマ水で練った練白粉が使われた．紅は，この頃から頬に塗り，その健康的な潑剌さが好まれて受け入れられていった．そして香りの趣味も，複雑な調香技術を競った香合せから，武家好みの一本炷き（た）へと移り変わったのも時流といえよう．また「カタベニ」は，鎌倉室町時代に作られた．

室町時代は乱世の崩れた秩序を回復しようと有職故実・礼儀作法が盛んになった．化粧方法も規定され，眉一本までにも所作が決められた．男性は横眉，女性は茫々眉（ぼうぼうまゆ）少年には八文字眉などが，身分・職業・年齢・場所柄などにより作法として制定された．能楽や香道茶の湯から『わび』『さび』の美意識が生まれてきたのもこの頃である．室町末期頃から男女ともに服装は軽やかさが流行って青少年の間に肩衣が登場した．女官や大名の内室の間にも小袖の上に重ねた上着の両肩を脱いだ腰巻姿が見られた．白粉は，戦国時代に和泉堺の銭屋宗安が，明国の製法により鉛と酢から作成した鉛粉白粉と，他方は伊勢白粉（水銀が原料）でこれは主に禁中および堂上家で用いられた．眉は元服前は八文字眉を描き成人後は本眉を描いた．歯黒も眉作りと同様行われた．室町時代以後はお歯黒を武士は行わなくなり婦女子のみに用いられることとなった．髪も動きが容易にと後頭部高めに束ねてから垂らしたり笄（こうがい）で巻き上げるようになった．武士は戦時中に剃った月代（さかやき）が応仁の乱以後は平常にも行われて結髪（けっぱつ）も簡略していく．また，天文12年（1543年）以来，明国のほかにポルトガルやスペインの商船の来航もあり，香水ももたらされたらしい．当時の香水瓶が京都養源院に保存されてある．

▶ 安土桃山時代

しばらく続いた戦国時代が平定されると，その反動で一気に文化の華々が咲き揃い燦爛な安土桃山時代となった．この時代は武勇を誇る武士も派手作りとなってきた．ことに若衆と呼ばれた少年武士が華やかな装いをしたので，女性達はなおさら美しくなるために衣裳を凝らし，小袖の袖丈が次第に長くなり肩と裾に模様を目立たせた．髪形も外出時には髪を上げてその美しさを誇示するようになった．

香も留木（とめぎ）の薫り（かほ）と称して衣類に附加する方法が遊女から町家の婦人にまで広がった．この頃来航したキリスト教の宣教師たちは，大名謁見の際に数々の土産を献上した．

西欧ではスペインの石鹸工業が最盛期であったから，献上品にはシャボンも入って

いたのではないかと思われる．

シャボンの最古の記録は，慶長元年(1596年)の伏見地震後に書かれたもので，博多貿易商神谷宗旦の地震御見舞いに対して，石田三成からの礼状が残っている．……しゃぼん二被贈候遠路懇志の至り．と明記されてあった．

また，徳川家康の形見分けの目録には，元和2年(1616年)「駿府御分物御道具帳之覚」……八貫五百目中目しゃぼん壱壺……などの10壺のシャボンの記録もある．

石鹸が文字で日本に登場したのは慶長11年(1606年)2代将軍秀忠の時代となる．「本草網目」の項目に文字で初めて〈石鹸〉が登場した．ここでいう〈石鹸〉は，……山東産の草を焼き，その灰が浸出した水でうどん粉をこねて石のように固めたものを洗濯に使い，饅頭のふくらし粉にも用いた．……というものである．

したがって「本草網目」の〈石鹸〉と石鹸（soap）とは組成や製法も全く違うものである．しかし，油を落とし垢を落とすという共通の清浄作用を持っているので，人々からは，シャボンと〈石鹸〉は同じものと受け止められていたようだ．

古よりわが国は，海に囲まれ温泉は湧き，河川は多く清冽な水が流れているので簡素簡潔を好み，身の汚れを嫌い，禊ぎして身の清浄を祈っていた．それは仏教の沐浴思想とも融和し入浴好きな人々を作り上げていった．

洗粉は，古くは漬粉・手水粉・粉といわれて澡豆や緑豆の粉が用いられた．澡豆（小豆の細かい粉末）は沐浴用に渡来後美顔用としても使用された．そして粉糠が使われ始めた．その他小麦粉や蕎麦粉また鶯の糞なども用いた．粉糠をいれる袋はヌカ袋とかモミジ袋と呼んだ．糠をいれる袋を紅木綿や紅絹で作ったからである．洗髪料(粉)は前述の他に，広く使っていたのは，海蘿やうどん粉を湯に溶かしたもの．また粘土，白土，火山灰，さねかずら，茶，無患子の皮等々がある．

垢を擦って落とす垢すりは，糸瓜皮や浮石などがある．これは踵磨きにも使用した．

銭湯は，鎌倉時代後期にあったらしいが江戸には天正19年(1591年)に生まれ，江戸初期に発展し形を変えながら後期には男女別槽になり庶民の社交場となった．

▶ 江戸時代前期

江戸時代は，武家社会とともに町人文化が台頭し後期には『粋』が生まれた．白粉が化粧品として流行りだしたのも江戸時代からで，白粉の塗り方も非常に進歩して，顔の肌や顔型に応じての使い方が広まり，白粉地の上に頬紅を塗ることも行われた．

慶長年間には，和泉堺の銭屋宗安や小西清兵衛が明国製法の新しい白粉を製造し，"銭屋白粉"と"小西白粉"を発売した．この白粉は唐の土を原料にして作っていた．この頃化粧品として売り出された白粉は京白粉と伊勢白粉が代表としてあげられる．一般的には「京白粉」を「唐の土」と呼び「伊勢白粉」は「御所白粉」といわれた．寛永18年(1641年)に"花の露"（油性化粧水）を江戸の背虫喜左衛門が発売した．

お歯黒・鉄漿はさまざまな起源説があるが，時代を経て儀礼として形が残された．一般的には，眉無し(眉剃り)でお歯黒は既婚女性のこと(貞節の証)となった．鉄漿は，鉄屑を酒・酢・茶などにつけおきできる黒い液(硫酸液)を煮立てて置いて，それに五倍子(ごばいし)の粉を加えて塗ると歯が黒く染まった(黒インクと同類の鉄溶液)．五倍子とは，白膠木(ぬるで)の葉に一種の虫が刺傷しできる虫こぶを乾かして粉にしたもの．歯黒専用具は，羽楊枝・筆・刷毛を用いた(「倭名鈔」……今婦人に歯黒具有り……)．

寛永20年(1643年)には丁子屋喜左衛門が朝鮮製と称する歯磨きを売り出した．"丁子屋之歯磨"(大明香薬砂)の効能は歯を白くする口中悪しき香を去るとある．

また江戸時代になって武士が供に連れる中間や小者の間にいかつい髭面が流行った．彼らはいかに髭の形を整えるかを工夫し松脂と蠟を和した髭用の化粧品を考案した．正保慶安(1644〜1651年)年間には髭用に考案された"松脂と蠟製を和したもの"は手作り(自家製)から薬種屋売りとなり，香料を加えられて"伽羅の油(きゃらのあぶら)"となった．これは"鬢付け油(びんつけあぶら)"登場となり，髪形もいろいろにできてより巧妙に発達していく．しかし庶民はまだ胡麻油や胡桃(くるみ)の油を含ませた五味(さねかづら)(粘液)で髪を結い上げていた．明暦2年(1656年)版「玉海集」に……薫れるは伽羅の油か花の露……の句も見られる．寛文(1661〜1672年)頃からは歌舞伎役者の若衆や女形達が伽羅の油の店を出した．"伽羅の油"は男性(前髪を整える若衆が主)用で，女性は"五味の油"を使った．"梳油(すきあぶら)"もこの時代に現れ，梳く際にこれを付けて毛髪の垢を除く必需品となった．

延宝(1673〜1680年)年間から丸髷が結われ始めた．草子「色芝居」のある人妻は，頰紅化粧に際墨(きはずみ)といって，真菰墨(まこもずみ)の黛(まゆずみ)で額の生え際を美しく見せる化粧をしていた．

▶ 江戸時代中期

白粉は，"生白粉(きおしろい)""舞台白粉""唐の土(とうのつち)"の三種となり，調合白粉(流水白粉)もできてきた．"生白粉"が最上質とされ，一般的には"唐の土"が使われていた．元禄になると，髪型は島田髷や勝山髷が好まれ流行った．それからいろいろな種類が生まれた．一般的には，江戸の人は丸髷を結び(若い女性や未婚の女性は島田髷)，京阪ではさき笄(こうがい)を結ぶ人が多かった(後期大人気の丸髷は勝山が母胎の違うもの)．

元禄5年(1692年)版での「好色盛衰記」には，女性の化粧道具について
……今の世の女，昔なかった事ども仕出してさりとは身を嗜み道具数々なり是に気をつけて見しに首筋より上ばかりに要る物17品あり，仮初めに出で立ちしも身拵えの隙なき事を思われける．先づ髪の油(水油)，鬢付(伽羅の油)，長髱，小枕，平髱，忍髱，笄，さし櫛，前髪立，紅粉，白粉，歯黒め，黛，際墨，おもり頭巾，留針，浮世つづら笠，あらましさへ此の通りぞかし．……といっている．

この頃の上方は町人が貨幣経済の実権を握っていたので町人文化が盛んであった．ある商家の内儀でも平常…肌に白小袖離さぢ，中には鹿の子，上には黒羽二重の引返しに藤車の紋所を碓(からうす)程にして付け，役者の競ふなる袖口，百品染(ももしなぞめ)の白繻子(しろじゅす)の帯を腰の見えぬ程まとひ，透き通りの瑇瑁(たいまい)のさし櫛を銀二枚で誂へ，銀の笄に金紋据えさせ，珊瑚樹の前髪押さへ，針金入りの匕(はねもとゆい)髻をかけて，素貌(すがお)でさへ白きに御所白粉を寒の水にときて200辺もすりつけ手足に柚(ゆ)の水をつけて嗜み，（略）煙草の火に伽羅を炷(た)きかける……生活をして居る．女中さえ……良き風なる美女の当世仕出しを常に羨ましく……外出時には……髪，頭の目立つ程……結い……中低なる貌(かお)を，無理に鼻つまみ上げて一度の大願に揚貴妃の匂ひ粉（白粉か）をぬりくり，寒紅(かんべに)もこの時の用に立て…と，いって身仕舞いにも十分気を尽くしているのである．

今日のマニキュアといえる爪紅(つまべに)は「猿蓑(さるみの)」(1691年版)とその続集(1698年版)に……吾妹子(わぎもこ)が爪紅残す雪まろげ……佐用姫(さよひめ)の訛(なま)りもゆかしつまね花……の句がある．前の句は化粧用の紅をうっすらと爪にさしたもの，後句は鳳仙花で爪を染めたものである．爪紅は，平安朝の頃から始まっていた．木賊(とくさ)の葉で爪を研ぎ，鳳仙花の花弁の汁を爪に塗り紅絹でよく磨(も)くと，桜貝色の爪になる．それでこの花はつまくれないともいう．白魚のような指に色鮮やかな爪紅は，たおやかな女らしさで，女性美の象徴である．爪紅は足指にも行われるようになる．特に江戸深川・辰巳芸者の爪紅が有名である．

その他に，この頃から梳(す)き油が売出されて流行り物の一つになった．歯磨きも神社仏閣境内にて，曲芸・声色・居合抜きなどを演じながら販売していた記録がある．宝永8年(1711年)版「女(おんな)重(ちょう)宝(ほう)記(き)」には化粧についての注意が箇条書きにしてある．

　　……髪の油は胡桃の油を御つけ候べし，色黒くしな良く匂い高からずして良し，その外の油は品々あれども何れも宜しからず，匂い悪しき油をつけたる女は心劣りせらるるものなり．
　　……鬢(びん)の生え下りは切り揃へたるは古風なり生やし立てて鬢付にて掻き上げたる良し．
　　……際墨(きわずみ)は成程薄々と高根の花の霞かかれる態(てい)に小額(こびたい)より上にて引捨て消すべし．
　　……眉に芯を入るること，霞の中に弓張月のほのほのと出づるが如く，薄々と引き給ふべし，墨濃く太きは卑しくて六地蔵(りく)の顔の如し．
　　……成程細かなる白粉を薄々として良く拭ひ取り給ふべし，白々とぬりて耳の辺り鼻の脇にむらむらと残りたるは憂たてなもの也，白粉に限らず，紅なども頬先・唇・爪先にぬること薄々とあるべし．濃きに飽かぬは歯黒めなり，黒々と毎朝つけ給ふ．

……洗面の粉には，もみぢ・まちかね(糠袋)よりは赤小豆の粉・緑豆の粉を使ひ給ふべし肌膚細(きめ)やかになり，あせぼ・にきびなど出でず．……と述べている．その他に，

……髪を再々洗へば，しな悪くなる也．洗はずして垢落しやうの薬，藁本(こうほん)，白芷(びゃくし)にこの二味を等分にして粉になし，髪にふりかけ暫くして梳けば，垢落ちてしな良くなるなり……と早くもドライシャンプーを考案している．

加えて，香を聞く心得，掛香(かけごう)は小袖に隠して衣桁(いこう)にかけること，衣類は着てから香をとめること，薫りは伽羅が最高であること等々，詳細な教え方である．

正徳3年(1713年)刊行の「和漢三才図会(わかんさんさいずえ)」は，わが国最初の図説百科事典である．

和漢三才図会抜粋（化粧品の材料・製法の部）

一　鉄漿。（略）按鉄漿造法取二古鉄一於レ器中二和二米屑少計一漬レ水。夏三日冬七日在二暖処一則出レ錆。汁黄赤色味微甘為レ佳。先以三五倍子末一啣レ歯，次伝二鉄漿一。如レ此数回則齢染真黒。（略）本朝堂上諸臣染レ歯与二地下人一以別レ之。如二婦人無二貴賎一黒レ歯与二室女一以別レ之。

一　白粉。（略）鉛鎔化成二薄片一巻作レ筒，安二木甑内一其下釜内盛二醋外以二土坭一固（略）。風炉安レ火蒸レ之白霜昇満二甑天一細灰盛掃取（略）。其白粉水飛再三別二瓦器一紙布隔二数層一置二粉於上一待レ乾収取也。

一　汞粉。（略）水銀二両白礬二両食塩一両同研不レ見レ星鋪二於鉄器一以二小鳥盆一覆レ之篩三灰塩水和封二固盆口一以レ炭打三二炷香一取開則粉昇二於盆上一（略）。按〔続日本紀〕云元明天皇和銅六年伊勢献二水銀粉一。今亦出二勢州射和一者為レ上，二郎兵衛之家世々相続煉レ之。近頃雖レ出二京師泉州堺大阪一皆不レ及。

一　黛。（略）用二菰奴一為レ黛甚良。菰奴即菰蔣葺汁一和レ塩炒乾七次成。

一　鉄漿。（略）常以二薬塩一可レ磨レ歯。其法用二脂垢一。

一　赤小豆。（略）為レ末盛レ袋婦人洗レ面能去二脂垢一。

一　五味子。（略）其梗乾者形色似二甘草一，浸レ水取粘汁一啣レ髪甚佳。俗呼名二美軟石一。

一　麩。毛美知。（略）婦人毎用盛レ袋洗レ身能去二脂垢一。

一　鳳仙花。（略）女人採二其花及葉一染二指甲一。

一　紅。（略）其葉如二小薊葉一至二五月一開レ花如二大薊花一而紅色（略）。其花暴乾搗熟以レ水淘布袋絞去黄汁，又搗以二酸粟米泔一清又淘又絞レ袋去レ汁以二青蒿一覆二一宿晒乾或捏成二薄餅一陰乾収レ之。（略）用時和二灰汁少計一絞出悉脱出，承レ器更放二梅醋少計一即濃紅凍成，俗云加太部仁。臈月製者最佳。以レ刷毛塗二磁器一貯レ之，為二婦人飾レ唇之用一。

一　菰奴。即菰茎陰乾百日，而焼レ灰調レ油用レ之。無三煤二点筆画眉及髪際一。又謂二之際墨一如。中有二黒茎傍生一角状如二未レ開玉蜀黍一而小。

この中は，化粧品の材料や製法を記載している．また口紅の使用が初めて出てくる．

紅一匁は金一匁といわれ高嶺の花の紅であるが，江戸時代は口紅も定着してくる．

戦国時代から江戸時代にかけて「紅」は，「カタベニ」「ツヤベニ」が用いられた．この頃まで紅は白粉と混ぜ頬に塗っていたが，元文(1736～1740年)頃になると白粉のみを顔に塗るようになった．紅は頬に塗るのが廃れると唇に塗ることが始まった．

延享年間(1744～7年)発行「賢女心化粧」は，井原西鶴の「好色盛衰記」を真似て

……凡そ首筋より上ばかりに要るもの21，2品もあり，(略)先ず髪の油，鬢付け，ぎん出し，長髢，小枕，平元結，忍元結，笄，簪，つと出し，さし櫛，前髪立，紅，白粉，花の露，黛，際墨，おもり頭巾，留針，加賀笠頂き同くけ紐，云々……といっている．

このぎん出しは五味子の蔓の皮から製した頭髪用品である．
「江戸生まれ艶気の樺焼」(後年の山東京伝の作品)によれば，通人とか粋な人達は水髪と称し油を用いずこのぎん出しだけでさっぱりと髪を結うこともあったらしい．この頃から出た，洒落本・黄表紙本の中には作中に化粧品の宣伝が織り込んである．明和7年(1770年)出版の「辰巳之園」を例にとっても，通人ぶった遊客に

……匂袋の様な物はな，室町の桐山三了が所から取りねへ……といわせたり
……お前の顔にゃ何か強く出来やしたねえ是にゃ和国橋の実路考をつけなさりゃあいい

との会話がある．この実行路とは当時の人気役者瀬川菊之丞の俳名をつけた化粧薬のようだ．他にも京伝の「心学早染草」に"岡本の乙女香(髪油)"や「傾城買四十八手」には"下村のおきな香(白粉)" "百助の枸杞の油"の名が載っている．

▶ 江戸時代後期

白粉は，調合白粉に香をつけて"丁子香" "蘭の香" "菊の露" "油の香"などの名で次々と現れた．白粉を使うのは殆ど宮廷・大奥と役者と芸者・遊女であったから"御所お上り白粉" "大夫艶白粉" "舞台白粉"などという名がよく知られていた．白粉は一度塗ってからそれを拭き取り薄化粧に見せる工夫で真の美しさを表現した．また，鼻筋や頸筋に濃く塗る法や頸筋の本を三足にする法などが盛んになってきた．

口紅は文化文政(1804～1829年)には三都ともに唇を青く光らせるのが流行った．日本人の唇の厚さをカバーし上品にまたは可憐に見せるための工夫として始まった．まず，唇全体を顔と一緒に白く塗る，そして，唇の部分だけ白粉を軽く落とす．その上に唇の縁より内側に小さめに紅をつける．その時唇の奥のほうに墨を薄く塗ってから紅をつけると玉虫色に光って見える．これは艶紅化粧とか笹色紅と呼ばれていた．艶めいて見えるので濃く紅を塗ったように見え，いったん唇を鮮やかに引出しながら口元を控えめにし引きぎみに見せる．日本独特の方法である(例えば・京都舞妓)．

江戸末期には，この笹色紅から薄淡色に戻った．ことに江戸では薄化粧を好んだ．化粧は，江戸では薄化粧が好まれ，上方(関西)は濃艶な化粧になる傾向があった．

化粧水では「浮世風呂」(1809～1813年刊行)で作者の式亭三馬が自家製化粧水の「江戸水」を宣伝した．化粧のりが良いので愛用者が増え贋物までも出たという．化粧品店松本の化粧水"蘭奢水"，他に"糸瓜水(美人水)"なども広く愛用された．

文化10，11年刊「浮世床」(1813，4年)は中に宣伝をおもしろおかしく書いている．

　……"江戸桜の三つの朝(白粉)"は本町二丁目化粧品店．"江戸の水"式亭三馬宅の化粧水．松本は住吉町の化粧品店．下村は両替町化粧品店．紅の玉屋本町二丁目．

文化10年(1813年)刊「都風俗化粧伝」は，女性の化粧法が中心になっているが，パックの処方を10種類もあげている(上・中・下巻からここでは数例を選択した)．

　……色を白くする薬の伝，妍国白宝膏と名付く．(略)密陀僧二匁，白檀二匁，軽粉五匁，蛤粉五匁，官粉10匁，右五味細かにし粉となして，湯を使ふ時，鶏卵の白身の汁にてとき，顔にすり込み，其の後糠にて洗ふべし．

　……色を白う光沢を出す薬，(略)密陀僧．細かに粉にし水を少し入れ湯煎にし，毎夜顔にぬり，明朝洗ひ去るべし．半月の後，色白玉の如し．……とある．

またマッサージの方法も記載されているし，流し白粉を粉にして絹布で篩い化粧直しや仕上げに用いるよう奨めている．化粧方法は具体的な図解付で詳細に述べてある．鼻の低を高ふ見する伝，目の大なるをほそく見する伝，口の廣をせまく見する伝，唇の厚をうすふ見する伝，丸き顔を長く見する伝，額の上りたるを短く見する伝など．

　……まず洗顔は糠袋．次に，化粧下美人香．その後白粉を入念にといて顔につけ，指の腹にて万遍なくすり込むようによく伸ばすこと．小鼻や耳の脇まで，むらなく白粉が行き渡ったら，眉刷毛に水をつけて軽く幾度も刷く．これは白粉を，一様に落ち付かせむらなく綺麗に見せるためである．仕上げに粉白粉を，乾いた眉刷毛につけて刷きかけ，鼻に少し濃いめにつけると鼻筋が通って見える．

　……首筋へ白粉をつけるには，まず伽羅の油を極く少量すり込んだのちに，一旦，紙で油気を拭き取ってから，顔より少し濃めに白粉をぬって衿足を際立たせる．

　……黛は麦の黒穂を揉んだ物か，油煙墨を取って用いること．

　……紅を濃く光らせるには下地に墨をぬれば色青みて光る．

　……鉄漿の艶を増すには，上から紅をつけるとよい．

……全部仕上がった後，香薬水花の露を刷毛にて少し顔にぬると光沢を出して香を良くした上，肌を細かにして顔の腫物を癒す．

　……掛香は嗜みとして身に帯るか小袖簞笥に入れて置く事．

　……洗髪には海蘿(ふのり)やうどん粉を湯とかし，熱いうちに揉み洗いすれば油気が落ちる．

　その他，椋(むく)の木の皮の粉末を煎じて洗う方法もある．云々……

　滝亭鯉丈(りゅうていりじょう)「花暦八笑人(はなごよみはっしょうじん)」には"仙女香白粉(せんじょこう)"と"白髪染薬黒油美玄香"が出ている．文化年中(1804〜1817年)には，粋や洒落から衛生観念まですすんでいた江戸庶民の幅広い需要で歯磨きも"箱入り御はみがき""匂薬歯磨""梅見散"などと増えた．文政年間(1818〜1829年)には"団十郎歯磨き""助六歯磨き""固歯丹(こしたん)""梅勢散""乳香散""含薬江戸香""梅香散""清涼歯磨粉"や"一生歯の抜けざる薬"までその数は百種にもなったらしいが，いずれも明治初期には影を潜めてしまっていた．

　文政13年(1830年)成立の喜多村信節「嬉遊笑覧(きゆうしょうらん)」(百科事典の一種)においては，

　　歯磨きは……江戸では，常に房州砂を水飛して龍脳・丁子など加へて作った．諸州にも白砂または白玉を粉となし，また米糠を焼きて用ふるもあれど房州砂には及ばず．故に，磨き砂は江戸に勝る物無し……といっている．

　　白粉の事を……古代には朝鮮から移住して来た女性達が持って来たり取り寄せたりしたのがわが国の白粉(鉛白)の伝わったはじめらしい……といっている．また……胸に白粉つくること今ここにては遊女のみならず上下共に女の常粧(じょうしょう)なれり．

　　化粧法には……近頃は紅を濃くして唇を青く光らせなどするは何事ぞ．青き唇は無きものを本色を失うり．……と慨嘆している．

　江戸の町家や花柳界では，洗髪姿は絵画にもあるように女性達の伊達な誇りの一つであった．洗い髪をそのままにして乾いても油はつけずに仮結をし，それを粋な姿として誇った．御殿女中は，仲々髪を洗う機会がなかったという．京阪も髪を洗うのは稀で，江戸を真似て洗髪をするようになったのは天保頃からだったという．髪を洗うことが少ないので，櫛で何回もよく梳いて垢をとり"匂い油"で臭気を防いだ．

　嘉永6年(1853年)成立の「守貞漫稿(もりさだまんこう)」によれば，

　　……歯を染めて嫁がすのが本来だが，民間の20歳未満の娘で歯を染める者が甚だ多く．京阪にては歯を染め眉を剃るのを顔を直すといい，江戸では元服といった．

　　……歯を黒めて眉を剃らない者が新妻に多かったが，これは半元服といわれた．

……白粉は京白粉を店毎にいろいろと名付けて売り出していた，パッチリと称して頸に塗るものは顔白粉とは別製であり，これを用いれば顔より濃く塗れた上に，衣服の衿を汚す心配がなかった．

　……化粧水は"花の露"や"江戸の水"など製造元により名は異なるがみな同様なものなので，近頃では奥女中のほか民間の女性はあまり使わなくなった．という．

庶民は，美肌用には自家製の糸瓜水や果物の皮などを用い，冬の肌の荒れ止めは酒や柚子汁・蕪を焼いて酒に浸したもの，ひび・あかぎれには烏瓜の果肉を塗った．また黄烏瓜（または烏瓜）の根からの澱粉を天花粉といい，あせもやただれに塗布した．

▶ 明治・大正時代

明治維新が起きて，次々と西欧諸国の斬新な文化を導入し風俗革新が促進された．明治6年(1873年)皇后女官の歯黒掃眉廃止．後には明眸皓歯が女性美に冠される．

横浜に民間の我国初石鹸製造工場が設立した．一般的になるのは明治10年頃から．洗顔入浴には石鹸はまだ高級であり，洗粉・糠・垢すり・軽石・ふのりが使われた．

明治11年(1878年)化粧水"小町水"平尾商店から発売，ここに化粧水時代が始まった．

明治16年(1883年)の暮れから鹿鳴館時代となり，最初の婦人服時代が訪れた．

明治18年(1885年)「日本婦人束髪会」が結成され洋髪の広まりが展開されていく．

明治21年(1888年)我国初練歯磨発売．西洋風化粧品の石鹸・歯磨き・香水が揃う．

明治27年歌舞伎の九代目団十郎や福助が鉛白粉の鉛毒で重体となり世間を驚かせた．白粉の使用による鉛中毒は，いまならば一種の公害で当時の社会問題となっていた．連用すると身体に障害をおこした．職業病（白塗りの歌舞伎の女形や二枚目など）で鉛の中毒に冒される事や，哺乳児にしばしば中毒がみられる等の記事でその恐ろしさは認識されていた．無鉛白粉が完成するのは，この後の明治33年を待つこととなる．

　……化粧品が化粧品たるの名称を付するに至ったのは，明治31年頃からである．以前は売薬の部外品と唱えて，多く売薬商人（注：売薬問屋）が付属して取扱ったもので，殆ど商品としての価値が無かった位である．税務署の官吏等もその業務の名称を付するに苦んで，小間物商として登録したと云ふことであるが，その微々たる事は，とても今より想像のつかぬ程であったとの事である．…「実業界」大正4年新年臨時増刊より．これは13年後の記述である．また明治31年頃には異説もあるかも知れないが，当時の化粧品の概況を伝えていると考えられる．化粧品業界はまだ成立していなかった．

明治30年，初めて科学的に調合された化粧水"オイデルミン"を資生堂が発売した．

赤い化粧水として，現在まで愛用者が続いているロングランの化粧水である．

明治 35 年(1902 年)に，無鉛白粉"メリー白粉"が平尾賛平商店から発売となった．亜鉛華が原料の白粉で煉性水性の 2 種である．そして無鉛白粉は続々と発売された．

明治 35 年(1902 年)には「第五回勧業博覧会」が大阪で開催された．白粉や香油・香水，化粧水，歯磨，石鹸と練香油などが化学工業品として出品された．

明治 39 年(1906 年)乳白色の化粧水"乳白化粧水レート"平尾賛平商店が発表した．この頃から大正にかけて，ヘチマを原料にアルコールと触媒剤を加えた美顔水が盛んとなった．また，独内科医のベルツ博士が処方したベルツ水(苛性カリ・グリセリン・アルコールなどの混合液)は，化粧水の代表的なものとして有名で皮膚の荒れ止めや凍瘡初期の塗布薬として用いられた．

明治 42 年(1909 年)には基礎化粧料としてクリームの出現をみた．無脂肪質クリーム"クリームレート"として平尾賛平商店から発売された．45 年に携帯用チューブ入りも出た．

明治 43 年中山太陽堂・クラブ"美身クリーム""粉白粉""水白粉""化粧水"を発売．

明治 30 年代から大正期にかけて「洋行帰り」「ハイカラ」という言葉が流行った．

大正時代からは大衆文化の時代といわれ，新聞・雑誌・ラジオなどのマスコミが発達した．

大正 6 年(1917 年)無鉛粉で国内最初の多色白粉"七色白粉"を資生堂が発表した．この色白粉は，美人は色白(色白は七難隠す)から精神的に女性を開放した．自分の肌色を生かす意識を与えたことは大きな成果であったといえよう．時代とマッチして自分のありかたを見つめ，個人表現へとすすんでいく転機となった．

女性の社会進出(婦人記者・タイピスト・事務員・バスガール・等々)が始まった．洋装が女性の日常着となるのは，女学校の制服や職場の事務服着用が始まりという．

大正 7 年(1918 年)新しい油性のクリームとして"コールドクリーム"資生堂発売．

大正 11 年，東京銀座の資生堂が総合的に女性のファッションを打ち出した．美容科に皮膚科専門医師，美髪科には米国から美容師を招きかぶと型のドライヤーを備え評判になった．また洋装科ではパリモードを本格的に紹介し，全国の主要都市で「新しい結髪と美容の講演と実技の会」を主催した．洋髪"耳かくし"がここから流行した．この流行をより広めたのは婦人雑誌だった．表紙やさし絵に描かれる竹久夢二などの美人画のヘアスタイルは日本髪でなければ決まって洋髪の"耳かくし"であった．

大正から昭和初期のメーキャプ製品は，煉白粉・水白粉・粉白粉・クリーム白粉・コンパクトの固形白粉・紙白粉・頬紅・眉墨・口紅・バニシングクリームなどが出ていた．

昭和時代以降

　大正から昭和にかけて，若い婦人の間で眉を細く剃ってその上から眉を描き化粧を引き立たせるのが流行り，断髪洋装（スカート）のモダンガールが銀座を闊歩した．モダンボーイと共に，これを「モガ・モボ」と呼ぶ．大多数の人はまだ和装だった．

　昭和7年"花王シャンプー"発売．一週間に一度はシャンプーと講習会活動を行う．白土に石鹸を混ぜた固形シャンプーであったがこの後，シャンプーが日用語となる．

　昭和8年日本初のクリームアイシャドー"グリースシャドー"が資生堂から発売す．その頃には油性白粉も出回るようになりこれを落とすクレンジングクリームができた．石鹸では落ちにくい油分や汚れをなじませてガーゼや化粧紙で拭き取るものである．この〈油の汚れを油で落とす〉方法は，肌を強く擦らないで落とすので好評を得た．

　昭和9年世界初油中水型乳化クリーム（W/O型乳化）が新しい界面活性剤から成功して，世界最初の女性ホルモン配合"資生堂ホルモリン"が資生堂から発売された．同9年には鉛白粉が製造禁止に，翌10年（1935年）鉛白粉がついに発売禁止となった．

　昭和12年資生堂式新美顔術用化粧品として"カーマインローション"が発売された．キャラミンを主成分とし，フェノールとカンファーを配合した化粧水である．酸化亜鉛による乾燥作用，フェノールの消毒作用，カンファーの消炎鎮静作用が総合されたものであったが，フェノールの匂いが強くおよそ化粧品らしくなかった．ところが，口コミで愛用者が増えて追従を許さず，現在まで続く超ロングヒット化粧品である．

　昭和15年（1940年）"フェーシャルソープ"が資生堂から発売．洗顔浴用の区分化．同年（1940年）軍国主義が強化され街角に「贅沢は敵だ」と大書した立看板が出た．「パーマネントはよしましょう」「銃後の守り」「奢侈禁止令」が国内を駆け巡った．

　昭和24年（1949年）戦後の食料難も漸く解消の兆しがみえて生活に余裕が出始めた．戦後アメリカから≪光る化粧≫の油性白粉・ファンデーションが入って来た．

　昭和25年（1950年）にマダムジュジュ社が未踏の既婚者向けに製品の対象層の分化を図って，……奥様クリーム．25歳以下の方はお使いになってはいけません．……という宣伝コピーを作った．これは大変評判になり未既婚の分岐年齢の前例となった．一般には，荒れた手に"ももの花"（ワセリンタイプ）が廉価で気軽に使われた．

　昭和26年，肌状態に応じた乳液を資生堂で発売した．ドルックス"レーデボーテ"の名称で，普通肌用（ノーマルスキン）と荒肌用（ドライスキン）の2種類が揃った．

　昭和27年肌（皮脂膜，P.H.）に負担がかからぬよう配慮した中性の化粧水が出た．その"資生堂オードルックス"は皮膚の柔軟性・弾力性に効果あり女性の柔肌に朗報．

　昭和29年キッスしても落ちない口紅をキスミーコスメチックス発売．コピーが物議

を醸し出す.

昭和30年(1955年)経済白書は「もはや戦後ではない」「所得倍増論」を発表した.神武景気となる,高度経済成長の始まりの年である.

同じく30年,高級アルコール系"フェザーシャンプー"が花王から登場した.ここから石鹸質シャンプーに変わり,粉末や液体状の中性洗浄剤シャンプー時代を迎えた.

昭和31年(1956年)は,乳化技術の進歩で斬新なクレンジングクリームが資生堂から出た.クリームを水で洗い流すことができる親水性(O/W型)タイプのクレンジング"ドルックスクレンジングクリーム"である.これは,クレンジングクリーム＋石鹸の特長を合わせ持つ《ダブル洗顔》として,メーク落としの基本に定着する.

昭和33年無香化粧品(弱い肌対象)を資生堂が"オーダレス"製品として発売した.

昭和34年マックス・ファクターの《ローマン・ピンクキャンペーン》で《ピンク》が注目に.天然色映画(ハリウッド)のピンク系に映える女優との連想が華やかな気分を高揚させた.

昭和35年(1960年)貿易・資本の自由化が急速に進む.外国製品が次々と入国した.

昭和36年汗でも落ちない白粉"パンケーキ"をマックス・ファクターが発売し人気を呼んだ.

昭和37年(1962年)東レ・資生堂・西武・伊勢丹・東急・高島屋・不二屋等の企業が連合して,日本初の大キャンペーン《シャーベット・コンビナート・キャンペーン》が実施される.以来,化粧をすることが,メーキャップという言葉とともに全国的に大衆化しはじめる.それは,眉墨はグレイと茶系,アイシャドーはブラウン・グレイ・青・緑の単色であり,口紅は赤・ピンク・ローズ・オレンジというもので,形態も眉墨は鉛筆型が一般的であった.他に固形型を細いブラシで眉をなぞって描いた.

ファンデーションは種類が増えていた,粉白粉は粉末と固形,油性白粉はスティックとクリーム,乳液状,水白粉,紙白粉である.

昭和37,8年に男性の新しい整髪料"バイタリス""MG5"がライオンと資生堂から発売された.これは新しいタイプの水溶性整髪剤(ヘアリキッド)が導入されたものである.整髪料の主流はこれまで,髪を固定させるための油性ポマードやチックであった.

昭和38年"資生堂クリーム・シャンプー,リンス"発売.これまでの,洗髪の慣習が変容する.この頃から,シャンプーした後はリンスですすぐことが定例化していく.形状(液体や粉末,ゼリー状)から,体質別(乾性湿性)用途別など細分化が進展する.

昭和40年(1965年)東京五輪以後国際化活発.メーキャップの大衆化が盛んになる.メーキャップの好みは西洋型美人志向へ.西洋美人の立体的な目元やプロフィール,翳りの憂ある目元への憧れから,眉目周辺のマスカラやアイライン(液体)に挑戦する人が増えた.マスカラは固形状に水を入れ専用ブラシで溶いて使う方法やクリーム状

が主流であった．アイシャドーやハイライトで瞼の凹凸を強調して立体的に見せる方法やつけまつ毛が流行った．瞼を二重にする美容整形も密やかにブームとなった．

眉は瞼を狭く見せようと眉上縁剃のために表情が伴わない（動かない）人も多くいた．この頃になって，カラフルなネールエナメルが若い人から愛好されて，T.P.O.と色調を合わせるトータル美として，指先の女性美が進んでいく（ネールエナメルは，米国では1930年発売され銀幕から大流行となっていた．日本では資生堂から1932年に発売）．

昭和41年（1966年）ビートルズ来日．若者文化（ヤング風俗）がクローズアップされた．夏には，小麦色美人サマーギャル1号の前田美波里がセンセーショナルに登場．ポスター（資生堂）は貼るそばから剝がされ大評判となった．肌色価値観多角化へ．

昭和42年（1967年）ミニスカート旋風日本上陸す．流行はユニセックス化の傾向へ．ミニ・ロングなどの風俗で上下のつけまつ毛や複数枚重（かさね）も流行り凝った濃厚メークへ．

昭和43〜44年「モーレツからビューティフルへ」「消費者の権利」「消費者問題活発化」昭和元禄で高度成長はピークに達していた．「サイケデリック感覚」「断絶の世代」メーキャップも基礎から変身願望に移って，アイシャドー製品も多様多彩に出揃ってきて彩り華やかに目元を飾った．そこで新たに目元のおしゃれの効果を一層上げるために，平面的な顔の黒く太い眉毛を抜いて（または眉剃），すっきりとさせた細い眉が日本中大流行となった．眉墨の多種とブラッシュアップの液体マスカラ，まつ毛にプラスして長くなるマスカラとアイ製品の形態別の分化があって，色彩が一層豊富になった．瞼が凸ぎみの日本人は，これまでは陰影をつけたいと願い，ややダーク系を用いたがアイシャドーの明るい色鮮やかな色あいが，新鮮になってきた．西洋型美人像の憧憬からのメーキャップを通じて，自分の個性への着想がはっきりしはじめてきた．そうして，この頃から〈日本は女性が美しい（垢ぬけている）〉と言われ始めた．

昭和45年（1970年）万博博覧会が「人類の進歩と調和」をテーマに大阪で催された．ウーマン・リブという新しい運動が日本に上陸した．自然志向時代の始まりである．化粧品では，しっとりとしてさっぱりする，二律背反製品が技術者の苦悩の中で成功した．これより化粧品は，機能とともに使用感および使用後の感触を重視することが課題となった．メークは，日本人であることを見直し，その美しさを見い出しての，個性の表現となった．

昭和48年（1973年）石油ショックが起こり高度成長時代は幕を閉じることになった．ニューファミリィーの価値観「ライフスタイル」から人間性回復を人々が考え始めた年．

昭和49年（1974年）日本の新進デザイナーが世界的に活躍をはじめた．特に目立った3人は，高田賢三・やまもと寛斎・三宅一生であった．この成功は，日本人に誇り

と自信を与えた(1974年「ヴォーグ」の表紙にはじめて黒人のモデルが登場した).

昭和50～53年「キャリアウーマン」「円高不況と海外旅行フィーバー」「量より質へ」

昭和54年(1979年)世界の中で日本経済が目立った年．「中流意識」の「マイホーム主義」でさだまさしの歌「関白宣言」が大ヒット．しかし住むのは「ウサギ小屋」．

昭和55年「健康志向」「団塊の世代」「ニューサーティー」「シルバーマーケット」

昭和57年(1982年)香りとファッションをコンセプトにしたシャンプー(資生堂)が出現した．中高生からヒットし，シャンプーを朝にする人が多くなってきた．この時期には頭髪製品も，ムースや枝毛コーティング剤・ハードジェルにシャンプー，リンス類など各種揃い，若者の間で「朝シャン」が一大ブームとなって社会現象へと広がった．

昭和57年コンピューター元年「情報化社会・感性の時代」と「ブランド志向」開始．

昭和59年にバイオ製品の先陣をきって，カネボウから"バイオ口紅"が発売された．この頃より，爪の化粧ネールアート(爪装飾・つけ爪)が流行し専門店ができた．

昭和61年(1986年)男性化粧品充実．美顔用"男の黒パック"は，世間を驚かせた．若者の男性メークが話題になりエステ脱毛など男らしさの変化が起きはじめていた．「男女雇用機会均等法」「お嬢さま」「グルメ」「マネー・ゲーム」．

昭和62年はマドンナ，マイケルジャクソンが来日．ジャパン・バッシングが始まる．同年(1987年)に資生堂が"美容機器メーキャップシュミレーター"を実施．化粧をしたままで画面を通して化粧の方法や髪形などをいろいろと試してみることができる．美容機器メーキャップシュミレーターは，お化粧を落とさずに手軽にできて，それは肌を刺激しないから何回でも色や形を楽しめることが，驚異であり関心を持たれた．この後，肌や髪の状態をみる・その状態からそれぞれの手入れ法を紹介するなどと，各種コンピューター機器の発表が続いた．

昭和63年(1988年)には，リンスインシャンプーの概念が導入された．資生堂が先鞭をつけた．それは簡便性とダメージヘアのケアが結びついたものである．生活の片面に成してきたシンプルライフの実践や風潮にものり，多様多品種が発売された．

1980年代は，女性の社会進出が定着してワーキングウーマン・シングルウーマンが活躍した．行動する女性は，ワンレン・ボディコンの女らしさの強調とも共存して，まさに女性の時代であった．

髪はロング(朝のシャンプーをムースやコーティング剤を使ってドライヤーで整え)，メーキャップは細い眉から自然志向の直線的になった後に，肩パットも凜々しいキャリアウーマンや自立した女性を象徴するような太い眉となり，太い眉の毛流が意識されて生かされた太めの眉を辿って，なだらかな眉から自然なメーキャップと変遷してきた．そして自分らしさの表現メーキャップへとなってきている．

一方で，80年代から90年代は，化粧品は自然科学から社会科学までを含めた幅広い学問領域に関連した総合人間科学(ヒューマン・サイエンス)の観点から研究開発が活発に行われ，新素材(原料)，新技術の研究成果から優れた品質の化粧品が数多く誕生してきている．

◇ 参考文献 ◇

1) 春山行夫：化粧，春山行夫の博物史Ⅲ，平凡社，1988．
2) 樋口清之：化粧の文化史，国際商業出版，1982．
3) 久下 司：化粧，法政大学出版局，1970．
4) 石上七鞘：化粧伝承，蒼洋社，1987．
5) 犬養知子 他共著：化粧品のすべて，国際商業出版，1978．
6) 森 豊：シルクロード史考察Ⅲ，樹下美人図考，六興社，1974．
7) 大原梨恵子：黒髪の文化史，築地書店，1988．
8) 現在髪学事典，NOW企画，1991．
9) 三条西公正：香道，歴史と文学，淡交社，1971．
10) 関口真大：匂い・香り・禅〈東洋人の知恵〉，日貿出版社，1972．
11) 槇 佐知子：医心方・養生篇，現代訳，出版科学総合研究所，1978．
12) 高瀬吉雄 監修：皮膚と化粧品科学，南山堂，1982．
13) 大島 建 他編：日本を知る事典，社会思想社，1971．
14) 早川律子 監修：化粧の心理，週刊商業，1988．
15) 南 博：化粧とゆらぐ性，ネスコ文藝春秋，1991．
16) 山本武利・津金澤聰廣：日本の広告，人・時代・表現，日本経済新聞社，1986．
17) ジャック-パンセ，イヴォンヌ-デランドン(青山典子訳)：美容の歴史，文庫クセジュ，白水社，1961．
18) 村沢博人，津田紀代：化粧文化シリーズ，化粧史(文献・資料)年表，ポーラ文化研究所，1979．
19) 世界大百科辞典9，平凡社，1981．
20) 戦後史大辞典，三省堂，1991．
21) 資生堂：資生堂百年史，1972．

日本語索引

あ

アイシャドー 428
アイメーキャップリムーバー 432
アイライナー 423
アイリンクルケア 432
アシルN-メチルタウリン塩 147
N-アシルアミノ酸塩 147
アジュバント・アンド・パッチテスト法 236
アセチル化ヒアルロン酸ナトリウム 156
アゾ系染料 95
アナターゼ 104
アニオン界面活性剤 146
アニマル 132
アフターサン化粧品 498,507
アフターシェービングローション 396
アブソリュートオイル 119
アポクリン腺 18
アミノ酸ゲル乳化法 377
アミノ酸類 187
2-アルキル-N-カルボキシメチル-N-ヒドロキシエチルイミダゾリニウムベタイン 150
アルキルアミドプロピルジメチルアミノ酢酸ベタイン 149
アルキルエーテルリン酸エステル塩 147
アルキルジメチルアミノ酢酸ベタイン 149
アルキル硫酸エステル塩 147
アルデヒド 132
アルブチン 169
アルミニウム 268
アロマコロジー 115
アロマテラピー 115
アンスラキノン系染料 97
アンバーグリス(龍涎香) 118
あと残り 133
赤ら顔 20
汗 18
——の成分 19
圧縮ガス 277
圧縮成形 268

油の所要 HLB 192
安全性試験項目 234
安定性 215

い

イオウ 174
イオン交換クロマトグラフィー 287
イソステアリルアルコール 143
イソステアリン酸 143
インジェクションブロー 269
インセクトリペラー 523
医薬品の製造および品質管理に関する規範 230
医薬部外品 3
——に関する法規 327
——の定義 320
育毛剤 448
——の種類 448
——の評価法 451
——の薬効成分 450
育毛用薬剤 177
一次汚染 224
一時染毛剤 469
一般色名 81
一般的分離操作 285
色の表わし方 81
色のイメージ 85
色の三属性 80
色の知覚 79
色立体 80

う

ウッディ 131
ウロカニン酸 22
上立ち 133
生毛 55

え

エアゾール 275
——のキャップ 280
——の原液(噴射物質) 277
——の原理 275
——の構造 275
——のスパウト 279
——の製造方法 281
——のバルブ 279
——の噴射剤 276
——の法規 280
——のボタン 279
——の容器 278
エアゾール製品の安定性試験 218
エキソキューティクル 62
エクリン腺 18
エステルけん化法(石けん) 488
エステル類 144
エストラジオール 174
エストロゲン 44
エストロン 174
エチニルエストラジオール 174
2-エチルヘキサン酸セチル 144
エチレンオキシド・プロピレンオキシドブロック共重合体型非イオン界面活性剤 151
エッセンシャルオイル(精油) 119
エッセンス(美容液) 383
——の一般的な製造法 384
——の機能 383
——の主成分 384
——の種類 385
——の目的 383
エナメルリムーバー 436
エピキューティクル 62
エラグ酸 169
エラスチン線維 16
エンドキューティクル 62
永久染毛剤 471
栄養剤 178
液化ガス 276
液化石油ガス 276
液晶 195
液晶乳化法 199
液状歯磨 531
液体歯磨 532
液体ボディ洗浄料 493,494
——の主成分 495
——の種類 495
腋臭防止用薬剤 175
枝毛 70,71,73
枝毛コート 461
枝毛防止剤の有用性 253

円筒状容器　264
塩化アルキルトリメチルアンモニウム　148
塩化ジアルキルジメチルアンモニウム　148
塩化ベンザルコニウム　149
塩析　487

お

オーデコロン　477
オードトワレ　477
オードパルファム　477
オーラルケア化粧品　4
2-オクチルドデカノール　144
オストワルド熟成　203
オストワルド流動　208
オゾン層の破壊　36
オリーブ油　138
オリエンタル　131
オリフィス粘度計　209
オンライン情報検索　340
オンライン情報検索システム　340
応力試験　219
黄酸化鉄　103
押し出し成形　269
白粉・打粉類　404
温度・湿度複合試験　219
温度安定性試験　215
温熱性発汗　18

か

カーラーローション　456
カオリン　102
カストリウム(海狸香)　118
カチオン界面活性剤　148
カビ　223
カラースティック　469
カラースプレー　470
カラムクロマトグラフィー　286
カリ鉛ガラス　268
カルサミン　100
カルナウバロウ　139
カルボキシビニルポリマー　158
カルボキシメチルセルロースナトリウム　158
カロチン　27
β-カロチン　100
ガスクロマトグラフィー　288
ガラス　268
　　——の成形法　269
　　——のプレスアンドブロー　269
　　——のプレス成形　269
　　——のブロー成形　269
加齢変化　43
可視光線　78

可溶化　197
可溶化剤　191
顆粒層　14
会合コロイド　190
回転円筒型粘度計　210
回転スピンドル型粘度計　210
界面　191
界面活性剤　146,191
　　——の性質　191
開放による連続適用法　236
外小皮　62
外部情報　336
外毛根鞘　57
香り　113
　　——の生理心理効果　115
　　——の強さ　135
　　——の賦香率　135
　　——の変化　135
　　——の変色　135
顔色補正　87
角化　14
角質細胞の表面積　49
角質層　14
角質層水分量　30
角質剥離・溶解剤　174,179
核磁気共鳴スペクトル　295
釜炊きけん化法（石けん）　487
紙白粉　405,406
汗腺　18
肝斑　28
乾性のふけ　178
乾性肌　31
乾燥型脂性肌　32
寒色系　85
感作性(アレルギー性)　236
慣用色名　81
眼刺激性　237

き

キサンタンガム　158
キサンテン系染料　96
キノリン系染料　96
キャンデリラロウ　139
キューティクルリムーバー　438
きめ　45
切れ毛　70,71
企業内部情報　336
希釈法　199
起(立)毛筋　56
基底層　14
機能性顔料　108
技術情報　336
擬塑性流動　208
絹雲母　102
逆相分配クロマトグラフィー　287
逆ミセル　195

逆六方晶相　195
休止期　58
吸収，分布，代謝，排泄　239
嗅覚　111
嗅覚　111
　　——の性質　112
　　——のメカニズム　113
　　——の役割　111
嗅覚ガスクロマトグラフィー　124
凝集　202
局所刺激剤　177
金属　268
　　——のインパクト成形　269
　　——の成形法　269
　　——のプレス成形　269
金属イオン封鎖剤　164
金属石けん　165

く

クインスシードガム　158
クラフト点　196
クリープ測定　210
クリーミング　201
クリーム　368
　　——の一般的な製造法　371
　　——の機能　368
　　——の主成分　369
　　——の種類　372
　　——の目的　368
クレンジングクリーム　376
クレンジングフォーム
　　——の一般的な製造法　350
　　——の主成分　350
　　——の種類　352
グリーン　131
グリコサミノグリカン　16
グリセリン　153
くま　20
空隙率　204
口紅　416
　　——に必要な性質　417
　　——の色　88
　　——の構成原料　417
　　——の成型　313
　　——の歴史　416
群青　103

け

ケーキタイプファンデーション　410
ケラチノサイト　14
ケラトヒアリン　14
化粧水　354
　　——の一般的な製造法　356
　　——の主成分　355
　　——の種類　357

——の目的・機能　354
化粧石けん　489
化粧肌色　86
化粧品　3
　——に関する法規　323, 324
　——の安全性　6, 233
　——の安定性　6
　——の開発プロセス　7
　——の界面科学　189
　——の意義　3
　——の規制緩和　331
　——のコロイド科学　189
　——の使用性　6
　——の製造装置　306
　——の定義　318
　——の中身保証　6
　——の品質管理　6
　——の品質特性　5
　——の品質保証　6
　——の分析　284
　——の分類　4
　——の目的　3
　——の有用性　6, 244
　——の有用性研究　245
　——の容器・外装保証　6
　——のレオロジー　206
化粧品関係図書・雑誌　337
化粧品素材の抗酸化　163
化粧品容器　259
　——の機能性　261
　——の材料　266
　——の材料試験法　270
　——の種類　263
　——の設計　270
　——の適正包装　262
　——の動向　271
　——の品質保持性　259
毛の種類　55
毛の発生　54
経皮水分損失　30
血管　19
血管拡張剤　177
血行促進剤　177
研磨剤　527
原料に関する法規　324

こ

コーン・プレート型振動粘度計　210
コーン・プレート型粘度計　210
コウジ酸　169
コスメット　340
コチニール　100
コラーゲン　16
コロイド　189
コロイドミル　310
コンクリート　119

コンパクト容器　265
固形白粉　405, 406
後爪廓　76
口腔用薬剤　180
口臭防止薬剤　183
口中清涼剤　534
抗炎症剤　172
抗菌剤　225, 226
　——の必要条件　226
抗酸化システム　22
抗しわ剤　170
抗脂漏剤　179
抗男性ホルモン作用剤　178
抗ヒスタミン剤　186
恒常性維持機能　345, 346, 347
香粧品　4
香水　477
　——の選び方　479
　——の製造法　478
　——の使い方　482
　——の保存　482
香味剤　529
香料　113
　——の安全性　135
　——の分類　117
　——の役割　114
高級アルコール　143
高級脂肪酸　142
高級脂肪酸石けん　146
高速液体クロマトグラフィー　289
高分子界面活性剤　151
高分子化合物　156
高分子シリコーン　160
高分子粉体　106
高密度ポリエチレン　267
硬毛　55
酵母　223
合一　203
合成化粧石けん　492
合成香料　125
合成フッ素金雲母　108
合成マイカ　108
黒酸化鉄　103
粉白粉　405
粉歯磨　530

さ

サーモトロピック液晶　195
サイクル温度試験　219
サイコレオロジー　207
サリチル酸　174
サンタン　39
サンタン化粧品　497, 504
サンバーン　39
彩度　80
細菌　223

細胞外マトリックス　16
細胞間脂質　21
細胞膜複合体　62
最小紅斑量　40, 498
殺菌剤　175, 176, 180, 225
錯角化　30
酸化亜鉛(亜鉛華)　104, 105
酸化染毛剤　472
酸化防止剤　162, 176, 180
　——の効力試験法　164
酸性ムコ多糖　16
残存核クラスター数　248

し

シェービングクリーム　393
シェービングソープ　393
システイン類を主成分とするパーマネントウェーブ用剤　465
シトラス　131
シプレー　131
シベット(霊猫香)　118
シャンプー　441
　——の主成分　441
　——の性質　441
　——の分類　441
シリカゲル吸着クロマトグラフィー　287
シリコーン油　145
ジェル　380
　——の一般的な製造法　381
　——の機能　380
　——の主成分　381
　——の種類　381
　——の目的　380
ジスルフィド結合　463
ジヒドロキシアセトン(DHA)　506
5α-ジヒドロテストステロン　449
ジプロピレングリコール　154
ジメチルエーテル　277
ジャスミン　129
しみ　48
しわ　45
自然保湿因子　152
自然老化　43
使用テスト　239
脂性肌　31
紫外線　36
　——の強さや量　36
紫外線吸収剤　160
紫外線防止効果の表示　498
歯周疾患の予防　527
歯周疾患予防薬剤　182
歯石沈着防止薬剤　183
色彩　78
色材　90
　——の分類　90

色素形成細胞 56
色素沈着 27
色相 80
湿潤剤 191,529
質量スペクトル 296
射出成形 268
収れん化粧水 354,359
収れん剤 176
充てん機 316
充てん性 204
柔軟化粧水 354,357
熟成 478
潤性歯磨 530
諸外国の化粧品の法規 3313
女子顔面黒皮症 28
女性ホルモン 44
女性用香水 477
　──の分類 479
除毛剤 516
消炎剤 180
消臭剤 176
植物性香料 118
白浮き現象 109
心理学的有用性 245
　──の研究例 256
真空成形 269
真珠光沢顔料 105
　──の性質 106
真鍮 268
真皮 16
針入度型粘度計 211
新規原料の安全性試験項目(ガイドライン) 234
親水基 191
親油基 191
尋常性痤瘡 32

す

スキンケア化粧品 4,345
　──の機能 346
　──の目的 345
　──の役割 346
スクワラン 142
ステアリルアルコール 143
ステアリン酸 142
スティック容器 265
ステンレス 268
ストレートパーマ剤 467
ストレプトコッカス・ミュータンス 181
スパイシー 132
図形しわ 45
水中油型(O/W)エマルション 198
水分保持能 20
水分補給・保湿用ジェル 382

せ

セチルアルコール 143
セットローション 456
セファランチン 177
セリサイト 102
セルフタンニング化粧品 498,506
セレシン 141
センブリエキス 177
生殖・発生毒性 238
生理学的有用性 245
成型機 313
成長期 58
制汗剤 175
清涼化剤 176
精神性発汗 18
製造,販売などの規制 321
製品(中味)に関する法規 324
静菌作用 225
赤外吸収スペクトル 294
石けん 485
　──の原料 486
　──の種類 489
　──の性質 489
　──の製造方法 487
　──の歴史 485
石けん素地の製造法 487
洗顔料 348
　──の機能 348
　──目的 348
洗口剤 532
　──の機能と成分 532
洗浄・メーク落し用ジェル 381
洗浄化粧水 354
洗浄剤 191
洗浄用化粧水 360
洗髪用化粧品 440
染色法 199
染色メカニズム 468
染毛剤 467
　──の種類 469
　──の分類 468
　──の歴史 467
染料 95
線維芽細胞 17
線状しわ 45

そ

ソーダ石灰ガラス 268
ソルビトール 154
そばかす 28
疎水基 191
塑性流動 208
爪廓 76
爪甲 74

爪甲層状分裂症 76
爪上皮 76
爪半月 75
爪母 75
層板顆粒 21
増粘剤高分子 157
足臭 252
側爪廓 76

た

ターンオーバー 14
タバコのやにの除去 184
タルカムパウダー 407
タルク 102
ダイラタンシー 208
ダイラタント流動 208
ダイレクトブロー 269
多価アルコールエステル型非イオン界面活性剤 151
多相エマルション 199
多層式化粧水 354,361
体質顔料 101
体臭の発生 510
体臭防止化粧品の有用性 252
耐圧容器 278
退行期 58
脱色剤 515
脱毛・除毛剤 515
脱毛剤 515
脱毛の原因 449
弛み 48
丹銅 268
単回投与毒性 237
炭化水素 140
男性型脱毛 449
男性ホルモン性脱毛 449
男性用コロン 482
暖色系 85

ち

チオグリコール酸のグリセリンエステルを主成分とするパーマネントウェーブ用剤 466
チオグリコール酸類を主成分とするパーマネントウェーブ用剤 464
チクソトロピー 208
チック 458
チャレンジテスト 230
チューブ容器 264
チロシナーゼ 15
チロシン 14
遅延型アレルギー反応 23
窒化ホウ素 108
着色顔料 103
中和法(石けん) 488

超音波乳化機　310
超微粉子状　104
調香　132
調香方法　132
調合香料　126
調合ベース香料　126,1291
縮緬じわ　45
鎮痒剤　180

つ

ツバキ(椿)油　138
つけ睫毛　432
爪の機能　73
爪の構造　74
爪の生理　73
爪の組成　74
爪の損傷　76
爪の物理的性質　76

て

テストステロン　449
データベース　340
データベースの活用　340
ディスパー　309
デオドラントスティック　514
デオドラントスプレー　512
デオドラントパウダー　512
デオドラントローション　511
低密度ポリエチレン　267
鉄　268
天然界面活性剤　152
天然香料　118
　　──の製造方法　119,123
　　──の分析方法　123
天然色素　99
天然物由来の薬剤　187
天然保湿因子　20
転相温度　193
転相乳化法　199
電気伝導度　199

と

トップノート　133
トラネキサム酸　173
トリフェニルメタン系染料　97
ドキュメンテーション活動　335
ドレイズ(Draize)の皮膚一次刺激性試験法　235
塗布容器　266
透明石けん　489
動物試験代替法　240
　　──眼刺激性試験　240
　　──の接触感作性試験　241
　　──の光毒性試験　241
　　──の皮膚刺激性試験　240
動物性香料　118
特殊・過酷保存試験　219
特殊エアゾール　283
毒性　237
特許情報　336
曇点(下部臨界温度)　196

な

ナイロンパウダー　107
内小皮　62
内毛根鞘　56
中立ち　133
軟毛　55

に

ニーダー　310
ニートソープ　488
ニトロセルロース　160
ニュートン流体　207
にきび　32
　　──の形成経過　34
　　──のスキンケア　34
　　──の成因　33
にきび用薬剤　173
二酸化チタン　104
二酸化チタン被覆雲母　105
二次汚染　224
二次黒化　39
二枚爪　76
乳液　362
　　──の一般的な製造法　364
　　──の主成分　363
　　──の種類　365
　　──の目的・機能　362
乳化　198
乳化型　198
乳化機　308
乳化剤　191
乳化タイプ口紅　418,419
乳酸ナトリウム　155
乳濁液　198
乳頭層　16
乳白ガラス　268

ぬ

濡れ　206

ね

ネールエナメル　433
　　──に必要な性質　434
　　──の主要成分　434
ネールガード　438

ネールドライヤー　438
ネールトリートメント　437
ネールポリッシュ　439
ネガティブレプリカ　29
練り合わせ機　310
熱交換機法　312
練白粉　405,407
練歯磨　530
練歯磨(透明タイプ)　531
粘結剤　529
粘弾性体　207

は

ハイブリッド・ファインパウダー　109
ハンドケア化粧品　507
バスオイル　520
バッテリーシステム　240
バニシングクリーム　372
バブルバス　521
バリアー機能　21
バリデーション　231,240
パーマネントウェーブ形成のメカニズム　463
パーマネントウェーブ用剤　462
　　──の種類　464
　　──の歴史　462
パウダー容器　264
パウダリーファンデーション　409
パック・マスク　387
　　──の一般的な製造法　389
　　──の機能　387
　　──の主成分　388
　　──の種類　390
　　──の目的　387
パッチテスト　239
パフューマー(調香師)　132
パラフィン　141
パルミチン酸　142
パントテン酸　185
歯磨剤　525
　　──の機能　525
　　──の処方例　530
　　──の成分　527
歯磨の歴史　524
歯磨類　524
　　──の分類　524
配色感情　85
白色顔料　104
肌荒れ改善効果　246
肌荒れ改善剤　172
肌質　28
　　──の分類　31
肌状態の評価法　29
発光,原子吸光スペクトル　298
発泡剤　529

反復投与毒性（亜急性・慢性毒性） 238
半永久染毛剤 471
販売活動に関する法規 330

ひ

ヒアルロン酸ナトリウム 155
ヒトによる試験 239
ヒト皮脂の構成 18
α-ヒドロキシ酸 171
ヒマシ油 139
ビタミンA 184
ビタミンB群 185
ビタミンC 185
ビタミンC-2グルコシド（AA-2G） 168
ビタミンCリン酸エステル（マグネシウム塩） 168
ビタミンC類 167
ビタミンD 185
ビタミンE 185
ビタミンH 185
ビタミン類 184
ビューラー（Buehler）法 236
ビンガム流動 208
2-ピロリドン-5-カルボン酸ナトリウム 155
ひげそり用化粧品 392
　――の機能 392
　――の種類 393
　――の目的 392
日やけ止め化粧品 497, 502
比表面積 204
皮下組織 17
皮丘 29
皮溝 29
皮脂 17
　――の機能 17
皮脂腺 17
皮脂抑制剤 174
皮膚 13
　――とストレス 51
　――の色 25
　――の吸収作用 24
　――の抗酸化 164
　――の抗酸化作用 22
　――の構造と機能 13
　――の紫外線防御作用 22
　――の色素 26
　――の生理作用 20
　――の体温調節作用 24
　――の知覚作用 24
　――の物理化学的防御作用 20
　――の分析 299
　――の保湿作用 20
　――の免疫作用 22

皮膚刺激性 235
皮膚生理機能の加齢変化 48
皮膚粘弾性測定器 211
皮膚表面形態 29
皮膚用薬剤 167
皮膚老化 44
　――の防止と対策 50
皮膜剤高分子 158
皮膜タイプ口紅 418, 420
非イオン界面活性剤 150
非水乳化法 199
眉目類 422
美爪類 432
　――の役割と種類 432
美白化粧品の効果 250
美白用薬剤 167
光 78
光安定性試験（耐光性） 216
光音響スペクトル法 301
光加齢 41
光感作性（光アレルギー性） 237
光毒性 236
光毒性物質 236
光老化 41, 43
　――の皮膚の特徴 44
表皮 13
表皮突起 16
表面処理 206
広口びん 263

ふ

ファンデーションの成型 315
ファンデーション類 408
フェオメラニン 15, 60
フォトクロミック顔料 109
フゼア 131
フッ素化合物 181
フルーティ 132
フレグランス化粧品 4
　――の種類 477
フレグランス用アルコール 478
フローラル 129
フロンガス 277
1, 3-ブチレングリコール 154
ブロー成形 269
プラスチック 266
　――の成形方法 268
プレート式熱交換機 312
プレシェービングローション 396
プロゲステロン 44
プロテアーゼ阻害剤 173
プロピレングリコール 153
プロペラミキサー 308
ふけ, かゆみ用薬剤 178
不全角化 30
不全角化度 30

普通肌 31
副腎皮質ホルモン 186
複合エマルション 199
複合化微粒子粉体 109
物理化学的有用性 245
粉砕機 307
粉体混合機 307
粉体の充てん性 204
粉体の性質 204
分光透過率曲線 80
分光反射率曲線 79
分散機 308
分散系 189
分散コロイド 190
分子コロイド 190
分析の自動化 303

へ

ヘアオイル 462
ヘアクリーム 459
ヘアケア化粧品 4, 440
ヘアサイクル(毛周期) 58
ヘアジェル 455
ヘアスタイリング剤の種類 453
ヘアスプレー 455
ヘアトリートメント 445
　――の種類 459
ヘアパック 445
ヘアフォーム 453
ヘアブリーチ 467, 474
ヘアブロー 460
ヘアミスト 455
ヘアムース® 453
ヘアリキッド 457
ヘアワックス 459
ヘッドスペースガスクロマトグラフィー 124
ヘモグロビン 27
ベースメーキャップ 400
ベシクル 204
ベビーパウダー 407
ベンガラ 103
ペブルミル 310
ペンシル容器 265
平行板プラストメーター 210
変異原性 238
変性剤 479

ほ

ホホバ油 139
ホメオスタシス 9
ホモジナイザー 309
ホモミキサー 309
ホルモン 186
ボーテーター式熱交換機 312

ボディケア化粧品　4
ボディシャンプー　493,494
ボディラインケア化粧品　485
ポイントメーキャップ　400
ポマード　458
ポリエチレングリコール　154
ポリエチレンテレフタレート　267
ポリエチレンテレフタレート・ポリメチルメタクリレート積層末　107
ポリエチレン末　107
ポリ塩化ビニル　267
ポリオキシエチレンアルキルエーテル硫酸塩　147
ポリオキシエチレン型非イオン界面活性剤　150
ポリスチレン　267
ポリビニルアルコール　159
ポリビニルピロリドン　159
ポリプロピレン　267
ポリメタクリル酸メチル　107
保湿・柔軟乳液　365
保湿剤　152,178,180
保証試験　215
保存試験　215
包装機　316
法定色素　90
防臭化粧品　509
　──の機能　510
　──の種類　511
防腐防黴剤　225
　──の効果評価法　229
頬紅類　421
細口びん　263

ま

マイカ　101
マイクロエマルション　198
マイクロクリスタリン　ワックス　141
マカデミアナッツ油　138
マキシミゼイション・テスト　236
マクロフィブリル　63
マスカラ　426
マスト細胞　17
マッサージクリーム　374
マンセル表色系　82
眉墨　430

み

ミセル　194
　──の形成　193
ミツロウ　140
ミドルノート　133
ミューゲ　130

ミリスチン酸　142
ミリスチン酸2-オクチルドデシル　144
ミリスチン酸イソプロピル　144
見かけの密度　204
水白粉　405,406

む

ムスク(麝香)　118
むし歯原因細菌　526
むし歯の予防　526
むし歯予防用薬剤　180
無機塩類浴用剤　519
無機顔料　100
無彩色　80
無水油性タイプクレンジングクリーム　378

め

メーキャップ化粧品　4,399
　──の機能　400
　──の構成原料　401
　──の種類　400
　──の歴史　399
メチルフェニルポリシロキサン　145
メチルポリシロキサン　145
メラニン　26
メラニン合成　14
メラノサイト　14,26
メラノソーム　14,26
明度　80
面皰(コメド)　34

も

モイスチャーバランス　347
　──の概念　347
毛芽　58
毛幹　56,60
毛球　56
毛径指数　59
毛根　56
毛細管粘度計　209
毛小皮(キューティクル)　56,60
毛髄質(メデュラ)　56,63
毛乳頭　56
毛髪　54
　──のアミノ酸組成　64
　──の色　60
　──の塩結合　66
　──の化学的組成　64
　──の吸湿性　68
　──の脂質　65
　──のシスチン結合　66

　──の水素結合　67
　──の損傷　69
　──の損傷要因　70
　──の引っ張り特性　67
　──の物理的性質　67
　──の太さ　59
　──の分析　302
　──のペプチド結合　66
毛髪仕上げ用化粧品　453
毛髪内に存在する結合　65
毛髪摩擦測定器　211,213
毛皮質(コルテックス)　56,62
毛母細胞　56
毛包　55
毛包賦活剤　178
網状層　16

や

薬剤の安定性　220
薬剤の試験法　220
薬事法　318
　──の規制緩和　137
薬用植物浴用剤　520
薬用石けん　493

ゆ

ユーメラニン　15,60
油脂　138
油性原料　138
油性タイプ口紅　419
油性のふけ　178
油性ファンデーション　412
油中水型(W/O)エマルション　198
有機顔料　98
有機合成色素(タール色素)　90
有機変性粘土鉱物ゲル乳化法　377
有棘層　14
有彩色　80

よ

容器などに関する法規　328
浴用剤　518
　──の種類　519
　──の目的　518
　──の歴史　518

ら

ラウリン酸　142
ラスティングノート　133
ラノリン　140
ラメラ相　195
ランゲルハンス細胞　9,14,23,51

擂潰機（らいかいき）　311
卵胞ホルモン　186

り

リオトロピック液晶　195
リクィファイニングクリーム　378
リポソーム　204
リンゴ酸ジイソステアリル　144
リンス　445
　　――の機能　445
　　――の成分　446
リンス一体型シャンプー　447
流動性　205
流動の様式　207
流動パラフィン　141
粒子コロイド　190

両性界面活性剤　149
両用ファンデーション　411
臨界ミセル濃度　193,194

る

ルシノール　170
ルチル　104

れ

レーキ　98
レオペクシー　208
レオロジー　206
レゾルシン　174
5α-レダクターゼ　449
レチノイド（ビタミンA類）　170
レチノール（ビタミンA）　171
冷却，かきまぜ法　311
冷却装置　311
連続けん化法（石けん）　488

ろ

ローズ　129
ローラー　310
ロウ類　139
老人性色素斑　28,48
老徴　42
六方晶相　195

わ

ワセリン　141

外国語索引

A

absolute oil 119
absorption, distribution, metabolism, excretion 239
achromatic color 80
acne 32
acyl N-methyl taurate 147
N-acylamino acid salt 147
aerosol 275
aerosol containers 278
aerosol propellants 276
aftershaving lotion 396
after suncare cosmetics 507
after sun cosmetics 498
alkyl amidopropyl dimethyl aminoacetic acid betaine 149
alkyl dimethylaminoacetic acid betaine 149
2-alkyl-N-carboxymethyl-N-hydroxyethylimidazolinium betaine 150
alkyl sulfate 147
alkylether phosphate 147
alkyltrimethyl ammonium chloride 148
allergenicity 236
aluminum 268
amino acids 187
amphoteric surfactants 149
anagen 58
androgenic alopecia 449
anhydrous oily cleansing cream 378
animal test alternative 240
anionic surfactants 146
anthraquinone dyes 97
anti acne agents 173
anti-androgen like agents 178
antibacterial agents 175,176,180
anti caries agents 180
antidandruff and anti iching agents 178
antihistaminics 186
antiinflammatory agents 172,180

antimicrobial agents 225
antioxidants 162,176,180
anti periodontal disease agents 182
antiperspirants 175
antiperspirants and deodorants 175
antipruritic agents 180
antiseborrheic agents 179
anti tartar agents 183
antiwrinkle agents 170
apparent density 204
arbutin 169
aroma chemicals 125
aromachology 115
aromatherapy 115
arrector pili muscle 56
association colloid 190
astringent lotion 359
astringents 176
atomic absorption spectrophotometry 298
atomic emission spectrophotometry 298
azo dyes 95

B

baby powder 407
barrier function 21
base note 133
bath preparations 518
battery system 240
bees wax 140
benzalkonium chloride 149
Bingham flow 208
black iron oxide 103
bleach 515
blood flow stimulants 177
blood vessel 19
blow forming 269
blow molding 269
blush-on product 421
body shampoo 493
boron nitride 108
brass 268
1, 3-butylene glycol 154

C

cake-type foundations 410
camellia oil 138
candelilla wax 139
carboxyvinyl polymer 158
carminic acid 100
carnauba wax 139
carotene 27
β-carotene 100
carthamin 100
castor oil 139
catagen 58
cationic surfactants 148
ceresin 141
cetyl 2-ethyl hexanoate 144
cetyl alcohol 143
challenge test 230
characteristics of packings 204
cheek color 421
chlorofluorocarbon 277
chroma 80
chromatic color 80
CIE standard colorimetric system 82
cleansing cream 376
cleansing lotion 360
cloud point 196
cmc 194
CMC (cell membrane complex) 62
coagulation 202
coalescence 203
cochineal 100
colloid 189
color 78
coloring pigments 103
color materials 90
color solid 80
column chromatography 286
compact powder 405,406
components of an aerosol 275
compressed gas 277
compression molding 268
concrete 119
cooling equipment 311

corneocyte desquamating agents 174
corniocyte desquamating agents 179
cortex 56, 62
creaming 201
creams 368
critical level 56
critical micelle concentration 193, 194
crude drugs 187
curler lotion 456
cuticle 56, 60
cuticle remover 438

D

databases 340
definition of cosmetics 318
definition of quasi-drug products 320
dentifrices 524
deodorant cosmetics 509
deodorant lotion 511
deodorant powder 512
deodorants 176
deodorant soap 493
deodorant spray 512
deodorant stick 514
depilatories 515
dermal papilla 56
dermatoheliosis 41
dermis 16
detergent 191
di-isostearyl malate 144
dialkyl dimethyl ammonium chloride 148
5α-dihydrotestosterone (DHT) 449
dilatancy 208
dilatant flow 208
dimethylpolysiloxane 145
dipropylene glycol 154
discolour 515
disinfectant 225
disperse colloid 190
disperse system 189
dispersion 189
dispersion equipment 308
dimetyl ether 277
documentation 335
double emulsion 199
drawing 269
dry out 133
dual-use foundations 411
dye 95

E

ellagic acid 169
emulsification 198
emulsification equipment 308
emulsifier 191
emulsion 198
enamel remover 436
endocuticle 62
epicuticle 62
epidermis 13
eponychium 76
essences (beauty lotions) 383
esters 144
ethyleneoxide propyleneoxide block polymers 151
eumelanin 60
exocuticle 62
extender pigments 101
extrusion molding 269
eye brow 430
eye irritation 237
eye liner 423
eye make up cosmetics 422
eye make up remover 432
eye shadow 428
eye wrinkle care 432

F

face cleansing cosmetics 348
face powder 404
false eyelashes 432
filling machines 316
film formers 158
flowability 205
foundations 408
fragrance compounds 126
freckles 28

G

gas chromatography 288
gels 380
germicide 225
glass 268
glass forming methods 269
glycerin 153
GMP (Good Manufacturing Practices) 224, 230
Good Practices in Manufacture and Quality Control of Drugs 230
grinders 307

H

hair bleach 467, 474
hair blow 460
hair bulb 56
hair cleansing cosmetics 440
hair coating lotion 461
hair colour 467
hair cream 459
hair cycle 58
hair damage 69
hair foam 453
hair follicle 55
hair follicle activating agents 178
hair follicle stimulants 177
hair gel 455
hair germ 58
hair growth promoters 177, 448
hair liquid 457
hair matrix 56
hair mist 455
hair mousse 453
hair oil 462
hair pack 445
hair root 56
hair shaft 56
hair spray 455
hair stick 458
hair treatment 445
hair wax 459
hand care cosmetics 507
hemoglobin 27
hexagonal phase 195
HFP (hybrid fine powder) 109
α-hydroxy acids 171
higher alcohol 143
higher fatty acids 142
high performance liquid chromatography 289
HLB (hydrophile-lipophile-balance) 191
HLB temperature 193
hormone 186
hue 80
humectants 152, 178, 180
hunter Lab system 82
hydrocarbons 140
hydrophilic group 191
hydrophobic group 191

I

IFRA (International Fragrance Association) 136
impact molding 269

INCI (International Nomenclature for Cosmetic Ingredients) 331
incomplete keratinization 30
infrared spectrophotometry 294
injection molding 268
inner root sheath 56
inoculum test 230
inorganic pigment coated spherical organic powder 109
inorganic pigments 100
insect repellents 523
instrinsic aging 43
interface 191
isopropyl myristate 144
isostearic acid 143
isostearyl alcohol 143

J

jojoba oil 139

K

kaolin 102
keratinization 14
keratinocytes 14
kneaded powder 405, 407
kneading equipment 310
kojic acid 169
KOSMET 340
krafft point 196

L

L* a* b* system 85
lake 98
lamellar granule 21
lamellar phase 195
lanolin 140
lanugo 55
lasting note 133
lauric acid 142
lipids of hair 65
lipophilic group 191
liposome 204
lipsticks 416
liquefied gas 276
liquid crystal 195
liquid face powder 405, 406
liquid paraffins 141
liver spots 28
loose powder 405
lotion 354
LPG (liquefied petroleum gas) 276
lunula 75

M

macadamia nut oil 138
male pattern baldness 449
manicure preparations 432
mascara 426
massage cream 374
mass spectrometry 296
maximization test 236
medicated soap 493
MED (minimal erythema dose) 40, 498
medulla 56, 63
melanin 26
melanin pigments 65
melanin synthesis 14
melanocyte 14, 56
men's cologne 482
mesophase 195
metal forming methods 269
metallic soaps 165
metals 268
methylphenyl polysiloxane 145
MF (macro fibril) 63
mica 101
micelle 194
micelle formation 193
microbiostasis 225
microcrystalline wax 141
microemulsions 198
middle note 133
middle phase 195
milky lotion 362
moisture balance 347
moisturizing and softening milky lotion 365
molding machines 313
molecular colloid 190
mouth freshener 534
mouth wash 532
multi-layer lotion 361
multiple emulsion 199
munsell color system 82
mutagenicity 238
myristic acid 142

N

nail damage 76
nail drier 438
nail enamel 433
nail guard 438
nail lacquer 433
nail matrix 75
nail plate 74
nail polish 439
nail treatment 437
nail wall 76
natural colors 99
natural perfumes 118
natural surfactants 152
neat phase 195
new functional pigments 108
newtonian fluid 207
nitro cellulose 160
NMF (natural moisturizing factor) 20, 152
nonionic surfactants 150
nourishing agents 178
nuclear magnetic resonance 295
nylon powder 107

O

O/W emulsion foundations 413
O/W type medium cream 373
O/W/O multiple cream 379
2-octyldodecanol 144
2-octyldodecyl myristate 144
oil-based foundations 412
oils and fats 138
oily materials 138
olfaction 111
olive oil 138
on line information retrieval 340
one-step shampoo 447
onychoschisis 76
oral deodorants 183
oral health care agents 180
organic pigment 98
organic synthetic coloring agents 90
Ostwald flow 208
Ostwald ripening 203
outer root sheath 57
oxidation hair colour 472

P

packaging machines 316
packs and masks 387
palmitic acid 142
paper powder 405, 406
paraffin 141
PAS (photoacoustic spectroscopy) 301
patch test 239
perfume 477
perfume creation 132
perfumer 132
perlescent (nacreous) pigments 105
permanent hair colour 471

permanent waving lotion　462
perspiration　18
petrolatum　141
PFA (Protection Factor of UVA)　498, 499
phaeomelanin　60
phase inversion temperature　193
photoaging　41, 43
photoallergenicity　237
photochromic pigment　109
photosensitization　237
photo-stability tests　216
phototoxicity　236
physico-chemical usefulness　245
physiological usefulness　245
plastic flow　208
plastic forming methods　268
plastics　266
polyacrylonitrile butadiene styrene　267
polyacrylonitrile styrene　267
polyethylene glycol　154
polyethylene powder　107
polyethyleneterephtalate polymethylmethacrylate laminated powder　107
polyhydric alcohol ester type nonionic surfactants　151
polymeric surfactants　151
polymer powders　106
polymers　156
polymethylmethacrylate　107
polyoxyethylene alkyl ether sulfate　147
polyoxyethylene type nonionic surfactants　150
polyvinyl pyrrolidone　159
pomade　458
powder mixing equipment　307
powdery foundation　409
preservatives　225
preshaving lotion　396
press and blow forming　269
pressed powder　404
press forming　269
primary contamination　224
propylene glycol　153
protease inhibitors　173
pseudoplastic flow　208
psychological usefulness　245
psychorheology　207
PVA (polyvinyl alcohol)　159

Q

quince seed gum　158
quinoline dyes　96

R

red iron oxide　103
5α-reductase　449
reduction　240
refinement　240
refrigerants　176
repeated dose toxicity　238
replacement　240
reproductive and developmental toxicity　238
required HLB　192
retinoid　170
reversed hexagonal phase　195
reversed micelle　195
rheology　206
rheopexy　208
RIFM (Research Institute for Fragrance Materials)　135
rinse　445
rouge　416, 421
rucinol　170

S

sagging　48
sebaceous glands　17
sebum　17
sebum secretion inhibitors　174
secondary contamination　224
self-tanning cosmetics　498, 506
semipermanent hair colour　471
senile spots　28, 48
sensitization　236
sequestering agents　164
set lotion　456
shampoo　441
shaving cosmetics　392
shaving cream　393
shaving soap　393
silicone gum　160
silicones　145
single dose toxicity　237
skin care agents　172
skin irritation　235
soap　146, 485
sodium 2-pyrroridone-5-carboxylate　155
sodium carboxymethyl cellulose　158
sodium hyaluronate　155
sodium lactate　155
softening lotion　357
solubilization　197
solubilizer　191
sorbitol　154
specific surface area　204
spectral reflection curve　79
spectral transmission curve　80
SPF (Sun Protection Factor)　498
split hair　73
spots　48
squalane　142
SSB (skin surface biopsy)　30, 248
stainless steel　268
stearic acid　142
stearyl alcohol　143
steel　268
straight perm.　467
Streptococcus mutans　181, 526
subcutaneous tissue　17
sunscreen cosmetics　497, 502
suntan cosmetics　497, 504
surface active agents　146, 191
surfactant　191
sweat glands　18
symptoms of aging　42
syndet bar　492
synthetic mica　108
synthetic perfumes　125

T

talc　102
talcum powder　407
tar cleansing agents　184
telogen　58
temperature stability tests　215
temporary hair colour　469
terminal hair　55
testosterone　449
TEWL (transepidermal water loss)　30, 248
thickening agents　157
thixotropy　208
titanium dioxide　104
toilet soap　489
top note　133
toxicity　237
transparent soap　489
triphenylmethane dyes　97
two-in-one shampoo　447
types of cosmetic containers　263
types of skin surface　29

U

ultramarine　103
ultraviolet absorbents　160
ultraviolet light　36
use test　239
UV care cosmetics　497

UVA 36
UVB 36
UVC 36

V

vacuum forming 269
validation 231, 240
value 80
vanishing cream 372
vasodilators 177
vellus hair 55
vesicle 204
viscoelastic body 207
vitamin A derivatives 170
vitamin C-2 glucoside 168
vitamin C-2-phosphate 168
vitamin C and its derivatives 167
vitamins 184

W

W/O emulsion foundations 414
W/O type emollient cream 377
water content of horny layer 30
water retention capacity 20
wax esters 139
wettabilitiy 206
wetting agent 191
whitening agents 167
white pigments 104
wrinkles 45

X

X-ray diffractometory 292
xanthan gum 158
xanthene dyes 96

Y

yellow iron oxide 103

Z

zinc oxide 105

編者略歴

光 井 武 夫　理学博士

1928年　大阪府生まれ．
1951年　早稲田大学理工学部応用化学科卒業．
　　　　資生堂化学研究所入所．
1964年　コロンビア大学大学院薬学・化粧品科学コース修了．
1980年より資生堂取締役・研究所長，専務取締役などを経て
1993年より顧問理事．
その間，明治薬科大学，東邦大学薬学部，共立薬科大学の講師
を歴任，香粧品科学担当．
　　日本化粧品技術者会名誉会長
　　国際化粧品技術者会連盟（IFSCC）会長（1992～3年）

新化粧品学　　　　　　　　　　© 2001

定価（本体 8,600 円＋税）

1993年 1月12日　1版1刷
2001年 1月18日　2版1刷
2002年 3月25日　2刷
2004年11月15日　3刷
2006年 5月31日　4刷
2009年 3月20日　5刷

編　者　光井武夫（みついたけお）
発行者　株式会社　南山堂
　　　　代表者　鈴木　肇

〒113-0034　東京都文京区湯島4丁目1-11
Tel 編集 (03)5689-7850・営業 (03)5689-7855
振替口座　00110-5-6338

ISBN 978-4-525-78252-8　　　　Printed in Japan

本書の内容の一部，あるいは全部を無断で複写複製
することは（複写機などいかなる方法によっても），
法律で認められた場合を除き，著作者および出版社
の権利の侵害となりますので，ご注意ください．